2022注册结构工程师考试用书

一级注册结构工程师专业考试考前实战训练
（含历年真题）（第二版）（上册）

兰定筠　主编

中国建筑工业出版社

图书在版编目（CIP）数据

一级注册结构工程师专业考试考前实战训练：含历年真题：上、下册 / 兰定筠主编. — 2版. —北京：中国建筑工业出版社，2022.1

2022注册结构工程师考试用书

ISBN 978-7-112-27126-9

Ⅰ. ①一… Ⅱ. ①兰… Ⅲ. ①建筑结构—资格考试—习题集 Ⅳ. ①TU3-44

中国版本图书馆 CIP 数据核字（2022）第 032394 号

本书依据"考试大纲"规定的考试内容和要求，按现行有效的标准规范内容和历年考试真题进行编写。本书内容包括三部分：第一篇为一级实战训练试题及解答与评析，每套实战训练试题的题量、分值、各科比例与考试真题的题型一致，有50%的实战训练试题是根据历年考试真题进行改编完成；实战训练试题内容的考点基本覆盖了考试大纲规定的考点，并具有典型性；实战训练试题内容包括了新标准规范，如《建筑与市政工程抗震通用规范》GB 55002—2021等八本通用规范、《烟囱工程技术标准》GB/T 50051—2021等。第二篇为二级真题及解答与评析。第三篇为专题精讲，对结构力学、《钢标》抗震性能化设计等相关知识点进行了讲解。

本书与《一、二级注册结构工程师专业考试应试技巧与题解》（第十四版）互为补充，可供参加一级注册结构工程师专业考试的考生考前复习使用。

* * *

责任编辑：牛　松　李笑然　王　跃
责任校对：姜小莲

2022注册结构工程师考试用书

一级注册结构工程师
专业考试考前实战训练
（含历年真题）（第二版）

兰定筠　主编

*

中国建筑工业出版社出版、发行（北京海淀三里河路9号）
各地新华书店、建筑书店经销
北京红光制版公司制版
北京圣夫亚美印刷有限公司印刷

*

开本：787毫米×1092毫米　1/16　印张：75¼　字数：1822千字
2022年3月第二版　2022年3月第一次印刷
定价：**189.00**元（上、下册）（含增值服务）
ISBN 978-7-112-27126-9
（38782）

前　言

本次编写根据《工程结构通用规范》GB 55001—2021、《建筑与市政工程抗震通用规范》GB 55002—2021 等八本通用规范、《烟囱工程技术标准》GB/T 50051—2021、《高耸结构设计标准》GB 50135—2019 等新标准、规范，结合对本书读者的答疑内容，并对上一版中的不足或错误进行了修订。

本书的编写特色如下：

1. 本书增加《高钢规》《门式刚架》和《混加规》题目。

2. 结合历年真题编写，难度接近真实考试。本书的 50％实战训练试题是历年考试真题，并且对历年考试真题中的缺陷进行了修订和改编，同时，对历年考试真题的内容一律按新的规范、规程进行改编和解答，以利于读者正确掌握和熟悉考试大纲要求的现行有效规范、规程的运用。

3. 增加最近两年的二级真题，有利于进一步掌握命题专家的命题思路与风格，强化对知识点的理解与具体运用。

4. 按现行的规范、规程进行编写。本书的所有实战训练试题的题目部分和解答与评析部分一律按考试大纲要求的现行有效规范、规程进行编写。

5. 实战训练试题的考点内容基本覆盖了考试大纲所规定的内容，并体现了考试大纲对规范规程的掌握、熟悉和了解的不同侧重点的具体要求。

6. 每一道题目的解答部分都有详细的解答过程和解答技巧、解题规律。对实战训练试题给出了详细的解答过程，包括解答的依据、步骤、结果。同时，讲述了解答题目时的规律、解答技巧等。

7. 对题目进行评析。针对题目中的"陷阱"和难点，给出了答题时应注意的事项，并简明扼要地讲述了运用规范、规程在解题时应注意的事项，同时，阐述了各规范规程之间的异同点及各自运用时的不同适用范围。

在使用本书时，建议读者：第一，模拟实际考场的情景，在考试的规定时间内独立完成，并且全部解答完成后，再看本书的解答与评析；第二，解答实战训练试题时，尽量只依靠规范、规程进行做题，应避免查阅相关参考书籍和复习书籍，这主要是为了节约考试时间，这才能真正实现考前实战训练的意义，从而提高应试能力，取得考试成功。

2022 年兰定筠注册结构工程师专业考试全科网络辅导班已经开班，全部课程已经上线，从百度搜腾讯课堂，再搜索兰定筠即可报名参加学习，一次付费，终身免费学习，兰老师一对一，微信 13896187773。

杨利容、王德兵、刘平川、罗刚、郜建人、梁怀庆、杨莉琼、黄小莉、刘福聪、蓝亮、聂洪、聂中文、黄利芬、黄静、饶晓臣、刘禄惠、胡鸿鹤、王洁、肖婷、蓝润生参加了本书的编写。

研究生李凯、曾亮等参与本书案例题的绘制、计算等工作。

本书虽经多次校核，但由于作者水平有限，错误之处在所难免，敬请读者将使用过程中遇到的疑问和发现的错误及时发邮件给作者，作者会及时解答并万分感谢。更多最新的考试信息、培训信息、答疑和本书的勘误表，请登录网站：www. landingjun. com。

此外，现将注册考试命题组专家对复习备考的建议，引用如下：

注册结构工程师专业考试在这年复一年的实践中不断总结完善，与实际工程结合是注册结构工程师专业考试的最大特点，也是其与应试教育考试的最大不同点，我们提请考生在复习考试时还应注意以下问题：

1. 考生应关注住房和城乡建设部执业资格注册中心公布的相关考试信息，关注考试改革。

2. 考生应将复习考试与实际工程结合起来，注意在实际工程中加深对结构设计概念的理解和把握。

3. 在计算机普遍应用的今天，会使用程序是最基本的操作技能要求，考生更应重点关注程序的基本假定、主要计算参数的确定及对计算结果的判别。从荷载取值、效应组合等结构设计的最基本要求做起，把握结构的规则性判别要点，用概念指导结构设计。

4. 给出几个已知数据，套套公式的考试已不适应注册结构工程师专业考试（尤其是一级注册结构工程师专业考试）的要求。

兰老师及其团队开通知识星球答疑服务，团队成员包括黄工、饶工（2021 年，一注，69 分）、王工、熊工等，答疑服务包括规范内容、真题、兰老师书中题目、备考经验、现场应试能力、高分经验等，扫码即可加入。

微信扫码加入星球

目　　录

（上册）

第一篇　一级实战训练试题及解答与评析

（下册）

第一篇 一级实战训练试题及解答与评析

第二篇 二级真题及解答与评析

第三篇 专 题 精 讲

第一篇 一级实战训练试题及解答与评析

实战训练试题（一）

（上午卷）

【题 1、2】 某承受均布荷载的简支梁，如图 1-1 所示，计算跨度 $l_0 = 5.24\text{m}$，梁净跨为 5m，梁截面尺寸 $b \times h = 200\text{mm} \times 500\text{mm}$，混凝土强度等级为 C30，箍筋为 HPB300 级，纵向受力钢筋 HRB400 钢筋。设计使用年限为 50 年，结构安全等级二级。取 $a_s = 35\text{mm}$。

提示： 按《建筑结构可靠性设计统一标准》GB 50068—2018 作答。

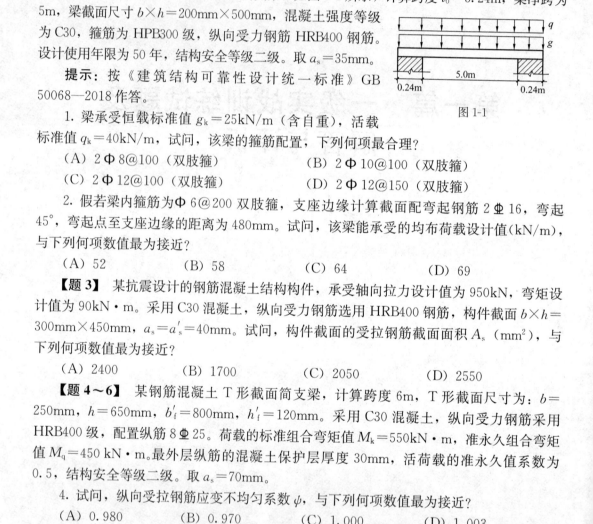

图 1-1

1. 梁承受恒载标准值 $g_k = 25\text{kN/m}$（含自重），活载标准值 $q_k = 40\text{kN/m}$，试问，该梁的箍筋配置，下列何项最合理？

   （A）2 Φ 8@100（双肢箍）   （B）2 Φ 10@100（双肢箍）

   （C）2 Φ 12@100（双肢箍）   （D）2 Φ 12@150（双肢箍）

2. 假若梁内箍筋为 Φ 6@200 双肢箍，支座边缘计算截面配弯起钢筋 2 Φ 16，弯起 45°，弯起点至支座边缘的距离为 480mm。试问，该梁能承受的均布荷载设计值(kN/m)，与下列何项数值最为接近？

   （A）52   （B）58   （C）64   （D）69

【题 3】 某抗震设计的钢筋混凝土结构构件，承受轴向拉力设计值为 950kN，弯矩设计值为 90kN·m。采用 C30 混凝土，纵向受力钢筋选用 HRB400 钢筋，构件截面 $b \times h = 300\text{mm} \times 450\text{mm}$，$a_s = a_s' = 40\text{mm}$。试问，构件截面的受拉钢筋截面面积 A_s（mm^2），与下列何项数值最为接近？

   （A）2400   （B）1700   （C）2050   （D）2550

【题 4～6】 某钢筋混凝土 T 形截面简支梁，计算跨度 6m，T 形截面尺寸为：$b = 250\text{mm}$，$h = 650\text{mm}$，$b_f' = 800\text{mm}$，$h_f' = 120\text{mm}$。采用 C30 混凝土，纵向受力钢筋采用 HRB400 级，配置纵筋 8 Φ 25。荷载的标准组合弯矩值 $M_k = 550\text{kN·m}$，准永久组合弯矩值 $M_q = 450\text{kN·m}$。最外层纵筋的混凝土保护层厚度 30mm，活荷载的准永久值系数为 0.5，结构安全等级二级。取 $a_s = 70\text{mm}$。

4. 试问，纵向受拉钢筋应变不均匀系数 ψ，与下列何项数值最为接近？

   （A）0.980   （B）0.970   （C）1.000   （D）1.003

5. 假若 $\psi = 0.956$，则该梁的短期刚度 B_s（N·mm^2），与下列何项数值最为接近？

   （A）1.5×10^{14} （B）1.8×10^{14} （C）2.0×10^{14} （D）1.4×10^{14}

6. 假若 $B_s = 2.16 \times 10^{14}$ N·mm^2，梁上作用均布荷载标准值 $g_k = 80\text{kN/m}$，$q_k = 60\text{kN/m}$，试问，该梁的最大挠度 f（mm），与下列何项数值最为接近？

   （A）14.3   （B）15.6   （C）17.2   （D）21.8

【题 7～9】 某多层钢筋混凝土框架结构房屋，9 度设防烈度，抗震等级一级。底层框架柱，截面尺寸 700mm×700mm，柱净高 H_n=5100mm。C30 混凝土，纵向受力钢筋用 HRB400 级、箍筋用 HRB335 级钢筋，纵筋的混凝土保护层厚度 30mm。地震作用组合后并经内力调整后的设计值：压力 N=4088kN，柱上端弯矩值 M_c^t=1260kN·m，柱下端弯矩值 M_c^b=1620kN·m。柱的反弯点在层高范围内。

7. 经计算，该柱为大偏心受压柱，柱的纵向钢筋对称配筋（$A_s=A_s'$），一侧配置 6Φ28（A_s'=3695mm²）。由重力荷载代表值产生的柱轴向压力设计值 N=3050kN，试问，该柱的剪力设计值 V_c（kN），与下列何项数值最为接近？

提示： γ_{RE}=0.8。

(A) 790   (B) 870   (C) 910   (D) 950

8. 假定柱端剪力设计值 V_c=950kN，压力设计值 N=4088kN。试问，该柱的加密区箍筋配置，与下列何项数值最为接近？

提示： ①柱的受剪截面条件满足规范要求；不需验算柱加密区箍筋体积配筋率；

②$0.3f_cA$=2102kN。

(A) 4Φ10@100   (B) 4Φ12@100   (C) 5Φ10@100   (D) 5Φ12@100

9. 假定该柱的轴压比为 0.5，试问，柱端加密区箍筋采用复合箍，其最小体积配筋率（%），与下列何项数值最为接近？

(A) 0.75   (B) 0.80   (C) 0.86   (D) 1.50

【题 10、11】 某多层钢筋混凝土框架结构房屋，如图 1-2 所示，规则结构，抗扭刚度较大，抗震等级二级。

提示： ①水平地震作用效应考虑边榀效应。

②按《建筑与市政工程抗震通用规范》GB 55002—2021 作答。

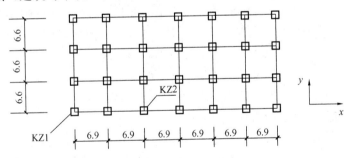

图 1-2（单位：m）

10. 当水平地震作用沿 x 方向时，底层角柱 KZ1 柱底弯矩标准值为：水平地震产生的 M_{EKx}=200kN·m，重力荷载代表值产生 M_{GK1}=150kN·m；底层边柱 KZ2 柱底弯矩标准值为：水平地震产生的 M_{EKx}=180kN·m，重力荷载代表值产生的 M_{GK2}=160 kN·m。试问，地震作用组合后（内力调整前）的底层角柱 KZ1、边柱 KZ2 的柱底弯矩设计值 M_{KZ1}（kN·m）、M_{KZ2}（kN·m），与下列何项数值最为接近？

(A) M_{KZ1}=505；M_{KZ2}=470   (B) M_{KZ1}=530；M_{KZ2}=470

(C) M_{KZ1}=505；M_{KZ2}=436   (D) M_{KZ1}=530；M_{KZ2}=436

11. 当水平地震作用沿 y 方向，底层角柱 KZ1 的柱底弯矩标准值为：水平地震作用产生的 M_{EKy}=300kN·m，重力荷载代表值产生的 M_{Gk1}=210kN·m，底层边柱 KZ2 的柱底弯矩标准值为：水平地震作用产生的 $M_{EKy}=280kN \cdot m$，重力荷载代表值产生的 $M_{Gk2}=160kN \cdot m$。试问，地震作用组合后并经内力调整后的底层角柱 KZ1、边柱 KZ2 的柱底弯矩设计值 M_{KZ1}（$kN \cdot m$）、M_{KZ2}（$kN \cdot m$），与下列何项数值最为接近？

　　（A）$M_{KZ1}=1300$；$M_{KZ2}=850$　　　　（B）$M_{KZ1}=1150$；$M_{KZ2}=850$
　　（C）$M_{KZ1}=1300$；$M_{KZ2}=900$　　　　（D）$M_{KZ1}=1150$；$M_{KZ2}=900$

【题 12】　有一钢筋混凝土框架主梁 $b \times h=250mm \times 500mm$，其相交次梁传来的集中楼面恒载 $P_{gk}=80kN$，集中楼面活荷载 $P_{qk}=95kN$，均为标准值。主次梁相交处次梁两侧的 n 个附加箍筋（双肢箍），采用 HPB300 级钢筋，如图 1-3 所示。设计使用年限为 50 年，结构安全等级为二级。试问，附加箍筋配置，下列何项配置最合适？

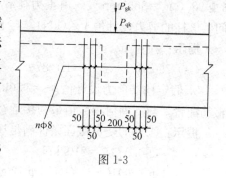

图 1-3

　　提示：按《建筑结构可靠性设计统一标准》GB 50068—2018 作答。

　　（A）每侧 3Φ8　　　（B）每侧 4Φ8　　　（C）每侧 5Φ8　　　（D）每侧 6Φ8

【题 13】　非抗震设计的某钢筋混凝土剪力墙结构，其底层矩形截面剪力墙墙肢长度 $h_w=4000mm$，墙肢厚度 $b_w=200mm$。采用 C40 混凝土，墙体端部暗柱纵向受力钢筋 HRB400，墙体分布钢筋和端部暗柱箍筋采用 HPB300 钢筋。该墙肢承受的内力设计值：$M=370kN \cdot m$，$N=4000kN$，$V=810kN$。结构安全等级二级。试问，墙肢的水平分布钢筋配置，下列何项数值最合适？

　　提示：墙体受剪截面条件满足规范要求；$a_s=a_s'=200mm$；$0.2f_cb_wh_w=3056kN$。

　　（A）Φ6@150　　　（B）Φ8@200　　　（C）Φ10@200　　　（D）Φ12@200

【题 14】　下述关于预应力混凝土结构抗震设计要求，何项不妥？说明理由。
　　（A）后张预应力筋的锚具不宜设置在梁柱节点核心区
　　（B）后张预应力混凝土框架梁的梁端配筋强度比，二、三级不宜大于 0.75
　　（C）预应力混凝土大跨度框架顶层边柱应采用对称配筋
　　（D）预应力框架柱箍筋应沿柱全高加密

【题 15】　某钢筋混凝土楼面梁，为一般受弯构件，采用 C30 混凝土，梁端箍筋采用 HPB235（$f_{yv0}=210N/mm^2$），配置为 Φ8@100，梁截面尺寸如图 1-4 所示。现使用功能发生改变，荷载增加，在荷载的基本组合下梁端剪力设计值为 567kN。现采用三面围套

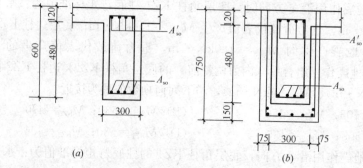

图 1-4

锚固式箍筋进行抗剪加固，采用 HPB300 钢筋，如图 1-4 所示，新增混凝土采用 C35。已知加固前 $a = a' = 40\text{mm}$，加固后新增纵向受力钢筋的合力点至受拉边边缘的距离为 60mm。加固后的结构重要性系数为 1.0。试问，满足抗剪加固要求时，下列何项箍筋配置最经济合理？

提示：$A_c = 139500\text{mm}^2$；截面尺寸满足要求。

(A) $\Phi 8@100$ (B) $\Phi 10@100$ (C) $\Phi 12@100$ (D) $\Phi 14@100$

【题 16～18】 某梯形钢屋架跨度 24m，屋架端部高度 1.5m，厂房单元长度 66m，柱距 6.0m，在厂房的端开间和中部开间设竖向支撑，竖向支撑计算简图如图 1-5 所示。屋面材料为 1.5m×6.0m 的钢边框发泡水泥大型屋面板，屋面坡度为 1/10，抗震设防烈度 8 度，经计算图中节点力 $F_h = 33.95\text{kN}$，地震作用下杆件内力见图中括号内数值。节点板厚度 6mm，钢材用 Q235，焊条 E43 型。$\gamma_{RE} = 0.80$。

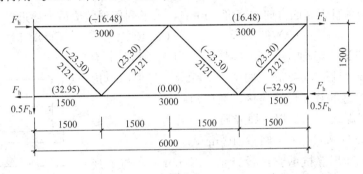

图 1-5

16. 上弦杆选用 ⌐⌐75×5，$A = 13.75\text{cm}^2$，$i_x = 2.16\text{cm}$，$i_y = 3.09\text{cm}$，试问，对地震作用的上弦杆进行稳定性验算，按应力表达时，其构件上的最大压应力 $\dfrac{N}{\varphi A}$（N/mm²），与下列何项数值最为接近？

(A) 18.0   (B) 27.5   (C) 34.3   (D) 38.2

17. 下弦杆选用 ⌐⌐75×5，$A = 13.75\text{cm}^2$，$i_x = 2.16\text{cm}$，$i_y = 3.09\text{cm}$，试问，对地震作用下的下弦杆进行稳定性验算，按应力表达时，其构件上的最大压应力 $\dfrac{N}{\varphi A}$（N/mm²），与下列何项数值最为接近？

(A) 125.5   (B) 114.7   (C) 110.8   (D) 100.4

18. 腹杆选用 L63×5，$A = 6.143\text{cm}^2$，$i_{min} = 1.25\text{cm}$，试问，对地震作用下的腹杆进行稳定性验算，其构件能承担的最大轴心压力设计值 N（kN），与下列何项数值最为接近？

(A) 28   (B) 30

(C) 35   (D) 41

【题 19～21】 某无积灰的石棉水泥波形瓦屋面，设计使用年限为 50 年，屋面坡度 1/2.5，普通单跨简支槽钢檩条如图 1-6 所示，跨度为 6m，跨中设一道拉条，檩条水平投影间距 0.75m。石棉水泥瓦（含防水层等）沿坡屋面的标准值为 0.40kN/m²，檩条(含拉条、支撑)的自重为 0.1kN/m，屋面均布活荷载的水平投影标准

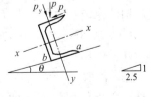

图 1-6

值为 $0.50kN/m^2$。钢材用 Q235。檩条选用热轧槽钢[10，$I_x = 173.9cm^4$，$W_x = 34.8cm^3$，$W_{ymax} = 14.2cm^3$，$W_{ymin} = 6.5cm^3$，$i_x = 3.99cm$，$i_y = 1.37cm$。

提示：按《建筑结构可靠性设计统一标准》GB 50068—2018 作答。

19. 檩条跨中截面 a 点进行抗弯强度验算时，其应力值（N/mm^2），与下列何项数值最为接近？

提示：截面等级满足 S3 级。

(A) 185   (B) 175   (C) 165   (D) 155

20. 檩条跨中截面 b 点进行抗弯强度验算时，其应力值（N/mm^2），与下列何项数值最为接近？

提示：截面等级满足 S3 级。

(A) 85   (B) 90   (C) 95   (D) 100

21. 试问，垂直于屋面方向的挠度（mm），与下列何项数值最为接近？

(A) 30   (B) 35   (C) 40   (D) 45

【题 22、23】 某轴心受压箱形柱，其外围尺寸为 $300mm \times 300mm$，板厚 45mm，如图 1-7 所示。若采用单边 V 形坡口部分焊透的对接焊缝连接，坡口角 $\alpha = 45°$，钢材用 Q235B、E43 型焊条、手工焊。焊缝质量等级为二级。柱截面特性：$A = 45900mm^2$，$I_x = 513 \times 10^6 mm^4$。

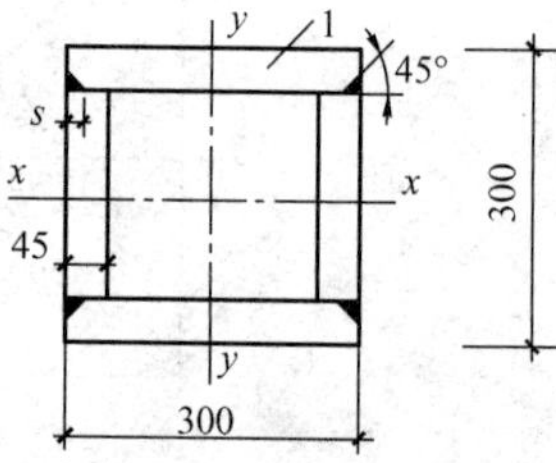

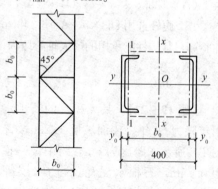

图 1-7

22. 试问，其焊缝抗剪强度设计值（N/mm^2），与下列何项数值最为合理？

(A) 205   (B) 200   (C) 160   (D) 144

23. 若取 $s = 15mm$，对焊缝强度验算时，试问，焊缝的剪应力（N/mm^2），与下列何项数值最为接近？

(A) 15.1   (B) 18.1   (C) 25.6   (D) 28.4

【题 24～29】 某格构式单向压弯柱，采用 Q235 钢，柱高 6m，两端铰接，无侧移，在柱高中点沿虚轴 x 方向有一侧向支撑，截面无削弱。柱顶静力荷载设计值：轴心压力 $N = 600kN$，弯矩 $M_x = \pm150kN \cdot m$，柱底无弯矩，如图 1-8 所示。柱肢选用[25b，$A_1 = 3991 mm^2$，$I_y = 3.619 \times 10^7 mm^4$，$i_y = 95.2mm$，$I_1 = 1.96 \times 10^6 mm^4$，$i_1 = 22.2mm$，$y_0 = 19.9mm$。斜缀条选用单角钢 L45×4，$A_d = 349mm^2$，$i_{min} = 8.9mm$。

整个格构式柱截面特性：$A = 2A_1 = 2 \times 3991$，$I_x = 2.628 \times 10^8 mm^4$，$i_x = 181.4mm$。

24. 试问，该压弯柱在弯矩作用平面内的轴心受压构件稳定系数 φ_x，与下列何项数值最为接近？

(A) 0.908   (B) 0.882

(C) 0.876   (D) 0.918

25. 若取 $\varphi_x = 0.900$，$N'_{EX} = 10491kN$，该压弯柱在弯矩作用平面内的稳定性验算时，其构件上的最大压应力（N/mm^2），与下列何项数值最为接近？

图 1-8

（A）156　　　　（B）162　　　　（C）178　　　　（D）183

26. 对该压弯柱的分肢稳定性验算时，分肢上的最大压应力（N/mm²），与下列何项数值最为接近？

（A）193　　　　（B）197　　　　（C）201　　　　（D）208

27. 对该压弯柱进行强度验算时，其构件上的最大压应力（N/mm²），与下列何项数值最为接近？

（A）189.3　　　（B）193.1　　　（C）206.5　　　（D）211.4

28. 试问，一根斜缀条承受的轴压力设计值（kN），与下列何项数值最为接近？

（A）16.3　　　　（B）15.2　　　　（C）14.3　　　　（D）17.7

29. 斜缀条进行轴心受压稳定性验算时，其稳定承载力设计值（kN），与下列何项数值最为接近？

提示： 斜缀条与柱肢连接无节点板。

（A）42.3　　　　（B）48.5　　　　（C）52.4　　　　（D）61.7

【题30、31】　某带壁柱墙，截面尺寸如图1-9所示，采用烧结普通砖 MU10，M5 水泥混合砂浆砌筑，砌体施工质量控制等级为 B 级。墙上支承截面尺寸为 200mm×500mm 的钢筋混凝土大梁，梁端埋置长度 370mm。已知梁端支承压力设计值为 75kN，上部轴向力的设计值为 170kN。结构安全等级为二级。

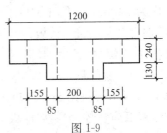

图 1-9

30. 对梁端支承处砌体的局部受压承载力验算，$\psi N_0 + N_1 \leqslant \eta \gamma f A_1$ 的计算值，左右端项与下列何项数值最为接近？

（A）80kN＞65kN　　（B）75kN＞68kN　　（C）90kN＞65kN　　（D）70kN＞68kN

31. 若梁端下设置预制混凝土垫块 370mm×370mm×180mm，且符合刚性垫块的要求，φ 值与下列何项数值最为接近？

（A）0.54　　　　（B）0.62　　　　（C）0.68　　　　（D）0.76

【题32、33】　某单层单跨无吊车厂房采用装配式无檩体系屋盖，其纵横承重墙采用 MU10 烧结普通砖，车间长 30.6m，两端设有山墙，每边山墙上设有 4 个 240mm×240mm 构造柱如图1-10所示。自基础顶面起算墙高 3.6m，壁柱为 370mm×250mm，墙

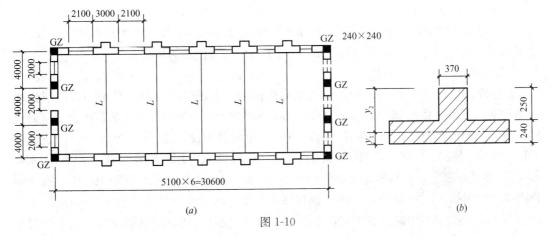

(a)　　　　　　　　　　　　　　(b)

图 1-10

厚240mm，M7.5混合砂浆。门洞高度为2.7m，窗洞高度为2.1m。砌体施工质量控制等级为B级。

32. 该带壁柱墙的高厚比的验算值，$\beta \leqslant \mu_1 \mu_2 [\beta]$，其左右端项，与下列何项数值最接近？

提示：$b_f = 3000\text{mm}$，$i = 176\text{mm}$；$b_f = 2770\text{mm}$，$i = 106\text{mm}$

(A) $\beta = 8 < 22$　　　　　　　　(B) $\beta = 9 < 22$

(C) $\beta = 8 < 26$　　　　　　　　(D) $\beta = 9 < 26$

33. 该厂房山墙的高厚比验算，$\beta \leqslant \mu_1 \mu_2 [\beta]$，其左右端项，与下列何项数值最为接近？

(A) $\beta = 17.04 < 22.7$　　　　　(B) $\beta = 15.0 < 22.7$

(C) $\beta = 15.0 < 20.8$　　　　　(D) $\beta = 16.7 < 27.6$

【题34～36】 某钢筋混凝土挑梁埋置于T形截面的墙体中，尺寸如图1-11所示。挑梁截面尺寸 $b \times h_b = 240\text{mm} \times 300\text{mm}$，采用C20混凝土。挑梁上、下墙厚均为240mm，采用MU10烧结普通砖，M5混合砂浆砌筑。楼板传给挑梁的荷载标准值为：恒载 $F_k = 4.5\text{kN}$，$g_{1k} = g_{2k} = 10\text{kN/m}$；活荷载 $q_{1k} = 8.3\text{N/m}$。挑梁自重为 1.8kN/m，挑出部分自重为 1.35kN/m。砌体施工质量控制等级B级，设计使用年限为50年，结构安全等级二级。墙体自重为 19kN/m^3。

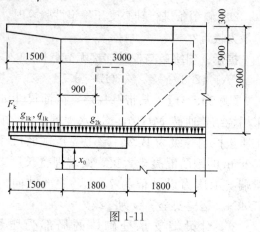

图 1-11

提示：按《建筑结构可靠性设计统一标准》GB 50068—2018 作答。

34. 楼层挑梁下砌体的局部受压承载力验算，N_l（kN）$\leqslant \eta \gamma f A_l$（kN），其左右端项，与下列何项数值最为接近？

(A) $87 < 136$　　(B) $93 < 136$　　(C) $85 < 113$　　(D) $91 < 113$

35. 假定在楼层挑梁上无门洞，楼层挑梁的承载力计算时，其最大弯矩设计值 M_{max}（kN·m）、最大剪力设计值 V_{max}（kN），与下列何项数值最为接近？

(A) $M_{max} = 57$；$V_{max} = 47$　　　　(B) $M_{max} = 45$；$V_{max} = 47$

(C) $M_{max} = 57$；$V_{max} = 43$　　　　(D) $M_{max} = 45$；$V_{max} = 43$

36. 假定在楼层挑梁上有一门洞 $b \times h = 0.8\text{m} \times 2.1\text{m}$，如图1-11中虚线所示，试问，楼层挑梁的抗倾覆力矩设计值（kN·m），与下列何项数值最为接近？

(A) 18　　　　(B) 20　　　　(C) 26　　　　(D) 30

【题37、38】 某配筋砌块砌体抗震墙高层房屋，抗震等级二级，其中一根配筋砌块砌体连梁，截面尺寸 $b \times h = 190\text{mm} \times 600\text{mm}$，净跨 $l_n = 1200\text{mm}$，承受地震组合下（内力调整后）的跨中弯矩设计值 $M = 72.04\text{kN·m}$，梁端剪力设计值 $V_b = 79.8\text{kN}$。砌块采用MU15单排孔混凝土砌块，Mb15混合砂浆，对孔砌筑，用Cb25灌孔（$f_c = 11.9\text{N/mm}^2$），灌孔混凝土面积与砌体毛面积的比值 $\alpha = 0.245$。纵向钢筋用HRB400级，箍筋用HPB300级钢筋（$f_{yv} = 270\text{N/mm}^2$）。砌体施工质量控制等级为B级。取 $a_s = 35\text{mm}$。

37. 该配筋砌块砌体连梁的纵向受力钢筋对称配置时，其下部纵筋配置，与下列何项数值最接近?

提示：混凝土截面受压区高度 $x<2a'_s$。

(A) 2 ⚿14　　　(B) 2 ⚿16　　　(C) 2 ⚿18　　　(D) 2 ⚿20

38. 该配筋砌块砌体连梁的抗剪箍筋配置，与下列何项数值最为接近?

提示：$f_g=6.0MPa$；该连梁截面条件满足规范要求。

(A) 2Φ8@100　　(B) 2Φ10@100　　(C) 2Φ12@100　　(D) 2Φ12@200

【题 39】 采用西北云杉原木制作轴心受压柱，原木梢径为 100mm，长为 3.0m，两端铰接，柱中点有一个 $d=18mm$ 的螺栓孔，设计使用年限为 25 年，结构重要性系数 $\gamma_0=0.95$。试问，稳定验算时，其能承受的最大轴心压力设计值 (kN)，与下列何项数值最为接近?

(A) 36.8　　　(B) 32.3　　　(C) 29.7　　　(D) 28.2

【题 40】 某木屋架下弦接头节点如图 1-12 所示，采用 Q235 钢材的钢夹板连接，木材顺纹承压强度设计值 $f_c=12N/mm^2$，抗拉强度设计值 $f_t=8.0N/mm^2$。单个螺栓的每个剪面的承载力参考设计值为 8.4kN。杆轴心拉力设计值 $N=75kN$，试问，当采用 $\phi20$ 的 C 级普通螺栓（钢材为 Q235）时，其接头两侧共需螺栓数目（个），最经济合理的是下列何项?

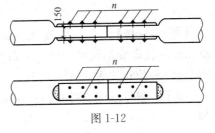

图 1-12

提示：$k_g=0.99$。

(A) 8　　　(B) 10　　　(C) 12　　　(D) 14

（下午卷）

【题 41】 某钻孔灌注桩，桩长 20m，用低应变法进行桩身完整性检测时，发现速度时域曲线上有三个峰值，第一、第三峰值对应的时间刻度分别为 0.2ms 和 10.3ms，初步分析认为该桩存在缺陷。在速度幅频曲线上，发现正常频差为 100Hz，缺陷引起的相邻谐振峰间频差为 180Hz，计算缺陷位置最接近下列何项?

提示：按《建筑基桩检测技术规范》JGJ 106—2014 作答。

(A) 7.1m　　　(B) 10.8m　　　(C) 11.0m　　　(D) 12.5m

【题 42、43】 某地下消防水池采用钢筋混凝土结构，其底部位于较完整的中风化泥岩上，外包平面尺寸为 6m×6m，顶面埋深 0.8m，地基基础设计等级为乙级，地基土层及水池结构剖面如图 1-13 所示。

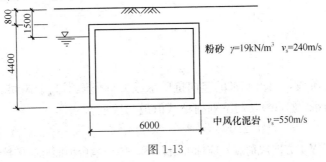

图 1-13

试问：

42. 假定，水池外的地下水位稳定在地面以下 1.5m，粉砂土的重度为 19kN/m³，水池自重 G_k 为 900kN，试问，当水池里面的水全部放空时，水池的抗浮稳定安全系数，与下列何项数值最为接近？

(A) 1.5　　　　(B) 1.3　　　　(C) 1.1　　　　(D) 0.9

43. 拟采用岩石锚杆提高水池抗浮稳定安全度，假定，岩石锚杆的有效锚固长度 l＝2.4m，锚杆孔径 d_1＝150mm，砂浆与岩石间的粘结强度特征值为 200kPa，要求所有抗浮锚杆提供的荷载效应标准组合下上拔力特征值为 650kN。试问，满足锚固体粘结强度要求的全部锚杆最少数量（根），与下列何项数值最为接近？

提示：按《建筑地基基础设计规范》GB 50007—2011 作答。

(A) 4　　　　(B) 5　　　　(C) 6　　　　(D) 7

【题 44～46】　某主要受风荷载作用的框架结构柱，桩基承台下布置有 4 根 d＝500mm 的长螺旋钻孔灌注桩。承台及其以上土的加权平均重度 γ＝20kN/m³。承台的平面尺寸、桩位布置等如图 1-14 所示。取 γ_0＝1.0。

提示：根据《建筑桩基技术规范》JGJ 94—2008 作答。

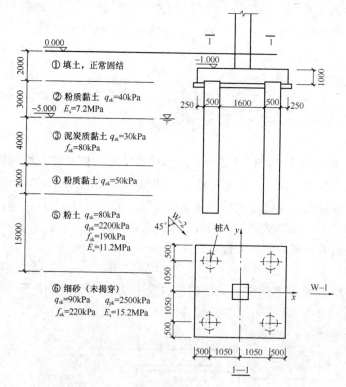

图 1-14

44. 初步设计阶段，要求基桩的竖向抗压承载力特征值不低于 600kN。试问，基桩进入⑤层粉土的最小深度（m），与下列何项数值最为接近？

(A) 1.5　　　　(B) 2.0　　　　(C) 2.5　　　　(D) 3.5

45. 假定，在 W-1 方向风荷载效应标准组合下，传至承台顶面标高的控制内力为：竖向力

$F_k = 680$kN，弯矩 $M_{xk} = 0$，$M_{yk} = 1100$kN·m，水平力可忽略不计。试问，为满足承载力要求，所需单桩竖向抗压承载力特征值 R_a（kN）的最小值，与下列何项数值最为接近？

(A) 360   (B) 450   (C) 530   (D) 600

46. 假定，在 W-2 方向风荷载效应标准组合下，传至承台顶面标高的控制内力为：竖向力 $F_k = 560$kN，弯矩 $M_{xk} = M_{yk} = 800$kN·m，水平力可忽略不计。试问，基桩 A 所受的竖向力标准值（kN），与下列何项数值最为接近？

(A) 150（受压）   (B) 300（受压）

(C) 150（受拉）   (D) 300（受拉）

【题 47】 下列关于地基基础设计的论述，何项不正确？

(A) 当基岩面起伏较大，且都使用岩石地基时，同一建筑物可以使用多种基础形式

(B) 处理地基上的建筑物应在施工期间及使用期间进行沉降变形观测

(C) 单柱单桩的人工挖孔大直径嵌岩桩桩端持力层检验，应视岩性检验孔底下 3 倍桩身直径或 5m 深度范围内有无土洞、溶洞、破碎带或软弱夹层等不良地质条件

(D) 低压缩性地基上单层排架结构（柱距为 6m）柱基的沉降量允许值为 120mm

【题 48～51】 某多层住宅墙下条形基础，其埋置深度为 1000mm，宽度为 1500mm，砖墙厚 240mm，钢筋混凝土地梁宽度为 300mm，地基各土层的有关物理特性指标、地基承载力特征值 f_{ak} 及地下水位等见图 1-15 所示。

48. 试问，修正后的基底地基承载力特征值（kPa），与下列何项数值最为接近？

(A) 104.65   (B) 108.80

(C) 114.08   (D) 117.60

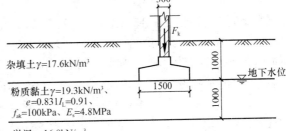

图 1-15

49. 上部砖墙传至地梁顶面的永久作用标准值为 103.4kN/m，可变作用标准值为 23.4kN/m，基础自重和基础上的土重的平均重度为 20kN/m³，试问，相应于荷载标准组合下基础底面的压力 p_k（kPa），与下列何项数值最为接近？

(A) 128.51   (B) 124.56   (C) 104.53   (D) 97.87

50. 试问，淤泥土层顶面处经深度修正后的地基承载力特征值 f_{az}（kPa），与下列何项数值最为接近？

(A) 66.73   (B) 69.23   (C) 80.18   (D) 87.68

51. 假定 $p_k = 98.6$kPa，试问，软弱下卧层（淤泥）顶面处相应于作用的标准组合时的附加压力值与土的自重压力之和 $p_z + p_{cz}$（kPa），与下列何项数值最为接近？

(A) 64.92   (B) 72.67   (C) 78.63   (D) 88.65

【题 52～54】 某建造在抗震设防区的多层框架结构房屋，其柱下独立基础尺寸为 2.8m×3.2m，如图 1-16 所示。作用在基础顶面处的相应于地震作用的标准组合值为：$F_k = 1200$kN，$V_k = 180$kN，$M_k = 600$kN·m。基础及其底面以上土的加权平均重度 $\gamma_G = 20$kN/m³。

52. 该地基抗震承载力特征值 f_{aE}（kPa），与下列何项数值最为接近？

(A) 346 (B) 354
(C) 266 (D) 260

53. 该地基基底与地基土之间零应力区的长度（m），与下列何项数值最为接近？

(A) 0.056 (B) 0.065
(C) 0.085 (D) 0.095

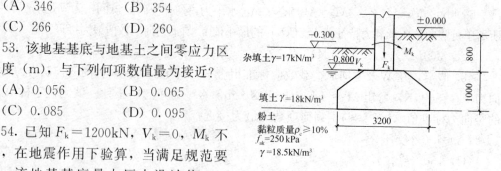

图 1-16

54. 已知 $F_k=1200kN$，$V_k=0$，M_k 不为零，在地震作用下验算，当满足规范要求时，该地基基底最大压力设计值 p_{max}（kPa），不应大于下列何项数值？

(A) 305.8 (B) 315.1 (C) 369.2 (D) 414.3

【题 55】 某均质黏性土场地采用旋喷桩复合地基，采用正方形布桩，桩径为 500mm，桩距为 1.0m，桩长为 12m，桩体抗压强度 $f_{cu}=5.5MPa$，场地土层 $q_{si}=15kPa$，$f_{sk}=140kPa$，单桩承载力发挥系数 $\lambda=0.8$，桩间土承载力发挥系数 $\beta=0.4$，桩端端阻力发挥系数 $\alpha_p=1.0$。已知 $R_a=f_{cu}A_p/(4\lambda)=337kN$。试问，该复合地基承载力 f_{spk}（kPa），与下列何项数值最为接近？

(A) 355 (B) 315 (C) 290 (D) 260

【题 56】 某地区标准冻结深度为 1.8m，地基由均匀碎石土组成，其粒径小于 0.075mm 颗粒含量大于 15%。场地位于城市市区，该城市市区人口为 60 万人。冻土层内冻前天然含水量的平均值为 16%，冻结期间地下水位距冻结面的最小距离为 1.5m。试问，该地区的基础设计冻结深度 z_d（m），与下列何项数值最为接近？

(A) 2.16 (B) 2.27 (C) 2.39 (D) 2.52

【题 57、58】 某拟建一幢 28m 钢筋混凝土框架结构房屋，地面粗糙度为 B 类，当地 100 年重现期的基本风压 $w_0=0.60kN/m^2$；50 年重现期的基本风压 $w_0=0.50kN/m^3$。房屋平面长×宽＝25m×14m，迎风面宽度为 14m，采用玻璃幕墙作为围护结构，其从属面积大于 $25m^2$。设计使用年限为 100 年。

提示：按《工程结构通用规范》GB 55001—2021 作答。

57. 当按承载能力设计时，高度 28m 处迎风面幕墙围护结构的风荷载标准值（kN/m²），与下列何项数值最为接近？

(A) 1.04 (B) 1.10
(C) 1.15 (D) 1.30

58. 当按承载能力设计时，$\mu_z=1.40$，$\beta_{gz}=1.65$。高度 28m 处背风面幕墙围护结构的风荷载标准值（kN/m²），与下列何项数值最为接近？

(A) −0.63 (B) −0.78
(C) −0.84 (D) −0.92

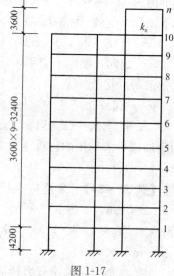

图 1-17

【题 59~61】 某 10 层现浇钢筋混凝土框架结构房屋，丙类建筑，剖面如图 1-17 所示，其抗震设防烈度为

7度（0.10g），设计地震分组为第二组，Ⅱ类场地。质量和刚度沿高度分布较均匀，屋面有局部突出的小塔楼。已知结构的基本自振周期 $T_1 = 1.0\text{s}$，各层的重力荷载代表值分别为：$G_1 = 15000\text{kN}$，$G_{10} = 0.8G$，$G_n = 0.08G_1$，第二层至第九层重力荷载代表值均为 $0.9G_1$。小塔楼的侧向刚度与主体结构的层侧向刚度之比 $K_n/K = 0.01$。

提示： 按《建筑与市政工程抗震通用规范》GB 55002—2021 作答。

59. 该结构底部水平剪力标准值（kN），与下列何项数值最为接近？

(A) 4064　　　　(B) 4212　　　　(C) 3865　　　　(D) 3715

60. 假定 $F_{Ek} = 4500\text{kN}$，主体结构顶层附加水平地震作用标准值 ΔF_n（kN），与下列何项数值最为接近？

(A) 366　　　　(B) 386　　　　(C) 405　　　　(D) 325

61. 假定 $F_{Ek} = 4500\text{kN}$，已计算得知，$\sum\limits_{j=1}^{n} G_j H_j = 183.58 G_1$，试问，小塔楼底部的地震弯矩设计值 M_n（kN·m），与下列何项数值最为接近？

(A) 1200　　　　(B) 1300　　　　(C) 1400　　　　(D) 1500

【题62】 某钢筋混凝土剪力墙结构高层建筑，抗震设防烈度为8度，剪力墙抗震等级为一级，其底层某剪力墙墙肢截面如图1-18所示，经计算知，其轴压比为0.25，其边缘构件纵向钢筋为构造配筋，试问，下列何项配筋面积（mm²）与规范、规程的规定最为接近？

(A) 2856　　　　(B) 2520　　　　(C) 2350　　　　(D) 1609

【题63】 某现浇高层钢筋混凝土框架结构房屋，抗震等级为二级，其中一框架梁截面尺寸 $b \times h = 250\text{mm} \times 550\text{mm}$，梁净跨 $l_n = 7.2\text{m}$，梁左右两端截面考虑地震作用组合的最不利弯矩设计值：逆时针方向，$M_b^r = +175\text{kN·m}$，$M_b^l = -420\text{kN·m}$；顺时针方向，$M_b^r = -360\text{kN·m}$，$M_b^l = +210\text{kN·m}$。重力荷载代表值产生的剪力设计值 $V_{Gb} = 130\text{kN}$，采用C30混凝土，纵向受力钢筋采用HRB400级，箍筋采用HPB300级，框架梁梁端配筋形式如图1-19所示。试问，框架梁梁端箍筋加密区的箍筋配置 A_{sv}/s（mm²/mm），为下列何项数值时，才能满足要求且较为经济合理？

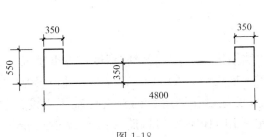
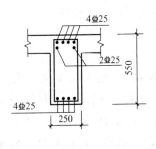

图1-18　　　　　　　　　　　　　　　　图1-19

提示： 梁抗剪截面条件满足规程要求；单排 $a_s = a_s' = 35\text{mm}$；双排，$a_s = a_s' = 60\text{mm}$。

(A) 0.94　　　　(B) 0.83　　　　(C) 1.01　　　　(D) 1.57

【题64、65】 某10层钢筋混凝土框架结构，抗震设防烈度8度，设计基本地震加速度为0.2g，首层层高为4.5m，其余各层层高均为4m。在多遇地震下进行结构水平位移计算，经计算得知，第 10 层的弹性水平位移 $\delta_{10} = 61\text{mm}$，第 9 层的弹性水平位移 $\delta_9 = 53\text{mm}$，第二层的弹性水平位移 $\delta_2 = 18\text{mm}$，第一层的弹性水平位移 $\delta_1 = 10\text{mm}$。在罕遇地震作用下，第二层的弹性水平位移 $\delta_2 = 24\text{mm}$，第一层的弹性水平位移 $\delta_1 = 12\text{mm}$。已知第 1 层楼层屈服强度系数 $\xi_y = 0.4$，该值是相邻上层该系数平均值的 0.9 倍。

64. 第 10 层的弹性层间位移与层高之比 $\Delta u/h$ 与规程规定的限值 $[\Delta u/h]$ 之比值，与下列何项数值最为接近？

(A) 0.91 　　　　 (B) 1.04 　　　　 (C) 0.86 　　　　 (D) 1.10

65. 罕遇地震作用下，第 1 层的弹塑性层间位移角 $\theta_{p,1}$ 与规程规定的角限值之比值，与下列何项数值最为接近？

(A) 0.27 　　　　 (B) 0.22 　　　　 (C) 0.30 　　　　 (D) 0.34

【题 66～68】 建于 7 度抗震设防烈度区，某带裙房的高层建筑如图 1-20 所示，地基土较均匀，中等压缩性，采用筏形基础。

提示：① 裙房与主楼可分开考虑；

　　　② 按《高层建筑混凝土结构技术规程》JGJ 3—2010 作答。

66. 假定地下室采用剪力墙结构，主楼与裙房的地下室不分开，试问，当考虑伸缩缝，设置施工后浇带时，后浇带的设置数量（条），至少应与下列何项数值最为接近？

(A) 1 　　　　　　 (B) 2

(C) 3 　　　　　　 (D) 4

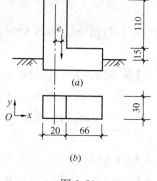

图 1-20

(a) 立面图；(b) 平面图

67. 水平地震作用沿 y 方向，考虑地震作用下偶然偏心的影响时，主楼楼层每层质心沿垂直于 x 方向的偏移值 e_1（m）可取下列何项数值？

(A) 0.333 　　　 (B) 0.5 　　　 (C) 0.775 　　　 (D) 1.0

68. 假定重力荷载代表值不考虑偏心，按地震作用的标准组合主楼基底轴向压力 $N_k = 210000\text{kN}$，试问，沿裙楼方向（x 方向）地震作用的标准组合弯矩值 M_k（kN·m），不宜超过下列何项数值？

(A) 2.1×10^5 　　　　　　　　　 (B) 10.5×10^5

(C) 4.5×10^5 　　　　　　　　　 (D) 7.0×10^5

【题 69】 某 54m 的底部大空间剪力墙结构，7 度抗震设防烈度，丙类建筑，设计基本地震加速度为 $0.15g$，场地类别为 Ⅱ 类。底层结构采用 C50 混凝土，其他层为 C30 混凝土，框支柱截面为 800mm×900mm，考虑地震作用组合的框支柱轴压力设计值 $N = 13300\text{kN}$，沿柱全高配复合螺旋箍，箍筋采用 HPB300 级钢筋（$f_{yv} = 270\text{N/mm}^2$），直径 Φ12，间距 100mm，肢距 200mm。已知框支柱剪跨比大于 2.0。试问，框支柱箍筋加密区的最小体积配箍率（%），与下列何项数值最为接近？

(A) 1.87 　　　　 (B) 1.65 　　　　 (C) 1.50 　　　　 (D) 1.45

【题 70】 下列对于空间网络结构的支座节点的选用的叙述，不正确的是何项？

提示：按《空间网格结构技术规程》JGJ 7—2010 作答。

（A）温度应力变化较大且下部支承结构刚度较大的大跨度网格结构可选用双面弧形压力支座

（B）中、小跨度的网格结构可选用平板压力支座、可滑动铰支座

（C）要求沿单方向转动的中、小跨度的网格结构可选用单面弧形压力支座

（D）多点支承、有抗震要求的大跨度的网格结构可选用球铰压力支座

【题 71、72】 某高层钢框架结构房屋，抗震等级为二级，钢柱采用箱形截面□500×500×24，其柱脚采用埋入式柱脚，所在楼层层高为 4800mm。已知钢柱截面的 $M_{pc}=4500\text{kN}\cdot\text{m}$。钢材采用 Q345 钢。

提示：按《高层民用建筑钢结构技术规程》作答：

试问：

71. 假定，基础混凝土采用 C30（$f_{ck}=20.1\text{N/mm}^2$），试问，柱脚埋置深度 h_B（m），最经济合理的是下列何项？

（A）1.0　　　（B）1.25　　　（C）1.50　　　（D）1.75

72. 假定，柱脚埋置深度 $h_B=2.0\text{m}$，当仅满足柱脚全塑性抗剪承载力要求时，基础混凝土的强度等级应满足下列何项？

（A）≤C55（$f_{ck}=35.5\text{N/mm}^2$）　　　（B）≤C50（$f_{ck}=32.4\text{N/mm}^2$）

（C）≤C45（$f_{ck}=29.6\text{N/mm}^2$）　　　（D）≤C40（$f_{ck}=26.8\text{N/mm}^2$）

【题 73、74】 某钢筋混凝土通信塔，塔高度 $H=180\text{m}$（不包括天线高度），在风荷载标准值、多遇地震作用标准值的作用下，按线性分析时，塔顶的水平位移值，见表 1-1。已知基础倾斜 $\tan\theta=0.001$。

塔顶水平位移值（m）　　　　　　　　　　　　　表 1-1

工况	截面刚度 $0.85E_cI_c$	截面刚度 $0.65E_cI_c$
风荷载	0.66	0.86
多遇地震作用	0.32	0.42

提示：按《高耸结构设计标准》GB 50135—2019 作答。

试问：

73. 以风为主的荷载标准组合下，塔顶的水平位移角与下列何项数值最为接近？

（A）$\dfrac{1}{273}$　　　（B）$\dfrac{1}{214}$　　　（C）$\dfrac{1}{209}$　　　（D）$\dfrac{1}{175}$

74. 以多遇地震为主的标准组合下，塔顶的水平位移角，与下列何项数值最为接近？

（A）$\dfrac{1}{123}$　　　（B）$\dfrac{1}{141}$　　　（C）$\dfrac{1}{195}$　　　（D）$\dfrac{1}{233}$

【题 75～77】 7×20.0m 的先简支后桥面连续的公路桥梁，如图 1-21 所示，桥宽 12m，双向行驶汽车荷载为公路-Ⅰ级，采用双柱式加盖梁的柔性桥墩，各墩高度均示于图中，每个墩柱直径 $D=1.2\text{m}$，C25 混凝土（$E_c=2.85\times10^7\text{kN/m}^2$），混凝土线膨胀系数 $\alpha=1\times10^{-5}$。板式橡胶支座的参数：在桥墩上为双排布置，每墩共 28 个，在桥台上为单排布置，每座桥台上共 14 个，每个支座承压面积的直径 $D_{支}=0.2\text{m}$，橡胶层厚度为 4cm，剪切模量 $G_e=1.1\text{MPa}$。为简化计算，梁体刚度视作不产生变形的刚体。

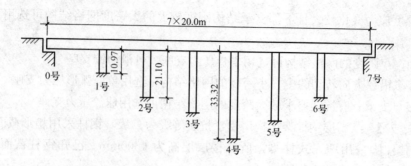

图 1-21

提示：按《公路桥涵设计通用规范》JTG D60—2015 及《公路钢筋混凝土及预应力混凝土桥涵设计规范》JTG 3362—2018 解答。

75. 0 号桥台、1 号桥墩的组合抗推刚度 K_{z0} （kN/m）、K_{z1} （kN/m），与下列何项数值最为接近？

(A) 12090；8610   (B) 12090；8530

(C) 11010；8610   (D) 11010；8530

76. 若整桥墩（台）的组合抗推刚度 $\Sigma K_{zi}=37831.3kN/m$，试问，1 号桥墩分配到的汽车制动力 F_{bk} （kN），与下列何项数值最为接近？

(A) 35   (B) 40   (C) 48   (D) 65

77. 当温度下降 25℃时，1 号桥所承受的水平温度影响力标准值（kN），与下列何项数值最为接近？

提示：$K_{z0}=12094.5kN/m$，$K_{z1}=8609.2kN/m$，$K_{z2}=1721.2kN/m$，$K_{z3}=659.6kN/m$，$K_{z4}=461.6kN/m$，$K_{z5}=565.2kN/m$，$K_{z6}=1624.8kN/m$，$K_{z7}=12094.5kN/m$。

(A) 85.6   (B) 89.4   (C) 96.5   (D) 98.6

【题 78】 下述关于影响斜板桥受力的因素的见解，下列何项是正确的？说明理由。

(A) 斜交角、板的横截面形式及宽跨比

(B) 斜交角、板的横截面形式及支承形式

(C) 斜交角、宽跨比及支承形式

(D) 宽跨比、支承形式及板的横截面形式

【题 79】 某一桥梁上部结构为三孔钢筋混凝土连续梁，试判定在图 1-22 中，下列何项是该梁 BC 跨跨中 F 截面的剪力影响线？

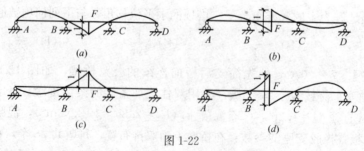

图 1-22

提示：只需定性判断。

(A) 图 (a)   (B) 图 (b)   (C) 图 (c)   (D) 图 (d)

16

【题 80】 某公路简支桥梁采用先张法预应力混凝土空心板梁，计算跨径为 9.5m，其截面如图 1-23 所示，空心板跨中截面弯矩标准值为：恒载作用 $M_{Gk}=300\text{kN}\cdot\text{m}$，汽车荷载（含冲击系数）$M_{qk}=160\text{kN}\cdot\text{m}$，人群荷载 $M_{rk}=22.8\text{kN}\cdot\text{m}$。汽车荷载冲击系数 $\mu=0.215$。该预应力空心板中预应力钢筋截面面积 $A_p=$

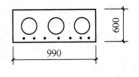

图 1-23

1017mm^2，非预应力钢筋截面面积 $A_s=1272\text{mm}^2$，采用 C40 混凝土（$f_{tk}=2.4\text{MPa}$）。该空心板换算为工字形截面后的截面特性为：$A_0=3.2\times10^5\text{mm}^2$，$I_{cr}=3.6\times10^9\text{mm}^4$，$I_0=1.74\times10^{10}\text{mm}^4$，中性轴至下翼缘距离为 310mm，至下翼缘距离为 290mm，$S_0=3.2\times10^7\text{mm}^3$，预应力筋合力至中性轴的距离为 250mm。假定预应力钢筋重心处的混凝土法向应力为零时，预应力筋的预应力值 $\sigma_{p0}=650\text{N/mm}^2$。试问，该预应力空心板的开裂弯矩（$\text{kN}\cdot\text{m}$），与下列何项数值最为接近？

（A）440   （B）410   （C）320   （D）350

提示：按《公路钢筋混凝土及预应力混凝土桥涵设计规范》JTG 3362—2018 解答。

实战训练试题 (二)

(上午卷)

【题1】 某简支墙梁的托梁，计算跨度 $l_0 = 5.1\text{m}$，截面尺寸 $b \times h = 300\text{mm} \times 450\text{mm}$，承受轴向拉力设计值 $N = 950\text{kN}$，跨中截面弯矩设计值 $M = 90\text{kN} \cdot \text{m}$。托梁采用 C30 混凝土，纵向受力钢筋采用 HRB400 级钢筋。结构安全等级为二级，取 $a_s = a_s' = 40\text{mm}$。试问，非对称配筋时，托梁的纵筋截面面积 A_s（mm^2）、A_s'（mm^2），与下列何项数值最接近？

(A) 2700；310   (B) 2900；450   (C) 2000；644   (D) 2400；800

【题2~4】 某无梁楼板，柱网尺寸 $7.5\text{m} \times 7.5\text{m}$，板厚 200mm，中柱截面尺寸 $600\text{mm} \times 600\text{mm}$，恒载标准值 $g_k = 6.0\text{kN/m}^2$，活载标准值 $q_k = 3.5\text{kN/mm}^2$，选用 C30 混凝土，选用 HPB300 钢筋。在距柱边 700mm 处开有 $700\text{mm} \times 500\text{mm}$ 的孔洞（图 2-1）。环境类别为一类，设计使用年限为 50 年，结构安全等级为二级。$a_s = 20\text{mm}$。

提示：按《建筑结构可靠性设计统一标准》GB 50068—2018 作答。

2. 若楼板不配置抗冲切钢筋，柱帽周边楼板的受冲切承载力设计值（kN），与下列何项数值最为接近？

提示：不扣除洞口面积内荷载。

(A) 495   (B) 515

(C) 530   (D) 552

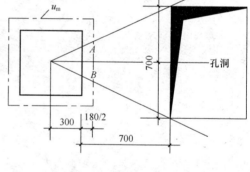

图 2-1

3. 若采用箍筋作为抗冲切钢筋，试问，所需箍筋截面面积（mm^2），与下列何项数值最为接近？

(A) 2450   (B) 1900   (C) 1650   (D) 1200

4. 配筋冲切破坏锥体以外截面受冲切承载力验算时，经计算知该冲切破坏锥体承载力的集中反力设计值为 660kN，试问，该配筋冲切破坏锥体的受冲切承载力设计值（kN），与下列何项数值最为接近？

提示：$\eta_1 = 1.0$。

(A) 700   (B) 750   (C) 850   (D) 950

【题5】 下列乙类建筑中，何项建筑是属于允许按本地区抗震设防烈度的要求采取抗震措施？说明理由。

(A) 二级医院的门诊楼   (B) 幼儿园的教学用房

(C) 某些工矿企业的水泵房   (D) 中小型纪念馆建筑

【题6】 某一沿周边均匀配置钢筋的环形截面梁，其外径 $r_2 = 200\text{mm}$，内径 $r_1 = $

130mm，钢筋位置的半径 $r_s = 165$mm。用 C25 混凝土，HRB400 级钢筋，梁的纵向钢筋配置 8 ⌀ 16（$A_s = 1608$mm²）。结构安全等级为二级，环境类别为一类。试问，该梁所能承受的基本组合弯矩设计值（kN·m），与下列何项数值最为接近？

提示：$\arccos\left(\dfrac{2r_1}{r_1 + r_2}\right)\Big/\pi = 0.211$。

(A) 90　　　　　　(B) 62　　　　　　(C) 70　　　　　　(D) 82

【题 7～9】 某装配整体式单跨简支叠合梁，结构完全对称，计算跨度 $l_0 = 5.8$m，净跨径 $l_n = 5.8$m，采用钢筋混凝土叠合梁和预制板方案，叠合梁截面如图 2-2 所示，梁宽 $b = 250$mm，预制梁高 $h_1 = 450$mm，$b_f' = 500$mm，$h_f' = 120$mm，混凝土采用 C30；叠合梁高 $h = 650$mm，叠合层混凝土采用 C35。受拉纵向钢筋采用 HRB400 级、箍筋采用 HPB300 级钢筋。施工阶段不加支撑。第一阶段预制梁、板及叠合层自重标准值 $q_{1Gk} = 12$kN/m，施工阶段活荷载标准值 $q_{1Qk} = 10$kN/m；第二阶段，因楼板的面层、吊顶等传给该梁的恒载标准值 $q_{2Gk} = 8$kN/m，使用阶段活荷载标准值 $q_{2Qk} = 12$kN/m。取 $a_s = 40$mm。设计使用年限为 50 年，结构安全等级为二级。

提示：按《建筑结构可靠性设计统一标准》GB 50068—2018 作答。

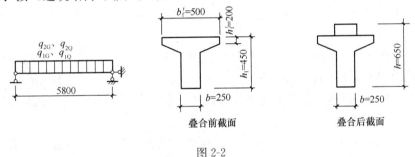

图 2-2

7. 施工阶段的第一阶段梁的最大内力设计值 M（kN·m）、V（kN），与下列何项数值最为接近？

(A) $M = 128.7$；$V = 88.7$　　　　　(B) $M = 128.7$；$V = 82.4$

(C) $M = 109.4$；$V = 88.7$　　　　　(D) $M = 109.4$；$V = 82.4$

8. 假定叠合梁满足构造要求，配有双肢箍 ⌀ 8@150，试问，叠合面的受剪承载力设计值（kN），与下列何项数值最为接近？

(A) 380　　　　　　(B) 355　　　　　　(C) 275　　　　　　(D) 250

9. 若 $M_{1Gk} = 50.46$kN·m，$M_{2k} = 162$kN·m，$M_{2q} = 140$kN·m，梁底配置纵向受拉钢筋 4 ⌀ 22，试问，预制构件的正截面受弯承载力设计值 M_{1u}（kN·m），及叠合梁的钢筋应力 σ_{sq}（N/mm²），与下列何项数值最为接近？

提示：$\xi_b = 0.518$；第一阶段预制梁正截面受弯为第一类 T 形截面。

(A) $M_{1u} = 173$；$\sigma_{sq} = 295$　　　　　(B) $M_{1u} = 173$；$\sigma_{sq} = 267$

(C) $M_{1u} = 203$；$\sigma_{sq} = 295$　　　　　(D) $M_{1u} = 203$；$\sigma_{sq} = 267$

【题 10～12】 某多层钢筋混凝土框架结构办公楼，抗震等级二级，首层层高 4.2m，其余各层层高为 3.9m，地面到基础顶面 1.1m，柱网 7.5m×7.5m，柱架柱截面尺寸 600mm×600mm，框架梁截面尺寸为 300mm×600mm（y 方向）、300mm×600mm（x 方

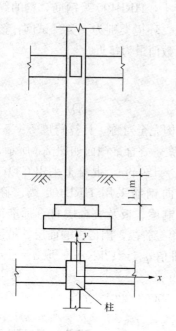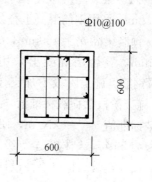

图 2-3

向），如图 2-3 所示。首层某一根中柱，柱底截面在 x 方向地震作用下的荷载与地震作用组合未经调整的内力设计值（已考虑 P-Δ 二阶效应）为：弯矩 M、轴压力 N、剪力 V，受力纵筋采用 HRB400 级，箍筋采用 HRB335 级。柱采用 C30 混凝土，梁采用 C25 混凝土。取 $a_s = a'_s = 40mm$。

10. 假定已考虑侧移影响的该中柱上、下端截面沿 x 方向的地震作用组合下经调整后的弯矩、轴力设计值分别为：$M_1 = -600kN \cdot m$，$N_1 = 2000kN$，$M_2 = 750kN \cdot m$，$N_2 = 2200kN$，试问，该中柱的控制截面的弯矩设计值（$kN \cdot m$），与下列何项数值最为接近，构件的计算长度近似数为 $l_c = 5.3m$。

提示：应考虑 P-δ 效应；$C_m = 0.94$。

(A) 750   (B) 770   (C) 800   (D) 850

11. 已知该中柱的 $N = 2200kN$，未经内力调整的地震组合弯矩设计值 $M = 800kN \cdot m$，采用对称配筋 $A_s = A'_s$，受压区高度 $x = 205mm$，该中柱柱底截面的纵向钢筋配置量 A'_s（mm^2），与下列何项数值最接近？

提示：不需要验算最小配筋率。

(A) 3800   (B) 3500   (C) 3300   (D) 3100

12. 若该中柱柱顶、柱底经内力调整后的弯矩设计值 $M_c^t = 760kN \cdot m$，$M_c^b = 1200kN \cdot m$，$V = 369kN$，反弯点在柱层高范围内，试问，该中柱加密区的箍筋配置量 A_{sv}/s（mm^2/mm），下列何项数值最能满足要求？

提示：$0.3 f_c A = 1544.4 \times 10^3 N$；体积配筋率满足规范要求。

(A) 1.48   (B) 2.01   (C) 2.24   (D) 2.38

【题 13】 下列关于预应力混凝土结构的说法，何项是正确的？

(1) 预应力混凝土构件的极限承载力比普通钢筋混凝土构件高

（2）若张拉控制应力 σ_{con} 相同，先张法施工所建立的混凝土有效预压应力比后张法施工低

（3）预应力混凝土构件的抗疲劳性能比普通钢筋混凝土构件好

（4）由于施加了预应力，提高了抗裂度，故预应力混凝土构件在使用阶段是不开裂的

（A）（1）、（2）　　　　　　　　（B）（2）、（3）

（C）（2）、（3）、（4）　　　　　（D）（1）、（2）、（3）、（4）

【题14】 某建筑位于 8 度抗震设防区，设计基本地震加速度为 0.30g，该建筑上有一长悬挑梁，挑出长度为 7.0m，挑梁上作用永久荷载标准值 $g_k=30$kN/m，楼面活荷载标准值 $q_k=20$kN/m，如图 2-4 所示。排梁端部 A-A 处由竖向地震作用产生的弯矩标准值为 ±120kN·m。设计使用年限为 50 年。试问，挑梁端部 A-A 处最大组合弯矩设计值 M（kN·m），与下列何项数值最为接近？

提示： 按《建筑与市政工程抗震通用规范》GB 55002—2021 作答。

（A）1367　　　　（B）1473　　　　（C）1690　　　　（D）1850

【题15】 某钢筋混凝土梁，如图 2-5 所示，采用 C20 混凝土，纵向受力钢筋采用 HRB335，其配筋：受压区 3Φ18（$A'_{s0}=763$mm²），受拉区 6Φ28（$A_{s0}=3695$mm²）。现加固改造，荷载增加，在荷载的基本组合下的跨中正弯矩 $M=370$kN·m。经计算，原梁设计为超筋梁，其跨中正截面受弯承载力为 276.8kN·m。现采用 C35 混凝土置换进行抗弯加固。加固后的结构重要性系数为 1.0。已知 $a_s=60$mm，$a'_s=40$mm，$\xi_b=0.550$。

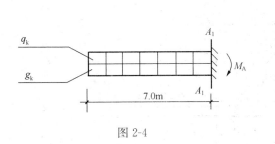

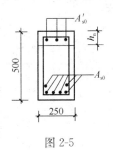

图 2-4　　　　　　　　　　　　　　　图 2-5

试问，当充分利用原混凝土材料时，加固后的梁跨中正截面受弯承载力（kN·m），最接近于下列何项？

（A）375　　　　（B）385　　　　（C）395　　　　（D）405

【题16～19】 某梯形钢屋架跨度 21m，端开间柱距 5.4m，其余柱距 6m。屋架下弦横向支撑承受山墙墙架柱传来的风荷载，下弦横向支撑的结构布置如图 2-6 所示，钢材为 Q235 钢，采用节点板连接。节点风荷载设计值已求出：$W_1=17.83$kN，$W_2=31.21$kN，$W_3=26.75$kN。

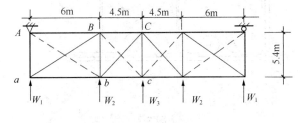

图 2-6

16. 支撑桁架的端竖杆 Aa 的压力（kN），与下列何项数值最为接近？

(A) 62.42   (B) 66.65   (C) 17.41   (D) 26.75

17. 支撑桁架的端斜杆 aB 的拉力（kN），与下列何项数值最为接近？

(A) 66.63   (B) 62.42   (C) 26.75   (D) 17.41

18. 支撑桁架的斜杆 aB 采用单角钢截面，最适合的截面形式为下列何项？

(A) 1L45×4，$A=3.49\text{cm}^2$，$i_{min}=0.89\text{cm}$，$i_y=1.38\text{cm}$

(B) 1L50×3，$A=2.27\text{cm}^2$，$i_{min}=1.0\text{cm}$，$i_y=1.55\text{cm}$

(C) 1L63×5，$A=6.143\text{cm}^2$，$i_{min}=1.25\text{cm}$，$i_y=1.94\text{cm}$

(D) 1L70×5，$A=6.87\text{cm}^2$，$i_{min}=1.39\text{cm}$，$i_y=2.16\text{cm}$

19. 支撑桁架的竖杆 cC 采用双角钢十字形截面，最适合的截面形式为下列何项？

(A) ⌐⌐90×6，$A=21.2\text{cm}^2$，$i_{min}=1.8\text{cm}$，单个角钢 $i_y=2.79\text{cm}$

(B) ⌐⌐70×5，$A=13.75\text{cm}^2$，$i_{min}=2.73\text{cm}$，单个角钢 $i_y=2.16\text{cm}$

(C) ⌐⌐63×5，$A=12.3\text{cm}^2$，$i_{min}=2.45\text{cm}$，单个角钢 $i_y=1.94\text{cm}$

(D) ⌐⌐45×5，$A=6.9\text{cm}^2$，$i_{min}=1.74\text{cm}$，单个角钢 $i_y=1.38\text{cm}$

【题 20～24】 某阶形柱采用双壁式肩梁如图 2-7 所示，肩梁高度 1350mm，肩梁腹板厚度 $t_w=30\text{mm}$（一块腹板的厚度），$W_n=t_w h^2/6=9112.5\text{cm}^3$。钢材用 Q235 钢，E43 型焊条。已知上段柱的内力设计值：$N=6073\text{kN}$，$M=3560\text{kN}\cdot\text{m}$。

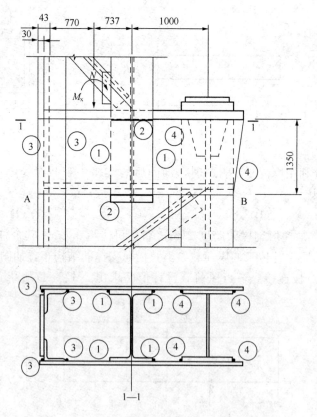

图 2-7

20. 单根肩梁的支座反力 R_B（kN），与下列何项数值最为接近？

(A) 3300　　　　(B) 1389　　　　(C) 1650　　　　(D) 2773

21. 单根肩梁腹板进行抗弯强度计算时，其正应力值（N/mm²），与下列何项数值最为接近？

提示： 肩梁上、下设置有盖板；$\gamma_x=1.05$。

(A) 172.4　　　　(B) 164.1　　　　(C) 158.2　　　　(D) 150.9

22. 单根肩梁腹板进行抗剪强度计算时，其最大剪应力（N/mm²）最为接近？

(A) 61.1　　　　(B) 68.4　　　　(C) 75.6　　　　(D) 79.2

23. 肩梁处角焊缝③，采用 $h_f=12mm$，试问，角焊缝③的剪力设计值与焊缝受剪承载力设计值之比值，与下列何项数值最为接近？

提示： 该角焊缝内力并非沿侧面角焊缝全长分布。

(A) 0.67　　　　(B) 0.72　　　　(C) 0.78　　　　(D) 0.83

24. 肩梁处角焊缝④，采用 $h_f=16mm$，试问，角焊缝④的剪力设计值与焊缝受剪承载力设计值之比值，与下列何项数值最为接近？

提示： 该角焊缝内力并非沿侧面角焊缝全长分布。

(A) 0.37　　　　(B) 0.43　　　　(C) 0.56　　　　(D) 0.68

【题 25】 钢柱脚在地面以下的部位应采用强度等级较低的混凝土包裹，试问，包裹的混凝土应至少高出地面多少？

(A) 100mm　　　(B) 150mm　　　(C) 200mm　　　(D) 250mm

【题 26～29】 某单跨双坡门式刚架钢房屋，位于 6 度抗震设防烈度区，刚架跨度 21m，高度为 7.5m，屋面坡度为 1：10，如图 2-8 所示。主刚架采用 Q235 钢，屋面及墙面采用压型钢板。柱大端截面：H700×200×5×8，小端截面：H300×200×5×8，其截面特性见表 2-1，焊接、翼缘均为焰切边。

柱截面特性　　　　　　　　　　　　　　　　　　　表 2-1

截面	A （mm²）	I_x （mm⁴）	i_x （mm）	W_x （mm³）	I_y （mm⁴）	i_y （mm）	W_y （mm⁴）
大端	6620	5.1645×10^8	279.13	1.475×10^6	1.067×10^7	40.154	1.067×10^5
小端	4620	7.773×10^7	129.75	5.1848×10^5	1.067×10^7	48.057	1.067×10^5

经内力分析得到，主刚架柱 AB 的稳定性计算的内力设计值由基本组合控制，即：A 点 $M=0$，$N=86kN$；B 点 $M=120kN\cdot m$，$N=80kN$。已知柱 AB 进行稳定性计算时，其全截面有效（$W_{e1}=W_x$，$A_{e1}=A$）。

26. 假定，柱 AB 在刚架平面内的计算长度系数 $\mu=2.42$。试问，柱 AB 在刚架平面内的稳定性计算，按《门式刚架》式（7.1.3-1）时，由压力 N_1 作用下产生的压应力值（N/mm²），与下列何项数据最为接近？

(A) 20　　　　(B) 25　　　　(C) 30　　　　(D) 35

27. 按《门式刚架》式（7.1.3-1）进行柱 AB 在刚架平面内的稳定性计算，由弯矩

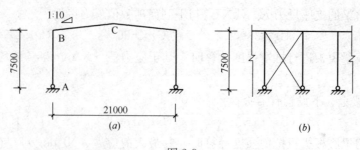

图 2-8

(a) 主刚架计算简图；(b) 纵向柱间支撑

M_1 作用下产生的压应力值（N/mm²），与下列何项数据最为接近？

提示：$\lambda_1 = 65$。

(A) 75　　　　　(B) 85　　　　　(C) 95　　　　　(D) 105

28. 按《门式刚架》式（7.1.5-1）进行柱 AB 在刚架平面外的稳定性计算，其 $N/(\eta_{ty}\varphi_y A_{e1} f)$ 值，与下列何项数据最为接近？

(A) 0.21　　　　(B) 0.27　　　　(C) 0.32　　　　(D) 0.38

29. 按《门式刚架》式（7.1.5-1）进行柱 AB 在刚架平面外的稳定性计算，其稳定系数 φ_b，与下列何项数据最为接近？

提示：$M_{cr} = 215 \times 10^6 \, \text{N} \cdot \text{mm}$；$\gamma_x = 1.0$；$\gamma = 1.37$。

(A) 0.40　　　　(B) 0.45　　　　(C) 0.50　　　　(D) 0.55

【题 30、31】 某 3 层砌体结构办公楼的平面如图 2-9 所示，刚性方案，采用钢筋混凝土空心板楼盖，纵、横承重墙厚均为 240mm，M5 混合砂浆砌筑。底层墙高为 4.5m（墙底算至基础顶面）；底层隔断墙厚为 120mm，M2.5 水泥砂浆砌筑，其墙高 3.6m；其他层墙高均为 3.6m。窗洞尺寸为 1800mm×900mm，内墙门洞尺寸为 1500mm×2100mm。砌体施工质量控制等级为 B 级。

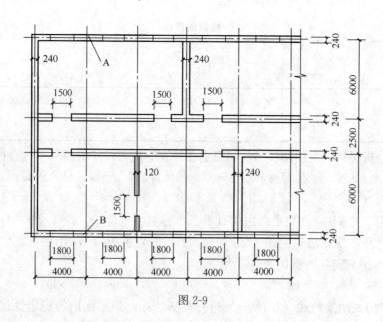

图 2-9

30. 试确定第二层外纵墙 A 的高厚比验算式（$\beta \leqslant \mu_1\mu_2[\beta]$），其左右端项，与下列何项数值最为接近？

(A) $10.0 < 19.7$　　(B) $15.0 < 19.7$　　(C) $13.2 < 24.0$　　(D) $15.0 < 24.0$

31. 对于首层纵墙、隔断墙的 $\mu_1\mu_2[\beta]$ 值，下述何项是正确的？

(A) 当该楼层正在施工且砂浆尚未硬化，外纵墙的 $\mu_1\mu_2[\beta] = 24$

(B) 该楼层隔断墙的 $\mu_1\mu_2[\beta] = 28.51$

(C) 该楼层外纵墙 B 的 $\mu_1\mu_2[\beta] = 22$

(D) 上述（A）、（B）、（C）均不正确

【题 32、33】　某钢筋混凝土过梁净跨 $l_n =$ 3.0m，每端支承长度 0.24m，截面尺寸为 240mm×240mm，过梁上墙体高为 1.5m，墙厚为 240mm，承受楼板传来的均布荷载设计值 15kN/m，如图 2-10 所示。墙体采用 MU10 烧结多孔砖（重度 $\gamma = 18$kN/m³），M5 混合砂浆，并对多孔砖灌实。过梁采用 C20 混凝土，纵向钢筋采用 HRB335 级、箍筋采用 HPB300 级钢筋。梁抹灰 15mm，其重度为 20kN/m³。砌体施工质量控制等级 B 级，结构安全等级二级。取 $a_s = 35$mm。

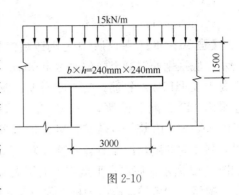

图 2-10

提示：按《建筑结构可靠性设计统一标准》GB 50068—2018 作答。

32. 试问，该过梁的纵向受力钢筋截面面积计算值（mm²），与下列何项数值最为接近？

提示：$l_0 = 3.24$m。

(A) 525　　　　(B) 580　　　　(C) 600　　　　(D) 655

33. 过梁端部砌体局部受压承载力验算式（$N_l \leqslant \eta \gamma f A_l$），其左、右端项，与下列何项数值最为接近？

(A) 37kN$ < 86$kN　　　　　　　(B) 33kN$ < 86$kN

(C) 37kN$ < 108$kN　　　　　　(D) 33kN$ < 108$kN

【题 34、35】　已知柱间基础上墙体高 15m，双面抹灰，墙厚 240mm，采用 MU10 烧结普通砖，M5 混合砂浆砌筑，墙上门洞尺寸如图 2-11（a）所示，柱间距 6m，基础梁长

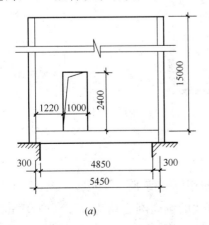

(a)

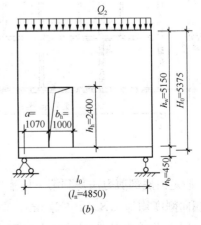

(b)

图 2-11

5.45m，基础梁断面尺寸为 $b \times h_b$=240mm×450mm，伸入支座 0.3m；采用 C30 混凝土，纵筋为 HRB335，箍筋为 HPB300 级钢筋。该墙梁计算简图如图 2-11（b）所示，设计值 Q_2=95kN/m。砌体施工质量控制等级 B 级，结构安全等级二级。取 $a_s=a'_s$=45mm。

34. 该托梁跨中截面基本组合弯矩设计值 M_b（kN·m），与下列何项数值最为接近？

（A）90.5 　　　（B）86.3 　　　（C）72.4 　　　（D）76.1

35. 假定设计值 M_b=85kN·m，该托梁跨中轴心拉力设计值 N_b（kN），及其至纵向受拉钢筋合力点之间的距离 e（mm），与下列何组数值最为接近？

（A）N_b=119；e=490 　　　　　（B）N_b=148.8；e=540

（C）N_b=119；e=534 　　　　　（D）N_b=148.8；e=510

【题 36~38】 某商店-住宅砌体结构房屋，上部三层为住宅，其平面、剖面如图 2-12 所示，底层钢筋混凝土柱截面为 400mm×400mm，梁截面为 500 mm×240mm，采用 C20 混凝土及 HPB300 钢筋；二至四层纵、横墙厚度为 240mm，采用 MU10 烧结普通砖；二层采用 M7.5 混合砂浆，三、四层采用 M5 混合砂浆；底层约束普通砖抗震墙厚度 370mm，MU10 烧结普通砖，M10 混合砂浆砌筑。砌体施工质量控制等级为 B 级。抗震设防烈度为 6 度，设计地震分组为第二组，场地类别为Ⅱ类。各楼层质点重力荷载代表值如图 2-12 所示，底层水平地震剪力增大系数取 1.35。

提示： ①楼层地震剪力标准值满足最小楼层地震剪力。

②按《建筑与市政工程抗震通用规范》GB 55002—2021 作答。

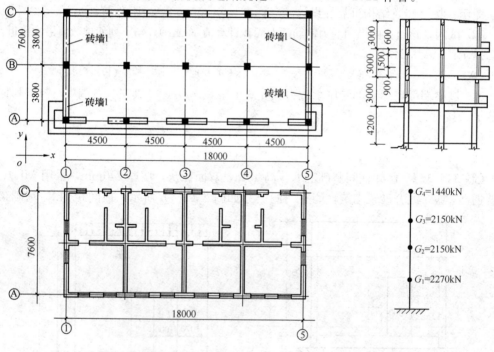

图 2-12

36. 假定由底部剪力法得到第一层水平地震作用标准值 F_{1k}=39kN，第二层①⑤轴线横墙的侧向刚度均为 4.8×10^5 N/mm，②③④轴线的侧向刚度均为 5.5×10^5 N/mm。试问，第二层③轴线墙体抗震承载力验算式（$V < f_{vE} A / \gamma_{RE}$），$\gamma_{RE}$=0.9，其左端项，与下

列何项数值最为接近？

(A) 55kN   (B) 60kN

(C) 65kN   (D) 70kN

37. 假定底层一片砖抗震墙（$h_w \times b_w = 3400mm \times 370mm$）的侧向刚度为 3.15×10^5 N/mm，一根框架柱的侧向刚度为 6.0×10^3 N/mm，试问，底层一片砖抗震墙 V_b，一根框架柱 V_c 的水平地震剪力设计值（kN），与下列何组数值最为接近？

(A) $V_b = 130$；$V_b = 6.5$ (B) $V_b = 130$；$V_c = 9$

(C) $V_b = 95$；$V_c = 6.5$ (D) $V_b = 95$；$V_c = 9$

38. 条件同题 37，沿 y 方向地震倾覆力矩设计值为 5600kN·m，试问，一片砖抗震墙承担的地震倾覆力矩设计值（kN·m），与下列何项数值最为接近？

(A) 1030   (B) 1130   (C) 1300   (D) 1400

【题 39、40】 某 12m 跨原木豪式木屋架，屋面坡角 $\alpha = 26.56°$，屋架几何尺寸及杆件编号如图 2-13 所示。选用红皮云杉 TC13B 制作。

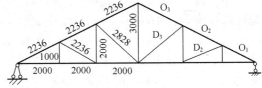

图 2-13

39. 在恒载作用下，上弦杆 O_3 的轴向力设计值 $N = -32kN$，O_3 杆的节间中点截面弯矩设计值 $M = 1.8kN·m$。O_3 杆的原木小头直径为 140mm，试问，在恒载作用下，O_3 杆作为压弯构件计算，其考虑轴向力和初始弯矩共同作用的折减系数 φ_m 值，与下列何项数值最为接近？

提示： $e_0 = 7.5mm$，$k_0 = 0.04$。

(A) 0.40   (B) 0.45   (C) 0.52   (D) 0.58

40. 屋架端节点如图 2-14 所示，在恒载作用下，假定上弦杆 O_1 的轴向力设计值 $N = -70.43kN$，试问，按双齿连接木材受剪验算式：$V/(l_v b_v)$ 和 $\psi_v f_v$，与下列何项数值最为接近？

(A) 0.87；1.17   (B) 0.87；0.94

(C) 0.78；1.17   (D) 0.78；0.94

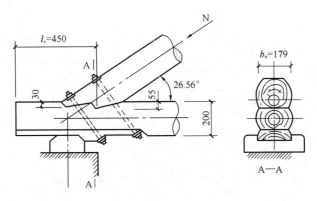

图 2-14

（下午卷）

【题 41】 下列关于既有建筑地基基础加固设计的叙述，何项不妥？

（A）邻近新建建筑基础埋深大于既有建筑基础埋深且对既有建筑产生影响时，应进行地基稳定性计算

（B）加固后的既有建筑地基基础使用年限应满足加固后的既有建筑设计使用年限要求

（C）在既有建筑原基础内增加桩时，宜按新增加的全部荷载由新增加的桩和原基础承担进行承载力计算

（D）地基土承载力宜选择静载荷试验方法进行检验

【题 42】 图 2-15 所示某砂土边坡，高 6m，砂土的 $\gamma = 20\text{kN/m}^3$、$c = 0$、$\varphi = 30°$。采用钢筋混凝土扶壁式挡土结构，此时该挡墙的抗倾覆安全系数为 1.70。工程建成后需在坡顶堆载 $q = 40\text{kPa}$，拟采用预应力锚索进行加固，锚索的水平间距 2.0m，下倾角 15°，土压力按朗肯理论计算，根据《建筑边坡工程技术规范》GB 50330—2013，如果要保证坡顶堆载后扶壁式挡土结构的抗倾覆安全系数不小于 1.60，试问，锚索的轴向拉力标准值（kN）最接近于下列何项？

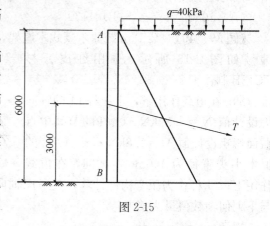

图 2-15

（A）135　　　　　（B）180

（C）250　　　　　（D）350

【题 43～47】 某双柱下条形基础梁，由上部结构传至基础梁顶面处相应于作用的基本组合时分别为 F_1 和 F_2。基础梁尺寸及工程地质剖面如图 2-16 所示。假定基础梁为无限刚度，地基反力按直线分布。

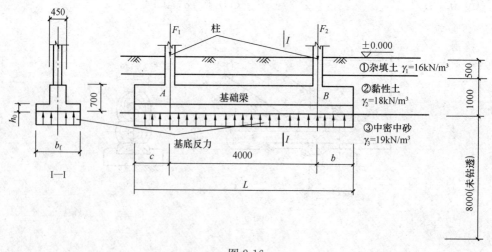

图 2-16

43. 假定，相应于作用的标准组合下的 $F_{k1}=1100\text{kN}$，$F_{k2}=900\text{kN}$，右边支座悬挑尺寸 $b=1000\text{mm}$，基础梁左边支座悬挑尺寸 c（mm）为下列何项数值时，地基反力呈均匀（矩形）分布状态？

(A) 1100　　　　(B) 1200　　　　(C) 1300　　　　(D) 1400

44. 假定，相应于作用的标准组合下的：$F_{k1}=1206\text{kN}$，$F_{k2}=804\text{kN}$，$c=1800\text{mm}$，$b=1000\text{mm}$，修正后的地基承载力特征值 $f_a=300\text{kPa}$，计算基础梁自重和基础梁上的土重标准值用的平均重度 $\gamma_G=20\text{kN/m}^3$，地基反力可按均匀分布考虑。试问，基础梁翼板的最小宽度 b_f（mm），与下列何项数值最为接近？

(A) 1000　　　　(B) 1100　　　　(C) 1200　　　　(D) 1300

45. $F_1=1206\text{kN}$，$F_2=804\text{kN}$，$c=1800\text{mm}$，$b=1000\text{mm}$，混凝土强度等级为 C25，钢筋中心至截面混凝土下边缘的距离 $a_s=40\text{mm}$，当基础梁翼板宽度 $b_f=1250\text{mm}$ 时，其翼板最小厚度 h_f（mm），与下列何项数值最为接近？

(A) 150　　　　(B) 200　　　　(C) 300　　　　(D) 350

46. $F_1=1206\text{kN}$，$F_2=804\text{kN}$，$c=1800\text{mm}$，$b=1000\text{mm}$，当计算基础梁支座处基本组合下弯矩值时，柱支座宽度的影响略去不计，基础梁支座处基本组合下最大弯矩设计值 M（kN·m）、基础梁的最大剪力设计值 V（kN），与下列何组数值最为接近？

(A) $M=148.0$；$V=532.0$　　　　(B) $M=390.0$；$V=532$

(C) $M=478.9$；$V=674.0$　　　　(D) $M=148.0$；$V=674$

47. $F_1=1206\text{kN}$，$F_2=804\text{kN}$，$c=1800\text{mm}$，$b=1000\text{mm}$，在荷载的基本组合下基础梁的跨内最大弯矩设计值（kN·m），与下列何项数值最为接近？

(A) 289.5　　　　(B) 231.6　　　　(C) 205.9　　　　(D) 519.2

【题 48、49】 某柱下独立基础的底面尺寸为 2.5m×2.5m，基础埋深 2.0m，上部结构传至基础顶面处相应于作用的准永久组合的轴向力 $F=1600\text{kN}$。地基土层分布如图 2-17 所示。基础及其上覆土的自重取 $\gamma_G=20\text{kN/m}^3$。

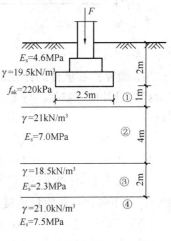

图 2-17

48. 确定地基变形计算深度 z_n（m），与下列何项数值最为接近？

(A) 5.0　　　　(B) 5.3

(C) 7.0　　　　(D) 7.6

49. 已知基底下中点第②层土的 $\overline{\alpha}_{i-1}=4\times0.1114$，第③层土的 $\overline{\alpha}_i=4\times0.0852$，确定地基变形计算深度范围内第③层土的变形量 s'（mm），与下列何项数值最为接近？.

(A) 47.3　　　　(B) 52.4　　　　(C) 17.6　　　　(D) 68.5

【题 50】 某场地钻孔灌注桩桩身平均波速值为 3555.6m/s，其中某根桩低应变反射波动力测试曲线如图 2-18 所示，对应图中时间 t_1、t_2 和 t_3 的数值分别为 60.0ms、66.0ms 和 73.5ms，试问在混凝土强度变化不大的情况下，该桩桩长最接近下列何项？

提示：按《建筑基桩检测技术规范》JGJ 106—2014 作答。

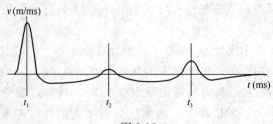

图 2-18

(A) 10.7m   (B) 21.3m   (C) 24.0m   (D) 48.0m

【题 51、52】 某柱下钢筋混凝土桩承台，柱及桩承台相关尺寸如图 2-19 所示，柱为方柱，居承台中心，柱相应于作用的基本组合的轴向力 $F=900kN$，承台采用 C40 混凝土，受力钢筋的混凝土保护层厚度取 100mm，受力钢筋选用 HRB335，其直径为 20mm。

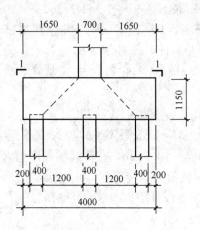 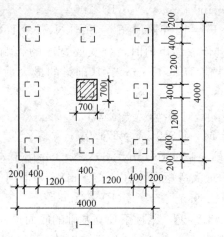

图 2-19

51. 验算柱对承台的冲切时，承台的受冲切承载力设计值（kN），与下列何项数值最为接近？

(A) 8580   (B) 8510

(C) 8460   (D) 8410

52. 承台的斜截面受剪承载力设计值（kN），与下列何项数值最为接近？

(A) 5800   (B) 6285

(C) 7180   (D) 7520

【题 53、54】 某建筑场地的工程地质和标准贯入实时数据如图 2-20 所示，已知场地抗震设防烈度 8 度（0.20g），设计地震分组为第一组。只需要判别 15m 范围内的液化。

提示：按《建筑抗震设计规范》GB 50011—

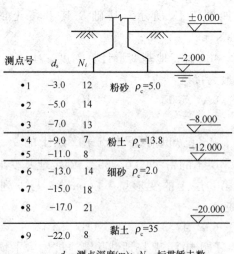

d_s—测点深度(m)；N_i—标贯锤击数

图 2-20

2010 作答。

53. 下列何项判别是正确的？

(A) 测点号 1、2、3、4 会液化   (B) 测点号 3、4、5 会液化

(C) 测点号 3、6、7 会液化   (D) 测点号 2、3、6、7 会液化

54. 假若测点 3、6、7 会产生液化，其他点不会液化，且测点 6 的 $N_{cr}=20$，$d_i=2$，$W_i=4.67\text{m}^{-1}$；测点 3 的 $N_{cr}=14$；测点 7 的 $N_{cr}=22$。试问，该场地土的液化等级 I_{lE}，与下列何项数值最为接近？

(A) 4.71   (B) 4.96   (C) 3.16   (D) 3.48

【题 55】 某黏性土场地采用振冲碎石桩复合地基，按三角形布桩，桩径为 1.2m，桩土应力比 $n=3$，地基土承载力为 100kPa，要求复合地基承载力 f_{spk} 达到 160kPa。试问，桩间距 s（mm）与下列何项数值最为接近？

提示：按《建筑地基处理技术规范》JGJ 79—2012 作答。

(A) 1.6   (B) 1.8   (C) 2.1   (D) 2.4

【题 56】 某墙下条形基础承受轴心荷载，基础宽度 $b=2.4\text{m}$，基础埋深 $d=1.5\text{m}$，基底下的地基土层为粉质黏土，其内摩擦角标准值 $\varphi_k=10°$，基底以下 1m 处的土层黏聚力标准值 $c_k=24\text{kPa}$，基础底面以下土的重度 $\gamma=18.6\text{kN/m}^3$，基础底面以上土的加权平均重度 $\gamma_m=17.5\text{kN/m}^3$。试问，按土的抗剪强度指标确定的基础底面处地基承载力特征值 f_a（kPa），与下列何项数值最为接近？

(A) 167.3   (B) 161.2   (C) 146.4   (D) 153.5

【题 57】 某圆环形钢筋混凝土烟囱高度 200m，位于 B 类粗糙度地面，50 年重现期的基本风压为 0.50kN/m²，烟囱顶部直径为 3.0m，底部直径为 11.0m。试问，在径向风压作用下，烟囱高度 100m 处筒壁厚度 160mm，100m 处筒壁外侧受拉环向风弯矩标准值（kN·m/m）最接近下列何项数值？

提示：按《烟囱工程技术标准》GB/T 50051—2021 作答。

(A) 3.67   (B) 5.16   (C) 7.23   (D) 14.66

【题 58】 某幢平面为圆形的钢筋混凝土瞭望塔，塔的高度 $H=24\text{m}$，塔身外墙面的直径 6m，如图 2-21 所示，塔外墙面光滑无凸出表面。该塔的基本风压 $w_0=0.60\text{kN/m}^2$，建于地面粗糙度为 D 类的地区。塔的结构基本自振周期 $T_1=0.24\text{s}$。按承载能力计算时，塔顶部处的风荷载标准值 w_k（kN/m²），与下列何项数值最为接近？

提示：《工程结构通用规范》GB 55001—2021 作答。

(A) 0.184   (B) 0.172   (C) 0.165   (D) 0.153

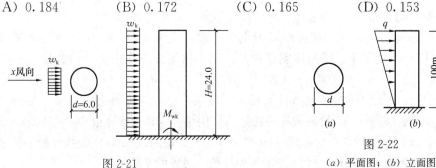

图 2-21

图 2-22

(a) 平面图；(b) 立面图

【题 59】 某 30 层现浇钢筋混凝土框架-剪力墙结构，如图 2-22 所示，设计使用年限为 100 年，圆形平面，直径为 40m，房屋高度为 100m，质量和刚度沿竖向分布均匀。50 年重现期的基本风压为 $0.55kN/m^2$，100 年重现期的基本风压为 $0.65kN/m^2$，地面粗糙度为 A 类，基本自振周期 $T_1=1.705$，脉动风荷载背景分量因子为 0.55。试问，按承载能力计算时，在顺风向风荷载作用下结构底部的倾覆弯矩标准值（kN·m），与下列何项数值最为接近？

(A) 228000　　　　(B) 233000　　　　(C) 259000　　　　(D) 273000

【题 60、61】 某现浇钢筋混凝土高层建筑，位于 8 度抗震设防区，丙类建筑，设计地震分组为第一组，Ⅲ类场地，平面尺寸为 25m×50m，房屋高度为 102m，质量和刚度沿竖向分布均匀，如图 2-23 所示。采用刚性好的筏形基础，地下室顶板(±0.000)作为上部结构的嵌固端。按刚性地基假定确定的结构基本自振周期 $T_1=1.8s$。

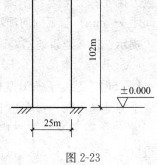

图 2-23

60. 进行该建筑物横向（短向）水平地震作用分析时，按刚性地基假定计算且未考虑地基与上部结构相互作用的情况下，距室外地面约为 51m 处的中间楼层的水平地震剪力为 F。若剪重比满足规范要求，试问，计入地基与上部结构的相互作用影响后，在多遇地震下，该楼层的水平地震剪力，与下列何项数值最为接近？

提示： 各楼层的水平地震剪力折减后满足规范对各楼层水平地震剪力最小值的要求。

(A) 0.962F　　　　(B) 1.000F

(C) 0.976F　　　　(D) 0.981F

61. 该建筑物地基土比较均匀，按刚性地基假定模型计算，相应于荷载的标准组合时，上部结构传至基底的竖向力 $N_k=6.5 \times 10^5 kN$，横向(短向)弯矩 $M_k=3.25 \times 10^6 kN·m$；纵向弯矩较小，略去不计。为使地基压力不过于集中，筏板周边可外挑，每边挑出长度均为 $a(m)$，计算时可不计外挑部分增加的土重及墙外侧土的影响。试问，如果仅从限制基底压力不过于集中及保证非零应力区要求，初步估算的 $a(m)$ 的最小值，应最接近下列何项数值？

(A) 0.5　　　　　　(B) 1.0

(C) 1.5　　　　　　(D) 2.0

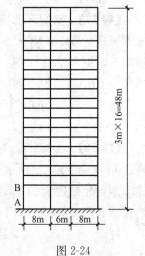

图 2-24

【题 62～64】 某 16 层办公楼，房屋高度 48m，采用现浇钢筋混凝土框架-剪力墙结构，抗震设防烈度为 7 度，丙类建筑，设计基本地震加速度为 0.15g，采用 C40 混凝土。横向地震作用时，基本振型地震作用下结构总地震倾覆力矩 $M_0=3.8 \times 10^5 kN·m$，剪力墙承受的水平地震倾覆力矩 $M_w=1.8 \times 10^5 kN·m$。

62. 假定该建筑物所在场地为Ⅲ类场地，该结构中部未加剪力墙的某一榀框架，如图 2-24 所示。底层边柱 AB 柱底截面考虑地震作用组合的轴力设计值 $N_A=5600kN$；该柱剪跨比大于 2.0，配 HPB300 级钢筋 Φ10 井字复合箍。试问，柱 AB 柱底截面最小尺寸(mm×mm)，为下列何项数值时，才能满足相关规范、规程的要求？

(A) 700×700
(B) 650×650
(C) 600×600
(D) 550×550

63. 该建筑物中部一榀带剪力墙的框架，其平剖面如图 2-25 所示。假定剪力墙抗震等级为二级，轴压比为 0.45。剪力墙底层边框柱 AZ_1，由计算得知，其柱底截面计算配筋为 $A_s = 2500mm^2$。边框柱纵筋、箍筋分别采用 HRB400 级、HPB300 级。试问，边框柱 AZ_1 在底层底部截面处的配筋采用下列何组数值时，才能满足规范、规程的最低构造要求？

提示：边框柱的体积配箍率满足规范、规程的要求。

(A) 4⏀18＋8⏀16，井字复合箍Φ8@150

(B) 12⏀18，井字复合箍Φ8@100

(C) 12⏀20，井字复合箍Φ8@150

(D) 12⏀20，井字复合箍Φ8@100

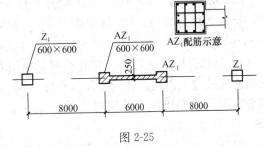

图 2-25

64. 假定该建筑物场地类别为Ⅱ类场地，当该结构增加一定数量的剪力墙后，总地震倾覆弯矩 M_0 不变，但剪力墙承担的水平地震倾覆弯矩变为 $M_w = 2.0×10^5 kN \cdot m$，此时，[题62] 中的柱 AB 底部截面考虑地震作用组合的弯矩值（未经调整）$M_A = 360kN \cdot m$。试问，柱 AB 底部截面进行配筋设计时，其弯矩设计值（kN·m），与下列何项数值最为接近？

(A) 360   (B) 414   (C) 432   (D) 450

【题65～67】 某 18 层现浇钢筋混凝土剪力墙结构，房屋高度 54m，7 度设防烈度，抗震等级二级。底层一双肢剪力墙，如图 2-26 所示，墙厚均为 200mm，采用 C35 混凝土。

65. 主体结构考虑横向水平地震作用计算内力和变形时，与剪力墙墙肢 2 垂直相交的内纵墙作为墙肢 2 的翼墙，试问，该翼墙的有效长度 b（m），应与下列何项数值最为接近？

(A) 5.0   (B) 5.2

(C) 5.4   (D) 6.6

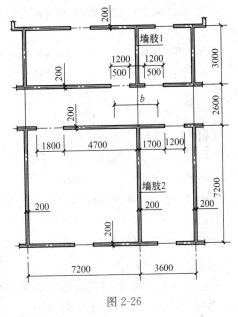

图 2-26

66. 考虑地震作用组合时，底层墙肢 1 在横向水平地震作用下的反向组合内力设计值为：$M = 3300kN \cdot m$，$V = 616kN$，$N = -2200kN$（拉）。该底层墙肢 2 相应于墙肢 1 的反向组合内力设计值为：$M = 33000kN \cdot m$，$V = 2200kN$，$N = 15400kN$。试问，墙肢 2 进行截面设计时，其相应于反向地震作用的组合内力设计值 M（kN·m）、V（kN）、N（kN），应取下列何组数值？

提示：$a_s = a_s' = 200mm$。

(A) 33000，2200，15400

(B) 33000，3080，15400

(C) 41250，3080，19250   (D) 41250，3850，15400

67. 该底层墙肢 1 边缘构件的配筋形式如图 2-27 所示，其轴压比为 0.45，箍筋采用 HPB300 级钢筋（$f_{yv}=270\text{N/mm}^2$），箍筋的混凝土保护层厚度取 15mm。试问，其箍筋采用下列何项配置时，才能满足规范、规程的最低构造要求？

(A) Φ6@100   (B) Φ8@100

(C) Φ10@100   (D) Φ12@100

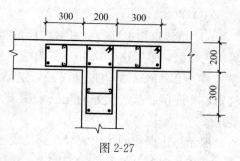

图 2-27

【题 68～70】 某 10 层钢筋混凝土框架结构，抗震等级为二级，梁、柱混凝土强度等级首层为 C35，首层柱截面尺寸为 500mm×500mm，梁截面尺寸为 $b\times h=800\text{mm}\times300\text{mm}$，梁的跨度均为 6.0m。首层层高为 4.0m。已知首层中柱两侧梁的最不利弯矩组合之和为 290kN·m，该柱的两侧梁上部纵向钢筋在柱宽范围内、外的截面面积比例为 2:1，该柱轴压力设计值为 2419.2kN，节点核心区箍筋用 HPB300 级钢筋（$f_{yv}=270\text{N/mm}^2$），实配 6 肢箍 6Φ8@100。$a_s=a_s'=60\text{mm}$。柱的计算高度 $H_c=4.0\text{m}$。

提示：按《建筑抗震设计规范》GB 50011—2010 作答。

68. 该首层中柱柱内、柱外核心区的地震作用组合剪力设计值 V_{j-1}（kN）、V_{j-2}（kN），与下列何组数值最为接近？

(A) 887.2；504.3   (B) 1379.5；689.8

(C) 916.1；512.1   (D) 1226.2；613.1

69. 该首层中柱柱宽范围内的核心区受剪承载力设计值（kN），与下列何项数值最为接近？

(A) 990.0   (B) 1060.0   (C) 1210.0   (D) 1320.0

70. 该首层中柱柱宽范围外的核心区受剪承载力设计值（kN），与下列何项数值最为接近？

(A) 365   (B) 395   (C) 535   (D) 565

【题 71、72】 某高层钢框架结构位于 8 度抗震设防烈度区，抗震等级为二级，梁、柱截面采用焊接 H 形截面，梁为 H500×260×8×14；柱为 H500×450×14×22（$A_c=26184\text{mm}^2$）。钢材采用 Q235 钢。

经计算得到，在地震作用组合下的某根中柱轴压力设计值 $N=2510\text{kN}$。取柱的 $f_{yc}=225\text{N/mm}^2$。

提示：按《高层民用建筑钢结构技术规程》作答。

试问：

71. 该中柱绕其强轴进行强柱弱梁验算时，即《高钢规》公式（7.3.3-1）的左端项与右端项之比值，最接近于下列何项？

(A) 1.1   (B) 1.2   (C) 1.3   (D) 1.4

72. 假定，采用埋入式柱脚，该中柱绕其强轴方向，其柱脚的极限受弯承载力 M_u（kN·m），不应小于下列何项？

(A) 1160   (B) 1050   (C) 970   (D) 810

【题 73、74】 带外平台的钢筋混凝土电视塔，为一般的高耸结构，$\gamma_0=1.0$。外平台的悬挑梁如图 2-28 所示，悬挑梁的间距为 4.5m，其上的重力荷载标准值（单位：kN/m^2）分别为：恒载 q_{Gk}，外平台活荷载 q_{Lk}，雪荷载 q_{sk}（为地区Ⅰ）。已知风荷载在悬挑梁根部产生的弯矩设计值 $M_w=200kN\cdot m$。

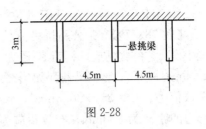

图 2-28

提示：① 按《高耸结构设计标准》GB 50135—2019 作答；

② 荷载的基本组合由可变荷载效应控制。

73. 假定，$q_{Gk}=12kN/m^2$，$q_{Lk}=3.5kN/m^2$，$q_{sk}=0.6kN/m^2$，在荷载基本组合下，悬挑梁根部的弯矩设计值（$kN\cdot m$），与下列何项数值最接近？

(A) 565　　　　(B) 575　　　　(C) 595　　　　(D) 615

74. 假定，$q_{Gk}=12kN/m^2$，$q_{Lk}=2.0kN/m^2$，$q_{sk}=1.20kN/m^2$，在荷载基本组合下，悬挑梁根部的弯矩设计值，（$kN\cdot m$），与下列何项数值最接近？

(A) 600　　　　(B) 580　　　　(C) 560　　　　(D) 540

【题 75~77】 计算跨径 $L=19.5m$ 的公路钢筋混凝土简支梁桥，其各主梁横向布置如图 2-29(a) 所示，各主梁间设有横隔梁，如图 2-29(b)。桥面净空为净－7+2×0.75m。汽车荷载为公路-Ⅱ级。汽车荷载冲击系数 $\mu=0.30$。

提示：按《公路桥涵设计通用规范》JTG D60—2015。

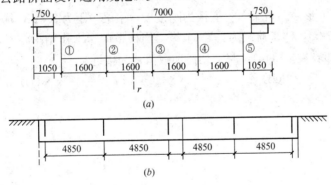

图 2-29

75. 按偏心受压法计算梁桥1号主梁的跨中荷载横向分布系数 m_c，与下列何项数值最为接近？

(A) 0.538　　　　(B) 0.564　　　　(C) 0.581　　　　(D) 0.596

76. 试问，按杠杆原理法，作用在跨中横隔梁上的汽车荷载 F_Q（kN），与下列何项数值最为接近？

(A) 105　　　　(B) 114　　　　(C) 120　　　　(D) 128

77. 假定已求得汽车荷载 $F_Q=130kN$，已知按偏心受压法计算，1号主梁的跨中横向影响线的竖标值 $\eta_{11}=0.60$，$\eta_{12}=0.40$，$\eta_{15}=-0.20$；2号主梁的跨中横向影响线的两个竖标值 $\eta_{12}=0.40$，$\eta_{22}=0.30$；5号主梁的跨中横向影响线的竖标值 $\eta_{15}=-0.2$，$\eta_{25}=0$，$\eta_{55}=0.60$。试问，梁桥跨中横隔梁在2号主梁、3号主梁之间的跨中 r-r 截面由汽车荷载产生的弯矩标准值 M_{2-3}（$kN\cdot m$），与下列何项数值最为接近？

(A) 160   (B) 170   (C) 205   (D) 265

【题 78、79】 某公路桥梁由后张法 A 类预应力混凝土 T 形主梁组成，标准跨径为 30m，计算跨径为 29.5m，一根 T 形主梁截面如图 2-30 所示，其截面相关数值为：$I_0 = 2.1 \times 10^{11} \text{mm}^4$，预应力钢筋束合力到形心的距离为 800mm，有效预应力为 800N/mm²。采用 C40 混凝土，$E_c = 3.25 \times 10^4 \text{mm}^4$。该主梁跨中截面的弯矩标准值为：永久荷载作用 $M_{Gk} = 2000 \text{kN} \cdot \text{m}$，汽车荷载的均布荷载 $M_{qk} = 1050 \text{kN} \cdot \text{m}$（不含冲击系数），汽车荷载的集中荷载 $M_{Pk} = 200 \text{kN} \cdot \text{m}$（不含冲击系数），人群荷载 $M_{rk} = 250 \text{kN} \cdot \text{m}$，汽车荷载冲击系数 $\mu = 0.250$。

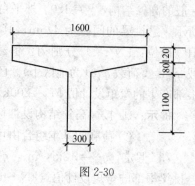

图 2-30

提示： 按《公路钢筋混凝土及预应力混凝土桥涵设计规范》JTG 3362—2018 解答。

78. 在正常使用阶段，在荷载频遇组合下并考虑长期效应的影响，该主梁跨中挠度 f_1（mm），与下列何项数值最为接近？

(A) 55   (B) 60   (C) 65   (D) 70

79. 假定，在使用阶段，$\eta_\theta f_s = 65 \text{mm}$，消除主梁自重产生的长期挠度后，该主梁跨中长期挠度 f_2（mm），与下列何项数值最为接近？

(A) 16   (B) 20   (C) 25   (D) 29

【题 80】 某 T 形公路桥梁车行道板为刚接板，主梁中距为 2.4m，横梁中距为 5.8m，板顶铺装层为 0.12m，汽车荷载为公路-Ⅰ级。当横桥向考虑作用车轮时，试问，垂直板跨方向的荷载分布宽度值（m），与下列何项数值最为接近？

(A) 1.6   (B) 2.4   (C) 2.7   (D) 3.0

实战训练试题（三）

（上午卷）

【题1】 当按线弹性分析方法确定混凝土杆系结构中杆件的截面刚度时，试问，下列计算方法中何项不妥？

(A) 截面惯性矩可按匀质的混凝土全截面计算

(B) T形截面的惯性矩宜考虑翼缘的有效宽度进行计算

(C) 端部加腋的杆件截面刚度，可简化为等截面的杆件进行计算

(D) 不同受力状态杆件的截面刚度，宜考虑混凝土开裂、徐变等因素的影响予以折减

【题2～4】 某钢筋混凝土框架结构的中柱，该柱为偏心受压柱，柱截面尺寸为 $500\text{mm} \times 500\text{mm}$，混凝土强度等级 C30，纵向受力钢筋采用 HRB400 钢筋，柱的计算长度 $l_0 = 4.0\text{m}$，考虑二阶效应后柱控制截面的弯矩设计值 $M = 300\text{kN} \cdot \text{m}$，轴向压力设计值 $N = 500\text{kN}$，结构安全等级为二级。取 $a_s = a'_s = 40\text{mm}$。

2. 柱采用对称配筋，试问：柱的纵向钢筋总截面面积（$A_s + A'_s$）（mm^2），与下列何项数值最接近？

(A) 1400   (B) 1800   (C) 2200   (D) 2750

3. 假定，考虑二阶效应后的柱控制截面的内力设计值为：弯矩设计值 $M = 40\text{kN} \cdot \text{m}$，轴压力设计值 $N = 400\text{kN}$，为小偏心受压，柱采用对称配筋，试问，柱的钢筋截面面积 A'_s（mm^2），与下列何项数值最为接近？

(A) 450   (B) 500   (C) 580   (D) 670

4. 假定抗震设计，该框架柱抗震等级二级，弯矩设计值 $M = 300\text{kN} \cdot \text{m}$，轴压力设计值 $N = 500\text{kN}$，试问，柱的纵向受力钢筋总截面面积（$A_s + A'_s$）（mm^2），与下列何项数值最为接近？

提示：$e_i = 620\text{mm}$。

(A) 2350   (B) 2250   (C) 2150   (D) 2050

【题5、6】 某钢筋混凝土柱，截面尺寸为 $300\text{mm} \times 500\text{mm}$，C30 级混凝土，纵向受力钢筋选用 HRB400 钢筋。柱的受压、受拉配筋面积均为 1256mm^2，受拉区纵向钢筋的等效直径为 20mm，其最外层纵筋的混凝土保护层厚度 30mm，构件计算长度 $l_0 = 4000\text{mm}$，已知按荷载的标准组合计算的轴力 $N_k = 580\text{kN}$，弯矩值 $M_k = 200\text{kN} \cdot \text{m}$；按荷载的准永久组合计算的轴力 $N_q = 500\text{kN}$，弯矩值 $M_q = 180\text{kN} \cdot \text{m}$。

5. 试问，正常使用极限状态下，该柱的纵向受拉钢筋的等效应力（N/mm^2），与下列何项数值最为接近？

提示：取 $a_s = a'_s = 40\text{mm}$。

(A) 270   (B) 225   (C) 205   (D) 195

6. 若构件直接承受重复荷载，受拉纵筋面积 $A_s=1521mm^2$，其等效直径为 20mm，等效应力为 $186N/mm^2$。试问，构件的最大裂缝宽度 w_{max}（mm），与下列何项数值最为接近？

(A) 0.216　　　　　　　　　　(B) 0.242

(C) 0.268　　　　　　　　　　(D) 0.312

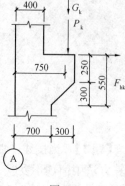

图 3-1

【题7、8】　某不等高厂房支承低跨屋盖的中柱牛腿如图 3-1 所示，牛腿宽度为 400mm，牛腿采用 C40 混凝土，纵向受力钢筋采用 HRB400 级。取 $a_s=a_s'=35mm$。设计使用年限为 50 年，结构安全等级二级。

提示：按《建筑结构可靠性设计统一标准》GB 50068—2018 作答。

7. 若吊车梁及轨道自重标准值 $G_k=82kN$；吊车最大轮压产生的压力标准值 $P_k=830kN$，水平荷载标准值 $F_{hk}=50kN$。试问，沿牛腿顶部配置的纵向受力钢筋，下列何项数值最合适？

(A) 6⏀18　　　　(B) 6⏀20　　　　(C) 6⏀22　　　　(D) 6⏀25

8. 若牛腿柱的抗震等级为二级，牛腿面上重力荷载代表值产生的压力标准值 $N_{Gk}=950kN$，地震作用组合下的牛腿面上的水平拉力设计值为 100kN。试问，沿牛腿顶部配置的纵向受力钢筋，下列何项数值最合适？

(A) 5⏀22　　　　(B) 5⏀20　　　　(C) 5⏀18　　　　(D) 5⏀16

【题9~12】　某多层钢筋混凝土框架结构房屋，抗震等级为二级，结构安全等级二级。其中，某根框架梁 A—B 在考虑各种荷载与地震作用组合下的未经内力调整的控制截面内力设计值如表 3-1 所示。框架梁截面尺寸 $b \times h=300mm \times 650mm$，C25 混凝土，纵向受力钢筋为 HRB400，箍筋为 HRB335。单排布筋，$a_s=a_s'=40mm$，双排布筋，$a_s=a_s'=70mm$。

荷载与地震作用组合下的未经内力调整的控制截面内力设计值　　　　　表 3-1

截面位置	A 支座	B 支座	AB 跨跨中
$M_{max,上}$（kN·m）	−595	465	
$M_{max,下}$（kN·m）	285	−218	278
V_{max}（kN）	232	208	—
说　明	由地震组合控制	由地震组合控制	由非地震组合控制

注：弯矩值顺时针为正，逆时针为负。

9. 若框架梁跨中截面上部配纵向受力钢筋，按 2⏀25（$A_s=982mm^2$）通长布置，试问，框架梁跨中截面下部的纵向钢筋配置，下列何项数值最合适？

(A) 3⏀20　　　　(B) 3⏀22　　　　(C) 3⏀25　　　　(D) 3⏀28

10. 若框架梁底部纵筋配置为 3⏀25，直通锚入柱内，则框架梁 A 支座截面上部的纵向钢筋配置，下列何项数值最合适？

提示：不需验算梁端顶部和底部纵筋截面面积的比值要求；不需要验算最小配筋率。

(A) 5⏀28　　　　(B) 5⏀25　　　　(C) 5⏀22　　　　(D) 5⏀20

11. 条件同题 10，框架梁 B 支座截面上部的纵向受力钢筋配置，下列何项数值最合适？

提示：不需验算梁端顶部和底部纵筋截面面积的比值要求；不需要验算最小配筋率。

(A) 3 Φ 22　　　　(B) 3 Φ 25　　　　(C) 4 Φ 22　　　　(D) 4 Φ 25

12. 由重力荷载代表值产生的框架梁剪力设计值 $V_{Gb}=110kN$，框架梁 A—B 加密区的箍筋配置，下列何项数值最合适？

提示：梁截面条件满足规范要求；梁净跨 $l_n=6.9m$，$h_0=580mm$，$\gamma_{RE}=0.85$；不需要验算最小配筋率。

(A) Φ 8@100（双肢）　　　　　　　(B) Φ 10@100（双肢）

(C) Φ 12@100（双肢）　　　　　　(D) Φ 14@100（双肢）

【题 13、14】 某一带悬挑端的单跨楼面梁如图 3-2 所示，使用上对挠度有较高要求，设计中考虑 9m 跨梁施工时，按 $l_0/500$ 预先起拱。

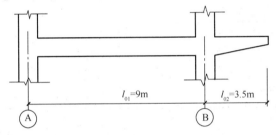

$l_{01}=9m$　　　$l_{02}=3.5m$

A　　　　　　B

图 3-2

13. 悬臂自由端的挠度限值（mm），不得大于下列哪项数值？

(A) 35　　　　(B) 28　　　　(C) 23　　　　(D) 14

14. 对Ⓐ～Ⓑ轴间的楼面梁的模板起拱进行检查，在同一检验批内，应抽查构件数量不应少于 3 件，并且不应少于下列何项数值？

(A) 5%　　　　(B) 10%　　　　(C) 50%　　　　(D) 100%

【题 15】 某钢筋混凝土框架柱，为偏心受压柱，其截面尺寸 $b \times h = 400mm \times 600mm$，采用 C25 混凝土，纵向受力钢筋采用 HRB335，如图 3-3 所示，对称配筋，4 Φ 22（$A_{s0}=A'_{s0}=1520mm^2$）。现加层改造，荷载增加，在荷载的基本组合下的内力设计值为：轴压力 $N=950kN$，弯矩 $M=490kN \cdot m$。采用外粘型钢进行正截面加固，如图 3-3 所示，选用 4L75×5 的单角钢，钢材为 Q235 钢。2L75×5 的截面面积，$A_a = A'_a = 1482mm^2$，$f_a = 215N/mm^2$。已知 $a_{s0}=a'_{s0}=40mm$，$a_a=a'_{a0}=15mm$。加固后的结构重要性系数取 1.0。

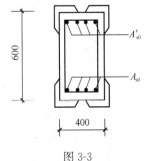

图 3-3

试问，对加固后的柱正截面承载力验算，按《混加规》公式（8.2.2-2）计算时，其公式右端值（kN·m），与下列何项数值最为接近？

(A) 700　　　　(B) 800　　　　(C) 900　　　　(D) 1000

【题 16～23】 某轻级工作制吊车厂房的钢结构屋盖，屋架跨度 18m，屋架间距 6m，车间长 54m，屋面材料采用轻质大型屋面板，其结构构件的平面布置、屋架杆件的几何尺寸、作用在屋架节点上的荷载以及屋架的部分杆件内力设计值如图 3-4 所示。该屋盖结构的钢材为 Q235B 钢，焊条为 E43 型，屋架的节点板厚为 8mm。单角钢和组合角钢的截面特性见表 3-2。

单角钢和组合角钢的截面特性 表 3-2

角钢型号	两个角钢的截面面积（mm²）	回转半径（mm）			当两肢背间距为（mm）		
					6	8	10
L110×70×6	2127.4	—	—	20.1	52.1	52.9	53.6
L56×5	1083.0	11.0	21.7	17.2	25.4	26.2	26.9
L63×5	1228.6	12.5	24.5	19.4	28.2	28.9	29.6
L70×5	1375.0	13.9	27.3	21.6	30.9	31.7	32.4
L75×5	1482.4	15.0	29.2	23.3	32.9	33.6	34.3
L80×5	1582.4	16.0	31.3	24.8	34.9	35.6	36.3

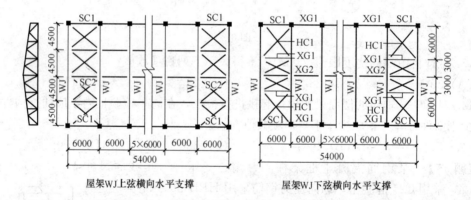

屋架WJ上弦横向水平支撑　　　屋架WJ下弦横向水平支撑

图中 P=20kN(设计值，包括屋架自重在内)

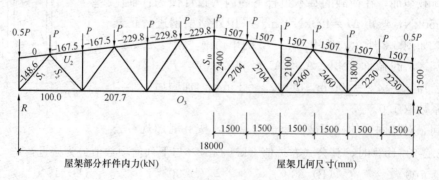

屋架部分杆件内力(kN)　　　　屋架几何尺寸(mm)

图 3-4

16. 屋架上弦杆各节间的轴心压力设计值，已示于图 3-4 屋架内力图中，其截面为 2L110×70×6（短肢相并）。试问，当按实腹式轴心受压构件稳定进行计算时，其最大压应力（N/mm²），与下列何项数值最为接近？

    （A）166   （B）172   （C）187   （D）160

17. 已知斜腹杆 S_1 上最大轴心压力设计值为 148.6kN，截面为 2L80×5。试问，当按实腹式轴心受压构件稳定性进行计算时，其最大压应力（N/mm²），与下列何项数值最为接近？

    （A）141.0   （B）158.0   （C）164.0   （D）151.0

18. 条件同题 17，杆件 S_1 与节点板的连接焊缝采用两侧焊，取 $h_f=5mm$。试问，其肢背的焊缝长度 l_f（mm），与下列何项数值最为接近？

    （A）130   （B）120   （C）105   （D）90

19. 若屋架跨中的竖腹杆 S_{10} 采用 2L56×5 的十字形截面，试问，其填板数应采用下列何项数值？

    （A）2   （B）3   （C）4   （D）5

20. 若下弦横向支撑的十字交叉斜杆 HC1 的杆端焊有节点板，用螺栓与屋架下弦杆相连，其截面采用等边单角钢（在两角钢的交点处均不中断，用螺栓相连，按受拉杆设计），并假定其截面由长细比控制，应采用下列何项角钢较为合理？

    （A）L56×5   （B）L63×5   （C）L70×5   （D）L75×5

21. 若下弦横向支撑的刚性系杆 XG1 的杆端焊有节点板，并用螺栓与屋架下弦杆相连，其截面由长细比控制，应采用下列何项角钢组成的十字形截面较为合理？

    提示： 该刚性系杆按桁架中有节点板的受压腹杆考虑。

    （A）2L56×5

    （B）2L63×5

    （C）2L70×5

    （D）2L75×5

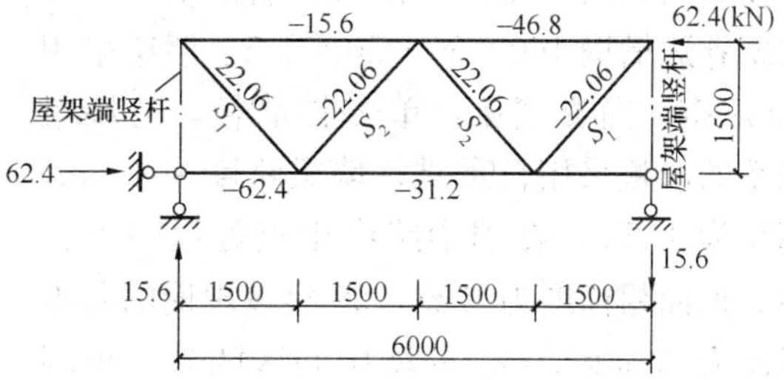

图 3-5

22. 假定在屋架端部竖向支撑 SC1 上的地震作用和各杆件的内力设计值如图 3-5 所示，上、下弦杆截面为 2L75×5，节点板厚为 6mm，试问，其上弦杆在地震作用下杆件的稳定承载力设计值 $\varphi A f/\gamma_{RE}$（kN），与下列何项数值最为接近？

    （A）−115.1   （B）−119.9   （C）−123.5   （D）−128.3

23. 条件同题 22，腹杆截面为单角钢 L56×5，其角钢用角焊缝与节点板单面相连，节点板厚为 6mm。试问，腹杆 S_2 在地震作用下所产生的内力与该杆件受压稳定承载力之比，与下列何项数值最为接近？

    （A）0.59   （B）0.63   （C）0.80   （D）0.74

【题 24、25】 某车间吊车梁下柱间支撑，交叉形斜度为 3∶4，如图 3-6 所示。交叉支撑按拉杆考虑，承受拉力设计值 $H=650kN$，截面为][20a，单个 [20a 腹板厚 $t_w=7mm$，截面面积 $A=28.83cm^2$。钢材用 Q235 钢，E43 焊条。

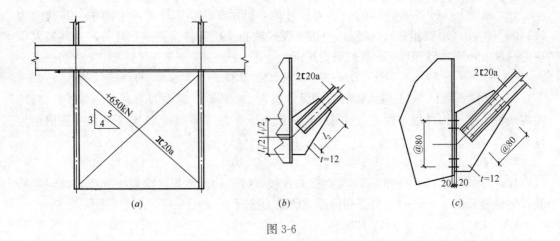

图 3-6

24. 若节点板与柱子采用剖口一级焊缝连接，节点板长度 l_1（mm），与下列何项数值最为接近？

(A) 425 　　　(B) 405 　　　(C) 390 　　　(D) 350

25. 若节点板与柱子采用双面角焊缝连接，$h_f=8$mm，焊缝长度 l_1（mm），与下列何项数值最为接近？

(A) 315 　　　(B) 360 　　　(C) 390 　　　(D) 340

【题 26～29】 某单跨双坡门式刚架钢房屋，刚架高度为 6.6m，屋面坡度为 1 : 10，屋面和墙面均采用压型钢板，墙梁采用冷弯薄壁卷边槽钢 $160\times60\times20\times2.5$。墙梁采用 Q235 钢，简支墙梁，单侧挂墙板，与墙梁联系的墙板采用自承重，墙梁跨度为 4.5m，间距为 1.5m，在墙梁跨中中点处设一道拉条。地面粗糙度为 B 类，50 年重现期的基本风压为 0.35kN/m。外墙中间区的某一根墙梁，其设置如图 3-7 (a) 所示，其截面特性为 [图 3-7 (b)]：

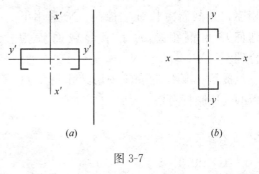

图 3-7

$A=748$mm^2，$I_x=1.850$cm^4，$W_x=36.02$cm^3，$I_y=35.96$cm^4，$W_{ymax}=19.47$cm^3，$W_{ymin}=8.66$cm^3。

提示： 按《建筑结构可靠性设计统一标准》GB 50068—2018 作答。

26. 水平风荷载作用下，该墙梁跨中中点处基本组合下的弯矩值（kN•m）的最大绝对值，与下列何项最接近？

提示： $\mu_z=1.0$。

(A) 3.0 　　　(B) 3.4 　　　(C) 4.0 　　　(D) 4.4

27. 假定，设计值 $q_y=-1.334$kN/m，水平风荷载作用下产生的剪力设计值 $V_{y,max}$ 进行抗剪强度计算时，其最大剪应力值（N/mm^2），与下列何项最接近？

提示： 冷弯半径取 1.5t，t 为墙梁壁厚。

(A) 8 　　　(B) 10 　　　(C) 12 　　　(D) 14

28. 该墙梁进行水平风荷载作用下抗弯强度计算，按《门规》式（9.4.4-1）计算，当计算 $W_{enx'}$ 时，受压翼缘 $\sigma_{max}=\sigma_{min}=72.2\text{N/mm}^2$，试问，墙梁的卷边的有效宽度 b_e（mm），与下列何项最接近？

（A）14　　　　（B）16　　　　（C）18　　　　（D）20

29. 假定，墙梁承担墙板重量，相应地竖向永久荷载标准值（含墙梁自重）为0.50kN/m。试问，墙梁进行竖向荷载作用下抗剪强度计算时，其最大剪应力值（N/mm²），与下列何项最接近？

提示：冷弯半径取 1.5t，t 为墙梁壁厚。

（A）8.5　　　　（B）7.5　　　　（C）6.5　　　　（D）5.5

【题 30、31】 某一钢筋混凝土梁截面尺寸为 $b \times h =$ 300mm×600mm，支承在截面尺寸为 490mm×490mm 的砖柱上，柱计算高度 $H_0=3600$mm。如图 3-8 所示，梁上层由墙体传来的荷载设计值 $N_0=65$kN，梁端支反力设计值 $N_l=120$kN，柱采用 MU25 烧结普通砖和 M10 混合砂浆砌筑。砌体施工质量控制等级 B 级，结构安全等级二级。

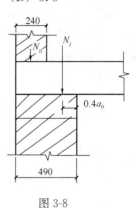

30. 梁端砌体局部受压验算式 $(\psi N_0 + N_l \leq \eta \gamma f A_l)$，与下列何项数值最为接近？

（A）120kN＜150kN

（B）120kN＜160kN

（C）185kN＞150kN

（D）185kN＞160kN

图 3-8

31. 若梁端下部设刚性垫块 $a_b \times b_b \times t_b = 490\text{mm} \times 490\text{mm} \times 180\text{mm}$，试问，梁端局部受压承载力设计值（kN），与下列何项数值最为接近？

提示：$f=2.80$MPa。

（A）390　　　　（B）345　　　　（C）283　　　　（D）266

【题 32】 某双跨车间采用钢筋混凝土组合屋架，槽瓦檩条体系屋盖，带壁柱砖墙和独立砖柱（中柱）承重，如图 3-9 所示。已知在风荷载作用下的柱顶集中力设计值：$F_w=$ 2.38kN，迎风面均布荷载设计值 $w_1=2.45$kN/m，背风面均布荷载设计值 $w_2=1.52$kN/m。结构安全等级为二级。

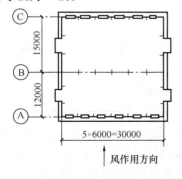

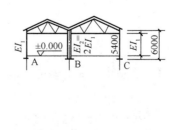

图 3-9

试问，A柱柱底的弯矩设计值 M （kN·m），与下列何项数值最为接近？

(A) 30　　　　　　(B) 25

(C) 20　　　　　　(D) 15

【题33、34】 某带壁柱的窗间墙截面尺寸如图3-10所示，采用MU10烧结多孔砖和M5混合砂浆砌筑，墙上支承截面尺寸为200mm×650mm的钢筋混凝土大梁。梁端荷载设计值产生的支承压力为120kN，上部荷载设计值产生的支承压力为107kN。钢筋混凝土垫梁截面为240mm×180mm，C20级混凝土 （ $E_b=2.55\times10^4 N/mm^2$ ）。砌体施工质量控制等级为B级。结构安全等级为二级。

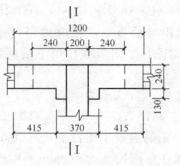
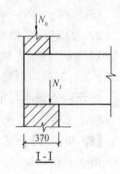

图3-10

33. 该垫梁的最小长度 （mm），与下列何项数值最为接近？

(A) 1000　　　　　(B) 1100　　　　　(C) 1200　　　　　(D) 1300

34. 若垫梁长度为1200mm，垫梁折算高度为360mm，试问，垫梁下砌体的局部受压承载力验算式 （ $N_0+N_l\leqslant 2.4\delta_2 f b_b h_0$ ），其左右端项，与下列何项数值最为接近？

(A) 163.1kN<258.5kN　　　　　(B) 163.1kN<248.8kN

(C) 161.6kN<248.8kN　　　　　(D) 168.5kN<258.5kN

【题35、36】 某一悬臂水池，壁高 $H=1.5m$ ，采用MU10烧结普通砖和M7.5水泥砂浆砌筑，如图3-11所示。水按可变荷载考虑，取 $\gamma_w=1.5$ 。砌体施工质量控制等级为B级，结构安全等级为二级。

35. 试确定池壁底部的受剪承载力验算公式 （ $V\leqslant bzf_v$ ），其左右端项，与下列何组数值最为接近？

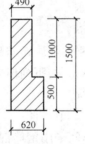
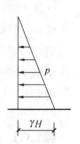

图3-11

(A) 16.9kN/m<46.3kN/m　　　　　(B) 11.3kN/m<46.3kN/m

(C) 16.9kN/m<57.9kN/m　　　　　(D) 11.3kN/m<57.9kN/m

36. 试确定池壁底部的受弯承载力验算公式 （ $M\leqslant f_m W$ ），其左右端项，与下列何组数值最为接近？

(A) 8.5kN·m/m<7.20kN·m/m　　　　　(B) 6.75kN·m/m<9.00kN·m/m

(C) 8.5kN·m/m<9.00kN·m/m　　　　　(D) 6.75kN·m/m<9.7kN·m/m

【题37、38】 某配筋砌块砌体抗震墙结构房屋，抗震等级二级，首层抗震墙墙肢截面尺寸如图3-12所示，墙体高度4400mm。单排孔混凝土砌块强度等级MU20（孔洞率为46%）、专用砂浆Mb、灌孔混凝土Cb30（灌孔率 $\rho=100\%$ ），取 $f_g=6.98N/mm^2$ 。该墙肢承受地基组合下未经内力调整的弯矩设计值 $M=1177kN\cdot m$ ，轴向压力设计值 $N=1167kN$ ，剪力设计值 $V=245kN$ 。砌体施工质量控制等级B级，取 $a_s=a_s'=300mm$ 。已知该墙肢斜截面条件满足规范要求。墙体竖向分布钢筋采用HRB400钢筋。

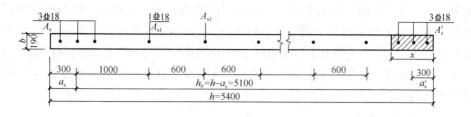

图 3-12

37. 试问，该墙肢的水平分布钢筋选用 HRB335 级，为下列何项数值时才满足要求，且较为经济合理？

提示： $0.2f_gbh=1432.3\text{kN}$。

(A) 2Φ10@600   (B) 2Φ8@600   (C) 2Φ8@400   (D) 2Φ10@400

38. 若轴向力为拉力，其设计值 $N=1288\text{kN}$，墙肢水平分布钢筋选用 HRB335 级钢筋，其他条件不变，试问，墙肢的水平分布钢筋配置，为下列何项数值时才满足要求，且较为经济合理？

(A) 2Φ10@600   (B) 2Φ10@400   (C) 2Φ12@600   (D) 2Φ12@400

【题 39】 两块西部铁杉（TC15A），$b\times h=150\text{mm}\times150\text{mm}$，在设计使用年限为 50 年的建筑室内常温环境下，在以活载为主产生的剪力 V 作用下采用普通螺栓连接（顺纹受力），如图3-13所示。已知 $f_{es}=17.73\text{N/mm}^2$，螺栓钢材 Q235，$f_{yk}=235\text{N/mm}^2$。试问，单个螺栓每个剪面的承载力参考设计值（kN），与下列何项数值最为接近？

提示： $k_I=0.228$，$k_{II}=0.125$，$k_{III}=0.168$。

(A) 4.2   (B) 4.6

(C) 5.0   (D) 5.6

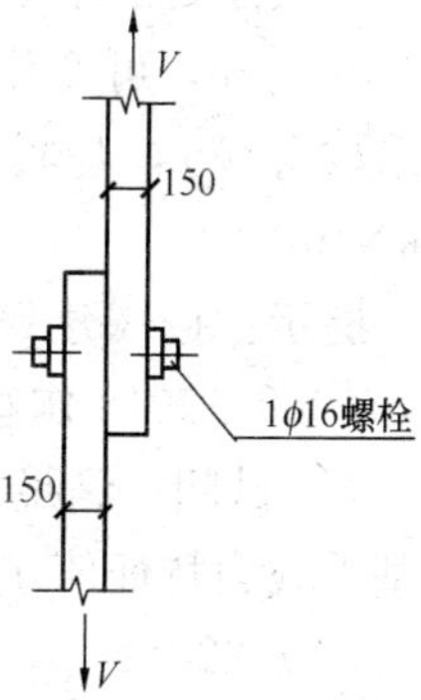

【题 40】 对木结构齿连接的见解，下列何项不妥？说明理由。

图 3-13

(A) 齿连接的可靠性在很大程度上取决于其构造是否合理

(B) 在齿连接中，木材抗剪破坏属于脆性破坏，故必须设置保险螺栓

(C) 在齿未破坏前，保险螺栓几乎不受力

(D) 木材剪切破坏对螺栓有冲击作用，故螺栓应选用强度高的钢材

（下午卷）

【题 41】 下列关于既有建筑地基基础加固设计的说法，何项不妥？

(A) 对扩大基础的地基承载力特征值，宜采用原天然地基承载力特征值

(B) 建筑物直接增层，其既有建筑地基承载力特征值不宜超过原地基承载力特征值的 1.2 倍

(C) 位于硬质岩地基上的外套增层工程，其基础类型与埋深可与原基础不同

(D) 人工挖孔混凝土灌注桩适用于地基变形过大的基础托换加固

【题 42】 如图 3-14 所示某折线形均质滑坡，第一块的剩余下滑力为 1150kN/m，传

递系数为 0.8，第二块的下滑力为 6000kN/m，抗滑力为 6600kN/m。现拟挖除第三块滑块，在第二块末端采用抗滑桩方案，抗滑桩的间距为 4m，悬臂段高度为 8m。如果取边坡稳定安全系数 F_{st}＝1.35，剩余下滑力在桩上的分布按矩形分布，按《建筑边坡工程技术规范》GB 50330—2013 计算作用在抗滑桩上相对于嵌固段顶部 A 点的力矩（$kN \cdot m$），最接近于下列何项？

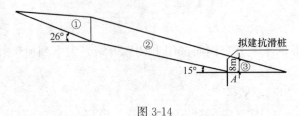

图 3-14

(A) 10595　　　　(B) 10968　　　　(C) 42377　　　　(D) 43872

【题 43～47】 某砌体房屋采用墙下钢筋混凝土条形基础，基础尺寸如图 3-15 所示，墙体作用于基础顶面处的轴心的标准值为：永久作用 F_{Gk}＝300kN/m，可变作用 F_{Qk}＝136kN/m，其组合值系数为 0.7，基底以上基础与土的平均重度为 20kN/m³。

提示： 按《建筑结构可靠性设计统一标准》GB 50068—2018 作答。

43. 试问，满足承载力要求的修正后的天然地基承载力特征值 f_a（kPa），其最小值不应小于下列何项数值？

(A) 220　　　　(B) 230　　　　(C) 240　　　　(D) 250

44. 试问，设计基础底板时采用的基础单位长度的最大剪力设计值 V（kN）、最大弯矩设计值 M（$kN \cdot m$），与下列何项数值最为接近？

(A) V＝242.1；M＝98.6　　　　(B) V＝219.3；M＝98.6
(C) V＝242.1；M＝89.4　　　　(D) V＝219.3；M＝89.4

45. 试问，基础的边缘高度 h_1（mm），其最小值不宜小于下列何项数值？

(A) 150　　　　(B) 200　　　　(C) 250　　　　(D) 300

46. 假定基础混凝土强度为 C25，钢筋的混凝土保护层厚度为 40mm，基础高度 h＝500mm，采用 HRB400 级钢筋。试问，基础底板单位长度的受剪承载力设计值（kN/m），与下列何项数值最为接近？

(A) 250　　　　(B) 300　　　　(C) 350　　　　(D) 400

47. 条件同题 46，假定基础底板单位长度的最大弯矩设计值为 96kN·m/m，基础底板主筋用 HRB400 级、分布筋用 HPB300 级钢筋，试问，基础底板的配筋（主筋/分布筋）应选用下列何项数值最为合理？

(A) Φ8@80/Φ8@200　　　　(B) Φ10@100/Φ8@250
(C) Φ12@150/Φ8@300　　　　(D) Φ14@200/Φ8@350

【题 48～51】 某柱下条形基础，基础埋深 1.6m，基础底板宽度 2.7m。由上部结构传至基础顶面处相应于作用的基本组合时的竖向力设计值如图 3-16 所示。柱截面尺寸为 600mm×600mm。

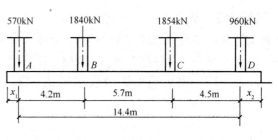

图 3-16

48．当 $x_1 = 0.6$m 时，柱 D 端的悬挑长度 x_2（m）满足下列何项数值时，基底反力呈均匀分布？

（A）1.51　　　　（B）1.48

（C）1.43　　　　（D）1.00

49．当基底反力呈均匀分布时，确定基础底板的净反力 p_j（kN/m），与下列何项数值最为接近？

（A）295.6　　（B）312.3　　（C）317.0　　（D）321.8

50．当基底反力呈均匀分布时，用静力平衡法确定条形基础承受的最大剪力设计值 V（kN），与下列何项数值最为接近？

提示：忽略柱子宽度的影响。

（A）952　　（B）918　　（C）858　　（D）936

51．当基底反力呈均匀分布时，用静力平衡法确定条形基础在 AB 跨内承受的最大弯矩设计值 M（kN·m），与下列何项数值最为接近？

（A）161　　　　（B）165

（C）176　　　　（D）171

【题 52～55】　某墙下钢筋混凝土条形基础，采用换填垫层法进行地基处理，垫层材料重度为 18kN/m³，土层分布及基础尺寸如图 3-17 所示，基础底面处相应于作用的标准组合时的平均压力值为 280kPa。

52．试问，采用下列何类垫层材料最为合理？

（A）砂石

（B）素土

（C）灰土

（D）上述（A）、（B）、（C）项均可

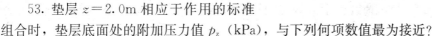

图 3-17

53．垫层 $z = 2.0$m 相应于作用的标准组合时，垫层底面处的附加压力值 p_z（kPa），与下列何项数值最为接近？

（A）130　　（B）150　　（C）170　　（D）190

54．垫层 $z = 2$m，垫层底面处土的自重压力值 p_{cz}（kPa），与下列何项数值最为接近？

（A）20　　（B）34　　（C）40　　（D）55

55．垫层 $z = 2$m，垫层底面处土层经深度修正后的天然地基承载力特征值 f_{az}（kPa），与下列何项数值最为接近？

（A）210　　（B）230　　（C）236　　（D）250

【题 56】 某人工挖孔嵌岩灌注桩桩长为 8m，其低应变反射波动力测试曲线如图 3-18 所示。试问，该桩桩身完整性类别及桩身波速值应为下列何项？

提示：按《建筑基桩检测技术规范》JGJ 106—2014 作答。

(A) Ⅰ类桩，$c=1777.8$m/s

(B) Ⅱ类桩，$c=1777.8$m/s

(C) Ⅰ类桩，$c=3555.6$m/s

(D) Ⅱ类桩，$c=3555.6$m/s

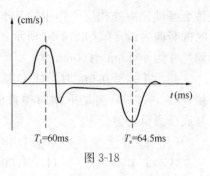

图 3-18

【题 57】 某圆形自立式钢烟囱高度为 150m，位于 B 类粗糙度地面，基本风压 $w_0=0.4$kN/m²，烟囱顶部直径 4.0m，底部直径 10.0m，其坡度为 2%。烟囱基本自振周期 $T_1=1.20$s，经判定会发生涡激共振，试问，其起点高度 H_1（m）最接近于下列何项数值？

提示：按《烟囱工程技术标准》GB/T 50051—2021 作答。

(A) 2.8   (B) 6.0   (C) 12.5   (D) 25.6

【题 58～60】 某 28 层的一般钢筋混凝土高层建筑，设计使用年限为 100 年，地面粗糙度为 B 类，如图 3-19 所示。地面以上高度为 90m，平面为一外径 26m 的圆形。50 年重现期的基本风压标准值为 0.45kN/m²，100 年重现期的基本风压标准值为 0.50kN/m²，风荷载体型系数为 0.8。

提示：按《工程结构通用规范》GB 55001—2021 作答。

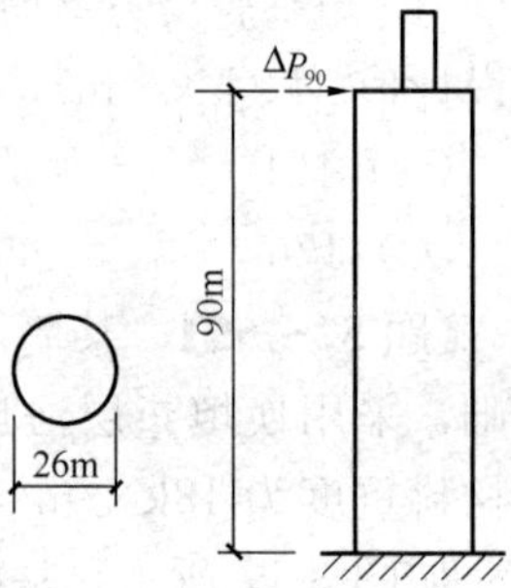

58. 当结构基本自振周期 $T_1=1.6$s 时，当按承载能力计算时，脉动风荷载的共振分量因子，与下列何项数值最为接近？

(A) 1.26

(B) 1.18

(C) 1.10

(D) 1.08

图 3-19

59. 已知屋面高度处的风振系数 $\beta_{90}=1.68$，当按承载能力计算时，屋面高度处的风荷载标准值 w_k（kN/m²），与下列何项数值最为接近？

(A) 1.532   (B) 1.493   (C) 1.427   (D) 1.357

60. 已知作用于 90m 高度处的风荷载标准值 $w_k=1.50$kN/m²，作用于 90m 高度处的突出屋面小塔楼风荷载标准值 $\Delta P_{90}=600$kN。假定风荷载沿高度呈倒三角形分布（地面处为 0），在高度 30m 处风荷载产生的倾覆力矩设计值（kN·m），与下列何项数值最为接近？

(A) 135900   (B) 126840

(C) 94600   (D) 92420

【题 61、62】 高层钢筋混凝土剪力墙结构中的某层剪力墙，为单片独立墙肢（两边支承），如图 3-20 所示，层高 5m，墙长为 3m，按 8 度抗震设防烈度设计，抗震等级为一级，采用 C40 混

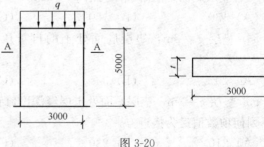

图 3-20

凝土（$E_c = 3.25 \times 10^4 \text{N/mm}^2$）。该墙肢的作用组合中墙顶的竖向均布荷载标准值分别为：永久荷载为1850kN/m，活荷载为500kN/m，水平地震作用为1200kN/m。其中，活荷载组合系数取0.5，不计墙自重，不考虑风荷载作用。

提示：按《建筑与市政工程抗震通用规范》GB 55002—2021作答。

61. 试问，下列何项数值是满足轴压比限值的剪力墙最小墙厚？

(A) 260mm   (B) 290mm   (C) 320mm   (D) 360mm

62. 当地震作用起控制作用时，假定已求得该组合时墙顶轴力等效竖向均布荷载设计值 $q = 4000 \text{kN/m}$，试问，下列何项数值是满足剪力墙稳定所需的最小墙厚？

(A) 270mm   (B) 300mm   (C) 320mm   (D) 360mm

【题63、64】 某高层现浇钢筋混凝土框架-剪力墙结构，框架及剪力墙抗震等级均为二级；采用C40混凝土，梁中纵向受力钢筋采用HRB400级，腰筋及箍筋均采用HPB300级钢筋（$f_{yv} = 270 \text{N/mm}^2$）。取 $a_s = a_s' = 30\text{mm}$。

63. 该结构中的某连梁净跨 $l_n = 3500\text{mm}$，其截面及配筋如图3-21所示。试问，下列梁跨中非加密区箍筋的配置中，何项最满足相关规范、规程中的最低构造要求？

(A) Φ8@75   (B) Φ8@100   (C) Φ8@150   (D) Φ8@200

64. 假定该结构某连梁净跨 $l_n = 2200\text{mm}$，其截面及配筋如图3-22所示。试问，下列关于梁每侧腰筋的配置，何项最接近且满足相关规范、规程的最低构造要求？

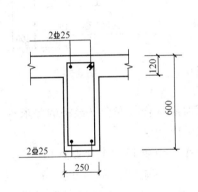

图 3-21

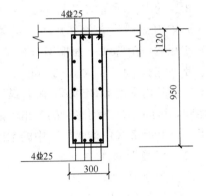

图 3-22

(A) 4Φ12   (B) 5Φ12

(C) 4Φ14   (D) 5Φ14

【题65~70】 某钢筋混凝土结构高层建筑，平面如图3-23所示，地上7层，首层层高6m，其余各层层高均为4m；地下室顶板可作为上部结构的嵌固端。屋顶板及地下室顶层采用梁板结构，第2~7层楼板沿外围周边均设框架梁，内部为无梁楼板结构；建筑物内的二方筒设剪力墙，方筒内楼板开大洞处均设边梁。该建筑物抗震设防烈度为7度，丙类建筑，设计基本

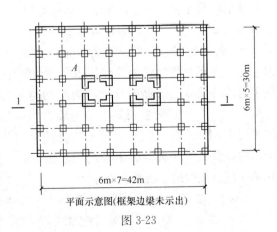

平面示意图（框架边梁未示出）

图 3-23

地震加速度为 0.1g，设计地震分组为第一组，I_1 类场地。

65. 试问，当对该建筑的柱及剪力墙采取抗震构造措施时，其抗震等级应取下列何项？

（A）板柱为二级抗震，剪力墙为三级抗震

（B）板柱为三级抗震，剪力墙为二级抗震

（C）板柱为二级抗震，剪力墙为二级抗震

（D）板外围柱为四级抗震，内部柱为三级抗震，剪力墙为二级抗震

66. 假定该建筑的第 6 层平板部分，采用现浇预应力混凝土无梁板，中柱处板承载力不满足要求，且不允许设柱帽，因此在柱顶处用弯起钢筋形成剪力架以抵抗冲切。试问，除满足承载力要求外，其最小板厚（mm），应取下列何项数值时，才能满足相关规范、规程的要求？

（A）140 　　　　（B）150

（C）180 　　　　（D）200

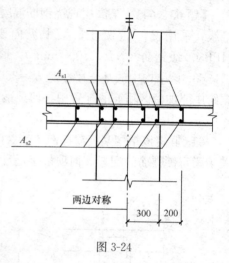

图 3-24

67. 假定该建筑物第 2 层平板部分，采用非预应力混凝土平板结构，板厚 200mm，纵、横面设暗梁，梁宽均为 1000mm，某处暗梁如图 3-24 所示，与其相连的中柱断面 $b \times h = 600\text{mm} \times 600\text{mm}$；在该层楼面重力荷载代表值作用下柱的轴向压力设计值为 620kN。由等代平面框架分析结果得知，柱上板带配筋，上部为 3600mm^2，下部为 2700mm^2，钢筋均采用 HRB400。假若纵、横向暗梁配筋相同，试问，在下列暗梁的各组配筋中，何项最符合既安全又经济的要求？

提示： 柱上板带（包括暗梁）中的钢筋未全部示出。

（A）$A_{s1} = 9 \Phi 14$；$A_{s2} = 9 \Phi 12$ 　　　　（B）$A_{s1} = 9 \Phi 16$；$A_{s2} = 9 \Phi 14$

（C）$A_{s1} = 9 \Phi 18$；$A_{s2} = 9 \Phi 14$ 　　　　（D）$A_{s1} = 9 \Phi 20$；$A_{s2} = 9 \Phi 16$

68. 假定该结构总水平地震作用 $F_{Ek} = 2600\text{kN}$，底层对应于水平地震作用剪力标准值满足最小剪重比的要求。试问，在该水平地震作用下，底层柱部分应能承担的水平地震剪力标准值的最小值（kN），与下列何项数值最为接近？

（A）260 　　　　（B）384 　　　　（C）520 　　　　（D）765

69. 假定底层剪力墙墙厚 300mm，如图 3-25 所示，满足墙体稳定性要求，采用 C30 混凝土；在重力荷载代表值作用下，该建筑中方筒转角 A 处的剪力墙各墙体底部截面轴向压力呈均匀分布状态，其轴压比为 0.35。由计算分析得知，剪力墙为构造配筋。当纵向钢筋采用 HRB400 时，试问，转角 A 处边缘构件在设置箍筋的范围内，其纵筋配置应为下列何项数值时，才最接近且满足相关规范、规程的最低构造要求？

（A）$12 \Phi 14$ 　　　　（B）$12 \Phi 16$

（C）$12 \Phi 18$ 　　　　（D）$12 \Phi 20$

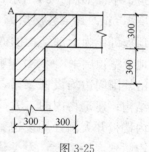

图 3-25

70. 该建筑中的 L 形剪力墙首层底部截面，如图 3-26 所示。在纵向地震作用下，剪力墙底部加强部位距墙底 $0.5h_{w0}$（$h_{w0}=2250\text{mm}$）处的未经内力调整的剪力计算值 $V_w=500\text{kN}$，弯矩计算值 $M_w=2475\text{kN}\cdot\text{m}$；考虑地震作用组合后的剪力墙纵向墙肢的轴向压力设计值为 2100kN；采用 C30 混凝土，分布筋采用 HPB300 级（$f_{yh}=270\text{N/mm}^2$）、双排配筋。试问，纵向剪力墙墙肢水平分布钢筋采用下列何项配置时，才最接近且满足相关规范、规程中的最低要求？

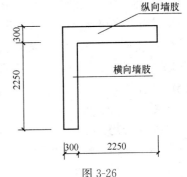

图 3-26

提示：① 墙肢抗剪截面条件满足规程要求；
　　　② $A=1.215\times10^6\text{mm}^2$；$0.2f_cb_wh_w=1931\text{kN}$。

(A) $2\Phi8@200$　　　(B) $2\Phi10@200$

(C) $2\Phi12@200$　　　(D) $2\Phi12@150$

【题 71、72】 某高层钢框架结构房屋，抗震等级为三级，某一根框架梁，其截面为焊接 H 形截面 H500×200×10×16，$A=11080\text{mm}^2$。经计算，地震作用组合下的该梁轴压力 $N=432\text{kN}$。

提示：按《高层民用建筑钢结构技术规程》作答。

试问：

71. 假定，框架梁采用 Q345 钢，该梁的腹板宽厚比 $\dfrac{h_0}{t_w}$ 的验算应为下列何项？

(A) $\dfrac{h_0}{t_w}=46.8<54$，满足　　　(B) $\dfrac{h_0}{t_w}=48.4<54$，满足

(C) $\dfrac{h_0}{t_w}=46.8<58$，满足　　　(D) $\dfrac{h_0}{t_w}=48.4<58$，满足

72. 假定，框架梁采用 Q235 钢，该框架梁需要拼接，其全截面采用高强度螺栓连接，已知 $I_w=8542\times10^4\text{mm}^4$，$I_f=37481\times10^4\text{mm}^4$，拼接处弯矩较小。试问，在弹性设计时，其计算截面的腹板弯矩设计值 M_w（$\text{kN}\cdot\text{m}$），至少应为下列何项？

提示：$W_p=2096360\text{mm}^3$。

(A) 12　　　(B) 18　　　(C) 26　　　(D) 30

【题 73、74】 如图 3-27 所示，某钢筋混凝土电视塔，总高度 $H=200\text{m}$，结构第一自振周期 $T_1=3.0\text{s}$，基本风压 $w_0=0.40\text{kN/m}^2$，值班塔楼高度 $h=160\text{m}$。地面粗糙度为 C 类。按阻尼比查得脉动增大系数 $\xi=1.60$。

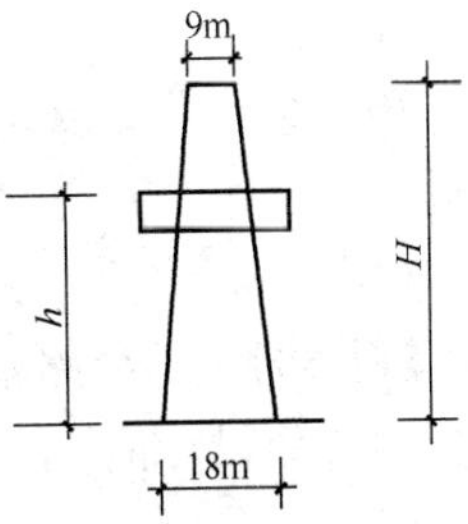

提示：按《高耸结构设计标准》GB 50135—2019 作答。

试问：

73. 值班塔楼高度处的风荷载标准值 w_k（kN/m^2），与下列何项数值最接近？

图 3-27

提示：取 $\mu_s=0.70$。

(A) 0.80　　　(B) 0.90　　　(C) 1.10　　　(D) 1.20

74. 假定，值班塔楼处在风荷载 w_k 作用下的水平位移值为 0.48m，在风荷载 $\mu_z\mu_sw_0$

作用下的水平位移为 0.38m，塔楼处的振动加速度幅值（mm），与下列何项数值最接近？

(A) 165   (B) 175   (C) 185   (D) 195

【题 75、76】 如图 3-28 所示由 8 块预制板拼装而成的公路梁桥，桥面净空为净－8.0＋2×1.5m。预制板宽为 1150mm，中部预留有孔洞。

75. 支座处 1 号、2 号板的汽车荷载横向分布系数 m_{0q1}、m_{0q2}，与下列何项数值最为接近？

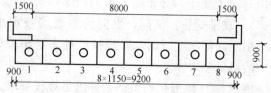

图 3-28

(A) 0.272；0.5

(B) 0.272；0.8

(C) 0.018；0.5

(D) 0.018；0.8

76. 支座处 1 号、2 号板的人群荷载横向分布系数 m_{0r1}、m_{0r2}，与下列何项数值最为接近？

(A) 1.63；0.63   (B) 1.63；0.68   (C) 1.68；0.63   (D) 1.68；0.68

【题 77～79】 某装配式钢筋混凝土简支梁桥位于城市附近交通繁忙公路上，双向行驶，桥面净宽为：净－7＋2×0.75m 人行道及栏杆，标准跨径为 16m，计算跨径为 15.5m。设计汽车荷载为公路-Ⅱ级，人群荷载为 3.0kN/m²，汽车荷载冲击系数 $\mu=0.245$。某根主梁的荷载横向分布系数如图 3-29 所示。

提示：按《公路桥涵设计通用规范》JTG D 60—2015 及《公路钢筋混凝土及预应力混凝土桥涵设计规范》JTG 3362—2018解答。

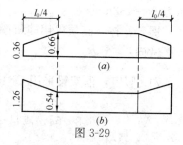

图 3-29

(a) 汽车荷载横向分布系数；

(b) 人群荷载横向分布系数

77. 该主梁跨中截面由汽车荷载产生的弯矩标准值（kN·m），与下列何项数值最为接近？

(A) 890   (B) 820   (C) 760   (D) 700

78. 该主梁支点截面由汽车荷载产生的剪力标准值（kN），与下列何项数值最为接近？

(A) 165   (B) 175   (C) 185   (D) 205

79. 该主梁支点截面由人群荷载产生的剪力标准值（kN），与下列何项数值最为接近？

(A) 13.2   (B) 13.8   (C) 14.6   (D) 12.3

【题 80】 某公路梁桥的一根主梁截面尺寸 $b×h=250\text{mm}×650\text{mm}$，其承受荷载基本组合的弯矩设计值 $M_d=320\text{kN·m}$，采用 C35 混凝土，HRB400 级钢筋，结构安全等级为三级，$a_s=30\text{mm}$，试问，其所需纵向受力钢筋截面面积（mm²），与下列何项数值最为接近？

(A) 1570   (B) 1427   (C) 1342   (D) 1265

实战训练试题（四）

（上午卷）

【题1、2】 非抗震设计，某一根三跨的钢筋混凝土等截面连续梁，$q=p+g=25$kN/m（设计值），如图4-1所示。混凝土强度等级为C30。梁纵向受力钢筋采用HRB400级钢筋，梁截面尺寸$b \times h = 200$mm$\times 500$mm。结构安全等级二级，取$a_s = 35$mm。

1. 假定当$L_1 = 6$m，$L_2 = 8$m，$L_3 = 5$m，该梁弯矩分配系数μ_{BA}及B支座的不平衡弯矩ΔM（kN·m），与下列何项数值最接近？

(A)　　 0.5；　　 20.8
　　　　(B) 0.5；93.75

(C) 0.385；112.5　　　　　(D) 0.625；133.3

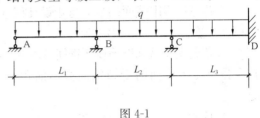

图 4-1

2. 假定该连续梁的B、C支座弯矩相同，即$M_B = M_C = 140.00$kN·m（设计值），两支座调幅系数均为0.7，并假定$L_2 = 8$m。试问，BC跨中的计算配筋截面面积A_s（mm²），与下列何项数值最接近？

提示：不需要验算最小配筋率。

(A) 1120　　　　(B) 980　　　　(C) 810　　　　(D) 700

【题3~6】 某多层现浇钢筋混凝土框架结构，其楼面结构中有一根钢筋混凝土连续梁，按非抗震设计，如图4-2所示。混凝土强度等级为C30，纵向受力钢筋为HRB400，箍筋为HPB300级。梁截面尺寸$b \times h = 250$mm$\times 500$mm，均布荷载标准值：恒载（含自重）$g_k = 20$kN/m，活荷载$q_k = 25$kN/m，准永久值系数为0.5。设计使用年限为50年，结构安全等级为二级。$a_s = a_s' = 40$mm。连续梁内力系数见表4-1。

提示：按《建筑结构可靠性设计统一标准》GB 50068—2018作答。

图 4-2

连续梁内力系数表（$M = $表中系数$\times ql^2$）　　　　　表 4-1

序号	荷载图	跨内最大弯矩（M）			
		M_1	M_2	M_3	M_4
①	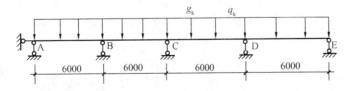	0.077	0.036	0.036	0.077

序号	荷载图	跨内最大弯矩（M）			
		M_1	M_2	M_3	M_4
②	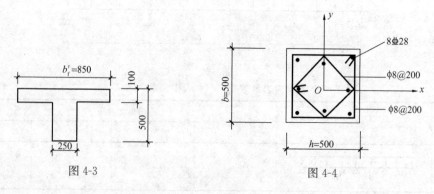	0.100	—	0.081	—
③		0.072	0.061		0.098
④		0.094	—	—	—

3. 边跨 AB 跨中截面的最大弯矩设计值（kN·m），与下列何项数值最接近？

(A) 196　　　　(B) 208　　　　(C) 182　　　　(D) 174

4. 假若梁支座截面配有受压钢筋 $A_s'=628\text{mm}^2$，支座处弯矩设计值 $M=-280\text{kN·m}$，试问，该梁支座截面的受拉钢筋截面面积 A_s（mm^2）的计算值，与下列何项数值最为接近？

(A) 1700　　　　(B) 2220　　　　(C) 1930　　　　(D) 2050

5. 边跨 AB 的跨中截面配筋按 T 形截面考虑，如图 4-3 所示，跨中弯矩设计值 $M=200\text{kN·m}$。试问，单筋 T 形梁的纵向受拉钢筋截面面积 A_s（mm^2）的计算值，与下列何项数值最接近？

(A) 1260　　　　(B) 1460　　　　(C) 1800　　　　(D) 1380

6. 假若边跨 AB 仍为矩形截面梁，其跨中截面受拉钢筋为 2 ⚿ 28＋1 ⚿ 25（$A_s=1723\text{mm}^2$），试问，正常使用极限状态下，AB 跨跨中截面最大裂缝宽度 w_{max}（mm），与下列何项数值最为接近？

提示：最外层受拉纵筋的混凝土保护层厚度取 30mm。

(A) 0.32　　　　(B) 0.26　　　　(C) 0.18　　　　(D) 0.15

【题 7～9】 某多层钢筋混凝土框架结构房屋，其中间层某根框架角柱为双向偏心受压柱，其截面尺寸 $b×h=500\text{mm}×500\text{mm}$，柱计算长度 $l_0=4.5\text{m}$，柱净高 $H_n=3.0\text{m}$。选用 C30 混凝土，纵向受力钢筋用 HRB400、箍筋用 HPB300 钢筋，柱截面配筋如图4-4所示。在荷载的基本组合下考虑二阶效应后的截面控制内力设计值：$M_{0x}=136.4\text{kN·m}$，$M_{0y}=98\text{kN·m}$，$N=243\text{kN}$。结构安全等级二级。取 $a_s=a_s'=45\text{mm}$。

图 4-3　　　　　　　　　　　图 4-4

7. 非抗震设计时，该双向偏心受压柱的轴心受压承载力设计值 N_{u0} （kN），与下列何项数值最为接近？

（A）4150   （B）4450   （C）5150   （D）5400

8. 非抗震设计时，经判别为大偏压，该柱偏心受压承载力设计值 N_{ux} （kN），与下列何项数值最为接近？

提示：$\xi_b = 0.518$。

（A）715   （B）660   （C）560   （D）510

9. 假定 $N_{ux} = 480$kN，$N_{uy} = 800$kN，试问，$N\ (1/N_{ux} + 1/N_{uy} - 1/N_{u0})$ 的计算值，与下列何项数值最为接近？

（A）0.715   （B）0.765   （C）0.810   （D）0.830

【题 10、11】 某构件的内折角位于受拉区（图 4-5），截面高度 $H = 500$mm，纵向钢筋用 HRB400 级、箍筋用 HPB300 级钢筋，纵向受拉钢筋为 4 Φ 18（$A_s = 1017$mm^2）。

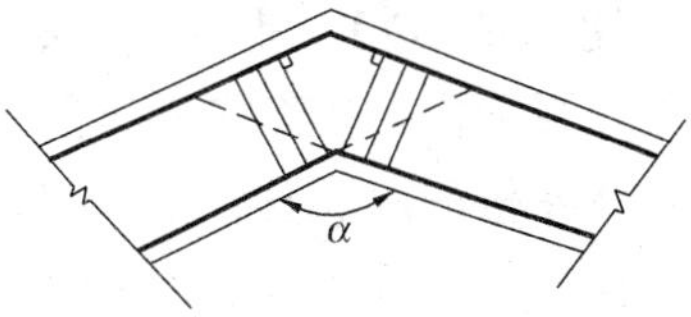

图 4-5

10. 当构件的内折角 $\alpha = 120°$，4 Φ 18 的纵向钢筋全部伸入混凝土受压区时，试问，增设箍筋的钢筋截面面积（mm^2），与下列何项数值最为接近？

（A）590   （B）550   （C）480   （D）650

11. 当构件的内折角 $\alpha = 130°$，箍筋采用双肢箍，箍筋间距为 100mm，有 2 Φ 18 的纵向钢筋伸入混凝土受压区时，试问，每侧增设箍筋的数量，与下列何项数值最接近？

提示：$3 \times 2 \phi 8@100$ 表示每侧 3 根 $\phi 8$ 的双肢箍，间距为 100mm。

（A）$3 \times 2 \phi 10@100$ （B）$3 \times 2 \phi 8@100$

（C）$2 \times 2 \phi 10@100$ （D）$2 \times 2 \phi 8@100$

【题 12】 某顶层钢筋混凝土框架梁，混凝土等级为 C30，截面为矩形，宽度 $b = 300$mm，纵向受力钢筋采用 HRB400 级，端节点处梁的上部钢筋为 3 Φ 25，中间节点处柱的纵向钢筋为 4 Φ 25。取 $a_s = 40$mm。试问，非抗震设计时，该梁的截面最小高度（mm），与下列何项数值最为接近？

（A）485   （B）395   （C）425   （D）450

【题 13】 下述对预应力混凝土结构的说法，何项不妥？说明理由。

（A）预应力框架柱箍筋宜沿柱全高加密

（B）后张法预应力混凝土超静定结构，在进行正截面受弯承载力计算时，在弯矩设计值中次弯矩应参与组合

（C）抗震设计时，预应力混凝土构件的预应力钢筋，宜在节点核心区以内锚固

（D）抗震设计时预应力混凝土的抗侧力构件，应配有足够的非预应力钢筋

【题 14、15】 某钢筋混凝土简支梁，采用 C20 混凝土，纵向受力钢筋采用 HRB335，其跨中截面与纵向钢筋配置如图 4-6 所示。现改变使用功能，荷载增加，在荷载的基本组合下的梁跨中正弯矩值为 380kN·m。加固前，梁跨中在荷载的标准组合下的正弯矩值 $M_{0k} = 120$kN·m。现采用在梁底外粘 Q235 钢板进行抗弯加固。考虑二次受力的影响。已知 $a = a' = 35$mm，$\xi_b = 0.550$。加固后的结构重要性系数取 1.0。

提示：不考虑纵向受压钢筋的作用；该梁属于第二类 T 形梁。

14. 考虑二次受力影响，ψ_{sp} 的计算值，与下列何项最接近？

提示：$\rho_{te} = 0.026$。

(A) 4.0　　　　　　(B) 4.5

(C) 5.0　　　　　　(D) 5.5

15. 假定，$x = 180\text{mm}$，$\psi_{sp} = 1.0$，满足加固要求的钢板截面面积 A_{sp}（mm^2），下列何项最经济合理？

(A) 700　　　(B) 740　　　(C) 800　　　(D) 840

图 4-6

【题 16、17】　某一座露天桁架式跨街天桥，跨度 48m，桥架高度 3m，桥面设置在桥架下弦平面内，桥面横梁间距 3m，横梁与桥架下弦杆平接，桥架上、下弦平面均设有支撑，并在桥的两端设有桥门架，如图 4-7 所示。桥架采用 Q235B 钢，E43 型焊条。桥架和支撑自重、桥面自重和桥面活载由两榀桥架平均分担，并分别作用在桥架上弦、下弦的节点上，如图所示。集中荷载设计值：$F_1 = 10.6\text{kN}$，$F_2 = 103.6\text{kN}$。桥架杆件均采用热轧 H 型钢，H 型钢的腹板与桥架平面平行。

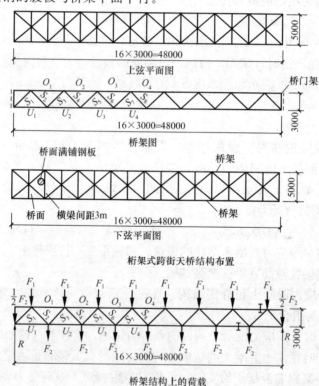

图 4-7

16. 上弦杆 O_4 的最大轴心压力设计值为 -2179.2kN，选用 H 型钢，H344×348×10×16，$A = 14600\text{mm}^2$，$i_x = 151\text{mm}$，$i_y = 87.8\text{mm}$。试问，当按轴心受压构件的稳定性

进行验算时，构件截面上的最大压应力（N/mm²），应与下列何项数值最接近？

(A) 158   (B) 166   (C) 170   (D) 182

17. 下弦杆 U_4 的最大拉力设计值为 2117.4kN，弯矩设计值 M_x 为 66.6kN·m，选用 H 型钢，H350×350×12×19，$A = 17390\text{mm}^2$，$i_x = 152\text{mm}$，$i_y = 88.4\text{mm}$，$W_x = 2300 \times 10^3\text{mm}^3$。试问，当按拉弯构件的强度进行验算时，构件截面上的最大拉应力（N/mm²），与下列何项数值最为接近？

提示： 截面等级满足 S3 级。

(A) 149.3   (B) 160.8

(C) 175.8   (D) 190.4

【题 18、19】 某短横梁与柱翼缘的连接如图 4-8 所示，剪力 V = 250kN，偏心距 e = 120mm，普通螺栓为 C 级，M20（$A_e = 244.8\text{mm}^2$，$d_0 = 21.5\text{mm}$），梁端竖板下有承托。钢材为 Q235B，手工焊，E43 型焊条。

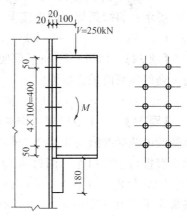

18. 若承托传递全部剪力，试问，螺栓群中受力最大螺栓承受的拉力（kN），与下列何项数值最为接近？

(A) 20.0   (B) 23.4

(C) 24.6   (D) 28.4

图 4-8

19. 若不考虑承托承受剪力，试问，螺栓群中受力最大螺栓在剪力和拉力联合作用下，$\sqrt{(N_v/N_v^b)^2 + (N_t/N_t^b)^2}$ 值，与下列何项数值最为接近？

提示： $N_t = 20\text{kN}$。

(A) 0.69   (B) 0.76   (C) 0.89   (D) 0.94

【题 20～23】 如图 4-9 所示某一压弯柱柱段，其承受的轴压力 N = 1990kN，压力偏于右肢，偏心弯矩 M = 696.5kN·m。在弯矩作用平面内，该柱段为悬臂柱，柱段长 8m；弯矩作用平面外为两端铰支柱，且柱的中点处有侧向支撑。钢材用 Q235 钢。

各截面的特性如下：

工40c，400 × 146 × 14.5 × 16.5，$A = 102.0\text{cm}^2$，$I_{y1} = 23850.0\text{cm}^4$，$i_{y1} = 15.2\text{cm}$；$I_{x1} - 727\text{cm}^4$，$i_{x1} = 2.65\text{cm}$；

[40a，$A = 75.05\text{cm}^2$，$I_{y2} = 17577.9\text{cm}^4$，$i_{y2} = 15.3\text{cm}$；$I_{x2} = 592\text{cm}^4$，$i_{x2} = 2.81\text{cm}$

整个格构式柱截面特性：$A = 177.05\text{cm}^2$，$y_2 = 46.1\text{cm}$（截面形心），$I_x = 278000\text{cm}^4$，$i_x = 39.6\text{cm}$；$I_y = 41427.9\text{cm}^4$，$i_y = 15.30\text{cm}$

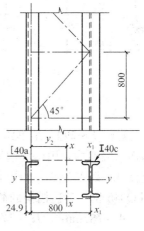

缀条截面为 L56×8，$A = 8.367\text{cm}^2$，$i_{min} = 1.09\text{cm}$。

图 4-9（单位：mm）

20. 试问，弯矩作用平面内的轴心受力构件稳定系数 φ_x，与下列何项数值最为接近？

(A) 0.883   (B) 0.893   (C) 0.984   (D) 0.865

21. 对该压弯构件进行弯矩作用平面内整体稳定性验算时，取 $\varphi_x = 0.90$，$\beta_{mx} = 1.0$，试问，构件上的最大压应力（N/mm²），与下列何项数值最为接近？

(A) 219　　　　(B) 221　　　　(C) 228　　　　(D) 236

22. 受压分肢局部稳定验算时，按轴心受压构件计算，其构件最大压应力（N/mm²），与下列何项数值最为接近？

(A) 241.0　　　(B) 232.0　　　(C) 211.5　　　(D) 208.0

23. 格构柱的斜缀条受压承载力设计值（kN），与下列何项数值最为接近？

提示： 斜缀条与柱的连接无节板。

(A) 72.1　　　　(B) 87.6　　　　(C) 91.6　　　　(D) 108.1

【题 24】　如图 4-10 所示框架，各杆惯性矩相同，确定柱 B 的平面内计算长度（m），与下列何项数值最为接近？

(A) 6.0　　　　(B) 13.5　　　　(C) 13.98　　　　(D) 17.06

【题 25】　一工业厂房工作平台的梁格布置如图 4-11 所示，设计使用年限为 50 年，其承受的恒载标准值为 3.2kN/m²，活荷载标准值为 8kN/m²。次梁简支于主梁顶面，其翼缘、腹板与主梁相连，钢材为 Q235。次梁选用热轧 I 字钢 I40a，平台铺板未与次梁焊牢。I40a 参数：自重为 0.663kN/m，$W_x = 1090\text{cm}^3$。试问，次梁进行整体稳定性验算，其最大压应力（N/mm²），与下列何项数值最为接近？

提示： 按《工程结构通用规范》GB 55001—2021 作答。

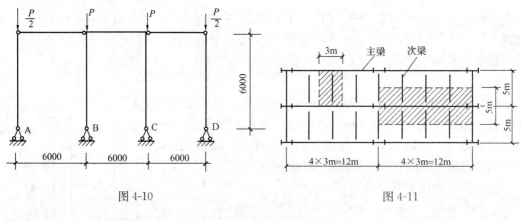

图 4-10　　　　　　　　　　　　　　　　图 4-11

(A) 205　　　　(B) 195　　　　(C) 185　　　　(D) 170

【题 26～29】　某单跨双坡门式刚架钢房屋，刚架高度为 7.2m，屋面坡度为 1:10，屋面与墙面均采用压型钢板，檩条采用冷弯薄壁卷边槽钢 220×75×20×2。檩条采用简支檩条，跨度为 6，坡向间距为 1.5m，在其中点处设一道拉条，如图 4-12 (a) 所示，采用 Q345 钢。卷边槽钢的截面特性为 [图 4-12 (b)]：

$A = 787\text{mm}^2$，$I_x = 574.45\text{cm}^4$，$W_x = 52.22\text{cm}^3$，$I_y = 56.88\text{cm}^4$，$W_{ymax} = 27.35\text{cm}^3$，$W_{ymin} = 10.50\text{cm}^3$。

已知地面粗糙度为 B 类，50 年重现期的基本风压为 0.35kN/m²。屋面中间区的某一根檩条，其承担的按水平投影面积计算的永久荷载（含檩条自重）标准值为 0.2kN/m²，竖向活荷载标准值为 0.5kN/m²。屋面已采取防止檩条侧向位移和扭转的构造措施。

提示： 按《建筑结构可靠性设计统一标准》GB 50068—2018 作答。

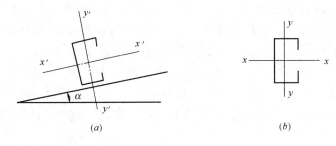

图 4-12

26. 在风压力作用下，该檩条跨中中点处，在其腹板平面内荷载基本组合下的弯矩值 $M_{x'}$（kN·m），与下列何项最接近？

(A) 4　　　　　(B) 6　　　　　(C) 8　　　　　(D) 10

27. 在风吸力作用下，该檩条跨中中点处，在其腹板平面内荷载基本组合下的弯矩值 $M_{x'}$（kN·m），与下列何项最接近？

(A) −4.5　　　(B) −5.5　　　(C) −6.5　　　(D) −7.5

28. 假定，设计值 $q_{y'}=1.78$kN/m，该檩条进行抗剪强度计算，在其腹板平面内的最大剪应力设计值（N/mm²），与下列何项最接近？

提示： 冷弯半径取 1.5t，t 为檩条壁厚。

(A) 15　　　　　(B) 20　　　　　(C) 25　　　　　(D) 30

29. 按《门规》式（9.1.5-1）进行该檩条抗弯强度计算，当计算 $W_{enx'}$ 时，翼缘：$\sigma_{max} = \sigma_{min} = 210.6$N/mm²；腹板：$\sigma_{max} = -\sigma_{min} = 210.6$N/mm²。试问，檩条受压翼缘的有效宽度 b_e（mm），与下列何项最接近？

提示： $\alpha=1.0$。

(A) 52　　　　　(B) 60　　　　　(C) 67　　　　　(D) 75

【题 30～32】 某四面开敞的 15m 单跨敞篷车间如图 4-13 所示，弹性方案，有柱间支撑，承重砖柱截面为 490mm×490mm，采用 MU10 烧结普通砖，M5 水泥砂浆砌筑。砌体施工质量控制等级为 B 级。结构安全等级为二级。

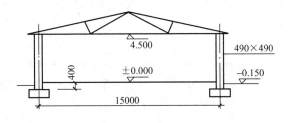

图 4-13

30. 当砖柱垂直排架方向无偏心时，柱子在垂直排架平面方向的轴向力影响系数 φ，与下列何项数值最接近？

(A) 0.870　　　(B) 0.808　　　(C) 0.745　　　(D) 0.620

31. 当屋架传来的荷载无偏心，且不计风荷载，试问，其柱底所能承受的轴心力设计值（kN），与下列何项数值最接近？

(A) 265　　　　　(B) 252　　　　　(C) 227　　　　　(D) 204

32. 假定柱底轴心力设计值 $N=360\mathrm{kN}$，采用网状配筋砖柱，设置 $\Phi^{\mathrm{b}}4$ 冷拉低碳钢丝方格网（$f_{\mathrm{y}}=430\mathrm{N/mm^2}$），钢筋网间距 $s_{\mathrm{n}}=260\mathrm{mm}$。试问，网中钢筋间距 a（mm），应为下列何项数值时才能满足承载力要求，且较为经济合理。

(A) 50   (B) 60   (C) 80   (D) 100

【题 33】 砌块砌体房屋外墙（局部）如图 4-14 所示，墙厚190mm。在验算壁柱间墙的高厚比时，圈梁的断面 $b\times h$ 为下列何项数值时，圈梁可视为壁柱间墙的不动铰支点，且较为经济合理。

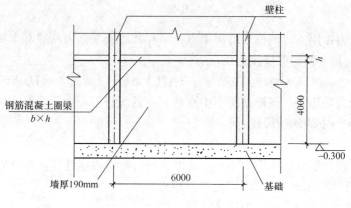

图 4-14

(A) $b\times h=190\mathrm{mm}\times120\mathrm{mm}$ (B) $b\times h=190\mathrm{mm}\times150\mathrm{mm}$

(C) $b\times h=190\mathrm{mm}\times180\mathrm{mm}$ (D) $b\times h=190\mathrm{mm}\times200\mathrm{mm}$

【题 34、35】 某钢筋混凝土挑梁如图 4-15 所示。挑梁截面尺寸 $b\times h_{\mathrm{b}}=240\mathrm{mm}\times300\mathrm{mm}$，挑出截面高度为 150mm；挑梁上墙体高度 2.8m，墙厚为 240mm。墙端设有构造柱 240mm×240mm，距墙边 1.6m 处开门洞，$b_{\mathrm{h}}\times h_{\mathrm{h}}=900\mathrm{mm}\times2100\mathrm{mm}$。楼板传经挑梁的荷载标准值：梁端集中作用的恒载 $F_{\mathrm{k}}=4.5\mathrm{kN}$；作用在挑梁挑出部分和埋入墙内部分的恒载 $g_{1\mathrm{k}}=17.75\mathrm{kN/m}$，$g_{2\mathrm{k}}=10\mathrm{kN/m}$；作用在挑出部分的活荷载 $q_{1\mathrm{k}}=8.52\mathrm{kN/m}$，埋入墙内部分的活荷载 $q_{2\mathrm{k}}=4.95\mathrm{kN/m}$；挑梁挑出部分自重 1.56kN/m，挑梁埋在墙内部分自重 1.98kN/m，墙体自重 19kN/m³。设计使用年限为 50 年，结构安全等级为二级。

提示： 按《建筑结构可靠性设计统一标准》GB 50068—2018 作答。

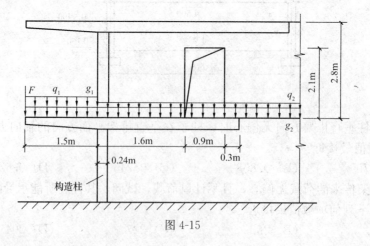

图 4-15

34. 楼层挑梁的倾覆力矩设计值（kN·m），与下列何项数值最为接近？

（A）50　　　　　（B）55　　　　　（C）60　　　　　（D）65

35. 楼层挑梁的抗倾覆力矩设计值（kN·m），与下列何项数值最为接近？

（A）60　　　　　（B）65　　　　　（C）70　　　　　（D）75

【题36、37】 某高层房屋采用配筋混凝土砌块砌体抗震墙结构，其中一墙肢墙高4.4m，截面尺寸为190mm×5500mm，单排孔混凝土砌块为 MU20（砌块孔洞率 45%），Mb15 水泥混合砂浆对孔砌筑，灌孔混凝土为 Cb30，灌孔率为 100%，砌体施工质量控制等级 B 级。墙体竖向主筋、竖向分布筋采用 HRB400 级钢筋，墙体水平分布筋用 HPB300 级钢筋。结构安全等级为二级。取 $a_s = a_s' = 300$mm。

36. 假定 $f_g = 6.95$N/mm；$f_{vg} = 0.581$N/mm；若该剪力墙墙肢的竖向分布筋为 Φ14 @600，$\rho_w = 0.135\%$，剪力墙的竖向受拉、受压主筋采用对称配筋，剪力墙墙肢承受的内力设计值 $N = 1935$kN（压力），$M = 1770$kN·m，$V = 400.0$kN。试问，非抗震设计时，经计算得到 $x = 1655$mm，为大偏压，该墙肢的竖向受压主筋 A_s' 配置，应为下列何项数值才能满足要求，且较为经济合理。

提示：为简化计算，《砌体结构设计规范》式（9.2.4-1）中，$\Sigma f_{si}A_{si} = f_{yw}\rho_w(h_0 - 1.5x)b$，其中 ρ_w 为竖向分布钢筋的配筋率；b 为墙肢厚度，f_{yw} 为竖向分布筋的强度设计值；规范式（9.2.4-2）中，$\Sigma f_{si}S_{si} = 0.5f_{yw}\rho_w b(h_0 - 1.5x)^2$。

（A）3Φ14　　　（B）3Φ16　　　（C）3Φ18　　　（D）3Φ20

37. 条件同题36，非抗震设计时，该墙肢的水平分布筋的配置，应为下列何项数值时才能满足要求，且较为经济合理。

提示：墙肢抗剪截面条件满足规范要求；$0.25f_g bh = 1820.9$kN。

（A）2Φ8@800　　　　　　　　（B）2Φ10@800

（C）2Φ12@800　　　　　　　　（D）2Φ14@800

【题38】 某钢筋混凝土柱 $b \times h = 200$mm×200mm，支承于砖砌带形浅基础转角处，如图 4-16 所示。该基础属于很潮湿，采用 MU25 烧结普通砖，柱底轴向力设计值 $N_l = 215$kN。砌体施工质量控制等级 B 级，结构安全等级为一级。试问，为满足基础顶面局部抗压承载力的要求，应选择下列何项砂浆进行砌筑，且较为经济合理。

（A）M15 混合砂浆

（B）M15 水泥砂浆

（C）M7.5 水泥砂浆

（D）M10 水泥砂浆

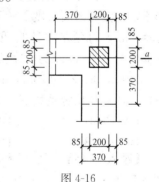

图 4-16

【题39、40】 一方木屋架端节点如图 4-17 所示，其上弦杆轴向力设计值 $N = -120$kN，木材选用水曲柳。

提示：$\gamma_0 = 1.0$。

39. 当满足承压要求时，试问，刻槽深度 h_c（mm）最小值，与下列何项数值最为接近？

（A）20　　　　　（B）26　　　　　（C）36　　　　　（D）42

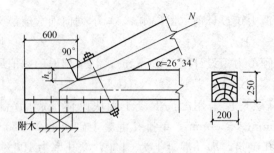

图 4-17

40. 保险螺栓选用 C 级普通螺栓,试问,其型号应选用下列何项时,才能满足要求且较为经济合理。

(A) M22   (B) M24   (C) M27   (D) M30

(下午卷)

【题 41】 既有建筑地基基础加固设计的叙述,正确的是?

(A) 需要加固的基础,应采用地基处理后检验确定的地基承载力特征值

(B) 既有建筑基础扩大基础并增加桩时,可按新增加的荷载由原基础和新增加桩共同承担

(C) 当既有建筑基础下有垫层时,其地基土载荷试验时,试验压板应埋置在垫层下的原土层上

(D) 既有建筑桩基础单桩承载力持载再加荷载试验的持载时间不得少于 15d

【题 42】 某建筑岩石边坡代表性剖面如图 4-18 所示,由于暴雨使其后缘垂直张裂缝瞬间充满水,经测算滑面长度 $L=50$m,裂隙充水高度 $h_w=12$m,每延米滑体自重为 15500kN/m,滑面倾角为 28°,滑面的内摩擦角 $\varphi=25°$,黏聚力 $c=50$kPa,取 $\gamma_w=10$kN/m³。滑动面充满水。试问,该边坡稳定系数 F_s,最接近下列何项?

(A) 0.97   (B) 0.93

(C) 0.88   (D) 0.83

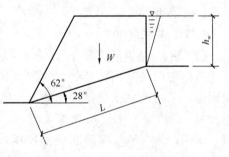

图 4-18

【题 43~45】 某柱下钢筋混凝土独立基础如图 4-19 所示,基底尺寸为 2.50m×2.50m,基础埋置深度为 1.50m,作用在基础顶面处由柱传来的相应于作用的标准组合时的竖向力 $F_k=600$kN,弯矩 $M_k=200$kN·m,水平剪力 $V_k=150$kN。地基土为厚度较大的粉土,其 $\rho_c<10\%$,承载力特征值 $f_{ak}=230$kPa,基础底面以上、以下土的重度 $\gamma=17.5$kN/m³;基础及其底面以上土的加权平均重度取 20kN/m³。

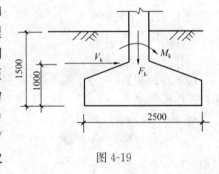

图 4-19

43. 当对地基承载力进行验算时，作用在该基础底面边缘的最大压力 p_{kmax} （kPa），与下列何项数值最为接近？

(A) 300　　　(B) 260　　　(C) 230　　　(D) 330

44. 假若该基础位于抗震设防烈度 7 度，II 类场地上，已知 $f_a=265kPa$。试问，基础底面处地基抗震承载力 f_{aE} （kPa），与下列何项数值最为接近？

(A) 344.5　　　(B) 2915　　　(C) 397.5　　　(D) 265

45. 条件同题 44，有地震作用参与的标准组合为：$F_k=1600kN$，$M_k=200kN \cdot m$，$V_k=100kN$。试问，基底抗震承载力验算式（单位：kPa）与下列何项数值最为接近？

(A) 286＜345；390＜413　　　　　(B) 286＜318；390＜413

(C) 286＜345；401＜413　　　　　(D) 286＜318；401＜413

【题 46】 在饱和软黏土地基中开挖条形基坑，采用 8m 长的板桩支护，如图 4-20 所示，地下水位已降至板桩底部，坑边地面无荷载。地基土重度 $\gamma=19kN/m^3$。通过十字板现场测试得地基土的抗剪强度为 30kPa。按《建筑地基基础设计规范》GB 50007—2011 规定，为满足基坑抗隆起稳定性要求，此基坑最大开挖深度不能超过下列哪一选项。

(A) 1.2m　　　(B) 3.3m

(C) 6.1m　　　(D) 8.5m

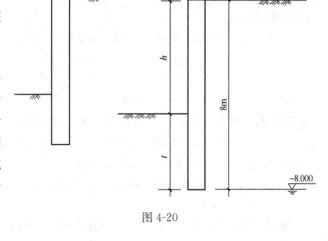

图 4-20

【题 47~50】 某浆砌毛石重力式挡土墙如图4-21所示，墙高 5.5m，墙背垂直光滑，墙后填土面水平并与墙齐高，挡土墙基础埋深 1m。

47. 假定墙后填土 $\gamma=18.2kN/m^3$，为砂土墙后有地下水，地下水位在墙底面以上 1.5m 处，地下水位以下的填土重度 $\gamma_1=20kN/m^3$，其内摩擦角 $\varphi=30°$，且 $c=0$，$\delta=0$。试问，作用在墙背的总压力 E_a （kN/m），与下列何项数值最为接近？

(A) 100　　　(B) 110

(C) 120　　　(D) 130

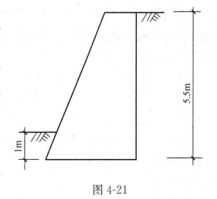

图 4-21

48. 假定墙后填土的 $\gamma=18.2kN/m^3$，$\varphi=30°$，$c=0$，$\delta=0$，无地下水，填土表面有连续均布荷载 $q=18kPa$，试问，主动土压力 E_a （kN/m），与下列何项数值最为接近？

(A) 137.1　　　(B) 124.6　　　(C) 148.5　　　(D) 156.2

49. 假定墙后填土系黏性土，其 $\gamma=17kN/m^3$，$\varphi=20°$，$c=10kPa$，$\delta=0$，在填土表面有连续均布荷载 $q=18kPa$，试问，墙顶面处的主动土压力强度 σ_{a1} （kPa）的计算值，与下列何项数值最为接近？

(A) 0 　　　　(B) −4.2 　　　　(C) −5.2 　　　　(D) −8.0

50. 假定填土为黏性土，其 $\gamma = 17\text{kN/m}^3$，$\varphi = 25°$，$c = 10\text{kPa}$，$\delta = 0$，在填土表面有连续均布荷载 $q = 12\text{kPa}$，并已知墙顶面处的主动土压力强度的计算值 $\sigma_{a1} = -7.87\text{kPa}$，墙底面处主动土压力强度 $\sigma_{a2} = 30.08\text{kPa}$，试问，主动土压力 E_a（kN/m），与下列何项数值最为接近？

(A) 72.2 　　　　(B) 65.6

(C) 83.1 　　　　(D) 124.2

【题 51】某端承灌注桩桩径 1.0m，桩长 16m，桩周土性参数见图 4-22 所示，地面大面积堆载 $p = 60\text{kPa}$，黏土 ξ_n 取 0.25，粉土 ξ_n 取 0.30。试问，由于负摩阻力产生的下拉荷载值（kN），与下列何项数值最为接近？

提示：按《建筑桩基技术规范》JGJ 94—2008 计算。

(A) 1626.2 　　　　(B) 1586.4

(C) 1478.6 　　　　(D) 1368.2

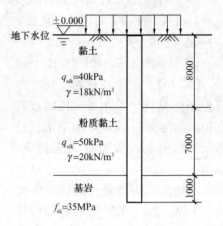

图 4-22

【题 52～54】某柱下桩基承台，承台底面标高为 −2.00m，承台下布置了沉管灌注桩，桩径 0.5m，桩长 12m，场地位于 8 度抗震设防区 (0.20g)，设计地震分组为第一组，工程地质、土质性质指标及测点 1、2 的深度 d_s 见图 4-23。

提示：按《建筑抗震设计规范》GB 50011—2010 计算。

52. 假若测点 1 的实际标准贯入锤击数为 11，测点 2 的实际标准贯入锤击数为 15 时单桩竖向抗震承载力特征值 R_{aE}（kN），与下列何项数值最为接近？

(A) 1174 　　　　(B) 1467

(C) 1528 　　　　(D) 1580

53. 假若测点 1 的实际标准贯入锤击数为 19，测点 2 的标准贯入锤击数为 12 时，单桩竖向抗震承载力特征值 R_{aE}（kN），与下列何项数值最为接近？

提示：$N_{cr1} = 17$，$N_{cr2} = 19$。

(A) 1403 　　　　(B) 1452

(C) 1545 　　　　(D) 1602

54. 已知粉细砂层为液化土层，当地震作用按水平地震影响系数最大值的 10% 采用时，试问，单桩竖向抗震承载力特征值 R_{aE}（kN），与下列何项数值最为接近？

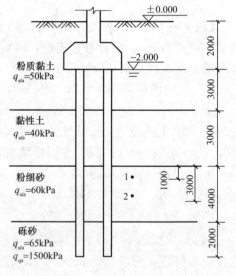

图 4-23

(A) 839 　　　　(B) 960 　　　　(C) 1174 　　　　(D) 1299

【题55】 某黄土地基采用碱液法处理，其土体天然孔隙比为1.1，灌注孔成孔深度4.8m，注液管底部距地表1.4m，若单孔碱液灌注量V为960L时，根据《建筑地基处理技术规范》JGJ 79—2012，试问：计算其加固土层的厚度最接近于下列何项？

(A) 48m　　　　(B) 4.2m　　　　(C) 3.8m　　　　(D) 3.6m

【题56】 对于基础工程中压实填土的质量控制，下列何项说法不符合《建筑地基基础设计规范》的有关规定？

(A) 压实填土施工结束后，宜及时进行基础施工

(B) 对砌体结构房屋，当填土部位在地基主要持力层范围内时，其压实系数 λ_c 不应小于0.97

(C) 对排架结构，当填土部位在地基主要持力层范围内时，其压实系数 λ_c 不应小于0.96

(D) 对地坪垫层以下及基础底面标高以上的压实填土，其压实系数 λ_c 不应小于0.96

【题57】 高层建筑结构抗连续倒塌设计的要求，下列说法中，不正确的是何项？

(A) 主体结构宜采用多跨规则的超静定结构

(B) 框架梁梁中支座底面应有一定数量的配筋且合理的锚固要求

(C) 构件正截面承载力计算时，钢材强度可取标准值的1.25倍，混凝土强度可取标准值

(D) 转换结构应具有整体多重传递重力荷载途径，边跨框架的柱距不宜过小

【题58】 一幢平面为矩形的框架结构，长40m，宽20m，高30m，位于山区。该建筑物原拟建在山坡下平坦地带A处，现拟改在山坡上的B处，如图4-24所示，建筑物顶部相同部位在两个不同位置所受到的风荷载标准值分别为 w_A、w_B（kN/m^2）。试问，w_B/w_A 的比值与下列何项数值最为接近？

提示：不考虑风振系数的变化。

(A) 1　　　　(B) 1.1　　　　(C) 1.3　　　　(D) 1.4

【题59】 某一拟建于8度抗震设防区、Ⅱ类场地的钢筋混凝土框架-剪力墙结构房屋，高度为72m，其平面为矩形，长40m，在建筑物的宽度方向有3个方案，如图4-25所示。如果仅从结构布置相对合理角度考虑，试问，其最合理的方案应为下列何项？说明理由。

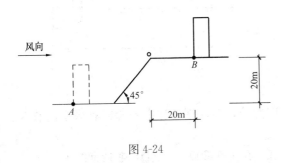

图 4-24

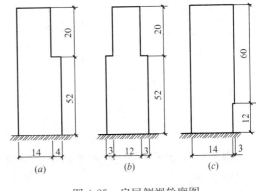

图 4-25　房屋侧视轮廓图

（图中长度单位：m）

(A) 方案（a）　　　　　　(B) 方案（b）

(C) 方案（c）　　　　　　(D) 三个方案均不合理

【题60、61】 某10层现浇钢筋混凝土框架结构，其中一榀框架剖面的轴线几何尺寸如图4-26所示。梁柱的线刚度 i_b、i_c（单位为 10^{10} N·mm），均注于图中构件旁侧。梁线刚度已考虑了楼板对梁刚度增大的影响。各楼层处的水平力 F 为某一组荷载作用的标准值。在计算内力与位移时采用 D 值法。

60. 已知底层每个中柱侧移刚度修正系数 $\alpha_{中}=0.7$。试问，底层每个边柱分配的剪力标准值（kN），与下列何项数值最为接近？

(A) 2 　　　　　(B) 17

(C) 20 　　　　(D) 25

61. 条件同题60，当不考虑柱子的轴向变形影响时，底层柱顶侧移（即底层层间相对侧移）值（mm），与下列何项数值最为接近？

(A) 3.4 　　　　(B) 5.4

(C) 8.4 　　　　(D) 10.4

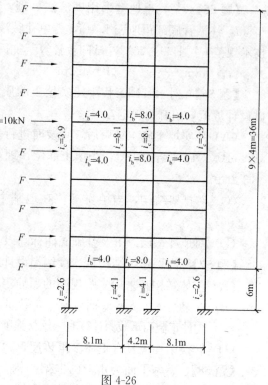

图 4-26

【题62、63】 某钢筋混凝土剪力墙结构，7度抗震设防，丙类建筑，房屋高度82m，为较多短肢剪力墙的剪力墙结构，其中底层某一剪力墙墙肢截面如图4-27（a）所示，其轴压比为 0.35。采用 C40 混凝土（$E_c = 3.25 \times 10^4$ N/mm²），钢筋采用 HRB400 及 HPB300。

62. 底层剪力墙的竖向配筋如图4-27（b）所示，双排配筋，在翼缘部分配置8根纵向受力钢筋，纵向受力钢筋保护层厚度为35mm。试问，下列何项竖向配筋最符合规程的要求？

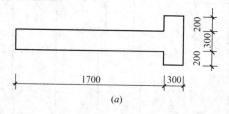
(a)

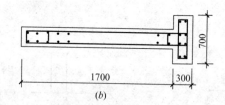
(b)

图 4-27

提示： 计算所需竖向配筋系指墙肢中的竖向配筋，但计算过程中需考虑翼缘中已有8根纵向钢筋。

(A) Φ22@200 　　(B) Φ20@200 　　(C) Φ14@200 　　(D) Φ12@200

63. 假定该底层剪力墙层高为 4.8m，当对其墙体进行稳定验算时，作用于其墙顶组合的等效竖向均布荷载设计值 q（kN/m），其最大值不应超过下列何项数值？

(A) 3800　　　　(B) 3500　　　　(C) 2800　　　　(D) 2000

【题 64、65】 某现浇钢筋混凝土框架结构，地下 2 层，地上 12 层，7 度抗震设防烈度，抗震等级二级，地下室顶板为嵌固端。混凝土用 C35，钢筋采用 HRB400 及 HPB300。取 a_s＝40mm。

64. 假定地上一层框架某根中柱的纵向钢筋的配置如图 4-28 所示，每侧纵筋计算面积 A_s＝985mm²，实配 4 Φ18，满足构造要求。现将其延伸至地下一层，截面尺寸不变，每侧纵筋的计算面积为地上一层柱每侧纵筋计算面积的 0.9 倍。试问，延伸至地下一层后的中柱，其截面中全部纵向钢筋的数量，应为下列何项时，才能满足规范、规程的最低要求？

(A) 12 Φ 25　　　(B) 12 Φ 22　　　(C) 12 Φ 20　　　(D) 12 Φ 18

65. 某根框架梁梁端截面的配筋如图 4-29 所示，试问，梁端加密区箍筋的设置，应为下列何项时，才能最满足规范、规程的要求？

(A) Φ 6@100　　　(B) Φ 8@100　　　(C) Φ 8@120　　　(D) Φ 10@100

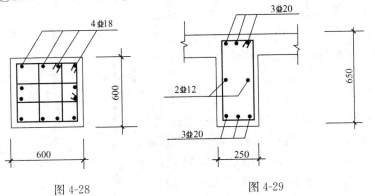

图 4-28　　　　　　　　　　　　　　图 4-29

【题 66】 下列对于带转换层高层建筑结构动力时程分析的几种观点，其中何项相对准确？说明理由。

(A) 可不采用弹性时程分析法进行补充计算

(B) 选用的加速度时程曲线，其平均地震影响系数曲线与振型分解反应谱法所用的地震影响系数曲线相比，在主要振型的周期点上相差不大于 20%

(C) 弹性时程分析时，每条时程曲线计算所得的结构底部剪力不应小于振型分解反应谱法求得的底部剪力的 80%

(D) 结构地震作用效应，可取多条时程曲线计算结果及振型分解反应谱法计算结果中的最大值

【题 67～70】 某高度 38m 的高层钢筋混凝土剪力墙结构，抗震设防烈度为 8 度，抗震等级为一级，其中一底部墙肢的截面尺寸如图 4-30 所示，混凝土强度等级为 C25，剪力墙采用对称配筋，墙肢端部纵向受力钢筋为 HRB400 级，墙肢竖向和水平向分布钢筋为 HRB335 级，其轴压比为 0.40。

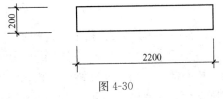

图 4-30

67. 已知某一组考虑地震作用组合的弯矩设计值为 414kN·m，轴向压力设计值为

465.7kN，大偏心受压；墙体竖向分布筋为双排 $\Phi 10@200$，其配筋率 $\rho_w = 0.314\%$，试问，受压区高度 x（mm），与下列何项数值最为接近？

(A) 256　　　　(B) 290　　　　(C) 315　　　　(D) 345

68. 条件同题 67，经计算知 $M_c = 1097$kN·m，$M_{sw} = 153.7$kN·m，剪力墙端部受压配筋截面面积 A'_s（mm²），与下列何项数值最为接近？

(A) 960　　　　(B) 1210　　　　(C) 1650　　　　(D) 1800

69. 考虑地震作用组合时，墙肢的剪力设计值 $V_w = 262.4$kN，轴向压力设计值 $N = 465.7$kN，弯矩设计值 $M = 414$kN·m，假定剪力墙水平钢筋间距 $s = 200$mm，试问，剪力墙水平钢筋的截面面积 A_{sh}（mm²），符合下列何项数值时才能满足相关规范，规程的要求？

提示：$0.2f_c b_w h_w = 1047.2$kN。

(A) 45　　　　(B) 100　　　　(C) 155　　　　(D) 185

70. 若墙肢竖向分布筋为双排 $\Phi 10@200$，每侧暗柱纵筋为 6Φ16，地震作用组合时，轴向压力设计值为 465.7kN，试问，水平施工缝处抗滑移承载力设计值（kN），与下列何项数值最为接近？

(A) 1000　　　　(B) 1150

(C) 1250　　　　(D) 1350

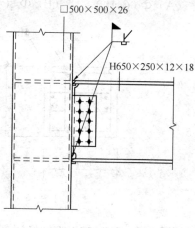

图 4-31

【题 71、72】 某高层钢框架结构房屋，抗震等级为三级，梁柱钢材均采用 Q345 钢。如图 4-31 所示，柱截面为箱形□500×500×26，梁截面为 H 形截面 H650×250×12×18，梁与柱采用翼缘焊接、腹板高强度螺栓连接。柱的水平加劲肋厚度均为 20mm，梁腹孔过焊孔高度 $S_r = 35$mm，已知框架梁的净跨为 6.2m。

提示：按《高层民用建筑钢结构设计规程》作答。

试问：

71. 该节点的梁腹板连接的极限受弯承载力 M_{uw}（kN·m），最接近于下列何项？

(A) 225　　　　(B) 285　　　　(C) 305　　　　(D) 365

72. 该梁与柱连接的极限受剪承载力验算时，《高层民用建筑钢结构设计规程》式 (8.2.1-2) 的右端项（kN）最接近于下列何项？

提示：按简支梁计算的 $V_{Gb} = 50$kN；梁的 $f_y = 335$N/mm²。

(A) 650　　　　(B) 600　　　　(C) 550　　　　(D) 500

【题 73~76】 某公路上三跨等跨径钢筋混凝土简支梁桥，桥面双向行驶，如图 4-32 所示。桥面全宽为 9.0m，其中车行道净宽 7.0m，两侧人行道各 0.75m，桥面采用水泥混凝土桥面铺装，采用连续桥面结构，主梁采用单室单箱梁。支承处采用板式橡胶支座，双支座支承，支座横桥向间距为 3.4m。桥梁下部结构采用柔性墩，现浇 C30 钢筋混凝土薄壁墩，墩高为 6.0m，壁厚为 1.2m，宽 3.0m。两侧采用 U 形重力式桥台，设计荷载：汽车荷载为公路-Ⅰ级，人群荷载为 300kN/m。汽车荷载冲击系数 $\mu = 0.256$。橡胶支座

$G_e = 1.0 \text{MPa}$。

提示：按《公路桥涵设计通用规范》JTG D 60—2015 及《公路钢筋混凝土及预应力混凝土桥涵设计规范》JTG 3362—2018 解答。

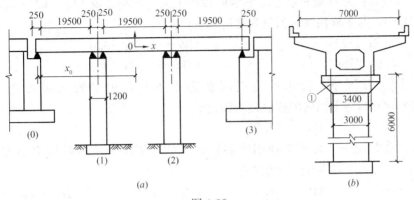

图 4-32

73. 板式橡胶支座选用 $180 \times 250 \times 49$，橡胶层厚度为 39mm，各墩台采用相同规格的板式橡胶支座。在汽车荷载作用下，1 号中墩承受的水平汽车制动力标准值 F_{1bk}（kN）与下列何项数值最为接近？

提示：汽车荷载加载长度取 59.5m。

(A) 29　　　　(B) 35　　　　(C) 43　　　　(D) 54

74. 该联柔性墩在温度作用下水平偏移值零点位置距左桥台支点的距离 x_0（m），与下列何项数值最为接近？

(A) 29.75　　　(B) 25.75　　　(C) 20.75　　　(D) 34.75

75. 若梁体混凝土材料的线膨胀系数 $\alpha = 1 \times 10^{-5} /℃$，成桥时温度为 $15℃$，上部结构温度变化至最高温度 $40℃$，最低温度 $-5℃$ 时，1 号墩上橡胶支座顶面发生的水平变形 Δl_t（mm）、Δl_{t0}（mm），与下列何项数值最为接近？

(A) -2.5；2.0　(B) -2.0；2.5　(C) 2.5；-2.0　(D) 2.0；-2.5

76. 在汽车荷载作用下，中墩上主梁一侧单个板式橡胶支座①的最大压力标准值（kN），与下列何项数值最为接近？

(A) 525　　　　(B) 575　　　　(C) 655　　　　(D) 680

【题 77～80】 某公路桥梁的 T 形梁翼板所构成的铰接悬臂板，如图 4-33 所示，桥面铺装层为 2cm 的沥青混凝土面层（重力密度为 23kN/m^3）和平均厚 9cm 的 C25 混凝土垫层（重力密度为 24kN/m^3），T 形梁翼板的重力密度为 25kN/m^3。计算荷载为公路-I 级，汽车荷载冲击系数 $\mu = 0.3$。结构安全等级为二级。

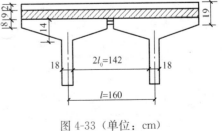

图 4-33（单位：cm）

提示：按《公路桥涵设计通用规范》JTG D 60—2015 及《公路钢筋混凝土及预应力混凝土桥涵设计规范》JTG 3362—2018 解答。

77. 每米宽铰接悬臂板的根部由永久荷载作用产生的弯矩标准值 M_{Ag}（kN·m），与下列何项数值最为接近？

(A) -1.35 (B) -1.39

(C) -1.45 (D) 1.49

78. 每米宽铰接悬臂板的根部由车辆荷载产生的弯矩标准值 M_{Aq}（kN·m）、剪力标准值 V_{Aq}（kN），与下列何项数值最为接近？

(A) -14.2；28.1   (B) -15.8；29.0

(C) -10.9；21.6   (D) -12.4；24.5

79. 在持久状况下，按承载力极限状态基本组合的悬臂板根部弯矩设计值 $\gamma_0 M_d$（kN·m/m），与下列何项数值最为接近？

(A) -21.5 (B) -24.2 (C) -25.6 (D) -26.9

80. 在持久状况下，按正常使用极限状态下的频遇组合的悬臂板根部弯矩设计值（kN·m/m），与下列何项数值最为接近？

(A) -9.0 (B) -11.3 (C) -13.6 (D) -14.2

实战训练试题（五）

（上午卷）

【题1】 下述关于荷载、荷载组合及钢筋强度设计值的见解，何项不妥？说明理由。

(A) 水压力应根据水位情况按永久荷载，或可变荷载考虑

(B) 吊车梁按正常使用极限状态设计时，可采用吊车荷载的准永久值

(C) 对于偶然组合，偶然荷载的代表值不乘分项系数，可同时考虑两种偶然荷载

(D) 采用 HRB500 钢筋的轴心受压柱，其钢筋的抗压强度设计值取 $400N/mm^2$

【题2】 某无梁楼盖的柱网尺寸为 $6.0m \times 6.0m$，中柱截面尺寸为 $500mm \times 500mm$，柱帽尺寸为 $1500mm \times 1500mm$，如图 5-1 所示。混凝土强度等级为 C25，板上均布荷载标准值：恒荷载（含板自重） $g_{1k} = 20kN/m^2$，活荷载 $q_{1k} = 3 kN/m^2$。设计使用年限为 50 年，结构安全等级为二级。

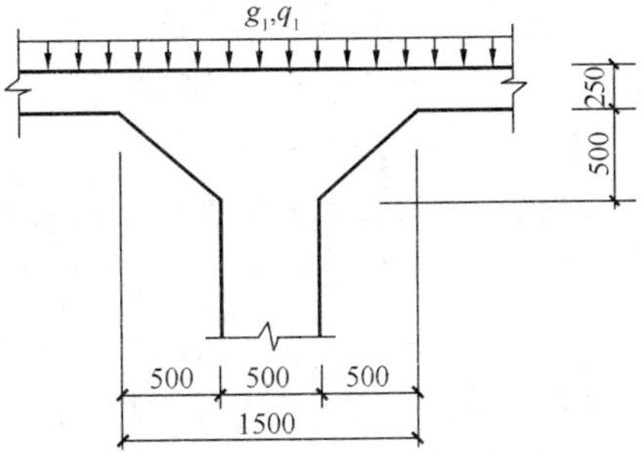

提示：① 柱帽周边板冲切破坏锥体有效高度 $h_0 = 250 - 30 = 220mm$。

② 按《建筑结构可靠性设计统一标准》GB 50068—2018 作答。

试问，柱帽周边楼板所承受的冲切集中反力设计值 F_l （kN），与下列何项数值最为接近？

(A) 1015 　　 (B) 985 　　 (C) 965 　　 (D) 915

图 5-1

【题3、4】 某类型工业建筑楼面板，在生产过程中设计位置如图 5-2 所示。设备重 10kN，设备平面尺寸为 $0.6m \times 1.5m$，设备下有混凝土垫层厚 0.2m，设备产生的动力系数取 1.1。现浇钢筋混凝土板厚 0.1m，无设备区域的操作荷载为 $2.0kN/m^2$。

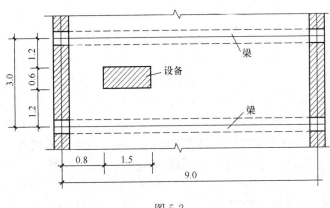

图 5-2

3. 设备荷载在板上的有效分布宽度 b（m），与下列何项数值最接近？

(A) 3.31   (B) 3.52   (C) 3.72   (D) 3.12

4. 设备荷载和操作荷载在板上的等效均布活荷载标准值（kN/m²），与下列何项数值最为接近？

(A) 3.51   (B) 3.68   (C) 3.76   (D) 3.85

【题5】 某受拉边倾斜的 I 字形截面简支独立梁（图5-3），受拉边的倾角 $\beta=20°$，离支座中心距离 $a=2000\text{mm}$ 处作用一集中力设计值 $P=400\text{kN}$，支座反力设计值 $R=P$。混凝土强度等级 C25（$f_c=11.9\text{N/mm}^2$），箍筋用 HPB300 级。已知梁腹板厚 $b_w=160\text{mm}$，腹板高 $h_w=820\text{mm}$，翼缘高度 $h_f=100\text{mm}$，$h_f'=80\text{mm}$。结构安全等级二级。取 $a_s=45\text{mm}$。试问，当仅配置箍筋时，其箍筋配置，下列何项数值最合适？

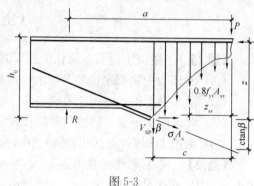

图 5-3

提示： ①斜截面条件满足规范要求；忽略梁自重产生的剪力；$z_{sv}=480\text{mm}$；$\lambda=2.09$。
②不需要验算最小配筋率。

(A) 2Φ8@150   (B) 2Φ10@150   (C) 2Φ12@150   (D) 2Φ14@150

【题6～9】 某多层钢筋混凝土框架结构房屋，抗震等级二级，其中一根框架梁，跨长为6m（图5-4），柱截面尺寸 $b\times h=500\text{mm}\times500\text{mm}$，梁截面尺寸 $b\times h=250\text{mm}\times600\text{mm}$，混凝土强度等级为 C25，纵向钢筋为 HRB400，箍筋为 HPB300，计算取 $a_s=a_s'=35\text{mm}$。作用于梁上的重力荷载代表值为 43.4kN/m。在重力荷载和地震作用组合下该框架梁的组合弯矩设计值为：

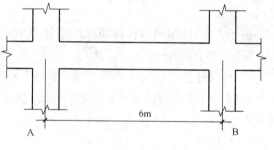

图 5-4

A 支座梁边弯矩：梁底 $M_{max}=200\text{kN·m}$；梁顶 $M_{max}=-410\text{kN·m}$

B 支座梁边弯矩：梁底 $M_{max}=170\text{kN·m}$；梁顶 $M_{max}=-360\text{kN·m}$

跨中弯矩：$M_{max}=180\text{kN·m}$

支座梁边最大剪力：$V_{max}=230\text{kN}$

提示： 按《建筑与市政工程抗震通用规范》GB 55002—2021 作答。

6. 梁跨中截面的下部纵向钢筋截面面积（mm²）的计算值，与下列何项数值最接近？

提示： 不考虑纵向受压钢筋。

(A) 1050   (B) 950   (C) 850   (D) 750

7. A 支座梁端截面的下部纵向钢筋为 2Φ25，则 A 支座梁端截面的上部纵向钢筋截面面积（mm²）的计算值，与下列何项数值最接近？

(A) 2300   (B) 2150   (C) 1960   (D) 1650

8. 若该框架梁的下部纵向钢筋为 4Φ22，上部纵向钢筋为 2Φ20，均直通布置。试问，在地震组合下该梁跨中截面能承受的最大弯矩设计值（kN·m），与下列何项数值最为接近？

(A) 310　　　　(B) 380　　　　(C) 420　　　　(D) 450

9. 该框架梁加密区的箍筋配置 A_{sv}/s（mm^2/mm）的计算值，与下列何项数值最合适？

(A) 2.05　　　　(B) 1.85　　　　(C) 1.65　　　　(D) 1.45

【题10】下列关于结构抗震设计的叙述，何项不妥？说明理由。

提示：按《建筑抗震设计规范》GB 50011—2010 解答。

(A) 设防烈度为 9 度的高层建筑应考虑竖向地震作用

(B) 抗震等级三级的框架结构应验算框架梁柱节点核心区的受剪承载力

(C) 抗震设计的框架梁，当箍筋配置不能满足受剪承载力要求时，可采用弯起钢筋抗剪

(D) 抗震设计的框架底层柱的柱根加密区长度应取不小于该层柱净高的 1/3

【题11～14】先张法预应力混凝土梁截面尺寸及配筋如图 5-5 所示。混凝土强度等级为 C40，预应力筋采用预应力螺纹钢筋（$f_{py}=900N/mm^2$，$f'_{py}=410N/mm^2$，$E_p=2\times10^5 N/mm^2$），预应力筋面积 $A_p=628mm^2$，$A'_p=157mm^2$，$a_p=43mm$，$a'_p=25mm$，换算截面面积 A_0 为 $98.52\times10^3 mm^3$，换算截面重心至底边距离为 $y_{max}=451mm$，至上边缘距离 $y'_{max}=349mm$，换算截面惯性矩 $I_0=8.363\times10^9 mm^4$，混凝土强度达到设计规定的强度等级时放松钢筋。受拉区张拉控制应力 $\sigma_{con}=972N/mm^2$，受压区 $\sigma'_{con}=735N/mm^2$。

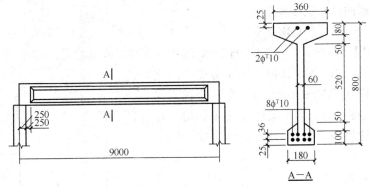

图 5-5

11. 已知截面有效高度 $h_0=757mm$，受压翼缘高度 $h'_f=105mm$，受拉翼缘高度 $h_f=125mm$，受压区总预应力损失值为 $130N/mm^2$，假定截面的中和轴在受压翼缘内，试问，正截面受弯承载力（kN·m），与下列何项数值最为接近？

(A) 450　　　　(B) 405　　　　(C) 380　　　　(D) 345

12. 条件同题 11，若受拉区总预应力损失值为 $189N/mm^2$，试问，使用阶段截面下边缘混凝土的预压应力（N/mm^2），与下列何项数值最为接近？

(A) 12.90　　　　(B) 13.56　　　　(C) 14.52　　　　(D) 15.11

提示：计算时仅考虑第一批预应力损失；$y_p=408mm$，$y'_p=324mm$。

13. 放松钢筋时，此时预应力钢筋合力 $N_{poI}=684.31kN$，预应力钢筋合力作用点至换算截面重心的偏心距 $e_{poI}=299.6mm$。试问，截面上、下边缘的混凝土预应力（N/mm^2），

与下列何项数值最为接近？

提示：计算时仅考虑第一批预应力损失。

(A) −1.24；12.90　　　　　　　(B) −1.61；13.5

(C) −1.24；18.01　　　　　　　(D) −1.61；18.01

14. 若梁在吊装时，由预应力在吊点处截面的上边缘混凝土产生的应力为 −2.0N/mm²，在下边缘混凝土产生的应力为 20.6N/mm²，梁自重为 2.36kN/m，设吊点距构件端部为 700mm，动力系数为 1.5。试问，梁吊装时，梁吊点截面的上、下边缘混凝土应力（N/mm²），与下列何项数值最为接近？

(A) −3.60；15.85　　　　　　　(B) −1.61；18.82

(C) −2.04；20.65　　　　　　　(D) −4.32；20.56

【题 15】 某钢筋混凝土框架结构的框架柱，柱净高 4.5m，其截面尺寸 $b \times h = 500\text{mm} \times 500\text{mm}$，采用 C30 混凝土，箍筋采用 HPB235（$f_{yr} = 210\text{N/mm}^2$）。柱轴压力为 0.5，柱端箍筋为 $\phi10@100$。现工程改造，荷载增加，在荷载的基本组合下的柱端剪力值为 550kN。加固前，柱端的抗剪承载力设计值 $V_{c0} = 370\text{kN}$。现采用粘贴碳纤维复合材进行抗剪加固，采用高强度Ⅰ级纤维复合材环形箍，设置 3 层且各层厚度 0.167mm，间距 $s_f = 300\text{mm}$。已知 $a = a' = 40\text{mm}$。加固后的结构重要性系数取 1.0。

试问，满足加固要求时，碳纤维复合材环形箍的宽度 b_f（mm），下列何项最经济合理？

提示：柱截面尺寸满足要求。

(A) 250　　　　　(B) 200　　　　　(C) 150　　　　　(D) 100

【题 16～21】 如图 5-6 为某封闭式通廊的中间支架，支架底端与基础刚接，通廊和支架均采用钢结构，用 Q235B 钢，E43 型焊条。支架柱肢的中心距为 7.2m 和 4.2m，受风荷载方向的支架柱肢中心距 7.2m，支架的交叉腹杆按单杆受拉考虑。设计使用年限为 50 年，结构安全等级为二级。

荷载标准值如下：

通廊垂直荷载 F_1：恒载，1100kN；活载，380kN

支架垂直荷载 F_2：恒载，440kN

通廊侧面的风荷载 F_3：风载，500kN

支架侧面的风荷载忽略不计。

提示：按《建筑结构可靠性设计统一标准》GB 50068—2018 作答。

16. 支架的基本自振周期（s），与下列何项数值最为接近？

(A) 0.585　　　　　(B) 1.011

(C) 1.232　　　　　(D) 1.520

17. 支架受拉柱肢对基础的单肢最大拉力设计值（kN），与下列何项数值最为接近？

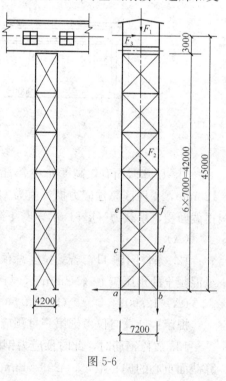

图 5-6

74

(A) 3570　　　　　(B) 3420　　　　　(C) 1960　　　　　(D) 1803

18. 已知支架受压柱肢的压力设计值 $N=2143$kN，柱肢选用热轧 H 型钢，H394×398×11×18，$A=18760$mm^2，$i_x=173$mm，$i_y=100$mm，柱肢视为桁架的弦杆，按轴心受压构件稳定性验算时，其构件上最大压应力（N/mm^2），与下列何项数值最为接近？

(A) 163　　　　　(B) 178　　　　　(C) 194　　　　　(D) 214

19. 条件同题 18，用焊接钢管代替 H 型钢，钢管 $DN500×10$，$A=15400$mm^2，$i=173$mm，按轴心受压构件稳定性验算时，其构件上最大压应力（N/mm^2），与下列何项数值最为接近？

(A) 175　　　　　(B) 170　　　　　(C) 165　　　　　(D) 155

20. 支架的水平杆件 cd 采用焊接钢管 $DN200×6$，$A=3656.8$mm^2，$i=69$mm，节点连接如图 5-7 所示。在风载作用下，按轴心受压构件稳定性验算时，其构件上的最大压应力（N/mm^2），与下列何项数值最为接近？

(A) 175　　　　　(B) 185　　　　　(C) 195　　　　　(D) 205

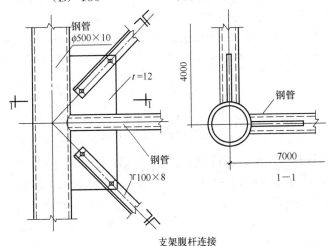

图 5-7

21. 如图 5-7 所示的节点形式，支架的交叉腹杆（∟100×8）与节点板连接采用 10.9 级 M22 高强度螺栓摩擦型连接，取摩擦面的抗滑移系数为 0.45，采用标准圆孔。试问，所需螺栓数目（个），应为下列何项？

(A) 3　　　　　(B) 4　　　　　(C) 5　　　　　(D) 6

【题 22～26】 某厂房的纵向天窗架采用三铰拱式，其跨度 6.0m、高 2.05m，采用彩色压型钢板屋面，冷弯型钢檩条。天窗架和檩条局部布置简图如图 5-8(a) 所示，三铰拱式天窗架的结构简图如图 5-8(b) 所示。钢材 Q235 钢，焊条 E43 型。节点板厚度采用 6mm。檩条与横向水平支撑的交叉点不相连。

22. 上弦杆②杆的轴心压力设计值为 −7.94kN，选用∟56×5，$A=10.83$cm^2，$i_x=1.72$cm，$i_y=2.54$cm，试问，②杆按轴心受压构件整体稳定性验算时，其构件上的最大压应力（N/mm^2），与下列何项数值最为接近？

(A) 16.7　　　　　(B) 18.2　　　　　(C) 22.4　　　　　(D) 26.1

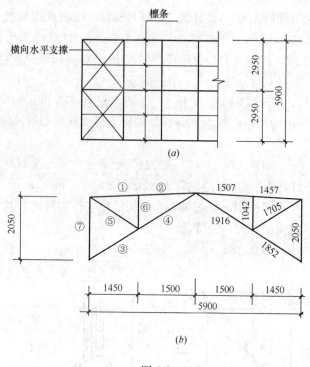

图 5-8
(a) 水平投影图；(b) 剖面图

23. 主斜杆③杆的轴心压力设计值为 -17.78kN，④杆的轴心压力设计值为 -8.05kN。选用┐├56×5，$A=10.83$cm²，$i_{min}=1.10$cm，当③杆按轴心受压构件进行稳定性验算时，其构件上的最大压应力（N/mm²），与下列何项数值最为接近？

(A) 38.1　　　　　(B) 42.6　　　　　(C) 48.1　　　　　(D) 52.5

24. 腹杆⑤杆，选用 L56×5，$A=5.42$cm²，$i_{min}=1.10$cm，当⑤杆按轴心受压构件进行稳定性验算时，其受压承载力（kN），与下列何项数值最为接近？

(A) -32.6　　　　(B) -30.1　　　　(C) -46.4　　　　(D) -42.3

25. 侧柱⑦杆承受的内力设计值：$N=-7.65$kN，$M=\pm1.96$kN·m，选用┐├63×5，$A=12.29$cm²，$i_x=1.94$cm，$i_y=2.82$cm，$W_{xmax}=26.67$cm³，$W_{xmin}=10.16$cm³。作为压弯构件，背风面的侧柱最不利，试问，当对弯矩作用平面内的稳定性验算时，构件上的最大压应力（N/mm²），与下列何项数值最为接近？

提示：截面等级满足 S3 级；$\beta_{mx}=1.0$；$N'_{EX}=203.3$kN。

(A) 177.7　　　　(B) 182.4　　　　(C) 196.1　　　　(D) 208.5

26. 条件同题 25，试问，当对弯矩作用平面外的稳定性验算时，构件上的最大压应力（N/mm²），与下列何项数值最为接近？

提示：截面等级满足 S3 级；翼缘受拉；φ_b 按近似公式计算。

(A) 209.0　　　　(B) 201.0　　　　(C) 194.2　　　　(D) 186.2

【题 27、28】 12m 跨度的简支钢梁，其截面如图 5-9 所示，承受均布静力荷载设计值（含自重）$q=80$kN/m。钢材用 Q235-B，E43 型焊条、手工焊。

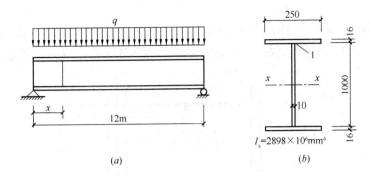

图 5-9

27. 若拟对梁腹板在跨度方向离支座 x 处做腹板的拼接对接焊缝，焊缝质量等级三级，试问，按受弯承载力计算时，根据焊缝强度，确定焊缝位置 x（m），与下列何项数值最为接近？

(A) 2.97　　　　(B) 2.78　　　　(C) 2.8　　　　(D) 3.18

28. 条件同题 27，假定 $x=2.0$m，试问，腹板对接焊缝端点 1 处折算应力（N/mm^2），与下列何项数值最为接近？

(A) 145　　　　(B) 165　　　　(C) 185　　　　(D) 200

【题 29】　设计工作级别 A6 级吊车的焊接吊车梁，结构工作温度为 $-27°$，宜采用下列何项钢材较合理经济？

(A) Q235B　　　(B) Q345C　　　(C) Q345D　　　(D) Q345E

【题 30、31】　某承重纵墙，窗间墙的截面尺寸如图 5-10 所示。采用 MU10 烧结多孔砖和 M5 混合砂浆，多孔砖孔洞未灌实。墙上支承截面为 200mm×500mm 的钢筋混凝土大梁。大梁传给墙体的压力设计值 $N_l=80$kN，上部墙体轴向力的设计值在局部受压面积上产生的平均压应力 $\sigma_0=0.60$N/mm^2，并已知此时梁端支承处砌体局部受压承载力不满足要求，应在梁端下设置垫块。设垫块尺寸为 $b_b×a_b×t_b=550$mm×370mm×180mm。砌体施工质量控制等级为 B 级。

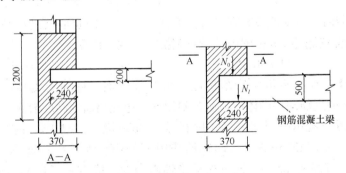

图 5-10

30. 试问，垫块上 N_0、N_l 合力的影响系数 φ，与下列何项数值最为接近？

(A) 0.71　　　(B) 0.79　　　(C) 0.84　　　(D) 0.89

31. 若已知 N_0、N_l 合力的影响系数 $\varphi=0.836$，试问，该垫块下砌体的局部受压承载力设计值（kN），与下列何项数值最为接近？

(A) 282 　　　　　(B) 238 　　　　　(C) 244 　　　　　(D) 255

【题 32、33】 某办公楼底层局部承重横墙如图 5-11 所示，刚性方案，墙体厚 240mm，采用 MU10 烧结普通砖、M5 混合砂浆。砌体施工质量控制等级为 B 级。

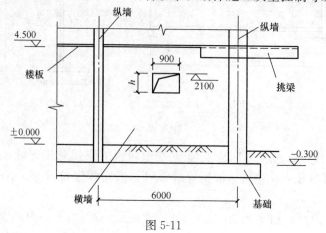

图 5-11

32. 若该横墙有窗洞 900mm×900mm，试问，有洞口墙允许高厚比的修正系数 μ_2，与下列何项数值最接近？

(A) 0.84 　　　　　(B) 1.0 　　　　　(C) 1.2 　　　　　(D) 0.9

33. 试问，外纵墙上截面为 $b×h=240\text{mm}×400\text{mm}$ 的钢筋混凝土挑梁下砖砌体的局部受压承载力设计值（kN），与下列何项数值最为接近？

(A) 133 　　　　　(B) 167 　　　　　(C) 160 　　　　　(D) 181

【题 34、35】 某圆形砖砌水池，采用 MU15 烧结普通砖，M10 水泥砂浆，按三顺一丁法砌成，池壁厚 370mm，水池高 2m。砌体施工质量控制等级为 B 级。水按可变荷载考虑，取 $\gamma_w=1.5$。结构安全等级为二级。

34. 试问，池壁能承受的最大环向受拉承载力设计值（kN），与下列何项数值最接近？

(A) 56.2 　　　　　(B) 70.3 　　　　　(C) 112.4 　　　　　(D) 140.6

35. 水池满载时，该水池最大容许直径 D（mm），与下列何项数值最接近？

提示： 按距池壁底部 1m 范围内的最不利抗拉承载力计算。

(A) 3.1 　　　　　(B) 4.2 　　　　　(C) 5.4 　　　　　(D) 6.2

【题 36～38】 有一两跨无吊车房屋，为弹性方案，柱间有支撑，其边柱截面为 400mm×600mm 的配筋砌块砌体柱，从基础顶面至边柱顶面的高度为 8.0m，采用 MU10 单排孔混凝土砌块（孔洞率 46%），Mb10 砂浆，Cb20 灌孔混凝土，并按 100% 灌孔，砌体抗压强度为 $f_g=5.44\text{N/mm}^2$。纵向钢筋采用 HRB400 级（$f_y=360\text{N/mm}^2$）、箍筋用 HPB300 级（$f_{yv}=270\text{N/mm}^2$）。该边柱承受轴向力设计值 $N=331\text{kN}$，沿长边方向的偏心距为 665mm。结构安全等级二级。取 $a_s=a'_s=50\text{mm}$。

36. 该边柱在平面内、平面外的高厚比 β，与下列何项数值最接近？

(A) 13.3；20 　　(B) 20；16.7 　　(C) 13.3；16.7 　　(D) 20；20

37. 已知该柱为大偏压，采用对称配筋，试问，柱的纵向受压钢筋配置 A'_s，与下列何项数值最为接近？

提示：$\xi_b h_0 = 286\text{mm}$。

(A) 4$\oplus$16   (B) 4$\oplus$18   (C) 4$\oplus$20   (D) 4$\oplus$22

38. 该柱平面外的轴心受压承载力设计值（kN），与下列何项数值最为接近？

提示：柱配有箍筋，柱纵筋配置为 8$\oplus$20（$A_s = 2513\text{mm}^2$）。

(A) 1355   (B) 1395   (C) 1450   (D) 1495

【题 39、40】 如图 5-12 所示某原木屋架，设计使用年限为 50 年，选用红皮云杉 TC13B 制作，斜杆 D_3 原木梢径 $d = 100\text{mm}$，其杆长 $l = 2828\text{mm}$，端部连接原木有切削。

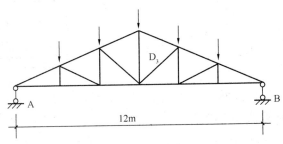

图 5-12

39. 恒载作用下，D_3 杆轴心压力值 $N = 18.86\text{kN}$，当按强度验算时，斜杆 D_3 的轴心受压承载力设计值（kN），与下列何项数值最为接近？

(A) 59   (B) 63   (C) 79   (D) 85

40. 在荷载的基本组合下，D_3 杆轴心压力值 $N = -25.98\text{kN}$，当按稳定验算时，斜杆 D_3 的应力 $N/(\varphi A_0)$（N/mm²），与下列何项数值最为接近？

(A) 5.77   (B) 7.34   (C) 9.37   (D) 11.91

（下午卷）

【题 41】 某建筑场地设计基本地震加速度为 $0.15g$，设计地震分组为第一组，其地层如下：①层黏土，可塑，层厚 8m，②层粉砂，层厚 4m，稍密状。在其埋深 9.0m 处标贯击数为 7 击，场地地下水位埋深 2.0m。拟采用正方形布置，截面为 300mm×300mm 预制桩进行液化处理，根据《建筑抗震设计规范》GB 50011—2010，其桩距（mm）至少不大于下列何项时才能达到不液化？

(A) 800   (B) 1000   (C) 1200   (D) 1400

【题 42】 关于既有建筑地基基础加固的叙述，下列何项不正确？

(A) 既有建筑不改变基础时，在原基础内增加桩，可按增加荷载量，采用桩基础沉降计算方法计算沉降

(B) 地基加固时，可采用加固后经检验测得的地基压缩模量计算沉降

(C) 既有建筑地基基础加固工程应对其在施工阶段、使用阶段进行沉降观测

(D) 既有建筑地基承载力持载再加荷载荷试验时，试验压板的底标高应与原建筑物基础顶标高相同，面积不宜小于 2.0m²

【题 43~48】 某高层框架-剪力墙结构采用平板式筏形基础，其底层内柱如图 5-13 所

示，柱网尺寸为 7m×9.45m，柱横截面为 600mm×1650mm，柱的混凝土强度等级为 C60，相应于作用的基本组合时的柱轴力 $F=21600$kN，弯矩 $M=270$kN·m，地基土净反力为 326.7kPa。筏板的混凝土强度等级为 C30，筏板厚为 1.2m，柱下局部板厚为 1.8m。取 $a_s=50$mm。

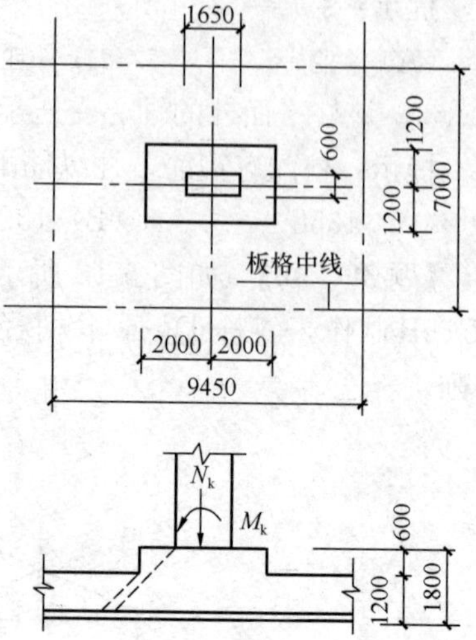

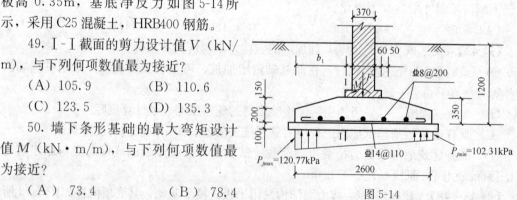

43. 若筏板有效厚度 $h_0=1.75$m，试问，内柱下冲切临界截面上最大剪应力 τ_{max}（kPa），与下列何项数值最为接近？

提示：$\alpha_s=0.445$；$I_s=38.27$m⁴。

(A) 545   (B) 736

(C) 650   (D) 702

44. 该底层内柱下筏板抗冲切混凝土剪应力设计值（kPa），与下列何项数值最为接近？

(A) 1095   (B) 837   (C) 768   (D) 1194

图 5-13

45. 筏板变厚度处，冲切临界截面上最大剪应力 τ_{max}（kPa），与下列何项数值最为接近？

提示：忽略柱根弯矩的影响。

(A) 441   (B) 596   (C) 571   (D) 423

46. 筏板变厚度处，筏板抗冲切混凝土剪应力设计值（kPa），与下列何项数值最为接近？

(A) 968   (B) 1001   (C) 1380   (D) 1427

47. 筏板变厚度处，地基土净反力平均值产生的单位宽度剪力设计值（kN/m），与下列何项数值最为接近？

(A) 515   (B) 650   (C) 765   (D) 890

48. 筏板变厚度处，单位宽度的筏板混凝土受剪承载力设计值（kN/m），与下列何项数值最为接近？

(A) 1151   (B) 1085   (C) 1337   (D) 1051

【题 49、50】某砌体结构承重墙下条形基础，埋置深度为 1.2m，基底宽 2.6m，板高 0.35m，基底净反力如图 5-14 所示，采用 C25 混凝土，HRB400 钢筋。

49. Ⅰ-Ⅰ截面的剪力设计值 V（kN/m），与下列何项数值最为接近？

(A) 105.9   (B) 110.6

(C) 123.5   (D) 135.3

50. 墙下条形基础的最大弯矩设计值 M（kN·m/m），与下列何项数值最为接近？

(A) 73.4   (B) 78.4

图 5-14

(C) 82.6   (D) 86.5

【题 51】 某工程采用灌注桩基础，灌注桩桩径为 800mm，桩长 30m，设计要求单桩竖向抗压承载力特征值为 3000kN，已知桩间土的地基承载力特征值为 200kPa，按照《建筑基桩检测技术规范》JGJ 106—2014 采用压重平台反力装置对工程桩进行单桩竖向抗压承载力检测时，若压重平台的支座只能设置在桩间土上，则支座底面积不宜小于以下哪个选项？

(A) 20m²   (B) 24m²   (C) 30m²   (D) 36m²

【题 52】 某桩基工程采用直径为 2.0m 的灌注桩，桩身配筋率为 0.68%，桩长 25m，桩顶铰接，桩顶允许水平位移 0.005m，桩侧土水平抗力系数的比例系数 $m = 25 \times 10^3 kN/m^4$，钢筋混凝土桩桩身抗弯刚度 $EI = 2.149 \times 10^7 kN/m^2$。试问，单桩水平承载力特征值 R_h（kN），与下列何项数值最为接近？

提示：按《建筑桩基技术规范》JGJ 94—2008 计算。

(A) 1040   (B) 1050   (C) 1060   (D) 1070

【题 53、54】 某独立柱基底面尺寸 $b \times l = 2m \times 4m$，相应于作用的准永久组合时的柱轴向力 $F = 1100kN$，基础埋深 $d = 1.5m$，基础自重及其覆土的重度为 $\gamma_G = 20kN/m^3$，地基土层如图 5-15 所示。基底以下平均附加应力系数见表 5-1。

基底以下平均附加应力系数   表 5-1

z_i (m)	l/b	z_i/b	$\bar{a}_i$	$z_i\bar{a}_i$ (mm)	$z_i\bar{a}_i - z_{i-1}\bar{a}_{i-1}$ (mm)	E_{si} (kPa)
0		0	1.0000	0	—	
0.5	2	0.5	0.9872	493.60	493.60	4500
4.2		4.2	0.5276	2215.92	1722.32	5100
4.5		4.5	0.5040	2268.00	52.08	5100

53. 试问，沉降计算经验系数 ψ_s，与下列何项数值最为接近？

(A) 1.0   (B) 1.1

(C) 1.2   (D) 1.3

54. 若 $\psi_s = 1.1$，地基最终沉降量 s（mm），与下列何项数值最为接近？

(A) 69.6   (B) 75.9

(C) 61.5   (D) 79.8

【题 55】 某湿陷性黄土地基采用碱液法加固，灌注孔长度 12m，有效加固半径 0.4m，黄土天然孔隙率为 56%。固体烧碱中 NaOH 含量为 82%，拟配置碱液浓度 $M = 100g/L$，取填充系数 $\alpha = 0.65$，工作条件系数 $\beta = 1.1$。试问：确定每孔灌注的固体烧碱量 m（kg），最接近于下列何项数值？

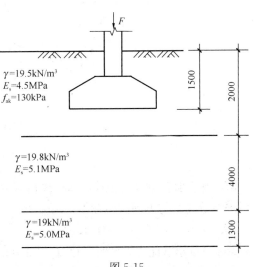

图 5-15

提示：按《建筑地基处理技术规范》JGJ 79—2012 作答。

(A) 260   (B) 285   (C) 305   (D) 355

【题56】 某工程场地地基土抗震计算参数见表5-2。试问，该场地应判别为下列何项场地？

地基土抗震计算参数   表 5-2

层序	岩土名称	层底深度（m）	平均剪切波速（m/s）
1	填土	5.0	120
2	淤泥	10.0	90
3	粉土	16.0	180
4	卵石	22.0	470
5	基岩	—	850

(A) Ⅰ类场地   (B) Ⅱ类场地
(C) Ⅲ类场地   (D) Ⅳ类场地

【题57～59】 某 Y 形钢筋混凝土框架-剪力墙结构房屋，高度 58m，平面外形如图 5-16 所示，50 年一遇的基本风压标准值为 0.60kN/m²，100 年一遇的基本风压标准值为 0.70kN/m²，地面粗糙度为 B 类。该结构的基本自振周期 $T_1=1.26s$。设计使用年限为 100 年。风向为图中箭头所指方向。

提示：按《工程结构通用规范》GB 55001—2021 作答。

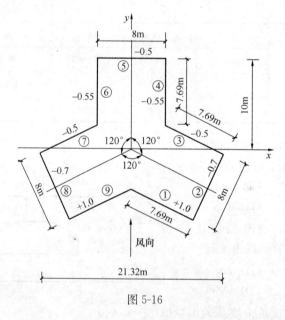

图 5-16

57. 当按承载能力设计时，脉动风荷载共振分量因子为 1.06，屋顶高度处（58m 处）的风振系数 β_z，与下列何项数值最为接近？

(A) 1.63   (B) 1.54   (C) 1.42   (D) 1.36

58. 当按承载能力设计时，已知 30m 处的风振系数 $\beta_z=1.26$，试问，30m 处结构受到的风荷载标准值 $\Sigma\beta_z\mu_z\mu_{si}B_iw_0$ （kN/m），与下列何项数值最为接近？

(A) 23.01   (B) 22.53   (C) 23.88   (D) 21.08

59. 已知 58m 处的风荷载标准值为 $q_k = 29.05 \text{kN/m}$，结构底部风荷载为 0，沿房屋高度风荷载呈三角形分布，试问，由风荷载产生的房屋高 20m 处的楼层水平剪力标准值（kN），与下列何项数值最为接近？

(A) 742　　　　(B) 842

(C) 1039　　　(D) 1180

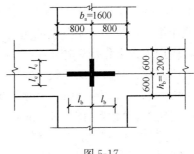

图 5-17

【题 60】 某钢筋混凝土壁式框架的梁柱节点如图 5-17 所示，梁刚域长度 l_b（mm）和柱刚域长度 l_c（mm），与下列何项数值最为接近？

(A) 400；300　　　(B) 500；200

(C) 500；300　　　(D) 400；200

【题 61～63】 某 12 层钢筋混凝土剪力墙结构底层双肢墙如图 5-18 所示。该建筑物建于 8 度抗震设防区，抗震等级为二级。结构总高 40.8m，底层层高 4.5m，其他各层层高均为 3.3m，门洞尺寸为 1520mm × 2400mm，采用 C30 混凝土，墙肢 1 正向地震作用的组合值为：$M = 200 \text{kN·m}$，$V = 350 \text{kN}$，$N = 2200 \text{kN}$（压力）。受力纵向钢筋、竖向及水平向分布筋均采用 HRB335（Φ），箍筋采用 HPB300（Φ）。各墙肢轴压比均大于 0.4。

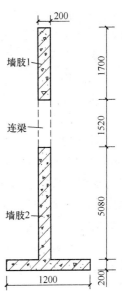

61. 已知墙肢 1 在正向地震作用组合内力作用下为大偏心受压，对称配筋，竖向分布筋采用 Φ12@200，剪力墙竖向分布钢筋配筋率 $\rho_w = 0.565\%$。试问，墙肢 1 受压区高度 x（mm），与下列何项数值最为接近？

提示：剪力墙为矩形截面时，$N_c = \alpha_1 f_c b_w x$。

(A) 706　　　　(B) 893

(C) 928　　　(D) 686

62. 墙肢 2 在 T 端约束边缘构件中，纵向钢筋配筋范围的面积最小值（$\times 10^5 \text{mm}^2$），与下列何项数值最为接近？

(A) 3.0　　　　(B) 2.0

(C) 2.2　　　(D) 2.4

图 5-18

63. 假定墙肢 1、2 之间的连梁截面尺寸为 200mm × 600mm，剪力设计值 $V_b = 300 \text{kN}$，连梁箍筋采用 HPB300 级钢筋（$f_{yv} = 270 \text{N/mm}^2$），$a_s = 40 \text{mm}$，试问，为满足连梁斜截面受剪承载力要求的下述几种意见，其中哪种正确？

(A) 加大连梁截面高度，才能满足抗剪要求

(B) 配双肢箍 Φ10@100，满足抗剪要求

(C) 配双肢箍 Φ12@100，满足抗剪要求

(D) 对连梁进行两次塑性调幅；内力计算前对刚度乘以折减系数 0.6；内力计算后对剪力再一次折减，再乘以调幅系数 0.6，调幅后满足抗剪要求

【题 64～66】 某三跨钢筋混凝土框架结构高层建筑，抗震等级为二级，边跨跨度为 5.7m，框架梁截面 $b \times h = 250 \text{mm} \times 600 \text{mm}$，柱截面为 500mm × 500mm，纵筋采用

HRB400 级、箍筋采用 HPB300 级钢筋（$f_{yv}=270N/mm^2$），用 C30 混凝土。重力荷载代表值作用下，按简支梁分析的边跨梁梁端截面剪力设计值 $V_{Gb}=130.4kN$。在重力荷载和地震作用组合下作用于边跨一层梁上的组合弯矩设计值为：

梁左端：$M_{max}=200kN \cdot m$（$\frown$），$M_{max}=440kN \cdot m$（$\smile$）

梁右端：$M_{max}=360kN \cdot m$（$\frown$），$M_{max}=175kN \cdot m$（$\smile$）

梁跨中：$M_{max}=180kN \cdot m$

边跨梁：$V=230kN$

取 $a_s=a_s'=35mm$。

64. 若边跨梁跨中截面上部纵向钢筋为 2Φ20（$A_s=628mm^2$），则其跨中截面下部纵向钢筋截面面积 A_s（mm^2），与下列何项数值最为接近？

提示： 下列选项满足最小配筋率。

(A) 1100   (B) 850   (C) 710   (D) 620

65. 若边跨梁左端梁底已配置 2Φ25（$A_s=982mm^2$）钢筋，计算其左端梁顶钢筋 A_s（mm^2），与下列何项数值最为接近？

提示： 不需要验算最小配筋率。

(A) 1670   (B) 1750   (C) 1850   (D) 1965

66. 在地震作用组合下，该边跨梁的剪力设计值 V_b（kN），与下列何项数值最为接近？

(A) 230   (B) 283   (C) 258   (D) 272

【题 67】 某 10 层钢筋混凝土框架结构房屋，无库房，属于规则结构，结构总高 40m，抗震设防烈度为 9 度，设计基本地震加速度为 0.40g，设计地震分组为第一组，Ⅱ 类场地，其结构平面和剖面如图 5-19 所示，已知每层楼面的永久荷载标准值为 12500kN，每层楼面的活荷载标准值为 2100kN；屋面的永久荷载标准值为 13050kN，屋面的活荷载标准值为 2000kN。考虑填充墙后，该结构基本自振周期 $T_1=1.0s$。试问，进行多遇地震计算时，由竖向地震作用所产生的该结构底层中柱 A 的轴向力标准值（kN），与下列何项数值最为接近？

(A) 1053   (B) 702   (C) 707   (D) 1061

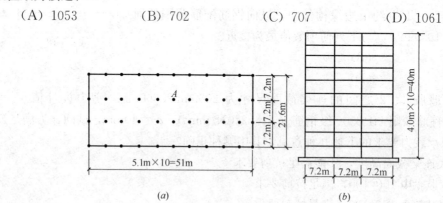

图 5-19

【题 68、69】 某高层钢筋混凝土剪力墙结构，抗震等级为二级，其中某连梁截面尺寸 $b_b \times h_b=160mm \times 900mm$，连梁净跨 $L_n=900mm$，采用 C30 混凝土，纵筋采用 HRB400 级、箍筋采用 HPB300 级钢筋（$f_{yv}=270N/mm^2$）。由水平地震作用组合产生的连梁剪力设计值为 160kN；由重力荷载代表值产生的连梁剪力设计值 V_{Gb} 很小，可略去不计。$a_s = a'_s = 35\text{mm}$。

68. 当该连梁的上、下部纵向钢筋对称配筋时，其下部纵向钢筋截面面积 A_s（mm），与下列何项数值最为接近？

（A）220　　　　（B）270　　　　（C）300　　　　（D）360

69. 该连梁所需的抗剪箍筋配置 A_{sv}/s（mm^2/mm），为下列何项时，才能满足要求且较为经济合理？

提示：连梁抗剪截面条件满足规程要求。

（A）1.30　　　　（B）1.01　　　　（C）0.86　　　　（D）0.54

【题 70】 关于空间网壳结构设计的规定及要求的叙述，不正确的是何项？

提示：按《空间网络结构技术规程》JGJ 7—2010 作答。

（A）两端边支承的单层圆柱面网壳的跨度不宜大于 35m

（B）单层双曲抛物面网壳的跨度不宜大于 60m

（C）双层椭圆抛物面网壳的厚度可取跨度的 1/50～1/20

（D）双层球面网壳的厚度可取跨度的 1/60～1/30

【题 71、72】 某高层钢框架-中心支撑结构房屋，抗震等级为四级，支撑采用十字交叉斜杆，按拉杆设计。支撑斜杆的轴线长度为 8.6m，斜杆采用焊接 H 形截面 H200×200×8×12，$i_x = 86.1\text{mm}$，$i_y = 49.9\text{mm}$，$A = 6428\text{mm}^2$。支撑斜杆的腹板位于框架平面外，且采用支托式连接。钢材采用 Q345 钢。

提示：按《高层民用建筑钢结构技术规程》作答。

试问：

71. 该支撑长细比验算，其平面内长细比 λ_x、平面外长细比 λ_y，最接近下列何项？

（A）$\lambda_x = 50$，$\lambda_y = 70$　　　　　　（B）$\lambda_x = 86$，$\lambda_y = 70$

（C）$\lambda_x = 50$，$\lambda_y = 100$　　　　　　（D）$\lambda_x = 86$，$\lambda_y = 100$

72. 该支撑的翼缘宽厚比 $\dfrac{b}{t}$，腹板宽厚比 $\dfrac{h_0}{t_w}$，下列何项是正确的？

（A）$\dfrac{b}{t}$、$\dfrac{h_0}{t_w}$ 均满足规程　　　　　　（B）$\dfrac{b}{t}$ 满足、$\dfrac{h_0}{t_w}$ 不满足规程

（C）$\dfrac{b}{t}$、$\dfrac{h_0}{t_w}$ 均不满足规程　　　　　　（D）$\dfrac{b}{t}$ 不满足、$\dfrac{h_0}{t_w}$ 满足规程

【题 73～76】 如图 5-20 所示，某公路上五孔一联等跨径装配式预应力钢筋混凝土 T 形梁桥，双向行驶，标准跨径为 30m，计算跨径为 29.50m，桥面净宽为：净—8＋2×0.75m 人行道。采用重力式桥墩，桥墩顶面顺桥向相邻两孔支座中心距离为 50cm。设计荷载为：公路—Ⅰ级，人群荷载为 3.0kN/m^2。汽车荷载冲击系数 $\mu = 0.258$。

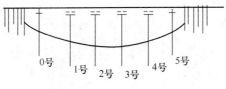

0号　1号　2号　3号　4号　5号

图 5-20

提示：按《公路桥涵设计通用规范》JTG D60—2015。

73. 当顺桥向 2 号桥墩两侧布置单行汽车荷载时，作用于该桥墩顶部的最大竖向力标准值 R（kN），与下列何项数值最为接近？

(A) 650 　　　　(B) 765 　　　　(C) 820 　　　　(D) 910

74. 当顺桥向 2 号桥墩两侧布置单向行驶汽车荷载时，该桥墩横桥向的最大中心弯矩标准值 M_1（kN·m），与下列何项数值最为接近？

(A) 1800 　　　(B) 1900 　　　(C) 2000 　　　(D) 2100

75. 当顺桥向 2 号桥墩两侧布置双向行驶汽车荷载时，该桥墩横桥向的最大中心弯矩标准值 M_2（kN·m），与下列何项数值最为接近？

(A) 1250 　　　(B) 1350 　　　(C) 1450 　　　(D) 1550

76. 该梁桥汽车制动力最大标准值 F_{bk}（kN），与下列何项数值最为接近？

(A) 165 　　　　(B) 190 　　　　(C) 210 　　　　(D) 230

【题 77～79】　某二级公路上一钢筋混凝土简支梁桥，计算跨径 14.5m，标准跨径 15.0m，汽车设计荷载为公路—Ⅰ级。主梁由多片 T 形梁组成，T 形梁间距为 1.6m，其一根 T 形梁截面尺寸如图 5-21 所示，该 T 形梁跨中截面弯矩标准值为：恒载作用 $M_{Gk}=600$kN·m，汽车荷载 $M_{qk}=280$kN·m（含冲击系数），人群荷载 $M_{rk}=30$kN·m。汽车荷载冲击系数 $\mu=0.30$。T 形梁采用 C30 混凝土，HRB400 级钢筋。$a_s=75$mm。

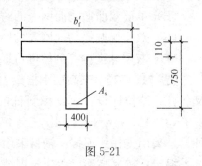

图 5-21

提示：按《公路钢筋混凝土及预应力混凝土桥涵设计规范》JTG 3362—2018 作答。

77. 该 T 形梁的有效翼缘宽度 b'_f（mm），与下列何项数值最为接近？

(A) 4800 　　　(B) 4500 　　　(C) 1720 　　　(D) 1600

78. 假定不计受压区钢筋面积，确定受拉区钢筋截面面积 A_s（mm²），与下列何项数值最为接近？

(A) 5850 　　　(B) 6050 　　　(C) 6350 　　　(D) 6950

79. 当该梁斜截面受压端上相应于基本组合的最大剪力设计值 $\gamma_0 V_d$（kN）小于下列何项数值时，可不进行斜截面承载力验算，仅需按构造配置箍筋？

(A) 225 　　　　(B) 210 　　　　(C) 185 　　　　(D) 175

【题 80】　在公路桥梁中，预应力混凝土受弯组合构件在使用阶段由预加力引起的反拱值应将计算结果乘以长期增大系数 η_θ，η_θ 值与下列何项数值最为接近？

(A) 1.80 　　　(B) 1.75 　　　(C) 1.65 　　　(D) 1.55

实战训练试题（六）

（上午卷）

【题1】 某单跨悬挑板计算简图如图 6-1 所示，承受均布荷载，恒载标准值（含自重）$g_k = 4.0 \text{kN/m}^2$，活载标准值 $q_k = 2.0 \text{kN/m}^2$。厚板 120mm，C25 混凝土，采用 HRB400 钢筋。设计使用年限为 50 年，结构安全等级二级，取 $a_s = 20$mm。试问，相应于荷载的基本组合，单位宽度的 AB 跨最大弯矩设计值（kN·m），与下列何项最接近？

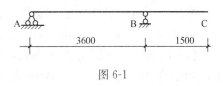

图 6-1

提示： 按《建筑结构可靠性设计统一标准》作答。

(A) 6   (B) 8   (C) 11   (D) 14

【题2】 某圆形截面钢筋混凝土框架柱，截面直径为 500mm，承受按荷载效应基本组合的内力设计值：$M = 115 \text{kN·m}$，$N = 900 \text{kN}$（压力），$V = 400 \text{kN}$。C30 混凝土，箍筋采用 HPB300 级钢筋。结构安全等级二级，取 $a_s = 40$mm。试问，框架柱的箍筋配置，下列何项最合适？

提示： 圆形截面条件满足规范要求；$0.3 f_c A = 841.9 \text{kN}$；不需验算最小配筋率。

(A) 2ϕ12@100   (B) 2ϕ10@150   (C) 2ϕ10@100   (D) 2ϕ8@100

【题3、4】 某 T 形截面钢筋混凝土结构构件如图 6-2 所示，$b = 250$mm，$h = 500$mm，$b'_f = 400$mm，$h'_f = 150$mm，$A_{cor} = 90000 \text{mm}^2$。混凝土强度等级为 C30（$f_c = 14.3 \text{N/mm}^2$，$f_t = 1.43 \text{N/mm}^2$），纵向钢筋采用 HRB400 级、箍筋采用 HPB300 钢筋。受扭纵筋与箍筋的配筋强度比值 $\zeta = 1.2$。结构安全等级二级，取 $a_s = 35$mm。

3. 若构件承受剪力设计值 $V = 80 \text{kN}$，箍筋间距 $s = 100$mm，腹板的塑性抵抗矩 W_{tw} 与所受扭矩 T_w 的比值为 0.98，已知构件需按一般的剪扭构件计算，试问，$s = 100$mm 范围内腹板抗剪箍筋的计算截面面积 A_{sv}（mm^2），与下列何项数值最为接近？

图 6-2

(A) 50   (B) 29

(C) 25   (D) 18

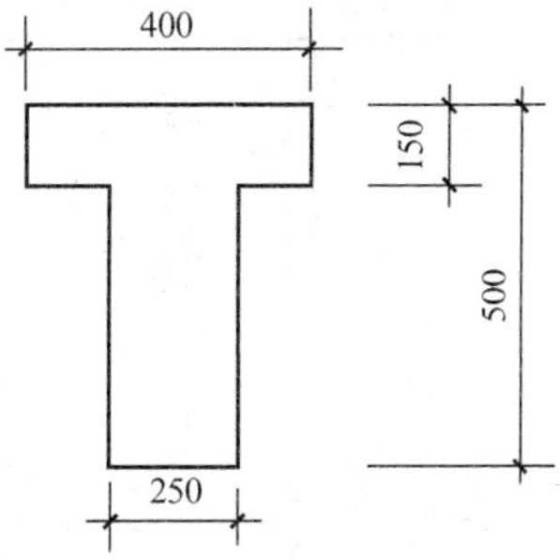

4. 假定构件腹板所受的扭矩与剪力的比值为 $T_w/V_w = 200$mm，箍筋间距 $s = 150$mm，试问，翼缘部分按构造要求的最小箍筋截面面积（mm^2）、腹板最小纵筋截面面积（mm^2），与下列何项数值最为接近？

(A) 43；265   (B) 35；265   (C) 62；100   (D) 35；100

【题5、6】 某多层现浇钢筋混凝土框架结构房屋，9 度抗震设防烈度，抗震等级一级。框架梁截面尺寸 $b \times h = 250 \text{mm} \times 600 \text{mm}$，C30 混凝土，纵向受力钢筋用 HRB400 级、箍筋用 HPB300 级。梁两端截面配筋均为：梁顶 4 Φ 25，梁底 4 Φ 22。梁净跨 $l_n = 5.2$m。经计算，重力荷载代表值与地震作用组合内力设计值为：$M_b^l = 380$kN·m（↓），$M_b^r = 160$kN·m（↓）。考虑地震作用组合时，由重力荷载代表值产生的梁端剪力标准值 $V_{GbK} = 112.7$kN。取 $a_s = 35$mm。

5. 试问，该框架梁梁端剪力设计值 V_b（kN），与下列何项数值最为接近？

(A) 270   (B) 280   (C) 310   (D) 345

6. 假若框架梁梁端剪力设计值 $V_b = 285$kN，采用双肢箍筋，试问，该框架梁加密区的箍筋配置，下列何项最合适？

提示：梁截面条件满足规范要求。

(A) Φ 8@100   (B) Φ 10@100   (C) Φ 12@100   (D) Φ 14@100

【题 7、8】 某钢筋混凝土构件的局部受压直径为 250mm，混凝土强度等级为 C25，间接螺旋式钢筋用 HRB335 级钢筋，其直径为 Φ 6。螺旋式配筋以内的混凝土直径为 $d_{cor} = 450$mm，间距 $s = 50$mm。结构安全等级二级。

7. 试问，局部受压时的强度提高系数 β_{cor}，与下列何项数值最为接近？

(A) 1.60   (B) 1.80   (C) 2.60   (D) 3.00

8. 假定 $\beta_l = 3$，$\beta_{cor} = 1.80$，确定局部受压面上的局部受压承载力设计值（kN），与下列何项数值最为接近？

(A) 1800   (B) 1816   (C) 1910   (D) 1936

【题 9～11】 某多层钢筋混凝土框架结构房屋，抗震等级二级，现浇楼盖，首层层高 4.2m，其余层层高 3.9m，地面到基础顶面 1.1m，如图 6-3 所示。不考虑二阶效应影响，首层框架中柱考虑各种荷载与地震作用组合下未经内力调整的控制截面内力设计值见表 6-1。柱采用 C30 混凝土，受力纵筋采用 HRB400 级（Φ），箍筋采用 HRB335 级（Φ）。取 $a_s = 40$mm。中柱反弯点高度在层高范围内。

框架柱未经内力调整的控制截面内力设计值   表 6-1

截面位置		内 力	左 震	右 震
柱 端	I—I	M	−810	+775
		N	2200	2880
		V	369	381
	II—II	M	−708	+580
		N	2080	2720
		V	320	270
	III—III	M	−708	+387
梁 端	1—1	M	+882	−442
	2—2	M	+388	−360

注：1. M 的单位为 kN·m，N、V 的单位为 kN；

     2. 逆时针为正（+），顺时针为负（−）。

9. 该底层框架柱上端的弯矩设计值（kN·m），与下列何项数值最为接近？

(A) 950   (B) 736   (C) 762   (D) 882

10. 该框架底层柱柱底加密区箍筋的配置，下列何项数值最合适？

提示：柱截面条件满足规范要求；$0.3f_cA=$1544.4kN；加密区箍筋体积配筋率满足要求；不需验算最小配筋率。

(A) 4Φ8@100（四肢箍）

(B) 4Φ10@100（四肢箍）

(C) 4Φ12@100（四肢箍）

(D) 4Φ14@100（四肢箍）

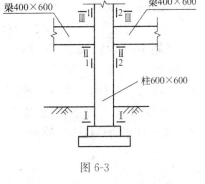

图 6-3

11. 已知柱顶、柱底的地震组合弯矩设计值（经内力调整后）$M_c^t=952.5$kN，$M_c^b=$1215kN，压力 $N=2200$kN。该框架底层柱非加密区箍筋的配置，下列何项数值最合适？

提示：柱截面条件满足规范要求；$0.3f_cA=1544.4$kN，$\lambda=3$；不需验算最小配筋率。

(A) 4Φ8@150（四肢箍）　　　　　(B) 4Φ10@150（四肢箍）

(C) 4Φ6@150（四肢箍）　　　　　(D) 4Φ12@150（四肢箍）

【题 12、13】 某18m预应力混凝土屋架下弦拉杆，截面构造如图6-4所示。采用后张法一端张拉施加预应力，并施行超张拉。预应力钢筋选用 2 束Φ^s15.2 低松弛钢绞线（$A_p=$840mm²），非预应力钢筋为 HRB400 级钢筋 4Φ12（$A_s=452$mm²），C45 级混凝土。采用夹片式锚具（有顶压），孔道成型方式为预埋金属波纹管，张拉控制应力 $\sigma_{con}=0.65f_{ptk}$，$f_{ptk}=$1720N/mm²，预应力筋、非预应力钢筋的弹性模量分别为 $E_{s1}=1.95\times10^5$N/mm²，$E_{s2}=2.0\times10^5$N/mm⁴，混凝土弹性模量 $E_c=3.35\times10^4$N/mm²。

12. 第一批预应力损失值 σ_{l1}（N/mm²），与下列何项数值最为接近？

(A) 68.6　　　　(B) 76.1

(C) 80.0　　　　(D) 84.4

图 6-4

13. 施加预应力时 $f_{cu}'=40$N/mm²，$\alpha_E=E_{s2}/E_c=5.97$，第二批预应力损失值 σ_{lII}（N/mm²），与下列何项数值最为接近？

(A) 130　　　　(B) 137　　　　(C) 145　　　　(D) 175

【题 14】 建于8度设防烈度区，钢筋混凝土框架结构中采用砌体填充墙，墙长 4m，试问，填充墙内设置 2Φ6 拉筋（$f_y=270$N/mm²），拉筋伸入墙内的最小长度（mm），下列何项数值最为接近？

提示：按《建筑抗震设计规范》GB 50011—2010 解答。

(A) 1000　　　　(B) 1500　　　　(C) 2500　　　　(D) 4000

【题 15】 某钢筋混凝土偏心受压柱，采用 C30 混凝土，柱截面尺寸 $b\times h=400$mm$\times$600mm，纵向受力钢筋采用 HRB335，对称配筋，单侧为 4Φ22（$A_{s0}=1520$mm²），取 $a=a'=40$mm。现工程改造，荷载增加，在荷载的基本组合下的柱内力值为：轴压力 $N=$900kN，弯矩 $M=432$kN·m，为大偏心受压柱。现采用在受拉区边缘混凝土表面粘贴碳纤维复合材，进行正截面承载力加固，选用高强度Ⅰ级。加固后的结构重要性系数取 1.0。

试问，满足加固要求时，碳纤维复合材截面面积 A_f（mm²），与下列何项最为接近？

提示：e＝885mm。

(A) 170 　　　　 (B) 190 　　　　 (C) 210 　　　　 (D) 230

【题 16～19】 如图 6-5 所示在一混凝土厂房内用Γ形钢制刚架搭建一个不直接承受动力荷载的工作平台。横梁上承受均布荷载设计值 q＝45kN/m，柱顶有一集中荷载设计值 P＝93kN。钢材用 Q235B。刚架横梁的一端与混凝土柱铰接（刚架可不考虑侧移）；其结构的计算简图、梁柱的截面特性以及弯矩计算结果如图 6-5 所示。已知柱间有垂直支撑，A、B 点可作为 AB 柱的侧向支承点。

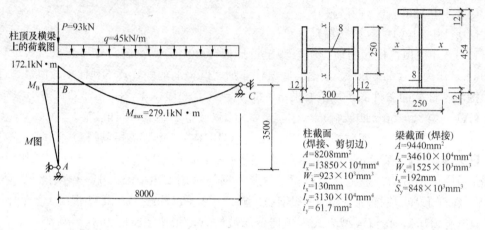

图 6-5

16. 当对横梁进行受弯验算时，略去其中的轴心力，试问，BC 段内的最大弯曲应力（N/mm²），与下列何项数值最为接近？

(A) 166.5 　　　　 (B) 174.3 　　　　 (C) 183.0 　　　　 (D) 196.3

17. 当对横梁进行强度验算时，B 点截面上最大剪应力（N/mm²），与下列何项数值最为接近？

(A) 61.7 　　　　 (B) 55.1 　　　　 (C) 48.5 　　　　 (D) 68.3

18. 柱 AB 在刚架平面内的计算长度（m），与下列何项数值最为接近？

(A) 4.20 　　　　 (B) 3.50 　　　　 (C) 3.05 　　　　 (D) 2.94

19. 当柱 AB 作为压弯构件，对其弯矩作用平面外的稳定性验算时，试问，其构件上的最大压应力（N/mm²），与下列何项数值最为接近？

提示：截面等级满足 S3 级；φ_b＝0.997。

(A) 170.7 　　　　 (B) 181.2 　　　　 (C) 192.8 　　　　 (D) 204.3

【题 20～25】 某吊车梁跨度 6m，无制动结构，支承于钢柱，采用平板支座，设有两台起重量 Q＝16t/3.2t 中级工作制（A5）软钩吊车，吊车跨度 L_K＝31.5m，钢材采用 Q235，焊条为 E43 型，不预热施焊。吊车规格如图 6-6(a) 所示，小车重 6.326t，吊车总重 41.0t，最大轮压 P_{max}＝22.3t。取 1t＝9.8kN。

吊车梁截面特性如下：

A＝164.64cm²，y_o＝43.6cm，I_x＝163×10³cm⁴，W_x＝5.19×10³cm³，S_x＝2.41×10³cm³

A_n＝157.12cm²，y_{no}＝42.1cm，I_{nx}＝155.7×10³cm⁴，$W_{nx}^{上}$＝4734cm³，

90

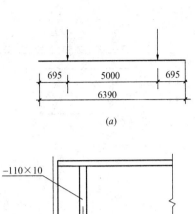

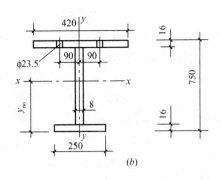

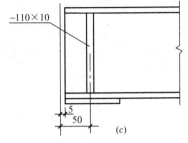

图 6-6

$W_{nx}^{F} = 3698\ cm^3$

提示：按《建筑结构可靠性设计统一标准》GB 50068—2018 作答。

20. 试问，平板支座处吊车梁进行抗剪计算，其最大剪应力（N/mm²），与下列何项数值最为接近？

（A）125　　　　（B）110　　　　（C）105　　　　（D）95

21. 若钢轨高为 140mm，$a = 50mm$，试问，腹板上局部压应力（N/mm²），与下列何项数值最为接近？

（A）88　　　　（B）98　　　　（C）105　　　　（D）110

22. 当对吊车梁的整体稳定性验算时，试问，其整体稳定系数 φ_b，与下列何项数值最为接近？

提示：按《钢结构设计标准》附录 C.0.1 条计算，$I_1 = 9878\ cm^4$，$I_2 = 2083\ cm^4$，$i_y = 8.52\ cm$。

（A）0.80　　　　（B）0.86　　　　（C）0.90　　　　（D）0.95

23. 设横向加劲肋间距 $a = 1000mm$，当对吊车梁的局部稳定性验算时，已知 $\sigma = 140\ N/mm^2$，$\tau = 51\ N/mm^2$，$\sigma_c = 100\ N/mm^2$，$\sigma_{cr} = 215\ N/mm^2$，$\sigma_{c,cr} = 211\ N/mm^2$，试问，跨中区格的局部稳定验算式：$(\sigma/\sigma_{cr})^2 + (\tau/\tau_{cr})^2 + \sigma_c/\sigma_{c,cr}$，与下列何项数值最为接近？

（A）1.07　　　　（B）1.01　　　　（C）0.96　　　　（D）0.89

24. 支座加劲肋用 2—110×10，焊接工字吊车梁翼缘为焰切边，如图 6-6(c) 所示，支座反力为 550kN，试问，在腹板平面外的稳定性验算时，其截面上的最大压应力（N/mm²），与下列何项数值最为接近？

（A）167　　　　（B）156　　　　（C）172　　　　（D）178

25. 若非支座加劲肋处吊车梁的剪力设计值 $V = 600kN$，集中力设计值 $F = 344.2kN$。试问，吊车梁上翼缘与腹板的连接焊缝 h_f（mm）的计算值，与下列何项数值最为接近？

(A) 5 　　　　　(B) 6 　　　　　(C) 7 　　　　　(D) 8

【题 26】 如图 6-7 所示为某屋架上弦节点，屋架杆件均由双角钢组成，节点集中力设计值 $P=37.5$kN，上弦杆压力设计值 $N_1=-480$kN，$N_2=-110$kN，节点板厚 12mm，上弦杆采用 2L140×90×10，短肢相拼。采用 Q235B 钢，E43 型焊条。上弦杆与节点板满焊，$h_f=8$mm。试问，上弦杆肢尖与节点板连接焊缝的应力（N/mm²），与下列何项数值最为接近？

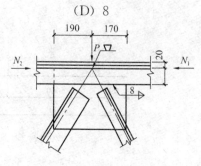

图 6-7

提示： 不计集中力 P 的影响。

(A) 135.9 　　　　(B) 146.7 　　　　(C) 152.3 　　　　(D) 159.4

【题 27~29】 某单跨双坡门式刚架钢厂房，位于 7 度（0.10g）抗震设防烈度区，刚架跨度 18m，高度为 7.5m，屋面坡度为 1：10，如图 6-8 所示，主刚架采用 Q235 钢，屋面及墙面采用压型钢板。柱大端截面：H700×200×5×8，小端截面 H300×200×5×8，焊接、翼缘均为焰切边。梁大端截面：H700×180×5×8，小端截面：H400×180×5×8。梁、柱截面特性见表 6-2。

梁柱截面特性　　　　　　　　　　　　　　　　　　　　　表 6-2

	截面	A (mm²)	I_x (mm⁴)	i_x (mm)	W_x (mm³)	I_y (mm⁴)	i_y (mm)	W_y (mm⁴)
柱	大端	6620	5.1645×10^8	279.13	1.475×10^6	1.067×10^7	40.154	1.067×10^5
	小端	4620	7.773×10^7	129.75	5.1848×10^5	1.067×10^7	48.057	1.067×10^5
梁	大端	6300	4.7814×10^8	—	—	7.776×10^6	—	—
	小端	4800	1.3425×10^8	—	—	7.776×10^6	—	—

经内力分析得到，主刚架柱 AB 的强度计算的控制内力设计值由基本组合控制，即：A 点 $M=0$，$N=86$kN；B 点 $M=120$kN·m，$N=80$kN；柱剪力 $V=30$kN。

27. 试问，柱 AB 在刚架平面内的计算长度 l_{0x}（m），与下列何项数值最为接近？

提示： $k_z=1.233\times10^5E$。

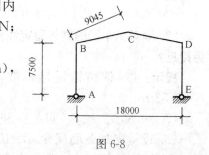

图 6-8

(A) 22 　　　　　(B) 24

(C) 26 　　　　　(D) 28

28. 假定，柱 AB 腹板设置横向加劲肋，其间距 a 为板幅范围内的大端截面腹板高度的 3 倍。柱 AB 靠近 B 点处第一区格的小端截面为 H588×200×5×8。考虑腹板屈曲后强度，柱 AB 靠近 B 点的第一区格的受剪承载力设计值 V_d（kN），与下列何项数值最接近？

提示： $\chi_{tap}=0.85$；$h_{w0}t_wf_v=358$kN。

(A) 250 　　　　　(B) 210 　　　　　(C) 180 　　　　　(D) 150

29. 假定 $V_d=200$kN，题目条件同题 28，柱 AB B 点处在弯矩、剪力和轴力共同作用下进行强度计算，其最大压应力设计值（N/mm²），与下列何项数值最接近？

提示： $\sigma_1=91.6$N/mm²，$\sigma_2=-67.4$N/mm²，$\beta=-0.74$。

(A)125　　　　　(B)115　　　　　(C)105　　　　　(D)95

【题 30】 某砌体结构房屋中网状配筋砖柱，截面尺寸为 $370mm \times 490mm$，柱的计算高度 $H_0 = 3.7 + 0.5 = 4.2m$，采用烧结普通砖 MU15 和水泥砂浆 M7.5 砌筑。在水平灰缝内配置乙级冷拔低碳钢丝 $\Phi^b 4$ 焊接而成的方格钢筋网（$f_y = 360N/mm^2$），网格尺寸为 50mm，且每 3 皮砖放置一层钢筋网 $s_n = 195mm$。砌体施工质量控制等级为 B 级。该砖柱承受轴向力设计值为 190.0kN，沿长边方向的弯矩设计值为 15.0kN·m。结构安全等级为二级。试问，该砖柱的偏心受压承载力设计值（kN），与下列何项数值最为接近？

(A) $410\varphi_n$　　　　(B) $420\varphi_n$

(C) $435\varphi_n$　　　　(D) $470\varphi_n$

【题 31～33】 某山墙如图 6-9 所示，有二道附墙垛（130mm × 490mm）、中间有一宽×高=2.0m×1.2m 的窗洞。采用 MU15 混凝土实心普通砖，Mb5 混合砂浆砌筑，墙厚 240mm。刚性方案，基础埋置较深，且设有刚性地坪。

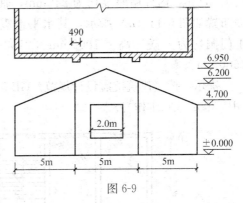

图 6-9

31. 壁柱的计算高度 H_0 (m)、计算截面翼缘宽度 b_f (m)、折算厚度 h_T (m)，与下列何组数值最为接近？

(A) 6.7, 4.0, 0.284　　　　(B) 6.2, 4.0, 0.284

(C) 6.7, 4.0, 0.324　　　　(D) 6.2, 4.0, 0.324

32. 已知 $H_0 = 6.7m$，对该壁柱墙进行高厚比验算，$\beta \leqslant \mu_1 \mu_2 [\beta]$，其左右端项，与下列何项数值最为接近？

(A) 14.51＜24　　　　(B) 21.8＜22.72

(C) 23.6＜24　　　　(D) 16.25＜19.2

33. 对该山墙中间壁柱之间的壁柱间墙进行高厚比验算，$\beta \leqslant \mu_1 \mu_2 [\beta]$，其左右端项，与下列何项数值最为接近？

(A) 12.5＜24　　　　(B) 14.8＜22.72

(C) 16.25＜24　　　　(D) 16.25＜19.2

【题 34、35】 某 6m 大开间多层砌体房屋，刚性方案，底层从室外地坪至楼层高度为 5.4m，基础埋置较深且设有刚性地坪，已知墙厚 240mm，组合墙的平面尺寸如图 6-10 所示。采用 MU10 烧结普通砖，M7.5 混合砂浆；构造柱为 C20 级混凝土（$f_c = 9.6N/mm^2$），采用 HRB335 级钢筋，边柱、中柱钢筋均为 4Φ14。砌体施工质量控制等级 B 级，结构安全等级二级。

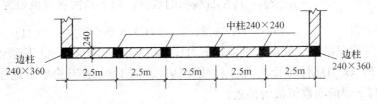

图 6-10

34. 试问，验算高厚比时，该墙的高厚比 β，与下列何项数值最为接近？

(A) 24.6   (B) 27.8   (C) 21.2   (D) 25.9

35. 假定，$\varphi_{com}=0.542$，试问，该墙的轴心受压承载力设计值（kN/m），与下列何项数值最为接近？

(A) 250   (B) 261   (C) 296   (D) 248

【题 36～38】 某七层砌体结构房屋，抗震设防烈度 7 度（0.15g），各层计算高度均为 3.0m，内外墙厚度均为 240mm，轴线居中，采用现浇钢筋混凝土楼（屋）盖，平面布置如图 6-11（a）所示，其水平地震作用计算简图如图 6-11（b）所示。各内纵墙上门洞均为：宽×高＝1000mm×2100mm，外墙上窗洞均为：宽×高＝1800mm×1500mm。

提示：按《建筑抗震设计规范》GB 50011—2010 和《建筑与市政工程抗震通用规范》GB 55002—2021 作答。

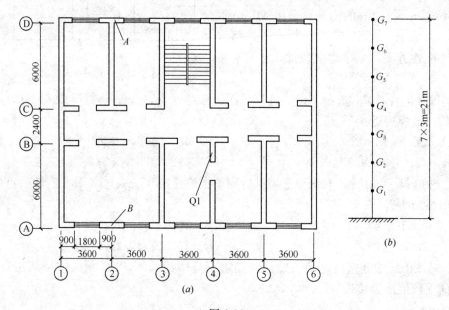

图 6-11

(a) 平面布置；(b) 结构水平地震作用计算简图

36. 试问，Ⓒ～Ⓓ 轴线间③、④轴线两片墙体中，其构造柱数量，应为下列何项数值？

(A) 4   (B) 6   (C) 8   (D) 10

37. 若第二层采用 MU10 烧结普通砖、M7.5 混合砂浆，试问，第二层外纵墙 B 的高厚比验算式 $\left(\beta=\dfrac{H_0}{h} \leqslant \mu_1\mu_2[\beta]\right)$，其左右端项的数值，与下列何项数值最为接近？

(A) 8.5＜21   (B) 12.5＜21   (C) 8.5＜26   (D) 12.5＜26

38. 假定该房屋第四层横向水平地震剪力标准值 $V_{4k}=1500\text{kN}$，Q_1 墙段的层间等效侧向刚度为 $0.4Et$（t 为墙体厚度）。试问，第四层 Q1 墙段所承担的水平地震剪力设计值 V_{Q1}（kN），与下列何项数值最为接近？

(A) 85   (B) 95   (C) 105   (D) 115

【题 39、40】 一冷杉方木压弯构件，承受压力设计值 $N=50\times10^3\text{N}$，弯矩设计值 M_0 $=2.5\times10^6\text{N}\cdot\text{mm}$，构件截面尺寸为 120mm×150mm，构件长度 $l=2310\text{mm}$，两端铰接，弯矩作用平面在 150mm 的方向上。

39. 该构件压弯稳定计算时，其轴心受压稳定系数 φ，与下列何项数值最为接近？

(A) 0.50   (B) 0.55   (C) 0.60   (D) 0.67

40. 该构件压弯稳定计算时，考虑轴心力和弯矩共同作用的折减系数 φ_m，与下列何项数值最为接近？

提示：$e_0=7.5\text{mm}$，$k_0=0.05$。

(A) 0.30   (B) 0.36   (C) 0.42   (D) 0.48

（下午卷）

【题 41】 下列关于丙类抗震设防的单建式地下车库的主张中，何项是不正确的？

(A) 7 度 Ⅱ 类场地上，按《建筑抗震设计规范》GB 50011—2010 采取抗震措施时，可不进行地震作用计算

(B) 地震作用计算时，结构的重力荷载代表值应取结构、构件自重和水、土压力的标准值及各可变荷载的组合值之和

(C) 对地下连续墙的复合墙体，顶板、底板及各层楼板的负弯矩钢筋至少应有 50% 锚入地下连续墙

(D) 当抗震设防烈度为 8 度时，结构的抗震等级不宜低于二级

【题 42】 某直立的黏性土边坡，采用排桩支护，坡高 6m，无地下水，土层参数为 c $=10\text{kPa}$，$\varphi=20°$，重度为 18kN/m^3，地面均布荷载为 $q=20\text{kPa}$，在 3m 处设置一排锚杆，根据《建筑边坡工程技术规范》GB 50330—2013 相关要求，按等值梁法计算排桩反弯点到坡脚的距离（m），最接近下列哪个选项？

(A) 0.5   (B) 0.65   (C) 0.72   (D) 0.92

【题 43】 下列关于膨胀土地基中桩基设计的叙述，何项是不正确的？

(A) 桩端进入膨胀土的大气影响急剧层以下的深度，应满足抗拔稳定性验算要求，且不得小于 4 倍桩径及 1 倍扩大端直径，最小深度应大于 1.5m

(B) 为减小和消除膨胀对桩基的作用，宜采用钻（挖）孔灌注桩

(C) 确定基桩竖向极限承载力时，应按照当地经验，对膨胀深度范围的桩侧阻力适当折减

(D) 应考虑地基土的膨胀作用，验算桩身受拉承载力

【题 44～46】 某双柱矩形联合基础如图 6-12 所示，柱 1、柱 2 截面尺寸均为 $b_c\times h_c=400\text{mm}\times$ 400mm，基础左端与柱 1 处侧面对齐，基础埋深为 1.2m，基础宽 $b=1000\text{mm}$，高 $h=500\text{mm}$。基础混凝土采用 C25，柱子混凝土采用 C30，基底下设 100mm 厚 C15 素混凝土垫层，取 $a_s=50\text{mm}$。上部结构传来相应于作用的基本组合时的内力设计值为：$F_1=250\text{kN}$，$M_1=45\text{kN}\cdot\text{m}$，$F_2=350\text{kN}$，$M_2$

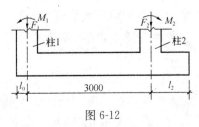

图 6-12

=10kN·m。

44. 欲使基础底面均匀受压，基础向右的悬挑长度 l_2（mm），与下列何项数值最为接近？

(A) 580   (B) 550

(C) 520   (D) 490

45. 基底均匀受压时，两柱之间基础受到的最大负弯矩设计值 M（kN·m），与下列何项数值最为接近？

(A) −177   (B) −185

(C) −192   (D) −202

46. 基底均匀受压时，柱 2 与基础交接处的局部受压承载力（kN），与下列何项数值最为接近？

(A) 3850   (B) 4050

(C) 4350   (D) 4650

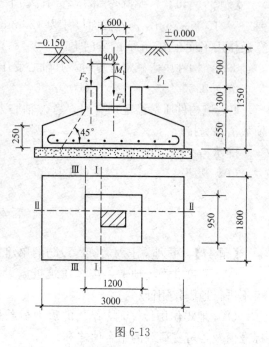

图 6-13

【题 47~49】 某柱下独立基础为锥形基础如图 6-13 所示，柱子截面尺寸为 $a_c \times b_c = 0.4\text{m} \times 0.6\text{m}$，基础底面尺寸为 $b \times l = 3\text{m} \times 1.8\text{m}$，基础变阶处尺寸为 $b_1 \times l_1 = 1.2\text{m} \times 0.95\text{m}$。基础采用 C25 混凝土（$f_t = 1.1\text{N/mm}^2$），HRB335 级钢筋，基底设 100mm 厚 C15 素混凝土垫层，取 $a_s = 50\text{mm}$。已知上部荷载作用在基础顶面处相应于作用的基本组合时的设计值为：$F_1 = 300\text{kN}$，$M_1 = 90\text{kN·m}$，$V_1 = 10\text{kN}$，$F_2 = 150\text{kN}$。

提示：按《建筑结构可靠性设计统一标准》GB 50068—2018 作答。

47. 地基土最大净反力设计值 $p_{j\max}$（kPa），与下列何项数值最为接近？

(A) 142.0   (B) 116.1   (C) 126.3   (D) 136.4

48. 柱边Ⅲ-Ⅲ截面处截面受剪承载力设计值（kN），与下列何项数值最接近？

(A) 690   (B) 620   (C) 560   (D) 530

49. 柱边Ⅰ—Ⅰ截面处的弯矩设计值 M（kN·m），与下列何项数值最为接近？

(A) 123.97   (B) 136.71   (C) 146.51   (D) 157.72

【题 50】 某群桩基础，桩径 $d = 0.6\text{m}$，桩的换算埋深 $\alpha h > 4.0$，单桩水平承载力特征值 $R_{ha} = 50\text{kN}$，按位移控制，沿水平荷载方向布桩，布置为 4 排，每排桩数为 3 根，距径比 $s_a/d = 3$，承台底位于地面上 50mm，试问，群桩中复合基桩水平承载力特征值 R_h（kN），与下列何项数值最为接近？

提示：按《建筑桩基技术规范》JGJ 94—2008 计算。

(A) 61.12   (B) 65.27   (C) 68.12   (D) 71.21

【题 51】 某群桩基础，桩径 $d = 0.6\text{m}$，桩长 16.5m，桩配筋采用纵筋 HRB400 钢筋，配置 8Φ20，箍筋用 HPB300 级钢筋，桩顶以下 3.0m 范围内用螺旋式箍筋Φ6@100。桩身混凝土强度等级 C25。施工工艺为泥浆护壁钻孔灌注桩（$\psi_c = 0.7$）。试问，该轴心受压桩正截面受压承载力设计值（kN），与下列何项数值最为接近？

提示：按《建筑桩基技术规范》JGJ 94—2008 计算。

(A) 3500　　　　　(B) 3200　　　　　(C) 2800　　　　　(D) 2400

【题 52】 某桩基工程设计要求单桩竖向抗压承载力特征值为 7000kN，静载试验利用邻近 4 根工程桩作为锚桩，锚桩主筋直径 25mm，钢筋抗拉强度设计值为 360N/mm²。根据《建筑基桩检测技术规范》JGJ 106—2014，试计算每根锚桩提供上拔力所需的主筋根数至少为几根？

(A) 18　　　　　(B) 20　　　　　(C) 22　　　　　(D) 24

【题 53、54】 某高层建筑物的基础为筏形基础，基底尺寸为 28m×33.6m，基础埋深为 7m，相应于作用的准永久组合时的基底附加压力值 p_0＝300kPa，地基处理采用水泥粉煤灰碎石桩（CFG）桩复合地基，桩径 0.4m，桩长 21m。工程地质土层分布如图 6-14 所示，复合地基承载力特征值为 336kPa。地基变形计算深度 z_n＝28m 范围内的有关数据见表 6-3。

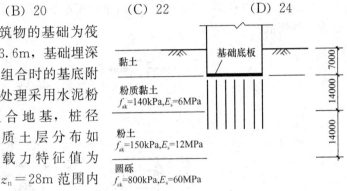

图 6-14

提示：按《建筑地基处理技术规范》JGJ 79—2012 作答。

沉降计算表（l＝16.8m，b＝14m）　　　　表 6-3

z_i (m)	l/b	z_i/b	$\bar{a}_i$	$z_i\bar{a}_i$ (mm)	$z_i\bar{a}_i - z_{i-1}\bar{a}_{i-1}$ (mm)
0	1.2	0.00	0.2500	0	0
14	1.2	1.00	0.2291	3207.4	3207.4
21	1.2	1.50	0.2054	4313.4	1106.0
27	1.2	1.91	0.1854	5005.8	692.4
28	1.2	2.00	0.1822	5101.6	95.8

53. 沉降计算经验系数 ψ_s，与下列何项数值最为接近？

(A) 0.256　　　　　(B) 0.275　　　　　(C) 0.321　　　　　(D) 0.382

54. 若取 ψ_s＝0.30，复合地基最终沉降量 s（mm），与下列何项数值最为接近？

(A) 90　　　　　(B) 100　　　　　(C) 110　　　　　(D) 120

【题 55】 某混凝土预制桩，桩径 d＝0.5m，桩长 18m，地基土性与单桥静力触探资料如图 6-15 所示，按《建筑桩基技术规范》JGJ 94—2008 计算，单桩竖向极限承载力标准值最接近下列哪一个选项？

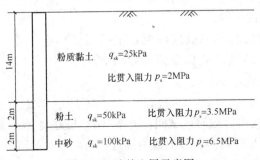

图 6-15　地基土层示意图

提示：桩端阻力修正系数 α 取为 0.8。

(A) 900kV   (B) 1020kN   (C) 1920kN   (D) 2230kN

【题 56】 某多层住宅钢筋混凝土框架结构，采用独立基础，荷载的准永久值组合下作用于承台底的总附加荷载 $F=360$kN，基础埋深 1m，方形承台，边长为 2m，土层分布如图 6-16 所示。为减少基础沉降，基础下疏布 4 根摩擦桩，钢筋混凝土预制方桩 $0.2\text{m}\times 0.2\text{m}$，桩长 10m，单桩承载力特征值 $R_a=80$kN，地下水水位在地面下 0.5m，根据《建筑桩基技术规范》JGJ 94—2008，计算由承台底地基土附加压力作用下产生的承台中点沉降量为下列何值？

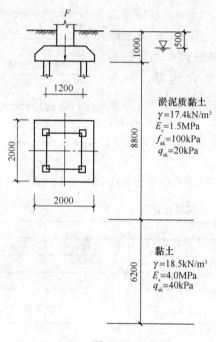

淤泥质黏土
$\gamma=17.4\text{kN/m}^3$
$E_s=1.5\text{MPa}$
$f_{ak}=100\text{kPa}$
$q_{sk}=20\text{kPa}$

黏土
$\gamma=18.5\text{kN/m}^3$
$E_s=4.0\text{MPa}$
$q_{sk}=40\text{kPa}$

图 6-16

提示：沉降计算深度取承台底面下 3.0m。

(A) 14.8mm   (B) 20.9mm   (C) 39.7mm   (D) 53.9mm

【题 57、58】 某拟建高度为 59m 的 16 层现浇钢筋混凝土框架-剪力墙结构，质量和刚度沿高度分布比较均匀，对风荷载不敏感，其两种平面方案如图6-17所示。假设在如图所示的风作用方向两种结构方案的基本自振周期相同。

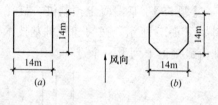

图 6-17
(a) 方案 a；(b) 方案 b

57. 当估算主体结构的风荷载效应时，试问，方案 (a) 与方案 (b) 的风荷载标准值（kN/m²）之比，与下列何项数值最为接近？

(A) 1 : 1   (B) 1 : 1.15   (C) 1 : 1.2   (D) 1.15 : 1

58. 当估算围护结构风荷载时，试问，方案 (a) 与方案 (b) 相同高度迎风面中点处单位面积风荷载比值，与下列何项数值最为接近？

提示：按《建筑结构荷载规范》GB 50009—2012 计算

（A）1.5：1   （B）1.15：1   （C）1：1   （D）1：1.2

【题 59】 拟建于 8 度抗震设防区，Ⅱ类场地，高度 68m 的钢筋混凝土框架-剪力墙结构，其平面布置有四个方案，各平面示意如图 6-18 所示（单位：m）；该建筑竖向体形无变化。试问，如果仅从结构布置方面考虑，其中哪一个方案相对比较合理？

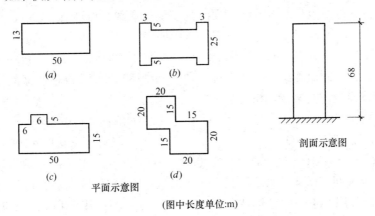

图 6-18

（A）方案（a）   （B）方案（b）   （C）方案（c）   （D）方案（d）

【题 60、61】 某高层钢筋混凝土剪力墙结构，抗震等级为二级，其中某剪力墙开洞后形成的连梁截面尺寸 $b_b \times h_b = 200mm \times 500mm$，连梁净跨 $l_n = 2600mm$，采用 C30 混凝土，纵筋采用 HRB400 级、箍筋采用 HPB300 级钢筋。当无地震作用组合时，连梁的跨中弯矩设计值 $M_b = 54.6kN \cdot m$。有地震作用组合时，连梁跨中弯矩设计值 $M_b = 57.8kN \cdot m$，连梁支座弯矩设计值，组合 1：$M_b^l = 110kN \cdot m$，$M_b^r = -160kN \cdot m$；组合 2：$M_b^l = -210kN \cdot m$，$M_b^r = 75kN \cdot m$；重力荷载代表值产生的剪力设计值 $V_{Gb} = 85kN$，且梁上重力荷载为均布荷载。取 $a_s = a_s' = 35mm$。结构安全等级二级。

60. 连梁的上、下部纵向受力钢筋对称配置（$A_s = A_s'$），试问，连梁跨中截面下部纵筋截面面积 A_s（mm^2），与下列何项数值最为接近？

（A）280   （B）310   （C）350   （D）262

61. 连梁梁端抗剪箍筋配置 A_{sv}/s（mm^2/mm）的计算值，与下列何项数值最为接近？

（A）1.05   （B）1.15   （C）1.02   （D）1.01

【题 62、63】 某高层钢筋混凝土框架结构，抗震等级为二级，首层的梁柱中节点，横向左、右侧梁截面尺寸及纵向梁截面尺寸如图 6-19 所示。梁柱混凝土强度等级为 C30

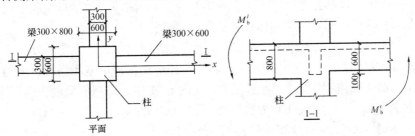

图 6-19

（f_c=14.3MPa，f_t=1.43MPa）。节点左侧梁端弯矩设计值 M_b^l=420.52kN·m，右侧梁端弯矩设计值 M_b^r=249.48kN·m，上柱底部考虑地震作用组合的轴压力设计值 N=3400kN，节点上下层柱反弯点之间的距离 H_c=4.65m。箍筋采用 HPB300 级钢筋。取 $a_s=a_s'$=60mm。箍筋的混凝土保护层厚度为20mm。

62. 沿 x 方向的节点核心区受剪截面的抗震受剪承载力设计值（kN），与下列何项数值最为接近？

(A) 2725.4　　　(B) 3085.4　　　(C) 2060.4　　　(D) 2415.2

63. 若沿 x 方向的地震组合的剪力设计值 V_j=1183kN，节点核心区的箍筋配置，下列何项配置既满足要求且较为经济合理？

(A) 双向 4 肢Φ6@100　　　　　　　(B) 双向 4 肢Φ8@100

(C) 双向 4 肢Φ10@100　　　　　　(D) 双向 4 肢Φ12@100

【题 64、65】 建造于大城市市区的某 28 层公寓，采用钢筋混凝土剪力墙结构，平面内矩形，共 6 个开间，横向剪力墙间距为 8.1m，其中间部位横向剪力墙的计算简图如图 6-20(a) 所示。采用 C30 混凝土，纵筋用 HRB400 级，箍筋用 HPB300 级钢筋。取 $a_s=a_s'$=35mm。

提示： 按《建筑结构可靠性设计统一标准》GB 50068—2018 作答。

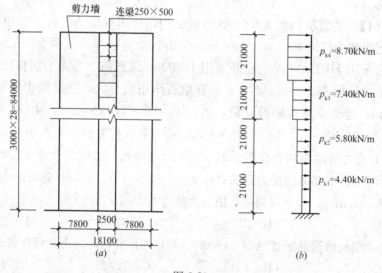

图 6-20

64. 非抗震设计时，如图 6-20(b) 所示的风荷载作用下，采用近似分析方法（将两个墙肢视为一拉一压，且其合力作用在墙肢的中心线上），试问，估算每根连梁的平均支座弯矩设计值 M_b（kN·m），与下列何项数值最为接近？

(A) ±115　　　(B) ±125　　　(C) ±160　　　(D) ±170

65. 非抗震设计时，在风荷载作用下，若连梁相应于荷载的基本组合时的剪力设计值 V_b=155kN，试问，中间层连梁的箍筋配置，在图 6-21 中，下列何项最合适？说明理由。

(A) 方案 (a)　　　(B) 方案 (b)　　　(C) 方案 (c)　　　(D) 方案 (d)

【题 66~68】 某一矩形截面钢筋混凝土底层剪力墙墙肢，抗震等级二级，总高度 H=50m，截面尺寸为 $b_w \times h_w$=250mm×6000mm，如图 6-22 所示。采用 C30 混凝土，纵

100

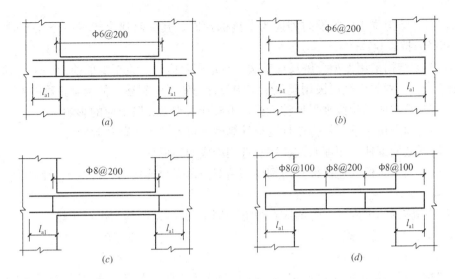

图 6-21

向受力钢筋、竖向及水平向分布筋均采用 HRB335 级钢筋。竖向分布钢筋为双排 $\Phi 10@200$，$\rho_w = 0.314\%$。距墙肢底部截面 $0.5h_{w0}$ 处的内力计算值为：$M = 18000\text{kN}\cdot\text{m}$，$V = 2500\text{kN}$，$N = 3200\text{kN}$（压力）。重力荷载代表值作用下墙肢底部的轴压力设计值为 7500kN。该剪力墙墙肢采用对称配筋，取 $\xi_b = 0.55$；$a_s = a'_s = 300\text{mm}$。

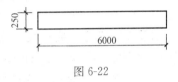

图 6-22

66. 该墙肢底部的边缘构件的最小体积配箍率（%），与下列何项数值最为接近？

(A) 1.36   (B) 0.95   (C) 0.67   (D) 0.57

67. 根据墙肢截面条件，确定该墙肢截面的受剪承载力设计值（kN），与下列何项数值最为接近？

(A) 3800   (B) 5990   (C) 4150   (D) 3600

68. 距墙肢底部截面 $0.5h_{w0}$ 处，该墙肢截面水平分布筋的配置，与下列何项数值最为接近？

提示： $0.2f_cb_wh_w = 4290\text{kN}$；$\lambda = 1.26$。

(A) 双排 $\Phi 12@80$ (B) 双排 $\Phi 8@100$

(C) 双排 $\Phi 12@100$ (D) 双排 $\Phi 10@100$

【题 69】 下列关于高层建筑结构是否考虑竖向地震的见解，何项不妥？说明理由。

(A) 8 度抗震设计时，大跨度和长悬臂结构应考虑竖向地震作用

(B) 8 度抗震设计时，带转换层高层结构中的大跨度转换构件应考虑竖向地震的影响

(C) 7 度（0.15g）抗震设计时，连体结构的连接体应考虑竖向地震的影响

(D) 8 度抗震设计时，B 级高度的高层建筑应考虑竖向地震的影响

【题 70】 下列对于空间网格结构计算的叙述，不正确的是何项？

提示： 按《空间网格结构技术规程》JGJ 7—2010 作答。

(A) 单层网壳应采用空间梁系有限元法进行计算

(B) 单层柱面网壳按弹性全过程分析稳定性时，安全系数取为 4.2

(C) 网壳结构位于抗震设防烈度为 7 度的地区，其矢跨比大于或等于 1/5 时，应进行水平和竖向抗震验算

(D) 网架结构采用振型分解反应谱法计算地震效应时，宜至少取前 10～15 个振型

【题 71】 下列关于高层民用建筑钢结构设计与施工的叙述，何项是正确的？

Ⅰ. 结构正常使用阶段水平位移验算，不应计入重力二阶效应的影响

Ⅱ. 罕遇地震作用下结构弹塑性变形计算时，可不计入风荷载效应

Ⅲ. 箱形截面钢柱采用埋入式柱脚宜选用冷成型箱形柱

Ⅳ. 钢框架梁腹板（连接板）与钢柱采用双面角焊缝连接时，焊缝的焊脚尺寸不得小于 5mm

Ⅴ. 预热施焊的钢构件，焊前应在焊道两侧 100mm 范围均匀进行预热

(A) Ⅰ、Ⅱ、Ⅲ 正确　　　　　　　　(B) Ⅱ、Ⅲ 正确

(C) Ⅰ、Ⅱ、Ⅴ 正确　　　　　　　　(D) Ⅱ、Ⅴ 正确

【题 72】 某高层钢框架结构房屋，抗震等级为三级，柱采用箱形截面□900×900×40，试问，其角部组装焊缝厚度（mm），不应小于下列何项？

(A) 16　　　　　(B) 20　　　　　(C) 24　　　　　(D) 30

【题 73～75】 某三级公路上的钢筋混凝土桥梁，桥面净宽为 8.5m，如图 6-23 所示。横桥向由 4 片 T 形主梁组成，主梁标准跨径为 18m，T 形主梁间距 2.4m，肋宽为 200mm，高度为 1300mm。横隔梁间距为 4.8m，桥面铺装层平均厚度为 80mm（重力密度为 23kN/m³），桥面板的重力密度为 25kN/m³，防

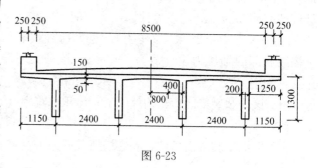

图 6-23

撞栏杆每侧为 4.5kN/m。设计荷载：汽车荷载为公路-Ⅱ级；人群荷载为 0.30kN/m²。

提示：按《公路桥涵设计通用规范》JTG D60—2015 及《公路钢筋混凝土及预应力混凝土桥涵设计规范》JTG 3362—2018 解答。

73. 行车道板按简支板计算时，在恒载作用下的跨中弯矩标准值 M_{0g}(kN·m)，与下列何项数值最为接近？

(A) 3.0　　　　　(B) 3.4　　　　　(C) 3.7　　　　　(D) 4.1

74. 后轴车轮位于板跨中时，垂直于板跨径方向的荷载分布宽度（m），与下列何项数值最为接近？

(A) 2.97　　　　　(B) 2.55　　　　　(C) 1.57　　　　　(D) 1.15

75. 若行车道板在恒载作用下的跨中弯矩标准值 $M_{0g}=3.5$kN·m，在恒载、汽车荷载共同作用下，在持久状况按承载力极限状态下的行车道板跨中弯矩基本组合值 $\gamma_0 M_{ud}$（kN·m），与下列何项数值最为接近？

(A) 21.0　　　　　(B) 23.3　　　　　(C) 29.4　　　　　(D) 32.6

【题 76～78】 某二级公路双向行驶箱形梁桥如图 6-24 所示，计算跨径为 24.5m，标准跨径为 25.0m，桥面车行道净宽为 15.5m，两侧人行道为 2×1.0m。设计荷载：汽车荷

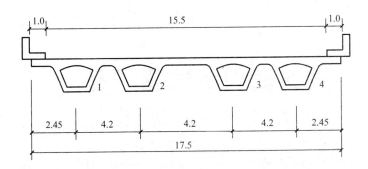

图 6-24

载为公路-Ⅰ级，人群荷载为 3.0kN/m。汽车荷载冲击系数 $\mu=0.166$。用偏心受压法计算得知，1号梁布置三列汽车时跨中荷载横向分布系数为 1.356；布置四列汽车时跨中荷载横向分布系数为 1.486。

提示：按《公路桥涵设计通用规范》JTG D60—2015。

76. 当横桥向布置两列汽车时，用偏心受压法计算 1 号梁跨中荷载横向分布系数 m_q，与下列何项数值最为接近？

(A) 1.077　　　　(B) 1.186　　　　(C) 1.276　　　　(D) 1.310

77. 若 1 号梁布置两列汽车时跨中荷载横向分布系数为 1.200，试问，距 1 号梁支点 $L/4$ 处截面由汽车荷载产生的弯矩标准值（kN·m），与下列何项数值最为接近？

(A) 2820　　　　(B) 2500　　　　(C) 2280　　　　(D) 2140

78. 若距 1 号主梁支点 $L_0/4$ 处截面由恒载、汽车荷载、人群荷载产生的弯矩标准值分别为 $M_g=2100$kN·m，$M_Q=4000$kN·m（含冲击系数），$M_r=90$kN·m，在持久状况按承载力极限状态下基本组合的 $L_0/4$ 处截面弯矩设计值 $\gamma_0 M_{ud}$（kN·m），与下列何项数值最为接近？

(A) 8110
(B) 8750
(C) 9050
(D) 11500

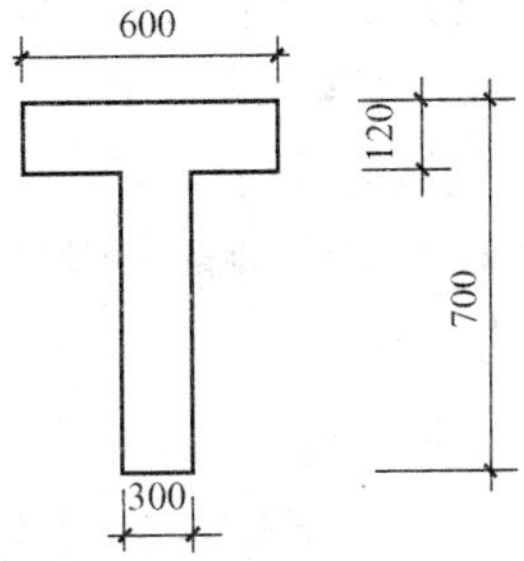

图 6-25

【题 79】 某二级公路简支梁桥由 6 片 T 形主梁组成，计算跨径 17.5m，标准跨径为 18m。某根 T 形主梁截面尺寸如图 6-25 所示，$b'_f=600$mm，该梁承载能力极限状况下基本组合时的跨中弯矩设计值 $\gamma_0 M=585$kN·m，采用 C30 混凝土，HRB400 级钢筋。取 $a_s=70$mm。试问，当不计受压钢筋的作用时，该主梁受拉钢筋截面面积 A_s（mm²），与下列何项数值最为接近？

(A) 2900　　　　(B) 3100　　　　(C) 3400　　　　(D) 3800

【题 80】 跨高比不大于 5 的公路桥梁的盖梁，其混凝土强度等级应不低于下列何项数值？说明理由。

(A) C20　　　　(B) C25　　　　(C) C30　　　　(D) C35

实战训练试题（七）

（上午卷）

【题1、2】 位于我国南方地区的城市管道地沟，其剖面如图7-1所示。设地沟顶覆土深度 $h_1 = 1.5\text{m}$，地面均布活载标准值 $q_k = 5\text{kN/m}^2$，沟宽为2.1m，采用钢筋混凝土预制地沟盖板，C25混凝土，其纵向受力筋采用HRB400级钢筋，吊环采用HPB300级钢筋。盖板分布筋直径为8mm。设计使用年限为50年。结构安全等级为二级。

提示： 按《建筑结构可靠性设计统一标准》GB 50068—2018 和《混凝土结构通用规范》GB 55008—2021 作答。

1. 若取盖板尺寸 2400mm×490mm，盖板厚度取120mm，试问，盖板的纵向受力钢筋的配置，与下列何项数值最接近？

提示： 计算跨度 $l_0 = 2.16\text{m}$。

(A) Φ 10@100   (B) Φ 12@100   (C) Φ 14@100   (D) Φ 16@100

2. 条件同题1，吊环选用四个。试问，吊环的钢筋配置，应为下列何项数值？

(A) 4Φ6   (B) 4Φ8   (C) 4Φ10   (D) 4Φ12

【题3～5】 某钢筋混凝土框架边梁，矩形截面尺寸为 500mm×500mm，计算跨度 l_0 为6.3m，框架边梁上作用有两根次梁传来的集中力设计值 $P = 150\text{kN}$，边梁上的均布荷载设计值（包括自重）$q = 9\text{kN/m}$，如图7-2所示。框架边梁的混凝土强度等级为C25，纵筋采用HRB400级，箍筋采用HPB300级钢筋。已知框架边梁支座截面弯矩设计值 $M = 226.64\text{kN·m}$，剪力设计值 $V = 153.35\text{kN}$，扭矩设计值 $T = 50\text{kN·m}$。结构安全等级二级。取 $a_s = a'_s = 35\text{mm}$。

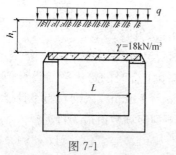

图7-1

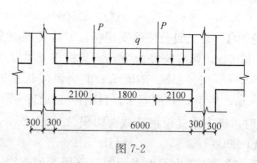

图7-2

3. 非抗震设计时，框架边梁的跨中底部纵向受力钢筋的最小配筋率（%），与下列何项数值最为接近？

(A) 0.19   (B) 0.25   (C) 0.28   (D) 0.33

4. 非抗震设计时，若框架边梁的箍筋采用双肢箍，箍筋间距 $s = 100\text{mm}$，试问，边梁支座截面的抗剪箍筋配置量 A_{sv}（mm²），与下列何项数值最为接近？

提示： ①按集中荷载下的独立剪扭构件计算箍筋配置量；

②支座截面条件满足规范要求；不需验算最小配筋率。

(A) 70   (B) 85   (C) 95   (D) 110

5. 若支座截面处的抗剪箍筋配置量为 $A_{sv}/s=0.6\,\text{mm}^2/\text{mm}$，取 $\xi=1.2$，其他条件同题 4，$A_{cor}=202500\,\text{mm}^2$。试问，支座截面总的箍筋配置量 A_{sv}（mm^2），与下列何项数值最为接近？

提示：不需验算最小配筋率。

(A) 96   (B) 102   (C) 138   (D) 148

【题 6、7】 某竖向不规则的多层钢筋混凝土结构房屋，抗震设防烈度为 8 度，设计基本地震加速度为 $0.20g$，建筑场地为 I_1 类，设计地震分组为第一组，房屋基本自振周期 $T_1=3.80\text{s}$。假定振型组合后的各层水平地震剪力标准值如图 7-3 所示，G_i 为重力荷载代表值。薄弱层在首层。

6. 抗震验算时，第一层剪力的水平地震剪力标准值 V_{Ek1}（kN）的最小值，与下列何项数值最接近？

(A) 1840   (B) 1920   (C) 2100   (D) 2400

7. 抗震验算时，第二层和第六层的水平地震剪力标准值 V_{Ek2}（kN）、V_{Ek6}（kN），与下列何组数值最接近？

(A) 1700；425   (B) 1750；425   (C) 1880；450   (D) 1950；450

【题 8～10】 某简支梁的跨度、高度如图 7-4 所示，梁宽 $b=250\,\text{mm}$，混凝土强度等级为 C30，纵向受拉钢筋采用 HRB400 级，竖向和水平向钢筋采用 HPB300 级。经计算，在荷载基本组合下的跨中弯矩设计值 $M=3770\times10^6\,\text{N}\cdot\text{mm}$，支座剪力设计值 $V=1750\times10^3\,\text{N}$。

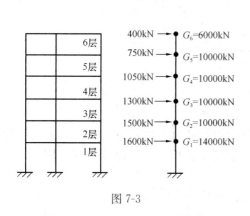

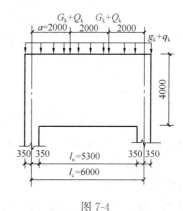

图 7-3   图 7-4

8. 该梁纵向受拉钢筋截面面积（mm^2），与下列何项数值最为接近？

(A) 4800   (B) 4500   (C) 3800   (D) 3000

提示：不需验算最小配筋率。

9. 该梁纵向受拉钢筋选用 $\Phi 18$ 钢筋，则支座处的锚固长度（mm），与下列何项数值最为接近？

(A) 530   (B) 585   (C) 620   (D) 700

10. 该梁的水平分布筋配置，与下列何项数值最为接近？

提示：①该梁斜截面抗剪条件满足规范要求；

②按集中荷载作用下的深受弯构件计算。

　　(A) 2Φ8@100　　　(B) 2Φ8@150　　　(C) 2Φ10@150　　　(D) 2Φ10@200

【题 11～14】　某多层民用建筑为现浇钢筋混凝土框架结构，其楼板采用现浇钢筋混凝土，建筑平面形状为矩形，抗扭刚度较大，属规则框架，抗震等级为二级，梁、柱混凝土强度等级均为 C30，平行于该建筑长边方向的边榀框架局部剖面，如图 7-5 所示，楼板未示出。纵向受力钢筋采用 HRB400 级，箍筋采用 HRB335 级钢筋。双排时，$a_s = a_s' = 60\text{mm}$。单排时，$a_s = a_s' = 40\text{mm}$。

　　提示：①水平地震作用效应考虑边榀效应。

　　　　　②按《建筑与市政工程抗震通用规范》GB 55002—2021 作答。

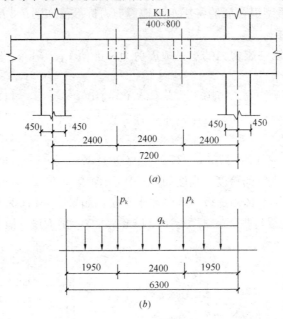

图 7-5

(a) 框架局部立面示意图；(b) 边跨框架梁 KL1 荷载示意图

　　11. 梁跨中截面由地震作用产生的弯矩标准值 $M_{k0} = 240\text{kN} \cdot \text{m}$；由重力荷载代表值产生的弯矩标准值 $M_{k0} = 110\text{kN} \cdot \text{m}$。试问，框架梁跨中底部纵向受力钢筋配置，与下列何项数值最为接近？

　　提示：梁上部配有通长钢筋，且 $x < 2a_s'$；不需验算最小配筋率。

　　(A) 3Φ20　　　　(B) 3Φ22　　　　(C) 3Φ25　　　　(D) 4Φ22

　　12. 若框架梁底部纵向受力钢筋为 3Φ22（$A_s = 1140\text{mm}^2$），通长配置。由地震作用产生的梁端（柱边外截面）的弯矩标准值 $M_{b1}^l = 350\text{kN} \cdot \text{m}$（↷），$M_{b1}^r = 743\text{kN} \cdot \text{m}$（↷）。由重力荷载代表值产生的梁端（柱边处截面）的弯矩标准值 $M_{b1}^l = 320\text{kN} \cdot \text{m}$（↷），$M_{b1}^r = 195\text{kN} \cdot \text{m}$（↶）。试问，框架梁左端截面的上部纵向受力钢筋配置，应为下列何项？

　　提示：框架梁左端上部纵向受力钢筋考虑双排布筋；$\xi_b = 0.518$，不需验算最小配筋率。

　　(A) 6Φ20　　　　(B) 6Φ22　　　　(C) 6Φ25　　　　(D) 6Φ28

13. 假定，该框架梁在地震组合下左端弯矩 M_{b1}^l =930kN·m，右端弯矩 M_{b1}^r =850kN·m，框架梁上作用的重力荷载代表值 P_k =220kN，q_k =10kN/m，由集中荷载产生的剪力设计值（含地震作用产生的剪力）与总剪力设计值之比大于 75%，取 h_0 =740mm。试问，框架梁加密区的箍筋配置，与下列何项数值最为接近？

提示：$\rho_{纵}$ =0.9%。

(A) 4Φ8@100　　(B) 4Φ10@100　　(C) 4Φ12@100　　(D) 4Φ12@150

14. 条件同题 13，试问，框架梁非加密区的箍筋配置，与下列何项数值最为接近？

(A) 4Φ8@200　　(B) 4Φ8@150　　(C) 4Φ10@200　　(D) 4Φ10@150

【题 15】　下列关于建筑结构抗震设计的叙述中，何项不妥？说明理由。

提示：按《建筑与市政工程抗震通用规范》GB 55002—2021 作答。

(A) 底部框架-抗震墙砖房中砖抗震墙的施工应先砌墙后浇框架梁柱

(B) 抗震等级为一、二级的各类框架中的纵向受力钢筋采用普通钢筋时，其抗拉强度实测值与屈服强度实测值的比值不应小于 1.25

(C) 当计算竖向地震作用时，各类结构构件的承载力抗震调整系数均应用 1.0

(D) 抗震设计时，当计算位移时，抗震墙的连梁刚度可不折减

【题 16~23】　某单跨重型车间设有双层吊车的刚接阶形格构式排架柱，钢材用 Q235 钢，该柱在车间排架平面内和平面外的高度如图 7-6 (a) 所示。车间排架跨度为 36m，柱距 12m，长度为 144m，屋盖采用梯形钢屋架，预应力混凝土大型屋面板。按排架计算，柱的 7-1、2-2 截面的内力组合如下：

截面 7-1（上段柱）：N =1018.0kN，M =1439.0kN·m，V =−182.0kN

截面 2-2（中段柱）：N_{max} =6073.0kN，V_{max} =316.0kN，M =+3560.0kN·m

各段柱的截面特性如下（焊接工字钢，翼缘为焰切边）：

上段柱：A =328.8cm², I_x =396442cm⁴，I_y =32010cm⁴，i_x =34.7cm，i_y =9.87cm；W_x =9911cm³

中段柱：A =595.48cm²，y_0 =77.0cm（重心轴），I_x =3420021cm⁴，i_x =75.78cm

下段柱：A =771.32cm²，y_0 =134cm（重心轴），I_x =12090700cm⁴，i_x =125.2cm

中段柱缀条布置如图中 7-6 (b) 所示，其截面特性如下：

横缀条用单角钢 L125×80×8，A =15.99cm²，i_x =4.01cm，i_y =2.29cm

斜缀条用单角钢 L140×90×10，A =22.26cm²，i_x =4.47cm，i_y =2.56cm，i_{min} =1.96cm。

提示：按《钢结构设计标准》GB 50017—2017 作答。

16. 中段柱在平面内柱高度 H_2（cm）、平面外柱计算高度 H_{02}'（cm），与下列何项数值最为接近？

(A) H_2 =690，H_{02}' =690　　　　　　(B) H_2 =886，H_{02}' =548

(C) H_2 =690，H_2' =548　　　　　　(D) H_2 =886，H_{02}' =690

17. 当计算柱的计算长度系数时，按规范规定格构式柱的计算截面惯性矩应折减，取折减系数为 0.9；各段柱最大轴向力为：N_1 =1033.0kN（上段柱），N_2 =6073.0kN（中段柱），N_3 =6163.0kN（下段柱）。试问，中柱段的计算长度系数 μ_2，与下列何项数值最为接近？

提示：查《钢结构设计标准》表时，表中参数 K_1、K_2、η_1、η_2 均取小数点后一位；小数点第二位按四舍五入原则。

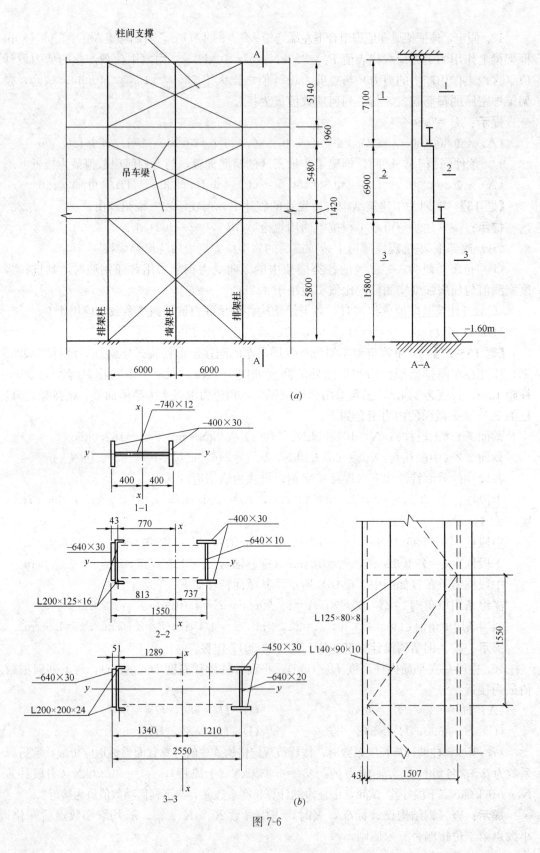

图 7-6

(A) 2.81　　　　　(B) 2.92　　　　　(C) 3.02　　　　　(D) 3.12

18. 上段柱进行排架平面外稳定性计算时，取 $\beta_{tx}=1.0$，试问，上段柱的最大压应力（N/mm²），与下列何项数值最为接近？

提示： 上段柱截面等级满足 S3 级。

(A) 176.2　　　　　(B) 181.8　　　　　(C) 196.5　　　　　(D) 206.4

19. 上段柱局部稳定性验算时，其腹板板件宽厚比的等级应为下列何项？

(A) S1 级　　　　　(B) S2 级　　　　　(C) S3 级　　　　　(D) S4 级

20. 中段柱进行排架平面内稳定性计算时，平面内计算长度 $H_{02}=1953\mathrm{cm}$，取 $\beta_{mx}=1.0$，$N=6073.0\mathrm{kN}$，$M=3560.0\mathrm{kN\cdot m}$（最不利作用于吊车肢），试问，吊车肢构件上最大压应力（N/mm²），与下列何项数值最为接近？

提示： $N'_{EX}=107.37\times10^6\mathrm{N}$。

(A) 212　　　　　(B) 203　　　　　(C) 191　　　　　(D) 186

21. 中段柱的吊车肢进行轴心受压稳定性验算时，吊车肢截面特征为：$A_d=304\mathrm{cm^2}$，$I_{dx}=32005\mathrm{cm^4}$，$I_{dy}=291365\mathrm{cm^4}$，$i_{dx}=10.3\mathrm{cm}$，$i_{dy}=30.9\mathrm{cm}$，试问，吊车肢上的最大压力（N/mm²），与下列何项数值最为接近？

提示： 吊车肢的局部稳定满足。

(A) 184.0　　　　　(B) 189.2　　　　　(C) 196.1　　　　　(D) 201.5

22. 中柱段的横缀条轴心力 N（kN），与下列何项数值最为接近？

提示： 取 $f=205\mathrm{N/mm^2}$ 进行计算。

(A) 160　　　　　(B) 158　　　　　(C) 152　　　　　(D) 165

23. 中柱段的斜缀条轴心力 N（kN），与下列何项数值最为接近？

(A) 315　　　　　(B) 453.4　　　　　(C) 238　　　　　(D) 227

【题 24～27】 某厂房边列柱的柱间支撑布置如图 7-7（a）所示，上柱支撑共设置三道，其斜杆的长度 $l_2=6.31\mathrm{m}$，采用 2L56×5 角钢（$A=2\times541.5=1083\mathrm{mm^2}$，平面内 $i_{min}=21.7\mathrm{mm}$）；下柱支撑设置一道，其斜杆的长度 $l_1=9.12\mathrm{m}$，采用 2[8 槽钢（$A=2\times1024=2048\mathrm{mm^4}$，平面内 $i_{min}=31.5\mathrm{mm}$）。柱的截面宽度 $b=400\mathrm{mm}$。钢材用 Q235 钢。水平地震作用标准值及支撑计算简图如图 7-7（b）所示。

提示： 按《建筑抗震设计规范》GB 50011—2010 和《钢结构设计标准》GB 50017—2017 作答。

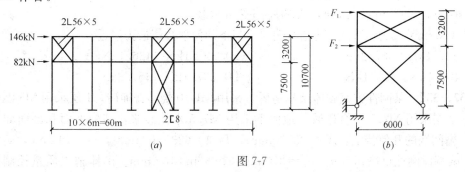

图 7-7

24. 上柱支撑的压杆卸载系数，与下列何项数值最为接近？

(A) 0.30　　　　　(B) 0.56　　　　　(C) 0.60　　　　　(D) 0.65

25. 上柱支撑中一道支撑斜杆拉力（kN），与下列何项数值最为接近？

提示：稳定系数由平面内控制。

(A) 75　　　　(B) 85　　　　(C) 65　　　　(D) 60

26. 下柱支撑的压杆卸载系数，与下列何项数值最为接近？

(A) 0.56　　　(B) 0.60　　　(C) 0.65　　　(D) 0.30

27. 下柱支撑斜杆的抗震验算式（$N_t \leqslant fA_n/\gamma_{RE}$），其左右端项，与下列何项数值最为接近？

提示：稳定系数由平面内控制。

(A) 440kN＜550kN　　　　　(B) 440kN＜587kN

(C) 418kN＜550kN　　　　　(D) 418kN＜587kN

【题28】 按塑性设计，某钢框架在梁拼接处最大弯矩设计值为 900kN·m，H 形截面梁的毛截面模量为 $10 \times 10^6 mm^3$，采用 Q235 钢，取 $f = 215N/mm^2$，$\gamma_x = 1.05$。试问，塑性铰设计时，该处能传递的弯矩设计值（kN·m），应不低于下列何项数值？

(A) 1350　　　(B) 1250　　　(C) 1150　　　(D) 990

【题29】 焊接吊车梁腹板设置加劲肋时，下列何项是正确的？说明理由。

① 直接承受动力荷载的吊车梁，不应考虑腹板屈服后强度，并应按标准规定设置加劲肋；

② 轻、中级工作制吊车梁计算腹板稳定时，吊车轮压设计值乘以折减系数 0.85；

③ 吊车梁的中间横向加劲肋不应单侧设置；

④ 吊车梁横向加劲肋的宽度应不小于 $h_0/30+40$（mm），且不宜小于 90mm。

(A) ①③　　　(B) ①②③　　　(C) ①④　　　(D) ②④

【题30、31】 某钢筋混凝土深梁截面尺寸 $b \times h = 250mm \times 3000mm$，$L = 6000mm$，支承于两端砖砌纵墙上，如图 7-8 所示。墙厚 240mm，由 MU25 烧结普通砖及 M10 水泥砂浆砌筑。梁端支反力 $N_l = 280kN$，纵墙上部竖向荷载平均压应力 $\sigma_0 = 0.8MPa$。砌体施工质量控制等级为 B 级，结构安全等级二级。

30. 试问，梁端局部受压承载力（kN），与下列何项数值最为接近？

(A) 270　　　　(B) 282

(C) 167　　　　(D) 240

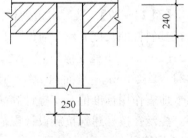

图 7-8

31. 若梁端下设钢筋混凝土垫块 $a_b \times b_b \times t_b = 240mm \times 610mm \times 180mm$，试问，梁端局部受压承载力验算式（$N_0 + N_l \leqslant \varphi \gamma_1 f A_b$），其左右端项，与下列何项数值最为接近？

(A) 407.1kN＜457.2kN　　　　(B) 397.1kN＜426.1kN

(C) 407.1kN＜426.1kN　　　　(D) 397.1kN＜457.2kN

【题32、33】 某刚性方案砌体结构房屋，采用 MU10 烧结普通砖，1 层采用 M5 混合砂浆，2~3 层采用 M2.5 混合砂浆，地面下采用 M7.5 水泥砂浆，结构平面和剖面如图 7-9所示。窗间墙的几何特征：$A = 495700mm^2$，$I = 40.633 \times 10^8 mm^4$，$y_1 = 144mm$，$y_2 = 226mm$。梁端设刚性垫块 $a_b \times b_b \times t_b = 370mm \times 490mm \times 180mm$。砌体施工质量控制等级 B 级，结构安全等级二级。

32. Ⓐ轴线 1—1 截面梁端支承压力设计值为 95.16kN，上部荷载作用于该墙垛截面

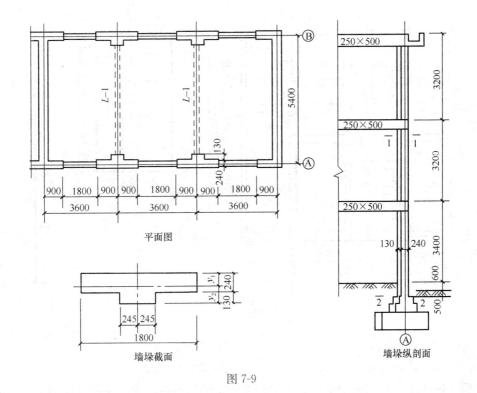

图 7-9

轴向力设计值为 128.88kN，试问，梁端垫块上 N_0 及 N_l 合力的影响系数 φ，与下列何项数值最为接近？

(A) 0.56   (B) 0.50   (C) 0.40   (D) 0.36

33. Ⓐ轴线 2—2 截面墙体的受压承载力设计值（kN），与下列何项数值最为接近？

(A) 640   (B) 610   (C) 577   (D) 560

【题 34、35】 建于 7 度抗震设防区，设计基本地震加速度为 $0.1g$，某 6 层砌体结构住宅，屋面、楼面均为现浇钢筋混凝土板（厚度 100mm），采用纵、横墙共同承重方案，其平面、剖面如图 7-10 所示。各横墙上门洞（宽×高）均为 900mm×2100mm，内、外墙厚均为 240mm，各轴线均与墙中心线重合。各楼层质点重力荷载代表值为：$G_1=G_2=G_3=G_4=G_5=2010$kN，$G_6=1300$kN。砌体施工质量控制等级为 B 级。

提示：按《建筑与市政工程抗震通用规范》GB 55002—2021 作答。

34. 假定顶层水平地震作用标准值为 224kN，顶层③轴等效侧向刚度为 $1.106Et$，①轴等效侧向刚度为 $1.138Et$，t 为墙厚，墙体设置构造柱。试问，顶层②轴横墙分配的水平地震剪力标准值 V_k（kN），与下列何项数值最为接近？

提示：按《建筑抗震设计规范》GB 50011—2010 计算。

(A) 30.5   (B) 34.5   (C) 38.5   (D) 42.5

35. 若顶层墙体采用 MU15 烧结普通砖，M7.5 混合砂浆砌筑，若顶层②轴横墙分配到的水平地震剪力标准值 $V_k=50$kN，顶层②轴横墙内重力荷载代表值产生的截面压应力 $\sigma_0=0.35$MPa，墙体两端有构造柱。试问，顶层②轴横墙的抗震验算式（$V \leqslant f_{vE}A/\gamma_{RE}$），其左右端项，与下列何项数值最为接近？

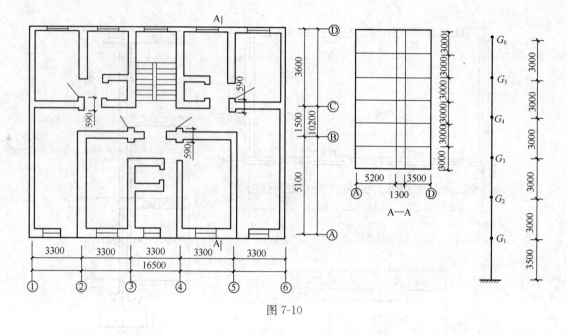

图 7-10

(A) 70kN＜345kN   (B) 70kN＜375kN

(C) 65kN＜360kN   (D) 65kN＜385kN

【题 36～38】 某七层商店-住宅采用框支墙梁结构和现浇混凝土楼（屋）盖，抗震等级二级，2层至7层为住宅。底层框支柱截面 400mm×400mm，框支托梁 $b_b×h_b$＝300mm×900mm，均采用 C35 混凝土，纵向受力钢筋采用 HRB400 级、箍筋采用 HPB300 级。承重砌体墙体采用 MU20 烧结普通砖，底层和墙梁计算高度范围内墙体采用 M10 混合砂浆，其他采用 M5 混合砂浆，砌体施工质量控制等级为 B 级。其一榀横向框支墙梁在重力荷载代表值作用下的计算简图如图 7-11（a）所示，该榀框支墙梁Ⓐ～Ⓓ轴在 Q_{1E}、F_{1E} 作用下的框架内力如图 7-11（b）所示；在 Q_{2E} 作用下的框架内力如图 7-11（c）所示。已知框支墙梁底层水平地震剪力标准值作用下的弯矩如图 7-11（d）所示。

提示： 按《建筑抗震设计规范》GB 50011—2010 和《建筑与市政工程抗震通用规范》GB 55002—2021 作答。

36. 若该榀横向框支墙梁中框架分担的地震倾覆力矩标准值 M_f＝910kN·m，试问，由该倾覆力矩引起的Ⓐ轴线框支柱的附加轴力标准值（kN），与下列何项数值最为接近？

(A) 60kN   (B) 55kN

(C) 68kN   (D) 48kN

37. 假定，Ⓐ轴线柱柱顶截面为大偏压，若纵向框架传来的重力荷载代表值引起的Ⓐ轴线柱附加轴力标准值为 320kN，由地震倾覆力矩引起的Ⓐ轴线柱附加轴力标准值为 50kN，试问，Ⓐ轴线柱柱顶截面的最大弯矩设计值 M_A（kN·m）、与下列何组数值最为接近？

(A) 165   (B) 180

(C) 222   (D) 240

38. 题目条件同题 37，试问，Ⓐ轴线柱柱顶截面的最小轴力设计值 N_A（kN），与下

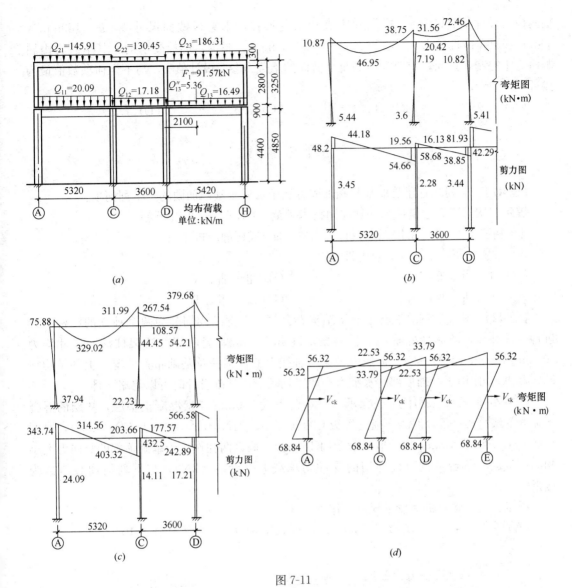

图 7-11

(a) 在重力荷载代表值作用下计算简图;(b) 在 Q_{1E}、F_{1E} 作用下的框架内力标准值;

(c) 在 Q_{2E} 作用下的框架内力标准值;(d) 在地震剪力标准值 V_{ck} 作用下的框架内力

列何项数值最为接近?

(A) 780

(B) 705

(C) 665

(D) 620

【题 39】 某西南云杉原木轴心受压柱,轴心压力设计值 $N=65$kN,构件长度 $l=$ 3.3m,一端固定,一端铰接。构件中点直径 $D=154.85$mm,且在柱中点有一个 $d=$ 18mm 的螺栓孔。试问,按稳定验算时,其 $N/$(φA_0)(N/mm²)值,与下列何项数值最为接近?

(A) 6.5   (B) 6.0   (C) 5.5   (D) 5.0

【题 40】 一木屋架均采用红松,其下弦截面尺寸 $b×h=180$mm×140mm 下弦接头处轴向拉力设计值为 95kN，采用双木夹板对称连接，木夹板截面尺寸 $b \times h = 180\text{mm} \times 80\text{mm}$ 普通螺栓直径为 $\phi 16$。已知 $f_{es} = 32.3\text{N/mm}^2$。假定，螺栓受剪时，其承载力由屈服模式 I 控制，试问，单个螺栓的每个剪面的承载力参考设计值 Z，与下列何项数值最为接近？

(A) 8.9　　　　(B) 8.3　　　　(C) 7.6　　　　(D) 7.2

<h2 align="center">（下午卷）</h2>

【题 41】　下列既有建筑地基基础加固方法中，属于基础加固的是下列何项？

提示： 按《既有建筑地基基础加固技术规范》JGJ 123—2012 解答。

Ⅰ. 树根桩　　　　Ⅱ. 石灰桩　　　　Ⅲ. 锚杆静压桩
Ⅳ. 坑式静压桩　　Ⅴ. 灰土桩

(A) Ⅰ、Ⅱ、Ⅳ　　　　　　　　(B) Ⅱ、Ⅲ、Ⅴ
(C) Ⅰ、Ⅲ、Ⅳ　　　　　　　　(D) Ⅰ、Ⅱ、Ⅲ

【题 42】　某多层钢筋混凝土框架结构办公楼，上部结构划分为两个独立的结构单元进行设计计算，防震缝处采用双柱方案，缝宽 150mm，缝两侧的框架柱截面尺寸均为 600mm×600mm，图 7-12 为防震缝处某条轴线上的框架柱及基础布置情况。上部结构柱 KZ1 和 KZ2 作用于基础顶部的水平力和弯矩均较小，基础设计时可以忽略不计。

柱 KZ1 和 KZ2 采用柱下联合承台，承台下设 100mm 厚素混凝土垫层，垫层的混凝土强度等级 C10；承台混凝土强度等级 C30（$f_{tk} = 2.01\text{N/mm}^2$，$f_t = 1.43\text{N/mm}^2$），厚度 1000mm，$h_0 = 900\text{mm}$，桩顶嵌入承台内 100mm，假设两柱作用于基础顶部的竖向力大小相同。试问，承台抵抗双柱冲切的受冲切承载力设计值（kN），与下列何项数值最为接近？

提示： 按《建筑桩基技术规范》作答。

(A) 7750　　　　(B) 7850　　　　(C) 8150　　　　(D) 10900

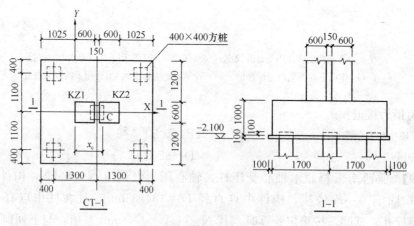

图 7-12

【题 43～48】　某钢筋混凝土柱下桩基础，采用 6 根沉管灌注桩，桩身设计直径 $d = 426\text{mm}$，桩端进入持力层（黏性土）的深度为 2500mm，作用于桩基承台顶面的外力有竖向

力 F、弯矩 M 和水平剪力 V，承台和承台上的土的平均重度 $\gamma_G = 20 \text{kN/m}^3$。承台平面尺寸和桩位布置如图 7-13（a）所示，桩基础剖面和地基土层分布状况如图 7-13（b）所示。

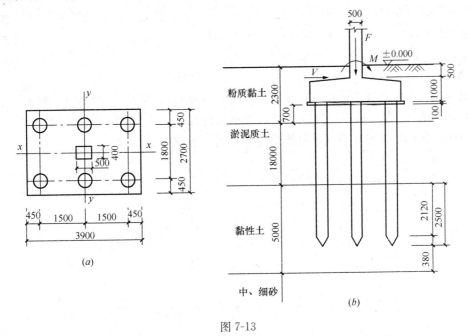

图 7-13

43. 已知粉质黏土、淤泥质土和黏性土的桩周摩擦力特征值 q_{sa} 依次分别为 15kPa，10kPa 和 30kPa，黏性土的桩端土承载力特征值 q_{pa} 为 1120kPa。单桩竖向承载力特征值 R_a（kN），与下列何项数值最为接近？

(A) 499.7　　　(B) 552.66　　　(C) 602.90　　　(D) 621.22

44. 根据静载荷试验，已知三根试桩的单桩竖向极限承载力实测值分别为 $Q_1 = 1020 \text{kN}$，$Q_2 = 1120 \text{kN}$，$Q_3 = 1210 \text{kN}$。在地震作用效应的标准组合下，当桩基按轴心受压计算时，试问，单桩的竖向承载力特征值（kN），与下列何项数值最为接近？

(A) 558　　　(B) 655　　　(C) 698　　　(D) 735

45. 假定作用于承台顶面相应于作用的标准组合时的竖向力 $F_k = 3300 \text{kN}$，弯矩 $M_k = 570 \text{kN} \cdot \text{m}$ 和水平剪力 $V_k = 310 \text{kN}$，试问，桩基中单桩承受的最大竖向力标准值 $Q_{k.max}$（kN），与下列何项数值最为接近？

(A) 695　　　(B) 698　　　(C) 730　　　(D) 749

46. 假定作用于承台顶面的相应于作用的基本组合时的竖向力 $F = 3030 \text{kN}$，弯短 $M = 0$，水平剪力 $V = 0$，试问，该承台正截面最大弯矩设计值（kN·m），与下列何项数值最为接近？

(A) 1263　　　(B) 1382　　　(C) 1500　　　(D) 1658

47. 当计算该承台受冲切承载力时，已知承台受力钢筋截面重心至承台底面边缘的距离为 60mm，自柱边沿坐标 x 轴方向到最近桩边的距离 $a_{0x} = 1.07 \text{m}$，自柱边沿坐标 y 轴方向到最近桩边的距离 $a_{0y} = 0.52 \text{m}$。该承台的冲垮比 λ_{0x}、λ_{0y}，与下列何项数值最为接近？

(A) $\lambda_{0x} = 0.60$，$\lambda_{0y} = 0.96$　　　(B) $\lambda_{0x} = 1.0$，$\lambda_{0y} = 0.55$

(C) $\lambda_{0x} = 1.15$，$\lambda_{0y} = 0.56$ (D) $\lambda_{0x} = 0.96$，$\lambda_{0y} = 0.60$

48. 已知该承台的混凝土强度等级为 C25（$f_t = 1.27\text{N/mm}^2$），承台受力钢筋截面重心至承台底面边缘的距离为 60mm。已知 $\beta_{hp} = 0.983$，试问，该承台受柱冲切时，承台受冲切承载力设计值（kN），与下列何项数值最为接近？

提示：圆桩换算为方桩，$b = 0.8d$。

(A) 5962   (B) 5650   (C) 5250   (D) 5100

【题 49】 某住宅楼钢筋混凝土灌注桩，桩径为 0.8m，桩长为 30m，桩身应力波传播速度为 3800m/s。对该桩进行高应变应力测试后得到如图 7-14 所示的曲线和数据，其中 $R_x = 3\text{MN}$。试问，该桩桩身完整性类别为下列哪一选项？

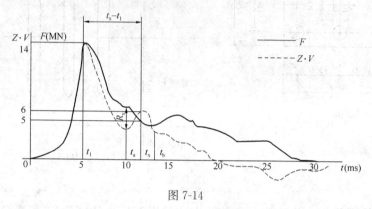

图 7-14

(A) Ⅰ类   (B) Ⅱ类   (C) Ⅲ类   (D) Ⅳ类

【题 50~53】 某桩基承台，采用混凝土预制桩，承台尺寸及桩位如图 7-15（a）所示。桩顶标高为 -3.640m，桩长 16.5m，桩径 600mm，桩端进入持力层中砂 1.50m。土层参数见图 7-15（b）所示，地下水位标高为 -1.200m。查表时，η_c 取低值。

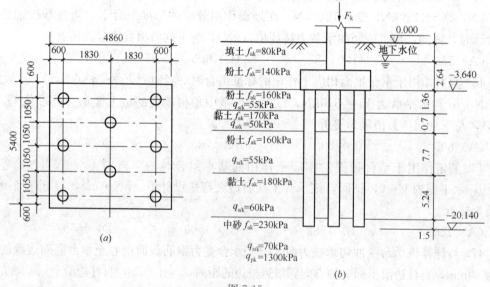

图 7-15

提示：按《建筑桩基技术规范》JGJ94—2008 计算。

116

50. 考虑承台作用，不考虑地震作用时，复合基桩竖向承载力特征值 R（kN），与下列何项数值最为接近？

提示：$R_a = 1081.1$kN。

(A) 1110 　　　 (B) 1250 　　　 (C) 1374 　　　 (D) 1480

51. 考虑承台作用，并且考虑地震作用时，复合基桩竖向承载力特征值 R（kN），与下列何项数值最为接近？

提示：$R_a = 1081.1$kN。

(A) 1112 　　　 (B) 1310 　　　 (C) 1385 　　　 (D) 1490

52. 若桩选用钢管桩，其隔板分隔数 $n = 2$，试问，单根钢管桩竖向承载力特征值（kN），与下列何项数值最为接近？

(A) 1000 　　　 (B) 1010 　　　 (C) 1030 　　　 (D) 1060

53. 若桩选用混凝土空心桩，其外径 $d = 600$mm，内径 $d_1 = 600 - 2 \times 130 = 340$mm，试问，单根混凝土空心桩竖向承载力特征值（kN），与下列何项数值最为接近？

(A) 1410 　　　 (B) 1360 　　　 (C) 1126 　　　 (D) 1050

【题 54、55】 某多层砌体结构房屋，其基底尺寸 $L \times B = 46.0$m$\times 12.8$m。地基土为杂填土，地基土承载力特征值 $f_{ak} = 85$kPa，拟采用灰土挤密桩，桩径 $d = 400$mm，桩孔内填料的最大干密度为 $\rho_{dmax} = 1.67$t/m^3，场地处理前平均干密度 $\rho_d = 1.33$t/m^3，挤密后桩间土平均干密度要求达到 $\rho_{d1} = 1.57$t/m^3。

提示：按《建筑地基处理技术规范》JGJ 79—2012 作答。

54. 若桩孔按等边三角形布置，桩孔之间的中心距离 s（m），与下列何项数值最为接近？

(A) 1.50 　　　 (B) 1.30 　　　 (C) 1.00 　　　 (D) 0.80

55. 若按正方形布桩，桩间中心距 $s = 900$mm，试问，桩孔的数量 n（根），与下列何项数值最为接近？

(A) 727 　　　 (B) 826 　　　 (C) 1035 　　　 (D) 1135

【题 56】 某建筑物拟建于土质边坡坡顶，边坡高度为 8m，边坡类型为直立土质边坡，已知土体的内摩擦角 14°，试问，该边坡坡顶塌滑区外缘至坡底边缘的水平投影距离 L（m），与下列何项数值最为接近？

(A) 8.0 　　　 (B) 7.22 　　　 (C) 6.25 　　　 (D) 5.77

【题 57】 某一建于房屋较稀疏的乡镇的钢筋混凝土高层框架-剪力墙结构，已知 50 年重现期的基本风压 $w_0 = 0.60$kN/m^2，$T_1 = 1.2$s，如图 7-16 所示，设计使用年限为 50 年。当进行位移验算时，经计算知脉动风荷载的背景因子 $B_z = 0.591$，试问，50m 高度处的风振系数，与下列何项数值最为接近？

提示：按《工程结构通用规范》GB 55001—2021 作答。

(A) 1.76 　　　 (B) 1.69 　　　 (C) 1.59 　　　 (D) 1.55

【题 58～64】 某幢 10 层现浇钢筋混凝土框架结构办公楼，如图 7-17 所示，无库房，结构总高 34.7m，建于 8 度抗震设防区，丙类建筑，设计地震分组为第一组，Ⅱ类场地。二层箱形地下室，地下室未超出上部主接相关范围，可作为上部结构的嵌固端（图中未示出地下室）。

提示：按《建筑与市政工程抗震通用规范》GB 55002—2021 作答。

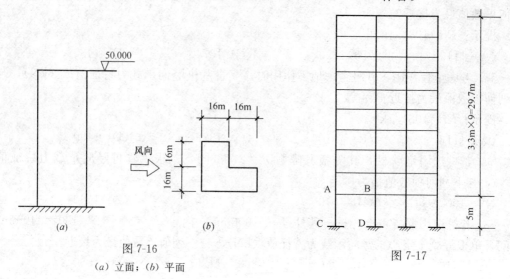

图 7-16

(a) 立面；(b) 平面

图 7-17

58. 首层框架梁 AB，在某一作用组合中，由荷载、地震作用在该梁 A 端产生的弯矩标准值如下：

永久荷载：$M_{Gk}=-90kN \cdot m$；楼面活荷载：$M_{Qk}=-50kN \cdot m$

风荷载：$M_{wk}=\pm20kN \cdot m$；水平地震作用：$M_{Ehk}=\pm40kN \cdot m$

其中楼面活荷载已考虑折减。试问，当考虑有地震作用组合时，AB 梁 A 端的最大组合弯矩设计值 M_A（kN·m），与下列何项数值最为接近？

(A) −170　　　　(B) −190　　　　(C) −205　　　　(D) −215

59. 首层框架柱 CA 在某一作用组合中，由荷载、地震作用在柱底截面产生的内力标准值如下：

永久荷载：$M_{Gk}=-25kN \cdot m$，$N_{Gk}=3100kN$

楼面活荷载：$M_{Qk}=-15kN \cdot m$，$N_{Qk}=550kN$

地震作用：$M_{Ehk}=\pm270kN \cdot m$，$N_{Ehk}=\pm950kN$

其中楼面活荷载已考虑折减。试问，当考虑有地震作用组合时，该柱柱底截面最大组合轴力设计值（kN），与下列何项数值最为接近？

(A) 5720　　　　(B) 6510　　　　(C) 7450　　　　(D) 8570

60. 假定该榀框架为边榀框架，柱 CA 底截面内力同题 59，试问，当对柱截面进行抗震设计时，柱 CA 底截面最大地震作用组合弯矩设计值（kN·m），与下列何项数值最为接近？

(A) −620　　　　(B) −670　　　　(C) −730　　　　(D) −785

61. 假定边榀框架 CA 柱净高 4.5m，柱截面经内力调整后的组合弯矩设计值为：柱上端弯矩设计值 $M_c^t=490kN \cdot m$，下端弯矩设计值 $M_c^b=330kN \cdot m$，对称配筋，同时，该柱上、下端实配的正截面受弯承载力所对应的弯矩设计值 $M_{cua}^t=M_{cua}^b=725kN \cdot m$。试问，当对柱截面进行抗震设计时，柱 CA 端部截面地震作用组合时的剪力设计值（kN），与下列何项数值最为接近？

(A) 559 　　　　(B) 387 　　　　(C) 508 　　　　(D) 425

62. 假定中间框架节点 B 处左右两端梁截面尺寸均为 350mm×600mm，$a_s=a'_s=$ 40mm。节点左、右端实配弯矩设计值之和 $\sum M_{bua}=920$ kN·m，柱截面尺寸为 550mm× 550mm，柱的计算高度 H_c 取 3.4m，梁柱中线无偏心。试问，该节点核心区地震作用组合剪力设计值 V_j（kN），与下列何项数值最为接近？

(A) 1657 　　　　(B) 821 　　　　(C) 836 　　　　(D) 1438

63. 条件同题 62，假定已求得梁柱节点核心区地震作用组合的剪力设计值 $V_j=$ 1900kN。柱四侧各梁截面宽度均大于该侧柱截面宽度的 1/2，且正交方向梁高度不小于框架梁高度的 3/4。试问，根据节点核心区受剪截面承载力要求，所采用的核心区混凝土轴心受压强度 f_c 值（N/mm²），最小应为下列何项？

(A) 16.7 　　　　(B) 14.3 　　　　(C) 11.9 　　　　(D) 9.6

64. 该建筑物地下室抗震设计时，下列何项选择是完全正确的？

(1) 地下一层有很多剪力墙，抗震等级可采用二级；

(2) 地下二层抗震等级可根据具体情况采用二级；

(3) 地下二层抗震等级不能低于三级；

(4) 地下一层柱截面每侧的纵向钢筋截面面积不应少于上一层柱对应侧的纵向钢筋截面面积的 1.1 倍。

(A)（1）、（3） 　　(B)（1）、（2） 　　(C)（3）、（4） 　　(D)（2）、（4）

【题 65~68】 某高层钢筋混凝土建筑为底层大空间的部分框支剪力墙结构，首层层高 6.0m，嵌固端在 −1.00m 处，框支柱（中柱）抗震等级一级，框支柱截面尺寸 $b_c×h_c=800$mm×1350mm，框支梁截面尺寸 $b_b×h_b=600$mm×1600mm，采用 C50 混凝土（$f_c=23.1$N/mm²，$f_t=1.89$N/mm²），纵向受力钢筋用 HRB400 级，箍筋用 HRB335 级钢筋。框支柱考虑 $P\text{-}\Delta$ 二阶效应后各种荷载与地震作用组合后未经内力调整的控制截面内力设计值见表 7-1。框支柱采用对称配筋，$a_s=a'_s=40$mm。

65. 柱底截面配筋计算时，其截面控制内力设计值，应为下列何项数值？

提示：柱轴压比大于 0.15。

(A) $M=-6762.57$kN·m，$N=13495.52$kN

(B) $M=-4508.38$kN·m，$N=13495.52$kN

(C) $M=+5353.20$kN·m，$N=14968.8$kN

(D) $M=+3568.8$kN·m，$N=14968.80$kN

荷载与地震作用组合后未经内力调整的框支柱控制截面内力设计值　　　　表 7-1

截面位置	内力	左震	右震
柱下端	M（kN·m）	−4508.38	+3568.8
	N（kN）	13495.52	14968.80
	V（kN）	2216.28	1782.61
柱上端	M（kN·m）	−3940.66	+2670.84
	N（kN）	13333.52	14381.36
	V（kN）	1972.33	1382.29

66. 考虑左震参与的作用工况下，框支柱柱底截面混凝土受压区高度 $x=584\mathrm{mm}$，为大偏压，试问，柱底截面最小配筋面积 (A_s+A_s') (mm^2)，与下列何项数值最接近？

提示：$\xi_b h_0 =679\mathrm{mm}$；不需验算最小配筋率。

(A) 8000　　　　(B) 10000　　　　(C) 12500　　　　(D) 13500

67. 考虑左震参与的作用工况下，框支柱斜截面抗剪计算时，其柱下端抗剪箍筋配置 A_{sv}/s $(\mathrm{mm}^2/\mathrm{mm})$ 的计算值，应为下列何项数值？

提示：①框支柱抗剪斜截面条件满足要求；

②$0.3f_cA=7484.4\mathrm{kN}$；$\lambda=2.061$；$\gamma_{RE}=0.85$。

(A) 4.122　　　　(B) 4.311　　　　(C) 5.565　　　　(D) 5.162

68. 假定框支柱柱底轴压比为 0.60，其箍筋配置为 Φ 12@100，如图 7-18 所示，试问，其柱底实际体积配箍率 ρ_v 与规程规定的最小体积配箍率限值 $[\rho_v]$ 之比，应为下列何项数值？

提示：箍筋的混凝土保护层厚度为 20mm。

(A) 1.1　　　　(B) 1.3　　　　(C) 1.5　　　　(D) 1.8

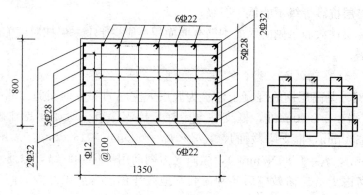

图 7-18

【题 69、70】　某高度 120m 钢筋混凝土烟囱，位于 7 度抗震设防区，设计基本地震加速度为 $0.15g$，Ⅱ类场地，设计地震分组为第二组。烟囱尺寸如图 7-19（a）所示，上口外直径 $d_1=4.0\mathrm{m}$，下口外直径 $d_2=8.8\mathrm{m}$，筒身坡度为 0.2%，烟囱划分为 6 段，自上而下各段重量分别为：5000kN、5600kN、6000kN、6600kN、7000kN、7800kN。烟囱的自振周期 $T_1=2.95\mathrm{s}$、$T_2=0.85\mathrm{s}$、$T_3=0.35\mathrm{s}$，烟囱的第二振型如图 7-19（b）所示。

提示：按《烟囱工程技术标准》GB/T 50051—2021 作答。

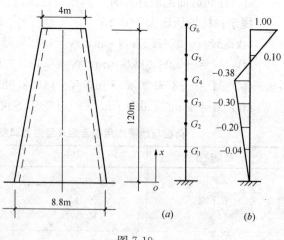

图 7-19

69. 相应于第二振型的烟囱第一段 $G_1(0\sim20\mathrm{m})$ 的水平地震作用标准值 $F_{21}(\mathrm{kN})$，与下列

何项数值最为接近？

提示： $\alpha_2 = 0.08$；$\sum_{i=1}^{6} x_{ji}^2 G_i = 4241.36\text{kN}$。

(A) 20   (B) -20 (C) 15   (D) -15

70. 假定三个振型的相邻周期比小于 0.85，经计算相应于第一、第二、第三振型的烟囱底部总水平剪力标准值分别为：650kN、-730kN、610kN，试问，烟囱底部总水平剪力标准值（kN），与下列何项数值最为接近？

(A) 765   (B) 830   (C) 1150   (D) 650

【题 71、72】 某高层钢框架-中心支撑结构房屋，抗震等级为三级，支撑斜杆采用焊接 H 形截面 H300×300×16×22，$A = 17296\text{mm}^2$。支撑拼接采用翼缘焊接、腹板高强度螺栓连接。高强度螺栓采用摩擦型连接，$\mu = 0.45$，选用 10.9 级 M22（$A_e = 303\text{mm}^2$，$P = 190\text{kN}$），采用标准圆孔。拼接板为两块，每一块拼接板尺寸为 $b \times h \times t = 650 \times 190 \times 14$。钢材采用 Q345。取支撑斜杆 $f_y = 335\text{N/mm}^2$。焊接，采用引弧板。

提示： 按《高层民用建筑钢结构技术规程》作答。

试问：

71. 支撑斜杆的腹板螺栓按其腹板受拉等强原则考虑，每侧的腹板螺栓数量（个）至少应为下列何项？

提示： 不考虑净截面断裂。

(A) 8   (B) 9   (C) 10   (D) 11

72. 假定，支撑拼接的腹板螺栓每侧为 10 个。支撑拼接处的受拉极限承载力验算时，支撑腹板螺栓极限受拉承载力 N_w^j/α_1（α_1 为连接系数）与支撑翼缘极限受拉承载力 N_f^j/α_2（α_2 为连接系数）之和与支撑 $A_{br}f_y$ 的大小关系，与下列何项最接近？

(A) $N_w^j/\alpha_1 + N_f^j/\alpha_2 = 7155\text{kN} > 5800\text{kN}$

(B) $N_w^j/\alpha_1 + N_f^j/\alpha_2 = 7850\text{kN} > 5800\text{kN}$

(C) $N_w^j/\alpha_1 + N_f^j/\alpha_2 = 8250\text{kN} > 5800\text{kN}$

(D) $N_w^j/\alpha_1 + N_f^j/\alpha_2 = 8650\text{kN} > 5800\text{kN}$

【题 73～76】 某公路钢筋混凝土简支 T 形梁梁长 $l = 19.96\text{m}$，计算跨径 $l_0 = 19.50\text{m}$，采用 C25 混凝土（$E_c = 2.80 \times 10^4 \text{MPa}$），主梁截面尺寸如图 7-20 所示，跨中截面主筋为 HRB400 级，$E_s = 2 \times 10^5 \text{MPa}$。简支梁吊装时，其吊点设在距梁端 $a = 400\text{mm}$ 处，梁自重在跨中截面引起的弯矩 $M_{Gk} = 505.69\text{kN·m}$，I 类环境，安全等级为二级。吊装时，动力系数取为 1.2。

提示： 按《公路钢筋混凝土及预应力混凝土桥涵设计规范》JTG 3362—2018 解答。

73. 假定，主梁截面配筋为 6 ⌀ 16（$A_s = 1206\text{mm}^2$），$a_s = 70\text{mm}$，试问，开裂截面的换算截面惯性矩 I_{cr}（$\times 10^6 \text{mm}^4$），与下列何项数值最为接近？

(A) 11300   (B) 11470   (C) 12150   (D) 12850

74. 假定，主梁截面配筋为 8 ⌀ 32＋2 ⌀ 16（$A_s = 6836\text{mm}^2$），$a_s = 110\text{mm}$ 时，试问，开裂截面的换算截面惯性矩 I_{cr}（$\times 10^6 \text{mm}^4$），与下列何项数值最为接近？

提示： 第二类 T 形截面时，受压区高度 $x = \sqrt{A^2 + B} - A$。

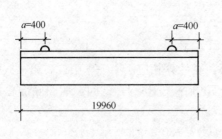
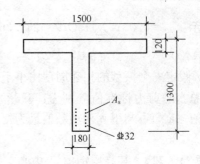

图 7-20

式中，$A=\dfrac{\alpha_{Es}A_s+h'_f\ (b'_f-b)}{b}$；$B=\dfrac{2\alpha_{Es}A_sh_0+\ (b'_f-b)\ h'^2_f}{b}$

(A) 49600　　(B) 51600　　(C) 52100　　(D) 48700

75. 条件同题 74，假定 $I_{cr}=50000\times10^6\,mm^4$，$x_0=290mm$，施工吊装时，T 形梁受压区混凝土边缘压应力 σ^t_{cc}（MPa），与下列何项数值最为接近？

(A) 2.5　　(B) 3.0　　(C) 3.5　　(D) 4.0

76. 条件同题 74，假定 $I_{cr}=50000\times10^6\,mm^4$，$x_0=290mm$，施工吊装时，T 形梁最下一层纵向受力钢筋的应力 σ^t_s（MPa），与下列何项数值最为接近？

提示： 纵向受力钢筋的混凝土保护层厚度为 35mm。

(A) 72　　(B) 76　　(C) 83　　(D) 88

【题 77、78】 某公路上三跨变高度箱形截面连续梁，跨径组合为 $40+60+40$ （m），其截面尺寸的变化规律如图7-21所示，采用 C40 混凝土。

77. 试问，单室箱梁在中支点处上翼缘的腹板外侧的有效宽度 b_{m1}（mm），与下列何项数值最为接近？

(A) 1.68　　(B) 1.61

(C) 1.56　　(D) 1.50

78. 试问，单室箱梁在中跨跨中处上翼缘的腹板内侧的有效宽度 b_{m2}（mm），与下列何项数值最为接近？

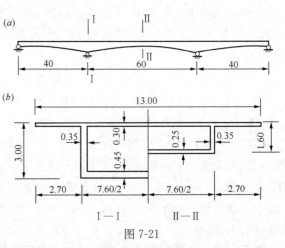

图 7-21

(A) 3.68　　(B) 3.17　　(C) 2.85　　(D) 2.41

【题 79】 某公路上一座计算跨径为 40m 的预应力混凝土简支箱形桥梁，采用 C50 混凝土（$E_c=3.45\times10^4\,MPa$，$f_{tk}=2.65MPa$），采用后张法施工。该箱梁的跨中断面的相关数值为：$A_0=9.6m^2$，$h=2.25m$，$I_0=7.75m^4$；换算截面中性轴至上翼缘边缘距离为 0.95m，至下翼缘边缘距离为 1.3m，预应力钢筋束合力点距下边缘为 0.3m，$A_n=8.8m^2$，$I_n=5.25m^4$，$y_{n上}=1.10m$，$y_{n下}=1.15m$。该箱形桥梁按 A 类预应力混凝土构件设计，在正常使用极限状态下，在频遇组合作用下跨中断面永久作用与可变作用的弯矩值

$M_s = 75000\text{kN} \cdot \text{m}$；在准永久组合作用下，跨中断面永久作用与可变作用的弯矩值 $M_l = 65000\text{kN} \cdot \text{m}$。试问，跨中断面所需的永久有效最小预应力值（kN），与下列何项数值最为接近？

提示： 按《公路钢筋混凝土及预应力混凝土桥涵设计规范》JTG 3362—2018 解答。

（A）35800　　（B）36500　　（C）38100　　（D）39000

【题 80】　在公路桥梁中，预制梁混凝土与用于整体连接的现浇混凝土龄期之差，不应超过下列何项数值？说明理由。

（A）1 个月　　（B）2 个月　　（C）3 个月　　（D）4 个月

实战训练试题（八）

（上午卷）

【题1】 下述关于建筑抗震设防分类标准的叙述中，何项不妥？说明理由。

(A) 建筑面积不小于 17000m² 的多层商场建筑的抗震设防类别为乙类

(B) 中学的教学用房的抗震设防类别应不低于乙类

(C) 高层建筑中结构单元内经常使用人数超过 8000 人时，其抗震设防类别为乙类

(D) 二、三级医院中承担特别重要医疗任务的住院用房，其抗震设防类别为甲类

【题2、3】 非抗震设计时，某单筋矩形梁的截面尺寸 $b \times h = 250\text{mm} \times 600\text{mm}$，混凝土强度等级为 C30，纵向受力钢筋采用 HRB500 和 HRB400 钢筋。箍筋采用 HPB300 钢筋，直径 8mm。室内正常环境，安全等级为二级。HRB500 钢筋，取 $\xi_b = 0.482$；HRB400 钢筋，取 $\xi_b = 0.518$。

2. 当受压区高度等于界限高度时，该梁所能承受的最大弯矩设计值（kN·m），与下列何项数值最接近？

提示： 取 $a_s = 40\text{mm}$。

(A) 410　　　　　(B) 430　　　　　(C) 447　　　　　(D) 455

3. 假定梁配置了 HRB500 钢筋为 2Φ25、HRB400 钢筋为 3Φ28，如图 8-1 所示，梁高为 750mm，试问，该梁的受弯承载力设计值（kN·m），与下列何项数值最为接近？

(A) 550　　　　　(B) 580　　　　　(C) 630　　　　　(D) 660

【题4】 某矩形截面框架柱截面尺寸 $b \times h = 400\text{mm} \times 450\text{mm}$，柱净高 $H_n = 3.5\text{m}$；承受轴向压力设计值 $N = 890\text{kN}$，斜向剪力设计值 $V = 210\text{kN}$，斜面剪力作用方向如图 8-2 所示，弯矩反弯点在层高范围内，采用 C30 混凝土（$f_c = 14.3\text{N/mm}^2$，$f_t = 1.43\text{N/mm}^2$），箍筋采用 HPB300 钢筋。纵向受力钢筋采用 HRB400 钢筋，已配置 8Φ25。结构安全等级为二级，$a_s = 40\text{mm}$。不考虑地震作用，试问，该柱的箍筋配置，与下列何项数值最为接近？

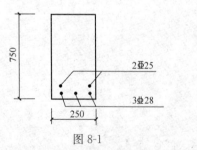

图 8-1

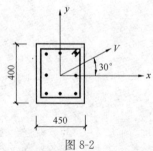

图 8-2

提示： ①取 $V_{ux} = V_{uy}$，柱截面尺寸满足受剪要求不需验算；

②$0.3f_c A = 772.2\text{kN}$；$\lambda_x = \lambda_y = 3$；$\rho_{纵} < 3\%$；不需验算最小配筋率。

（A）Φ 8@100　　　（B）Φ 8@150　　　（C）Φ 10@100　　　（D）Φ 10@150

【题 5～7】　某公共建筑底层门厅内现浇钢筋混凝土圆柱，承受轴心压力设计值 $N=$ 5700kN。该柱的截面尺寸为 $d=550$mm，柱的计算长度 $l_0=5.2$m，C30 混凝土（$f_c=$ 14.3N/mm²），柱的纵筋采用 HRB400，箍筋采用 HPB300。结构安全等级为二级。不考虑地震作用。

5. 该柱的纵向受力钢筋截面面积（mm²），与下列何项数值最为接近？

（A）9200　　　（B）8130　　　（C）8740　　　（D）9000

6. 假定采用螺旋箍筋，纵筋选用 16 Φ 22 的 HRB400 钢筋，螺旋箍筋直径 $d=10$mm，箍筋的混凝土保护层厚度取为 20mm。试问，螺旋箍筋的间距 s（mm），与下列何项数值最为接近？

（A）45　　　（B）50　　　（C）55　　　（D）60

7. 条件同题 6，若取 $s=40$mm，该柱的轴心受压承载力设计值 N_u（kN），与下列何项数值最为接近？

（A）5100　　　（B）5500　　　（C）5900　　　（D）6300

【题 8】　某现浇钢筋混凝土框架结构为多层商场，建于 II 类场地，7 度抗震设防区，建筑物总高度 28m，营业面积 8000m²。试问，该建筑物框架抗震等级应为下列何项？说明理由。

（A）抗震等级一级　（B）抗震等级二级　（C）抗震等级三级　（D）抗震等级四级

【题 9】　某一建造于 II 类场地上的钢筋混凝土多层框架结构，抗震等级为二级，其中，某柱轴压比为 0.6，混凝土强度等级为 C25，箍筋采用 HPB300，剪跨比为 2.1，柱断面尺寸及配筋形式如图 8-3 所示。该柱为角柱且其纵筋采用 HRB400 钢筋时，下列何项配筋面积 A_s（mm²），最接近规范允许最小配筋率的要求？

（A）14 Φ 18　　　（B）14 Φ 20　　　（C）14 Φ 22　　　（D）14 Φ 25

【题 10、11】　位于北京市某公园内一露天水槽（图 8-4），槽板厚 300mm，采用 C30 混凝土，纵向受力钢筋采用 HRB500，分布筋采用 HPB300 钢筋且直径为 10mm，纵向受力钢筋配置在槽身外侧。经计算得到槽身与槽底连接处每米宽度弯矩设计值为 30kN·m。结构安全等级为二级。

提示：按《混凝土结构通用规范》GB 55008—2021 作答。

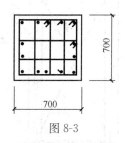

图 8-3

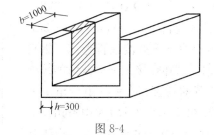

图 8-4

10. 试问，该槽身纵向受力钢筋配置，与下列何项数值最接近？

（A）Φ12@100　　　（B）Φ12@150　　　（C）Φ12@200　　　（D）Φ12@250

11. 假若槽身纵向受力钢筋配置为 Φ12@125，荷载的标准组合弯矩值、准永久组合弯矩值分别为：$M_k=16.82$kN·m/m，$M_q=12.55$kN·m/m。试问，槽身的最大裂缝宽

度 w_{max}（mm），与下列何项数值最为接近？

提示：$h_0 = 269$mm。

(A) 0.016 　　　 (B) 0.020 　　　 (C) 0.026 　　　 (D) 0.032

【题 12、13】 某先张法预应力混凝土空心圆孔板，为简支板，板尺寸为 $1.2m \times 3.9m$，板的计算跨度为 3.77m，选用 C30 混凝土，预应力钢筋采用消除应力钢丝 $9 \Phi^P 5$（$A_p = 176.67mm^2$）。已知板的换算截面惯性矩 $I_0 = 1.7949 \times 10^8 mm^4$，换算截面面积 $A_0 = 89783mm^2$，换算截面重心至空心板下边缘的距离为 $y_0 = 63.33mm$。预应力钢筋合力点至换算截面重心的距离 $e_{p0} = 46.33mm$。总的预应力损失值 $\sigma_l = 319.0N/mm^2$，环境类别为二 a 类环境。

12. 在正常使用阶段，荷载的标准组合值 $M_k = 14.71 \times 10^6 N \cdot mm$，荷载的准永久组合值 $M_q = 11.3 \times 10^6 N \cdot mm$。试问，该空心板要满足规范抗裂规定时，其预应力钢筋的张拉控制应力（N/mm^2），应不小于下列何项数值？

提示：不考虑最大裂缝宽度的验算。

(A) 840 　　　 (B) 730 　　　 (C) 680 　　　 (D) 580

13. 假定构件在使用阶段不出现裂缝，其他条件同题 12，在正常使用阶段，该楼板跨中挠度值（mm），与下列何项数值最为接近？

(A) 25 　　　 (B) 20 　　　 (C) 15 　　　 (D) 9

【题 14】 抗震设计时，某直锚筋预埋件，承受剪力设计值 $V = 210kN$，构件采用 C25 混凝土，锚筋选用 HRB400 级钢筋（$f_y = 360N/mm^2$），钢板为 Q235 钢，板厚 $t = 14mm$。锚筋各层分布两根 $2 \Phi 22$。试问，预埋件锚筋的配置为下列何项时，即满足要求且较为经济？

(A) $2 \Phi 22$ 　　　 (B) $4 \Phi 22$ 　　　 (C) $6 \Phi 22$ 　　　 (D) $8 \Phi 22$

【题 15】 某装配式混凝土框架结构，某一根框架梁的构件长度为 9000mm，框架柱的构件长度为 5400mm，现场对预制构件进行尺寸偏差检验，试问，该框架梁侧向弯曲的允许偏差（mm），与下列何项数值最为接近？

(A) 10 　　　 (B) 12 　　　 (C) 15 　　　 (D) 20

【题 16～19】 如图 8-5 所示某偏心受压悬臂柱支架，柱底与基础刚性固定，柱高 $H = 6.5m$，每柱承受压力设计值 $N = 1200kN$（静力荷载，已含柱自重），偏心距 $e = 0.5m$。弯矩作用平面外的支撑点按铰接考虑。钢材选用 Q235B 钢。已知焊接工字形截面的翼缘为焰切边，其截面特性：$A = 21600mm^2$；$I_x = 1.492 \times 10^9 mm^4$，$I_y = 2.134 \times 10^8 mm^4$，$i_x = 262.9mm$，$i_y = 99.4mm$，$W_x = 4.975 \times 10^6 mm^3$。柱截面等级满足 S3 级。

16. 该悬臂柱进行强度验算时，构件上最大压应力设计值（N/mm^2），与下列何项

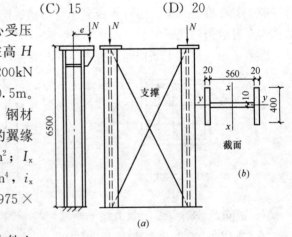

图 8-5

数值最为接近?

(A) 170.5   (B) 176.5   (C) 180.5   (D) 185.5

17. 该悬臂柱进行弯矩作用平面内稳定验算时，悬臂构件取 $\beta_{mx}=1.0$，构件上最大压应力设计值（N/mm²），与下列何项数值最为接近?

提示： $N'_{EX}=1.636\times10^4$kN

(A) 178.6   (B) 182.1   (C) 187.0   (D) 191.6

18. 该悬臂柱进行弯矩作用平面外稳定验算时，取 $\beta_{tx}=1.0$，构件上最大压应力设计值（N/mm²），与下列何项数值最为接近?

提示： $\varphi_b=0.973$。

(A) 185.2   (B) 189.5   (C) 195.4   (D) 200.2

19. 该悬臂柱的腹板板件宽厚比等级应为下列何项?

(A) S1 级   (B) S2 级   (C) S3 级   (D) S4 级

【题 20～27】 某双跨具有重级工作制吊车的厂房，跨度均为 30m，柱距为 12m，采用大型屋面板，屋面恒载标准值为 3.3kN/m²（含钢结构自重），活载标准值为 0.5kN/m²，均以水平投影面积计算。屋架间距为 6m，设有屋架下弦纵向支撑，托架平面布置示意如图 8-6(a) 所

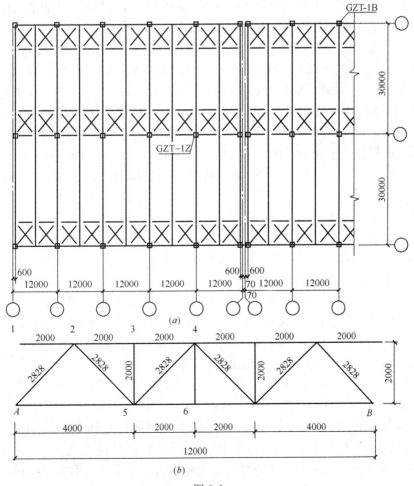

图 8-6

示，其中，中列柱的钢托架的几何简图如图 8-6(b) 所示。托架两端的屋架反力直接传于柱顶，托架仅承受中间两榀屋架的反力。钢材用 Q235B，焊条用 E43 型。

提示： 按《建筑结构可靠性设计统一标准》GB 50068—2018 作答。

20. 若中列柱的托架自重设计值为 25.0kN，试问，该托架支座反力 $R_A = R_B$（kN），与下列何项数值最为接近？

(A) 458　　　　(B) 466　　　　(C) 478　　　　(D) 486

21. 若该中列柱托架支座反力设计值 $R_A = R_B = 462.5$kN，将屋面恒载、活荷载的等效荷载值作用在图 8-6 (b) 中 6 点处，试问，该托架上弦杆节间 2-3、3-4 的内力设计值（kN），与下列何项数值最为接近？

(A) $N_{2-3} = N_{3-4} = -925$　　　　　　(B) $N_{2-3} = N_{3-4} = 925$

(C) $N_{2-3} = N_{3-4} = -462.5$　　　　(D) $N_{2-3} = N_{3-4} = 462.5$

22. 条件同题 21，试问，该托架下弦杆节间 5-6 的内力设计值（kN），与下列何项数值最为接近？

(A) 1387　　　(B) 1156　　　(C) 925　　　(D) 835

23. 托架上弦杆选用 ⌐⌐ 180×110×12，短肢相并，$A = 67.42\text{cm}^2$，$i_x = 3.11$cm，$i_y = 8.75$cm，试问，当节间 2-3 的内力设计值 $N = -850$kN（压力）时，按轴心受压构件进行稳定性计算时，杆件上的最大压应力（N/mm^2），与下列何项数值最为接近？

(A) 170　　　　(B) 175　　　　(C) 180　　　　(D) 185

24. 托架腹杆 A-2 选用 ⌐⌐ 140×90×12，长肢相并，$A = 52.80\text{cm}^2$，$i_x = 4.44$cm，$i_y = 3.77$cm，试问，当腹杆 A-2 的内力设计值 $N = -654$kN（压力）时，按轴心受压构件进行稳定性计算时，杆件上的最大压应力（N/mm^2），与下列何项数值最为接近？

(A) 175　　　　(B) 180　　　　(C) 185　　　　(D) 190

25. 托架腹杆 2-5 选用 ⌐⌐ 100×8，$A = 31.28\text{cm}^2$，$i_x = 3.08$cm，$i_y = 4.55$cm，腹杆 2-5 的内力设计值 $N = 654$（拉力）时，其平面内、平面外的长细比 λ_x、λ_y，与下列何项数值最为接近？

(A) $\lambda_x = 73.5$，$\lambda_y = 62.2$　　　　(B) $\lambda_x = 91.8$，$\lambda_y = 62.2$

(C) $\lambda_x = 49.7$，$\lambda_y = 91.8$　　　　(D) $\lambda_x = 91.8$，$\lambda_y = 49.7$

26. 条件同题 21，托架竖杆 3-5 所承受的压力设计值（kN），为下列何项数值？

提示： 竖杆 3-5 按撑杆考虑。

(A) 14.5　　　　(B) 15.4　　　　(C) 16.8　　　　(D) 18.6

27. 托架竖杆 3-5 选用 ⌐⌐ 2L63×6，$A = 14.58\text{cm}^2$，$i_x = 1.93$cm，$i_y = 3.06$cm，当竖杆 3-5 所承受的压力设计值 $N = 18.0$kN，按轴心受压构件进行稳定性计算时，杆件上的最大压应力（N/mm^2），与下列何项数值最为接近？

(A) 15.8　　　　(B) 17.4　　　　(C) 18.5　　　　(D) 19.6

【题 28】 抗震设计的钢框架-支撑结构的布置，下列何项不妥？说明理由。

(A) 支撑框架在两个方向的布置均宜基本对称，支撑框架之间楼盖的长宽比不宜大于 3

(B) 抗震三级且高度不大于 50m 的钢结构宜采用中心支撑

(C) 中心支撑框架宜采用交叉支撑，也可采用人字形支撑或单斜杆支撑，还可采用 K 形支撑

（D）偏心支撑框架的每根支撑应至少有一端与框架梁连接，并在支撑与梁的交点和柱之间或同一跨内另一支撑与梁的交点之间形成消能梁段

【题29】 当钢结构表面长期受辐射热作用时，应采取有效防护措施的温度低限值，应为下列何项数值？

（A）100℃　　　　（B）150℃　　　　（C）300℃　　　　（D）600℃

【题30、31】 某外纵墙的窗间墙截面为 1200mm×240mm，如图8-7所示，采用烧结普通砖 MU10 和 M5 混合砂浆砌筑，钢筋混凝土梁截面尺寸 $b×h=250mm×600mm$，在梁端设置 650mm×240mm×240mm 预制钢筋混凝土垫块，由荷载设计值所产生的梁端支座反力 $N_l=80kN$，上部传来作用在预制垫块截面上的荷载设计值 $N_0=25kN$。砌体施工质量控制等级 B 级，结构安全等级为二级。

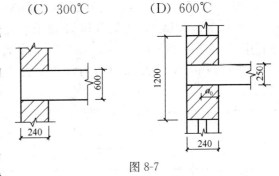

图 8-7

30. 垫块面积上由上部荷载产生的轴向力 N_0 与梁端支承反力 N_l 两者合力所产生的偏心距 e（mm），与下列何项数值最为接近？

（A）48.5　　　　（B）57.3　　　　（C）75.0　　　　（D）65.5

31. 垫块外砌体面积的有利影响系数 γ_1，与下列何项数值最为接近？

（A）1.21　　　　（B）1.04　　　　（C）1.29　　　　（D）1.12

【题32】 某单跨无吊车简易厂房，弹性方案，有柱间支撑，承重柱截面 $b×h=600mm×800mm$，承重柱采用 MU20 单排孔混凝土砌块（孔洞率30%），Mb10 混合砂浆对孔砌筑，Cb25 灌孔混凝土全灌实，满足规范构造要求。厂房剖面如图8-8所示，柱偏心受压，沿柱截面边长方向偏心距 $e=220mm$。砌体施工质量控制等级为 B 级，结构安全等级为二级。试问，该独立柱偏心受压承载力设计值（kN），与下列何项数值最为接近？

（A）1250　　　　（B）1150　　　　（C）1000　　　　（D）900

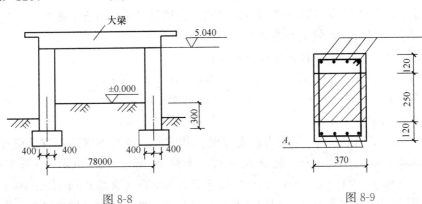

图 8-8　　　　　　　　　　　　　　　　图 8-9

【题33】 截面尺寸为 370mm×490mm 的组合砖柱，柱的计算高度 $H_0=5.7m$，承受的轴向压力设计值 $N=700kN$，采用 MU10 烧结普通砖和 M7.5 混合砂浆砌筑，采用 C20 混凝土面层，如图8-9所示。钢筋采用 HRB335，4Φ14（$A_s=A_s'=615mm^2$）。砌体施工

质量控制等级为 B 级。试问，该组合砖柱的轴心受压承载力设计值（kN），与下列何项数值最接近？

(A) 1140　　　　(B) 950　　　　(C) 1050　　　　(D) 1240

【题 34、35】 某配筋砌块砌体抗震墙房屋，抗震等级二级，首层一剪力墙墙肢截面尺寸如图 8-10 所示，$b_w \times h_w = 190mm \times 5400mm$，墙体计算高度为 4400mm，单排孔混凝土砌块强度等级 MU20，砂浆 Mb15，灌孔混凝土 Cb30，经计算知 $f_g = 8.33MPa$。钢筋均采用 HRB400 级（$f_y = 360N/mm^2$）。该墙肢承受的地震作用组合下的内力值：$M = 1170kN \cdot m, N = 1280kN$（压力），$V = 190kN$。$\xi_b = 0.52$。砌体施工质量控制等级为 B 级。

提示： 按《砌体结构设计规范》作答。

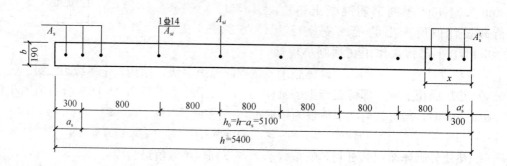

图 8-10

34. 假定墙肢竖向分布筋 $\Phi 14@800$，墙肢竖向受拉、受压主筋采用对称配筋（$A_s = A'_s$），为大偏压，计算得到 $x = 687mm$。试问，竖向受压主筋配置（A'_s），应为下列何项时，既能满足要求且较为经济合理？

提示： 在确定受压区高度 x 时忽略分布筋的影响，$\sum f_{si} S_{si} = 748.092kN \cdot m$。

(A) 3Φ22　　　　　　　　　　(B) 3Φ20

(C) 3Φ18　　　　　　　　　　(D) 3Φ16

35. 假定经内力调整后的 $V_w = 266kN$，试问，该墙肢的水平分布筋配置，应为下列何项配置时，既能满足要求且较为经济合理？

提示： ①墙肢受剪截面条件满足规范要求；

②$0.2f_g bh = 1709.32kN$；$f_{vg} = 0.642MPa$；$\gamma_{RE} = 0.85$。

(A) 2Φ8@400　　　　　　　　　(B) 2Φ10@400

(C) 2Φ10@600　　　　　　　　(D) 2Φ12@400

【题 36～38】 某多层商店-住宅为框支墙梁，其横向为两跨不等跨框支墙梁如图 8-11 所示，$l_{01} = 7.12m$，$l_{02} = 3.82m$；托梁 $b_b \times h_b$，大跨 350mm×850mm，小跨 350mm×600mm，柱 400mm×400mm，采用 C30 混凝土、HRB335（纵筋）和 HPB300（箍筋）。上层墙体采用 MU15 烧结普通砖，M10（二层）、M5（其他层）混合砂浆砌筑；大跨离中柱 0.5m 开门洞，$b_h = 1.1m$；小跨离中柱 0.8m 开门洞，$b_h = 0.8m$。托梁顶面、墙梁顶面荷载设计值如图 8-11（a）所示，其中，小跨上作用一集中力设计值为 26.91kN。非抗震设计时，采用弯矩分配法求得的框架内力设计值如图 8-11（b）、（c）所示。结构安全等级为二级。砌体施工质量控制等级为 B 级。

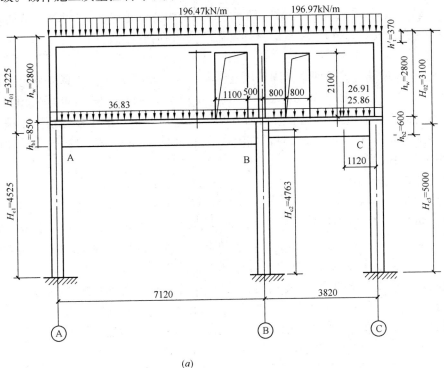

(a)

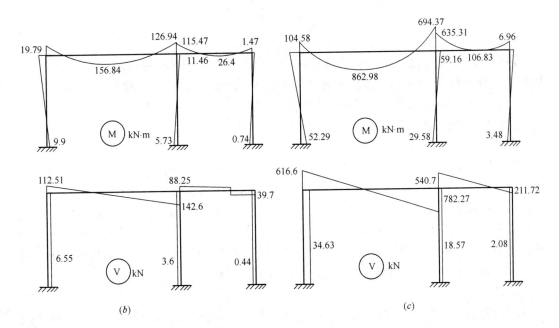

(b)   (c)

图 8-11

(a) 基本结构图；(b) 在 Q_1 作用下；(c) 在 Q_2 作用下

36. 试问，在荷载的基本组合下，托梁大跨跨中截面的弯矩设计值 M_b（kN·m）、轴心拉力设计值 N_{bt}（kN），与下列何组数值最为接近？

    （A）$M_b=835$；$N_{bt}=490$ （B）$M_b=910$；$N_{bt}=580$

(C) $M_b=810$；$N_{bt}=450$ (D) $M_b=835$；$N_{bt}=510$

37. 在荷载的基本组合下，托梁大跨的轴心拉力设计值 $N=500\text{kN}$，箍筋选用 HPB300 钢筋，大跨托梁边支座 A 端的箍筋配置，为下列何项数值时才能满足要求，且较为经济合理？

提示：边支座 A 端抗剪截面条件满足规范要求；$a_s=60\text{mm}$；不需验算最小配筋率。

(A) 4Φ8@200   (B) 4Φ10@200   (C) 4Φ12@200   (D) 4Φ14@200

38. 若纵向框架传给边柱 A 柱的附加轴力设计值为 350kN，若 A 柱柱顶为小偏心受压，试问，在荷载的基本组合下，A 柱的柱顶弯矩设计值 M（kN·m）、轴压力设计值 N（kN），与下列何组数值最为接近？

(A) $M=125$；$N=1200$ (B) $M=115$；$N=1200$

(C) $M=125$；$N=1080$ (D) $M=115$；$N=1080$

【题 39、40】 一东北落叶松简支檩条，截面 $b \times h = 150\text{mm} \times 300\text{mm}$（沿全长无切口），支座间的距离为 6m，在檩条顶面上作用均布线荷载。该檩条的设计使用年限为 25 年，取 $\gamma_0 = 0.95$。檩条稳定满足要求。

39. 试问，檩条能承担的最大弯矩设计值（kN·m），与下列何项数值最为接近？

(A) 54.5   (B) 40.16   (C) 44.18   (D) 46.50

40. 试问，檩条能承担的最大剪力设计值（kN），与下列何项数值最为接近？

(A) 50.40   (B) 52.80   (C) 55.44   (D) 58.36

（下午卷）

【题 41】 某永久性建筑岩质边坡采用锚杆，已知作用于岩石锚杆的水平拉力 $H_{tk}=1200\text{kN}$，锚杆倾角 $\alpha=15°$，锚固体直径 $D=0.15\text{m}$，地层与锚固体极限粘结强度标准值 $f_{rbk}=1200\text{kPa}$。锚杆钢筋与砂浆间的锚固长度为 4.2m。边坡工程安全等级为二级。试问，该锚杆的锚固段长度 l_a（m），最接近下列何项？

(A) 4.2   (B) 4.4   (C) 5.3   (D) 6.5

【题 42~44】 某建筑物设计使用年限为 50 年，地基基础设计等级为乙级，柱下桩基础采用九根泥浆护壁钻孔灌注桩，桩直径 $d=600\text{mm}$，为提高桩的承载力及减少沉降，灌注桩采用桩端后注浆工艺，且施工满足《建筑桩基技术规范》JGJ 94—2008 的相关规定。框架柱截面尺寸为 1100mm×1100mm，承台及其以上土的加权平均重度 $\gamma_0=20\text{kN/m}^3$。承台平面尺寸、桩位布置、地基土层分布及岩土参数等如图 8-12 所示。桩基的环境类别为二 a，建筑所在地对桩基混凝土耐久性无可靠工程经验。

试问：

42. 假定，第②层粉质黏土及第③层黏土的后注浆侧阻力增强系数 $\beta_s=1.4$，第④层细砂的后注浆侧阻力增强系数 $\beta_s=1.6$，第④层细砂的后注浆端阻力增强系数 $\beta_p=2.4$。试问，在进行初步设计时，根据土的物理指标与承载力参数间的经验公式，单桩的承载力特征值 R_a（kN）与下列何项数值最为接近？

(A) 1200   (B) 1400   (C) 1600   (D) 3000

43. 假定，在荷载基本组合下，单桩桩顶轴心压力设计值 N 为 1980kN。已知桩全长螺旋式箍筋直径为 6mm、间距为 150mm，基桩成桩工艺系数 $\psi_c = 0.75$。试问，根据《建筑桩基技术规范》JGJ 94—2008 的规定，满足设计要求的桩身混凝土的最低强度等级取下列何项最为合理？

(A) C20   (B) C25   (C) C30   (D) C35

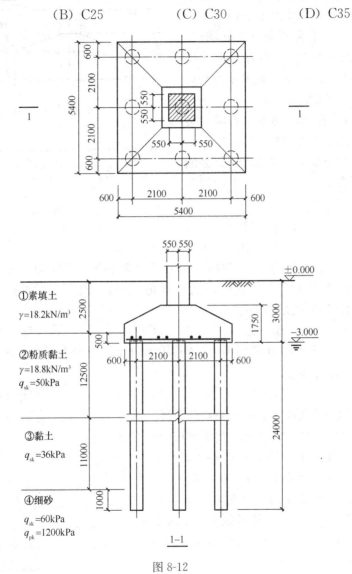

图 8-12

44. 假定，在桩基沉降计算时，已求得沉降计算深度范围内土体压缩模量的当量值 $\overline{E}_s = 18\text{MPa}$。试问，根据《建筑桩基技术规范》JGJ 94—2008 的规定，桩基沉降经验系数 ψ 与下列何项数值最为接近？

(A) 0.48   (B) 0.53   (C) 0.75   (D) 0.85

【题 45】 某工程所处的环境为海风环境，地下水、土具有弱腐蚀性。试问，下列关于桩身裂缝控制的观点中，何项是不正确的？

(A) 采用预应力混凝土桩作为抗拔桩时，裂缝控制等级为二级

(B) 采用预应力混凝土桩作为抗拔桩时，裂缝宽度限值为 0

(C) 采用钻孔灌注桩作为抗拔桩时，裂缝宽度限值为 0.2mm

(D) 采用钻孔灌注桩作为抗拔桩时，裂缝控制等级应为三级

【题 46～48】 某柱下钢筋混凝土独立锥形基础，基础底面尺寸为 2.0m×2.5m。持力层为粉土，其下为淤泥质土软弱层。由柱底传来竖向力为 F，力矩为 M 和水平剪力为 V，如图 8-13 所示。取基础及基础上土的重度 $\gamma_G = 20\text{kN/m}^3$。

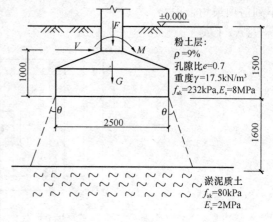

图 8-13

46. 当相应于作用的标准组合时的竖向力 $F_k = 605\text{kN}$，弯矩 $M_k = 250\text{kN} \cdot \text{m}$，水平剪力 $V_k = 102\text{kN}$ 时，其基础底面处的最大压力标准值 p_{kmax}（kPa），与下列何项数值最为接近？

(A) 300   (B) 318

(C) 321   (D) 337

47. 当相应于作用的标准组合时的竖向力 $F_k = 905\text{kN}$，弯矩 $M_k = 0$，水平剪力 $V_k = 0$，试问，软弱下卧层顶面处的附加压力标准值 p_z 与自重压力标准值 p_{cz} 之和 $p_z + p_{cz}$（kPa），与下列何项数值最为接近？

(A) 123   B) 128   (C) 133   (D) 136

48. 在淤泥质土软弱下卧层顶面处，经深度修正后，其地基承载力特征值 f_{az}（kPa），与下列何项数值最为接近？

(A) 124   (B) 126   (C) 136   (D) 141

【题 49～51】 某浆砌块石挡土墙，其墙高、横截面和基础埋深尺寸如图 8-14 所示。墙后采用中密碎石土回填，填土表面水平，其干密度 $\rho_d = 2.0\text{t/m}^3$，土的重度 $\gamma = 20\text{kN/m}^3$。墙背竖直，基底水平，其重度 $\gamma_1 = 22\text{kN/m}^3$，土对墙背的摩擦角 $\delta = 15°$，$\varphi = 30°$，对基底的摩擦系数 $\mu = 0.40$。墙背粗糙，排水良好。

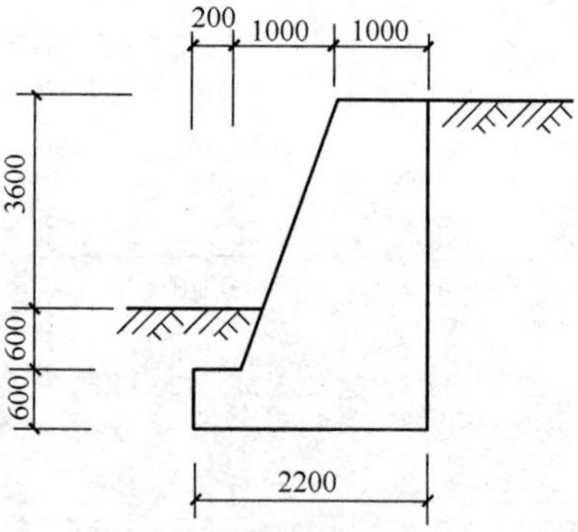

49. 试问，主动土压力 E_a（kN/m），与下列何项数值最为接近？

(A) 46.08   (B) 48.01

(C) 50.06   (D) 52.02

图 8-14

50. 假定主动土压力为 50kN/m，挡土墙的抗滑移稳定性系数 k_s，与下列何项数值最为接近？

(A) 1.5   (B) 1.6   (C) 1.8   (D) 1.9

51. 假定主动土压力为 50kN/m，挡土墙的抗倾覆稳定性系数 k_t，与下列何项数值最为接近？

(A) 3.1   (B) 3.3   (C) 3.6   (D) 3.9

【题 52～54】 某建筑桩基承台承受上部结构传来相应于作用的标准组合时的竖向力

$F_k = 5500$kN，承台尺寸为 $A \times B = 5.40$m$\times 4.86$m，承台高 $H = 1.0$m，桩群外缘矩形底面的长、短边边长 $A_0 \times B_0 = 4.80$m$\times 4.26$m。桩基承台的地基地面标高为 ± 0.000，地下水位为 -3.31m，土层分布如图 8-15 所示。桩顶标高为 -6.64m，桩长 16.5m，桩径 600mm，桩进入中砂持力层 1.5m，桩端持力层下存在软弱下卧层。

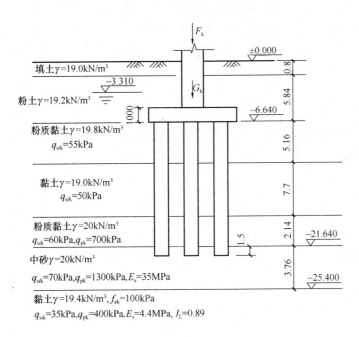

图 8-15

提示：按《建筑桩基技术规范》JGJ 94—2008 计算。

52. 若桩承台及其上土自重 $G_k = 2400$kN，试问，作用于软弱下卧层顶面的附加应力 σ_z（kPa）的计算值，与下列何项数值最为接近？

（A）-92 （B）-80 （C）80 （D）60

53. 若 $\sigma_z = 0$kPa，则 $\sigma_z + \gamma_m z$ 之值（kPa），与下列何项数值最为接近？

（A）210 （B）200 （C）190 （D）180

54. 若 $\gamma_m = 10$kN/m³，软弱下卧层顶部经深度修正后的 f_{az}（kPa），与下列何项数值最为接近？

（A）350 （B）283 （C）330 （D）273

【题 55】 采用直径 600mm 的沉管砂石桩处理某松散砂土地基，砂桩正方形布置，场地要求经过处理后砂土的相对密实度达到 $D_r = 0.85$。已知砂土天然孔隙比 $e_0 = 0.78$，最大孔隙比 $e_{max} = 0.8$，最小孔隙比 $e_{min} = 0.64$，不考虑振动下沉密实作用。试问，最合适的沉管砂石桩间距 s（m），与下列何项数值最为接近？

（A）2.65 （B）2.10 （C）2.20 （D）2.75

【题 56】 某双跨单层工业排架结构钢筋混凝土厂房，柱间距为 6m，各跨跨度为 24m，厂房内设有吊车，该厂房的地基承载力特征值 f_{ak} 为 180kPa，地基基础设计等级为丙级，试问，厂房内的最大吊车额定起重量为下列何项数值时可不作地基变形计算？说明理由。

(A) 10~15t　　　(B) 15~20t　　　(C) 20~30t　　　(D) 30~75t

【题 57~59】 某 12 层现浇钢筋混凝土框架-剪力墙结构，设计使用年限为 50 年，如图 8-16 所示，50 年重现期的基本风压 $w_0 = 0.60\text{kN/m}^2$，100 年重现期的基本风压 $w_0 = 0.70\text{kN/m}^2$，地面粗糙度为 C 类。该建筑物质量和刚度沿全高分布较均匀，基本自振周期 $T_1 = 1.5\text{s}$。已知脉动风荷载的共振分量因子为 1.00。

提示：按《工程结构通用规范》GB 55001—2021 作答。

57. 若已知风荷载体型系数为 μ_s，$\mu_z = 1.36$，$\varphi_z = 1.0$，试问，按承载能力设计时，屋顶处垂直于建筑物表面的风荷载标准值 w_k（kN/m^2），与下列何项数值最为接近？

(A) $1.54\mu_s$　　　(B) $1.51\mu_s$

(C) $1.43\mu_s$　　　(D) $1.28\mu_s$

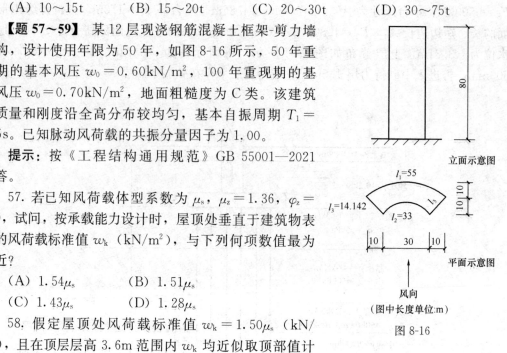

立面示意图

$l_1 = 55$

$l_3 = 14.142$

$l_2 = 33$

平面示意图

风向

（图中长度单位:m）

图 8-16

58. 假定屋顶处风荷载标准值 $w_k = 1.50\mu_s$（kN/m^2），且在顶层层高 3.6m 范围内 w_k 均近似取顶部值计算，试问，作用在顶层 3.6m 范围内的总风荷载标准值 F_w（kN），与下列何项数值最为接近？

(A) 286　　　(B) 268　　　(C) 320　　　(D) 340

59. 计算该建筑物顶部迎风面幕墙骨架围护结构的承载能力时，$\mu_z = 1.36$，试问，沿图示风向在内弧迎风面顶部的风荷载标准值 w_k（kN/m^2），与下列何项数值最为接近？

提示：幕墙骨架围护结构的从属面积大于 30m^2；仅考虑外表面折减。

(A) 1.37　　　(B) 1.48　　　(C) 1.55　　　(D) 1.71

【题 60~62】 某一建于 7 度抗震设防区的 10 层钢筋混凝土框架结构，丙类建筑，设计基本地震加速度为 $0.15g$，设计地震分组为第一组，场地类别为 Ⅱ 类。非承重填充墙采用砖墙，墙体较少，周期折减系数为 0.7，结构自振周期 $T = 1.0\text{s}$。底层层高 6m，楼层屈服强度系数 ξ_y 为 0.45。

60. 试问，当计算罕遇地震作用时，该结构的水平地震影响系数 α，与下列何项数值最为接近？

(A) 0.435　　　(B) 0.302　　　(C) 0.282　　　(D) 0.220

61. 假定该框架底层屈服强度系数是相邻上层该系数的 0.55 倍，底层各柱轴压比均大于 0.5，且不考虑重力二阶效应及结构稳定方面的影响，试问，在罕遇地震作用下按弹性分析的层间位移 Δu_e 的最大值（mm），接近下列何值时才能满足相关规范、规程中规定的对结构薄弱层（部位）层间弹塑性位移的要求？

(A) 44.6　　　(B) 63.2　　　(C) 98.6　　　(D) 120.0

62. 假定各层层高均相同，由计算分析得知，该框架结构首层的弹性等效侧向刚度

$D_1 = 15 \sum\limits_{j=1}^{10} G_j / h_i$，试问，当考虑重力二阶效应时，其结构首层的位移增大系数，与下列何项数值最为接近？

(A) 1.00   (B) 1.03   (C) 1.07   (D) 1.12

【题63~66】 某高层建筑为底部大空间剪力墙结构，底层单跨框支梁 $b \times h = 900mm \times 2600mm$，框支柱 $b \times h = 900mm \times 900mm$，框支框架抗震等级一级，转换层楼板厚度200mm，框支梁上部剪力墙厚350mm，两框支柱中心线间距 $L = 15000mm$，采用 C40 混凝土，纵向受力钢筋、箍筋、腰筋、拉筋均采用 HRB400 钢筋。

经内力调整后的框支梁控制截面地震组合的内力设计值：轴拉力 $N = 4592.6kN$，弯矩 $M_{支max} = 5906kN \cdot m$，$M_{中max} = 1558kN \cdot m$，支座处剪力 $V_{max} = 6958.0kN$，且由集中荷载作用下在支座产生的剪力（含地震作用产生的剪力）占总剪力设计值的30%。

63. 试问，框支梁跨中截面下部纵向钢筋截面面积 A_s（mm^2），与下列何项数值最为接近？

提示： 双排 $a_s = a'_s = 70mm$。

(A) 8300   (B) 9800   (C) 11700   (D) 12500

64. 假定跨中下部纵向钢筋为 20 Φ 28（$A_s = 12316mm^2$），双排布筋，通长布置。试问，框支梁支座处上部纵向钢筋截面面积 A_s（mm^2），与下列何项数值最为接近？

提示： 双排布筋，$a_s = a'_s = 70mm$。

(A) 11100   (B) 11700   (C) 12500   (D) 13400

65. 假定框支梁支座加密区箍筋配置为构造配筋，试问，框支梁支座加密区的箍筋配置，应为下列何项数值时最合理？

(A) Φ 10@100（6 肢箍）   (B) Φ 12@100（6 肢箍）

(C) Φ 14@100（6 肢箍）   (D) Φ 16@100（6 肢箍）

66. 框支梁每侧腰筋的配置，应为下列何项数值时最合理？

提示： 上下纵向钢筋双排布筋，$a_s = a'_s = 70mm$。

(A) 11 Φ 16   (B) 11 Φ 18   (C) 12 Φ 16   (D) 12 Φ 18

【题67】 下列关于高层建筑结构设计的几种见解，何项相对准确？说明理由。

(A) 当结构的设计水平力较小时，结构刚度可只满足规范、规程水平位移限值要求

(B) 进行水平力作用下结构内力、位移计算时应考虑重力二阶效应

(C) 正常设计的高层钢筋混凝土框架结构上下层刚度变化时，下层侧向刚度不宜小于上部相邻楼层的60%

(D) 对转换层设置在第3层的底部大空间高层结构，转换层侧向刚度不应小于上部相邻楼层的60%

【题68、69】 某高层建筑的钢筋混凝土剪力墙连梁，截面尺寸 $b \times h = 220mm \times 500mm$，抗震等级为二级，净跨 $l_n = 2.7m$。混凝土强度等级为 C35（$f_c = 16.7N/mm^2$），纵向受力钢筋采用 HRB400 级，箍筋采用 HRB335 级钢筋。结构安全等级为二级，$a_s = a'_s = 35mm$。

68. 假定荷载基本组合时，该连梁的跨中弯矩设计值为 $M_b = 43.5kN \cdot m$；在地震组合时，该连梁的跨中弯矩设计值 $M_b = 66.1kN \cdot m$。试问，该连梁跨中截面上、下纵向受

力钢筋对称配置时，连梁下部纵向受力钢筋截面面积（mm²）应为下列何项？

提示：混凝土截面受压区高度 $x < 2a'_s$。

(A) 240   (B) 280   (C) 300   (D) 320

69. 在地震组合时，该连梁左右端截面反、顺时针方向地震作用组合弯矩设计值 $M^l_b = M^r_b = 32.65 \mathrm{kN \cdot m}$。在重力荷载代表值作用下，按简支梁计算的梁端截面剪力设计值 $V_{Gb} = 41.32 \mathrm{kN}$。试问，该连梁加密区箍筋配置应为下列何项？

提示：连梁截面条件满足规程要求。

(A) $\Phi 6@100$ (B) $\Phi 8@100$ (C) $\Phi 10@100$ (D) $\Phi 12@100$

【题 70】 下列对于高层建筑混合结构的结构布置的叙述，不正确的是何项？

Ⅰ. 筒中筒结构中外围钢框架柱采用 H 形截面时，宜将柱截面强轴方向布置在外围筒体平面内

Ⅱ. 外围框架柱沿高度采用不同类型结构构件时，单柱的抗弯刚度变化不宜超过 30%

Ⅲ. 楼面梁与钢筋混凝土筒体及外围框架柱的连接采用刚接或铰接

Ⅳ. 有外伸臂桁架加强层时，外伸臂桁架与外围框架柱采用刚接或铰接

Ⅴ. 有外伸臂桁架加强层时，周边带状桁架与外框架柱的连接宜采用柔性连接

(A) Ⅰ、Ⅱ、Ⅲ正确，Ⅳ、Ⅴ错误   (B) Ⅰ、Ⅱ、Ⅳ正确，Ⅲ、Ⅴ错误

(C) Ⅱ、Ⅲ、Ⅳ正确，Ⅰ、Ⅴ错误   (D) Ⅱ、Ⅲ、Ⅴ正确，Ⅰ、Ⅳ错误

【题 71、72】 某高层钢框架结构房屋位于 8 度抗震设防烈度区，抗震等级为三级，梁采用 Q235 钢、柱采用 Q345 钢。梁、柱均采用焊接 H 形截面，如图 8-17 所示。经计算，地震作用组合下的顺时针方向的柱端的梁弯矩设计值分别为 $M^1_b = 284 \mathrm{kN \cdot m}$，$M^2_b = 312 \mathrm{kN \cdot m}$。柱的 $f_{yc} = 335 \mathrm{N/mm^2}$。

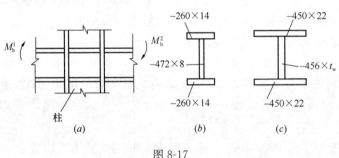

图 8-17

(a) 节点；(b) 梁；(c) 柱

提示：按《高层民用建筑钢结构技术规程》作答。

71. 该节点域满足抗剪承载力要求时，柱腹板厚度 t_w（mm），最经济合理的是下列何项？

(A) 8   (B) 10   (C) 12   (D) 14

72. 假定柱的腹板厚度 $t_w = 14 \mathrm{mm}$，该节点域的屈服承载力验算时，其剪应力值（N/mm²），最接近于下列何项？

(A) 240   (B) 230   (C) 220   (D) 210

【题 73、74】 某公路箱形截面梁的平均尺寸如图 8-18 所示，混凝土强度等级为 C40，

年平均相对湿度 $RH=65\%$，加载龄期 t_0 $=7d$。

提示： 不按查规范表计算。

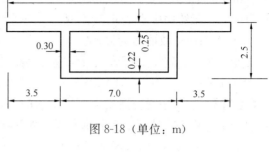

图 8-18（单位：m）

73. 试问，名义徐变系数 ϕ_0，与下列何项数值最为接近？

（A）2.6233   （B）2.5613

（C）2.5842   （D）2.6431

74. 若 $\phi_0=2.63$，当计算时刻的龄期 $t=17d$ 时，则其徐变系数 $\phi(t,t_0)$，与下列何项数值最为接近？

（A）0.7415   （B）0.7551

（C）0.7616   （D）0.7718

【题 75、76】 某公路上两等跨截面连续梁桥，每跨跨长 $l=48m$，采用先预制后合龙固结的施工方法，左半跨徐变系数 ϕ_1 $(\infty,t_0)=1$，右半跨的徐变系数 $\phi_2(\infty,$ $t_0)=2$，作用于桥上的均布恒载 $q=$

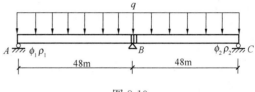

图 8-19

$10kN/m$（含预制梁自重），E、I 分别为该结构的弹性模量和截面抗弯惯性矩，如图 8-19 所示。

75. 试问，左半跨的换算弹性模量 $E_{\phi1}$、$E_{\rho\phi1}$，与下列何项数值最为接近？

（A）$1.0E$；$0.632E$ （B）$1.0E$；$0.621E$

（C）$0.5E$；$0.612E$ （D）$0.5E$；$0.621E$

76. 若右半跨的换算弹性模量 $E_{\phi2}=0.5E$，$E_{\rho\phi2}=0.432E$，试问，$t=\infty$ 时中支点截面的徐变次力矩 M_t（$kN\cdot m$），与下列何项数值最为接近？

（A）-3247 （B）-2860 （C）-2456 （D）-2217

【题 77、78】 位于哈尔滨市区的某一公路装配式钢筋混凝土简支梁桥，标准跨径为 $20m$，梁桥由 5 片 T 形主梁组成，每根主梁的梁肋宽度 $b=180mm$，梁高为 $1300mm$。纵向钢筋采用 HRB400 级，梁内纵向受拉钢筋 10 ⏀ 25（$A_s=4909mm^2$），采用焊接钢筋骨架，$a_s=100mm$。在荷载频遇组合下主梁跨中弯矩值 $M_s=950kN\cdot m$，在荷载准永久组合下主梁跨中弯矩值 $M_l=650kN\cdot m$。取 $c=40mm$。

提示： 按《公路钢筋混凝土及预应力混凝土桥涵设计规范》JTG 3362—2018 解答。

77. 试问，主梁在作用频遇组合并考虑长期效应的影响下的最大裂缝宽度（mm），与下列何项数值最为接近？

（A）0.19   （B）0.17   （C）0.14   （D）0.10

78. 试问，该主梁最大裂缝宽度限值（mm），与下列何项数值最为接近？

（A）0.10   （B）0.15   （C）0.18   （D）0.20

【题 79】 某公路简支桥梁采用单箱单室箱形截面，该箱形梁跨中截面有全部恒载产生的弯矩标准值 $M_{Gk}=11000kN\cdot m$，汽车车道荷载产生的弯矩标准值 $M_{2k}=5000kN\cdot m$（已计入冲击系数 $\mu=0.2$），人群荷载产生的弯矩标准值 $M_{rk}=500kN\cdot m$。主梁净截面重心至预应力钢筋合力点的距离 $e_{pn}=1.0$（截面重心以下）。主梁跨中截面面积 $A=5.3m^2$，

$I = 1.5 \text{m}^4$，截面重心至下边缘的距离 $y = 1.15\text{m}$。试问，在持久状况下使用阶段构件的应力计算时，主梁跨中中点处正截面混凝土下边缘的法向应力为零，则永久有效预加力值（kN），与下列何项数值最为接近？

提示：按《公路钢筋混凝土及预应力混凝土桥涵设计规范》JTG 3362—2018 解答。

(A) 12200　　　　(B) 13200　　　　(C) 14200　　　　(D) 14800

【题 80】 某公路钢筋混凝土双铰拱桥的跨径 50m，当计算由车道荷载引起的正弯矩时，拱顶、拱跨 1/4 处弯矩应分别乘以下列何项折减系数？

(A) 0.7；0.9　　(B) 0.7；0.7　　(C) 0.9；0.7　　(D) 0.9；0.9

实战训练试题（九）

（上午卷）

【题1、2】 有一现浇钢筋混凝土框架结构，受一组水平荷载作用，如图9-1所示，括号内数据为各柱和梁的相对刚度。由于梁的线刚度与柱线刚度之比大于3，节点转角 θ 很小，它对框架的内力影响不大，可以简化为反弯点法求解杆件内力。顶层及中间层柱的反弯点高度为1/2柱高，底层的反弯点高度为2/3柱高。

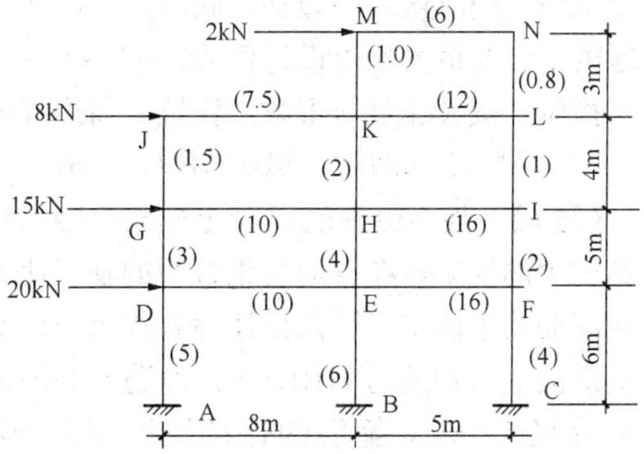

1. 已知梁 DE 的 $M_{ED}=24.5\text{kN} \cdot \text{m}$，试问，梁 DE 的梁端剪力 V_D（kN），与下列何项数值最为接近？

(A) 9.4   (B) 20.8

(C) 6.8   (D) 5.7

2. 假定 M_{ED} 未知，试问，梁 EF 的梁端弯矩 M_{EF}（kN·m），与下列何项数值最为接近？

(A) 63.8   (B) 24.5   (C) 36.0   (D) 39.3

图 9-1

【题3、4】 某一现浇钢筋混凝土民用建筑框架结构房屋（无库房和机房），设计使用年限为50年，其边柱某截面在各种荷载作用下的 M、N 内力标准值如下：

永久荷载：	$M=-23.2\text{kN} \cdot \text{m}$	$N=56.5\text{kN}$
楼面活荷载1：	$M=14.7\text{kN} \cdot \text{m}$	$N=30.3\text{kN}$
楼面活荷载2：	$M=-18.5\text{kN} \cdot \text{m}$	$N=24.6\text{kN}$
左风：	$M=35.3\text{kN} \cdot \text{m}$	$N=-18.7\text{kN}$
右风：	$M=-40.3\text{kN} \cdot \text{m}$	$N=16.3\text{kN}$

楼面活荷载1和活荷载2均为竖向荷载，且二者不同时出现。

提示： 按《建筑结构可靠性设计统一标准》GB 50068—2018 作答。

3. 在荷载的基本组合下，当该边柱的轴向力为最小时，相应的 M（kN·m）、N（kN）的基本组合设计值，应与下列何组数据最为接近？

(A) $M=-53.7$；$N=102.2$ (B) $M=-45.9$；$N=91.9$

(C) $M=26.2$；$N=30.3$ (D) $M=29.8$；$N=28.5$

4. 在荷载的基本组合下，当该边柱弯矩（绝对值）为最大时，其相应的 M(kN·m)、N(kN)的基本组合设计值，应与下列何组数据最为接近？

(A) $M=-105.40$；$N=127.77$ (B) $M=-110.04$；$N=123.73$

(C) $M=-49.45$；$N=100.38$ (D) $M=-83.30$；$N=114.08$

【题5】 某多层现浇钢筋混凝土民用建筑框架结构房屋，无库房区，属于一般结构，抗震等级为二级。作用在结构上的活载仅为按等效均布荷载计算的楼面活载；水平地震作用的增大系数为 1.0，已知其底层边柱的底端受各种作用产生的内力标准值（单位：kN·m，kN）如下：

永久荷载：$M=32.5$　　　　$V=18.7$

楼面活荷载：$M=21.5$　　　　$V=14.3$

左风：$M=28.6$　　　　$V=-16.4$

右风：$M=-26.8$　　　　$V=15.8$

左地震：$M=-53.7$　　　　$V=-27.0$

右地震：$M=47.6$　　　　$V=32.0$

试问，当对该底层边柱的底端进行截面配筋设计时，按强柱弱梁、强剪弱弯调整后，其地震组合的最大弯矩设计值 M（kN·m），应与下列何项数据最为接近？

提示： 按《建筑与市政工程抗震通用规范》GB 55002—2021 作答。

（A）$M=183.20$　（B）$M=170.67$　（C）$M=152.66$　（D）$M=122.13$

【题 6】 某多层钢筋混凝土框架-剪力墙结构，框架抗震等级为二级。电算结果显示该结构中的框架柱在有地震组合时的轴压比为 0.6。该柱截面配筋按平法施工图截面注写方式示于图 9-2。该 KZ1 柱的纵向受力钢筋为 HRB400，箍筋为 HPB300，混凝土强度等级为 C30，箍筋的保护层厚度为 20mm。试问，KZ1 柱在加密区的体积配箍率 $[\rho_v]$ 与实际体积配箍率 ρ_v 的比值（$[\rho_v]/\rho_v$），与下列何项数值最为接近？

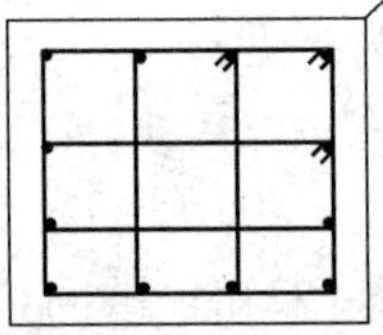

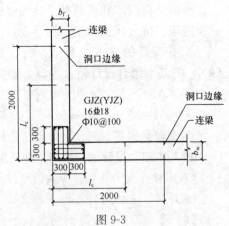

KZ1 600×600
12±20
Φ10@100/200

图 9-2

（A）0.68　　　　（B）0.76　　　　（C）0.89　　　　（D）1.50

【题 7、8】 某多层钢筋混凝土框架-剪力墙结构的 L 形加强区剪力墙，如图 9-3 所示，8 度抗震设防，抗震等级为二级，混凝土强度等级为 C40，暗柱（配有纵向钢筋部分）的受力钢筋采用 HRB400（Φ），暗柱的箍筋和墙身的分布筋均采用 HPB300（Φ），该剪力墙身的竖向和水平向的双向分布钢筋均为 Φ12@200，剪力墙承受的重力荷载代表值作用下的轴压力设计值 $N=5880.5$kN。

7. 试问，当该剪力墙加强部位允许设置构造边缘构件，其在重力荷载代表值作用下的底截面最大轴压比限值为 μ_{Nmax}，与该墙的实际轴压比 μ_N 的比值（μ_{Nmax}/μ_N），应与下列何项数据最为接近？

（A）0.722　　　　（B）0.91

（C）1.08　　　　（D）1.15

8. 假定重力荷载代表值作用下的轴压力设计值修改为 $N=8480.4$kN，其他数据不变，试问，剪力墙约束边缘构件沿墙肢的长度 l_c（mm），与下列何项数据最为接近？

（A）400　　　　（B）450

（C）600　　　　（D）650

图 9-3

【题 9】 某多层钢筋混凝土框架-剪力墙结构，其底层框架柱截面尺寸 $b×h=800\text{mm}×1000\text{mm}$，采用 C60 混凝土，且框架柱为对称配筋，其纵向受力钢筋采用 HRB400，试问，该柱按偏心受压计算时，其相对界限受压区高度 ξ_b，与下列何项数据最为接近？

(A) 0.499　　　(B) 0.517　　　(C) 0.512　　　(D) 0.544

【题 10】　有一多层钢筋混凝土框架结构，抗震等级为二级，其边柱的中间层节点，如图 9-4 所示，计算时按刚接考虑；梁上部纵向受力钢筋采用 HRB400，4 Φ 28，混凝土强度等级为 C45，梁、柱纵向受力钢筋保护层厚度取 40mm，柱纵向受力钢筋为 Φ 25，试问，l_1+l_2 的最合理的长度，应与下列何项数据最为接近？

(A) $l_1+l_2=870$mm　　　　(B) $l_1+l_2=830$mm

(C) $l_1+l_2=780$mm　　　　(D) $l_1+l_2=750$mm

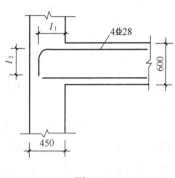

图 9-4

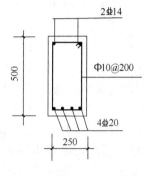

图 9-5

【题 11】　在北京地区的某公园水榭走廊，是一露天敞开的钢筋混凝土结构，有一矩形截面简支梁，它的截面尺寸和配筋如图 9-5 所示，安全等级二级。梁采用 C30 混凝土，单筋矩形梁，纵向受力筋采用 HRB400（Φ），箍筋采用 HPB300 钢筋，已知相对受压区高度 $\xi=0.2842$。试问，该梁所能承受的非抗震设计时基本组合的弯矩设计值 M（kN·m），与下列何项数据最为接近？

提示：不考虑受压区纵向钢筋的作用。

(A) 140.32　　　(B) 158.36

(C) 172.61　　　(D) 188.16

【题 12、13】　有一非抗震设计的简支独立主梁，如图 9-6 所示，截面尺寸 $b\times h=200$mm$\times500$mm，混凝土强度等级为 C30，纵向受力钢筋采用 HRB400（Φ），箍筋采用 HPB300（Φ），梁受力纵筋合力点至截面近边距离 $a_s=35$mm。

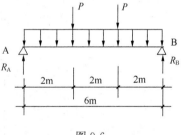

图 9-6

12. 已知 $R_A=140.25$kN，$P=108$kN，$q=10.75$kN/m（包括梁重），R_A、p、q 均为设计值，试问，该梁梁端箍筋的正确配置应与下列何项数据最为接近？

(A) Φ 6@100（双肢）　　　　(B) Φ 8@200（双肢）

(C) Φ 8@100（双肢）　　　　(D) Φ 8@150（双肢）

13. 已知 $q=10.0$kN/m（包括梁自重），$V_{Aq}/R_A>0.75$，V_{AP} 为集中荷载产生的梁端剪力，R_A、V_{AP}、q 均为设计值。梁端已配置 Φ 8@150（双肢）箍筋。试问，该梁所能承

受的最大集中荷载设计值 P（kN），最接近下列何项数据？

(A) 123.47　　　(B) 144.88　　　(C) 112.39　　　(D) 93.67

【题 14】 钢筋混凝土轴心受压构件，由于混凝土的徐变产生的应力变化，下列所述何项正确？说明理由。

(A) 混凝土应力减小，钢筋应力增大

(B) 混凝土应力增大，钢筋应力减小

(C) 混凝土应力减小，钢筋应力减小

(D) 混凝土应力增大，钢筋应力增大

【题 15】 《混凝土结构设计规范》GB 50010—2010（2015 年版）关于混凝土的强度等级与耐久性设计的要求，下面哪种说法是不恰当的？

(A) 处于二 a 类环境类别的预应力混凝土构件，设计使用年限 50 年，其最低混凝土强度等级不宜低于 C40

(B) 混凝土结构的耐久性，针对不同的环境类别对混凝土提出了基本要求，这些基本要求有最低混凝土强度等级、最大水胶比、最大含碱量

(C) 民用建筑游泳池内的框架柱，当设计年限为 50 年时，当采用混凝土强度等级不小于 C25，柱内纵向钢筋保护层厚度不小于 25mm

(D) 建筑工地上的工棚建筑，一般设计年限为 5 年，可不考虑混凝土的耐久性要求

【题 16～23】 某露天原料堆场，设置有两台桥式吊车，起重量 $Q=16$t，中级工作制；堆场跨度为 30m，长 120m，柱距 12m，纵向设置双片十字交叉形柱间支撑。栈桥柱的构件尺寸及主要构造，如图 9-7 所示，采用 Q235B 钢制造，焊接采用 E43 型电焊条。设计使用年限为 50 年。结构安全等级为二级。

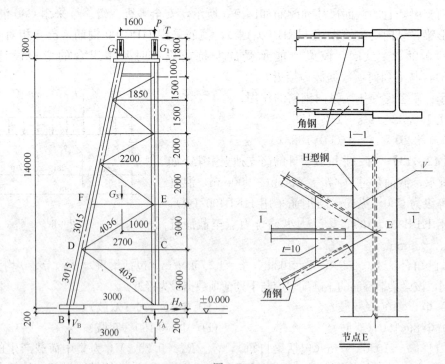

图 9-7

荷载标准值：（1）结构自重　　（2）吊车荷载

$$吊车梁\ G_1=40\text{kN}\qquad 垂直荷载\ P=583.4\text{kN}$$

$$辅助桁架\ G_2=20\text{kN}\qquad 横向水平荷载\ T=18.1\text{kN}$$

$$栈桥柱\ G_3=50\text{kN}$$

提示：按《建筑结构可靠性设计统一标准》GB 50068—2018 作答。

16. 在结构自重和吊车荷载共同作用下，栈桥柱外肢 BD 在荷载的基本组合下最大压力设计值（kN），与下列何项数值最为接近？

(A) 123.3　　　　(B) 161.5　　　　(C) 167.1　　　　(D) 180.0

17. 在结构自重和吊车荷载共同作用下，栈桥柱吊车肢 AC 在荷载的基本组合下最大压力设计值（kN），与下列何项数值最为接近？

(A) 748.8　　　　(B) 1032.4　　　　(C) 1049.5　　　　(D) 1107.3

18. 在结构自重和吊车荷载共同作用下，栈桥柱底部斜杆 AD 在荷载的基本组合下最大压力设计值（kN），与下列何项数值最为接近？

(A) 22.9　　　　(B) 24.6　　　　(C) 37.9　　　　(D) 41.9

19. 栈桥柱腹杆 DE 采用两个中间无联系的等边角钢，其截面 L125×8（$i_x=38.3\text{mm}$，$i_{\min}=25\text{mm}$），当按轴心受压构件计算平面内稳定性时，试问，杆件受压稳定承载力的折减系数 η，与下列何项数值最为接近？

(A) 0.725　　　　(B) 0.756　　　　(C) 0.818　　　　(D) 0.842

20. 栈桥柱腹杆 DE 采用两个中间有缀条联系的等边角钢，其截面为 L75×6（$i_x=23.1\text{mm}$，$i_{\min}=14.9\text{mm}$），当按轴心受压构件计算稳定性时，试问，杆件受压稳定承载力的折减系数 η，与下列何项数值最为接近？

(A) 0.862　　　　(B) 0.836　　　　(C) 0.821　　　　(D) 0.810

21. 栈桥柱腹杆 CD 作为减少受压柱肢长细比的杆件，假定采用两个中间无联系的等边角钢，试问，杆件最经济合理的截面，与下列何项数值最为接近？

(A) L90×6（$i_x=27.9\text{mm}$，$i_{\min}=18\text{mm}$）

(B) L80×6（$i_x=24.7\text{mm}$，$i_{\min}=15.9\text{mm}$）

(C) L75×6（$i_x=23.1\text{mm}$，$i_{\min}=14.9\text{mm}$）

(D) L63×6（$i_x=19.3\text{mm}$，$i_{\min}=12.4\text{mm}$）

22. 在施工过程中，吊车资料变更，根据最新的吊车资料，栈桥外肢底座最大拉力设计值 $V_B=108\text{kN}$，原设计地脚锚栓为 2 个 M30，试问，在新的情况下地脚锚栓的拉应力 σ（N/mm²），与下列何项数值最为接近？

(A) 76.1　　　　(B) 96.3　　　　(C) 152.2　　　　(D) 192.6

23. 根据最新的吊车资料，栈桥柱吊车肢最大压力设计值 $N_{AE}=1204\text{kN}$，原设计柱肢截面为 H400×200×8×13（$A=8412\text{mm}^2$，$i_x=168\text{mm}$，$i_y=45.4\text{mm}$），当柱肢 AE 按轴心受压构件的稳定性验算时，试问，柱肢最大压应力（N/mm²），与下列何项数值最为接近？

提示：不考虑柱肢各段内力变化对计算长度的影响。

(A) 166　　　　(B) 185　　　　(C) 188　　　　(D) 195

【题 24】　一座建于地震区的钢结构建筑，其工字形截面梁与工字形截面柱为刚性节点连接；梁翼缘厚度中点间距离 $h_{b1}=2700\text{mm}$，柱翼缘厚度中点间距离 $h_{c1}=$

450mm。试问，对节点仅按稳定性的要求计算时，在节点域柱腹板的最小计算高度 t_w（mm），与下列何项数值最为接近？

(A) 35   (B) 25   (C) 15   (D) 12

【题 25】 某钢管结构，其弦杆的轴心拉力设计值 $N=1050kN$，受施工条件的限制，弦杆的工地拼接采用在钢管端部焊接法兰盘端板的高强度螺栓连接，选用 M22 的高强度螺栓，其性能等级为 8.8 级，摩擦面的抗滑系数 $\mu=0.5$，采用标准圆孔。法兰盘端板的抗弯刚度很大，不考虑附加拉力的影响。试问，高强度螺栓的数量（个），与下列何项数值最为接近？

(A) 6   (B) 8   (C) 10   (D) 12

【题 26】 箱形柱的柱脚如图 9-8 所示，采用 Q235 钢，手工焊接使用 E43 型电焊条，柱底端为铣平端，沿柱周边用角焊缝与柱底板焊接，预热施焊。试问，其直角焊缝的焊脚尺寸 h_f（mm），与下列何项数值最为接近？

(A) 5   (B) 6

(C) 9   (D) 10

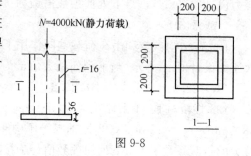

图 9-8

【题 27】 工地拼接实腹梁的受拉翼缘板，采用高强度螺栓摩擦型连接，如图 9-9 所示。受拉翼缘板的截面为 -1050×100，用 Q420 钢，$f=305N/mm^2$，$f_u=520N/mm^2$，高强度螺栓采用 M24（孔径 $d_0=26mm$），螺栓性能等级为 10.9 级，摩擦面的抗滑移系数 $\mu=0.4$，采用标准圆孔。试问，在要求高强度螺栓连接的承载能力不低于板件承载能力的条件下，拼接一侧的螺栓数目（个），与下列何项数值最为接近？

(A) 170   (B) 220

(C) 240   (D) 310

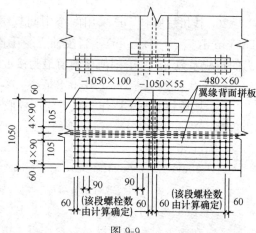

图 9-9

【题 28】 某大跨度主桁架，节间长度为 6m，桁架弦杆侧向支撑点之间的距离为 12m，试判定其受压弦杆应采用以下何种截面形式才较为经济合理？说明理由。

(A) 热轧圆管    (B) 热轧方管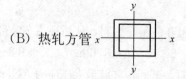

(C) 热轧 H 型钢   (D) 热轧 H 型钢

【题29】 受拉板件（Q235钢，－400×22），工地采用高强度螺栓摩擦型连接（M20，$d_0 = 22mm$，10.9级，$\mu = 0.45$），仅考虑净截面断裂构件的抗拉承载力时，下列何项抗拉承载力最高？

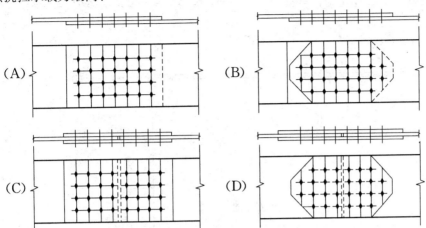

【题30～35】 某单层、单跨、无吊车仓库，如图9-10所示。屋面为装配式无檩体系钢筋混凝土结构，墙体采用MU15蒸压灰砂普通砖，Ms5混合砂浆砌筑，砌体施工质量控制等级为B级，基础埋置较深且设有刚性地坪，外墙T形壁柱特征值详见表9-1。设计使用年限为50年，结构安全等级为二级。

提示：按《建筑结构可靠性设计统一标准》GB 50068—2018作答。

T形壁柱特征值   表9-1

	B (mm)	y_1 (mm)	y_2 (mm)	h_T (mm)	A (mm²)
	2500	179	441	507	740600
	2800	174	446	493	812600
	400	160	460	449	1100600

30. 对于带壁柱山墙高厚比的验算（$\beta = H_0/h_T \leqslant \mu_1\mu_2 [\beta]$），下列何组数据正确？

(A) $\beta = \dfrac{H_0}{h_T} = 11.9 \leqslant \mu_1\mu_2 [\beta] = 24$

(B) $\beta = \dfrac{H_0}{h_T} = 11.9 \leqslant \mu_1\mu_2 [\beta] = 21.6$

(C) $\beta = \dfrac{H_0}{h_T} = 14.3 \leqslant \mu_1\mu_2 [\beta] = 20.4$

(D) $\beta = \dfrac{H_0}{h_T} = 12.8 \leqslant \mu_1\mu_2 [\beta] = 21.6$

31. 对于Ⓐ Ⓑ轴之间山墙的高厚比验算（$\beta = H_0/h \leqslant \mu_1\mu_2 [\beta]$），下列何组数据正确？

$$(A) \quad \beta = \frac{H_0}{h} = 22.8 \leqslant \mu_1 \mu_2 \ [\beta] = 24 \qquad (B) \quad \beta = \frac{H_0}{h} = 16.7 \leqslant \mu_1 \mu_2 \ [\beta] = 24$$

$$(C) \quad \beta = \frac{H_0}{h} = 10 \leqslant \mu_1 \mu_2 \ [\beta] = 24 \qquad (D) \quad \beta = \frac{H_0}{h} = 10 \leqslant \mu_1 \mu_2 \ [\beta] = 20.4$$

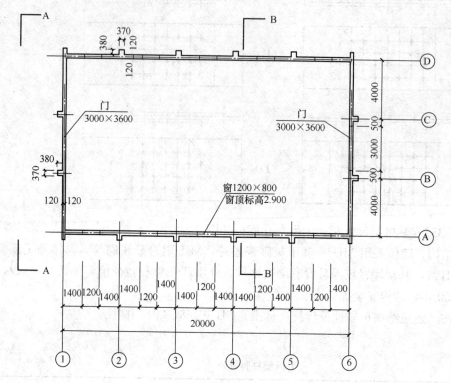

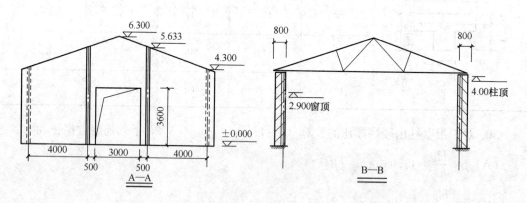

图 9-10

32. 假定取消①轴线山墙门洞及壁柱，改为钢筋混凝土构造柱 GZ，如图 9-11 所示，试问，该墙的高厚比验算结果（$\beta = H_0/h \leqslant \mu_1 \mu_2 \ [\beta]$），与下列何组数据最为接近？

(A) $\beta = \frac{H_0}{h} = 24.17 \leqslant \mu_1 \mu_2 \ [\beta] = 26.16$

(B) $\beta = \dfrac{H_0}{h} = 23.47 \leqslant \mu_1 \mu_2 \, [\beta] = 24$

(C) $\beta = \dfrac{H_0}{h} = 23.54 \leqslant \mu_1 \mu_2 \, [\beta] = 26.16$

(D) $\beta = \dfrac{H_0}{h} = 10 \leqslant \mu_1 \mu_2 \, [\beta] = 26.16$

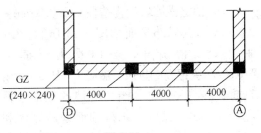

图 9-11

33. 屋面永久荷载（含屋架）标准值为 2.2kN/m²（水平投影），活荷载标准值 0.5kN/m²；挑出的长度详见 B—B 剖面。试问，屋架支座处基本组合下最大压力设计值（kN），与下列何项数值最为接近？

(A) 105 　　　(B) 100 　　　(C) 95 　　　(D) 90

34. 试问，外纵墙壁柱轴心受压承载力（kN），与下列何项数值最为接近？

(A) 1320 　　　(B) 1260 　　　(C) 1160 　　　(D) 1060

35. 假定⑤轴线上的一个壁柱底部截面作用的轴向压力标准值 $N_k = 179$kN，设计值 $N = 232$kN，其弯矩标准值 $M_k = 6.6$ kN·m，设计值 $M = 8.58$kN·m，如图 9-12 所示。试问，该壁柱底截面受压承载力验算结果（$N \leqslant \varphi f A$），其左右两端项与下列何组数值最为接近？

(A) 232kN < 939kN 　　　(B) 232kN < 1018kN

(C) 232kN < 916kN 　　　(D) 232kN < 845kN

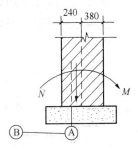

图 9-12

【题 36、37】 一多层砌体房屋局部承重横墙，如图 9-13 所示。采用 MU10 烧结普通砖、M5 混合砂浆砌筑，防潮层以下采用 M10 水泥砂浆砌筑，砌体施工质量控制等级为 B 级。

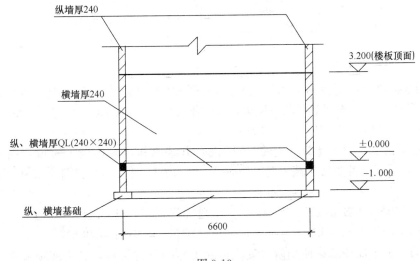

图 9-13

36. 试问，基础顶面处横墙轴心受压承载力设计值（kN/m），与下列何组数值最为接近？

(A) 309 　　　(B) 265 　　　(C) 345 　　　(D) 283

37. 假定横墙增设构造柱 GZ（240mm×240mm），其局部平面如图 9-14 所示。GZ 采用 C25 混凝土，竖向受力钢筋为 HRB335 级钢筋4Φ14，箍筋为 HPB300 级钢筋Φ6@100。已知组合砖墙的稳定系数 $\varphi_{com}=0.804$。试问，基础顶面处砖砌体和钢筋混凝土构造柱组成的组合砖墙的轴心受压承载力设计值，与下列何项数值最为接近？

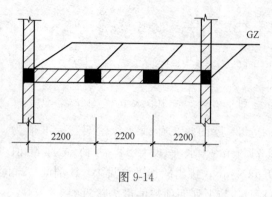

图 9-14

（A）1160kN/m　　（B）980kN/m　　（C）530kN/m　　（D）480kN/m

【题 38、39】 某建筑物中部屋面等截面挑梁 L（240mm×300mm），如图 9-15 所示，屋面板传来活荷载标准值 $p_k=6.4$kN/m，屋面板传来恒载（含梁自重）标准值 $g_k=16$kN/m。设计使用年限为 50 年，取$\gamma_0-1.0$。

提示：按《建筑结构可靠性设计统一标准》GB 50068—2018 作答。

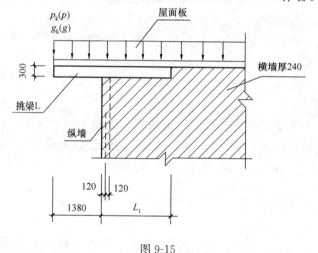

图 9-15

38. 假定挑梁上屋面板传来的恒载与活荷载的基本组合设计值为 28.16kN/m，根据《砌体结构设计规范》抗倾覆要求，挑梁埋入砌体长度 l_1，应满足下列何项关系式？

（A）$l_1>2.76$m　　（B）$l_1>2.27$m　　（C）$l_1\geqslant2.76$m　　（D）$l_1\geqslant2.96$m

39. 墙体采用 MU10 烧结普通砖，M5 混合砂浆砌筑，砌体施工质量控制等级为 B 级。试问，L 梁下局部受压承载力验算结果 $N_1\leqslant\eta\gamma fA_l$ 时，其左右端项数值与下列何组最为接近？

（A）73.8kN＜108.86kN

（B）73.8kN＜136.08kN

（C）89.4kN＜108.86kN

（D）89.4kN＜136.08kN

【题 40】 关于保证墙梁使用阶段安全可靠工作的下述见解，其中何项要求不妥？说明理由。

（A）一定要进行跨中或洞口边缘处托梁正截面承载力计算

（B）一定要对自承重墙梁进行墙体受剪承载力、托梁支座上部砌体局部受压承载力计算

（C）一定要进行托梁斜截面受剪承载力计算

（D）酌情进行托梁支座上部正截面承载力计算

（下午卷）

【**题 41**】 砌体结构相关的温度应力问题，以下论述哪项不妥？说明理由。

（A）纵横墙之间的空间作用使墙体的刚度增大，从而使温度应力增加，但增加的幅度不是太大

（B）温度应力完全取决于建筑物的墙体长度

（C）门窗洞口处对墙体的温度应力反映最大

（D）当楼板和墙体之间存在温差时，最大的应力集中在墙体的上部

【**题 42、43**】 某 12m 跨食堂，采用三角形木桁架，如图 9-16 所示。下弦杆截面尺寸 140mm×160mm，采用干燥的 TC11 西北云杉，其接头为双木夹板对称连接，位置在跨中附近。

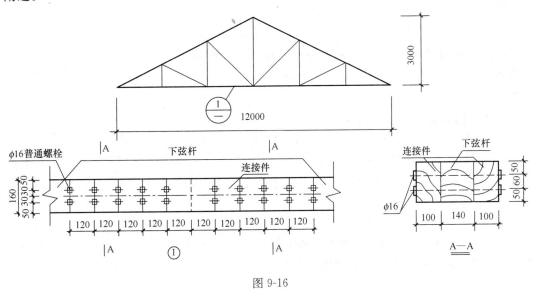

图 9-16

42. 试问，桁架下弦杆轴向承载力设计值（kN），与下列何项数值最为接近？

提示： 不考虑螺栓连接的承载力。

（A）134.4　　　　（B）128.2　　　　（C）168　　　　（D）179.2

43. 假定，螺栓受剪的承载力由屈服模式Ⅲ控制，已知 $f_{es}=f_{em}=15N/mm^2$，螺栓钢材用 Q235 钢，$f_{yk}=235N/mm^2$。试问，下弦接头处螺栓连接的承载力设计值（kN），与下列何项数值最为接近？

提示： $k_g=0.98$。

（A）100　　　　（B）92　　　　（C）82　　　　（D）76

【**题 44～50**】 有一底面宽度为 b 的钢筋混凝土条形基础，其埋置深度为 1.2m，取条形基础长度 1m 计算，其上部结构传至基础顶面处相应于作用的标准组合为：竖向力 F_k，弯矩 M_k。已知计算 G_k（基础自重和基础上土重）用的加权平均重度 $\gamma_G=20kN/m^3$，基础及施工地质剖面如图 9-17 所示。

44. 黏性土层①的天然孔隙比 $e_0=0.84$，当固结压力为 100kPa 和 200kPa 时，其孔隙比分别为 0.83 和 0.81，试计算压缩系数 a_{1-2} 并判断该黏性土层属于下列哪一种压缩性土？

(A) 非压缩性土   (B) 低压缩性土

(C) 中压缩性土   (D) 高压缩性土

45. 假定 $M_k \neq 0$，试问，图 9-17 中尺寸 x 满足下列何项关系式时，其基底反力呈矩形均匀分布状态？

(A) $x = \dfrac{b}{2} - \dfrac{M_k}{F_k + G_k}$

(B) $x = \dfrac{G_k b}{2F_k} - \dfrac{M_k}{F_k}$

(C) $x = b - \dfrac{M_k}{F_k}$

(D) $x = \dfrac{b}{2} - \dfrac{M_k}{F_k}$

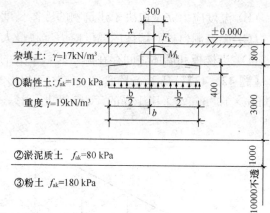

46. 黏性土层①的天然孔隙比 $e_0 = 0.84$，液性指数 $I_L = 0.83$，试问，修正后的基底处地基承载力特征值 f_a (kPa)，与下列何项数值最为接近？

图 9-17

提示： 假设基础宽度 $b < 3m$。

(A) 172.4   (B) 169.8   (C) 168.9   (D) 158.5

47. 假定 $f_a = 165$kPa，$F_k = 300$kN/m，$M_k = 150$kN·m，当 x 值满足 [题 45] 要求（即基底反力是矩形均匀分布状态）时，其基础底面最小宽度 b (m)，与下列何项数值最为接近？

(A) 2.07   (B) 2.13   (C) 2.66   (D) 2.97

48. 假定，相应于荷载的基本组合时的 $F = 405$kN/m，$M = 0$。$b = 2.2$m，$x = 1.1$m，验算条形基础翼板抗弯强度时，翼板根部处截面的弯矩设计值 M (kN·m)，与下列何项数值最为接近？

(A) 61.53   (B) 72.36   (C) 83.07   (D) 97.69

49. 当 $F_k = 300$kN/m，$M_k = 0$，$b = 2.2$m，$x = 1.1$m，并已计算出相应于荷载的标准组合值时，基础底面处的平均压力值 $p_k = 160.36$kPa。已知：黏性土层①的压缩模量 $E_{s1} = 6$MPa，淤泥质土层②的压缩模量 $E_{s2} = 2$MPa。试问，淤泥质土层②顶面处的附加压力值 p_z (kPa)，与下列何项数值最接近？

(A) 63.20   (B) 64.49   (C) 68.07   (D) 69.47

50. 试问，淤泥质土层②顶面处土的自重压力值 p_{cz} (MPa)、经深度修正后的地基承载力特征值 f_{az} (kPa)，与下列何项数值最为接近？

(A) 70.6；141.3   (B) 73.4；141.3

(C) 70.6；119.0   (D) 73.4；119.0

【题 51】 在同一非岩石地基上，建造相同埋置深度、相同基础底面宽度和相同基底附加压力的独立基础和条形基础，其地基最终变形量分别为 s_1 和 s_2。试问，下列判断何项

152

正确？说明理由。

(A) $s_1 > s_2$ (B) $s_1 = s_2$

(C) $s_1 < s_2$ (D) 无法判断

【题 52～56】 有一毛石混凝土重力式挡土墙，如图 9-18 所示。墙高为 5.5m，墙顶宽度为 1.2m，墙底宽度为 2.7m。墙后填土表面水平并与墙齐高，填土的干密度为 1.90t/m³。墙背粗糙，排水良好，土对墙背的摩擦角为 $\delta = 10°$，已知主动土压力系数 $k_a = 0.2$，挡土墙埋置深度为 0.5m，土对挡土墙基底的摩擦系数 $\mu = 0.45$。

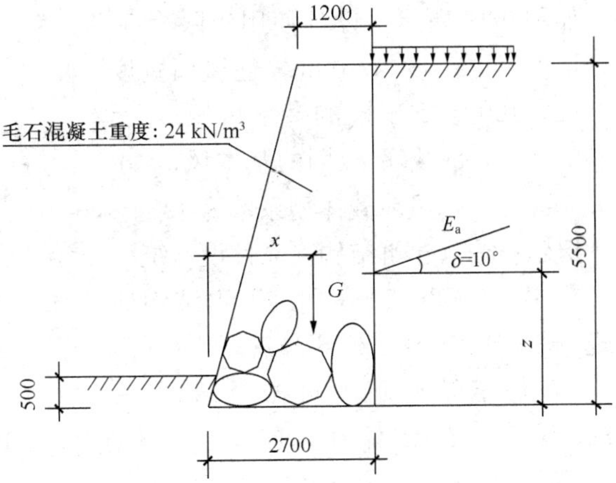

图 9-18

52. 挡土墙后填土的重度为 $\gamma = 20kN/m^3$，当填土表面无连续均布荷载作用，即 $q = 0$ 时，试问，主动土压力 E_a（kN/m），与下列何项数值最为接近？

(A) 60.50   (B) 66.55   (C) 90.75   (D) 99.83

53. 假定填土表面有连续均布荷载 $q = 20kPa$ 作用，试问，由均布荷载作用的主动土压力 E_{aq}（kN/m），与下列何项数值最为接近？

(A) 24.2   (B) 39.6   (C) 79.2   (D) 120.0

54. 假定主动土压力 $E_a = 93kN/m$，作用在距基底 $z = 2.10m$ 处，试问，挡土墙抗滑移稳定性安全系数 K_1，与下列何项数值最为接近？

(A) 1.25   (B) 1.34

(C) 1.42   (D) 1.73

55. 条件同题 54，试问，挡土墙抗倾覆稳定性安全系数 K_2，与下列何项数值最为接近？

(A) 1.50   (B) 2.22

(C) 2.47   (D) 2.12

56. 条件同题 54，且假定挡土墙重心离墙趾的水平距离 $x_0 = 1.677m$，挡土墙每延米自重 $G = 257.4kN/m$。已知每米长挡土墙底面的抵抗矩 $W = 1.215m^3$，试问，其基础底面边缘的最大压力 p_{kmax}（MPa），与下列何项数值最为接近？

(A) 134.69   (B) 143.76

(C) 166.41   (D) 172.40

【题 57】 根据《建筑地基基础设计规范》，有关桩基主筋配筋长度有下列四种见解，试指出其中哪种说法是不全面的？

(A) 受水平荷载和弯矩较大的柱，配筋长度应通过计算确定

(B) 桩基承台下存在淤泥、淤泥质土或液化土层时，配筋长度应穿过淤泥、淤泥质土或液化土层

(C) 坡地岸边的桩、地震区的桩、抗拔桩、嵌岩端承桩应通长配筋

(D) 桩径大于 600mm 的钻孔灌注桩，构造钢筋的长度不宜小于桩长的 2/3

【题 58～61】 某 30 层的一般钢筋混凝土剪力墙结构房屋，地面粗糙度为 B 类，如图 9-19 所示，设计使用年限为 50 年，地面以上高度为 100m，迎风面宽度为 25m，100 年重现期的基本风压 $w_0 = 0.65kN/m^2$，50 年重现期的基本风压 $w_0 = 0.50kN/m^2$，风荷载体型系数为 1.3。

提示：按《建筑结构可靠性设计统一标准》GB 50068—2018 和《工程结构通用规范》GB 55001—2021 作答。

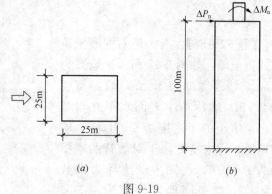

图 9-19
(a) 建筑平面图；(b) 建筑立面图

58. 假定结构基本自振周期 $T_1 = 1.8s$，试问，按承载能力设计时，已知脉动风荷载共振分量因子 $R = 1.145$，高度为 80m 处的风振系数，与下列何项数值最为接近？

(A) 1.291   (B) 1.315   (C) 1.381   (D) 1.442

59. 按承载能力设计时，确定高度 100m 处迎风面幕墙骨架围护结构的风荷载标准值（kN/m^2），与下列何项数值最为接近？

提示：幕墙骨架围护结构面积为 $40m^2$。

(A) 1.65   (B) 1.50   (C) 1.39   (D) 1.29

60. 假定作用于 100m 高度处的风荷载标准值 $w_k = 2kN/m^2$，又已知突出屋面小塔楼风剪力标准值 $\Delta P_n = 500kN$ 及风弯矩标准值 $\Delta M_n = 2000kN \cdot m$，作用于 100m 高度的屋面处。设风压沿高度的变化为倒三角形分布（地面处为 0），试问，在地面（$z = 0$）处，风荷载产生倾覆力矩的设计值（$kN \cdot m$），与下列何项数值最为接近？

(A) 218760   (B) 233333   (C) 306133   (D) 328000

61. 若建筑物位于一高度为 45m 的山坡顶部，如图 9-20 所示。试问，建筑屋面 D 处的风压高度变化系数 μ_z，与下列何项数值最为接近？

(A) 2.191   (B) 2.290   (C) 2.351   (D) 2.616

【题 62～65】 某 6 层框架结构，如图 9-21 所示。抗震设防烈度为 8 度，设计基本地震加速度为 $0.20g$，设计地震分组为第二组，场地类别为 Ⅲ 类，集中在屋盖和楼盖处的重力荷载代表值为 $G_6 = 4800kN$，$G_{2\sim5} = 6000kN$，$G_1 = 7000kN$，采用底部剪力法计算。

提示：按《建筑抗震设计规范》GB 50011—2010 计算。

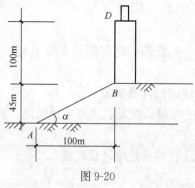

图 9-20

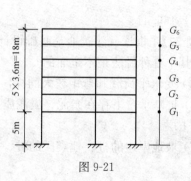

图 9-21

62. 假定结构的基本自振周期 $T_1 = 0.7s$，结构阻尼比 $\zeta = 0.05$。试问，在多遇地震下，结构总水平地震作用标准值 F_{Ek}（kN），与下列何项数值最为接近？

(A) 2492　　　　(B) 3271　　　　(C) 3919　　　　(D) 4555

63. 若该框架为钢筋混凝土结构，结构的基本自振周期 $T_1 = 0.8s$，总水平地震作用标准值 $F_{Ek} = 3475$kN，试问，作用于顶部附加水平地震作用标准值 ΔF_6（kN），与下列何项数值最接近？

(A) 153　　　　(B) 257　　　　(C) 466　　　　(D) 525

64. 若已知结构水平地震作用标准值 $F_{Ek} = 3126$kN，顶部附加水平地震作用 $\Delta F_6 = 256$kN，试问，作用于 G_5 处的地震作用标准值 F_5（kN），与下列何项数值最为接近？

(A) 565　　　　(B) 694　　　　(C) 756　　　　(D) 914

65. 若该框架为钢结构，结构的基本自振周期 $T_1 = 1.2s$，结构阻尼比 $\zeta = 0.04$，其他数据不变。试问，在多遇地震下，结构总水平地震作用标准值 F_{Ek}（kN），与下列何项数值最为接近？

(A) 2413　　　　(B) 2544　　　　(C) 2839　　　　(D) 3140

【题 66～69】 如图 9-22（a）所示为某钢筋混凝土高层框架结构的一榀框架，抗震等级为二级，底部一、二层梁截面高度为 0.6m，柱截面为 0.6m×0.6m。已知在重力荷载和地震作用组合下，内力调整前节点 B 和柱 DB、梁 BC 的弯矩设计值（kN·m）如图 9-22（b）所示。柱 DB 的轴压比为 0.75。

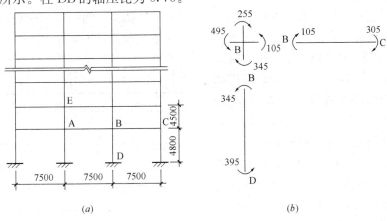

(a)　　　　　　　　　　　　　　(b)

图 9-22

66. 试问，抗震设计时，柱 DB 的柱端 B 地震作用组合的弯矩设计值（kN·m），与下列何项数据最为接近？

(A) 345　　　　(B) 360　　　　(C) 414　　　　(D) 518

67. 假定柱 AE 在重力荷载和地震作用组合下，柱上、下端的弯矩设计值分别为 $M_c^t = 298$kN·m（↷），$M_c^b = 306$kN·m（↶）。试问，抗震设计时，柱 AE 端部截面地震作用组合的剪力设计值（kN），与下列何项数值最为接近？

(A) 161　　　　(B) 171　　　　(C) 186　　　　(D) 201

68. 假定框架梁 BC 在考虑地震作用组合的重力荷载代表值作用下，按简支梁分析的梁端截面剪力设计值 $V_{Gb} = 135$kN。试问，该框架梁端部截面地震作用组合的剪力设计值

（kN），与下列何项数值最为接近？

    （A）194   （B）200   （C）206   （D）212

69. 假定框架梁的混凝土强度等级为 C40，梁箍筋采用 HPB300 级。试问，沿梁全长箍筋的面积配筋率 ρ_{sv}（％）的下限值，与下列何项数值最为接近？

    （A）0.177   （B）0.212   （C）0.228   （D）0.244

【题 70】 某 20 层的钢筋混凝土框架-剪力墙结构，总高为 75m，第一层的重力荷载设计值为 7300kN，第 2 至 19 层为 6500kN，第 20 层为 5100kN。试问，当结构主轴方向的弹性等效侧向刚度（kN·m²）的最低值满足下列何项数值时，在水平力作用下，可不考虑重力二阶效应的不利影响？

    （A）1019025000   （B）1637718750   （C）1965262500   （D）2358315000

【题 71】 在正常使用条件下的下列钢筋混凝土结构中，何项对于层间最大位移与层高之比限制的要求最严格？

    （A）高度不大于 50m 的框架结构   （B）高度为 180m 的剪力墙结构

    （C）高度为 160m 的框架-核心筒结构   （D）高度为 175m 的筒中筒结构

【题 72】 某钢筋混凝土住宅建筑为地下 2 层，地上 26 层的部分框支剪力墙结构，总高 95.4m，一层层高为 5.4m，其余各层层高为 3.6m。转换梁顶标高为 5.400m，剪力墙抗震等级为二级。地下室顶板位于 ±0.000m 处。试问，剪力墙的约束边缘构件至少应做到下列何层楼面处为止？

    （A）二层楼面，即标高 5.400m 处   （B）三层楼面，即标高 9.000m 处

    （C）四层楼面，即标高 12.600m 处   （D）五层楼面，即标高 16.200m 处

【题 73～77】 某公路桥梁，标准跨径为 20m，计算跨径为 19.5m，由双车道和人行道组成。桥面宽度为 0.25m（栏杆）+1.5m(人行道)+7.0m(车行道)+1.5m（人行道）0.25m(栏杆)=10.5m，桥梁结构由梁高 1.5m 的 5 根 T 形主梁和横隔梁组成，C30 混凝土。设计荷载：公路-I 级汽车荷载，人群荷载为 3.0kN/m²，汽车荷载冲击系数 μ=0.210。桥梁结构的布置如图 9-23 所示。

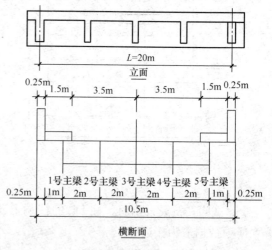

图 9-23

提示：按《公路桥涵设计通用规范》JTG D60—2015 计算。

73. 1 号主梁按刚性横梁法（或偏心受压法）计算其汽车荷载横向分布系数 M_{cq}，与下列何项数值最为接近？

    （A）0.51   （B）0.55   （C）0.61   （D）0.65

74. 1 号主梁按刚性横梁法计算其人群荷载横向分布系数 M_{cr}，与下列何项数值最为接近？

    （A）0.565   （B）0.625   （C）0.715   （D）0.765

75. 假定 1 号梁的汽车荷载跨中横向分布系数为 M_{cq}=0.560，支座处横向分布系数为

$M_{oq}=0.410$。试问，1号梁跨中截面由汽车荷载产生的弯矩标准值（kN·m），与下列何项数值最为接近？

(A) 1325   (B) 1415   (C) 1550   (D) 1610

76. 条件同题75，试问，1号梁距支点 $L_0/4$ 处截面由汽车荷载产生的弯矩标准值（kN·m），与下列何项数值最为接近？

(A) 900   (B) 1000   (C) 1100   (D) 1200

77. 条件同题75，试问，1号梁跨中截面由汽车荷载产生的剪力标准值（kN），与下列何项数值最为接近？

(A) 140   (B) 150   (C) 160   (D) 170

【题 78~80】 某三级公路上钢筋混凝土简支梁桥，标准跨径为15m，计算跨径为14.6m，梁桥由5片主梁组成，主梁高为1.3m，跨中腹板宽度为0.16m，支点处腹板宽度加宽，采用C30混凝土。已知支点处某根主梁的恒载作用产生的剪力标准值 $V_{Gk}=250kN$，汽车荷载（含冲击系数）产生的剪力标准值 $V_{qk}=180kN$，人群荷载产生的剪力标准值 $V_{rk}=20kN$。汽车荷载冲击系数为0.215。

78. 该主梁支点处在持久状况下承载能力极限状态基本组合下的剪力设计值 $\gamma_0 V_d$（kN），与下列何项数值最为接近？

(A) 570   (B) 517   (C) 507   (D) 485

79. 假定截面有效高度 $h_0=1200mm$，根据承载能力极限状态基本组合下的支点最大剪力设计值为650kN，试问，当支点截面处满足抗剪截面要求时，腹板的最小厚度（mm），与下列何项数值最为接近？

(A) 175   (B) 195   (C) 205   (D) 215

80. 假定截面有效高度 $h_0=1200mm$，腹板宽度为200mm，当斜截面受压端上相应于基本组合的最大剪力设计值 $\gamma_0 V_d$（kN）小于下列何项数值时，可不进行斜截面承载力验算，仅需按构造配置箍筋？

(A) 165   (B) 185   (C) 200   (D) 215

实战训练试题（十）

（上午卷）

【题 1～6】 某 6 层办公楼为现浇钢筋混凝土框架结构，无库房区，其平面图与计算简图如图 10-1 所示。已知 1～6 层所有柱截面均为 500mm×600mm，所有纵向梁（x 向）截面均为 250mm×500mm，自重 3.125kN/m，所有横向梁（y 向）截面为 250mm×700mm，自重 4.375kN/m，所有柱、梁的混凝土强度等级均为 C40，2～6 层楼面永久荷载 5.0kN/m²，活载 2.5kN/m²，屋面永久荷载 7.0kN/m²，活载 0.7kN/m²，楼面和屋面的永久荷载包括楼板自重、粉刷与吊顶等。除屋面梁外，其余各层纵向梁（x 向）和横向梁（y 向）上均作用有填充墙（包括门窗等）均布荷载 2.0kN/m，计算时忽略柱子自重的影响，上述永久荷载与活荷载均为标准值。屋面为不上人屋面。设计使用年限为 50 年，结构安全等级为二级。

提示： ①计算荷载时，楼面及屋面的面积均按轴线间的尺寸计算。

②按《建筑结构可靠性设计统一标准》GB 50068—2018 作答。

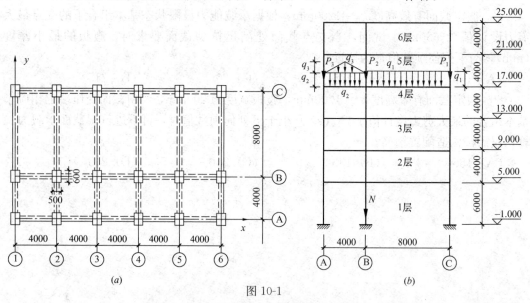

图 10-1

(a) 平面布置简图；(b) 中间框架计算简图

1. 当简化作平面框架内力分析时，作用在计算简图 17.000m 标高处的 q_1（kN/m）和 q_3（kN/m），与下列何项数值最为接近？

提示： ①q_1 为楼面荷载标准组合值，q_3 为楼面荷载标准组合值，且 q_1 应包括梁自重，不考虑活载折减；

②板长边/板短边不小于 2.0 时，按单向板传导荷载。

(A) $q_1 = 36.38$；$q_3 = 30.00$ (B) $q_1 = 32.00$；$q_3 = 15.00$

(C) $q_1 = 33.38$；$q_3 = 27.00$ (D) $q_1 = 26.38$；$q_3 = 10.00$

2. 当简化作平面框架内力分析时，作用在计算简图 17.000m 标高处的 P_1 和 P_2 (kN)，与下列何项数值最为接近？

提示：①P_1 和 P_2 为荷载标准组合值，不考虑活载折减；

②P_1 和 P_2 仅为第五层集中力。

(A) $P_1=12.5$；$P_2=20.5$ (B) $P_1=20.5$；$P_2=47.5$

(C) $P_1=20.5$；$P_2=50.5$ (D) $P_1=8.0$；$P_2=30.0$

3. 试问，作用在底层中柱柱脚处的荷载的标准组合值 N (kN)，与下列何项数值最为接近？

提示：①活载不考虑折减；

②不考虑第一层的填充墙体作用。

(A) 1260   (B) 1320   (C) 1130   (D) 1420

4. 当对 2～6 层⑤、⑥—Ⓑ、Ⓒ轴线间的楼板（单向板）进行计算时，假定该板的跨中弯矩为 $\frac{1}{10}ql^2$，试问，该楼板每米板带基本组合的跨中弯矩设计值 M (kN·m)，与下列何项数值最为接近？

(A) 12.00   (B) 16.40   (C) 15.20   (D) 14.72

5. 当平面现浇框架在竖向荷载作用下，用分层法作简化计算时，顶层中间榀框架计算简图如图 10-2 所示，若用弯矩分配法求顶层梁的弯矩时，试问，弯矩分配系数 μ_{BA} 和 μ_{BC}，与下列何项数值最为接近？

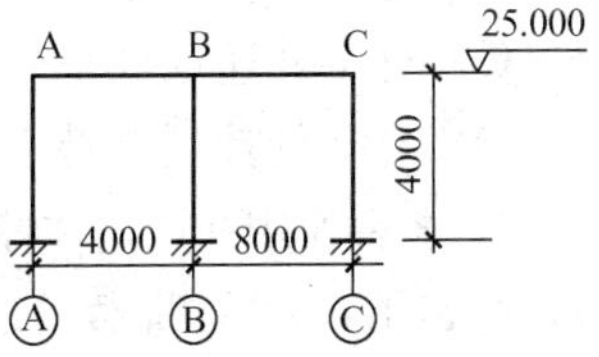

(A) 0.36；0.19   (B) 0.19；0.36

(C) 0.48；0.24   (D) 0.46；0.18

图 10-2

6. 根据抗震概念设计的要求，该楼房应作竖向不规则验算，检查在竖向是否存在薄弱层，试问，下述对该建筑是否存在薄弱层的几种判断，正确的是哪一项？说明理由。

提示：①楼层的侧向刚度采用剪切刚度 $K_i=GA_i/h_i$，其中 $A_i=2.5(h_{ci}/h_i)^2 A_{ci}$，$K_i$ 为第 i 层的侧向刚度，A_{ci} 为第 i 层的全部柱的截面面积之和，h_{ci} 为第 i 层柱沿计算方向的截面高度，h_i 为第 i 层的层高，G 为混凝土的剪变模量；

②不考虑土体对框架侧向刚度的影响。

(A) 无薄弱层   (B) 1 层为薄弱层

(C) 2 层为薄弱层   (D) 6 层为薄弱层

【题 7】 某现浇钢筋混凝土框架结构边框架梁受扭矩作用，截面尺寸及配筋采用施工图平法表示，见图 10-3 所示，该结构环境类别为一类，C40 混凝土，钢筋 HPB300（Φ）和 HRB400（Φ），抗震等级为二级，以下哪种意见正确，说明理由。

提示：此题不执行规范"不宜"的限制条件。

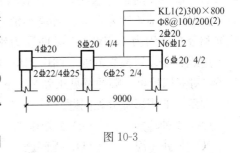

图 10-3

(A) 符合规范   (B) 1 处违反规范   (C) 2 处违反规范   (D) 3 处违反规范

【题8】 某钢筋混凝土框架结构悬挑梁（图 10-4），悬挑长度 2.5m，重力荷载代表值在该梁上的均布线荷载标准值为 20kN/m，该框架所在地区抗震设防烈度为 8 度，设计基本地震加速度为 0.20g，该梁用某程序计算时，未作竖向地震计算，试问，当用手算复核该梁配筋时，其支座考虑地震组合时的负弯矩设计值（kN·m）与下列何值最接近？

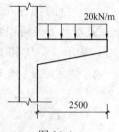

图 10-4

提示：按《建筑与市政工程抗震通用规范》GB 55002—2021 作答。

(A) 62.50 　　　 (B) 83.13 　　　 (C) 75.00 　　　 (D) 68.75

【题9、10】 有一多层钢筋混凝土框架结构的角柱，采用施工图平法表示，如图 10-5 所示，该结构为一般民用建筑，无库房区，且作用在结构上的活荷载仅为按等效均布荷载计算的楼面活荷载，抗震等级为二级，环境类别为一类，该角柱轴压比 $\mu_N \leqslant 0.3$，剪跨比大于 2.0，混凝土强度等级为 C35，钢筋 HPB300（Φ）和 HRB400（Φ）。

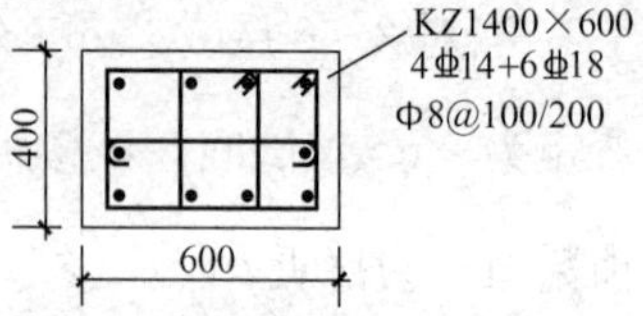

KZ1400×600
4Φ14+6Φ18
Φ8@100/200

9. 以下哪种意见正确？

(A) 有 2 处违反规范

(B) 完全满足

(C) 有 1 处违反规范

(D) 有 3 处违反规范

图 10-5

10. 各种作用在该角柱控制截面产生内力标准值如下：永久荷载 $M = 280.5$kN·m，$N = 860.00$kN，活荷载 $M = 130.8$kN·m，$N = 580.00$kN，水平地震作用 $M = \pm 200.6$kN·m，$N = 480.00$kN。试问，该柱轴压比与轴压比限值之比值，与下列何值最接近？

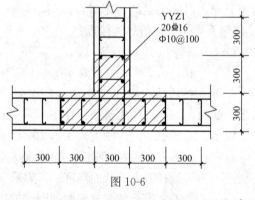

提示：按《建筑与市政工程抗震通用规范》GB 55002—2021 作答。

(A) 0.63 　　　 (B) 0.67

(C) 0.72 　　　 (D) 0.75

图 10-6

【题11】 某多层钢筋混凝土框架-剪力墙结构，经验算底层剪力墙应设约束边缘构件（有翼墙），该剪力墙抗震等级为二级，其轴压比为 0.45，环境类别为一类，C40 混凝土、箍筋和分布筋均为 HPB300、纵向受力钢筋为 HRB400，该约束边缘翼墙设置箍筋范围（图中阴影）的尺寸及配筋见图 10-6，对翼墙校审，哪种意见正确？

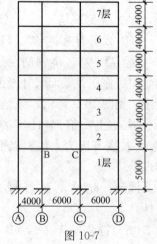

提示：非阴影部分无问题。

(A) 1 处违规 　　　 (B) 2 处违规

(C) 3 处违规 　　　 (D) 无问题

【题12】 7 层现浇钢筋混凝土框架结构如图 10-7 所示为一榀框架，假定按反弯点计算，首层的弹性侧向刚度为

图 10-7

1.5×10^5kN/m，第 2 层至第 6 层的弹性侧向刚度均为 4.2×10^5kN/m，图中 BC 梁的 B 端，其第 2 层柱的轴力设计值为 40000kN，其第 1 层柱的轴力设计值为 45000kN。试问，当考虑重力二阶效应时，梁端 B 的二阶效应增大系数，与下列何项数值最为接近。

提示：按《混凝土结构设计规范》作答。

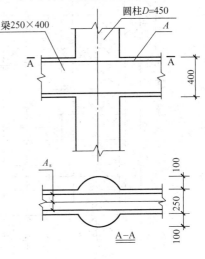

图 10-8

(A) 1.04　　　　　(B) 1.08
(C) 1.11　　　　　(D) 1.16

【题 13】　钢筋混凝土框架结构，一类环境，抗震等级为二级，C30 混凝土，中间层中间节点配筋如图 10-8。纵筋采用 HRB400 级、箍筋采用 HPB300 钢筋，直径为 10mm。试问，下列哪项梁面纵向受力钢筋符合有关规范、规程要求？

(A) 3 Φ 25　　　　　(B) 3 Φ 22
(C) 3 Φ 20　　　　　(D) 以上三种均符合要求

【题 14】　同一地区合理的伸缩缝间距，设计考虑时，下列何项是正确的？说明理由。

(A) 装配式结构因其整体性差，其伸缩缝间距应比现浇结构小

(B) 剪力墙结构刚度大，其伸缩缝间距应比框架、排架结构大

(C) 排架结构柱高低于 8m，剪力墙结构用滑模施工时均宜适当减小伸缩缝间距

(D) 现浇挑檐结构的伸缩缝间距不宜大于 15m

【题 15】　对型钢混凝土组合结构的说法，下列何项是不正确的？说明理由。

(A) 它与普通混凝土结构比，具有承载力大、刚度大、抗震性好的优点

(B) 它与普通钢结构比，具有整体稳定性好、局部稳定性好，防火性能好的优点

(C) 配置桁架式型钢的型钢混凝土框架梁，其压杆长细比不宜大于 150

(D) 型钢混凝土柱中型钢钢板厚度不宜小于 8mm

【题 16～25】　某宽厚板车间冷库区为三跨等高厂房，跨度均为 35m，边列柱柱间距为 10m，中列柱间距 20m，局部 60m，采用三跨连续式焊接工字形屋架，其间距为 10m，屋面梁与钢柱为固接，厂房屋面采用彩色压型钢板，屋面坡度为 1/20，檩条采用多跨连续式 H 型钢檩条，其间距为 5m，檩条在屋面梁处搭接。屋面梁、檩条及屋面上弦水平支撑的局部布置示意如图 10-9（a）所示，且系杆仅与檩条相连。中列柱柱顶设置有 20m 和 60m 跨度的托架，托架与钢柱采用铰接连接，托架的简图和荷载设计值如图 10-9（b）、（c）所示，屋面梁支撑在托架竖杆的侧面，且屋面梁的顶面略高于托架顶面约 150mm。檩条、屋面梁、20m 跨度托架，采用 Q235 钢，60m 托架采用 Q345B 钢，手工焊接时，分别用 E43、E50，焊缝质量等级二级。20m 托架采用轧制 T 型钢，T 型钢翼缘板与托架平面垂直，60m 托架杆件采用轧制 H 型钢，腹板与托架平面相垂直。

16. 屋面均布荷载设计值（包括檩条自重）$q=1.5$kN/m²，试问，多跨（≥5 跨）连续檩条支座最大弯矩设计值（kN·m），与下列何项数值最为接近？

(A) 93.8　　　(B) 78.8　　　(C) 67.5　　　(D) 46.9

17. 屋面梁设计值 $M=2450$kN·m，采用双轴线对称的焊接工字形截面，翼缘板为

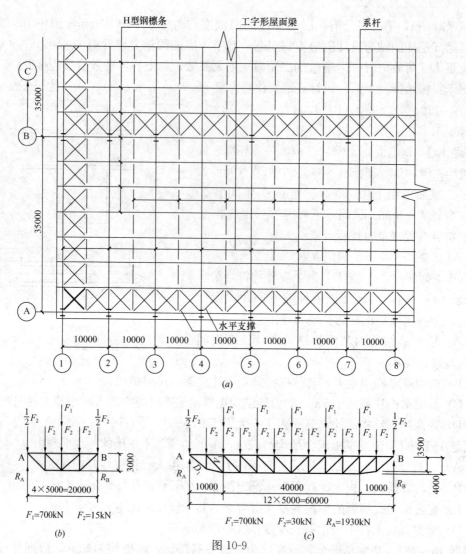

图 10-9

(a) 屋面梁、檩条及屋面上弦水平支撑局部布置；(b) 20m 跨度托架计算简图；(c) 60m 跨度托架计算简图

-350×16，腹板-1500×12，$W_x = 12810 \times 10^3 \, mm^3$，截面无孔，腹板设置纵向加劲肋，腹板宽厚比满足 S4 级要求。当按抗弯强度计算时，试问梁上翼缘最大应力（N/mm²），与下列何项数值最为接近？

(A) 182.1   (B) 191.3   (C) 200.2   (D) 205.0

18. 试问，20m 托架支座反力设计值（kN），与下列何项数值最为接近？

(A) 730   (B) 350   (C) 380   (D) 372.5

19. 20m 托架上弦杆的轴心压力设计值 $N = 1217kN$，采用轧制 T 型钢，T200×408×21×21，$i_x = 53.9mm$，$i_y = 97.3mm$，$A = 12570mm^2$，当按轴心受压杆件进行稳定计算时，试问，杆件最大压应力（N/mm²），与下列何项数值最为接近？

提示：①只给出上弦最大的轴心压力设计值，不考虑轴心应力变化对杆件计算长度的影响；

②为简化计算，取绕对称轴 λ_y 代替 λ_{yz}。

(A) 189.6

(B) 144.9

(C) 161.4

(D) 180.6

20. 试问, 20m 托架下弦节点如图 10-10 所示, 托架各杆件与节点板之间采用强度相等的对接焊缝连接, 焊缝质量等级二级, 斜腹杆翼缘拼接板为 2－100×12, 拼接板与节点板之间采用角焊缝连接, 取 h_f＝6mm, 按等强连接, 试问, 角焊缝长度 l_1（mm）, 与下列何项数值最为接近?

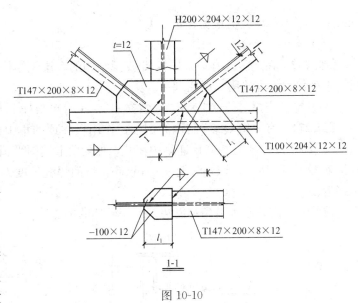

图 10-10

(A) 360   (B) 310   (C) 260   (D) 210

21. 60m 托架端斜杆 D_1 的轴心拉力设计值 (kN), 与下列何项数值最为接近?

(A) 2736   (B) 2757   (C) 3340   (D) 3365

22. 60m 托架下弦杆最大轴心拉力设计值 (kN), 与下列何项数值最为接近?

(A) 11969   (B) 8469   (C) 8270   (D) 8094

23. 60m 托架上弦杆最大轴心压力设计值 N＝8550kN, 拟采用热轧 H 型钢 H428×407×20×35, i_x＝182mm, i_y＝104mm, A＝36140mm², 当按轴心受压构件进行稳定性计算时, 杆件最大压应力 (N/mm²), 与下列何项数值最为接近?

(A) 307   (B) 290

(C) 248   (D) 230

24. 60m 托架的竖腹杆 V_1 的轴心压力设计值 N＝1855kN, 拟用热轧 H 型钢 H390×300×10×16, i_x＝169mm, i_y＝72.6mm, A＝13670mm², 当按轴心受压构件进行稳定计算时, 杆件最大压应力 (N/mm²), 与下列何项数值最为接近?

(A) 162   (B) 194

(C) 253   (D) 303

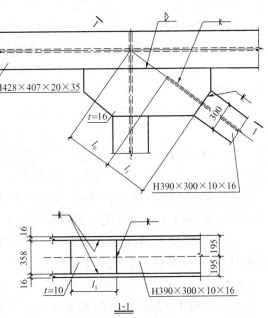

图 10-11

25. 60m 托架上弦节点如图 10-11, 各杆件与节点板间采用等强对接焊缝, 焊缝质量等级二级, 斜腹杆腹板的拼接板为－358×10, 拼接板件与节点板间采用坡口焊接的 T 形缝, 试问, T 形缝长

（mm）与下列何项数值最为接近？

(A) 310 　　　(B) 335 　　　(C) 560 　　　(D) 620

【题 26】 在地震区有一采用框架-支撑结构的多层钢结构房屋，关于其中心支撑的形成，下列何项不宜选用？说明理由。

(A) 交叉支撑 　　(B) 人字支撑 　　(C) 单斜杆 　　(D) K 形

【题 27】 有一用 Q235 制作的钢柱，作用在柱顶的集中荷载设计值 $F=2500\text{kN}$，拟采用支承加劲肋-400×30 传递集中荷载，加劲肋上端刨平顶紧，柱腹板切槽后与加劲肋焊接如图 10-12 所示，取角焊缝 $h_f=16\text{mm}$，试问焊缝长度 l_1（mm），与下列何项数值最为接近？

提示： 考虑柱腹板沿角焊缝边缘剪切破坏的可能性。

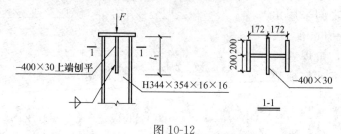

图 10-12

(A) 400 　　　(B) 500 　　　(C) 600 　　　(D) 700

【题 28】 工字形组合截面的钢吊车梁采用 Q235D 制造，腹板-1300×12。支座最大剪力设计值 $V=1005\text{kN}$，采用突缘支座，端部加劲肋选用-400×20（焰切边），当端部支座加劲肋作为轴心受压构件进行稳定性计算时，其应力值（N/mm²），与下列何项数值最为接近？

(A) 127.3 　　(B) 115.7 　　(C) 105.2 　　(D) 100.3

【题 29】 下述钢管结构构造要求中，哪项不妥？

(A) 节点处除搭接型节点外，应尽可能避免偏心，各管件轴线之间夹角不宜小于 30°

(B) 支管与主管间连接焊缝应沿全周连续焊接并平滑过渡，支管壁厚小于 6mm 时，可不切坡口

(C) 在支座节点处应将支管插入主管内

(D) 主管的直径和壁厚应分别大于支管的直径和壁厚

【题 30～32】 多层砌体结构教学楼局部平面如图 10-13 所示，采用装配式钢筋混凝土空心板楼（屋）盖，刚性方案，纵横墙厚均为 240mm，层高均为 3.6m，梁高均为 600mm，墙用 MU10 烧结普通砖，M5 混合砂浆砌筑，基础埋置较深，首层设刚性地坪，室内外高差 300mm，设计使用年限为 50 年，结构重要性系数 1.0。

30. 已知第二层外纵墙 A 截面形心距翼缘边 $y_1=169\text{mm}$，试问，第二层外纵墙 A 的高厚比 β，与下列何项数值最为接近？

(A) 7.35 　　(B) 8.57 　　(C) 12.00 　　(D) 15.00

31. C 轴线首层内墙门洞宽 1000mm，门洞高 2.1m，试问，首层墙 B 高厚比验算式中的左右端项（$H_0/h \leqslant \mu_1\mu_2 [\beta]$），与下列何组数值最为接近？

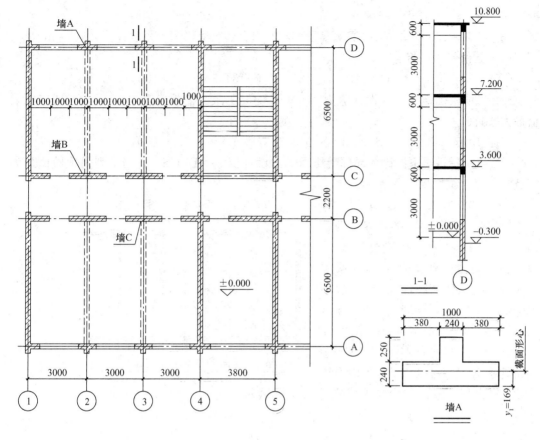

图 10-13

(A) 16.25＜20.80

(B) 15.00≤24.97

(C) 18.33≤28.80

(D) 18.33＜20.8

32. 假定第二层内墙 C 截面尺寸改为 240mm×1000mm，砌体施工质量控制等级 C 级，若将烧结普通砖改为 MU15 蒸压灰砂普通砖，并按轴心受压构件计算时，其最大轴向承载力设计值（kN/m），与下列何项数值最为接近？

(A) 201.8　　　(B) 214.7　　　(C) 246.2　　　(D) 276.6

【题 33~35】 二层砌体结构的钢筋混凝土挑梁（图 10-14），埋置于丁字形截面墙体中，墙厚 240mm，MU10 烧结普通砖，M5 水泥砂浆，挑梁混凝土强度等级为 C20，截面 $b×h_b$ 为 240mm×300mm，梁下无混凝土构造柱，楼板传递永久荷载 g，活荷载 q，标准值 $g_{1k}=15.5$kN/m，$q_{1k}=5$kN/m，$g_{2k}=10$kN/m。挑梁自重标准值 1.35kN/m，砌体施工质量控制等级 B 级，设计使用年限为 50 年，重要性系数 1.0。活荷载组合系数为 0.7。

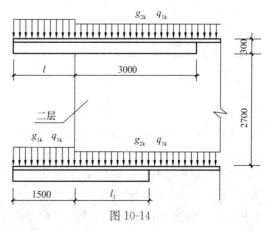

图 10-14

提示： 按《建筑结构可靠性设计统一标

准》GB 50068—2018 作答。

33. 当 $l_1 = 1.5$m 时，第一层挑梁根部基本组合的最大倾覆力矩设计值（kN·m），与下列何项数值最为接近？

(A) 30.6　　　　(B) 31.1　　　　(C) 34.3　　　　(D) 37.0

34. 当顶层挑梁的荷载设计值为 28kN/m 时，其最大悬挑长度（m），与下列何项数值最为接近？

(A) 1.45　　　　(B) 1.5　　　　(C) 1.56　　　　(D) 1.6

35. 第一层挑梁下的砌体局部受压承载力设计值 $\eta \gamma f A_l$（kN），与下列何项数值最为接近？

(A) 102.1　　　　(B) 113.4　　　　(C) 122.5　　　　(D) 136.1

【题 36、37】 某单跨三层工业建筑如图 10-15 所示，按刚性方案计算，各层墙体计算高度 3.6m，梁混凝土强度等级为 C20，截面 $b \times h_b = 240\text{mm} \times 800\text{mm}$，梁端支承 250mm，梁下刚性垫块尺寸 370mm × 370mm × 180mm。墙厚均为 240mm，MU10 烧结普通砖，M5 水泥砂浆，各楼层均布永久荷载标准值、活荷载标准值分别为：$g_k = 3.75\text{kN/m}^2$，$q_k = 4.25\text{kN/m}^2$。梁自重标准值 4.2kN/m，砌体施工质量控制等级为 B 级，设计使用年限为 50 年，重要性系数为 1.0。活荷载组合值系数为 0.7。

提示： 按《建筑结构可靠性设计统一标准》GB 50068—2018 作答。

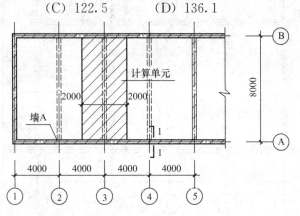

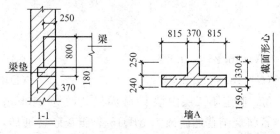

图 10-15

36. 顶层梁端的有效支承长度 a_0（mm），与下列何项数值最为接近？

(A) 124.7　　　　(B) 131.5　　　　(C) 230.9　　　　(D) 243.4

37. 假定顶层梁端有效支撑长度 $a_0 = 150$mm，试问，顶层梁端支承压力对墙形心线的基本组合的弯矩设计值 M（kN·m），与下列何项数值最为接近？

(A) 39.9　　　　(B) 44.7

(C) 48.8　　　　(D) 54.6

【题 38、39】 某自承重简支墙梁（图 10-16），柱距 6m，墙高 15m，厚 370mm，墙体及抹灰自重设计值为 10.5kN/m²，墙下设混凝土托梁，托梁自重设计值为 6.2kN/m，托梁长 5.6m，两端各伸入支座长度 0.3m，纵向钢筋采用 HRB335，箍筋 HPB300，砌体施工质量控制等级 B 级，重

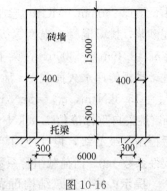

图 10-16

要性系数 1.0。设计使用年限为 50 年。

38. 墙梁跨中截面的计算高度 H_0（m），与下列何项数值最为接近？

（A）5.55　　　（B）5.95　　　（C）6.0　　　（D）6.19

39. 试问，使用阶段托梁梁端剪力设计值（kN），与下列何项数值最为接近？

（A）165　　　（B）185　　　（C）200　　　（D）240

【题 40】　对防止或减轻墙体开裂技术措施的理解，哪项不妥？

（A）设置屋顶保温隔热层可防止或减轻房屋顶层墙体开裂

（B）增大基础圈梁刚度可防止或减轻房屋底层墙体裂缝

（C）加大屋顶层现浇混凝土厚度是防止或减轻房屋顶层墙体开裂的最有效措施

（D）女儿墙设置贯通其全高的构造柱并与顶部混凝土压顶整浇可防止或减轻房屋顶层墙体裂缝

（下午卷）

【题 41】　对夹心墙中连接件或连接钢筋网片作用的理解，以下哪项有误？

（A）协调内外墙叶的变形并为叶墙提供支撑作用

（B）提高内叶墙的承载力，增大叶墙的稳定性

（C）防止叶墙在大的变形下失稳，提高叶墙承载能力

（D）确保夹心墙的耐久性

【题 42、43】　三角形木屋架端节点如图 10-17 所示，单齿连接，齿深 $h_c=30mm$，上下弦杆采用干燥西南云杉 TC15B，方木截面 $b×h=140mm×150mm$，设计使用年限 50 年，结构重要性系数取 1.0。

42. 作用在端节点上弦杆的最大轴向压力设计值（kN），与下列何项数值最为接近？

（A）34.6　　　（B）37.2　　　（C）45.9　　　（D）42.8

43. 下弦拉杆接头处采用双钢夹板螺栓连接，采用 C 级普通螺栓（钢材 Q235），如图 10-18 所示，木材顺纹受力，钢夹板用 Q235 钢，$f_{yk}=235N/mm^2$，每侧钢夹板尺寸 $b×h=10mm×150mm$。已知木材 $f_{em}=14.2N/mm^2$。螺栓受剪承载力由屈服模式Ⅲ控制。试

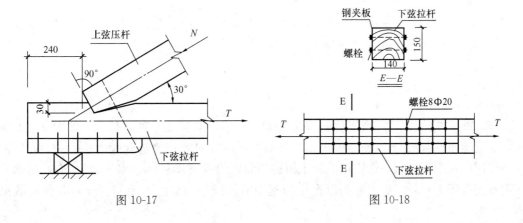

图 10-17　　　　　　　　　　　　　图 10-18

问，该螺栓连接的承载力设计值 T_u（kN），与下列何项数值最为接近？

提示： $k_g = 0.96$。

(A) 85　　　　(B) 80　　　　(C) 75　　　　(D) 70

【题 44~49】 某高层住宅，地基基础设计等级为乙级，基础底面处相应于作用的标准组合时的平均压力值为 390kPa，地基土层分布，土层厚度及相关参数如图 10-19 所示，采用水泥粉煤灰碎石桩（CFG 桩）复合地基，桩径为 400mm。

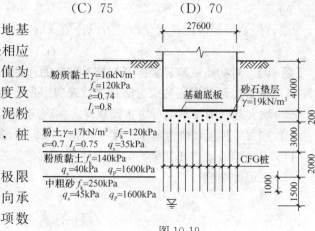

图 10-19

44. 实验得到 CFG 单桩竖向极限承载力为 1500kN，试问，单桩竖向承载力特征值 R_a（kN），与下列何项数值最为接近？

(A) 700　　　　(B) 750　　　　(C) 898　　　　(D) 926

45. 假定有效桩长为 6m，按《建筑地基处理技术规范》JGJ 79—2012 确定的单桩承载力特征值（kN），与下列何项数值最为接近？

(A) 430　　　　(B) 490　　　　(C) 550　　　　(D) 580

46. 试问，满足承载力要求特征值 f_{spk}（kPa），其实测结果最小值应接近下列何项数值？

(A) 248　　　　(B) 300　　　　(C) 430　　　　(D) 335

47. 假定 $R_a = 450$kN，$f_{spk} = 248$kPa，单桩承载力发挥系数 $\lambda = 0.9$，桩间土承载力发挥系数 $\beta = 0.8$，试问，适合于本工程的 CFG 桩面积置换率 m，与下列何项数值最为接近？

(A) 4.36%　　　　(B) 4.86%　　　　(C) 5.82%　　　　(D) 3.82%

48. 假定 $R_a = 450$kN，单桩承载力发挥系数为 0.9，试问，桩身强度 f_{cu}（MPa），与下列何项数值最为接近？

提示： 桩身强度不考虑基础埋深的深度修正。

(A) 10　　　　(B) 11　　　　(C) 12　　　　(D) 13

49. 假定 CFG 桩面积置换率 $m = 5\%$，如图 10-20 所示，桩孔按等边三角形均匀布于基底范围，试问，CFG 桩的间距 s（m），与下列何项数值最为接近？

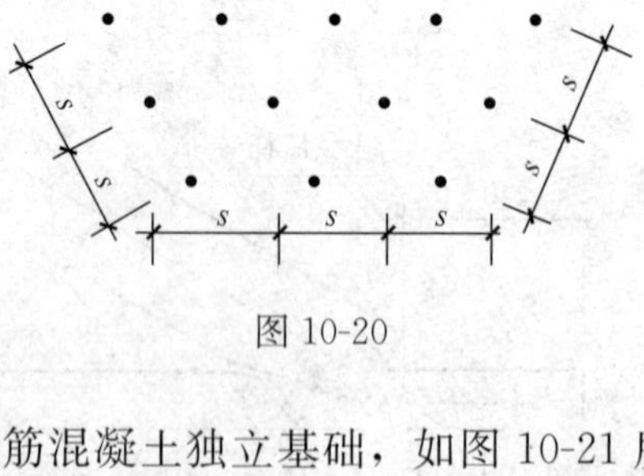

(A) 1.5　　　　(B) 1.7
(C) 1.9　　　　(D) 2.1

图 10-20

【题 50~55】 某门式刚架单层厂房基础，采用钢筋混凝土独立基础，如图 10-21 所示，混凝土短柱截面 500mm×500mm，与水平作用方向垂直的基础底边长 $l = 1.6$m，相应于作用的标准组合时，作用于混凝土短柱顶面处的竖向力为 F_k，水平力为 H_k，基础采用混凝土等级为 C25，基础底面以上土与基础的加权平均重度为 20kN/m³，其他参数见图 10-21。

提示：按《建筑结构可靠性设计统一标准》GB 50068—2018作答。

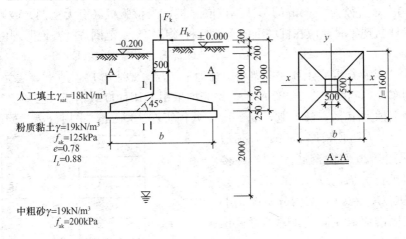

图 10-21

50. 试问，基础底面处修正后的地基承载力特征值 f_a（kPa），与下列何项数值最为接近？

(A) 125 　　　　(B) 143 　　　　(C) 154 　　　　(D) 165

51. 假定修正后的地基承载力特征值为 145kPa，$F_k=200$kN，$H_k=70$kN，在此条件下满足承载力要求的基础底面边长 $b=2.4$m，试问，基础底面边缘处的最大压力标准值 p_{kmax}（kPa），与下列何项数值最为接近？

(A) 140 　　　　(B) 150 　　　　(C) 160 　　　　(D) 170

52. 假定 $b=2.4$m，基础冲切破坏锥体的有效高度 $h_0=450$mm，试问，冲切面（图中虚线处）的冲切承载力设计值（kN），与下列何项数值最为接近？

(A) 380 　　　　(B) 400 　　　　(C) 420 　　　　(D) 450

53. 假定基础底面边长 $b=2.2$m，若按承载力极限状态下荷载的基本组合时，基础底面边缘处的最大基底反力值为 260kPa，已求得冲切验算时取用的部分基础底面积 $A_l=0.609$m²，试问，图 10-21 中所示冲切面承受冲切力设计值（kN），与下列何项数值最为接近？

(A) 60 　　　　(B) 100 　　　　(C) 135 　　　　(D) 160

54. 假定 $F_k=200$kN，$H_k=50$kN，基底面边长 $b=2.2$m，已求出基底面积 $A=3.52$m²，基底面的抵抗矩 $W=1.29$m³，试问，基底面边缘处的最大压力标准值 p_{kmax}（kPa），与下列何项数值最为接近？

(A) 130 　　　　(B) 150 　　　　(C) 160 　　　　(D) 180

55. 假定在荷载的基本组合下基底边缘最小地基反力设计值为 20.5kPa，最大地基反力设计值为 219.3kPa，基底边长 $b=2.2$m。试问，基础 I—I 剖面处的弯矩设计值（kN·m），与下列何项数值最为接近？

(A) 45 　　　　(B) 55 　　　　(C) 65 　　　　(D) 70

【题 56】 试问，复合地基的承载力特征值应按下述何种方法确定？说明理由。

(A) 桩间土的荷载试验结果　　　　(B) 增强体的荷载试验结果

（C）复合地基的荷载试验结果　　　（D）本场地的工程地质勘察报告

【题57】 对直径为1.65m的单柱单桩嵌岩桩，当检验桩底有无空洞、破碎带、软弱夹层等不良地质现象时，应在桩底下的下述何种深度（m）范围进行？说明理由。

（A）3　　　　（B）5　　　　（C）8　　　　（D）9

【题58】 某钢筋混凝土商住框架结构为地下2层，地上6层，地下2层为六级人防，地下1层为车库，剖面如图10-22所示。钢筋均采用 HRB400 级钢筋。已知：（1）地下室柱配筋比地上柱大10%；（2）地下室±0.00处顶板厚160mm，采用分离式配筋，负筋Φ16@150；（3）人防顶板厚250mm，顶板（—4.0m）采用Φ20双向钢筋；（4）各楼层的侧向刚度比为 $K_{-2}/K_{-1}=2.5$，$K_{-1}/K_1=1.8$，$K_1/K_2=0.9$，结构分析时，上部结构的嵌固端应取在何处，哪种意见正确，说明理由。

（A）取在地下2层的板底顶面（—9.00m处），不考虑土体对结构侧向刚度的影响

（B）取在地下1层的板底顶面（—4.00m处），不考虑土体对结构侧向刚度的影响

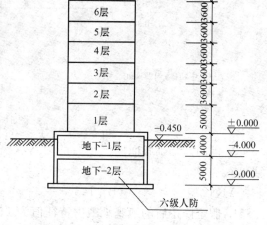

图 10-22

（C）取在地上1层的板底顶面（0.00m处），不考虑土体对结构侧向刚度的影响

（D）取在地下1层的板底顶面（—4.00m处），考虑回填土对结构侧向刚度的影响

【题59~63】 有密集建筑群的城市市区中的某房屋，丙类建筑，地上28层，地下1层，为一般钢筋混凝土框架-核心筒高层建筑，抗震设防烈度为7度，该建筑质量沿高度比较均匀，平面为切角三角形，如图10-23所示。设计使用年限为50年。

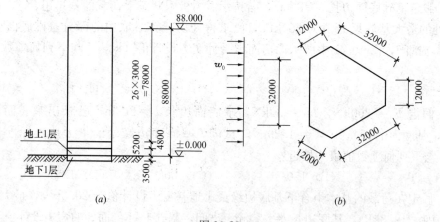

（a）　　　　　　　　　　（b）

图 10-23

（a）建筑立面示意图；（b）建筑平面示意图

59. 假设基本风压，当重现期为10年时，$w_0=0.40\text{kN/m}^2$，当为50年时，$w_0=0.55\text{kN/m}^2$，当为100年时，$w_0=0.65\text{kN/m}^2$，结构基本周期$T=2.9\text{s}$，试问，按承载能

力设计时，确定该建筑脉动风荷载的共振分量因子，与下列何项数值最为接近？

(A) 1.16　　　　(B) 1.23　　　　(C) 1.36　　　　(D) 1.45

60. 试问，按承载能力设计时，屋面处脉动风荷载的背景分量因子，与下列何项数值最为接近？

(A) 0.32　　　　(B) 0.36　　　　(C) 0.40　　　　(D) 0.43

61. 风荷载作用方向如图 10-23 所示，竖向荷载 q_k 呈倒三角形分布，如图 10-24 所示，$q_k = \sum (\mu_{si} B_i) \beta_z \mu_z w_0$，式中 i 为 6 个风作用面的序号，B 为每个面宽度在风荷载作用方向的投影，试问，$\sum (\mu_{si} B_i)$ 值与下列何项数值最为接近？

提示： 按《建筑结构荷载规范》确定风荷载体型系数。

(A) 36.8　　　　(B) 42.2　　　　(C) 57.2　　　　(D) 52.8

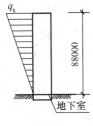

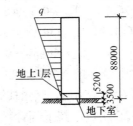

图 10-24　　　　　　　　　　图 10-25

62. 假定风荷载沿高度呈倒三角形分布，地面处为零，屋顶处风荷载设计值 $q = 134.7\text{kN/m}$，如图 10-25 所示，地下室混凝土剪变模量与折算受剪截面面积乘积 $G_0 A_0 = 19.76 \times 10^6 \text{kN}$，地上 1 层 $G_1 A_1 = 17.17 \times 10^6 \text{kN}$。试问，风荷载在该建筑结构计算模型的嵌固端产生的倾覆力矩设计值（kN·m），与下列何项数值最为接近？

提示： 侧向刚度比可近似按楼层等效剪切刚度比计算。

(A) 260779　　　(B) 347706　　　(C) 368449　　　(D) 389708

63. 假设外围框架结构的部分柱在底层不连续，形成带转换层的结构，且该建筑的结构计算模型底部的嵌固端在 ±0.000 处。试问，剪力墙底部需加强部位的高度（m），与下列何项数值最为接近？

(A) 5.2　　　　(B) 10　　　　(C) 11　　　　(D) 13

【题 64～66】 某高度为 66m，18 层的现浇钢筋混凝土框架-剪力墙结构，结构环境类别为一类，框架的抗震等级为二级，框架局部梁柱配筋见图 10-26，梁柱混凝土强度等级

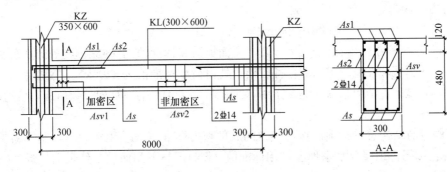

图 10-26

C30，钢筋 HRB400（Φ），HPB300（Φ）。单排钢筋，$a_s = a'_s = 35\text{mm}$；双排钢筋，$a_s = a'_s = 70\text{mm}$。

64. 关于梁端纵向受力钢筋的设置，试问，下列何组配筋符合相关规定要求？

提示： 不要求验算计入受压纵筋作用的梁端截面混凝土受压区高度与有效高度之比。

(A) $As1 = As2 = 4\Phi 25$，$As = 4\Phi 20$

(B) $As1 = As2 = 4\Phi 25$，$As = 4\Phi 18$

(C) $As1 = As2 = 4\Phi 25$，$As = 4\Phi 16$

(D) $As1 = As2 = 4\Phi 28$，$As = 4\Phi 28$

65. 假设梁端上部纵筋为 $8\Phi 25$，下部为 $4\Phi 25$，试问，关于箍筋设置，以下何项最接近规范、规程要求。

(A) $A_{sv1} 4\Phi 10@100$，$A_{sv2} 4\Phi 10@200$

(B) $A_{sv1} 4\Phi 10@150$，$A_{sv2} 4\Phi 10@200$

(C) $A_{sv1} 4\Phi 8@100$，$A_{sv2} 4\Phi 8@200$

(D) $A_{sv1} 4\Phi 8@150$，$A_{sv2} 4\Phi 8@200$

66. 假设该建筑在Ⅳ类场地，其角柱纵向钢筋的配置如图 10-27 所示，该角柱在地震作用组合下产生小偏心受拉，其配筋计算值为 2100mm^2。试问，下列在柱中配置的纵向钢筋截面面积，其中何项最接近规范、规程？

(A) $10\Phi 14$ (B) $10\Phi 16$ (C) $10\Phi 18$ (D) $10\Phi 20$

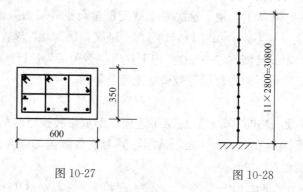

图 10-27   图 10-28

【题 67~69】 某 11 层住宅，钢框架结构，质量、刚度沿高度基本均匀，各层层高如图 10-28 所示，抗震设防烈度 7 度，场地特征周期 $T_g = 0.40\text{s}$。框架抗震等级为三级。采用底部剪力法计算。

提示： 按《高层民用建筑钢结构技术规程》JGJ 99—2015 计算。

67. 假设水平地震影响系数 $\alpha_1 = 0.12$，屋面恒荷载标准值为 4300kN，等效活载标准值为 480kN，雪荷载标准值为 160kN，各层楼盖处恒荷载标准值为 4100kN，等效活荷载标准值为 550kN，试问，结构总水平地震作用标准值 F_{Ek}（kN），与下列何项数值最为接近？

(A) 4200   (B) 4900   (C) 5300   (D) 5800

68. 假设与结构总水平地震作用等效的底部剪力标准值 $F_{Ek} = 6000\text{kN}$，基本自振周期 $T_1 = 1.1\text{s}$，试问，顶层总水平地震作用标准值（kN），与下列何项数值最为接近？

(A) 3000   (B) 2400   (C) 1500   (D) 1400

69. 假设框架钢材采用 Q345，某梁柱节点构造如图 10-29 所示，试问，柱在节点域满足规程要求的腹板最小厚度 t_{wc}（mm），与下列何项数值最为接近？

(A) 10　　　　　　(B) 13

(C) 15　　　　　　(D) 17

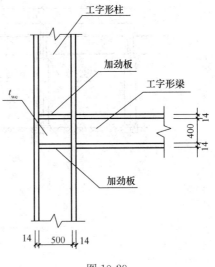

图 10-29

【题 70】 某 18 层钢筋混凝土框架-剪力墙结构，为一般的框架-剪力墙结构，高度 130m，7 度抗震设防，丙类建筑，场地Ⅱ类，下列关于框架、剪力墙的抗震等级确定，正确的是下列哪项？

(A) 框架抗震三级，剪力墙抗震二级

(B) 框架抗震三级，剪力墙抗震三级

(C) 框架抗震二级，剪力墙抗震二级

(D) 上述（A）（B）（C）均不正确

【题 71】 某钢筋混凝土烟囱（图 10-30），抗震设防烈度 8 度，设计基本地震加速度为 0.2g，设计地震分组为第一组，场地类别为Ⅱ类，试问，相应于烟囱基本自振周期的水平地震影响系数，与下列何项数值最为接近？

提示：按《烟囱工程技术标准》GB/T 50051—2021 作答。

(A) 0.059　　　(B) 0.054　　　(C) 0.047　　　(D) 0.042

【题 72】 某一矩形剪力墙如图 10-31 所示，层高 5m，C35 混凝土，顶部作用的垂直荷载设计值 $q=3400$ kN/m，试验算满足墙体稳定所需的厚度 t（mm），与下列何项数值最为接近？

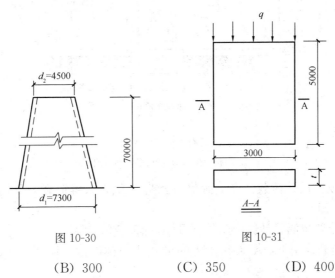

图 10-30　　　　　　图 10-31

(A) 250　　　(B) 300　　　(C) 350　　　(D) 400

【题 73～79】 某一级公路桥梁由多跨简支梁桥组成，总体布置如图 10-32 所示。每孔跨径 25m，计算跨径 24m，桥梁总宽 9.5m，其中行车道宽度为 7.0m，两侧各 0.75m 人行道和 0.50m 栏杆，双向行驶二列汽车。每孔上部结构采用预应力混凝土箱梁，桥墩上设 4 个支座，支座的横桥向中心距为 3.4m。桥墩支承在岩基上，由混凝土独立柱墩身和

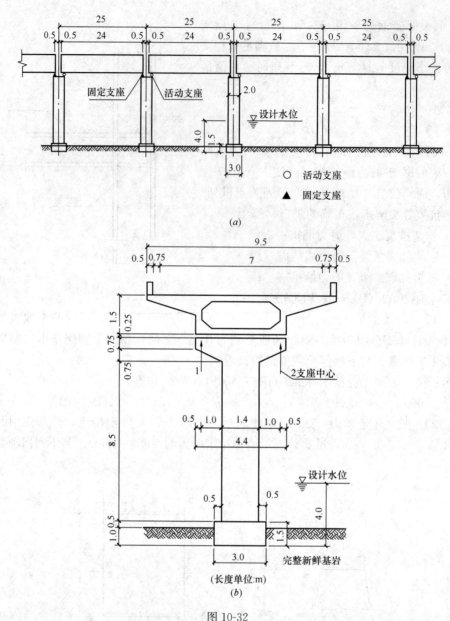

图 10-32

(a) 立面图；(b) 桥墩处横断面图

带悬臂的盖梁组成，设计荷载：汽车荷载为公路-Ⅰ级，人群荷载为 $3.0kN/m^2$，汽车荷载冲击系数 $\mu = 0.215$。

提示：按《公路桥涵设计通用规范》JTG D 60—2015 计算。

73. 在汽车荷载作用下，箱梁支座 1 的最大压力标准值（kN），与下列何项数值最接近？

提示：汽车加载长度取为 24m。

(A) 624　　　　(B) 700　　　　(C) 720　　　　(D) 758

74. 假定该桥箱梁及桥面系每孔恒载的重量为 4500kN/孔，汽车荷载作用下的最大支座反力标准值为 800kN，试问，在恒载作用下每个支座的最大垂直反力标准值（kN），与下列何项数值最接近？

　　(A) 1125　　　　　(B) 1925　　　　　(C) 2250　　　　　(D) 3050

　　75. 假设桥梁每个支座的最大竖向反力设计值为 2000kN，当选用板式橡胶支座的板厚为 42mm，顺桥向的尺寸规定为 400mm 时，试问，板式橡胶支座的平面尺寸（mm×mm），应选下述何项？

　　提示： $\sigma_c = 10$MPa；加劲钢板每侧保护层厚度为 5mm。

　　(A) 400×450　　　(B) 400×500　　　(C) 400×550　　　(D) 400×600

　　76. 假定汽车荷载作用下的最大支座反力标准值为 750kN，试问，在汽车荷载作用下中间桥墩上盖梁与墩柱垂直交界上的最不利弯矩标准值（kN·m），与下列何项数值最为接近？

　　(A) 1330　　　　　(B) 1430　　　　　(C) 1500　　　　　(D) 1630

　　77. 在人群荷载作用下，箱梁支座 1 的最大压力标准值（kN），与下列何项数值最为接近？

　　(A) 36　　　　　　(B) 45　　　　　　(C) 55　　　　　　(D) 62

　　提示： 人群荷载加载长度取为 24m。

　　78. 假设箱梁支座 1 在恒载作用下的最大压力标准值为 700kN，在汽车荷载作用下的最大压力标准值为 600kN（未计入冲击系数），及人群荷载作用下的最大压力标准值为 40kN。试问，支座 1 在持久状况下按承载力极限状态基本组合的最大压力设计值（kN），与下列何项数值最为接近？

　　(A) 1850　　　　　(B) 1910　　　　　(C) 2000　　　　　(D) 2100

　　79. 条件同题 78，试问，支座 1 在持久状况下按正常使用极限状态的准永久组合的最大压力设计值（kN），与下列何项数值最为接近？

　　(A) 960　　　　　　(B) 1250　　　　　(C) 1280　　　　　(D) 1340

　　【题 80】 某城市桥梁，宽 8.5m，平面曲线半径为 100m，上部结构为 20m＋25m＋20m，三跨孔径组合的混凝土连续箱形梁，箱形梁横断面均对称于桥梁中心轴线，平面布置如图 10-33 所示，判定在汽车荷载作用下，边跨横桥向 A_1、A_2、D_1、D_2 两组支座的反力大小关系，并提出下列何组关系式正确。

　　(A) $A_2 > A_1$，$D_2 < D_1$　　　　　　(B) $A_2 < A_1$，$D_2 < D_1$

　　(C) $A_2 > A_1$，$D_2 > D_1$　　　　　　(D) $A_2 < A_1$，$D_2 > D_1$

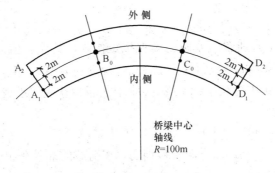

图 10-33

实战训练试题（十一）

（上午卷）

【题 1~4】 某钢筋混凝土 T 形截面独立简支梁，设计使用年限为 50 年，结构安全等级为二级，混凝土强度等级为 C25，荷载简图及截面尺寸如图 11-1 所示。梁上有均布静荷载 g_k，均布活荷载 q_k，集中静荷载 G_k，集中活荷载 P_k，各种荷载均为标准值。均布活荷载、集中活荷载为同一种活荷载，其组合值系数为 0.7。

提示： 按《建筑结构可靠性设计统一标准》GB 50068—2018 作答。

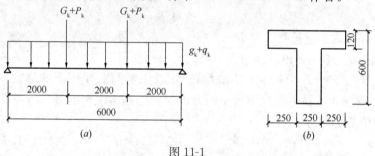

图 11-1

(a) 荷载简图；(b) 梁截面尺寸

1. 已知：$a_s = 65mm$，$f_c = 11.9N/mm^2$，$f_y = 360N/mm^2$。当梁纵向受拉钢筋采用 HRB400 钢筋且不配置受压钢筋时，试问，该梁能承受的最大弯矩设计值（kN·m），应与下列何项数值最为接近？

(A) 450   (B) 523   (C) 666   (D) 688

2. 已知：$a_s = 65mm$，$f_{yv} = 270N/mm^2$，$f_t = 1.27N/mm^2$，$g_k = q_k = 4kN/m$，$G_k = P_k = 40kN$，箍筋采用 HPB300 级钢筋。试问，当采用双肢箍且间距为 200mm 时，该梁斜截面抗剪所需的箍筋的单肢截面面积的计算值（mm^2），应与下列何项数值最为接近？

(A) 42   (B) 50   (C) 65   (D) 108

3. 假定该梁两端支座均改为固定支座，且 $g_k = q_k = 0$（忽略梁自重），$G_k = P_k = 58kN$，集中荷载作用点分别有同方向的集中扭矩作用，其设计值均为 12kN·m；$a_s = 65mm$。已知腹板、翼缘的矩形截面受扭塑性抵抗矩分别为 $W_{tw} = 16.15 \times 10^6 mm^3$，$W_{tf} = 3.6 \times 10^6 mm^3$。试问，集中荷载作用下该受剪扭构件混凝土受扭承载力降低系数 β_t，应与下列何项数值最为接近？

(A) 0.60   (B) 0.69   (C) 0.79   (D) 1.0

4. 假定该梁底部配有 4Φ22 纵向受拉钢筋，按荷载的准永久组合计算的跨中截面纵向钢筋应力 $\sigma_{sq} = 268N/mm^2$。已知：$A_s = 1520mm^2$，$E_s = 2.0 \times 10^5 N/mm^2$，$f_{tk} = 1.78N/mm^2$，其最外层纵筋的混凝土保护层厚度 $c = 25mm$，试问，该梁荷载的准永久组合并考虑长期作用影响的裂缝最大宽度 w_{max}（mm），应与下列何项数值最为接近？

(A) 0.26　　　　　(B) 0.31　　　　　(C) 0.34　　　　　(D) 0.42

【题 5～11】 某单层双跨等高钢筋混凝土柱厂房，其屋面为不上人的屋面，其平面布置图、排架简图及边柱尺寸如图 11-2 所示。该厂房每跨各设有 20/5t 桥式软钩吊车两台，吊车工作级别为 A5 级，吊车参数见表 11-1。设计使用年限为 50 年。结构安全等级为二级。

提示：1t≈10kN。按《建筑结构可靠性设计统一标准》GB 50068—2018 作答。

吊 车 参 数　　　　　　　　　　　　　　　　表 11-1

起重量 Q (t)	吊车宽度 B (m)	轮距 K (m)	最大轮压 P_{max} (kN)	最小轮压 P_{min} (kN)	吊车总重量 G (t)	小车重量 Q (t)
20/5	5.94	4.0	178	43.7	23.5	6.8

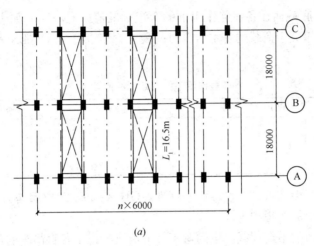

(a)

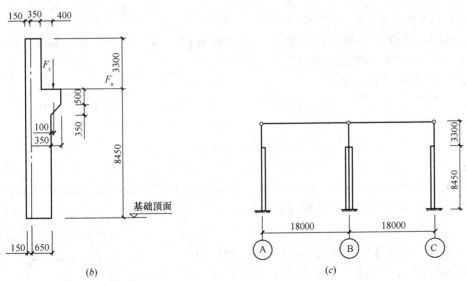

(b)　　　　　　　　　　　　　　　　(c)

图 11-2

(a) 平面布置图；(b) 边柱尺寸图；(c) 排架简图

5. 试问，在计算Ⓐ轴或Ⓒ轴纵向排架的柱间支撑内力时所需的吊车纵向水平荷载

（标准值）F（kN），与下列何项数值最为接近？

  (A) 16   (B) 32   (C) 36   (D) 48

  6. 试问，当进行仅有两台吊车参与组合的横向排架计算时，作用在边跨柱牛腿顶面的最大吊车竖向荷载（标准值）D_{max}（kN）、最小吊车竖向荷载（标准值）D_{min}（kN），与下列何项数值最为接近？

  (A) 324；80   (B) 360；80   (C) 324；52   (D) 360；52

  7. 已知作用在每个吊车车轮上的横向水平荷载（标准值）为 T_Q，试问，在进行排架计算时，作用在Ⓑ轴柱上的最大吊车横向水平荷载（标准值）H，应与下列何项表达式最为接近？

  (A) $1.2T_Q$ (B) $2.0T_Q$ (C) $2.4T_Q$ (D) $4.8T_Q$

  8. 已知某上柱柱底截面在各荷载作用下的弯矩标准值（kN·m）如表 11-2 所示。试问，该上柱柱底截面相应于荷载的基本组合时的最大弯矩设计值 M（kN·m），应与下列何项数值最为接近？

各荷载作用下的弯矩标准值   表 11-2

荷载类型	弯矩标准值（kN·m）	荷载类型	弯矩标准值（kN·m）
屋面恒载	19.3	吊车竖向荷载	58.5
屋面活载	3.8	吊车水平荷载	18.8
屋面雪载	2.8	风荷载	20.3

  提示：①按《建筑结构可靠性设计统一标准》GB 50068—2018 计算；
     ②表中给出的弯矩均为同一方向；
     ③表中给出的吊车荷载产生的弯矩标准值已考虑了各台吊车的荷载折减系数。

  (A) 122.5   (B) 131   (C) 144.3   (D) 155.0

  9. 试问，在进行有吊车荷载参与组合的计算时，该厂房在排架方向的计算长度 l_0（m），应与下列何项数值最为接近？

  提示：该厂房为刚性屋盖。

  (A) 上柱：$l_0 = 4.1$，下柱 $l_0 = 6.8$ (B) 上柱：$l_0 = 4.1$，下柱 $l_0 = 10.6$

  (C) 上柱：$l_0 = 5.0$，下柱 $l_0 = 8.45$ (D) 上柱：$l_0 = 6.6$，下柱 $l_0 = 8.45$

  10. 假定作用在边柱牛腿顶部的竖向力设计值 $F_v = 300$kN，作用在牛腿顶部的水平拉力设计值 $F_h = 60$kN。已知：混凝土强度等级 C40，钢筋采用 HRB400 级钢筋，牛腿宽度为 400mm，$h = 850$mm，$a_s = 50$mm。试问，牛腿顶部所需配置的最小纵向受力钢筋截面面积 A_s（mm²），应与下列何项数值最为接近？

  (A) 495   (B) 685   (C) 845   (D) 930

  11. 柱吊装验算拟按强度验算的方法进行，吊装方法采用翻身起吊。已知上柱柱底截面由柱自重产生的标准组合时的弯矩值 $M = 27.2$kN·m，$a_s = 35$mm。假定上柱截面配筋如图 11-3 所示，试问，吊装验算时，上柱柱底截面纵向钢筋的应力 σ_{sk}（N/mm²），应与下列何项数值最为接近？

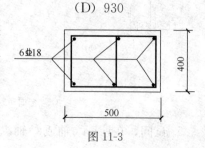

图 11-3

(A) 132   (B) 172   (C) 198   (D) 238

【题 12、13】 某钢筋混凝土框架结构的框架柱，抗震等级为二级，混凝土强度等级为C40，该柱的中间楼层局部纵剖面及配筋截面如图11-4所示。已知：角柱及边柱的反弯点均在柱层高范围内；柱截面有效高度 $h_0 = 550$ mm。

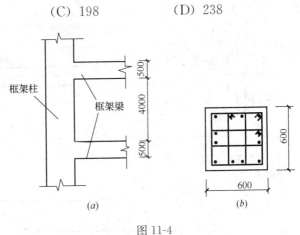

图 11-4
(a) 框架柱局部剖面；(b) 框架柱配筋截面

12. 假定该框架柱为中间层角柱，已知该角柱考虑地震作用组合并经过为实现"强柱弱梁"按规范调整后的柱上、下端弯矩设计值，分别为 $M_c^t = 180$ kN·m 和 $M_c^b = 320$ kN·m。

试问，该柱端截面考虑地震作用组合的剪力设计值（kN），应与下列何项数值最为接近？

(A) 125   (B) 133   (C) 165   (D) 180

13. 假定该框架柱为边柱，已知该边柱箍筋为 Φ 10@100/200，$f_{yv} = 300$ N/mm^2，考虑地震作用组合的柱轴力设计值为3500kN。试问，该柱箍筋非加密区斜截面受剪承载力（kN），应与下列何项数值最为接近？

(A) 615   (B) 653   (C) 686   (D) 710

【题 14】 关于预应力构件有如下意见，试判断其中何项正确，并简述其理由。

(A) 预应力构件有先张法和后张法两种方法，但无论采用何种方法，其预应力损失的计算方法相同

(B) 预应力构件的延性和耗能能力较差，所以可用于非地震地区和抗震设防烈度为6度、7度和8度的地区，若设防烈度为9度的地区采用时，应有充分依据，并采取可靠的措施

(C) 假定在抗震设防烈度为8度地区有两根预应力框架梁，一根采用后张无粘结预应力，另一根采用后张有粘结预应力；当地震发生时，二者的结构延性和抗震性能相同

(D) 某8度抗震设防地区，在不同抗震等级的建筑中有两根后张预应力混凝土框架梁，其抗震等级分别为一级和二级，按规范规定，两根梁的预应力强度比限值不同，前者大于后者

【题 15】 某混凝土框架结构的一根预应力框架梁，抗震等级为二级，混凝土强度等级为C40，其平法施工图如图11-5所示。试问，该梁跨中截面的配筋强度比 λ 值，应与下列何项数值最为接近？

提示：①预应力筋 ϕ^s15.2（1×7）为钢绞线，$f_{ptk} = 1860$ N/mm^2；
　　　②$\lambda = A_p f_{py} / (A_p f_{py} + A_s f_y)$。

(A) $\lambda = 0.34$ (B) $\lambda = 0.66$ (C) $\lambda = 1.99$ (D) $\lambda = 3.40$

【题 16～23】 胶带机通廊悬挂在厂房框架上，通廊宽8m，两侧为走道，中间为卸料和布料设备，结构布置如图11-6所示。通廊结构采用Q235B钢，手工焊接使用E43型电焊条，要求焊缝质量等级为二级。

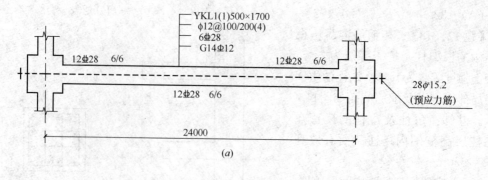

(a)

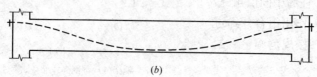

(b)

图 11-5

(a) 平法施工图；(b) 预应力筋示意图

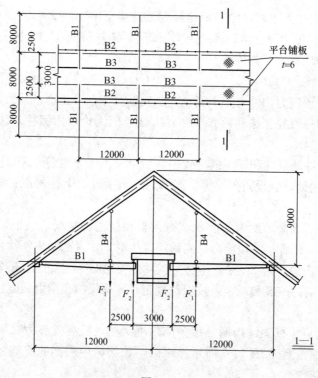

图 11-6

16. 轨道梁（B3）支承在横梁（B1）上，已知轨道梁作用在横梁上的荷载设计值（已含结构自重）$F_2 = 305$kN，试问，横梁最大弯矩设计值（kN·m），与下列何项数值最为接近？

(A) 1525   (B) 763   (C) 508   (D) 381

17. 已知简支平台梁（B2）承受均布荷载，其最大弯矩标准值 $M_x = 135$kN·m，采用热轧 H 型钢 H400×200×8×13 制作，$I_x = 23700 \times 10^4 \, mm^4$，$W_x = 1190 \times 10^3 \, mm^3$。试问，该梁的挠度值（mm），与下列何项数值最为接近？

(A) 30   (B) 42   (C) 60   (D) 83

18. 已知简支轨道梁（B3）承受均布荷载和卸料设备的动荷载，其基本组合的最大弯矩设计值 $M_x = 450 \, kN \cdot m$，采用热轧 H 型钢 H600×200×11×17 制作，$I_x = 78200 \times 10^4 \, mm^4$，$W_x = 2610 \times 10^3 \, mm^3$。当进行抗弯强度计算时，试问，梁的弯曲应力（$N/mm^2$），与下列何项数值最为接近？

提示：截面等级满足 S3 级；取 $W_{nx} = W_x$。

(A) 195   (B) 174   (C) 164   (D) 130

19. 吊杆（B4）的轴心拉力设计值 $N = 520 \, kN$，采用 2[16a，其截面面积 $A = 4390 \, mm^2$，槽钢腹板厚度为 6.5mm。槽钢腹板与节点板之间采用高强度螺栓摩擦型连接，共 6 个 M20 的高强度螺栓（孔径 $d_0 = 22mm$），设杆件轴线分两排布置。试问，吊杆的最大拉应力（N/mm^2），与下列何项数值最为接近？

提示：仅在吊杆端部连接部位有孔。

(A) 180   (B) 170   (C) 160   (D) 150

20. 吊杆（B4）与横梁（B1）的连接如图 11-7 所示，吊杆与节点板连接的角焊缝 $h_f = 6mm$，吊杆的轴心拉力设计值 $N = 520 \, kN$。试问，角焊缝的实际长度 l_1（mm），与下列何项数值最为接近？

(A) 220   (B) 280

(C) 350   (D) 400

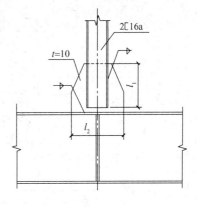

图 11-7

21. 条件同题 20，节点板与横梁（B1）连接的角焊缝 $h_f = 10mm$。试问，角焊缝的实际长度 l_2（mm），与下列何项数值最为接近？

(A) 220   (B) 280

(C) 350   (D) 400

22. 条件同题 20，吊杆与节点板改用铆钉连接，铆钉采用 BL3 钢，孔径 $d_0 = 21mm$，按 II 类孔考虑。试问，铆钉的数量（个），为下列何项数值？

(A) 6   (B) 8   (C) 10   (D) 12

23. 关于轨道梁（B3）与横梁（B1）的连接，试问，采用下列哪一种方法是不妥的，并说明理由。

提示：轨道梁直接承受动力荷载。

(A) 铆钉连接   (B) 焊接连接

(C) 高强度螺栓摩擦型连接   (D) 高强度螺栓承压型连接

【题 24～29】 某原料均化库厂房，跨度 48m，柱距 12m，采用三铰拱钢架结构，并设置有悬挂的胶带机通廊和纵向天窗，厂房剖面如图 11-8（a）所示。刚架梁（A1）、桁架式大檩条（A2）、椽条（A3）及屋面梁顶面水平支撑（A4）的局部布置简图如图 11-8（b）所示。屋面采用彩色压型钢板，跨度 4m 的冷弯型钢小檩条（图中未示出），支承在刚架梁和椽条上，小檩条沿屋面坡向的檩距为 1.25m。跨度为 5m 的椽条（A3）支承在桁

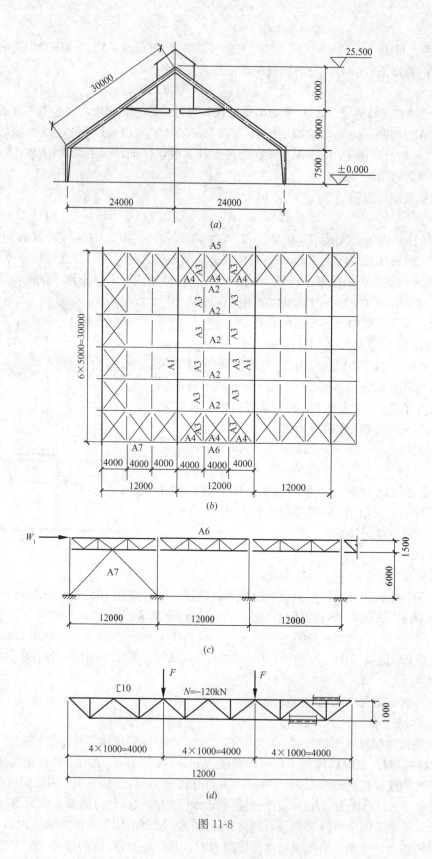

图 11-8

架式大檩条上；跨度 12m 的桁架式大檩条（A2）支承在刚架梁（A1）上，其沿屋面坡向的檩距为 5m，刚架柱及柱间支撑（A7）的局部布置简图如图 11-8（c）所示。桁架式大檩条结构简图如图 11-8（d）所示。

三铰拱刚架结构采用 Q345B 钢，手工焊接时使用 E50 型电焊条；其他结构均采用 Q235B 钢，手工焊接时使用 E43 型电焊条；所有焊接结构，要求焊缝质量等级为二级。

24. 屋面竖向均布荷载设计值为 1.2kN/m²（包括屋面结构自重、雪荷载、积灰荷载；按水平投影面积计算），单跨简支的椽条（A3）在竖向荷载作用下的最大弯矩设计值（kN·m），与下列何项数值最为接近？

(A) 15 　　　　　　(B) 12 　　　　　　(C) 9.6 　　　　　　(D) 3.8

25. 屋面的坡向荷载由两道屋面纵向水平支撑平均分担，假定水平交叉支撑（A4）在其平面内只考虑能承担拉力。当屋面竖向均布荷载按水平投影面积考虑时的设计值为 1.2kN/m² 时，试问，交叉支撑的轴心拉力设计值（kN），与下列何项数值最为接近？

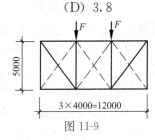

图 11-9

提示：A4 的计算简图如图 11-9 所示。

(A) 88.6 　　　　　　(B) 73.8 　　　　　　(C) 44.3 　　　　　　(D) 34.6

26. 山墙骨架柱间距 4m，上端支承在屋面横向水平支撑上；假定山墙骨架柱两端均为铰接，当迎风面山墙上的风荷载设计值为 0.55kN/m² 时，试问，作用在刚架柱顶的风荷载设计值 W_1（kN），与下列何项数值最为接近？

提示：参见图 11-8 中（c）图，在刚架柱顶作用风荷载 W_1。

(A) 217.8 　　　　　　(B) 161.0 　　　　　　(C) 108.9 　　　　　　(D) 80.5

27. 桁架式大檩条（A2）上弦杆的轴心压力设计值 $N=120$kN，采用 [10，$A=1274$mm²，$i_x=39.5$mm（x 轴为截面的对称轴），$i_y=14.1$mm，槽钢的腹板与桁架平面垂直。当上弦杆按轴心受压构件进行稳定性计算时，试问，最大压应力（N/mm²），应与下列何项数值最为接近？

提示：不考虑扭转效应。

(A) 101.0 　　　　　　(B) 126.4 　　　　　　(C) 143.4 　　　　　　(D) 171.6

28. 刚架梁的弯矩设计值 $M_x=5100$kN·m，采用双轴对称的焊接工字形截面；翼缘板为 -400×25（焰切边），腹板为 -1500×12，$A=38000$mm²；工字形截面 $I_x=1.5 \times 10^{10}$mm⁴，$W_x=19360 \times 10^3$mm³，$i_x=628$mm，$i_y=83.3$mm。当按整体稳定性计算时，试问，梁上翼缘最大压应力（N/mm²），应与下列何项数值最为接近？

提示：截面等级满足 S4 级。φ_b 按近似方法计算，取 $l_{oy}=5$m。

(A) 243.0 　　　　　　(B) 256.2 　　　　　　(C) 277.3 　　　　　　(D) 289.0

29. 刚架柱的弯矩设计值 $M_x=5100$kN·m，轴心压力设计值 $N=920$kN，截面与刚架梁相同（见题 28），作为压弯构件，对弯矩作用平面外的稳定性验算时，构件上最大压应力（N/mm²），与下列何项数值最为接近？

提示：φ_b 按近似方法计算，取 $\beta_{tx}=0.65$。

(A) 210 　　　　　　(B) 248 　　　　　　(C) 286 　　　　　　(D) 310

【题 30、31】 某烧结普通砖砌体结构，因特殊需要需设计有地下室，如图 11-10 所示，房屋的长度为 L、宽度为 B，抗浮设计水位为 -1.0m，基础底面标高为 -4.0m；算至基础底面的全部永久荷载标准值为 $g_k=50\text{kN/m}^2$，全部活荷载标准值 $p_k=10\text{kN/m}^2$。砌体施工质量控制等级为 B 级，结构重要性系数 $\gamma_0=1.0$。设计使用年限为 50 年。

提示： 按《建筑结构可靠性设计统一标准》GB 50068—2018 作答。

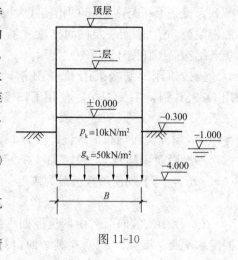

图 11-10

30. 在抗漂浮验算中，漂浮荷载效应 $\gamma_0 S_1$ 与抗漂浮荷载效应 S_2 之比，与下列何项数值最为接近？

提示： 砌体结构按刚体计算，水浮力按活荷载计算。

(A) $\gamma_0 S_1/S_2=0.90>0.8$，不满足漂浮验算

(B) $\gamma_0 S_1/S_2=0.84>0.8$，不满足漂浮验算

(C) $\gamma_0 S_1/S_2=0.70<0.8$，满足漂浮验算

(D) $\gamma_0 S_1/S_2=0.65<0.8$，满足漂浮验算

31. 二层某外墙立面如图 11-11 所示，墙体设构造柱，墙厚 370mm，墙洞宽 0.9m，高 1.2m。窗台高于楼面 0.9m，砌体的弹性模量为 E（MPa）。试问，该外墙层间等效侧向刚度（N/mm），与下列何项数值最为接近？

提示： 墙体剪应变分布不均匀系数 $\xi=1.2$；取 $G=0.4E$。

(A) 217E   (B) 235E   (C) 285E   (D) 195E

【题 32】 某砌体结构多层房屋（刚性方案），如图 11-12 所示，图中风荷载为标准值。试问，外墙在二层顶处由风荷载引起的负弯矩设计值（kN·m），与下列何项数值最为接近？

提示： 按每米墙宽计算；$\gamma_w=1.5$。

(A) -0.30 (B) -0.40 (C) -0.55 (D) -0.65

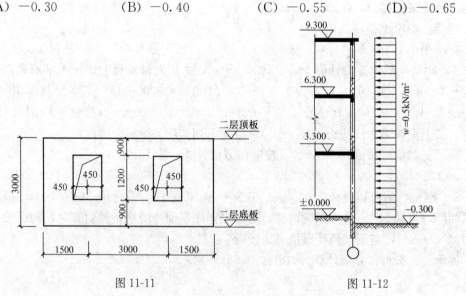

图 11-11   图 11-12

【题 33、34】 某砌体结构房屋顶层，采用 MU10 烧结普通砖，M5 混合砂浆砌筑，砌体施工质量控制等级为 B 级。钢筋混凝土梁（200mm×500mm）支承在墙顶，如图 11-13 所示。

提示： 不考虑梁底面以上高度墙体的重量。

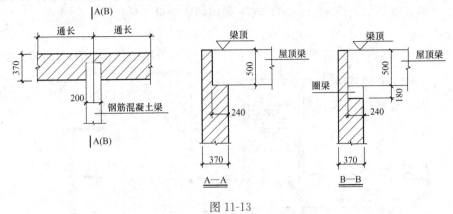

图 11-13

33. 当梁下不设置梁垫时（剖面图 A-A），试问，梁端支承处砌体的局部受压承载力设计值（kN），与下列何项数值最为接近？

(A) 66　　　　　　(B) 77　　　　　　(C) 88　　　　　　(D) 99

34. 假定梁设置通长的钢筋混凝土圈梁，如剖面图 B—B 所示，圈梁截面尺寸为 240mm×180mm，混凝土强度等级为 C20。试问，梁下（圈梁底）砌体的局部受压承载力设计值（kN），与下列何项数值最为接近？

(A) 192　　　　　　(B) 207　　　　　　(C) 223　　　　　　(D) 246

【题 35】 某网状配筋砖砌体受压构件如图 11-14 所示，截面 370mm×800mm，轴向力偏心距 $e=0.1h$（h 为墙厚），构件高厚比小于 16，采用 MU10 烧结普通砖、M10 水泥砂浆砌筑，砌体施工质量控制等级 B 级。钢筋网竖向间距 $s_n=325$mm，采用冷拔低碳钢丝 ϕ^b4 制作，其抗拉强度设计值 $f_y=430$MPa，水平间距为 @60×60。试问，该配筋砖砌体的受压承载力设计值（kN），与下列何项数值最为接近？

(A) $600\varphi_n$　　　　(B) $650\varphi_n$　　　　(C) $700\varphi_n$　　　　(D) $750\varphi_n$

【题 36】 某砖砌体和钢筋混凝土构造柱组合内纵墙，如图 11-15 所示，构造柱的截面均为 240mm×240mm，混凝土的强度等级为 C20，$f_t=1.1$MPa，采用 HRB335 级钢筋，配纵向钢筋 4Φ14。砌体沿阶梯形截面破坏的抗震抗剪强度设计值 $f_{vE}=0.225$MPa，$A=1017600$mm²。砌体施工质量控制等级为 B 级。试问，砖墙和构造柱组合墙的截面抗震承载力设计值 V（kN），应与下列何项数值最为接近？

(A) 316　　　　　　(B) 334　　　　　　(C) 359　　　　　　(D) 366

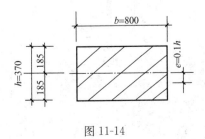

图 11-14

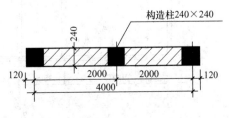

图 11-15

【题 37、38】 某多层仓库，无吊车，采用现浇整体式钢筋混凝土楼（屋）盖，墙厚均为 240mm，采用 MU10 烧结普通砖、M7.5 混合砂浆砌筑，底层层高为 4.5m。

37. 当采用如图 11-16 所示的结构布置时，试问，按允许高厚比 $[\beta]$ 确定的 A 轴线二层承重外墙高度的最大值 h_2（mm），与下列何项数值最为接近？

(A) 5.3

(B) 5.8

(C) 6.3

(D) 外墙高度不受高厚比计算限制

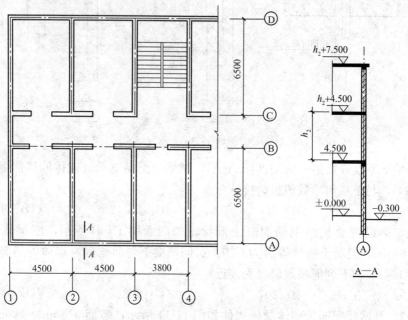

图 11-16

38. 当采用如图 11-17 所示的结构布置时，二层层高 $h_2 = 4.5$m，二层窗高 $h = 1$m，窗中心距为 4m。试问，按允许高厚比 $[\beta]$ 值确定的Ⓐ轴线承重外窗窗洞的最大总宽度 b_s（m），与下列何项数值最接近？

(A) 1.0

(B) 2.0

(C) 4.0

(D) 6.0

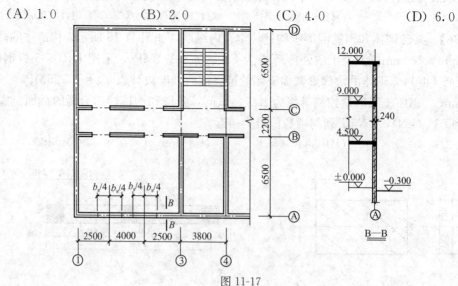

图 11-17

【题 39】 某配筋砌块砌体抗震墙结构，丙类建筑，如图 11-18 所示。抗震等级为二级，墙厚为 190mm，水平分布筋、竖向分筋均采用 HRB335 级钢筋。设计采用了如下三种措施：Ⅰ. 抗震墙底部加强区高度取 7.95m；Ⅱ. 抗震墙底强加强区水平分布筋为 2Φ8@400；Ⅲ. 抗震墙底强加强区竖向分布筋为 2Φ12@600。试判断下列哪组措施符合规范要求？

(A) Ⅰ、Ⅱ   (B) Ⅰ、Ⅲ

(C) Ⅱ、Ⅲ   (D) Ⅰ、Ⅱ、Ⅲ

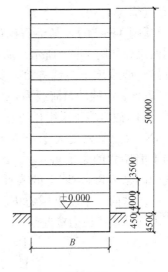

图 11-18

【题 40】 试分析下列说法中何项不正确，并简述理由。

(A) 砌体的抗压强度设计值以龄期为 28d 的毛截面面积计算

(B) 石材的强度等级以边长为 150mm 的立方体试块抗压强度表示

(C) 一般情况下，提高砖的强度等级比提高砂浆的强度等级对增大砌体抗压强度的效果好

(D) 在长期荷载作用下，砌体的强度还要有所降低

（下午卷）

【题 41】 下列有关抗震设计的底部框架-抗震墙砌体房屋的见解，何项不正确？说明理由。

提示： 按《建筑抗震设计规范》GB 50011—2010 和《砌体结构设计规范》GB 50003—2011 解答。

(A) 底部采用钢筋混凝土墙，墙体中各墙段的高宽比不宜小于 2

(B) 底部采用钢筋混凝土墙，边框梁的截面高度不宜小于墙板厚度的 2.5 倍

(C) 抗震等级二级框架柱的柱上、下两端的组合弯矩设计值应乘以 1.25 的增大系数

(D) 过渡层砖砌体砌筑砂浆强度等级不应低于 M5

【题 42、43】 一粗皮落叶松（TC17）制作的轴心受压杆件，截面 $b \times h = 100mm \times 100mm$，其计算长度为 3000mm，杆间中部有一个 30mm×100mm 矩形通孔，如图 11-19 所示。该受压杆件处于露天环境，安全等级为三级，设计使用年限为 25 年。

42. 试问，当按强度验算时，该杆件的受压承载力设计值（kN），与下列何项数值最为接近？

(A) 105   (B) 125

(C) 145   (D) 165

43. 已知杆件全截面回转半径 $i = 28.87mm$，按稳定验算时，试问，该杆件的受压稳定承载力设计值（kN），与下列何项数值最接近？

(A) 42   (B) 38

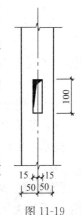

图 11-19

(C) 34　　　　　　　　　　　　　(D) 26

【题 44～50】　某毛石砌体挡土墙，其剖面尺寸如图 11-20 所示。墙背直立，排水良好。墙后填土与墙齐高，其表面倾角为 β，填土表面的均布荷载为 q。

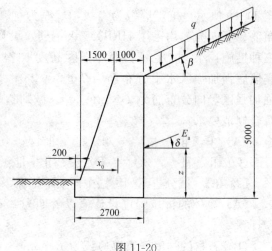

图 11-20

44. 假定填土采用粉质黏土，其重度为 19kN/m³（干密度大于 1650kg/m³），土对挡土墙墙背的摩擦角 $\delta = \varphi/2$（φ 为墙背填土的内摩擦角），填土的表面倾角 $\beta = 10°$，$q = 0$。试问，主动土压力 E_a（kN/m），与下列何项数值最为接近？

(A) 60　　　　　　　　　　(B) 62

(C) 68　　　　　　　　　　(D) 74

45. 假定挡土墙的主动土压力 $E_a = 70$kN/m，土对挡土墙底的摩擦系数 $\mu = 0.4$，$\delta = 13°$，挡土墙每延米自重 $G = 209.22$kN/m。试问，挡土墙抗滑移稳定性安全系数 K_s（即抵抗滑移与引起滑移的力的比值），与下列何项数值最为接近？

(A) 1.29　　　　　(B) 1.32　　　　　(C) 1.45　　　　　(D) 1.56

46. 条件同题 45，已求得挡土墙重心与墙趾的水平距离 $x_0 = 1.68$m，试问，挡土墙抗倾覆稳定性安全系数 K_t（即稳定力矩与倾覆力矩之比），与下列何项数值最为接近？

(A) 2.3　　　　　(B) 2.9　　　　　(C) 3.46　　　　　(D) 4.1

47. 假定 $\delta = 0$，$q = 0$，$E_a = 70$kN/m，挡土墙每延米自重为 209.22kN/m，挡土墙重心与墙趾的水平距离 $x_0 = 1.68$m，试问，挡土墙基础底面边缘的最大压力值 p_{max}（kPa），与下列何项数值最为接近？

(A) 117　　　　　(B) 126　　　　　(C) 134　　　　　(D) 154

48. 假定填土采用粗砂，其重度为 18kN/m³，$\delta = 0$，$\beta = 0$，$q = 15$kN/m²，$k_a = 0.23$，试问，主动土压力 E_a（kN/m）与下列何项数值最为接近？

(A) 83　　　　　(B) 76　　　　　(C) 72　　　　　(D) 69

49. 假定 $\delta = 0$，已计算出墙顶角处的土压力强度 $\sigma_1 = 3.8$kN/m²，墙底面处的土压力强度 $\sigma_2 = 27.83$kN/m²，主动土压力 $E_a = 79$kN/m，试问，主动土压力 E_a 作用点距挡土墙地面的高度 z（m），与下列何项数值最为接近？

(A) 1.6　　　　　(B) 1.9　　　　　(C) 2.2　　　　　(D) 2.5

50. 对挡土墙的地基承载力验算，除应符合《建筑地基基础设计规范》第 5.2.2 条的规定外，基底合力的偏心距 e 尚应符合下列何项数值才是正确的，并简述其理由。

提示：b 为基础宽度。

(A) $e \leqslant b/2$　　　(B) $e \leqslant b/3$　　　(C) $e \leqslant b/3.5$　　　(D) $e \leqslant b/4$

【题 51】　某建筑工程的抗震设防烈度为 7 度，对工程场地进行土层剪切波速测量，测量结果如表 11-3 所示。试问，该场地应判别为下列何项场地才是正确的？

层　序	岩土名称	层厚（m）	底层深度（m）	土（岩）层平均剪切波速（m/s）
1	杂填土	1.20	1.20	116
2	淤泥质黏土	10.50	11.70	135
3	黏土	14.30	26.00	158
4	粉质黏土	3.90	29.90	189
5	粉质黏土混碎石	2.70	32.60	250
6	全风化流纹质凝灰岩	14.60	47.20	365
7	强风化流纹质凝灰岩	4.20	51.40	454
8	中风化流纹质凝灰岩	揭露厚度 11.30	62.70	550

（A）Ⅰ$_1$ 类场地　　　　（B）Ⅱ类场地　　　　（C）Ⅲ类场地　　　　（D）Ⅳ场地

【题 52】　在一般建筑物场地内存在地震断裂时，试问，对于下列何项情况应考虑发震断裂错动对地面建筑的影响，并说明理由。

（A）抗震设防烈度小于 8 度

（B）全新世以前的断裂活动

（C）抗震设防烈度为 8 度，隐伏断裂的土层覆盖厚度大于 60m 时

（D）抗震设防烈度为 9 度，隐伏断裂的土层覆盖厚度大于 80m 时

【题 53～57】　有一等边三角形承台基础，采用沉管灌注桩，桩径为 426mm，有效桩长为 24m。有关地基各土层分布情况、桩端阻力特征值 q_{pa}、桩侧阻力特征值 q_{sia} 及桩的布置、承台尺寸等如图 11-21 所示。

提示：① 按《建筑地基基础设计规范》解答。

　　　　② 按《建筑结构可靠性设计统一标准》作答。

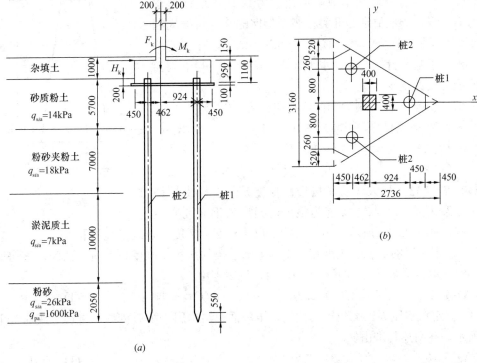

图 11-21

53. 在初步设计时，估算该桩基础的单桩竖向承载力特征值 R_a（kN），与下列何项数值最为接近？

(A) 361　　　　(B) 645　　　　(C) 665　　　　(D) 950

54. 假定钢筋混凝土柱传至承台顶面处相应于作用的标准组合时的竖向力 $F_k = 1400kN$，力矩 $M_k = 160kN \cdot m$，水平力 $H_k = 45kN$；承台自重及承台上土自重标准值 $G_k = 87.34kN$。在上述一组力的作用下，试问，桩1桩顶竖向力 Q_k（kN），与下列何项数值最为接近？

(A) 590　　　　(B) 610　　　　(C) 620　　　　(D) 640

55. 假定承台自重和承台上的土重标准值 $G_k = 87.34kN$；在作用的基本组合下，偏心竖向力产生的最大单桩（桩1）竖向力 $Q_1 = 825kN$。试问，由承台形心到承台边缘（两腰）距离范围内板带的弯矩设计值 M_1（kN·m），与下列何项数值最为接近？

(A) 276　　　　(B) 336　　　　(C) 374　　　　(D) 392

56. 已知 $c_2 = 939mm$，$a_{12} = 467mm$，$h_0 = 890mm$，角桩冲跨比 $\lambda_{12} = a_{12}/h_0 = 0.525$，承台采用混凝土强度等级 C25。试问，承台受桩冲切的承载力设计值（kN），与下列何项数值最为接近？

(A) 740　　　　(B) 810　　　　(C) 850　　　　(D) 1166

57. 已知 $b_0 = 2350mm$，$h_0 = 890mm$，剪跨比 $\lambda_x = a_x/h_0 = 0.087$，承台采用混凝土强度等级 C25。试问，承台对底部角桩（桩2）形成的斜截面受剪承载力设计值（kN），与下列何项数值最为接近？

(A) 2990　　　　(B) 3460　　　　(C) 3630　　　　(D) 3750

【题58】 某圆环形截面砖烟囱，如图11-22所示，抗震设防烈度为8度，设计基本地震加速度为 0.2g，设计地震分组为第一组，场地类别为Ⅱ类；假定烟囱的基本自振周期 $T = 2s$，其总重力荷载代表值 $G_E = 750kN$。试问，在多遇地震下，相应于基本自振周期的水平地震影响系数，与下列何项数值最为接近？

提示：① d_1、d_2 分别为烟囱顶部和底部的外径。

② 按《烟囱工程技术标准》GB/T 50051—2021 作答。

(A) 0.032　　　　(B) 0.037

(C) 0.042　　　　(D) 0.047

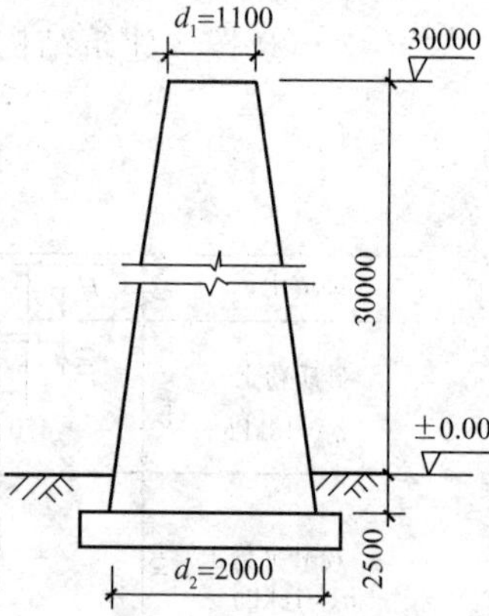

图 11-22

【题59～63】 某大底盘单塔楼高层建筑，主楼为钢筋混凝土框架-核心筒，与主楼连为整体的裙房为钢筋混凝土框架结构，如图11-23所示。本地区抗震设防烈度为7度，建筑场地为Ⅱ类。

59. 假定裙房的面积、刚度相对于其上部塔楼的面积、刚度较大时，试问，该房屋主楼的高宽比取值应最接近于下列何项数值，说明理由。

(A) 1.4　　　　(B) 2.2　　　　(C) 3.4　　　　(D) 3.7

60. 假定该房屋为乙类建筑，试问，裙房框架结构用于抗震措施的抗震等级应为下列何项所示，并简述其理由。

(A) 一级　　　　(B) 二级　　　　(C) 三级　　　　(D) 四级

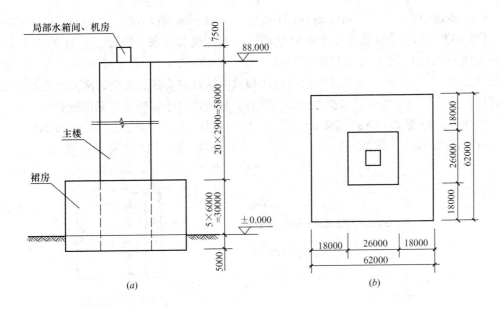

图 11-23

(a) 建筑立面示意图; (b) 建筑平面示意图

61. 假定该建筑的抗震设防类别为丙类, 第 13 层 (标高 50.3m 至 53.2m) 采用的混凝土强度等级为 C30, 纵向钢筋采用 HRB400 (Φ)。核心筒角部边缘构件需在纵向钢筋范围内配置 12 根等直径的纵向钢筋, 如图 11-24 所示。试问, 下列何项中的纵向钢筋最接近且最符合规程中的构造要求?

(A) 12 Φ 12   (B) 12 Φ 14   (C) 12 Φ 16   (D) 12 Φ 18

62. 假定该建筑第 5 层以上为普通住宅, 主楼为丙类建筑; 裙楼 1~5 层为商场, 其营业面积为 8000m²; 裙房为现浇框架结构, 混凝土强度等级采用 C35, 纵向钢筋采用 HRB400 (Φ), 箍筋采用 HPB300 级钢筋 ($f_{yv}=270N/mm^2$); 裙房中的角柱纵向钢筋的配置如图 11-25 所示。试问, 当等直径纵向钢筋为 12 根时, 其配筋为下列何项数值时, 才最满足、最接近规程中规定的对全截面纵向钢筋配筋的构造要求?

(A) 12 Φ 14   (B) 12 Φ 16   (C) 12 Φ 18   (D) 12 Φ 20

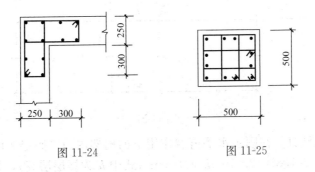

图 11-24   图 11-25

63. 条件同题 62, 该角柱配筋方式如图 11-25 所示。假定柱剪跨比 λ>2, 柱轴压比为 0.70, 纵向钢筋为 12 Φ 22, 箍筋的混凝土保护层厚度 20mm。试问, 当柱加密区配置的复合箍筋直径、间距为下列何项数值时, 才最满足规程中的构造要求?

(A) Φ 8@100　　　　(B) Φ 10@100　　　　(C) Φ 12@100　　　　(D) Φ 14@100

【题 64】　某高层钢筋混凝土框架结构，抗震等级为一级，混凝土强度等级为 C30，钢筋采用 HRB400（Φ）及 HPB300（φ）（$f_{yv}=270N/mm^2$）。框架梁 $h_0=340mm$，其局部配筋如图 11-26 所示，根据梁端截面底面和顶面纵向钢筋截面面积的比值和截面的受压区高度，试判断关于梁端纵向受力钢筋的配置，并提出其中何项是正确的配置？

(A) $A_{s1}=3 Φ 25$，$A_{s2}=2 Φ 25$　　　　(B) $A_{s1}=3 Φ 25$，$A_{s2}=3 Φ 20$

(C) $A_{s1}=A_{s2}=3 Φ 22$　　　　(D) 前三项均非正确配置

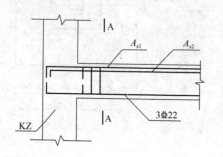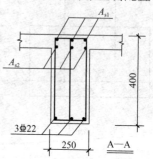

图 11-26

【题 65、66】　某 6 层钢筋混凝土框架结构，其计算简图如图 11-27 所示。边跨梁、中间跨梁、边柱及中柱各自的线刚度，依次分别为 i_{b1}、i_{b2}、i_{c1} 和 i_{c2}（单位为 $10^{10} N \cdot mm$），且在各层之间不变。

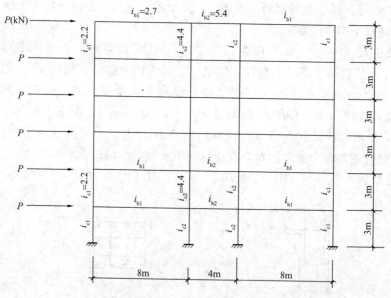

图 11-27

65. 采用 D 值法计算在图示水平荷载作用下的框架内力，假定 2 层中柱的侧移刚度（抗推刚度）$D_{2中}=2.108 \times 12 \times 10^7 / h^2 kN/mm$（式中 h 为楼层层高），且已求出用于确定 2 层边柱侧移刚度 $D_{2边}$ 的刚度修正系数 $\alpha_{2边}=0.38$，试问，第 2 层每个边柱分配的剪力 $V_边$（kN），与下列何项数值最为接近？

(A) 0.7P　　　　(B) 1.4P　　　　(C) 1.9P　　　　(D) 2.8P

66. 用 D 值法计算在水平荷载作用下的框架侧移。假定在图示水平荷载作用下，顶层的层间相对侧移值 $\Delta_6 = 0.0127P$（mm），又已求得底层侧移总刚度 $\Sigma D_1 = 102.84$kN/mm，试问，在图示水平荷载作用下，顶层（屋顶）的绝对侧移值 δ_6（mm），与下列何项数值最为接近？

(A) $0.06P$　　　　(B) $0.12P$　　　　(C) $0.20P$　　　　(D) $0.25P$

【题 67～71】　某高层钢筋混凝土结构为地上 16 层商住楼，地下 2 层（未示出），系底层大空间剪力墙结构，如图 11-28 所示。2～16 层均布置有剪力墙，其中第①、④、⑦轴线剪力墙落地，第②、③、⑤、⑥轴线为框支剪力墙。该建筑位于 7 度抗震设防区，抗震设防类别为丙类，设计基本地震加速度为 0.15g，场地类别Ⅱ类，结构基本自振周期 1s。混凝土强度等级，底层及地下室为 C50，其他层为 C30，框支柱断面为 800mm×800mm。地下第一层顶板标高为±0.00m。

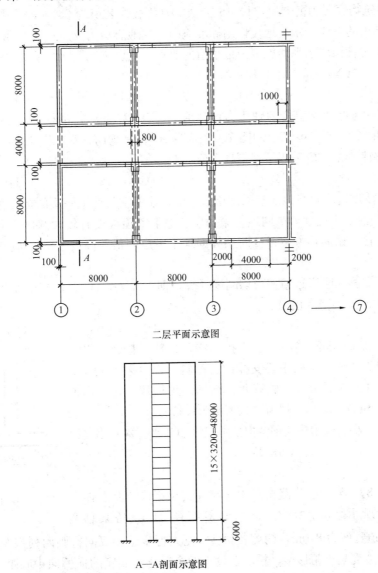

二层平面示意图

A—A剖面示意图

图 11-28

67. 假定承载力满足要求，试判断第④轴线落地剪力墙在第 3 层时墙的最小厚度 b_w（mm），应为下列何项数值时才能满足规程的要求？

(A) 160　　　　　(B) 180　　　　　(C) 200　　　　　(D) 220

68. 假定承载力满足要求，第 1 层各轴线墙厚度相同，第 2 层各轴线横向剪力墙厚度皆为 200mm。试问，第 1 层的最小墙厚 b_w（mm），应为下列何项数值时，才能满足《高层建筑混凝土结构技术规程》JGJ 3—2010 的有关要求？

提示： ① 1 层和 2 层混凝土剪变模量之比 $G_1/G_2=1.15$；

$$②C_1=2.5\left(\frac{h_{c1}}{h_1}\right)^2=0.056;$$

③第 2 层全部剪力墙在计算方向（横向）的有效截面面积 $A_{w2}=22.96\text{m}^2$。

(A) 300　　　　　(B) 350　　　　　(C) 400　　　　　(D) 450

69. 该建筑物底层为薄弱层，1～16 层总重力荷载代表值为 23100kN。假定多遇地震作用分析计算出的对应于水平地震作用标准值的底层地震剪力 $V_{Ek1,j}=5000\text{kN}$，试问，根据规程中有关对各楼层水平地震剪力最小值的要求，底层全部框支柱承受的水平地震剪力标准值之和 V_{ck}（kN），应为下列何项数值？

(A) 1008　　　　　(B) 1120　　　　　(C) 1150　　　　　(D) 1250

70. 框支柱考虑地震组合的轴压力设计值 $N=11827.2\text{kN}$，沿柱全高配复合螺旋箍，箍筋采用 HPB300，直径Φ 12，间距 100，肢距 200；柱剪跨比 $\lambda>2$。试问，柱箍筋加密区最小配箍特征值 λ_v，应采用下列何项数值？

(A) 0.15　　　　　(B) 0.17　　　　　(C) 0.18　　　　　(D) 0.20

71. 假定该建筑的两层地下室采用箱形基础。地下室与地上一层的折算受剪面积之比 $A_0/A_1=n$，其混凝土强度等级同地上第 1 层。地下室顶板设有较大洞口，可作为与上部结构的嵌固部位。试问，方案设计时估算的地下室层高最大高度（m），应与下列何项数值最为接近？

提示： 楼层侧向刚度近似按剪切刚度计算，即：$K_i=G_iA_i/h_i$，其中 h_i 为相应的楼层层高；G_i 为混凝土的剪变模量。

(A) 3n　　　　　(B) 3.2n　　　　　(C) 3.4n　　　　　(D) 3.6n

【题 72】　某高层钢框架-中心支撑结构，抗震设防烈度为 8 度，抗震等级为二级，结构中心支撑的支撑斜杆钢材采用 Q345，构件截面如图 11-29 所示。试验算并指出满足腹板宽厚比要求的腹板厚度 t_w（mm），应与下列何项数值最为接近？

提示： 按《高层民用建筑钢结构技术规程》JGJ 99—2015 作答。

(A) 24　　　　　(B) 26

(C) 30　　　　　(D) 32

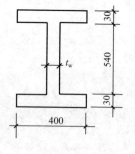

图 11-29

【题 73～78】　某二级公路桥梁由多跨简支梁组成，其总体布置如图 11-30 所示。每孔跨径 25m，计算跨径 24m，桥梁总宽 10.5m，行车道宽度为 8.0m，两侧各设 1m 宽人行步道，双向行驶两列汽车。每孔上部结构采用预应力混凝土箱形梁，桥墩上设立四个支座，支座的横桥向中心距为 4.5m。桥墩支承在基岩上，由混凝土独柱墩身和带悬臂的盖梁组成。计算荷载：公路-Ⅰ级，人群

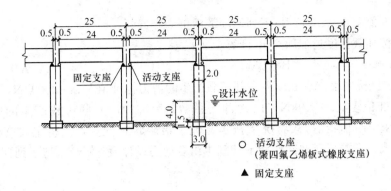

(a)

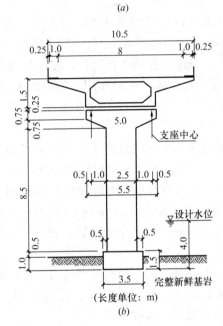

(长度单位: m)

(b)

图 11-30

(a) 立面图；(b) 桥墩处横断面图

荷载 3.0kN/m²；混凝土的重度按 25kN/m³ 计算。

提示：按《公路桥涵设计通用规范》JTG D 60—2015 和《公路钢筋混凝土及预应力混凝土桥涵设计规范》JTG 3362—2018 计算。

73. 若该桥箱形梁混凝土强度等级为 C40，弹性模量 $E_c=3.25\times10^4$ MPa，箱形梁跨中横截面面积 $A=5.3\text{m}^2$，惯性矩 $I_c=1.5\text{m}^4$，试判定公路-Ⅰ级汽车车道荷载的冲击系数 μ，与下列何项数值最为接近？

提示：重力加速度 $g=10\text{m/s}^2$。

(A) 0.08   (B) 0.18   (C) 0.28   (D) 0.38

74. 假定冲击系数 $\mu=0.2$，试问，该桥主梁跨中截面在公路-Ⅰ级汽车车道荷载作用下的弯矩标准值 M_{Qik}（kN·m），与下列何项数值最为接近？

(A) 6150   (B) 6250   (C) 6550   (D) 6950

75. 假定冲击系数 $\mu=0.2$，试问，该桥主梁支点截面在公路-Ⅰ级汽车车道荷载作用

下的剪力标准值 V_{Qjk}（kN），与下列何项数值最为接近？

提示： 按加载长度近似取 24m 计算。

(A) 1300   (B) 1200   (C) 1100   (D) 1000

76. 假定该桥主梁支点截面由全部恒载产生的剪力标准值 $V_{Gk}=2000$kN，汽车荷载产生的剪力标准值 $V_{Qjk}=800$kN（已含冲击系数 $\mu=0.2$），人群荷载产生的剪力标准值 $V_{Qjk}=150$kN。试问，在持久状况下按承载能力极限状态计算，该桥主梁支点截面由恒载、汽车荷载、人群荷载共同作用下的基本组合剪力设计值（kN），与下列何项数值最为接近？

(A) 3730   (B) 3690   (C) 4040   (D) 3920

77. 假定该桥主梁跨中截面由全部恒载产生的弯矩标准值 $M_{Gk}=11000$kN·m，汽车荷载产生的弯矩标准值 $M_{Qjk}=5000$kN·m（已计入冲击系数 $\mu=0.2$），人群荷载产生的弯矩标准值 $M_{Qjk}=500$kN·m。试问，在持久状况下，按正常使用极限状态计算，该桥主梁跨中截面在恒载、汽车荷载、人群荷载共同作用下的准永久组合弯矩设计值 M_{qd}（kN·m），与下列何项数值最为接近？

(A) 12860   (B) 13150   (C) 14850   (D) 16500

78. 假定该桥主梁跨中截面由全部恒载产生的弯矩标准值 $M_{Gk}=11000$kN·m，汽车荷载产生的弯矩标准值 $M_{Qjk}=5000$kN·m（已计入冲击系数 $\mu=0.2$），人群荷载产生的弯矩标准值 $M_{Qjk}=500$kN·m；永久有效预加力荷载产生的轴力标准值 $N_p=15000$kN，主梁净截面重心至预应力钢筋合力点的距离 $e_{pn}=1.0$m（截面重心以下）。试问，在持久状况下构件使用阶段的应力计算，该桥主梁跨中中点处正截面混凝土下缘的法向应力（MPa），与下列何项数值最为接近？

提示： ①计算恒载、汽车荷载、人群荷载及预应力荷载产生的应力时，均取主梁跨中截面面积 $A=5.3\text{m}^2$，惯性矩 $I=1.5\text{m}^4$，截面重心至下缘距离 $y=1.15$m；

②按后张法预应力混凝土构件计算。

(A) 27   (B) 14.3   (C) 12.6   (D) 1.7

【题 79】 当对某公路预应力混凝土连续梁进行持久状况下承载能力极限状态计算时，下列关于作用效应是否计入汽车车道荷载冲击系数和预应力次效应的不同意见，其中何项正确，并简述理由。

提示： 按《公路钢筋混凝土及预应力混凝土桥涵设计规范》JTG 3362—2018 判定。

(A) 二者全计入   (B) 前者计入，后者不计入

(C) 前者不计入，后者计入   (D) 二者均不计入

【题 80】 某公路桥梁中一先张法预应力混凝土空心板，采用混凝土强度等级 C50，采用预应力钢绞线 1×7，其直径为 d，$\sigma_{pe}=1000$MPa，当对该空心板端部区段进行正截面、斜截面抗裂验算时，其板端的预应力钢筋传递长度（mm），与下列何项数值最为接近？

(A) 60d (B) 80d (C) 55d (D) 58d

实战训练试题（十二）

（上午卷）

【题 1、2】 某民用建筑的两跨钢筋混凝土板，板厚 120mm，两跨中间有局部荷载如图 12-1 所示。设计使用年限为 50 年，结构安全等级为二级。

提示： 按《建筑结构可靠性设计统一标准》GB 50068—2018 作答。

1. 假定设备荷载和操作荷载在有效分布宽度内产生的等效荷载标准值 $q_{ek}=6.0kN/m^2$，楼面板面层和吊顶标准值 $1.5kN/m^2$，试问，在计算楼板抗弯承载力时中间支座负弯矩设计值 $M(kN \cdot m/m)$，应与下列何项数值最为接近？

提示： 双跨连续板在Ⓐ、Ⓑ轴线按简支座考虑。

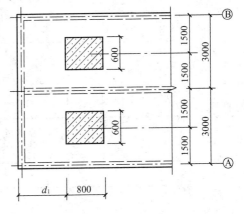

图 12-1

(A) 9.5   (B) 11.5

(C) 15.5   (D) 17.0

2. 假定 $d_1=800mm$，无垫层，试问，当把板上的局部荷载折算成为等效均布活荷载时，其有效分布宽度 b（m），应与下列何项数值最为接近？

(A) 2.4   (B) 2.6   (C) 2.8   (D) 3.0

【题 3、4】 某五跨钢筋混凝土连续梁及 B 支座配筋，如图 12-2 所示，混凝土强度等级为 C30，纵向受力钢筋采用 HRB400，$E_s=2.0 \times 10^5 N/mm^2$，$f_t=1.43N/mm^2$，$f_{tk}=2.01N/m^2$，$E_c=3.0 \times 10^4 N/mm^2$。设计使用年限为 50 年，结构安全等级为二级。

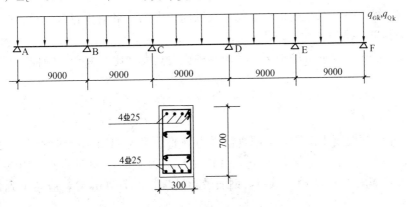

图 12-2

3. 已知 $h_0=660mm$，B 支座纵向钢筋拉应力准永久值为 $220N/mm^2$，受拉钢筋配筋率$\rho=0.992\%$，$\rho_{te}=0.0187$，试问，B 支座处短期刚度 B_s（N·mm²），与下列何项数值最为接近？

(A) 9.27×10^{13}　　　(B) 9.79×10^{13}　　　(C) 1.15×10^{14}　　　(D) 1.31×10^{14}

4. 假定 AB 跨（即左端边跨）按荷载的准永久组合并考虑长期作用影响的跨中最大弯矩截面的刚度和 B 支座处的刚度，依次分别为 $B_1=8.4\times10^{13}$ N·mm²，$B_2=6.5\times10^{13}$ N·mm²，作用在梁上的永久荷载标准值 $q_{Gk}=15$kN/m，可变荷载标准值 $q_{Qk}=30$kN/m，准永久值系数为 0.6。试问，AB 跨中点处的挠度值 f（mm），与下列何项数值最为接近？

提示： 在不同荷载分布作用下，AB 跨中点挠度计算式如图 12-3 中所示。

(A) 20.5　　　(B) 21.2　　　(C) 30.4　　　(D) 34.2

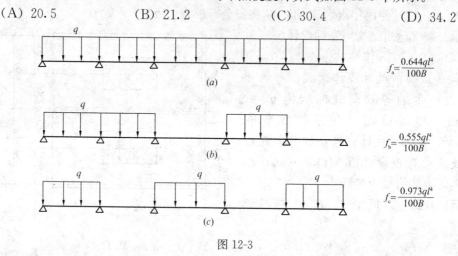

图 12-3

【题 5】 下述对钢筋混凝土结构抗震设计提出一些要求，试问，其中何项组合中的要求全部是正确的？

提示： 按《建筑抗震设计规范》GB 50011—2010 解答。

(1) 质量和刚度明显不对称的结构，均应计算双向地震作用下的扭转影响，并应考虑偶然偏心引起的地震效应叠加进行计算；

(2) 特别不规则的建筑，应采用时程分析的方法进行多遇地震作用下的抗震计算，并按其计算结果进行构件设计；

(3) 抗震等级为一、二级的框架结构，其纵向受力钢筋采用普通钢筋时，钢筋的屈服强度实测值与强度标准值之比不应大于 1.3；

(4) 因设置填充墙等形成的框架柱净高与柱截面高度之比不大于 4 的柱，其箍筋应在全高范围内加密。

(A) (1) (2)　　　　　　　　　　　　(B) (1) (3) (4)

(C) (2) (3) (4)　　　　　　　　　　(D) (3) (4)

【题 6】 某钢筋混凝土次梁，下部纵向受力钢筋配置为 HRB400 级钢筋，4 ⨀ 20，混凝土强度等级为 C30，$f_t=1.43$N/mm²，在施工现场检查时，发现某处采用绑扎搭接接头，其接头方式如图 12-4 所示。试问，钢筋最小搭接长度 l_1（mm），应与下列何项数值最为接近？

(A) 846　　　(B) 992　　　(C) 1100　　　(D) 1283

【题 7～9】 某现浇钢筋混凝土多层框架结构房屋，抗震设防烈度为 9 度，抗震等级为一级。梁、柱混凝土强度等级为C30，纵向受力钢筋均采用HRB400钢筋。框架中间楼层某端节点平面及节点配筋如图12-5所示。

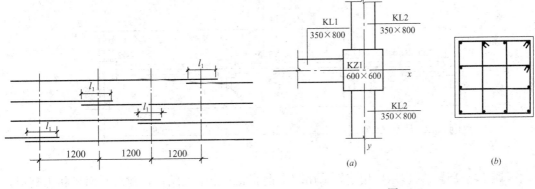

图 12-4

图 12-5

(a) 节点平面示意图；(b) 节点配筋示意图（梁未示出）

7. 该节点上、下楼层的层高均为 4.8m，上柱的上、下端设计值分别为 $M_{c1}^t = 450\text{kN} \cdot \text{m}$，$M_{c1}^b = 400\text{kN} \cdot \text{m}$；下柱的上、下端弯矩设计值分别为 $M_{c2}^t = 450\text{kN} \cdot \text{m}$，$M_{c2}^b = 600\text{kN} \cdot \text{m}$；柱上除带节点外无水平荷载作用。试问，上、下柱反弯点之间的距离 H_c（m），应与下列何项数值最为接近？

(A) 4.3   (B) 4.6   (C) 4.8   (D) 5.0

8. 假定框架梁 KL1 在考虑 x 方向地震作用组合时的梁端最大负弯矩设计值 $M_b = 650\text{kN} \cdot \text{m}$；梁端上部和下部配筋均为 5$\Phi$25（$A_s = A_s' = 2454\text{mm}^2$），$a_s = a_s' = 40\text{mm}$；该节点上柱和下柱反弯点之间的距离为 4.6m。试问，在 x 方向进行节点验算时，该节点核心区的剪力设计值 V_j（kN），应与下列何项数值最为接近？

(A) 988   (B) 1100   (C) 1220   (D) 1505

9. 假定框架梁柱节点核心区的剪力设计值 $V_j = 1300\text{kN}$，箍筋采用 HRB335 钢筋，箍筋间距 $s = 100\text{mm}$，节点核心区箍筋的最小体积配箍率 $\rho_{v,min} = 0.78\%$；箍筋混凝土保护层厚度为 20mm，$a_s = a_s' = 40\text{mm}$。试问，在节点核心区，下列何项箍筋的配置较为合适？

(A) Φ8@100   (B) Φ10@100   (C) Φ12@100   (D) Φ14@100

【题10】 下述关于预应力混凝土结构设计的观点，其中何项不妥？

(A) 对后张法预应力混凝土框架梁及连续梁，在满足纵向受力钢筋最小配筋率的条件下，均可考虑内力重分布

(B) 后张法预应力混凝土超静定结构，在进行正截面受弯承载力计算时，在弯矩设计值中次弯矩应参与组合

(C) 当预应力作为荷载效应考虑时，对承载能力极限状态，当预应力效应对结构有利时，预应力分项系数取 1.0，不利时取 1.2

(D) 预应力框架柱箍筋宜沿柱全高加密

【题11】 某框架梁，抗震设防烈度为 8 度，抗震等级为二级，环境类别为一类，其施工图采用平法表示，如图 12-6 所示。双排钢筋，取 $a_s = a_s' = 65\text{mm}$。试问，在 KL1（3）梁的构造中（不必验算箍筋加密区长度），下列何项判断是正确的？

(A) 未违反条文   (B) 违反 1 条条文

(C) 违反 2 条条文　　　　　　　　　　(D) 违反 3 条条文

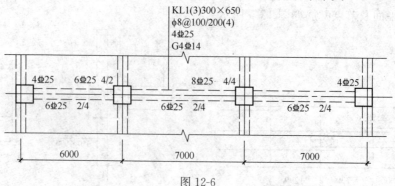

KL1(3)300×650
φ8@100/200(4)
4Φ25
G4Φ14

4Φ25　6Φ25 4/2　　　8Φ25 4/4　　　　4Φ25
6Φ25 2/4　　　6Φ25 2/4　　　6Φ25 2/4

6000　　　　　　7000　　　　　　7000

图 12-6

【题 12～15】 某多层民用建筑采用现浇钢筋混凝土框架结构，建筑平面形状为矩形，抗扭刚度较大，属规则框架，抗震等级为二级；梁、柱混凝土强度等级均为 C30。平行于该建筑短边方向的边榀框架局部立面，如图 12-7 所示。纵向受力钢筋采用 HRB400 钢筋。双排布筋，$a_s=a_s'=60mm$；单排布筋，$a_s=a_s'=35mm$。

提示： ① 水平地震作用效应应考虑边榀效应。

② 按《建筑与市政工程抗震通用规范》GB 55002—2021 作答。

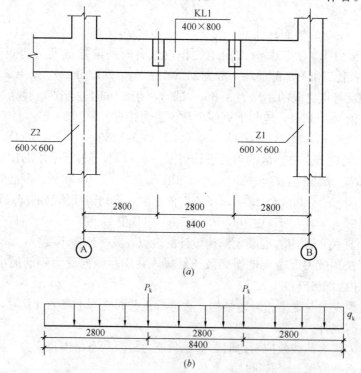

图 12-7

(a) 框架局部立面示意图（楼板未示出）；(b) 边跨框架梁 KL1 荷载示意图

12. 在计算地震作用时，假定框架梁 KL1 上的重力荷载代表值 $P_k=180kN$，$q_k=25kN/m$，由重力荷载代表值产生的梁端（柱边处截面）的弯矩标准值 $M_{b1}=260kN \cdot m$（↷），$M_{b1}=-150kN \cdot m$（↶）；由地震作用产生的梁端（柱边处截面）的弯矩标准值

$M_{b2}^l = 390kN \cdot m(\,)$，$M_{b2}^r = 300kN \cdot m(\,)$。试问，梁端地震作用组合最大剪力设计值 $V(kN)$，应与下列何项数值最为接近？

(A) 465 　　　(B) 490 　　　(C) 515 　　　(D) 550

13. 已知柱 Z1 的轴力设计值 $N = 3600kN$，箍筋配置如图 12-8 所示箍筋，采用 HRB335 钢筋。试问，该柱的体积配箍率与规范规定的最小体积配箍率的比值，应与下列何项数值最为接近？

提示：箍筋的混凝土保护层厚度 $c = 20mm$。

(A) 0.63 　　　(B) 0.71

(C) 1.40 　　　(D) 1.60

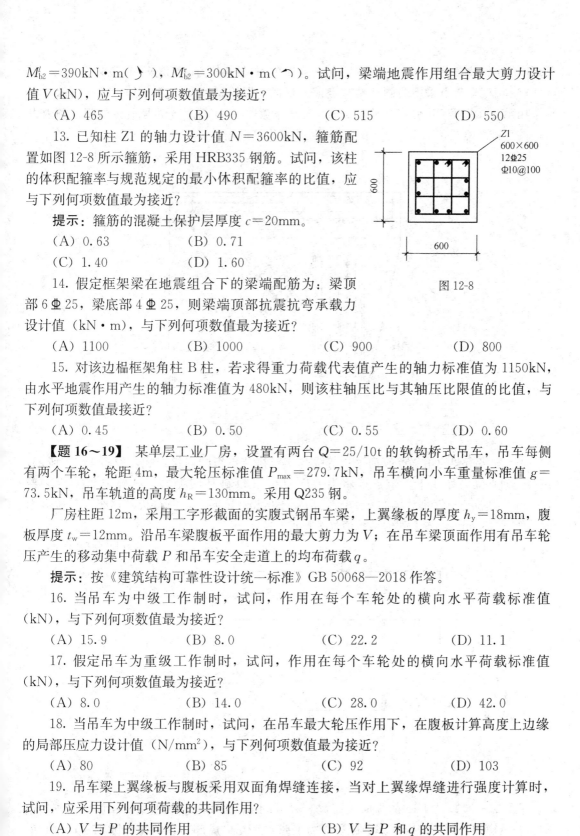

图 12-8

14. 假定框架梁在地震组合下的梁端配筋为：梁顶部 6 Φ 25，梁底部 4 Φ 25，则梁端顶部抗震抗弯承载力设计值（$kN \cdot m$），与下列何项数值最为接近？

(A) 1100 　　　(B) 1000 　　　(C) 900 　　　(D) 800

15. 对该边榀框架角柱 B 柱，若求得重力荷载代表值产生的轴力标准值为 1150kN，由水平地震作用产生的轴力标准值为 480kN，则该柱轴压比与其轴压比限值的比值，与下列何项数值最接近？

(A) 0.45 　　　(B) 0.50 　　　(C) 0.55 　　　(D) 0.60

【题 16~19】 某单层工业厂房，设置有两台 $Q = 25/10t$ 的软钩桥式吊车，吊车每侧有两个车轮，轮距 4m，最大轮压标准值 $P_{max} = 279.7kN$，吊车横向小车重量标准值 $g = 73.5kN$，吊车轨道的高度 $h_R = 130mm$。采用 Q235 钢。

厂房柱距 12m，采用工字形截面的实腹式钢吊车梁，上翼缘板的厚度 $h_y = 18mm$，腹板厚度 $t_w = 12mm$。沿吊车梁腹板平面作用的最大剪力为 V；在吊车梁顶面作用有吊车轮压产生的移动集中荷载 P 和吊车安全走道上的均布荷载 q。

提示：按《建筑结构可靠性设计统一标准》GB 50068—2018 作答。

16. 当吊车为中级工作制时，试问，作用在每个车轮处的横向水平荷载标准值（kN），与下列何项数值最为接近？

(A) 15.9 　　　(B) 8.0 　　　(C) 22.2 　　　(D) 11.1

17. 假定吊车为重级工作制时，试问，作用在每个车轮处的横向水平荷载标准值（kN），与下列何项数值最为接近？

(A) 8.0 　　　(B) 14.0 　　　(C) 28.0 　　　(D) 42.0

18. 当吊车为中级工作制时，试问，在吊车最大轮压作用下，在腹板计算高度上边缘的局部压应力设计值（N/mm^2），与下列何项数值最为接近？

(A) 80 　　　(B) 85 　　　(C) 92 　　　(D) 103

19. 吊车梁上翼缘板与腹板采用双面角焊缝连接，当对上翼缘焊缝进行强度计算时，试问，应采用下列何项荷载的共同作用？

(A) V 与 P 的共同作用 　　　(B) V 与 P 和 q 的共同作用

(C) V 与 q 的共同作用 　　　(D) P 与 q 的共同作用

【题 20、21】 某屋盖工程大跨度主桁架结构使用 Q345B 钢材，其所有杆件均采用热轧 H

型钢，H型钢的腹板与桁架平面垂直。桁架端节点斜杆轴心拉力设计值N＝12700kN。

20. 桁架端节点采用两侧外贴节点板的高强度螺栓摩擦型连接，如图 12-9 所示，螺栓采用 10.9 级 M27 高强度螺栓，摩擦面抗滑系数取 0.4，采用标准圆孔。试问，顺内力方向的每排螺栓数量（个），与下列何项数值最为接近？

(A) 26   (B) 22   (C) 18   (D) 16

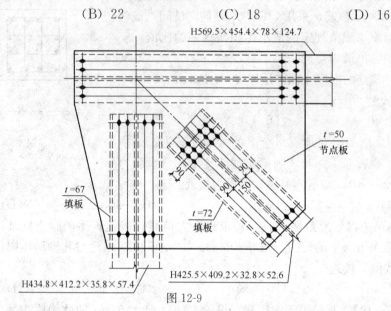

图 12-9

21. 现将桁架的端节点改为采用等强焊接对接节点板的连接形式，如图 12-10 所示，在斜杆轴心拉力作用下，节点板将沿 AB—BC—CD 破坏线撕裂。已确定 AB＝CD＝400mm，其拉剪折算系数均取 $\eta=0.7$，BC＝33mm。试问，在节点板破坏线上的拉应力设计值（N/mm²），与下列何项数值最为接近？

(A) 356.0   (B) 258.7   (C) 178.5   (D) 158.2

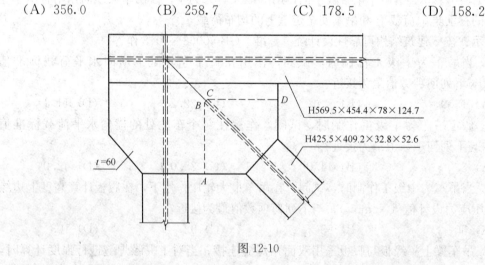

图 12-10

【题 22～27】 某厂房的纵向天窗宽 8m、高 4m，采用彩色压型钢板屋面、冷弯型钢檩条；天窗架、檩条、拉条、撑杆和天窗上弦水平支撑局部布置简图如图 12-11（a）所示；天窗两侧的垂直支撑如图 12-11（b）所示；工程中通常采用的三种形式天窗架的结构简图和设计值分别如图 12-11（c）、（d）、（e）所示。所有构件均采用 Q235 钢，手工焊接

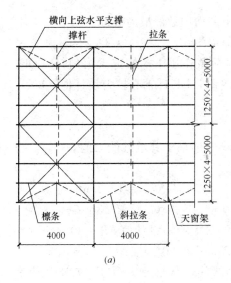

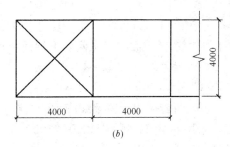

(a)

(b)

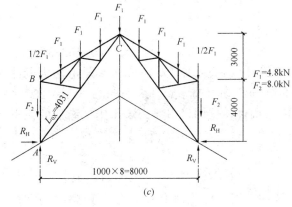

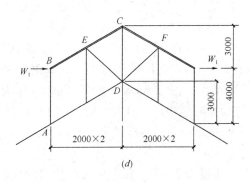

$F_1=4.8kN$
$F_2=8.0kN$

(c)

(d)

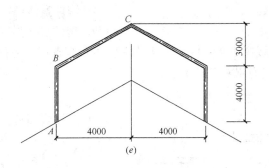

(e)

图 12-11

时使用 E43 型焊条，要求焊缝质量等级为二级。

22. 桁架式天窗架如图 12-11（c）所示，试问，天窗架支座 A 水平反力 R_H 的设计值（kN），应与下列何项数值最为接近？

(A) 3.3   (B) 4.2   (C) 5.5   (D) 6.6

23. 在图 12-11（c）中，杆件 AC 在各节间最大的轴心压力设计值 $N=12kN$，采用 $\top 100 \times 6$，$A=2386mm^2$，$i_x=31mm$，$i_y=43mm$。当按轴心受压构件进行稳定性计算

时，试问，杆件截面的压应力设计值（N/mm²），与下列何项数值最为接近？

(A) 46.2 (B) 35.0 (C) 27.8 (D) 24.9

24. 多竖杆式天窗架如图 12-11 (d) 所示，在风荷载作用下，假定天窗斜杆（DE、DF）仅承担拉力。试问，当风荷载设计值 $W_1 = 2.5kN$ 时，DF 杆轴心拉力设计值（kN），与下列何项数值最为接近？

(A) 8.0 (B) 9.2 (C) 11.3 (D) 12.5

25. 在图 12-11 (d) 中，杆件 CD 的轴心压力很小（远小于其承载能力的 50%），当按长细比选择截面时，试问，下列何项较为经济合理？

(A) ∟45×5 ($i_{min} = 17.2mm$) (B) ∟50×5 ($i_{min} = 19.2mm$)
(C) ∟56×5 ($i_{min} = 21.7mm$) (D) ∟70×5 ($i_{min} = 27.3mm$)

26. 两铰拱式天窗架如图 12-11 (e) 所示，斜梁的最大弯矩设计值 $M_x = 30.2kN \cdot m$ 时，采用热轧 H 型钢 H200×100×5.5×8，$A = 2757mm^2$，$W_x = 188 \times 10^3 mm^3$，$i_x = 82.5mm$，$i_y = 22.1mm$。当按整体稳定性计算时，试问，截面上最大压应力设计值（N/mm²），与下列何项数值最为接近？

提示：φ_b 按近似计算方法计算；取 $l_{0y} = 2.5m$。

(A) 171.3 (B) 180.6 (C) 205.9 (D) 152.3

27. 在图 12-11 (e) 中，立柱的最大弯矩设计值 $M_x = 30.2kN \cdot m$ 时，轴心压力设计值 $N = 29.6kN$，采用热轧 H 型钢 H194×150×6×9，$A = 3976mm^2$，$W_x = 283 \times 10^3 mm^3$，$i_x = 83mm$，$i_y = 35.7mm$。作为压弯构件，试问，当对弯矩作用平面外的稳定性计算时，构件上最大压应力设计值（N/mm²），与下列何项数值最为接近？

提示：截面等级满足 S3 级；取 $\beta_{tx} = 1.0$。

(A) 171.3 (B) 180.6 (C) 205.9 (D) 151.4

【题 28】 某一在主平面内受弯的实腹构件，当构件截面上有螺栓（或铆钉）孔时，下列何项计算要考虑螺栓（或铆钉）孔引起的截面削弱？

(A) 构件变形计算 (B) 构件整体稳定性计算
(C) 构件抗弯强度计算 (D) 构件抗剪强度计算

【题 29】 对方形斜腹杆塔架结构，当从结构构造和节省钢材方面综合考虑时，试问，下列何种截面形式的竖向分肢杆件不宜选用？

(A) 热轧方钢管 (B) 热轧圆钢管

(C) 热轧 H 型钢组合截面 (D) 热轧 H 型钢

【题 30】 某三层砌体结构，采用钢筋混凝土现浇楼盖，其第二层纵向各墙段的层间等效侧向刚度值见表 12-1，该层纵向水平地震剪力标准值为 $V_{EK} = 300kN$。试问，墙段 3 应承担的水平地震剪力标准值 V_{E3K}（kN），应与下列何项数值最为接近？

第二层纵向各墙段的等效侧向刚度				表 12-1
墙段编号	1	2	3	4
每个墙段的层间等效侧向刚度 (kN/m)	0.0025E	0.005E	0.01E	0.15E
每类墙段的总数量（个）	4	2	1	2

(A) 5 　　　　(B) 9 　　　　(C) 14 　　　　(D) 20

【题 31、32】 某五层砌体结构房屋，如图 12 12 所示。抗震设防烈度为 7 度，设计基本地震加速度为 $0.10g$，设计地震分组为第一组，场地类别为 Ⅱ 类，集中在屋盖和楼盖处的重力荷载代表值为 $G_5 = 2300$kN，$G_4 = G_3 = G_2 = 4300$kN，$G_1 = 4920$kN，采用底部剪力法计算多遇地震下的地震作用。

31. 结构总水平地震作用标准值 F_{Ek}（kN），与下列何项数值最为接近？

(A) 2730 　　　　　　　　(B) 2010

(C) 1370 　　　　　　　　(D) 1610

32. 若已知结构总水平地震作用标准值 $F_{Ek} = 2000$kN，作用于屋盖处的地震作用标准值 F_{5k}（kN），与下列何项数值最为接近？

(A) 300 　　　　　　　　(B) 380

(C) 450 　　　　　　　　(D) 400

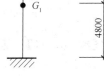

图 12-12

【题 33、34】 某多层砌体结构承重横墙墙段 A，如图 12-13 所示，采用烧结普通砖砌筑。

33. 当砌体抗剪强度设计值 $f_v = 0.14$MPa 时，假定对应于重力荷载代表值的砌体上部压应力 $\sigma_0 = 0.3$MPa，试问，该墙段截面抗震受剪承载力设计值（kN），与下列何项数值最为接近？

(A) 150 　　　　(B) 170 　　　　(C) 185 　　　　(D) 200

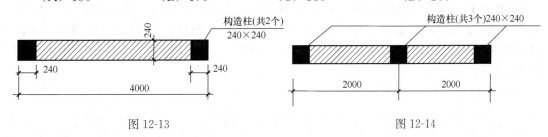

图 12-13 　　　　　　　　　　　　　　　　图 12-14

34. 在墙段中部增设一构造柱，如图 12-14 所示。构造柱的混凝土强度等级 C20，每根造柱均配 HRB335 级 4Φ14 纵向钢筋（$A_s = 616$mm²）。试问，该墙段的最大截面受剪承载力设计值（kN），与下列何项数值最为接近？

提示： $f_t = 1.1$N/mm²；$f_y = 300$N/mm²，取 $f_{vE} = 0.2$N/mm² 进行计算。

(A) 240 　　　　(B) 272 　　　　(C) 288 　　　　(D) 315

【题 35】 某多层砌体结构第一层外墙局部墙段设置构造柱，其立面如图 12-15 所示，墙厚 240mm。当进行水平地震剪力分配时，试问，计算该砌体墙段层间等效侧向刚度所采用的洞口影响系数，与下列何项数值最为接近？

（A）0.88　　　　（B）0.91　　　　（C）0.95　　　　（D）0.98

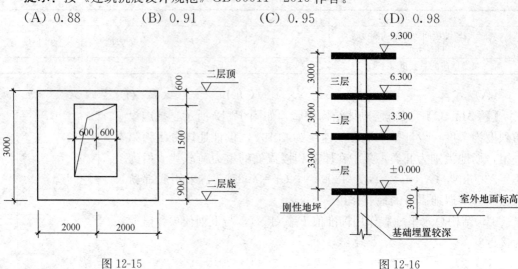

图 12-15　　　　　　　　　　　　　　　　　图 12-16

【题 36、37】　某三层无筋砌体房屋（无吊车），现浇钢筋混凝土楼（屋）盖，刚性方案，砌体采用 MU15 蒸压灰砂普通砖、Ms7.5 水泥砂浆砌筑，砌体施工质量控制等级为 B 级，安全等级二级。各层砖柱截面均为 370mm×490mm，基础埋置较深且底层地面设置刚性地坪，房屋局部剖面示意图，如图 12-16 所示。

36. 当计算底层砖柱的轴心受压承载力时，试问，其 φ 值应与下列何项数值最为接近？

（A）0.91　　　　（B）0.88　　　　（C）0.83　　　　（D）0.79

37. 若取 $\varphi=0.9$，试问，二层砖柱的轴心受压承载力设计值（kN），应与下列何项数值最为接近？

（A）300　　　　（B）275　　　　（C）245　　　　（D）218

【题 38】　某底层框架-抗震墙房屋，约束普通砖抗震墙嵌砌于框架之间，如图 12-17 所示。其抗震构造符合抗震要求，由于墙上孔洞的影响，两段墙体承担的水平地震剪力设计值分别为 $V_1=100\text{kN}$，$V_2=150\text{kN}$。试问，框架柱 2 的附加轴力设计值（kN），与下列何项数值最为接近？

（A）35　　　　（B）75　　　　（C）115　　　　（D）185

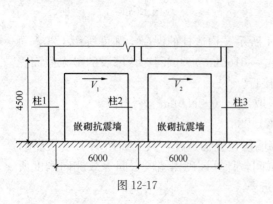

图 12-17

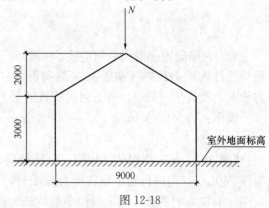

图 12-18

【题 39】 某无吊车单层砌体房屋，刚性方案，墙体采用 MU15 蒸压灰砂普通砖，Ms5 混合砂浆砌筑。山墙（无壁柱）如图 12-18 所示，墙厚 240mm，其基础距室外地面 500mm，屋顶轴向力 N 的偏心距 $e=12$mm。当计算山墙的受压承载力时，试问，计算高厚比 β 和轴向力的偏心距 e 对受压构件承载力的影响系数 φ，与下列何项数值最为接近？

(A) 0.48　　　　(B) 0.53　　　　(C) 0.61　　　　(D) 0.64

【题 40】 对砌体房屋进行截面抗震承载力验算时，就如何确定不利墙段的下述不同见解中，其中何项组合的内容是全部正确的？

Ⅰ. 选择竖向应力较大的墙段；　　　　Ⅱ. 选择竖向应力较小的墙段；

Ⅲ. 选择从属面积较大的墙段；　　　　Ⅳ. 选择从属面积较小的墙段。

(A) Ⅰ+Ⅲ　　　(B) Ⅰ+Ⅳ　　　(C) Ⅱ+Ⅲ　　　(D) Ⅱ+Ⅳ

（下午卷）

【题 41】 在多遇地震作用下，配筋砌块砌体抗震墙结构的楼层内最大层间弹性位移角限值，应为下列何项数值？

提示：按《砌体结构设计规范》作答。

(A) 1/800　　　(B) 1/1000　　　(C) 1/1200　　　(D) 1/1500

【题 42、43】 某受拉木构件由两端矩形截面的油松木连接而成，顺纹受力，接头采用螺栓木夹板连接，夹板木材与主杆件相同，连接节点处的构造如图 12-19 所示，使用中木构件含水率为 16%。该构件的安全等级为二级，设计使用年限为 50 年，螺栓采用 4.6 级普通螺栓，其排列方式为两纵行齐列，螺栓纵向中距为 $9d$，端距为 $7d$。

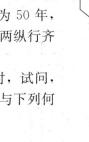

图 12-19

42. 当构件接头部位连接强度足够时，试问，该杆件的轴心受拉承载力设计值（kN），与下列何项数值最为接近？

(A) 160　　　　(B) 180

(C) 200　　　　(D) 120

43. 若该杆件的轴心拉力设计值为 130kN，单个螺栓的每个剪面的承载力参考设计值为 8.3kN。试问，接头每端所需的最经济合理的螺栓总数量（个），与下列何项数值最为接近？

提示：$k_g=0.96$。

(A) 14　　　　(B) 12　　　　(C) 10　　　　(D) 8

【题 44】 位于土坡坡顶的钢筋混凝土条形基础，如图 12-20 所示。试问，该基础底面

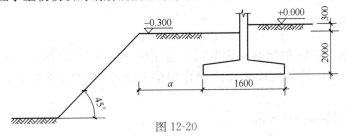

图 12-20

外边缘线至稳定土坡坡顶的水平距离 a（m），应不小于下列何项数值？

(A) 2.0　　　　(B) 2.5　　　　(C) 3.0　　　　(D) 3.6

【题 45】 下列关于地基设计的一些主张，其中何项是正确的？

(A) 设计等级为甲级的建筑物，应按地基变形设计，其他等级的建筑物可仅作承载力验算

(B) 设计等级为甲、乙级的建筑物应按地基变形设计，丙级的建筑物可仅作承载力验算

(C) 设计等级为甲、乙级的建筑物，在满足承载力计算的前提下，应按地基变形设计，丙级的建筑物满足《建筑地基基础设计规范》规定的相关条件时，可仅作承载力验算

(D) 所有设计等级的建筑物均应按地基变形设计

【题 46、47】 某工程地基条件如图 12-21 所示，季节性冻土地基的设计冻结深度为 0.8m，采用水泥土搅拌桩法进行地基处理。

46. 水泥土搅拌桩的直径为 600mm，有效桩顶面位于地面下 1100mm，桩端伸入黏土层 300mm。初步设计时按《建筑地基处理技术规范》JGJ 79—2012 规定估算，并取 $\alpha_p = 0.5$ 时，试问，单桩竖向承载力特征值 R_a（kN），与下列何项数值最为接近？

(A) 85　　　　(B) 106　　　　(C) 112　　　　(D) 120

47. 采用水泥土搅拌桩处理后的复合地基承载力特征值 f_{spk} 为 100kN，单桩承载力发挥系数 $\lambda = 1.0$，桩间土承载力发挥系数 β 为 0.3，单桩竖向承载力特征值 R_a 为 155kN，桩径为 600mm，则面积置换率 m，与下列何项数值最为接近？

(A) 0.23　　　　(B) 0.25　　　　(C) 0.16　　　　(D) 0.19

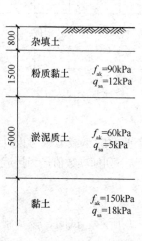

图 12-21

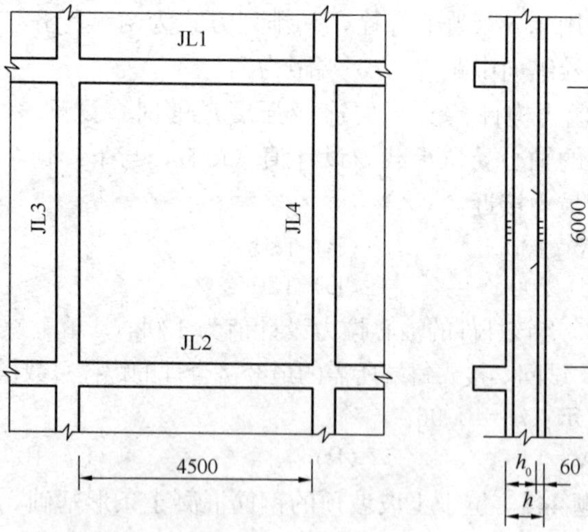

图 12-22

【题 48～53】 某 15 层建筑的梁板式筏基底板，如图 12-22 所示，采用 C35 级混凝土，$f_t = 1.57\text{N/m}^2$，筏基底面处相应于作用的基本组合时的地基土平均净反力设计值 $p = 280\text{kPa}$。

提示： 计算时取 $a_s = 60\text{mm}$。

48. 试问，设计时初步估算得到的筏板厚度 h（mm），与下列何项数值最为接近？

(A) 320 　　　　　(B) 360 　　　　　(C) 380 　　　　　(D) 400

49. 假定筏板厚度取 450mm。试问，对图示区格内的筏板作冲切承载力验算时，作用在冲切面上的最大冲切力设计值 F_1（kN），与下列何项数值最为接近？

(A) 5440 　　　　　(B) 6080 　　　　　(C) 6820 　　　　　(D) 7560

50. 筏板厚度取 450mm。试问，对图示区格内的筏板作冲切承载力验算时，底板受冲切承载力设计值 F（kN），与下列何项数值最为接近？

(A) 6500 　　　　　(B) 8335 　　　　　(C) 7420 　　　　　(D) 9010

51. 筏板厚度取 450mm。试问，进行筏板斜截面受剪切承载力计算时，平行于 JL4 的剪切面上（一侧）的最大剪力设计值 V_s（kN），与下列何项数值最为接近？

(A) 1750 　　　　　(B) 1930 　　　　　(C) 2360 　　　　　(D) 3780

52. 筏板厚度取 450mm。试问：平行于 JL4 的最大剪力作用面上（一侧）的斜截面受剪承载力设计值 V（kN），与下列何项数值最为接近？

(A) 2237 　　　　　(B) 2750 　　　　　(C) 3010 　　　　　(D) 3250

53. 假定筏板厚度为 850mm，采用 HRB400 级钢筋（$f_y = 360\text{N/mm}^2$），已计算出每米宽区格板的长跨支座及跨中的弯矩设计值均为 $M = 240\text{kN} \cdot \text{m}$。试问，筏板在长跨方向的底部配筋，应采用下列何项才最为合理？

(A) $\oplus 12@200$ 通长筋 $+\oplus 12@200$ 支座短筋

(B) $\oplus 12@100$ 通长筋

(C) $\oplus 12@200$ 通长筋 $+\oplus 14@200$ 支座短筋

(D) $\oplus 14@100$ 通长筋

【题 54～57】　某高层建筑采用的满堂布桩的钢筋混凝土桩筏基础及地基的土层分布，如图 12-23 所示。桩为摩擦桩，桩距为 $4d$（d 为桩的直径）。由上部荷载（不包括筏板自重）产生的筏板底面处相应于作用的准永久组合时的平均压力值为 600kPa，不计其他相

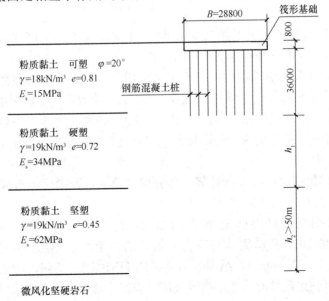

图 12-23

邻荷载的影响。筏板基础宽度 $B=28.8$m，长度 $A=51.2$m，筏板外缘尺寸的宽度 $b_0=28$m，长度 $a_0=50.4$m，钢筋混凝土桩有效长度取 36m，即按桩端计算平面在筏板底面向下 36m 处。

提示：按《建筑地基基础设计规范》GB 50007—2011 作答。

54. 假定桩端持力层土层厚度 $h_1=40$m，桩间土的内摩擦角 $\varphi=20°$，试问，计算桩基础中点的地基变形时，其地基变形计算深度（m），与下列何项数值最为接近？

提示：按《建筑地基基础设计规范》的简化公式计算。

(A) 33　　　　　(B) 37　　　　　(C) 40　　　　　(D) 44

55. 土层条件同题 54，当采用实体深基础计算桩基最终沉降量时，试问，实体深基础的支承面积（m^2），与下列何项数值最为接近？

(A) 1411　　　　(B) 1588　　　　(C) 1729　　　　(D) 1945

56. 土层条件同题 54，筏板厚 800mm，采用实体深基础计算桩基最终沉降时，假定实体深基础的支承面积为 2000m^2。试问，桩底平面处对应于作用的准永久组合时的附加压力（kPa），与下列何项数值最为接近？

提示：采用实体深基础计算桩基础沉降时，在实体基础的支承面积范围内，筏板桩、土的混合重度（或称平均重度），可近似取 20kN/m^3。

(A) 460　　　　　(B) 520　　　　　(C) 580　　　　　(D) 700

57. 假若桩端持力层土层厚度 $h_1=30$m，在桩底平面实体深基础的支承面积内，相应于作用的准永久组合时的附加应力为 750kPa，且在计算变形量时，取 $\psi_s=0.2$。又已知，矩形面积土层上均布荷载作用下交点的平均附加应力系数依次分别为：在持力层顶面处，$\bar{\alpha}_0=0.25$；在持力层底面处，$\bar{\alpha}_1=0.237$，试问，在通过桩筏基础平面中心点竖线上，该持力层的最终变形量（mm），与下列何项数值最为接近？

(A) 93　　　　　(B) 114　　　　　(C) 126　　　　　(D) 184

【题 58】 试问，下列一些主张中何项不符合现行规范、规程的有关规定或力学计算原理？

(A) 带转换层的高层建筑钢筋混凝土结构，抗震设计时，7 度（0.15g），其跨度大于 8m 的转换构件尚应考虑竖向地震作用的影响

(B) 钢筋混凝土高层建筑结构，在水平力作用下，只要结构的弹性等效抗侧刚度和重力荷载之间的关系满足一定的限制，可不考虑重力二阶效应的不利影响

(C) 高层建筑的水平力是设计的主要因素，随着高度的增加，一般可以认为轴力与高度成正比；水平力所产生的弯矩与高度的二次方成正比；水平力产生的侧向顶点位移与高度的三次方成正比

(D) 建筑结构抗震设计，不宜将某一部分构件超强，否则可能造成构件的相对薄弱部位

【题 59】 某钢筋混凝土框架-剪力墙结构，抗震等级为一级，第四层剪力墙厚 250mm，该楼面处墙内设置暗梁（与剪力墙重合的框架梁），剪力墙（包括暗梁）采用 C35 混凝土（$f_t=1.57$N/mm^2），纵向受力筋采用 HRB400。试问，暗梁截面上、下的纵向钢筋，采用下列何组配置时，才最接近又满足规程中最低的构造要求？

(A) 上、下均配 2Φ25　　　　　　　(B) 上、下均配 2Φ22

(C) 上、下均配 2 Φ 20 （D）上、下均配 2 Φ 18

【题 60】 抗震等级为二级的钢筋混凝土框架结构，其节点核心区的尺寸及配筋如图 12-24 所示。混凝土强度等级为 C40（$f_c = 19.1\text{N/mm}^2$），主筋、箍筋分别采用 HRB400（$f_y = 360\text{N/mm}^2$）和 HPB300（$f_{yv} = 270\text{N/mm}^2$），箍筋混凝土保护层厚度 20mm。已知柱的剪跨比大于 2。试问，节点核心区箍筋的配置，为下列何项时，才能最接近又满足规程中的最低构造要求？

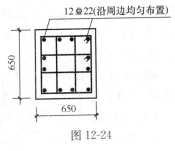
图 12-24

（A）Φ 10@150   （B）Φ 10@100   （C）Φ 8@100   （D）Φ 8@80

【题 61、62】 某带转换层的钢筋混凝土框架-核心筒结构，抗震等级为一级，其局部外框架柱不落地，采用转换梁托柱的方式使下层柱距变大，如图 12-25 所示。梁、柱混凝土强度等级采用 C40（$f_t = 1.71\text{N/mm}^2$），纵筋采用 HRB500 钢筋，箍筋均采用 HRB335（$f_y = 300\text{N/mm}^2$）。

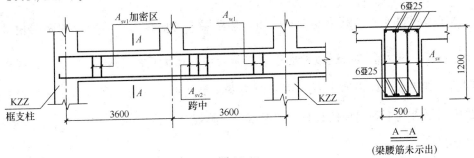
图 12-25

61. 试问，下列对转换梁箍筋的不同配置中，其中何项最符合相关规范、规程的最低要求？

（A）$A_{sv1} = 4\,\Phi\,10@100$，$A_{sv2} = 4\,\Phi\,10@200$

（B）$A_{sv1} = A_{sv2} = 4\,\Phi\,10@100$

（C）$A_{sv1} = 4\,\Phi\,12@100$，$A_{sv2} = 4\,\Phi\,12@200$

（D）$A_{sv1} = A_{sv2} = 4\,\Phi\,12@100$

62. 转换梁下框支柱配筋如图 12-26 所示，纵向钢筋混凝土保护层厚 30mm。试问，关于纵向钢筋的配置，下列何项最符合有关规范、规程的构造规定？

（A）24 Φ 28   （B）28 Φ 25   （C）24 Φ 25   （D）前三项均符合

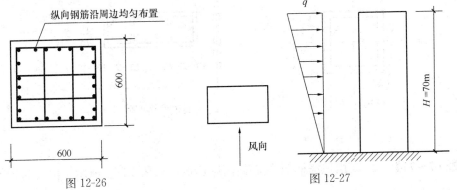

图 12-26   图 12-27

【题 63～65】 非抗震设计时，某钢筋混凝土框架-剪力墙结构，20 层，房屋高度 $H=70\text{m}$，如图 12-27 所示。屋面重力荷载设计值为 $0.8\times10^4\text{kN}$，其他楼层的每层重力荷载设计值均为 $1.2\times10^4\text{kN}$。倒三角分布荷载最大标准值 $q=85\text{kN/m}$，在该荷载作用下，结构顶点质心的弹性水平位移为 u。

63. 在水平力作用下，计算该高层结构内力、位移时，试问，其顶点质心的弹性水平位移值 u 的最大值为下列何项数值时，才可不考虑重力二阶效应的不利影响？

(A) 50mm   (B) 60mm   (C) 70mm   (D) 80mm

64. 假定该结构纵向主轴方向的弹性等效抗侧刚度 $EJ_d=3.5\times10^9\text{kN}\cdot\text{m}^2$，底层某中柱按弹性方法但未考虑重力二阶效应的纵向水平剪力的标准值为 160kN，试问，按有关规范、规程的要求，确定其是否需要考虑重力二阶效应的不利影响后，该柱的纵向水平剪力标准值的取值，应与下列何项数值最为接近？

(A) 160kN   (B) 180kN   (C) 200kN   (D) 220kN

65. 假定该结构在横向主轴方向的弹性等效侧向刚度 $EJ_d=1.80\times10^9\text{kN}\cdot\text{m}^2$，小于 $2.7H^2\sum\limits_{i=1}^{n}G_i$，外部水平荷载不变。又已知，某楼层未考虑重力二阶效应的楼层相对侧移 $\dfrac{\Delta u}{h}=\dfrac{1}{850}$，若以增大系数法近似考虑重力二阶效应，增大后的 $\dfrac{\Delta u}{h}$ 不满足规范、规程所规定的限值，如果仅考虑再增大 EJ_d 值的办法来满足变形。试问，该结构在该主轴方向的 EJ_d 最少需增大到下列何项倍数时，考虑重力二阶效应后该层的 $\dfrac{\Delta u}{h}$ 比值，才能满足规范、规程的要求？

提示：$0.14H^2\sum\limits_{i=1}^{n}G_i=1.62\times10^8\text{kN}\cdot\text{m}^2$。

(A) 1.03   (B) 1.20   (C) 1.50   (D) 2.00

【题 66】 某 13 层钢框架结构，抗震设防烈度为 8 度，框架抗震等级为一级，箱形方柱截面如图 12-28 所示，回转半径 $i_x=i_y=173\text{mm}$，钢材采用 Q345。试问，满足规程要求的最大层高 h（mm），应与下列何项数值最为接近？

提示：①按《高层民用建筑钢结构技术规程》JGJ 99—2015 计算；

       ②柱子的计算高度取层高 h。

(A) 7800   (B) 8600   (C) 9200   (D) 10000

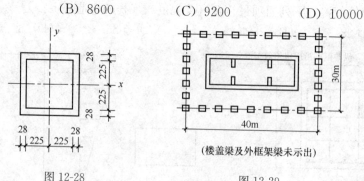

图 12-28   图 12-29

【题 67～72】 某 42 层现浇框架-核心筒高层建筑，如图 12-29 所示，内筒为钢筋混凝土筒体，外周边为型钢混凝土框架，房屋高度为132m，该建筑物的竖向体形比较规则、匀称。建筑物的抗震设防烈度为7度，丙类建筑，设计地震分组为第一组，设计基本地震加速度为0.1g，场地类别Ⅱ类，结构的计算基本自振周期 $T_1=3.0s$，周期折减系数取0.8。

67. 计算多遇地震时，试问，该结构的水平地震影响系数，与下列何项数值最为接近？

提示：$\eta_1=0.021$，$\eta_2=1.078$。

(A) 0.019　　　　(B) 0.021　　　　(C) 0.023　　　　(D) 0.025

68. 该建筑物总重力荷载代表值为 6×10^5kN，抗震设计时，在水平地震作用下，对应于地震作用标准值的结构底部总剪力计算值为8600kN，对应于地震作用标准值且未经调整的各层框架总剪力中，底层最大，其计算值为1500kN。试问，抗震设计时，对应于地震作用标准值的底层框架总水平剪力的取值，与下列何项数值最为接近？

(A) 1500kN　　　(B) 1729kN　　　(C) 1920kN　　　(D) 2250kN

69. 该结构的内筒非底部加强部位四角暗柱如图12-30所示，抗震设计时采用约束边缘构件的方法加强，图中的阴影部分即为暗柱（约束边缘构件）的外轮廓线，纵筋采用 HRB500（Φ），箍筋采用 HPB300（ϕ）（$f_{yv}=270N/mm^2$）。试问，下列何项数值符合相关规范、规程中的构造要求？

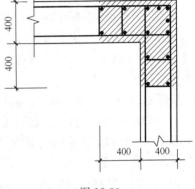
图12-30

(A) 14Φ22，ϕ10@100

(B) 14Φ20，ϕ10@100

(C) 14Φ18，ϕ8@100

(D) 上述三组配置均不符合要求

70. 外周边框架底层某中柱，截面 $b\times h=700mm$
$\times700mm$，混凝土强度等级为 C50（$f_c=23.1N/mm^2$），内置 Q345 型钢（$f_y=295N/mm^2$），考虑地震作用组合的柱轴向压力设计值 $N=18000kN$，剪跨比 $\lambda=2.5$。试问，采用的型钢截面面积最小值（mm^2），与下列何项数值最为接近？

(A) 14700　　　　(B) 19600　　　　(C) 45000　　　　(D) 53000

71. 条件同题70，假定柱轴压比为0.60，试问，该柱在箍筋加密区的下列四组配筋（纵向钢筋用 HRB500 级钢筋和箍筋用 HPB300 级钢筋，箍筋的混凝土保护层厚度为20mm），其中哪一组满足且最接近相关规范、规程最低的构造要求？

(A) 12Φ20，4ϕ14@100　　　　(B) 12Φ22，4ϕ14@100

(C) 12Φ20，4ϕ12@100　　　　(D) 12Φ22，4ϕ12@100

72. 核心筒底层某一连梁，如图12-31所示，连梁截面的有效高度 $h_b=1040mm$，筒体部分的混凝土强度等级均为 C35（$f_c=16.7N/mm^2$）。考虑水平地震作用组合的连梁剪力设计值 $V_b=620kN$，其左、右端考虑地震作用组合的弯矩设计值分别为 $M_b^l=-1400$ $kN\cdot m$，$M_b^r=-400kN\cdot m$。在重力荷载代表值作用下，按简支梁计算的梁端截面剪力设计值为60kN。当连梁中交叉暗撑与水平线的夹角 $\alpha=37°$ 时，试问，交叉暗撑中计算所需的纵向钢筋 HRB400 级钢筋，应为下列何项数值？

提示：连梁剪力增大系数按《混凝土结构设计规范》GB 50010—2010 计算。

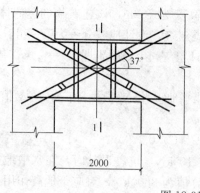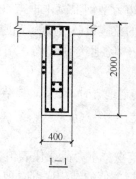

图 12-31

(A) 4Φ18   (B) 4Φ20   (C) 4Φ22   (D) 4Φ25

【题 73~77】 某一级公路设计行车速度 $V=100$kN/m，双向六车道，汽车荷载采用公路-Ⅰ级。其公路上有一座计算跨径为 40m 的预应力混凝土箱形简支桥梁，采用上、下双幅分离式横断面。混凝土强度等级为 C50，横断面布置如图 12-32 所示。

提示：按《公路桥涵设计通用规范》JTG D 60—2015 和《公路钢筋混凝土及预应力混凝土桥涵设计规范》JTG 3362—2018 计算。

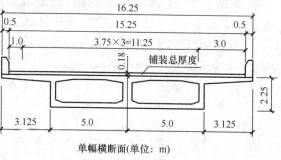

单幅横断面(单位：m)

图 12-32

73. 试问，该桥在计算汽车设计车道荷载时，其设计车道数应按下列何项数值选用？

(A) 二车道   (B) 三车道   (C) 四车道   (D) 五车道

74. 计算该箱形梁桥汽车车道荷载时，应按横桥向偏载考虑。假定车道荷载冲击系数 $\mu=0.215$，车道横向折减系数为 0.67，扭转影响对箱形梁内力的不均匀系数 $K=1.2$。试问，该箱形梁桥跨中断面，由汽车车道荷载产生的弯矩作用标准值（kN·m），与下列何项数值最为接近？

(A) 21000   (B) 21500   (C) 22000   (D) 22500

75. 计算该后张法预应力混凝土简支箱形梁桥的跨中断面时，所采用的有关数值为：$A=9.6$m^2，$h=2.25$m，$I_0=7.75$m^4，中性轴至上翼缘边缘距离为 0.95m，至下翼缘边缘距离为 1.3m；混凝土强度等级为 C50，$E_c=3.45\times10^4$MPa；预应力钢束合力点距下边缘距离为 0.3m。假定在正常使用极限状态频遇组合作用下，跨中断面永久作用值与可变作用的频遇组合弯矩值 $M_s=85000$kN·m。试问，该箱形梁桥按全预应力混凝土构件设计时，跨中断面所需的永久有效最小预应力值（kN），与下列何项数值最为接近？

(A) 61000   (B) 61500   (C) 61700   (D) 62000

76. 该箱形梁桥按承载力极限状态设计时，假定跨中断面永久作用弯矩设计值为 65000kN·m，由汽车荷载产生的弯矩设计值为 25000kN·m（已计入冲击系数），其他两种可变荷载产生的弯矩设计值为 9600kN·m。试问，该箱形简支梁中，跨中断面承载能力极限状态下基本组合的弯矩设计值 $\gamma_0 M_{ud}$（kN·m），与下列何项数值最为接近？

(A) 93000　　　　　(B) 97000　　　　　(C) 107000　　　　　(D) 110000

77. 该箱形梁桥，按正常使用极限状态，由荷载频遇组合并考虑长期效应的影响产生的长期挠度为 10mm，由永久有效预应力产生的长期反拱值为 30mm。试问，该桥梁跨中断面向上设置的预拱度（mm），与下列何项数值最为接近？

(A) 向上 30　　　　(B) 向上 20　　　　(C) 向上 10　　　　(D) 向上 0

【题 78】 关于公路桥涵的设计基准期（年）的说法中，下列哪一项是正确的？

(A) 25　　　　　　(B) 50　　　　　　(C) 80　　　　　　(D) 100

【题 79】 某跨越一条 650m 宽河面的高速公路桥梁，设计方案中其主跨为 145m 的系杆拱桥，边跨为 30m 的简支梁桥。试问，该桥梁结构的设计安全等级，应为下列何项？

(A) 一级　　　　　(B) 二级　　　　　(C) 三级　　　　　(D) 由业主确定

【题 80】 某一桥梁上部结构为三孔钢筋混凝土连续梁，试判定在以下四个图形中，哪一个图形是该梁在中支点 Z 截面的弯矩影响线？

提示：只需定性地判断。

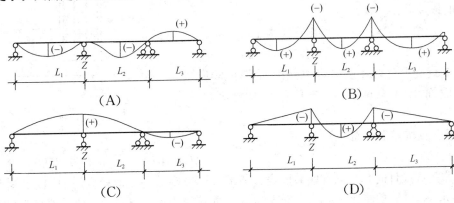

215

实战训练试题 (十三)

(上午卷)

【题 1～3】 某钢筋混凝土单跨梁,截面及配筋如图 13-1 所示,混凝土强度等级为 C40,纵向受力钢筋与两侧纵向构造钢筋选用 HRB400 级,箍筋选用 HRB335 级。已知跨中弯矩设计值 $M=1460$kN·m,轴向拉力设计值 $N=3800$kN,$a_s=a'_s=70$mm。

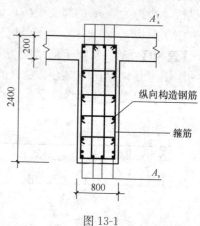

图 13-1

1. 该梁每侧纵向构造钢筋最小配置量,与下列何项数值最接近?

(A) 10 Φ 12   (B) 10 Φ 14

(C) 11 Φ 16   (D) 11 Φ 18

2. 非抗震设计时,该梁跨中截面所需下部纵向钢筋截面面积 A_s(mm²),与下列何项数值最为接近?

提示: 仅按矩形截面计算。

(A) 3530   (B) 5760   (C) 7070   (D) 8500

3. 非抗震设计时,该梁支座截面设计值 $V=5760$kN,与该值相应的轴拉力设计值为:$N=3800$kN,计算剪跨比 $\lambda=1.5$,该梁支座截面箍筋配置,与下列何项数值最为接近?

(A) 6 Φ 10@100   (B) 6 Φ 12@150   (C) 6 Φ 12@100   (D) 6 Φ 14@100

【题 4、5】 某单跨预应力钢筋混凝土屋面简支梁,混凝土强度等级为 C40,计算跨度 $L_0=17.7$m,要求使用阶段不出现裂缝。

4. 该梁跨中截面按荷载的标准组合时的弯矩值 $M_k=800$kN·m,按荷载效应准永久组合 $M_q=750$kN·m,换算截面惯性矩 $I_0=3.4\times10^{10}$mm⁴,该梁按荷载标准组合并考虑荷载长期作用影响的刚度 B(N·mm²),与下列何项数值最接近?

(A) 4.85×10^{14} (B) 5.20×10^{14} (C) 5.70×10^{14} (D) 5.82×10^{14}

5. 该梁按荷载标准组合并考虑预应力长期作用产生的挠度 $f_1=56.6$mm,计算的预加力短期反拱值 $f_2=15.2$mm,该梁使用上对挠度有较高要求,则该梁挠度与规范中允许挠度 $[f]$ 之比值,与下列何项数值最为接近?

(A) 0.59   (B) 0.76   (C) 0.94   (D) 1.28

【题 6～8】 某二层钢筋混凝土框架结构如图 13-2 所示,框架梁刚度 $EI=\infty$,建筑场地类别Ⅲ类,抗震设防烈度 8 度,设计地震分组第一组,设计基本地震加速度值 $0.2g$,阻尼比 $\zeta=0.05$。

6. 已知第一、二振型周期 $T_1=1.1$s,$T_2=0.35$s,在多遇地震作用下对应第一、二振型地震影响系数 α_1、α_2,与下列何项数值最为接近?

(A) 0.07；0.16　　　(B) 0.07；0.12　　(C) 0.08；0.12　(D) 0.16；0.17

7. 当用振型分解反应谱法计算时，相应于第一、二振型水平地震作用下剪力标准值如图 13-3 所示，其相邻振型的周期比为 0.80。试问，水平地震作用下Ⓐ轴底层柱剪力标准值 V（kN），与下列何项数值最为接近？

(A) 42.0　　　　　(B) 48.2　　　　(C) 50.6　　　　(D) 58.01

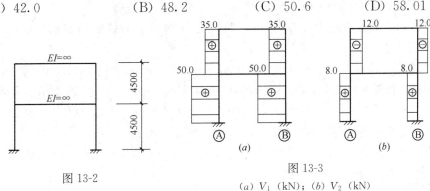

图 13-2

图 13-3

(a) V_1（kN）；(b) V_2（kN）

8. 当用振型分解反应谱法计算时，其他条件同题 7，顶层柱顶弯矩标准值 M（kN·m），与下列何项数值最为接近？

(A) 37.0　　　　　(B) 51.8　　　　(C) 74.0　　　　(D) 83.3

【题 9、10】　某多层房屋的钢筋混凝土剪力墙连梁，截面尺寸 $b×h$＝180mm× 600mm，抗震等级为二级，连梁跨度净跨 l_n＝2.0m，混凝土强度等级为 C30，纵向受力钢筋 HRB400 级，箍筋 HPB300 级，$a_s=a_s'$＝35mm。

9. 该连梁考虑地震作用组合的弯矩设计值 M＝200.0kN·m，试问，当连梁上、下纵向受力钢筋对称配置时，连梁下部纵筋与下列何项数据最接近？

(A) 2 Φ 20　　　　(B) 2 Φ 25　　　(C) 3 Φ 22　　　(D) 3 Φ 25

10. 假定该梁重力荷载代表值作用下，按简支梁计算的梁端截面剪力设计值 V_{Gb}＝ 18kN，连梁左右端截面反、顺时针方向地震作用组合弯矩设计值 $M_b^l=M_b^r$＝150.0kN· m，该连梁的箍筋配置为下列哪一项？

提示：验算受剪截面条件式中 $0.2f_cbh_0/\gamma_{RE}$＝342.2kN。

(A) Φ 6@100（双肢）　　　　　　(B) Φ 8@150（双肢）

(C) Φ 8@100（双肢）　　　　　　(D) Φ 10@100（双肢）

【题 11】　下列关于结构规则性的判断或计算模型的选择，何项不妥？说明理由。

提示：按《建筑抗震设计规范》GB 50011—2010 作答。

(A) 当超过梁高的错层部分面积大于该楼层总面积的 30% 时，属于平面不规则

(B) 顶层及其他楼层局部收进的水平尺寸大于相邻下一层的 25% 时，属于竖向不规则

(C) 抗侧力结构的层间受剪承载力小于相邻上一层的 80% 时，属于竖向不规则

(D) 平面不规则或竖向不规则的建筑结构，均应采用空间结构计算模型

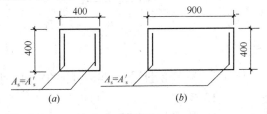

图 13-4

(a) 上柱截面；(b) 下柱截面

【题 12～14】 某一设有吊车的单层厂房柱（屋盖为刚性屋盖），上柱长 $H_u = 3.6m$，下柱长 $H_l = 11.5m$，上、下柱的截面尺寸如图 13-4 所示，对称配筋 $a_s = a'_s = 40mm$，混凝土强度等级 C25，纵向受力钢筋采用 HRB400 级钢筋，当考虑横向水平地震作用组合时，在排架方向一阶弹性分析的内力组合的最不利设计值为：上柱 $M = 100.0 \ kN \cdot m$，$N = 200kN$，下柱 $M = 760kN \cdot m$，$N = 1400kN$。

12. 当进行正截面承载力计算时，试问，上、下柱承载力抗震调整系数 γ_{RE}，与下列何项数值最接近？

(A) 0.75；0.75　　　(B) 0.75；0.80　　　(C) 0.80；0.75　　(D) 0.80；0.80

13. 上柱在排架方向考虑二阶效应影响的弯矩增大系数 η_s，与下列何项数值最为接近？

(A) 1.15　　　　　　(B) 1.26　　　　　　(C) 1.66　　　　　(D) 1.82

14. 若该柱的下柱考虑二阶效应影响的弯矩增大系数 $\eta_s = 1.25$，取 $\gamma_{RE} = 0.80$，计算知受压区高度 $x = 240mm$，当采用对称配筋时，该下柱的最小纵向钢筋截面面积 A'_s（mm^2）的计算值，应与下列何项最接近？

(A) 940　　　　　　(B) 1380　　　　　　(C) 1560　　　　　(D) 1900

【题 15】 某地区抗震设防烈度为 7 度，下列何项非结构构件可不需要进行抗震验算？

提示：按《建筑抗震设计规范》GB 50011—2010 作答。

(A) 玻璃幕墙及幕墙的连接

(B) 悬挂重物的支座及其连接

(C) 电梯提升设备的锚固件

(D) 建筑附属设备自重超过 1.8kN 或其体系自振周期大于 0.1s 的设备支架、基座及其锚固

【题 16～22】 某多跨厂房，中列柱的柱距 12m，采用钢吊车梁。已确定吊车梁的截面尺寸如图 13-5 所示，吊车梁采用 Q345 钢，使用自动焊和 E50 焊条的手工焊，在吊车梁上行驶的两台重级工作制的软钩桥式吊车，起重量 $Q = 50/10t$，小车重 $g = 15t$，吊车桥架跨度 $L_k = 28.0m$，最大轮压标准值 $P_{k,max} = 470kN$，一台吊车的轮压分布如图 13-5 (b) 所示。

提示：按《建筑结构可靠性设计统一标准》GB 50068—2018 作答。

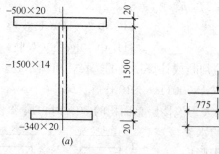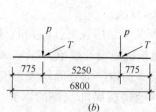

图 13-5

16. 每个吊车轮处因吊车摆动引起的横向水平荷载标准值（kN），与下列何项数值最接近？

(A) 16.3　　　　　　(B) 34.1　　　　　　(C) 47.0　　　　　(D) 65.8

17. 吊车梁承担作用在垂直平面内的弯矩设计值 $M_x = 4302kN \cdot m$。吊车梁设置纵向加劲肋。吊车梁下翼缘的净截面模量 $W_{nx} = 16169 \times 10^3 \ mm^3$，试问，在该弯矩作用下，吊

车梁翼缘拉应力（N/mm²），与下列何项数值最为接近？

提示：截面等级满足 S4 级。

(A) 266   (B) 280   (C) 291   (D) 301

18. 吊车梁支座最大剪力设计值 $V=1727.8$kN，采用突缘支座，计算剪应力时，可按近似公式 $\tau=1.2V/(ht_w)$ 进行计算，式中 h 和 t_w 分别为腹板高度和厚度，试问吊车梁支座处剪应力（N/mm²），与下列何项数值最为接近？

(A) 80.6   (B) 98.7   (C) 105.1   (D) 115.2

19. 吊车梁承担作用在垂直平面内的弯矩标准值 $M_k=2820.6$kN·m，吊车梁的毛截面惯性矩 $I_x=1348528\times10^4$mm⁴。试问，吊车梁的挠度（mm），与下列何项数值最为接近？

提示：垂直挠度可按下式近似计算 $f=M_kL^2/(10EI_x)$，式中 M_k 为垂直弯矩标准值，L 为吊车梁跨度，E 为钢材弹性模量，I_x 为吊车梁的截面惯性矩。

(A) 9.2   (B) 10.8   (C) 12.1   (D) 14.6

20. 吊车梁采用突缘支座，支座加劲肋与腹板采用角焊缝连接，取 $h_f=8$mm。支座加劲肋下端采用刨平顶紧。当支座剪力设计值 $V=1727.8$kN 时，试问角焊缝剪应力（N/mm²），应与下列何项数值最为接近？

(A) 104   (B) 120   (C) 135   (D) 142

21. 试问，由两台吊车垂直荷载产生的吊车梁支座处的最大剪力设计值（kN），与下列何项数值最为接近？

(A) 1860   (B) 1790   (C) 1610   (D) 1540

22. 试问，由两台吊车垂直荷载产生的吊车梁的最大弯矩设计值（kN·m），与下列何项数值最为接近？

(A) 3820   (B) 3910   (C) 4150   (D) 4420

【题 23～29】 某电力炼钢车间单跨厂房，跨度 30m，长 168m，柱距 24m，采用轻型外围结构，厂房内设置两台 $Q=225/50$t 重级工作制软钩桥式吊车，吊车轨面标高 26m，屋架间距 6m，柱顶设置跨度 24m 的托架，屋架与托架平接，沿厂房纵向设有上部柱间支撑和双片的下部柱间支撑，柱子和柱间支撑布置如图 13-6（a）所示。厂房框架采用单阶钢柱，柱顶与屋面刚接，柱底与基础假定为刚接，钢柱的简图和截面尺寸如图 13-6（b）所示。钢柱采用 Q345 钢，焊条用 E50 型焊条，柱翼缘板为焰切边，根据内力分析，厂房框架上段柱和下段柱的内力设计值如下：

上段柱：$M_1=2250$kN·m $N_1=4357$kN $V_1=368$kN

下段柱：$M_2=12950$kN·m $N_2=9830$kN $V_2=512$kN

23. 在框架平面内上段柱高度 H_1（mm），与下列何项数值最为接近？

(A) 7000   (B) 10000   (C) 11500   (D) 13000

24. 在框架平面内上段柱计算长度系数，与下列何项数值最为接近？

提示：①下段柱的惯性矩已考虑腹杆变形影响；

          ②屋架下弦设有纵向水平支撑和横向水平支撑。

(A) 1.51   (B) 1.31   (C) 1.27   (D) 1.12

25. 已求得上段柱弯矩作用平面外的轴心受压构件稳定系数 $\varphi_y=0.797$，试问，上段柱作为压弯构件，进行框架平面外稳定性验算时，构件上最大压应力设计值（N/mm²），

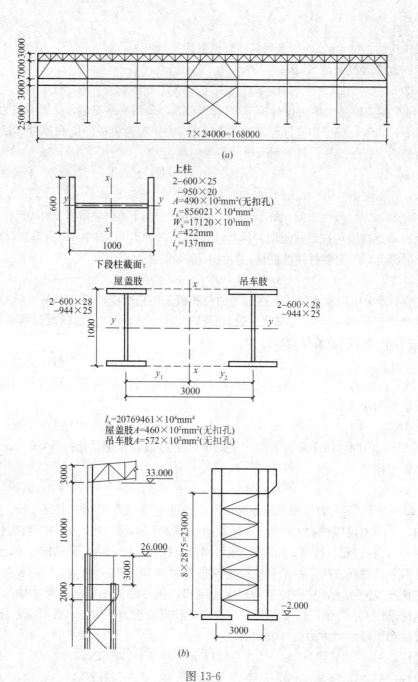

上柱
2–600×25
–950×20
$A=490×10^2mm^2$（无扣孔）
$I_x=856021×10^4mm^4$
$W_x=17120×10^3mm^3$
$i_x=422mm$
$i_y=137mm$

下段柱截面：

屋盖肢   吊车肢

2–600×28
–944×25

2–600×28
–944×25

$I_x=20769461×10^4mm^4$
屋盖肢$A=460×10^2mm^2$（无扣孔）
吊车肢$A=572×10^2mm^2$（无扣孔）

图 13-6

与下列何项数值最接近？

提示： 截面等级满足 S4 级；$\beta_{tx}=1.0$。

(A) 207.1   (B) 217.0   (C) 237.4   (D) 245.3

26. 下段柱吊车柱肢的轴心压力设计值 $N=9759.5kN$，采用焊接 H 型钢 H1000×600×25×28，$A=57200mm^2$，$i_{x1}=412mm$，$i_{y1}=133mm$，吊车柱肢作为轴心受压构件，进行框架平面外稳定性验算时，构件上最大压应力设计值（N/mm^2），与下列何项数值最为接近？

(A) 195.2   (B) 213.1   (C) 234.1   (D) 258.3

27. 阶形柱采用单壁式肩梁，腹板厚 60mm，肩梁上端作用在吊车柱肢腹板的集中荷载设计值 $F=8120$kN，吊车柱肢腹板切槽后与肩梁之间用角焊缝连接，采用 $h_f=16$mm，一条角焊缝长度为 1940mm，为增加连接强度，柱肢腹板局部由 -944×25 改为 -944×30，试问，角焊缝的剪力设计值与焊缝受剪承载力之比值，与下列何项数值最为接近？

提示：该角焊缝内力并非沿侧面角焊缝全长分布。

(A) 0.80 　　　　(B) 0.85 　　　　(C) 0.90 　　　　(D) 0.95

28. 下段柱斜腹杆采用 $2L140 \times 10$，$A=5475$mm^2，$i_x=43.4$mm，两个角钢的轴心压力设计值 $N=709$kN。该角钢斜腹杆与柱肢的翼缘板节点板内侧采用单面连接。各与一个翼缘连接的两角钢之间用缀条相连，当斜腹杆进行平面内稳定性验算时，试问，其一个单角钢压力设计值与其受压稳定承载力设计值的比值，与下列何项数值最为接近？

提示：腹杆计算时，按有节点板考虑，角钢采用 Q235 钢；不需要考虑《钢标》第 7.6.3 条。

(A) 0.8 　　　　(B) 1.0 　　　　(C) 1.2 　　　　(D) 1.4

29. 条件同题 28，柱子的斜腹杆与柱肢节点板采用单面连接。已知考虑偏心影响后的腹杆轴力设计值 $N=837$kN，试问，当角焊缝 $h_f=10$mm 时，角焊缝的实际长度（mm），与下列何项数值最为接近？

(A) 240 　　　　(B) 300 　　　　(C) 200 　　　　(D) 400

【题 30】 下述关于调整砌体结构受压构件的计算高厚比 β 的措施，何项不妥？说明理由。

(A) 改变砌筑砂浆的强度等级 　　　　(B) 改变房屋的静力计算方案

(C) 调整或改变构件支承条件 　　　　(D) 改变砌块材料类别

【题 31、32】 某窗间墙截面 1500mm×370mm，采用 MU10 烧结多孔砖，M5 混合砂浆砌筑，其孔洞全部灌实。墙上钢筋混凝土梁截面尺寸 $b \times h=300$mm×600mm，如图 13-7 所示。梁端支承压力设计值 $N_l=60$kN，由上层楼层传来的荷载轴向力设计值 $N_u=90$kN。砌体施工质量控制等级为 B 级，结构安全等级为二级。

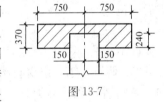

图 13-7

31. 试问，砌体局部抗压强度提高系数 γ，与下列何项数值最为接近？

(A) 1.2 　　　　(B) 1.5 　　　　(C) 1.8 　　　　(D) 2.0

32. 假设 $A_0/A_l=5$，试问，梁端支承处砌体局部受压设计值 ψN_0+N_l（kN），与下列何项数值最为接近？

(A) 60 　　　　(B) 90 　　　　(C) 120 　　　　(D) 150

【题 33～35】 某无吊车单跨单层砌体房屋的无壁柱山墙如图 13-8 所示。房屋山墙两侧均有外纵墙，采用 MU15 蒸压粉煤灰普通砖，M5 混合砂浆砌筑，墙厚均为 370mm。山墙基础顶面距室外地面 300mm。

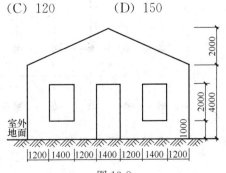

图 13-8

33. 假定，房屋的静力计算方案为刚弹性方案，试问，计算受压构件承载力影响系数时，山墙高厚比 β，应与下列何项数值最为接近？

(A) 14   (B) 16   (C) 18   (D) 21

34. 假定，房屋的静力计算方案为刚性方案，试问，山墙的计算高度 H_0（m），应与下列何项数值最为接近？

(A) 4.0   (B) 4.7   (C) 5.3   (D) 6.4

35. 假定，房屋的静力计算方案为刚性方案，试问，山墙的高厚比限值 $\mu_1\mu_2[\beta]$，应与下列何项数值最为接近？

(A) 17   (B) 19   (C) 21   (D) 24

【题 36、37】 某三层教学楼局部平面如图 13-9 所示。各层平面布置相同，各层层高均为 3.6m。楼、屋盖均为现浇钢筋混凝土板，静力计算方案为刚性方案，墙体为网状配筋砖砌体，采用 MU10 烧结普通砖，M7.5 混合砂浆砌筑，钢筋网采用乙级冷拔低碳钢丝 Φ^b4 焊接而成（$f_y = 320\text{MPa}$），方格钢筋网的钢筋间距为 40mm，网的竖向间距 130mm，纵横墙厚度均为 240mm，砌体施工质量控制等级为 B 级。

36. 若第二层窗间墙 A 的轴向偏心距 $e = 24\text{mm}$，试问，窗间墙 A 的承载力影响系数 φ_n，与下列何项数值最为接近？

提示： 查表时按四舍五入原则，可只取小数点后一位。

(A) 0.40   (B) 0.45

(C) 0.50   (D) 0.55

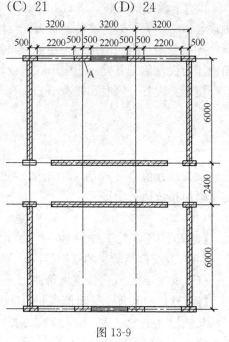

图 13-9

37. 假定，第二层窗间墙 A 的轴向偏心距 $e = 24\text{mm}$，墙体体积配筋率 $\rho = 0.3\%$，试问，窗间墙 A 的承载力 $\varphi_n f_n A$（kN），应与下列何项数值最为接近？

(A) $450\varphi_n$ (B) $500\varphi_n$ (C) $600\varphi_n$ (D) $700\varphi_n$

【题 38、39】 某抗震设防烈度为 6 度的底层框架-抗震墙多层砌体房屋，底层框架柱 KZ、钢筋混凝土抗震墙（横向 GQ-1，纵向 GQ-2）、砖抗震墙 ZQ 的设置如图 13-10 所示。

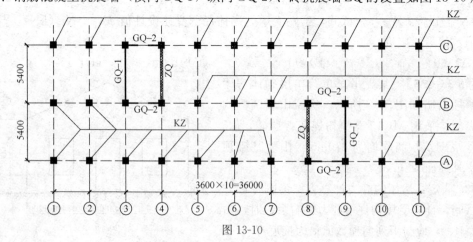

图 13-10

各框架柱 KZ 的横向侧向刚度均为 $K_{KZ}=5.0\times10^4\text{kN/m}$，砖抗震墙 ZQ（不包括端柱）的侧向刚度为 $K_{ZQ}=40.0\times10^4\text{kN/m}$，横向钢筋混凝土抗震墙 GQ-1（包括端柱）的侧向刚度为 $K_{GQ}=280.0\times10^4\text{kN/m}$。水平地震剪力增大系数 $\eta=1.35$。

提示：按《建筑抗震设计规范》和《建筑与市政工程抗震通用规范》解答。

38. 假设作用于底层顶标高处的横向水平地震剪力标准值 $V_k=2000\text{kN}$，试问，作用于每道横向钢筋混凝土抗震墙 GQ-1 上的地震剪力设计值（kN），与下列何项数值最为接近？

(A) 1650　　　　(B) 1500　　　　(C) 1300　　　　(D) 1000

39. 假设作用于底层顶标高处的横向水平地震剪力标准值 $V_k=2000\text{kN}$，试问，作用于每个框架柱 KZ 上的地震剪力设计值（kN），与下列何项数值最为接近？

(A) 40　　　　(B) 50　　　　(C) 60　　　　(D) 70

【题 40】　在 8 度抗震设防区，某房屋总高度不超过 24m，丙类建筑，设计配筋砌块砌体抗震墙结构中，下述抗震构造措施中，何项不妥？说明理由。

提示：剪力墙的压应力大于 $0.5f_g$。

(A) 剪力墙边缘构件底部加强区每孔设置 1Φ18

(B) 剪力墙一般部位水平分布筋的最小配筋率 0.13%

(C) 剪力墙连梁水平受力筋的含钢率不宜小于 0.4%

(D) 底部加强部位的一般抗震墙的轴压比不宜大于 0.6

（下午卷）

【题 41】　下列关于多层普通砖砌体房屋中门窗过梁的要求，何项不正确？

(A) 钢筋砖过梁的跨度不应超过 1.5m

(B) 砖砌平拱过梁的跨度不应超过 1.2m

(C) 抗震设防烈度为 7 度的地区，门窗洞处不应采用钢筋砖过梁

(D) 抗震设防烈度为 8 度的地区，过梁的支承长度不应小于 360mm

【题 42、43】　东北落叶松（TC17-B）原木檩条（未经切削），标准直径为 162mm，计算简图如图 13-11 所示，该檩条处于正常使用条件，安全等级为二级，设计使用年限 50 年。稳定满足要求。

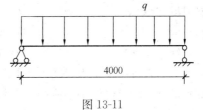

图 13-11

42. 若不考虑檩条自重，试问，该檩条达到最大抗弯承载力，所能承担的最大均布荷载设计值 q（kN/m），与下列何项数据最为接近？

(A) 6.0　　　　(B) 5.5　　　　(C) 5.0　　　　(D) 4.5

43. 若不考虑檩条自重，试问，该檩条达到挠度限值 $l/250$ 时，所能承担的最大均布荷载标准值 q_k（kN/m），与下列何项数值最为接近？

(A) 1.6　　　　(B) 1.9　　　　(C) 2.5　　　　(D) 2.9

【题 44】　在进行建筑地基基础设计时，关于所采用的作用效应最不利组合与相应的抗力限值的下述内容，何项不正确？

(A) 按地基承载力确定基础底面面积时，传至基础的作用效应按正常使用极限状态

下作用效应的标准组合，相应抗力采用地基承载力特征值

（B）按单桩承载力确定桩数时，传至承台底面上的作用效应按正常使用极限状态下作用效应的标准组合，相应抗力采用单桩承载力特征值

（C）计算地基变形时，传至基础底面上的作用效应按正常使用极限状态下作用效应的标准组合，相应限值应为规范规定的地基变形允许值

（D）计算基础内力，确定其配筋和验算材料强度时，上部结构传来的作用效应组合及相应的基底反力，应按承载力极限状态下作用效应的基本组合，采用相应的分项系数

【题 45】 关于重力式挡土墙的下述各项内容，其中何项是不正确的？

（A）重力式挡土墙适合于高度小于 8m，地层稳定，开挖土方时不会危及相邻建筑物安全的地段

（B）重力式混凝土挡土墙的墙顶宽度不宜小于 200mm，块石挡土墙的墙顶宽度不宜小于 400mm

（C）在土质地基中，重力式挡土墙的基础埋置深度不宜小于 0.5m，在软质岩石地基中，重力式挡土墙的基础埋置深度不宜小于 0.3m

（D）重力式挡土墙的伸缩缝间距可取 30～40m

【题 46、47】 墙下钢筋混凝土条形基础，基础剖面及土层分布如图 13-12 所示。每延米长度基础底面处相应于正常使用极限状态下作用的标准组合时的平均压力值为 300kN，土和基础的加权平均重度取 20kN/m³。

46. 试问，基础底面处土层修正后的天然地基承载力特征值 f_a（kPa），与下列何项数值最为接近？

（A）160　　　　（B）169

（C）173　　　　（D）190

47. 试问，按地基承载力确定的条形基础宽度 b（mm），最小不应小于下列何值？

（A）1800　　　　（B）2400

（C）3100　　　　（D）3800

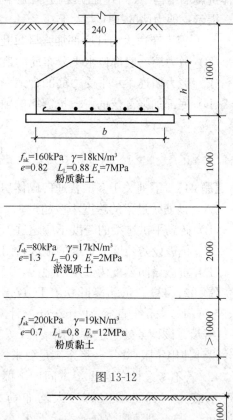

$f_{ak}=160kPa$ $\gamma=18kN/m^3$
$e=0.82$ $L_t=0.88$ $E_s=7MPa$
粉质黏土

$f_{ak}=80kPa$ $\gamma=17kN/m^3$
$e=1.3$ $L_t=0.9$ $E_s=2MPa$
淤泥质土

$f_{ak}=200kPa$ $\gamma=19kN/m^3$
$e=0.7$ $L_t=0.8$ $E_s=12MPa$
粉质黏土

图 13-12

【题 48～50】 某工程现浇混凝土地下通道，其剖面如图 13-13 所示，作用在填土地面上的活荷载为 $q=10kN/m^2$，通道四周填土为砂土，其重度为 20kN/m³，静止土压力系数为 $K_0=0.5$，地下水位在自然地面下 10m 处。

48. 试问，作用在通道侧墙顶点（图中 A 点）处的水平侧压力强度值（kN/m²），与下列何项数值

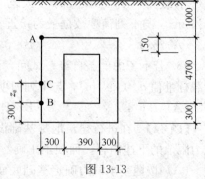

图 13-13

最为接近?

　(A) 15　　　　　　(B) 20　　　　　　(C) 25　　　　　　(D) 30

49. 假定作用在图中 A 点处的水平侧压力强度值为 15kN/m²，试问，作用在单位长度（1m）侧墙上总的土压力（kN），与下列何项数值最为接近?

　(A) 150　　　　　　(B) 200　　　　　　(C) 250　　　　　　(D) 300

50. 假定作用在单位长度（1m）侧墙上总的土压力标准值为 $E_{ak}=180kN$，其作用点 C 位于 B 点以上 1.8m 处，试问，单位长度（1m）侧墙根部截面（图中 B 处）的弯矩标准值（kN·m），与下列何项数值最为接近?

　提示：顶板对侧墙在 A 点的支座反力近似按 $R_A = E_a \cdot Z_c^2 (3 - Z_c/h) / (2h^2)$ 计算，其中 h 为 A、B 两点间高度。

　(A) 160　　　　　　(B) 220　　　　　　(C) 320　　　　　　(D) 430

【题 51～55】 某钢筋混凝土框架结构的柱基础，由上部结构传至该柱基础相应于作用的标准组合时的竖向压力 $F_k=6600kN$，弯矩 $M_{xk}=M_{yk}=900kN \cdot m$，柱基础独立承台下采用 400mm×400mm 钢筋混凝土预制桩，桩的平面布置及承台尺寸如图 13-14 所示。承台底面埋深 3.0m，柱截面尺寸 700mm×700mm，居承台中心位置。承台用 C40 混凝土，取 $h_0=1050mm$。承台及承台以上土的加权平均重度取 20kN/m³。

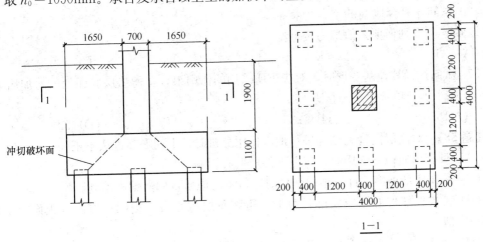

图 13-14

51. 试问，满足承载力要求的单桩承载力特征值（kN），最小不应小于下列何项数值?

　(A) 740　　　　　　(B) 800　　　　　　(C) 860　　　　　　(D) 930

52. 假定相当于作用的基本组合时的竖向压力 $F=8910kN$，弯矩 $M_x=M_y=1215kN \cdot m$，试问，柱对承台的冲切力设计值（kN），与下列何项数值最为接近?

　(A) 5870　　　　　　(B) 7920　　　　　　(C) 6720　　　　　　(D) 9070

53. 验算柱对承台的冲切时，试问，承台的受冲切承载力设计值（kN），与下列何项数值最为接近?

　(A) 2150　　　　　　(B) 4290　　　　　　(C) 8220　　　　　　(D) 8580

54. 验算角桩对承台的冲切时，试问，承台的受冲切承载力设计值（kN），与下列何项数值最为接近?

(A) 880　　　　　(B) 920　　　　　(C) 1760　　　　　(D) 1840

55. 试问，承台的斜截面受剪承载力设计值（kN），与下列何项数值最为接近？

(A) 5870　　　　　(B) 6020　　　　　(C) 6710　　　　　(D) 7180

【题 56、57】　某高层住宅地基基础设计等级为乙级，采用水泥粉煤灰碎石桩复合地基，基础为整片筏基，长 44.8m，宽 14m，桩径 400mm，桩长 8m，桩孔按等边三角形均匀布置于基底范围内，孔中心距为 1.5m，褥垫层底面处由永久作用标准值产生的平均压力值为 280kN/m²，由可变作用标准值产生的平均压力值为 100kN/m²，可变作用的准永久值系数取 0.4，地基土层分布，厚度及相关参数，如图 13-15 所示。

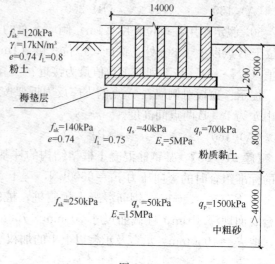

图 13-15

56. 假定取单桩承载力特征值为 R_a=500kN，单桩承载力发挥系数 λ=1.0，桩间土承载力发挥系数取 β=0.80，试问，复合地基的承载力特征值（kPa），与下列何项数值最为接近？

(A) 260　　　　　(B) 360　　　　　(C) 390　　　　　(D) 420

57. 试问，计算地基变形时，对应于所采用的作用组合，褥垫层底面处的附加压力值（kPa），与下列何项数值最为接近？

(A) 185　　　　　(B) 235　　　　　(C) 285　　　　　(D) 320

【题 58】　对高层混凝土结构进行地震作用分析时，下列哪项说法不正确？

(A) 计算单向地震作用时，应考虑偶然偏心影响

(B) 采用底部剪力法计算地震作用时，可不考虑质量偶然偏心不利影响

(C) 考虑偶然偏心影响实际计算时，可将每层质心沿主轴同一方向（正面或负面）偏移一定值

(D) 计算双向地震作用时，可不考虑质量偶然偏心影响

【题 59】　某钢筋混凝土框架-剪力墙结构，房屋高度 60m，为乙类建筑，抗震设防烈度为 6 度，Ⅳ类建筑场地。在规定的水平力作用下，框架部分承受的地震倾覆力矩大于结构总地震倾覆力矩的 50%并且不大于 80%。试问，在进行结构抗震计算时，下列何项说法正确？

(A) 框架按四级抗震等级采取抗震措施

(B) 框架按三级抗震等级采取抗震措施

(C) 框架按二级抗震等级采取抗震措施

(D) 框架按一级抗震等级采取抗震措施

【题 60、61】　某钢筋混凝土部分框支剪力墙结构，房屋高度 40.6m，地下 1 层，地上 14 层，首层为转换层，纵横向均有不落地剪力墙。地下室顶板（位于±0.000m 处）作为上部结构的嵌固部位，抗震设防烈度为 8 度，首层层高为 4.2m，混凝土 C40（弹性模量

$E_c = 3.25 \times 10^4 \text{N/mm}^2$），其余各层层高均为 2.8m，混凝土 C30（弹性模量 $E_c = 3.0 \times 10^4 \text{N/mm}^2$）。

60. 该结构首层剪力墙的厚度为 300mm，试问，剪力墙底部加强部位的设置高度和首层剪力墙竖向分布钢筋（采用 HPB300 级钢筋）取何值时，才满足《高层建筑混凝土结构技术规程》JGJ 3—2010 的最低要求？

（A）剪力墙底部加强部位设至 2 层楼板顶（7.0m 标高）；首层剪力墙竖向分布钢筋采用双排Φ 10@200

（B）剪力墙底部加强部位设至 2 层楼板顶（7.0m 标高）；首层剪力墙竖向分布钢筋采用双排Φ 12@200

（C）剪力墙底部加强部位设至 3 层楼板顶（9.8m 标高）；首层剪力墙竖向分布钢筋采用双排Φ 10@200

（D）剪力墙底部加强部位设至 3 层楼板顶（9.8m 标高）；首层剪力墙竖向分布钢筋采用双排Φ 12@200

61. 首层有 7 根截面尺寸为 900mm × 900mm 的框支柱（全部截面面积 $A_{c1} = 5.67 \text{m}^2$），第二层横向剪力墙有效面积 $A_{w2} = 16.2 \text{m}^2$。试问，满足《高层建筑混凝土结构技术规程》JGJ 3—2010 要求的首层横向落地剪力墙的有效截面面积 A_{w1}（m^2），应与下列何项数值最为接近？

（A）7.0 　　　　　　（B）10.6 　　　　　（C）11.4 　　　　　（D）21.8

【题 62、63】某 10 层钢筋混凝土框架-剪力墙结构如图 13-16 所示，质量和刚度沿竖向分布均匀，建筑高度为 38.8m，丙类建筑，抗震设防烈度为 8 度，设计基本地震加速度 0.3g。Ⅲ类场地，设计地震分组为第一组，风荷载不控制设计。在基本振型下，框架部分承受的地震倾覆力矩大于结构总地震倾覆力矩的 10% 并且不大于 50%。

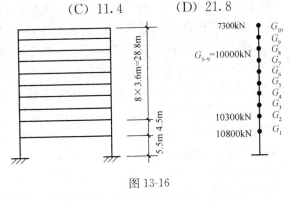

图 13-16

62. 各楼层重力荷载代表值 G_i 如图：$G_E = \sum\limits_{i=1}^{10} G_i = 98400 \text{kN}$，折减后结构基本自振周期 $T_1 = 0.885 \text{s}$。试问，当多遇地震按底部剪力法计算时，所求得的结构底部总水平地震作用标准值（kN），与下列何项数值最为接近？

（A）7300 　　　　　（B）8600 　　　　　（C）10000 　　　　（D）11000

63. 中间楼层某柱截面尺寸为 800mm × 800mm，C30 混凝土，纵向受力钢筋采用 HRB400 钢筋，仅配置 HPB300 钢筋Φ 10 井字复合箍筋，$a_s = a_s' = 50 \text{mm}$；柱净高 2.9m，弯矩反弯点位于柱高中部，试问，该柱的轴压比限值应与下列何项数值最为接近？

（A）0.70 　　　　　（B）0.75 　　　　　（C）0.80 　　　　　（D）0.85

【题 64、65】某 10 层钢筋混凝土框架结构，框架抗震等级为一级，框架梁、柱混凝土强度等级为 C30（$f_c = 14.3 \text{N/mm}^2$）。

64. 某一榀框架，对应于水平地震作用标准值的首层框架柱总剪力 $V_f = 370kN$，该榀框架首层柱的抗推刚度总和 $\Sigma D_i = 123565kN/m$，其中柱 C_1 的抗推刚度 $D_{c1} = 27506kN/m$，其反弯点高度 $h_y = 3.8m$，沿柱高范围设有水平力作用。试问，在水平地震作用下，采用 D 值法计算柱 C_1 的柱底弯矩标准值（kN·m），与下列何项数值最为接近？

(A) 220　　　　　(B) 270　　　　　(C) 320　　　　　(D) 380

65. 该框架柱中某柱截面尺寸 $650mm \times 650mm$，剪跨比为 1.8，节点核心区上柱轴压比 0.45，下柱轴压比 0.60，柱纵筋直径 28mm，其混凝土保护层厚度为 30mm。节点核心区的箍筋配置，如图 13-17 所示，采用 HPB300 级（$f_{yv} = 270N/mm^2$），试问，满足规程构造要求的节点核心区箍筋体积配箍率的取值，与下列何项数值最为接近？

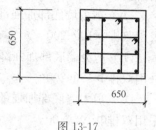

图 13-17

提示： 按《高层建筑混凝土结构技术规程》JGJ 3—2010 解答。

(A) 0.93%　　　　　(B) 1.0%　　　　　(C) 1.2%　　　　　(D) 1.4%

【题 66～71】 某高层建筑采用 12 层钢筋混凝土框架-剪力墙结构，房屋高度 48m，抗震设防烈度 8 度，框架抗震等级为二级，剪力墙抗震等级为一级，混凝土强度等级：梁、板均为 C30；框架柱和剪力墙均为 C40（$f_t = 1.71N/mm^2$）。

提示： 按《建筑与市政工程抗震通用规范》GB 55002—2021 作答。

66. 该结构中框架柱数量各层基本不变，对应于水平作用标准值，结构基底总剪力 $V_0 = 14000kN$，各层框架梁所承担的未经调整的地震总剪力中的最大值 $V_{f,max} = 2100kN$，某楼层框架承担的未经调整的地震总剪力 $V_f = 1600kN$，该楼层某根柱调整前的柱底内力标准值：弯矩 $M = \pm283kN·m$，剪力 $V = \pm74.5kN$，试问，抗震设计时，水平地震作用下，该柱应采用的内力标准值，与下列何项数值最为接近？

提示： 楼层剪重比满足规程关于楼层最小地震剪力系数（剪重比）的要求。

(A) $M = \pm283kN·m$，$V = \pm74.5kN$　　　　(B) $M = \pm380kN·m$，$V = \pm100kN$

(C) $M = \pm500kN·m$，$V = \pm130kN$　　　　(D) $M = \pm560kN·m$，$V = \pm150kN$

67. 该结构中某中柱的梁柱节点如图 13-18 所示，梁受压和受拉钢筋合力点到梁边缘的距离 $a_s = a_s' = 60mm$，节点左侧梁端弯矩设计值 $M_b^l = 474.3kN·m$，节点右侧梁端弯矩设计值 $M_b^r = 260.8kN·m$，节点上、下柱反弯点之间的距离 $H_c = 4150mm$。试问，该梁柱节点核心区截面沿 x 方向的地震作用组合剪力设计值（kN），与下列何项数值最为接近？

(A) 330　　　　　(B) 370　　　　　(C) 1140　　　　　(D) 1270

68. 该结构首层某双肢剪力墙中的墙肢 2 在同一方向水平地震作用下，内力组合后墙肢 1 出现大偏心受拉，墙肢 2 在水平地震作用下的剪力标准值为 500kN，若墙肢 2 在其他荷载作用下产生的剪力忽略不计，试问，考虑地震作用组合的墙肢 2 首层剪力设计值（kN），与下列何项数值最为接近？

(A) 650　　　　　(B) 800　　　　　(C) 1000　　　　　(D) 1400

69. 该结构中的某矩形截面剪力墙，墙厚 250mm，墙长 $h_w = 6500mm$，$h_{w0} = 6200mm$，总高度 48m，无洞口，距首层墙底 $0.5h_{w0}$ 处的截面，考虑地震作用组合未按有关规定调整的内力计算值 $M^c = 21600kN·m$，$V^c = 3240kN$，该截面考虑地震作用组合并

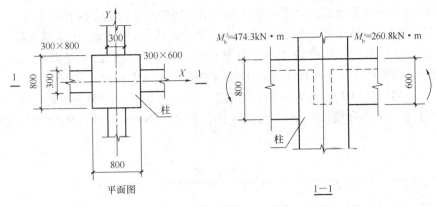

图 13-18

按有关规定进行调整后的剪力设计值 $V=5184$kN，该截面的轴向压力设计值 $N=3840$kN，已知该剪力墙截面的剪力设计值小于规程规定的最大限值，水平分布钢筋采用 HRB335 级（$f_{yh}=300$N/mm²），试问，根据受剪承载力要求计算所得的该截面水平分布钢筋 A_{sh}/s（mm²/mm），与下列何项数值最为接近？

提示：计算所需的 $\gamma_{RE}=0.85$，$A_w/A=1$，$0.2f_cb_wh_w=6207.5$kN。

(A) 1.8   (B) 2.0   (C) 2.6   (D) 2.9

70. 条件同题 69，该矩形截面剪力墙的轴压比为 0.38，箍筋的混凝土保护层厚度为 15mm，该边缘构件内规程要求配置纵向钢筋的最小范围（阴影部分）及其箍筋的配置如图 13-19 所示，试问，图中阴影部分的长度 a_c 和箍筋，应按下列何项选用？

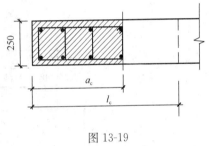

图 13-19

提示：$l_c=1300$mm。

(A) $a_c=650$mm，箍筋Φ10@100（HRB335）

(B) $a_c=650$mm，箍筋Φ10@100（HRB400）

(C) $a_c=500$mm，箍筋Φ8@100（HRB335）

(D) $a_c=500$mm，箍筋Φ10@100（HRB400）

71. 该结构中的连梁截面尺寸为 300mm×700mm（$h_0=665$mm），净跨 1500mm，根据作用在梁左、右两端的弯矩设计值 M_b^l、M_b^r 和由楼层梁竖向荷载产生的连梁剪力 V_{Gb}，已求得连梁的剪力设计值 $V_b=421.2$kN。C40 混凝土（$f_t=1.71$N/mm²），梁箍筋采用 HPB300 级（$f_{yv}=270$N/mm²）。取承载力抗震调整系数 $\gamma_{RE}=0.85$。已知截面的剪力设计值小于规程的最大限值，其纵向钢筋直径均为 25mm，梁端纵向钢筋配筋率小于 2%，试问，连梁双肢箍筋的配置，应选下列何项？

(A) Φ8@80   (B) Φ10@100   (C) Φ12@100   (D) Φ14@150

【题 72】 下列关于高层民用建筑钢结构的叙述，不正确的是何项？

提示：按《高层民用建筑钢结构技术规程》JGJ 99—2015 作答。

(A) 高层钢结构防震缝的宽度不应小于钢筋混凝土框架结构缝宽的 1.5 倍

(B) 当钢结构房屋高度大于 100m 时，其风振舒适度计算时采用阻尼比值为 0.01

(C) 高层民用建筑钢结构弹性分析应计入重力二阶效应

（D）高层民用建筑钢结构计算中可计入非结构构件对结构刚度的有利作用

【题 73～79】 某城市附近交通繁忙的公路桥梁，其中一联为五孔连续梁桥，其总体布置如图 13-20 所示，每孔跨径 40m，桥梁总宽 10.5m，行车道宽度为 8.0m，双向行驶两列汽车；两侧各 1m 宽人行步道，上部结构采用预应力混凝土箱梁，桥墩上设立两个支座，支座的横桥向中心距为 4.5m。桥墩支承在岩基上，由混凝土独柱墩身和带悬臂的盖梁组成。计算荷载：公路-Ⅰ级，人群荷载 3.45N/m²，混凝土重度按 25kN/m³ 计算。

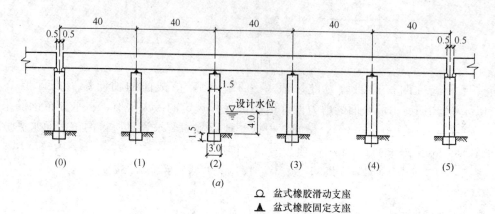

（a）

○　盆式橡胶滑动支座
▲　盆式橡胶固定支座

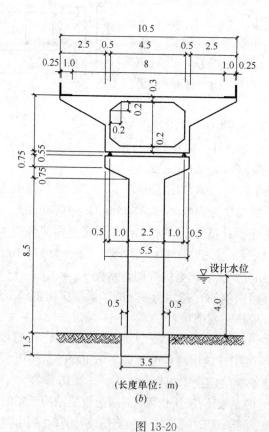

（长度单位：m）
（b）

图 13-20
（a）立面图；（b）桥墩处横断面图

提示：按《公路桥涵设计通用规范》JTG D60—2015 及《公路钢筋混凝土及预应力混凝土桥涵设计规范》JTG 3362—2018 解答。

73. 假定在该桥墩处主梁支点截面，由全部恒载产生的剪力标准值 $V_{恒}=4400$kN；汽车荷载产生的剪力标准值 $V_{汽}=1414$kN（已含冲击系数）；步道人群荷载产生的剪力标准值 $V_{人}=138$kN。已知汽车荷载冲击系数 $\mu=0.2$。试问，在持久状况下按承载力极限状态基本组合计算，主梁支点截面内恒载、汽车荷载、人群荷载共同作用产生的剪力设计值（kN），应与下列何项数值最为接近？

(A) 8150　　　　　　(B) 7400　　　　　　(C) 6750　　　　　　(D) 7980

74. 假定在该桥主梁某一跨中最大弯矩截面，由全部恒载产生的弯矩标准值 $M_{Gk}=43000$kN·m；汽车荷载产生的弯矩标准值 $M_{Qjk}=14700$kN·m（已计入冲击系数 $\mu=0.2$）；人群荷载产生的弯矩标准值 $M_{Qjk}=1300$kN·m，当对该主梁按全预应力混凝土构件设计时，试问，按正常使用极限状态下对主梁正截面抗裂验算，其采用的频遇组合的弯矩值（kN·m）（不计预加力作用），与下列何项数值最为接近？

(A) 59000　　　　　　(B) 52100　　　　　　(C) 54600　　　　　　(D) 56500

75. 假定在该桥主梁某一跨中截面最大正弯矩标准值 $M_{恒}=43000$kN·m，$M_{活}=16000$kN·m；其主梁截面特性如下：截面面积 $A=6.50$m^2，惯性矩 $I=5.50$m^4，中性轴至上缘距离 $y_{上}=1.0$m，中性轴至下缘距离 $y_{下}=1.5$m。预应力筋偏心距 $e_y=1.30$m，且已知预应力筋扣除全部损失后有效预应力为 $\sigma_{pe}=0.5f_{pk}$，$f_{pk}=1860$MPa。在持久状况下使用阶段的构件应力计算时，在主梁下缘混凝土应力为零条件下，估算该截面预应力筋截面面积（cm^2），与下列何项数值最为接近？

(A) 295　　　　　　(B) 3400　　　　　　(C) 340　　　　　　(D) 2950

76. 经计算主梁跨中截面预应力钢绞线截面面积 $A_p=400$cm^2，钢绞线张拉控制应力 $\sigma_{con}=0.70f_{pk}$，又由计算知预应力损失总值 $\Sigma\sigma_l=300$MPa，若 $f_{pk}=1860$MPa。试估算永久有效预加力（kN），与下列何项数值最为接近？

(A) 400800　　　　　　(B) 40080　　　　　　(C) 52080　　　　　　(D) 62480

77. 假定箱形主梁顶板跨径 $L=500$cm，桥面铺装厚度 $h=15$cm，且车辆荷载的后轴车轮作用于该桥箱形主梁顶板的跨径中部时，试确定垂直于顶板跨径方向的车轮荷载分布宽度（cm），与下列何项数值最为接近？

(A) 217　　　　　　(B) 333　　　　　　(C) 357　　　　　　(D) 473

78. 若该桥四个桥墩高度均为 10m，且各个中墩均采用形状、尺寸相同的盆式橡胶固定支座，两个边墩均采用形状、尺寸相同的盆式橡胶滑动支座。当中墩为柔性墩，且不计边墩支座承受的制动力时，试判定其中 1 号墩所承受的制动力标准值（kN），与下列何项数值最为接近？

(A) 60　　　　　　(B) 73　　　　　　(C) 120　　　　　　(D) 165

79. 若该桥主梁及墩柱、支座均与题 78 相同，则该桥在四季均匀温度变化升温 $+20$℃的条件下（忽略上部结构垂直力影响），当墩柱采用 C30 混凝土时，其 $E_c=3.0\times10^4$MPa，混凝土线膨胀系数 $\alpha=1\times10^{-5}$/℃。试判定 2 号墩所承受的水平温度作用标准值（kN），与下列何项数值最接近？

提示：不考虑墩柱抗弯刚度折减。

(A) 25　　　　　　　(B) 250　　　　　　(C) 500　　　　　(D) 750

【题 80】 对某公路桥梁预应力混凝土主梁进行持久状况正常使用极限状态验算时，需分别进行下列验算：（1）抗裂验算；（2）裂缝宽度验算；（3）挠度验算。试问，在这三种验算中，下列关于汽车荷载冲击力是否需要计入验算的不同选择，其中何项是全部正确的？说明理由。

　　(A) （1）计入；（2）不计入；（3）不计入

　　(B) （1）不计入；（2）不计入；（3）不计入

　　(C) （1）不计入；（2）计入；（3）计入

　　(D) （1）不计入；（2）不计入；（3）计入

实战训练试题（十四）

（上午卷）

【题 1、2】 某六层现浇钢筋混凝土框架结构，平面布置如图 14-1 所示，其抗震设防烈度为 8 度，Ⅱ类建筑场地，丙类建筑，梁、柱混凝土强度等级均为 C30，基础顶面至一层楼盖顶面的高度为 5.2m，其余各层层高均为 3.2m。

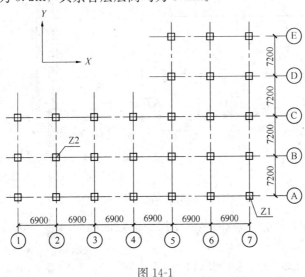

图 14-1

1. 各楼层 Y 方向的地震剪力 V_i 与层间平均位移 Δu_i 之比（$K = V_i / \Delta u_i$）如表 14-1 所示。试问，下列有关结构规则性的判断，其中何项正确？

提示： 按《建筑抗震设计规范》GB 50011—2010 解答，仅考虑 Y 方向。

地震剪力与层间平均位移之比   表 14-1

楼层号	1	2	3	4	5	6
$K = V_i / \Delta u_i$ （N/mm）	6.39×10^5	9.16×10^5	8.02×10^5	8.01×10^5	8.11×10^5	7.77×10^5

（A）平面规则，竖向不规则   （B）平面不规则，竖向不规则

（C）平面不规则，竖向规则   （D）平面规则，竖向规则

2. 框架柱 Z1 底层断面及配筋形式如图 14-2 所示，箍筋的混凝土保护层厚度 $c = 20$，其底层有地震作用组合的轴力设计值 $N = 2570$kN，箍筋采用 HPB300 级钢筋。试问，下列何项箍筋配置比较合适？

（A）$\Phi 8@100/200$

（B）$\Phi 8@100$

（C）$\Phi 10@100/200$

（D）$\Phi 10@100$

图 14-2

【题 3】 某钢筋混凝土结构房屋中的一根次要的次梁，其截面尺寸为 250mm × 600mm，正截面弯矩设计值 $M = 13.6$kN·m，纵向受力钢筋采用 HRB400 钢筋，C30 混凝土，一类环境，取 $a_s = 40$mm。试问，其纵向钢筋的最小配筋率应为下列何项？

(A) 0.1%　　　　(B) 0.15%　　　　(C) 0.2%　　　　(D) 0.25%

【题 4～7】 某钢筋混凝土连续深梁如图 14-3 所示，混凝土强度等级为 C30，纵向钢筋采用 HRB400 级，竖向及水平分布钢筋采用 HPB300 级。设计使用年限为 50 年，结构安全等级为二级。

提示： 计算跨度 $l_0 = 6.9$m。

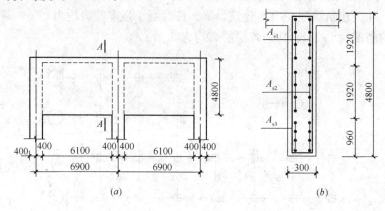

图 14-3

(a) 立面图；(b) A-A 剖面图

4. 假定计算出的中间支座截面纵向受拉钢筋截面面积 $A_s = 3000$mm²。试问，下列何项钢筋配置比较合适？

(A) A_{s1}：2×11 ⌀ 10；A_{s2}：2×11 ⌀ 10　(B) A_{s1}：2×8 ⌀ 12；A_{s2}：2×8 ⌀ 12

(C) A_{s1}：2×10 ⌀ 12；A_{s2}：2×10 ⌀ 8　(D) A_{s1}：2×10 ⌀ 8；A_{s2}：2×10 ⌀ 12

5. 支座截面按荷载的标准组合计算的剪力值 $V_k = 1000$kN，当要求该深梁不出现斜裂缝时，试问，下列关于竖向分布钢筋的配置，其中何项符合规范要求的最小配筋？

(A) ⌀ 8@200　　　(B) ⌀ 10@200　　　(C) ⌀ 10@150　　　(D) ⌀ 12@200

6. 假定在梁跨中截面下部 0.2h 范围内，均匀配置受拉纵向钢筋 14 ⌀ 18（$A_s = 3563$mm²）。试问，该深梁跨中截面受弯承载力设计值 M（kN·m），应与下列何项数值最为接近？

提示： 已知 $\alpha_d = 0.86$。

(A) 3570　　　(B) 3860　　　(C) 4300　　　(D) 4480

7. 下列关于深梁受力情况及设计要求的见解，其中何项不正确？说明理由。

(A) 连续深梁跨中正弯矩比一般连续梁偏大，支座负弯矩偏小

(B) 在工程设计中，连续深梁的内力应由二维弹性分析确定，且不宜考虑内力重分布

(C) 当深梁支座在钢筋混凝土柱上时，宜将柱伸至深梁顶

(D) 深梁下部纵向受拉钢筋在跨中弯起的比例，不应超过全部纵向受拉钢筋截面面积的 20%

【题 8、9】 某单层多跨地下车库，顶板采用非预应力无梁楼盖方案，双向柱网间距

均为 7.8m，中柱截面为700mm×700mm。已知顶板板厚 $h=$ 450mm，倒锥形中柱柱帽尺寸如图 14-4 所示，顶板混凝土强度等级为 C30，$a_s=40$mm。设计使用年限为 50 年，结构安全等级为二级。

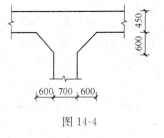

图 14-4

提示：按《建筑结构可靠性设计统一标准》GB 50068—2018 作答。

8. 试问，在不配置抗冲切箍筋和弯起钢筋的条件下，顶板受冲切承载力设计值（kN），应与下列何项数值最为接近？

(A) 3260   (B) 3580   (C) 3790   (D) 4120

9. 假定该顶板受冲切承载力设计值为 3200kN，当顶板活荷载按 4kN/m² 设计时，试问，车库顶板的允许最大覆土厚度 H（m），与下列何项数值最为接近？

提示：覆土重度按 18kN/m³ 考虑，混凝土重度按 25kN/m³ 考虑；

(A) 1.68   (B) 1.88   (C) 2.20   (D) 2.48

【题 10】 某折梁内折角处于受拉区，纵向钢筋采用 HRB400 级，箍筋采用 HPB300 级钢筋。纵向受拉钢筋 3Φ18 全部在受压区锚固，其附加箍筋配置形式如图 14-5 所示。试问，折角两侧的全部附加箍筋，应采用下列何项最为合适？

(A) 3Φ8（双肢）   (B) 4Φ8（双肢）   (C) 6Φ8（双肢）   (D) 8Φ8（双肢）

【题 11~13】 某办公建筑采用钢筋混凝土叠合梁，施工阶段不加支撑，其计算简图和截面尺寸如图 14-6 所示。已知预制构件混凝土强度等级为 C30，叠合部分混凝土强度等级为 C30，纵筋采用 HRB400 级钢筋，箍筋采用 HPB300 级钢筋。第一阶段预制梁承担的静荷载标准值 $q_{1Gk}=15$kN/m，活荷载标准值 $q_{1Qk}=18$kN/m；第二阶段叠合梁承担的由面层、吊顶等产生的新增静荷载标准值 $q_{2Gk}=12$kN/m，活荷载标准值 $q_{2Qk}=20$kN/m，其准永久值组合系数为 0.5。$a_s=a_s'=40$mm。设计使用年限为 50 年，结构安全等级为二级。

提示：按《建筑结构可靠性设计统一标准》GB 50068—2018 作答。

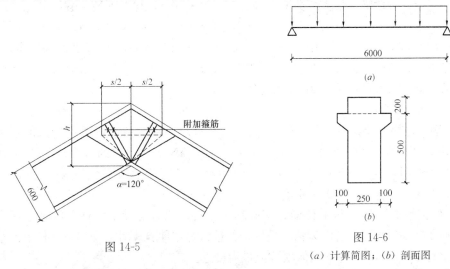

图 14-5

图 14-6

(a) 计算简图；(b) 剖面图

11. 试问，该叠合梁跨中荷载基本组合的弯矩设计值 M（kN·m），与下列何项数值最为接近？

(A) 270　　　　　　(B) 295　　　　　　(C) 312　　　　　　(D) 411

12. 当箍筋配置为Φ8@150（双肢箍）时，试问，该叠合梁支座截面剪力设计值与叠合面受剪承载力的比值，与下列何项数值最为接近？

(A) 0.40　　　　　　(B) 0.47　　　　　　(C) 0.51　　　　　　(D) 0.65

13. 当叠合梁纵向受拉钢筋配置 4 Φ 22 时（$A_s = 1520mm^2$），试问，当不考虑受压钢筋作用时，其纵向受拉钢筋在第二阶段荷载的准永久组合下的弯矩值 M_{2q} 作用下产生的应力增量（N/mm^2），与下列何项数值最为接近？

提示：预制构件正截面受弯承载力设计值 $M_{1u} = 190kN \cdot m$。

(A) 98　　　　　　(B) 123　　　　　　(C) 141　　　　　　(D) 151

【题 14】　关于混凝土抗压强度设计值的确定，下列何项所述正确？

(A) 混凝土立方抗压强度标准值乘以混凝土材料分项系数

(B) 混凝土立方抗压强度标准值除以混凝土材料分项系数

(C) 混凝土轴心抗压强度标准值乘以混凝土材料分项系数

(D) 混凝土轴心抗压强度标准值除以混凝土材料分项系数

【题 15】　关于在钢筋混凝土结构或预应力混凝土结构中的钢筋选用，下列何项所述不妥？说明理由。

(A) HRB400 级钢筋经试验验证后，方可用于需作疲劳验算的构件

(B) 普通钢筋宜采用热轧钢筋，并且不宜采用 RRB 系列余热处理钢筋

(C) 预应力钢筋宜采用预应力钢绞线、钢丝，不提倡采用冷拔低碳钢丝

(D) 钢筋的强度标准值应具有不小于 95% 的保证率

【题 16～20】　某皮带运输通廊为钢平台结构，采用钢支架支承平台，固定支架未示出。钢材采用 Q235B 钢，焊接使用 E43 型焊条，焊接工字钢，翼缘为焰切边，平面布置及构件如图 14-7 所示。图中长度单位为"mm"。

16. 梁 1 的最大弯矩设计值 $M_{max} = 538.3kN \cdot m$，考虑截面削弱，取 $W_{nx} = 0.9W_x$。试问，强度计算时，梁 1 最大弯曲应力设计值（N/mm^2），与下列何项数值最为接近？

(A) 158　　　　　　(B) 166　　　　　　(C) 176　　　　　　(D) 185

17. 条件同题 16。平台采用钢格栅板，设置水平支撑保证上翼缘平面外稳定。试问，整体稳定验算时，梁 1 最大弯曲应力设计值（N/mm^2），与下列何项数值最为接近？

提示：梁的整体稳定系数 φ_b 采用近似公式计算。

(A) 176　　　　　　(B) 185　　　　　　(C) 193　　　　　　(D) 206

18. 梁 1 的静力计算简图如图 14-8 所示，荷载均为标准荷载：梁 2 传来的永久荷载 $G_k = 20kN$，可变荷载 $Q_k = 80kN$，永久荷载 $g_k = 2.5kN/m$（含梁的自重），可变荷载 $q_k = 1.8kN/m$。试问，梁 1 的最大挠度与其跨度的比值，与下列何项数值最为接近？

(A) 1/505　　　　　　(B) 1/438　　　　　　(C) 1/376　　　　　　(D) 1/329

19. 假定钢支架 ZJ-1 与平台梁和基础均为铰接，此时支架单肢柱上的轴心压力设计值为 $N = 520kN$。试问，当作为轴心受压构件进行稳定性验算时，支架单肢柱上的最大压应力设计值（N/mm^2），与下列何项数值最为接近？

(A) 114　　　　　　(B) 127　　　　　　(C) 158　　　　　　(D) 162

20. 钢支架的水平杆（杆 4）采用等边双角钢（L75×6）T 形组合截面，两端用连接

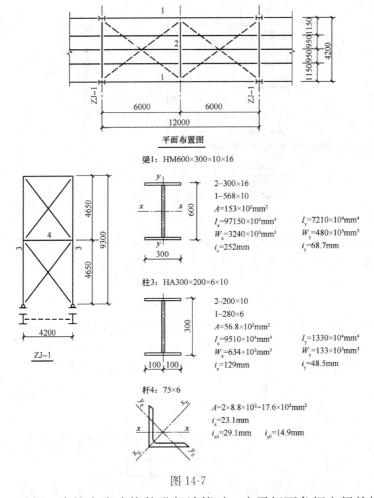

梁1: HM600×300×10×16

2-300×16
1-568×10
$A=153×10^2\text{mm}^2$
$I_x=97150×10^4\text{mm}^4$　　$I_y=7210×10^4\text{mm}^4$
$W_x=3240×10^3\text{mm}^3$　　$W_y=480×10^3\text{mm}^3$
$i_x=252\text{mm}$　　$i_y=68.7\text{mm}$

柱3: HA300×200×6×10

2-200×10
1-280×6
$A=56.8×10^2\text{mm}^2$
$I_x=9510×10^4\text{mm}^4$　　$I_y=1330×10^4\text{mm}^4$
$W_x=634×10^3\text{mm}^3$　　$W_y=133×10^3\text{mm}^3$
$i_x=129\text{mm}$　　$i_y=48.5\text{mm}$

杆4: 75×6

$A=2×8.8×10^2=17.6×10^2\text{mm}^2$
$i_x=23.1\text{mm}$
$i_{x0}=29.1\text{mm}$　　$i_{y0}=14.9\text{mm}$

图 14-7

板焊在立柱上。试问,当按实腹式构件进行计算时,水平杆两角钢之间的填板数(个),与下列何项数值最为接近?

(A) 3　　　　　(B) 4　　　　　(C) 5　　　　　(D) 6

【题 21~23】 某工业钢平台主梁,采用焊接工字形断面,如图 14-9 所示,$I_x=41579×10^6\text{mm}^4$,Q345B 钢制造,由于长度超长,需在现场拼装。螺栓孔采用标准圆孔。

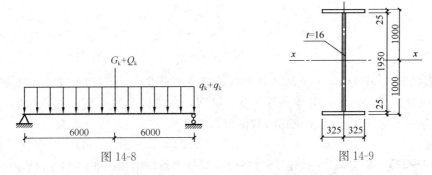

图 14-8　　　　　　　　　　图 14-9

21. 主梁腹板拟在工地用 10.9 级高强度螺栓摩擦型进行双面拼接,如图 14-10 所示。$\mu=0.50$,拼接处梁的弯矩设计值 $M_x=6000\text{kN·m}$,剪力设计值 $V=1400\text{kN}$。试问,主

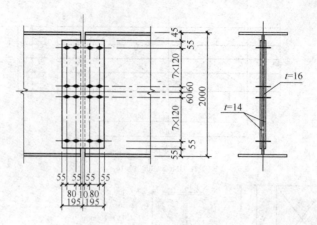

图 14-10

梁腹板拼接采用的高强度螺栓摩擦型，应按下列何项选用？

提示： 弯矩设计值引起的单个螺栓水平方向最大剪力 $N_V^M = M_{腹} \; y_{max} / (2\Sigma y_i^2) = 142.2kN$。

(A) M16   (B) M20   (C) M22   (D) M24

22. 主梁翼缘拟在工地用 10.9 级 M24 高强度螺栓摩擦型进行双面拼接，如图14-11所示，螺栓孔径 $d_0 = 26mm$。设计按等强度原则，$\mu = 0.50$。试问，在拼接头一端，主梁上翼缘拼接所需的高强度螺栓数量（个），与下列何项数值最为接近？

(A) 12   (B) 18   (C) 24   (D) 30

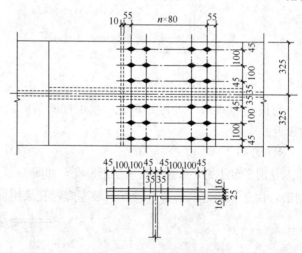

图 14-11

23. 若将题 22 中的 10.9 级 M24 高强度螺栓摩擦型改成 5.6 级的 M24 A 级普通螺栓连接（孔径 $d_0 = 25.5mm$），其他条件不变。试问，在拼接头的一端，主梁上翼缘拼接所需的普通螺栓数量（个），与下列何项数值最为接近？

(A) 12   (B) 18   (C) 24   (D) 30

【题 24~27】 某支架为一单向压弯格构式双肢缀条柱结构，如图 14-12 所示，截面无削弱，材料采用 Q235B，E43 型焊接，手工焊接，柱肢采用 HA300×200×6×10（翼缘为焰切边），缀条采用 L63×6。该柱承受的荷载设计值为：轴心压力 N＝980kN，弯矩

$M_x=230$kN·m，剪力 $V=25$kN。柱在弯矩作用平面内有侧移，计算长度 $l_{0x}=17.5$m，柱在弯矩作用平面外计算长度 $l_{0y}=8$m。缀条与分肢连接有节点板。

提示：双肢缀条柱组合截面 $I_x=104900\times10^4$mm^4，$i_x=304$mm。

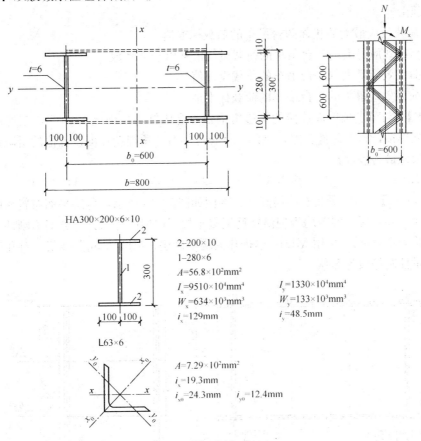

图 14-12

24. 试问，强度计算时，该格构式双肢缀条柱柱肢翼缘外侧最大压应力设计值（N/mm^2），与下列何项数值最为接近？

提示：分肢柱的截面等级满足 S4 级。

(A) 165 　　　　(B) 174 　　　　(C) 178 　　　　(D) 183

25. 验算格构式双肢缀条柱弯矩作用平面内的整体稳定性，其最大压应力设计值（N/mm^2），与下列何项数值最为接近？

提示：分肢柱的截面等级满足 S4 级；$\dfrac{N}{N'_{EX}}=0.162$；$\beta_{mx}=1.0$。

(A) 165 　　　　(B) 173 　　　　(C) 185 　　　　(D) 190

26. 验算格构式柱分肢的稳定性，其最大压应力设计值（N/mm^2），与下列何项数值最为接近？

提示：分肢柱的局部稳定满足。

(A) 165 　　　　(B) 179 　　　　(C) 185 　　　　(D) 193

27. 验算格构式柱缀条的稳定性，其压力设计值与受压稳定承载力设计值的比值与下列何项数值最为接近？

提示：不需要验算《钢标》第 7.6.3 条。

(A) 0.18　　　　(B) 0.23　　　　(C) 0.36　　　　(D) 0.48

【题 28】　试问，计算吊车梁疲劳时，作用在跨间内的下列何项吊车荷载取值是正确的？说明理由。

(A) 荷载效应最大的相邻两台吊车的荷载标准值

(B) 荷载效应最大的一台吊车的荷载设计值乘以动力系数

(C) 荷载效应最大的一台吊车的荷载设计值

(D) 荷载效应最大的一台吊车的荷载标准值

【题 29】　与节点板单面连接的等边角钢轴心受压杆，长细比 $\lambda = 100$，工地高空安装采用角焊缝焊接，施工条件较差。试问，计算连接时，角焊缝强度设计值的折减系数，与下列何项数值最为接近？

(A) 0.63　　　　(B) 0.765　　　　(C) 0.85　　　　(D) 0.90

【题 30～32】　某三层教学楼局部平、剖面如图 14-13 所示，各层平面布置相同。各层层高均为 3.60m，楼、屋盖均为现浇钢筋混凝土板，房屋的静力计算方案为刚性方案。纵横墙厚度均为 190mm，采用 MU10 单排孔混凝土砌块、Mb7.5 混合砂浆，对孔砌筑，砌体施工质量控制等级为 B 级。

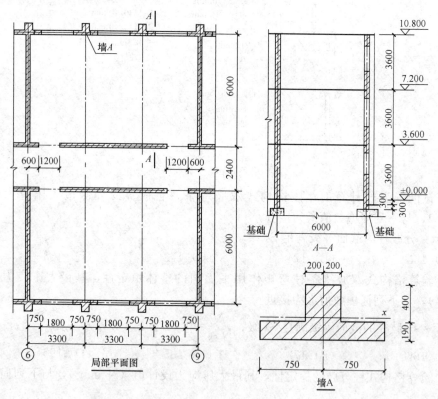

图 14-13

30. 已知第一层带壁柱墙 A 对截面形心 x 轴的惯性矩 $I = 1.044 \times 10^{10}\ \text{mm}^4$。试问，当高厚比验算时，第一层带壁柱墙 A 的高厚比 β 值，与下列何项数值最为接近？

(A) 6.7　　　　(B) 7.3　　　　(C) 7.8　　　　(D) 8.6

31. 假定第二层带壁柱墙 A 的截面折算厚度 $h_\mathrm{T}=495\mathrm{mm}$，截面面积为 $4.45\times10^5\mathrm{mm}^2$，对孔砌筑。当按轴心受压构件计算时，试问，第二层带壁柱墙 A 的最大承载力设计值（kN），与下列何项数值最为接近？

(A) 920   (B) 860   (C) 790   (D) 720

32. 第二层内纵墙的门洞高度为 2100mm。试问，第二层⑥～⑨轴内纵墙段高厚比验算式中的左右端项（$H_0/h\leqslant\mu_1\mu_2\,[\beta]$），与下列何项数值最为接近？

(A) 19<23   (B) 21<23   (C) 19<26   (D) 21<26

【题 33～37】 某四层简支承重墙梁，如图 14-14 所示。托梁截面 $b\times h_\mathrm{b}=300\mathrm{mm}\times600\mathrm{mm}$，托梁两端各伸入支座内 300mm，托梁自重标准值 $g_\mathrm{kL}=5.2\mathrm{kN/m}$。墙体厚度 240mm，采用 MU10 烧结普通砖，计算高度范围内为 M10 混合砂浆，其余为 M5 混合砂浆，墙体及抹灰自重标准值为 $4.5\mathrm{kN/m}^2$，翼墙计算宽度为 1400mm，翼墙厚 240mm。假定作用于每层墙顶由楼（屋）盖传来的均布恒荷载标准值 g_k 和均布活荷载标准值 q_k 均相同，其值分别为：$g_\mathrm{k}=12.0\mathrm{kN/m}$，$q_\mathrm{k}=6.0\mathrm{kN/m}$。砌体施工质量等级为 B 级。设计使用年限为 50 年，结构安全等级为二级。

提示： 按《建筑结构可靠性设计统一标准》GB 50068—2018 作答。

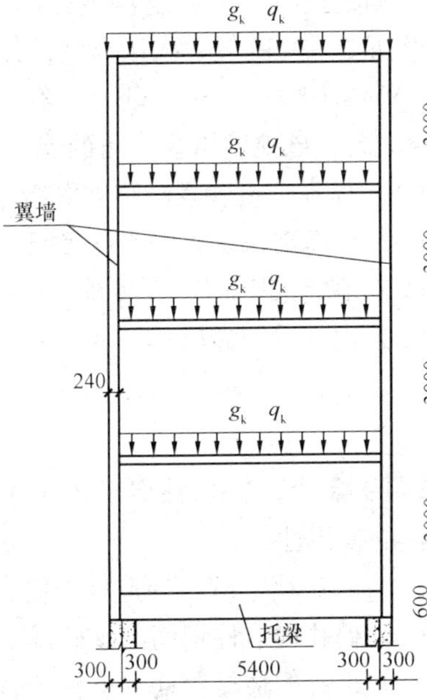

33. 试问，墙梁跨中截面的计算高度 H_0（m），与下列何项数值最为接近？

提示： 计算时可忽略楼板的厚度。

(A) 12.30   (B) 6.24   (C) 3.60   (D) 3.30

图 14-14

34. 活荷载的组合值系数 $\psi_\mathrm{c}=0.7$。试问，在荷载的基本组合下，使用阶段托梁顶面的荷载设计值 Q_1（kN/m），墙梁顶面的荷载设计值 Q_2（kN/m），应与下列何项数值最为接近？

(A) 6，140   (B) 6，150   (C) 7，160   (D) 7，170

35. 假定，在荷载的基本组合下，使用阶段托梁顶面的荷载设计值 $Q_1=12\mathrm{kN/m}$，墙梁顶面的荷载设计值 $Q_2=150\mathrm{kN/m}$。试问，托梁跨中截面的弯矩设计值 M_b（kN·m），应与下列何项数值最为接近？

(A) 110   (B) 140   (C) 150   (D) 185

36. 假定，在荷载的基本组合下，使用阶段托梁顶面的荷载设计值 $Q_1=12\mathrm{kN/m}$，墙梁顶面的荷载设计值 $Q_2=150\mathrm{kN/m}$。试问，托梁剪力设计值 V_b（kN），应与下列何项数值最为接近？

(A) 275   (B) 300   (C) 435   (D) 480

37. 假定，顶梁截面 $b_\mathrm{t}\times h_\mathrm{t}=240\mathrm{mm}\times180\mathrm{mm}$，墙体计算高度 $h_\mathrm{w}=3.0\mathrm{m}$。试问，使用阶段墙梁受剪承载力设计值（kN），应与下列何项数值最为接近？

(A) 550   (B) 660   (C) 690   (D) 720

【题 38～40】 某悬臂式矩形水池，壁厚 620mm，剖面如图 14-15所示。采用 MU15 烧结普通砖、M10 水泥砂浆砌筑，砌体施工质量控制等级为 B 级。承载力验算时不计池壁自重，水压力按可变荷载考虑，取 $\gamma_w=1.5$。结构安全等级为二级。

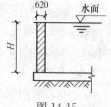

图 14-15

38. 按池壁竖向的受弯承载力验算时，该池壁所能承受的最大水压高度设计值 H（m），应与下列何项数值最为接近？

(A) 2.2   (B) 1.9   (C) 1.6   (D) 1.5

39. 按池壁底部的受剪承载力验算时，可近似地忽略池壁竖向截面中的剪力，试问，该池壁所能承受的最大水压高度设计值 H（m），应与下列何项数值最为接近？

(A) 3.0   (B) 3.3   (C) 3.8   (D) 4.0

40. 若将该池壁承受水压的能力提高，下述何种措施最有效？

(A) 提高砌筑砂浆的强度等级

(B) 提高砌筑块体的强度等级

(C) 池壁采用 MU10 单排孔混凝土砌块、Mb10 水泥砂浆对孔砌筑

(D) 池壁采用砖砌体和底部锚固的钢筋砂浆面层组成的组合砖砌体

（下午卷）

【题 41】 设置钢筋混凝土构造柱的多层砖房，采用下列何项施工顺序才能更好地保证墙体的整体性？

(A) 砌砖墙、绑扎构造柱钢筋、支模板，再浇筑混凝土构造柱

(B) 绑扎构造柱钢筋、砌砖墙、支模板，再浇筑混凝土构造柱

(C) 绑扎构造柱钢筋、支模板、浇筑混凝土构造柱，再砌砖墙

(D) 砌砖墙、支模板、绑扎构造柱钢筋，再浇筑混凝土构造柱

【题 42】 一红松（TC13）桁架轴心受拉下弦杆，截面为 $b\times h=120mm\times200mm$。弦杆上有 5 个直径为 14mm 的圆孔，圆孔的分布如图 14-16 所示。正常使用条件下该桁架安全等级为二级，设计使用年限为 50 年。试问，该弦杆的轴心受拉承载力设计值（kN），与下列何项数值最为接近？

(A) 125   (B) 138   (C) 160   (D) 175

【题 43】 某三角形木桁架的上弦杆和下弦杆在支座节点处采用单齿连接，节点连接如图 14-17 所示。齿连接的齿深 $h_c=30mm$，上弦轴线与下弦轴线的夹角 $\alpha=30°$。上、下

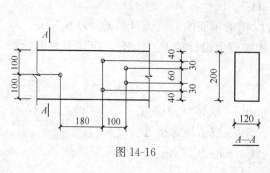

图 14-16

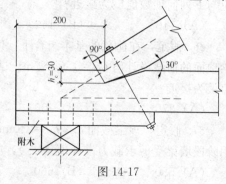

图 14-17

弦杆采用红松（TC13B），其截面尺寸均为 140mm×140mm。该桁架处于室内正常环境，安全等级为二级，设计使用年限为 50 年。根据对下弦杆齿面的受压承载能力计算，试确定齿面能承受的上弦杆最大轴向压力设计值（kN），与下列何项数值最为接近？

(A) 28   (B) 37   (C) 49   (D) 60

【题 44～47】 某安全等级为二级的高层建筑采用钢筋混凝土框架-核心筒结构体系，框架柱截面尺寸均为 900mm×900mm，筒体平面尺寸为 11.2m×11.6m，如图 14-18 所示。基础采用平板式筏形基础，板厚 1.4m，筏板基础的混凝土强度等级为 C30（$f_t = 1.43 N/mm^2$）。

提示： 计算时取 $h_0 = 1.35m$。

44. 如图 14-18 所示，中柱 Z_1 相应于作用的基本组合时的柱轴力 $F = 12150kN$，柱底端弯矩 $M = 202.5 kN \cdot m$。相应于作用的基本组合时的地基净反力为 182.25kPa（已扣除筏形基础自重）。已求得 $c_1 = c_2 = 2.25m$，$c_{AB} = 1.13m$，$I_s = 11.17m^4$，$\alpha_s = 0.4$，试问，柱 Z_1 距柱边 $h_0/2$ 处的冲切临界截面的最大剪应力 τ_{max}（kPa），与下列何项数值最为接近？

(A) 600   (B) 810   (C) 1010   (D) 1110

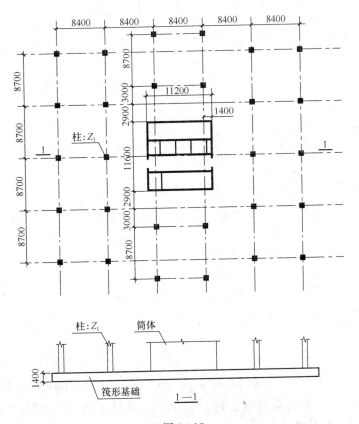

图 14-18

45. 条件同题 44。试问，柱 Z_1 下筏板的受冲切混凝土剪应力设计值 τ_c（kPa），与下列何项数值最为接近？

(A) 950   (B) 1000   (C) 1330   (D) 1520

46. 相应于作用的基本组合时的内筒轴力为 54000kN，相应于作用的基本组合时的地基净反力为 182.25kPa（已扣除筏形基础自重）。试问，当对简体下板厚进行受冲切承载力验算时，距内筒外表面 $h_0/2$ 处的冲切临界截面的最大剪应力 τ_{max}（kPa），与下列何项数值最为接近？

提示： 不考虑内筒根部弯矩的影响。

(A) 191　　　　　(B) 258　　　　　(C) 580　　　　　(D) 784

47. 条件同题 46。试问，当对简体下板厚进行受冲切承载力验算时，内筒下筏板受冲切混凝土的剪应力设计值 τ_c（kPa），与下列何项数值最为接近？

(A) 760　　　　　(B) 800　　　　　(C) 950　　　　　(D) 1000

【题 48～52】 某单层单跨工业厂房建于正常固结的黏性土地基上，跨度 27m，长度 84m，采用柱下钢筋混凝土独立基础。厂房基础完工后，室内外均进行填土。厂房投入使用后，室内地面局部范围内有大面积堆载，堆载宽度 6.8m，堆载的纵向长度 40m。具体的厂房基础及地基情况、地面荷载大小等如图 14-19 所示。

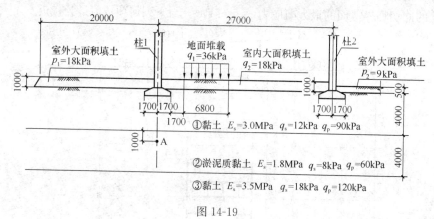

图 14-19

48. 地面堆载 q_1 为 36kPa，室内外填土重度 γ 均为 18kN/m³。试问，为计算大面积地面荷载对柱 1 的基础产生的附加沉降量，所采用的等效均布地面荷载 q_{eq}（kPa），与下列何项数值最为接近？

提示： 注意对称荷载，可减少计算量。

(A) 13　　　　　(B) 16　　　　　(C) 21　　　　　(D) 30

49. 条件同题 48。若在使用过程中允许调整该厂房的吊车轨道，试问，由地面荷载引起柱 1 基础内侧边缘中点的地基附加沉降允许值 $[s'_g]$（mm），与下列何项数值最为接近？

(A) 40　　　　　(B) 58　　　　　(C) 72　　　　　(D) 85

50. 已知地基②层土的天然抗剪强度 τ_{f0} 为 16kPa，三轴固结不排水压缩试验求得的土的内摩擦角 φ_{cu} 为 12°。地面荷载引起的柱基础下方地基中 A 点的附加竖向应力 $\Delta\sigma_z = 12kPa$，地面填土三个月时，地基中 A 点土的固结度 U_t 为 50%。试问，地面填土三个月时地基中 A 点土体的抗剪强度 τ_{ft}（kPa），与下列何项数值最为接近？

提示： 按《建筑地基处理技术规范》JGJ 79—2012 作答。

(A) 16.3　　　　　(B) 16.9　　　　　(C) 17.3　　　　　(D) 21.0

51. 拟对地面堆载（$q_1 = 36kPa$）范围内的地基土体采用水泥搅拌桩地基处理方案。

已知水泥搅拌桩的长度为10m，桩端进入③层黏土2m，地基处理前，第①层土和第②层土的天然地基承载力特征值分别为90kPa，60kPa。地基处理后的复合地基承载力特征值为180kPa。试问，处理后的②层土范围内的搅拌桩复合土层的压缩模量 E_{sp}（MPa），与下列何项数值最为接近？

(A) 9.4　　　　(B) 3.6　　　　(C) 4.5　　　　(D) 5.4

52. 条件同题51，并且已知搅拌桩直径为600mm，水泥土标准养护条件下90天龄期的立方体抗压强度平均值 $f_{cu}=2000kPa$，桩身强度折减系数 $\eta=0.25$，桩端端阻力发挥系数 $\alpha_p=0.5$。试问，搅拌桩单桩承载力特征值 R_a（kN），与下列何项数值最为接近？

(A) 127　　　　(B) 142　　　　(C) 235　　　　(D) 258

【题 53～55】 某单层地下车库建于岩石地基上，采用岩石锚杆基础。柱网尺寸 8.4m×8.4m，中间柱截面尺寸 600mm×600mm，地下水位位于自然地面以下1m，图 14-20 为中间柱的基础示意图。

53. 相应于作用的标准组合时，作用在中间柱承台底面的竖向力总和为−600kN（方向向上，已综合考虑地下水浮力、基础自重及上部结构传至柱基的轴力）；作用在基础底面形

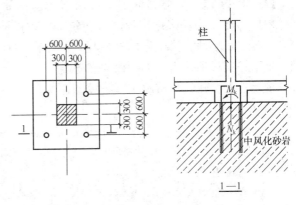

图 14-20

心的力矩值 M_{xk}、M_{yk} 均为 100kN·m。试问，作用的标准组合时，单根锚杆承受的最大拔力值 N_{tmax}（kN），与下列何项数值最为接近？

(A) 125　　　　(B) 167　　　　(C) 233　　　　(D) 270

54. 假定相应于作用的标准组合时，单根锚杆承担的最大拔力值 N_{max} 为 170kN，锚杆孔直径为 150mm，锚杆采用 HRB400 钢筋，直径为 32mm，锚杆孔灌浆采用 M30 水泥砂浆，砂浆与岩石间的粘接强度特征值为 0.42MPa，试问，锚杆有效锚固长度 l（m）取值，与下列何项数值最为接近？

(A) 1.0　　　　(B) 1.1　　　　(C) 1.2　　　　(D) 1.3

55. 现场进行了 6 根锚杆抗拔试验，得到的锚杆抗拔极限承载力分别为 420kN，530kN，480kN，479kN，588kN，503kN。试问，单根锚杆抗拔承载力特征值 R_t（kN），与下列何项数值最为接近？

(A) 250

(B) 420

(C) 500

(D) 宜增加试验量且综合各方面因素后再确定

【题 56】 下列关于地基基础设计的一些主张，其中何项是不正确的？

(A) 场地内存在发震断裂时，如抗震设防烈度小于 8 度，可忽略发震断裂错动对地面建筑的影响

(B) 对地基主要受力层范围为粗砂的砌体结构房屋可不进行天然地基及基础的抗震

承载力验算

(C) 当高耸结构的高度 H_g 不超过 20m 时，基础倾斜的允许值为 0.008

(D) 高宽比大于 4 的高层建筑，基础底面与地基之间零应力区面积不应超过基础底面面积的 15%

【题 57】 某建筑场地的土层分布及各土层的剪切波速如图 14-21 所示，试问，该建筑场地的类别应为下列何项所示？

提示：按《建筑抗震设计规范》GB 50011—2010 解答。

(A) I₁　　　　(B) II

(C) III　　　　(D) IV

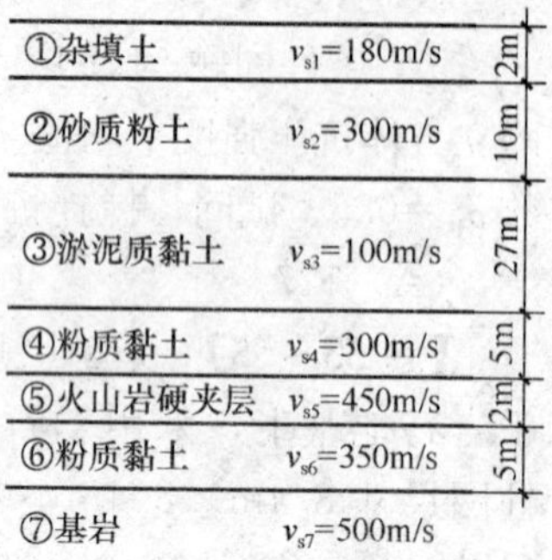

①杂填土	v_{s1}=180m/s	2m
②砂质粉土	v_{s2}=300m/s	10m
③淤泥质黏土	v_{s3}=100m/s	27m
④粉质黏土	v_{s4}=300m/s	5m
⑤火山岩硬夹层	v_{s5}=450m/s	2m
⑥粉质黏土	v_{s6}=350m/s	5m
⑦基岩	v_{s7}=500m/s	

图 14-21

【题 58～60】 某部分框支剪力墙结构为钢筋混凝土结构，房屋高度 80m。该建筑为丙类建筑，抗震设防烈度为 7 度，II 类建筑场地。第三层为转换层，纵横向均有落地剪力墙，地下一层板顶作为上部结构的嵌固端。

提示：按《建筑与市政工程抗震通用规范》GB 55002—2021 作答。

58. 首层某剪力墙墙肢 W_1，墙肢底部截面考虑地震作用组合的内力计算值为：弯矩 M_w=2800kN·m，剪力 V_w=750kN。试问，W_1 墙肢底部截面的内力设计值，与下列何项数值最为接近？

(A) M=2900kN·m，V=1200kN　　(B) M=4200kN·m，V=1200kN

(C) M=3600kN·m，V=900kN　　(D) M=3600kN·m，V=1050kN

59. 首层某根框支角柱 C_1，对应于地震作用标准值作用下，其柱底轴力 N_{Ek}=1100kN，重力荷载代表值作用下，其柱底轴力标准值为 N_{Gk}=1950kN，不考虑风荷载。试问，柱 C_1 配筋计算时应采用的有地震作用组合的柱底轴力设计值 N（kN），与下列何项数值最为接近？

(A) 4050　　　　(B) 4400　　　　(C) 4935　　　　(D) 5660

60. 第 4 层某框支梁上剪力墙墙肢 W_2 的厚度为 180mm，该框支梁净跨 L_n=6000mm。框支梁与墙体 W_2 交接面上考虑风荷载、地震作用组合的水平拉应力设计值 σ_{xmax}=1.38MPa。试问，W_2 墙肢在框支梁上 $0.2L_n$=1200mm 高度范围内的水平分布筋实际配筋（双排，采用 HRB335 级钢筋）选择下列何项时，其钢筋截面面积 A_{sh} 才能满足规程要求并且最接近计算结果？

(A) Φ8@200（A_s=604mm²/1200mm）

(B) Φ10@200（A_s=942mm²/1200mm）

(C) Φ10@150（A_s=1256mm²/1200mm）

(D) Φ12@200（A_s=1357mm²/1200mm）

【题 61】 某高层建筑采用钢框架-钢筋混凝土核心筒结构，抗震设防烈度为 7 度，设计基本地震加速度为 0.15g，场地特征周期 T_g=0.35s，考虑非承重墙体刚度的影响予以折减后的结构自振周期 T=1.82s。已求得 η_1=0.0213，η_2=1.078。试问，该结构的地震影响系数 α，与下列何项数值最为接近？

提示：按《高层建筑混凝土结构技术规程》JGJ 3—2010 作答。

(A) 0.0197　　　　(B) 0.0201　　　　(C) 0.0293　　　　(D) 0.0302

【题 62】 抗震设防烈度为 7 度的某高层办公楼，采用钢筋混凝土框架-剪力墙结构。当采用振型分解反应谱法计算时，在单向水平地震作用下某框架柱轴力标准值如表 14-2 所示。

表 14-2

单向水平地震作用下某框架柱轴力标准值

单向水平地震作用方向	框架柱轴力标准值（kN）	
	不进行扭转耦联计算时	进行扭转耦联计算时
x 向	4500	4000
y 向	4800	4200

试问，在考虑双向水平地震作用的扭转效应中，该框架柱轴力标准值（kN），与下列何项数值最为接近？

(A) 5365　　　　(B) 5410　　　　(C) 6100　　　　(D) 6150

【题 63~65】 某钢筋混凝土框架-剪力墙结构，房屋高度 57.3m，地下 2 层，地上 15 层，首层层高 6.0m，二层层高 4.5m，其余各层层高均为 3.6m。纵横方向均有剪力墙，地下一层板顶作为上部结构的嵌固端。该建筑为丙类建筑，抗震设防烈度为 8 度，设计基本地震加速度为 $0.2g$，I_1 类建筑场地。在规定水平力作用下，框架部分承受的地震倾覆力矩大于结构总地震倾覆力矩的 10% 但小于 50%。各构件的混凝土强度等级均为 C40。

63. 首层某框架中柱剪跨比大于 2，为使该柱截面尺寸尽可能小，试问，根据《高层建筑混凝土结构技术规程》JGJ 3—2010 的规定，对该柱箍筋和附加纵向钢筋的配置形式采取所有相关措施之后，满足规程最低要求的该柱轴压比最大限值，应取下列何项数值？

(A) 0.95　　　　(B) 1.00　　　　(C) 1.05　　　　(D) 1.10

64. 位于第 5 层平面中部的某剪力墙端柱截面为 500mm×500mm，假定其抗震等级为二级，其轴压比为 0.28，端柱纵向钢筋采用 HRB400 级钢筋，其承受集中荷载，考虑地震作用组合时，由考虑地震作用组合小偏心受拉内力设计值计算出的该端柱纵筋总截面面积计算值为最大（1800mm²）。试问，该柱纵筋的实际配筋选择下列何项时，才能满足并且最接近于《高层建筑混凝土结构技术规程》JGJ 3—2010 的最低要求？

(A) $4\Phi16+4\Phi18$（$A_s=1822\text{mm}^2$）　　　(B) $8\Phi18$（$A_s=2036\text{mm}^2$）

(C) $4\Phi20+4\Phi18$（$A_s=2275\text{mm}^2$）　　　(D) $8\Phi20$（$A_s=2513\text{mm}^2$）

65. 与截面为 700mm×700mm 的框架柱相连的某截面为 400mm×600mm 的框架梁，纵筋采用 HRB400 级钢筋，箍筋采用 HPB300 级钢筋（$f_{yv}=270\text{N/mm}^2$），其梁端上部纵向钢筋系按截面计算配置。假设该框架梁抗震等级为三级，试问，该梁端上部和下部纵向钢筋截面面积（配筋率）及箍筋按下列何项配置时，才能全部满足《高层建筑混凝土结构技术规程》JGJ 3—2010 的构造要求？

提示： ①下列各选项纵筋配筋率和箍筋配箍率均满足《高层建筑混凝土结构技术规程》JGJ 3—2010 第 6.3.5 条第 1 款和第 6.3.2 条第 2 款中最小配筋率要求；

②梁纵筋直径不小于 $\Phi18$。

(A) 上部纵筋 $A_{s上}=6840\text{mm}^2$（$\rho_上=2.85\%$），下部纵筋 $A_{s下}=4826\text{mm}^2$（$\rho_下=$

2.30%），四肢箍筋Φ10@100

（B）上部纵筋 $A_{s上}=3695mm^2$（$\rho_上=1.76\%$），下部纵筋 $A_{s下}=1017mm^2$（$\rho_下=0.48\%$），四肢箍筋Φ8@100

（C）上部纵筋 $A_{s上}=5180mm^2$（$\rho_上=2.47\%$），下部纵筋 $A_{s下}=3079mm^2$（$\rho_下=1.47\%$），四肢箍筋Φ8@100

（D）上部纵筋 $A_{s上}=5180mm^2$（$\rho_上=2.47\%$），下部纵筋 $A_{s下}=3927mm^2$（$\rho_下=1.87\%$），四肢箍筋Φ10@100

【题66】某12层现浇钢筋混凝土框架-剪力墙结构，抗震设防烈度为8度，丙类建筑，设计地震分组为第一组，Ⅱ类建筑场地，建筑物平、立面如图14-22所示。已知振型分解反应谱法求得的底部剪力为6000kN，需进行弹性动力时程分析补充计算。现有4组实际地震记录加速度时程曲线 $P_1 \sim P_4$ 和1组人工模拟加速度时程曲线 RP_1。各条时程曲线计

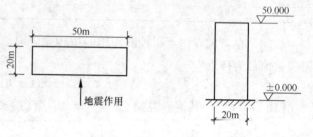

图 14-22

算所得的结构底部剪力见表14-3。假定实际记录地震波及人工波的平均地震影响系数曲线与振型分解反应谱法所采用的地震影响曲线在统计意义上相符，试问，进行弹性动力时程分析时，选用下列哪一组地震波（包括人工波）才最为合理？

提示：按《高层建筑混凝土结构技术规程》JGJ 3—2010作答。

各条时程曲线计算所得的结构底部剪力　　　　　　　　　　　　　表 14-3

	P_1	P_2	P_3	P_4	RP_1
V_0（kN）	5100	3800	4800	5700	4000

（A）P_1；P_2；P_3　　　　　　　　　　（B）P_1；P_2；RP_1

（C）P_1；P_3；RP_1　　　　　　　　　　（D）P_1；P_4；RP_1

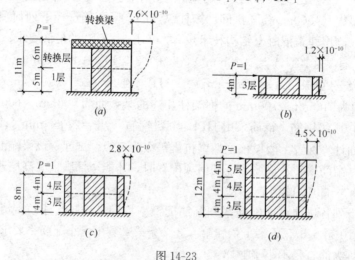

图 14-23

（a）转换层及下部结构；（b）、（c）、（d）转换层上部部分结构

【题 67】 某带转换层的高层建筑，底部大空间层数为 2 层，6 层以下混凝土强度等级相同。转换层下部结构以及上部部分结构采用不同计算模型时，其顶部在单位水平力作用下的侧向位移计算结果（mm）见图 14-23。试问，转换层上部与下部结构的等效侧向刚度比 γ_e，与下列何项数值最为接近？

(A) 3.67　　　　(B) 2.30　　　　(C) 1.97　　　　(D) 1.84

【题 68、69】 某型钢混凝土框架-钢筋混凝土核心筒结构，房屋高度 91m，首层层高 4.6m。该建筑为丙类建筑，抗震设防烈度为 8 度，Ⅱ类建筑场地。各构件混凝土强度等级为 C50。纵向钢筋均采用 HRB 400 级钢筋。

68. 首层核心筒外墙的某一字形墙肢 W_1，位于两个高度为 3800mm 的墙洞之间，墙厚 $b_w = 450$mm，如图 14-24 所示，抗震等级为一级。根据已知条件，试问，满足《高层建筑混凝土结构技术规程》JGJ 3—2010 最低构造要求的 W_1 墙肢截面高度 h_w（mm）和该墙肢的全部纵向钢筋截面面积 A_s（mm²），与下列何项数值最为接近？

(A) 1000，3732　　(B) 1000，5597　　(C) 1200，5420　　(D) 1200，6857

69. 首层型钢混凝土框架柱 C_1 截面为 800mm×800mm，柱内钢骨为十字形，如图 14-25 所示，图中构造钢筋于每层遇钢框架梁时截断。试问，满足《高层建筑混凝土结构技术规程》JGJ 3—2010 最低要求的 C_1 柱内十字形钢骨截面面积（mm²）和纵向配筋，与下列何项数值最为接近？

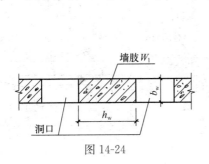
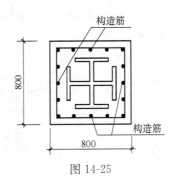

图 14-24　　　　　　　　　　　　　图 14-25

(A) 26832，12φ22＋（构造筋 4φ14）　(B) 26832，12φ25＋（构造筋 4φ14）
(C) 21660，12φ22＋（构造筋 4φ14）　(D) 21660，12φ25＋（构造筋 4φ14）

【题 70】 对于下列的一些见解，根据《高层建筑混凝土结构技术规程》JGJ 3—2010 判断，其中何项是不正确的？说明理由。

(A) 在正常使用条件下，限制高层建筑结构层间位移的主要目的之一是保证主体结构基本处于弹性受力状态

(B) 验算按弹性方法计算的层间位移角 $\Delta u/h$ 是否满足规程限值要求时，其楼层位移计算不考虑偶然偏心影响

(C) 对于框架结构，框架柱的轴压比大小，是影响结构薄弱层层间弹塑性位移角 $[\theta_p]$ 限值取值的因素之一

(D) 验算弹性层间位移角 $\Delta u/h$ 限值时，第 i 层层间最大位移差 Δu_i 是指第 i 层与第 $i-1$ 层在楼层平面各处位移的最大值之差，即 $\Delta u_i = u_{i,\max} - \Delta u_{i-1,\max}$

【题 71】 下列关于钢框架-钢筋混凝土核心筒结构设计中的一些见解，其中何项说法

是不正确的？说明理由。

(A) 水平力主要由核心筒承受

(B) 当框架边柱采用 H 形截面钢柱时，宜将钢柱强轴方向布置在外框架平面内

(C) 进行加强层水平伸臂桁架内力计算时，应假定加强层楼板的平面内刚度无限大

(D) 当采用外伸桁架加强层时，外伸桁架宜伸入并贯通抗侧力墙体

【题 72】 下列对于钢筋混凝土烟囱设计规定及参数取值的说法，正确的是何项？

提示：按《烟囱工程技术标准》GB/T 50051—2021 作答。

Ⅰ. 烟囱抗倾覆验算时，永久作用的分项系数取 0.90

Ⅱ. 抗震设计，承载力抗震调整系数取 0.9

Ⅲ. 抗震设计，计算重力荷载代表值时，积灰荷载的组合值系数为 0.90

Ⅳ. 抗震设计，高度 280m 烟囱时，采用振型分解反应谱法，可计算前 3 个振型组合

(A) Ⅰ、Ⅱ   (B) Ⅰ、Ⅱ、Ⅲ   (C) Ⅱ、Ⅲ   (D) Ⅲ、Ⅳ

【题 73】 某座跨河公路桥梁，采用钢筋混凝土上承式无铰拱桥，计算跨径为 130m，假定拱轴线长度（L_a）为 150m。试问，当验算主拱圈纵向稳定时，相应的计算长度（m），与下列何项数值最为接近？

(A) 136   (B) 130   (C) 75   (D) 54

【题 74、75】 有一座在满堂支架上浇筑的公路预应力混凝土连续箱形梁桥，跨径布置为 60m+80m+60m，在两端各设置伸缩缝 A 和 B。采用 C40 硅酸盐水泥混凝土，总体布置如图 14-26 所示。

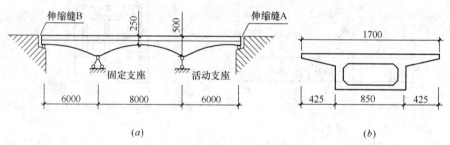

图 14-26

(a) 纵断面；(b) 横断面

74. 假定伸缩缝 A 安装时的温度 t_0 为 20℃，桥梁所在地区的最高有效温度值为 34℃，最低有效温度值为 −10℃，大气湿度 R_H 为 55%，结构理论厚度 $h \geqslant 600$mm，混凝土弹性模量 $E_c = 3.25 \times 10^4$MPa，混凝土线膨胀系数为 1.0×10^5，预应力引起的箱梁截面上的法向平均压应力 $\sigma_{pc} = 8$MPa。箱梁混凝土的平均加载龄期为 60d。试问，由混凝土徐变引起伸缩缝 A 处的伸缩量值（mm），与下列何项数值最为接近？

提示：徐变系数按《公路钢筋混凝土及预应力混凝土桥涵设计规范》JTG 3362—2018 附录 C 条文说明中表 C-2 采用。

(A) −55   (B) −31   (C) −39   (D) +24

75. 在题 75 中，当不计活载、活载离心力、制动力、温度梯度、梁体转角、风荷载及墩台不均匀沉降等因素时，并假定由均匀温度变化、混凝土收缩、混凝土徐变引起的梁体在伸缩缝 A 处的伸缩量分别为 +55mm 与 −130mm。综合考虑各种因素，其伸缩量的

增大系数取 1.3。试问，该伸缩缝 A 应设置的伸缩量之和（mm），应为下列何项数值？

(A) 240   (B) 115   (C) 75   (D) 185

【题 76】 某座位于城市快速路上的跨径为 80m+120m+80m，桥宽 17m 的预应力混凝土连续梁桥，采用刚性墩台，梁下设置支座，水平地震动加速度峰值为 0.10g（地震基本烈度为 7 度）。试问，下列哪个选项图中布置的平面约束条件是正确的？

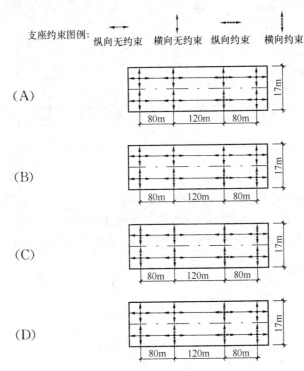

【题 77】 公路桥涵设计时，采用的汽车荷载由车道荷载和车辆荷载组成，分别用于计算不同的桥梁构件。现需进行以下几种桥梁构件计算：①主梁整体计算；②主梁桥面板计算；③涵洞计算；④桥台计算。试判定这四种构件应采用下列何项汽车荷载模式，才符合《公路桥梁设计通用规范》JTG D60—2015 的要求？

(A) ①、③采用车道荷载，②、④采用车辆荷载

(B) ①、②采用车道荷载，③、④采用车辆荷载

(C) ①采用车道荷载，②、③、④采用车辆荷载

(D) ①、②、③、④均采用车道荷载

【题 78】 某公路跨河桥，在设计钢筋混凝土柱式桥墩中永久作用需与以下可变作用进行组合：①汽车荷载；②汽车冲击力；③汽车制动力；④温度作用；⑤支座摩阻力；⑥流水压力；⑦冰压力。试问，下列四种组合中，其中何项组合符合《公路桥梁设计通用规范》JTG D60—2015 的要求？

(A) ①+②+③+④+⑤+⑥+⑦+永久作用

(B) ①+②+③+④+⑤+⑥+永久作用

(C) ①+②+③+④+⑤+永久作用

(D) ①+②+③+④+永久作用

【题79】 对于某桥上部结构为三孔钢筋混凝土连续梁，试判定在以下四个图形中，哪一个图形是该梁在中孔跨中截面 a 的弯矩影响线？

提示： 只需定性地判断。

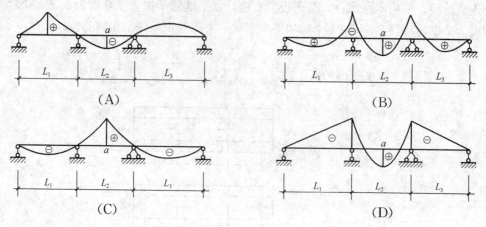

（A）　　　　　　　　　　　　　　（B）

（C）　　　　　　　　　　　　　　（D）

【题80】 某公路桥梁主梁高度 175cm，桥面铺装层共厚 20cm，支座高度（含垫石）15cm，采用埋置式肋板桥台，台背墙厚 40cm，台前锥坡坡度 1∶1.5，布置如图 14-27 所示。锥坡坡面不能超过台帽与背墙的交点。试问，后背耳墙长度 l（cm），与下列何项数值最为接近？

（A）350　　　　　（B）260　　　　　（C）230　　　　　（D）200

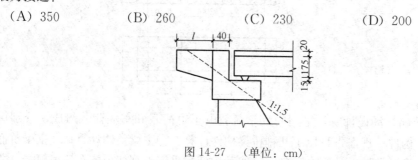

图 14-27　（单位：cm）

规范简称目录

为了解答方便、避免冗长，规范简称如下：

1. 《工程结构通用规范》GB 55001—2021（以下简称《结通规》）
2. 《建筑与市政工程抗震通用规范》GB 55002—2021（以下简称《抗震通规》）
3. 《建筑与市政地基基础通用规范》GB 55003—2021（以下简称《地基通规》）
4. 《组合结构通用规范》GB 55004—2021（以下简称《组合通规》）
5. 《木结构通用规范》GB 55005—2021（以下简称《木通规》）
6. 《钢结构通用规范》GB 55006—2021（以下简称《钢通规》）
7. 《砌体结构通用规范》GB 55007—2021（以下简称《砌通规》）
8. 《混凝土结构通用规范》GB 55008—2021（以下简称《混通规》）
9. 《建筑结构可靠性设计统一标准》GB 50068—2018（简称《可靠性标准》）
10. 《建筑结构荷载规范》GB 50009—2012（简称《荷规》）
11. 《建筑工程抗震设防分类标准》GB 50223—2008（简称《设防分类标准》）
12. 《建筑抗震设计规范》GB 50011—2010（2016 年版）（简称《抗规》）
13. 《建筑地基基础设计规范》GB 50007—2011（简称《地规》）
14. 《建筑桩基技术规范》JGJ 94—2008（简称《桩规》）
15. 《建筑边坡工程技术规范》GB 50330—2013（简称《边坡规范》）
16. 《建筑地基处理技术规范》JGJ 79—2012（简称《地处规》）
17. 《建筑地基基础工程施工质量验收标准》GB 50202—2018（简称《地验标》）
18. 《既有建筑地基基础加固技术规范》JGJ 123—2012（简称《既有地规》）
19. 《建筑基桩检测技术规范》JGJ 106—2014（简称《基桩检规》）
20. 《混凝土结构设计规范》GB 50010—2010（2015 年版）（简称《混规》）
21. 《混凝土结构工程施工质量验收规范》GB 50204—2015（简称《混验规》）
22. 《混凝土异形柱结构技术规程》JGJ 149—2017（简称《异形柱规程》）
23. 《组合结构设计规范》JGJ 138—2016（简称《组合规范》）
24. 《混凝土结构加固设计规范》GB 50367—2013（简称《混加规》）
25. 《门式刚架轻型房屋钢结构技术规范》GB 51022—2015（简称《门规》）
26. 《钢结构设计标准》GB 50017—2017（简称《钢标》）
27. 《冷弯薄壁型钢结构技术规范》GB 50018—2002（简称《薄壁钢规》）
28. 《高层民用建筑钢结构技术规程》JGJ 99—2015（简称《高钢规》）
29. 《空间网格结构技术规程》JGJ 7—2010（简称《网格规程》）
30. 《钢结构焊接规范》GB 50661—2011（简称《焊规》）
31. 《钢结构高强度螺栓连接技术规程》JGJ 82—2011（简称《高强螺栓规程》）
32. 《钢结构工程施工质量验收标准》GB 50205—2020（简称《钢验标》）

33. 《砌体结构设计规范》GB 50003—2011（简称《砌规》）

34. 《砌体结构工程施工质量验收规范》GB 50203—2011（简称《砌验规》）

35. 《木结构设计标准》GB 50005—2017（简称《木标》）

36. 《烟囱工程技术标准》GB/T 50051—2021（简称《烟标》）

37. 《高耸结构设计标准》GB 50135—2019（简称《高耸标准》）

38. 《高层建筑混凝土结构技术规程》JGJ 3—2010（简称《高规》）

39. 《建筑设计防火规范》GB 50016—2014（简称《防火规范》）

40. 《公路桥涵设计通用规范》JTG D60—2015（简称《公桥通规》）

41. 《城市桥梁设计规范》CJJ 11—2011（2019 年局部修订）（简称《城市桥规》）

42. 《城市桥梁抗震设计规范》CJJ 166—2011（简称《城桥抗规》）

43. 《公路钢筋混凝土及预应力混凝土桥涵设计规范》JTG 3362—2018（简称《公桥混规》）

44. 《公路桥梁抗震设计规范》JTG/T 2231—01—2020（简称《公桥抗规》）

45. 《城市人行天桥和人行地道技术规程》CJJ 69—95（简称《城市天桥》）

实战训练试题（一）解答与评析

（上午卷）

1. 正确答案是 D，解答如下：

如图 1-1-1 所示，取支座边剪力计算。

由《可靠性标准》8.2.4 条：

$$V = \frac{1}{2} \times (1.3 \times 25 + 1.5 \times 40) \times 5 = 231.25 \text{kN}$$

根据《混规》式（6.3.4-2）：

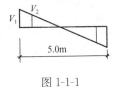

图 1-1-1

$$V_{cs} \leqslant \alpha_{cv} f_t b h_0 + f_{yv} \frac{A_{sv}}{s} h_0$$

$$231.25 \times 10^3 \leqslant 0.7 \times 1.43 \times 200 \times 465 + 270 \times \frac{A_{sv}}{s} \times 465$$

$$\text{解之得：} A_{sv}/s \geqslant 1.1 \text{mm}^2/\text{mm}$$

（A）项：$A_{sv}/s = 2 \times 50.3/100 = 1.00 \text{mm}^2/\text{mm}$，不满足

（B）项：$A_{sv}/s = 2 \times 78.5/100 = 1.57 \text{mm}^2/\text{mm}$，满足

（D）项：$A_{sv}/s = 2 \times 113.1/150 = 1.51 \text{mm}^2/\text{mm}$，满足

复核最小配箍率：$f_{sv} = \dfrac{A_{sv}}{bs} = \dfrac{1.51}{200} = 0.755\% > 0.24 f_t/f_{yv} = 0.24 \times 1.43/270 = 0.13\%$

故选（D）项。

2. 正确答案是 C，解答如下：

根据《混规》6.3.4 条：

如图 1-1-1 所示，弯起钢筋弯起点处的斜截面受剪承载力 V_2，由规范式（6.3.4-2）：

$$V_2 = \alpha_{cv} f_t b h_0 + f_{yv} \frac{A_{sv}}{s} h_0$$

$$= 0.7 \times 1.43 \times 200 \times 465 + 270 \times \frac{57}{200} \times 465 = 128.87 \text{kN}$$

如图 1-1-1 所示，支座边缘截面受剪承载力 V_1，由规范式（6.3.5）：

$$V_1 = 0.7 f_t b h_0 + f_{yv} \frac{A_{sv}}{s} h_0 + 0.8 f_{yv} A_{sb} \sin\alpha$$

$$= 128.87 + 0.8 \times 360 \times 402 \times \sin 45° \times 10^{-3}$$

$$= 210.74 \text{kN}$$

确定均匀荷载设计值 q：

$$q_1 = \frac{2V_1}{l_n} = \frac{2 \times 210.74}{5} = 84.3 \text{kN/m}$$

$$q_2 = \frac{2V_2}{5 - 2 \times 0.48} = \frac{2 \times 128.87}{5 - 0.96} = 63.8 \text{kN/m}$$

取较小值，$q=q_2=63.8\text{kN/m}$

【1、2题评析】 支座剪力值应取支座边缘处截面，故取净跨计算。

3. 正确答案是B，解答如下：

$$e_0=\frac{M}{N}=\frac{90}{950}=94.7\text{mm}<\frac{h}{2}-a_s=\frac{450}{2}-40=185\text{mm}，属小偏拉$$

$$e'=\frac{h}{2}-a'_s+e_0=\frac{450}{2}-40+94.7=279.7\text{mm}$$

查《混规》表 11.1.6，取 $\gamma_{RE}=0.85$。

由规范式（6.2.23-2）：

$$A_s\geqslant\frac{\gamma_{RE}Ne'}{f_y(h'_0-a'_s)}=\frac{0.85\times950\times10^3\times279.7}{360\times(410-40)}=1696\text{mm}^2$$

$$\rho=\frac{A_s}{bh}=\frac{1696}{300\times450}=1.26\%$$

由规范表 8.5.1

$$\rho_{min}=\max(0.2\%,0.45f_t/f_y)=\max(0.2\%,0.45\times1.43/360)$$
$$=0.2\%<1.26\%$$

【3题评析】 本题关键是确定 γ_{RE} 值。

4. 正确答案是A，解答如下：

根据《混规》7.1.2条：

$$\rho_{te}=\frac{A_s}{A_{te}}=\frac{3927}{0.5\times250\times650}=0.0483>0.01$$

$$h_0=h-a_s=650-70=580\text{mm}$$

$$\sigma_{sq}=\frac{M_q}{0.87h_0A_s}=\frac{450\times10^6}{0.87\times580\times3927}=227.1\text{N/mm}^2$$

$$\psi=1.1-0.65\frac{f_{tk}}{\rho_{te}\sigma_{sq}}=1.1-0.65\times\frac{2.01}{0.0483\times227.1}=0.981<1.0$$

故取 $\psi=0.981$

5. 正确答案是A，解答如下：

$$\alpha_E=\frac{E_s}{E_c}=\frac{2\times10^5}{3\times10^4}=6.667，$$

$$\rho=\frac{A_s}{bh_0}=\frac{3927}{250\times580}=0.0271$$

由《混规》式（7.1.4-7），$0.2h_0=116\text{mm}<h'_f=120\text{mm}$，取 $h'_f=0.2h_0=116\text{mm}$

$$\gamma'_f=\frac{(b'_f-b)h'_f}{bh_0}=\frac{(800-250)\times116}{250\times580}=0.44$$

由《混规》式（7.2.3-1）：

$$B_s=\frac{E_sA_sh_0^2}{1.15\psi+0.2+\frac{6\alpha_E\rho}{1+3.5\gamma'_f}}=\frac{2\times10^5\times3927\times580^2}{1.15\times0.956+0.2+\frac{6\times6.667\times0.0271}{1+3.5\times0.44}}$$

$$=1.53\times10^{14}$$

6. 正确答案是 C，解答如下：

根据《混规》7.2.2 条、7.2.5 条：

取 $\theta = 2.0$

$$B = \frac{B_s}{\theta} = \frac{2.16 \times 10^{14}}{2}$$

$$= 1.08 \times 10^{14} \text{N} \cdot \text{mm}^2$$

$$f = \frac{5(g_k + \psi_q q_k)l^4}{384B} = \frac{5 \times (80 + 0.5 \times 60) \times 6^4 \times 10^{12}}{384 \times 1.08 \times 10^{14}} - 17.19\text{mm}$$

【4~6 题评析】 5 题中，《混规》7.1.4 条，γ_f' 的计算式（7.1.4-7），当 $h_f' > 0.2h_0$，应取 $h_f' = 0.2h_0$ 代入式（7.1.4-7）进行计算，对矩形截面，$\gamma_f' = 0.0$。

7. 正确答案是 C，解答如下：

根据《混规》11.4.3 条及条文说明：

$$a_s = a_s' = 30 + 28/2 = 44\text{mm}$$

$$h_0 = h - a_s = 700 - 44 = 656\text{mm}, \gamma_{RE} = 0.8, f_{yk}' = 400\text{N/mm}^2$$

$$M_{cua}^t = M_{cua}^b = \frac{1}{\gamma_{RE}}\left[0.5\gamma_{RE}Nh\left(1 - \frac{\gamma_{RE}N}{\alpha_1 f_{ck}bh}\right) + f_{yk}'A_s^{a'}(h_0 - a_s')\right]$$

$$= \frac{1}{0.8} \times \left[0.5 \times 0.8 \times 3050000 \times 700 \times \left(1 - \frac{0.8 \times 3050000}{1 \times 20.1 \times 700 \times 700}\right)\right.$$

$$\left. + 400 \times 3695 \times (656 - 44)\right]$$

$$= 1933.71\text{kN} \cdot \text{m}$$

$$V_c = 1.2\frac{M_{cua}^t + M_{cua}^b}{H_n} = 1.2 \times \frac{2 \times 1933.71}{5.1} = 910.0\text{kN}$$

8. 正确答案是 C，解答如下：

$$\lambda = \frac{H_n}{2h_0} = \frac{5100}{2 \times 656} = 3.9 > 3.0, \text{取} \lambda = 3.0$$

$$N = 4088\text{kN} > 0.3f_cA = 2102\text{kN}, \text{取} N = 2102\text{kN}$$

根据《混规》11.4.7 条：

$$V_c \leqslant \frac{1}{\gamma_{RE}}\left(\frac{1.05}{\lambda + 1}f_tbh_0 + f_{yv}\frac{A_{sv}}{s}h_0 + 0.056N\right)$$

$$950 \times 10^3 \leqslant \frac{1}{0.85} \times \left(\frac{1.05}{3 + 1} \times 1.43 \times 700 \times 656 + 300 \times \frac{A_{sv}}{s} \times 656 + 0.056 \times 2102 \times 10^3\right)$$

解之得：$\frac{A_{sv}}{s} \geqslant 2.63\text{mm}^2/\text{mm}$

选用四肢箍，加密区箍筋间距 $s = 100\text{mm}$，则：

$$A_{sv1} \geqslant 2.263 \times 100/4 = 56.6\text{mm}^2$$

选用 $\Phi 10$（$A_{s1} = 78.5\text{mm}^2$），故配置 $4\Phi10@100$。

复核，规范表 11.4.12-2，箍筋直径 $\geqslant 10\text{mm}$，$s = \min(6d, 100) = \min(6 \times 28, 100) = 100\text{mm}$；箍筋肢距为：

$$\frac{700 - 2 \times 30}{3} = 213\text{mm} > 200\text{mm} \quad （《混规》11.4.15 条，抗震一级）$$

故选用 5 肢箍，5 Φ 10@100，其箍筋肢距为：

$$\frac{700-2\times30}{4}=160mm<200mm,满足$$

9. 正确答案是 B，解答如下：

抗震一级，$\mu_N=0.5$，查《混规》表 11.4.17，取 $\lambda_v=0.13$

由规范式（11.4.17），C30＜C35，按 C35 计算：

$$\rho_v\geqslant\lambda_vf_c/f_{yv}=0.13\times16.7/300=0.724\%$$

由规范 11.4.17 条第 2 款规定，取 $\rho_v\geqslant0.8\%$。

所以 $\rho_v\geqslant0.8\%$。

【7～9 题评析】 7 题中，《混规》11.4.3 条条文说明中求 M'_{baa} 计算公式，当柱为大偏压、对称配筋时才适用。

8 题，柱箍筋配置，应复核箍筋直径、间距、肢距是否满足构造要求。

10. 正确答案是 B，解答如下：

当地震作用沿 x 方向时，底层柱 KZ1、KZ2 所在边榀平行于地震作用效应，根据《抗规》5.2.3 条，取增大系数 1.05；角部构件 KZ1 还应乘以 1.15；由《抗震通规》4.3.2 条：

$$M_{KZ1}=1.15\times1.05\times1.4\times200+1.3\times150=533.1kN\cdot m$$
$$M_{KZ2}=1.05\times1.4\times180+1.3\times160=472.6kN\cdot m$$

11. 正确答案是 C，解答如下：

当地震作用沿 y 方向时，底层柱 KZ1 所在边榀平行于地震作用效应，根据《抗规》5.2.3 条，取增大系数 1.15 和 1.05；由《抗震通规》4.3.2 条：

$$M_{KZ1}=1.05\times1.15\times1.4\times300+1.3\times210=780.15kN\cdot m$$
$$M_{KZ2}=1.4\times280+1.3\times160=600kN\cdot m$$

内力调整，根据《抗规》6.2.3 条、6.2.6 条：

角柱：$M_{KZ1}=1.5\times780.15\times1.1=1287kN\cdot m$

边柱：$M_{KZ2}=1.5\times600=900kN\cdot m$

【10、11 题评析】 11 题，当沿 y 方向地震作用时，柱 KZ2 并非位于边榀，故不考虑增大系数。

12. 正确答案是 C，解答如下：

根据《可靠性标准》8.2.4 条：

$$F=1.3\times80+1.5\times95=246.5kN$$

根据《混规》9.2.11 条：

$$A_{sv}\geqslant\frac{F}{f_{yv}\sin\alpha}=\frac{246.5\times10^3}{270\times1.0}=913mm^2$$

选用每侧 4 Φ 8，$A_{sv}=2\times8\times50.3=804.8mm^2$，不满足

选用每侧 5 Φ 8，$A_{sv}=2\times10\times50.3=1006mm^2$，满足

13. 正确答案是 B，解答如下：

根据《混规》6.3.21 条：

$$h_{w0}=h_w-a_s=4000-200=3800mm$$

$$\lambda = \frac{M}{Vh_{w0}} = \frac{370}{810 \times 3.8} = 0.12 < 1.5,\text{取}\,\lambda = 1.5$$

$$N = 4000\text{kN} > 0.2f_c b_w h_w = 3056\text{kN},\text{取}\,N = 3056\text{kN}$$

由规范式（6.3.21）：

$$V \leqslant \frac{1}{\lambda - 0.5}\left(0.5f_t b h_0 + 0.13N\frac{A_w}{A}\right) + f_{yv}\frac{A_{sh}}{s}h_0$$

$$810 \times 10^3 \leqslant \frac{1}{1.5 - 0.5} \times (0.5 \times 1.71 \times 200 \times 3800$$

$$+ 0.13 \times 3056000 \times 1) + 270 \times \frac{A_{sv}}{s} \times 3800$$

解之得：$\dfrac{A_{sv}}{s} < 0$

故按构造配置水平分布钢筋，根据《混规》9.4.4 条，取水平分布筋Φ8@200：

$$\rho_{sh} = \frac{A_{sh}}{bs_v} = \frac{2 \times 50.3}{200 \times 200} = 0.252\% > 0.2\%,\text{满足}$$

14. 正确答案是 C，解答如下：

根据《抗规》附录 C.0.7 条第 3 款，顶层边柱可采用非对称配筋，故（C）项不妥。

15. 正确答案是 B，解答如下：

根据《混加规》5.3.2 条：

$$h_{01} = 600 - 40 = 560\text{mm}, h_0 = 750 - 60 = 690\text{mm}$$

$$567 \times 10^3 \leqslant 0.7 \times (1.43 \times 300 \times 560 + 0.7 \times 1.57 \times 139500) + 0.9 \times 270$$

$$\times \frac{A_{sv}}{s} \times 690 + 210 \times \frac{101}{100} \times 560$$

解之得： $A_{sv}/s \geqslant 1.03\text{mm}^2/\text{mm}$

选Φ10@100（$A_{sv}/s = 1.57\text{mm}^2/\text{mm}$），满足，应选（B）项。

16. 正确答案是 C，解答如下：

平面内：$l_{0x} = 3000\text{mm}$，$\lambda_x = \dfrac{l_{0x}}{i_x} = \dfrac{3000}{21.6} = 138.9$

平面外：$l_{0y} = l_1\left(0.75 + 0.25\dfrac{N_2}{N_1}\right) = 6000 \times \left(0.75 + 0.25 \times \dfrac{-16.48}{16.48}\right) = 3000\text{mm}$

$$\lambda_y = \frac{l_{0y}}{i_y} = \frac{3000}{30.9} = 97.1$$

由《钢标》7.2.2 条：

$\lambda_z = 3.9\dfrac{b}{t} = 3.9 \times \dfrac{75}{5} = 58.5 < \lambda_y$，则：

$$\lambda_{yz} = 97.1 \times \left[1 + 0.16 \times \left(\frac{58.5}{97.1}\right)^2\right] = 102.7$$

均属 b 类截面，故取$\lambda_x = 138.9$计算，查附表 D.0.2，$\varphi_x = 0.348$

$$\frac{N}{\varphi_x A} = \frac{16.48 \times 10^3}{0.348 \times 13.75 \times 10^2} = 34.4\text{N}/\text{mm}^2$$

17. 正确答案是 A，解答如下：

平面内：$l_{0x}=1500\text{mm}$，$\lambda_x=\dfrac{l_{0x}}{i_x}=\dfrac{1500}{21.6}=69.4$

平面外：$l_{0y}=6000\text{mm}$，$\lambda_y=\dfrac{l_{0y}}{i_y}=\dfrac{6000}{30.9}=194.2$

由《钢标》7.2.2条：

$$\lambda_z=3.9\times\frac{75}{5}=58.5<\lambda_y，则：$$

$$\lambda_{yz}=194.2\times\left[1+0.16\times\left(\frac{58.5}{194.2}\right)^2\right]=197.0$$

均属 b 类截面，查规范附表 D.0.2，取 $\varphi_{yz}=0.191$

$$\frac{N}{\varphi_{yz}A}=\frac{32.95\times10^3}{0.191\times13.75\times10^2}=125.5\text{N/mm}^2$$

18. 正确答案是 D，解答如下：

根据《钢标》7.6.1条：

$$\lambda=\frac{l_0}{i_{\min}}=\frac{0.9\times2121}{12.5}=152.7$$

由表 7.2.1-1 及注，属 b 类截面，查附表 D.0.2，$\varphi=0.298$

$$\eta=0.6+0.0015\lambda=0.6+0.0015\times152.7=0.829$$

$$\frac{1}{\gamma_{RE}}(\eta\varphi Af)=\frac{1}{0.8}\times(0.829\times0.298\times614.3\times215)=40.8\text{kN}$$

由《钢标》7.6.3条：

$$\frac{w}{t}=\frac{63-2\times5}{5}=1.06<14\varepsilon_k=14，不考虑折减$$

故最终取 $\dfrac{\eta\varphi Af}{\gamma_{RE}}\leqslant40.8\text{kN}$

【16~18 题评析】 16 题，计算平面外 l_{0y} 时，应注意 $N_2=-16.48\text{kN}$，且有：

$$l_{0y}=l_1\left(0.75+0.25\times\frac{-16.48}{16.48}\right)=0.5l_1\geqslant0.5l_1，满足《钢标》要求。$$

16 题、17 题，单对称轴的截面，用 λ_{yz} 代替 λ_z 计算。

19. 正确答案是 A，解答如下：

$$\cos\alpha=\frac{2.5}{\sqrt{1^2+2.5^2}}=0.9285$$

$$\sin\alpha=\frac{1}{\sqrt{1^2+2.5^2}}=0.3714$$

如图 1-1-2 所示，石棉水泥瓦的水平投影标准值：$\dfrac{0.40}{0.9285}=$ 0.43kN/m²

图 1-1-2

檩条线荷载：$p_k=0.43\times0.75+0.1+0.50\times0.75=$ 0.798kN/m

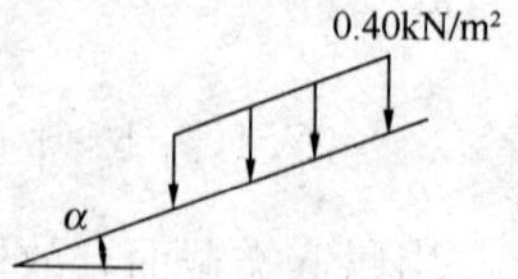

由《可靠性标准》8.2.4条：

$$p=1.3\times(0.43\times0.75+0.1)+1.5\times0.50\times0.75=1.112\text{kN/m}$$

$$p_x = p\sin\alpha = 0.413\text{kN/m}, p_y = p\cos\alpha = 1.032\text{kN/m}$$

$$M_x = \frac{1}{8}p_y l^2 = \frac{1}{8} \times 1.032 \times 6^2 = 4.644\text{kN} \cdot \text{m}$$

拉条作用，故：$M_y = \frac{1}{32}p_x l^2 = \frac{1}{32} \times 0.413 \times 6^2 = 0.465\text{kN} \cdot \text{m}$

由《钢标》6.1.1 条，截面等级满足 S3 级，查表 8.1.1：

$\gamma_x = 1.05$，$\gamma_y = 1.2$

$$\sigma_a = \frac{M_x}{\gamma_x W_{nx}} + \frac{M_y}{\gamma_y W_{ny}} = \frac{4.644 \times 10^6}{1.05 \times 34.8 \times 10^3} + \frac{0.465 \times 10^6}{1.2 \times 6.5 \times 10^3} = 186.7\text{N/mm}^2 \text{（拉应力）}$$

20. 正确答案是 C，解答如下：

根据《钢标》6.1.1 条，截面等级满足 S3 级，查表 8.1.1，$\gamma_x = 1.05$，$\gamma_y = 1.05$

$$\sigma_b = \frac{M_x}{\gamma_x W_{nx}} - \frac{M_y}{\gamma_y W_{ny}} = \frac{4.644 \times 10^6}{1.05 \times 34.8 \times 10^3} - \frac{0.465 \times 10^6}{1.05 \times 14.2 \times 10^3} = 95.9\text{N/mm}^2 \text{（拉应力）}$$

21. 正确答案是 B，解答如下：

$$v_y = \frac{5}{384} \cdot \frac{0.798\cos\alpha \times 6000^4}{206 \times 10^3 \times 173.9 \times 10^4} = 34.9\text{mm}$$

【19～21 题评析】 19 题，由于拉条作用，$M_y = \frac{1}{8}p_x \left(\frac{l}{2}\right)^2 = \frac{1}{32}p_x l^2$。檩条跨中中点截面处，$M_y$ 产生的弯矩为负弯矩，即槽钢肢背 b 点为压应力，a 点为拉应力。

22. 正确答案是 D，解答如下：

根据《钢标》11.2.4 条：

$$f_f^w = 0.9 \times 160 = 144\text{N/mm}^2$$

23. 正确答案是 A，解答如下：

根据《钢标》7.2.7 条：

$$V = \frac{Af}{85\varepsilon_k} = \frac{45900 \times 200}{85 \times 1} = 108\text{kN}$$

板件 1 对 x 轴的面积矩：

$$S_f = 300 \times 45 \times \left(\frac{300}{2} - \frac{45}{2}\right) = 1721.25 \times 10^3\text{mm}^3$$

《钢标》11.2.4 条，且 $h_e = s - 3 = 15 - 3 = 12\text{mm}$：

$$\frac{VS_f}{I \times 2h_e} = \frac{108 \times 10^3 \times 1721.25 \times 10^3}{513 \times 10^6 \times 2 \times 12}$$

$$= 15.1\text{N/mm}^2$$

【22、23 题评析】 22 题，由《钢标》11.2.4 条规定，抗剪强度设计值为 $0.9f_f^w$。

24. 正确答案是 A，解答如下：

平面内：$l_{0x} = 6000\text{mm}$，$\lambda_x = \frac{l_{0x}}{i_x} = \frac{6000}{181.4} = 33.1$

由《钢标》式（7.2.3-2）：

$$\lambda_{0x} = \sqrt{\lambda_x^2 + 27\frac{A}{A_{1x}}} = \sqrt{33.1^2 + 27 \times \frac{7982}{2 \times 349}} = 37.5$$

查表 7.2.1-1，均属 b 类截面，查附表 D.0.2，$\varphi_x = 0.908$。

25. 正确答案是 A，解答如下：

根据《钢标》8.2.2 条、8.2.1 条：

$$\beta_{mx} = 0.6 + 0.4 \frac{M_2}{M_1} = 0.6 + 0.4 \times \frac{0.0}{M_1} = 0.6$$

$$W_{1x} = I_x / y_0 = \frac{2.628 \times 10^8}{200} = 1.314 \times 10^6 \, mm^3$$

$$\frac{N}{\varphi_x A} + \frac{\beta_{mx} M_x}{W_{1x} \left(1 - \frac{N}{N'_{Ex}}\right)} = \frac{600 \times 10^3}{0.90 \times 7982} + \frac{0.6 \times 150 \times 10^6}{1.314 \times 10^6 \times \left(1 - \frac{600}{10491}\right)}$$

$$= 156.2 N/mm^2$$

26. 正确答案是 A，解答如下：

$$N_1 = \frac{N}{2} + \frac{M_x}{b_0} = \frac{600}{2} + \frac{150 \times 10^3}{400 - 2 \times 19.9} = 716.4 kN$$

$$\lambda_1 = b_0 / i_1 = \frac{400 - 2 \times 19.9}{22.2} = 16.2$$

$$\lambda_y = \frac{l_{0y}}{i_y} = \frac{3000}{95.2} = 31.5 > \lambda_1$$

故取 $\lambda_y = 31.5$，b 类截面，查《钢标》附表 D.0.2，$\varphi_1 = 0.9305$

$$\frac{N_1}{\varphi_1 A_1} = \frac{716.4 \times 10^3}{0.9305 \times 3991} = 192.9 N/mm^2$$

27. 正确答案是 A，解答如下：

查《钢标》表 8.1.1，取 $\gamma_x = 1.0$

$$W_{nx} = \frac{I_x}{b/2} = \frac{2.628 \times 10^8}{400/2} = 1.314 \times 10^6 \, mm^3$$

$$\frac{N}{A_n} + \frac{M_x}{\gamma_x W_{nx}} = \frac{600 \times 10^3}{7982} + \frac{150 \times 10^6}{1.0 \times 1.314 \times 10^6} = 189.3 N/mm^2$$

28. 正确答案是 D，解答如下：

柱的实际剪力：$V = \frac{M_x}{H} = \frac{150}{6} = 25 kN$

由《钢标》式（7.2.7）：

$$V = \frac{Af}{85\varepsilon_k} = \frac{2 \times 3991 \times 215}{85 \times 1} = 20.2 kN$$

故取 $V = 25 kN$

一根斜缀条承受的轴压力：

$$N_d = \frac{V/2}{\sin 45°} = \frac{25/2}{\sin 45°} = 17.7 kN$$

29. 正确答案是 A，解答如下：

根据《钢标》7.6.1 条：

斜缀条长度：$l_d = \frac{b_0}{\cos 45°} = \frac{400 - 2 \times 19.9}{\cos 45°} = 509.4 mm$

$$\lambda_d = \frac{l_d}{i_{min}} = \frac{509.4}{8.9} = 57.2$$

b 类截面，查《钢标》附录表 D.0.2，$\varphi=0.822$

$$\eta=0.6+0.0015\lambda=0.6+0.0015\times57.2=0.686$$

$$N_u=\eta\varphi A_d f=0.686\times0.822\times349\times215=42.3\text{kN}$$

由《钢规》7.6.3 条：

$$\frac{w}{t}=\frac{45-2\times4}{4}=9.25<14\varepsilon_k=14,\text{不考虑折减。}$$

最终取 $N_u=42.3\text{kN}$

【24～29 题评析】 25 题，计算 W_{1x} 时，取 $y_0=200\text{mm}$，构件肢背处受力最大。

26 题，计算 N_1 时，取 $b_0=400-2\times19.9$ 进行计算。

29 题，由提示知，连接时无节点板，取 $l_0=l_d$，仍按 7.6.1 条计算。

30. 正确答案是 B，解答如下：

根据《砌规》5.2.4 条：

$$a_0=10\sqrt{\frac{h_c}{f}}=10\times\sqrt{\frac{500}{1.5}}=182.6\text{mm}>130\text{mm，已伸入翼缘}$$

$$A_l=a_0 b=182.6\times200=36520\text{mm}^2$$

$$A_0=370\times370+2\times155\times240=211300\text{mm}^2$$

$$A_0/A_l=211300/36520=5.79>3.0,\text{取}\ \psi=0.0$$

$$\gamma=1+0.35\sqrt{\frac{A_0}{A_l}-1}=1.77<2.0$$

$$\psi N_0+N_l=0+75=75\text{kN}>\eta\gamma f A_l=0.7\times1.77\times1.5\times36520=67.9\text{kN}$$

31. 正确答案是 C，解答如下：

$$A_b=370\times370=136900\text{mm}^2$$

$$\sigma_0=\frac{170\times10^3}{1.2\times0.24+0.37\times0.13}=0.5\text{MPa},N_0=\sigma_0 A_b=68.45\text{kN}$$

$$\frac{\sigma_0}{f}=\frac{0.5}{1.5}=0.33;\text{查《砌规》表 5.2.5},\delta_1=5.9$$

$$a_0=\delta_1\sqrt{\frac{h_c}{f}}=5.9\times\sqrt{\frac{500}{1.5}}=107.7\text{mm}$$

N_0 与 N_l 合力的偏心距 e：

$$e=\frac{75\times\left(\frac{0.37}{2}-0.4\times0.1077\right)}{68.45+75}=0.074\text{m}$$

$$e/h=\frac{0.074}{0.37}=0.2,\beta\leqslant3,\text{查规范附表 D.0.1-1},\varphi=0.68$$

【30、31 题评析】 30 题、31 题，由于砌体截面面积 $A=1.2\times0.24+0.13\times0.37=$
$0.3361\text{m}^2>0.3\text{m}^2$，故 f 值不需调整。

32. 正确答案是 B，解答如下：

装配式无檩体系为第 1 类屋盖，带壁柱墙的 $s=30.6\text{m}<32\text{m}$，查《砌规》表 4.2.1，属刚性方案。

根据规范 4.2.8 条：

$$b_f = b + \frac{2}{3}H = 370 + \frac{2}{3} \times 3600 = 2770mm$$

$$b_f = 3000mm$$

取较小值，取 $b_f = 2770mm$，根据提示，故取 $i = 106mm$

$$h_T = 3.5i = 371mm$$

$$\mu_1 = 1.0, \mu_2 = 1 - 0.4\frac{b_s}{s} = 1 - 0.4 \times \frac{2.1 \times 6}{30.6} = 0.835 > 0.7, [\beta] = 26$$

$$\mu_1\mu_2[\beta] = 1 \times 0.835 \times 26 = 21.7$$

$s = 30.6m$，$H = 3.6m$，$s > 2H$，刚性方案，查规范表 5.1.3，$H_0 = 1.0H = 3.6m$

$$\beta = \frac{H_0}{h_T} = \frac{3600}{371} = 9.7 < 21.7$$

33. 正确答案是 B，解答如下：

第 1 类屋盖，山墙的 $s = 12m < 32m$，由《砌规》表 4.2.1 知，属刚性方案。$s = 12m >$ $2H = 2 \times 3.6 = 7.2m$，刚性方案，查《砌规》表 5.1.3，则：

$$H_0 = 1.0H = 3.6m$$

由规范式（6.1.2）：

$$\mu_c = 1 + \gamma\frac{b_c}{l} = 1 + 1.5 \times \frac{240}{4000} = 1.09$$

$$\mu_1' = 1 - 0.4\frac{b_s}{s} = 1 - 0.4 \times \frac{2 \times 3}{12} = 0.8 > 0.7, \mu_1 = 1.0$$

$$\beta = \frac{H_0}{h} = \frac{3600}{240} = 15 < \mu_1\mu_2\mu_c[\beta] = 1 \times 0.8 \times 1.09 \times 26 = 22.7$$

【32、33 题评析】 32 题，本题关键是确定 b_f 值，不能直接取题目图 1-10（a）中的 3000mm。

33 题，带构造柱间的墙，计算 $\mu_1\mu_2$ $[\beta]$ 时，还应考虑 μ_c 的影响。

34. 正确答案是 B，解答如下：

根据《砌规》7.4.2 条：

$$l_1 = 1800mm > 2.2h_b = 660mm, x_0 = 0.3h_b = 90mm$$

由《可靠性标准》8.2.4 条：

$$N_l = 2R = 2 \times [1.3 \times 4.5 + 1.3 \times (10 + 1.35) \times 1.5 + 1.5 \times 8.3 \times 1.5] = 93.32kN$$

$$\eta\gamma fA = 0.7 \times 1.5 \times 1.5 \times (1.2 \times 240 \times 300) = 136.1kN$$

35. 正确答案是 B，解答如下：

根据《砌规》7.4.5 条：

$$M_{max} = M_{0v}, V_{max} = V_0$$

由《可靠性标准》8.2.4 条：

$$M_{max} = M_{0v} = 1.3 \times 4.5 \times 1.59 + [1.3 \times (10 + 1.35) + 1.5 \times 8.3]$$

$$\times 1.5 \times (1.5/2 + 0.09)$$

$$= 43.58kN \cdot m$$

$$V_{max} = V_0 = 1.3 \times 4.5 + (1.3 \times 11.35 + 1.5 \times 8.3) \times 1.5 = 46.66kN$$

36. 正确答案是 B，解答如下：

根据《砌规》7.4.3 条：

挑梁尾端长度：$1.8-0.9-0.8=0.1\text{m}<0.37\text{m}$

由规范图 7.4.3（c），则：

由楼盖、挑梁自重恒载产生的 M_{r1}：

$$M_{r1}=0.8\times(10+1.8)\times\frac{1}{2}\times(1.8-0.09)^2=13.8\text{kN}\cdot\text{m}$$

由墙体自重产生的 M_{r2}：

$$M_{r2}=0.8\times\left[19\times0.24\times1.8\times2.7\times\left(\frac{1.8}{2}-0.09\right)-19\times0.24\times0.8\times2.1\times(1.3-0.09)\right]$$

$$=6.95\text{kN}\cdot\text{m}$$

$$M_r=M_{r1}+M_{r2}=20.75\text{kN}\cdot\text{m}$$

【34～36 题评析】 35 题，计算 $V_{max}=V_0$ 时，取墙体外边缘处截面。

37. 正确答案是 A，解答如下：

$$x<2a'_s，则：A_s=\frac{\gamma_{RE}M}{f_y(h_0-a_s)}=\frac{0.75\times72.04\times10^6}{360\times(565-35)}=283\text{mm}^2$$

最小配筋率，根据《砌规》10.5.14 条及 9.4.12 条，$\rho_{min}=0.2\%$

$$A_{s,min}=0.2\%bh=0.2\times190\times600=228\text{mm}^2<283\text{mm}^2$$

故选 2 Φ 14（$A_s=308\text{mm}^2$）。

38. 正确答案是 A，解答如下：

$l_n/h_b=1200/600=2<2.5$

$$f_{vg}=0.2f_g^{0.55}=0.2\times6.00^{0.55}=0.536\text{MPa}$$

由《砌规》式（10.5.8-2）：

$$\frac{A_{sv}}{s}\geqslant\frac{\gamma_{RE}V_b-0.56f_{vg}bh_0}{0.7f_{yv}h_0}=\frac{0.85\times79.8\times10^3-0.56\times0.536\times190\times565}{0.7\times270\times565}$$

$$=0.333\text{mm}^2/\text{mm}$$

由《砌规》10.5.14 条、9.4.12 条第 3 款：

$$\rho_{min}=0.15\%$$

$$选用 2\Phi8@100，\frac{A_{sv}}{s}=\frac{2\times50.3}{100}=1.006\text{mm}^2/\text{mm}>0.333\text{mm}^2/\text{mm}$$

$$\rho=\frac{A_{sv}}{bs}=\frac{2\times50.3}{190\times100}=0.529\%>0.15\%，满足$$

抗震二级，选用 2 Φ 8@100，满足规范表 10.5.14 的规定。

【37、38 题评析】 37 题、38 题，应复核最小配筋率，并满足构造要求。

39. 正确答案是 D，解答如下：

西北云杉（TC11A），$f_c=10\text{MPa}$，在中点处有螺栓孔，故原木的 f_c 不提高。

查《木标》表 4.3.9-2，25 年限，$f_c=1.05\times10=10.5\text{MPa}$。

中央截面：$d=100+\frac{3000}{2}\times0.9\%=113.5\text{mm}$

由《木标》5.1.2条、5.1.4条：

$$i = \frac{d}{4} = \frac{113.5}{4} = 28.375 \text{mm}$$

$$\lambda = \frac{l_0}{i} = \frac{3000}{28.375} = 105.7$$

$\lambda_c = 5.28\sqrt{1 \times 300} = 91.5 < \lambda$，则：

$$\varphi = \frac{0.95\pi^2 \times 1 \times 300}{105.72} = 0.252$$

$$N = \frac{\varphi A_0 f_c}{\gamma_0} = \frac{0.252 \times 3.14 \times 113.5^2 \times 10.5}{0.95 \times 4} = 28.2 \text{kN}$$

故取 $N = 28.2$kN。

40. 正确答案是 C，解答如下：

根据《木标》6.2.5条：

$$Z_d = 1 \times 1 \times 1 \times 0.99 \times 8.4 = 8.316 \text{kN}$$

$$n = \frac{75}{2 \times 8.316} = 4.5 \text{个}$$

由《木标》7.5.7条，每侧取 6 个，共计 12 个。

（下午卷）

41. 正确答案是 C，解答如下：

根据《基桩检规》8.4.1条、8.4.2条：

$$c = \frac{2000L}{\Delta T} = \frac{2000 \times 20}{10.3 - 0.2} = 3960.4 \text{m/s}$$

$$x = \frac{1}{2} \cdot \frac{c}{\Delta f'} = \frac{1}{2} \times \frac{3960.4}{180} = 11.0 \text{m}$$

42. 正确答案是 C，解答如下：

根据《地规》5.4.3条：

$$G_k = 900 + 6 \times 6 \times 0.8 \times 19 = 1447.2 \text{kN}$$

$$N_{wk} = 6 \times 6 \times 3.7 \times 10 = 1332 \text{kN}$$

抗浮稳定安全系数 $= 1447.2/1332 = 1.09$

43. 正确答案是 A，解答如下：

根据《地规》8.6.3条：

$$l = 2.4 \text{m}$$

$$R_t \leqslant 0.8\pi d_1 l f = 0.8 \times \pi \times 0.15 \times 2.4 \times 200 = 180.9 \text{kN}$$

$$n = \frac{650}{180.9} = 3.6 \text{根，取 4 根}$$

44. 正确答案是 B，解答如下：

根据《桩规》5.3.5条，设桩进入⑤层的最小深度为 l_5：

$$3.14 \times 0.5 \times (40 \times 3 + 30 \times 4 + 50 \times 2 + 80l_5) + \frac{3.14 \times 0.5^2}{4} \times 2200 \geqslant 2 \times 600$$

解之得：$l_5 \geqslant 1.87$m

45. 正确答案是 B，解答如下：

$$N_k = \frac{F_k + G_k}{n} = \frac{680 + 3.1 \times 3.1 \times 20 \times 20}{4} = 266.1kN$$

$$N_{kmax} = \frac{F_k + G_k}{n} + \frac{M_{yk}x_i}{\sum x_i^2}$$

$$= 266.1 + \frac{1100 \times 1.05}{4 \times 1.05^2} = 528kN$$

$$R_a \geqslant N_k = 266.1kN$$

$$R_a \geqslant \frac{N_{kmax}}{1.2} = \frac{528}{1.2} = 440kN, 故最终取 R_a \geqslant 440kN$$

46. 正确答案是 C，解答如下：

根据《桩规》5.1.1 条，$G_k = 3.1 \times 3.1 \times 2 \times 20 = 384.4kN$

$$N_A = \frac{F_k + G_k}{h} - \frac{M_{xk}y_i}{\sum y_i^2} - \frac{M_{yk}x_i}{\sum x_i^2}$$

$$= \frac{560 + 384.4}{4} - \frac{800 \times 1.05}{4 \times 1.05^2} - \frac{800 \times 1.05}{4 \times 1.05^2}$$

$$= -144.85kN(受拉)$$

47. 正确答案是 D，解答如下：

根据《地规》表 5.3.4，(D) 项错误，应选 (D) 项。

48. 正确答案是 B，解答如下：

查《地规》表 5.2.4，$e = 0.831 < 0.85$，$I_L = 0.91 > 0.85$，取 $\eta_b = 0.0$，$\eta_d = 1.0$。

$$f_a = f_{ak} + \eta_b \gamma (b - 3) + \eta_d \gamma_m (d - 0.5)$$

$$= 100 + 0 + 1.0 \times 17.6 \times (1.0 - 0.5) = 108.8kPa$$

49. 正确答案是 C，解答如下：

根据《地规》5.2.2 条：

$$p_k = \frac{F_k + G_k}{b} = \frac{103.4 + 23.4}{1.5} + 1.0 \times 20 = 104.53kPa$$

50. 正确答案是 C，解答如下：

查《地规》表 5.2.4，取 $\eta_d = 1.0$

$$f_{az} = f_{ak} + \eta_d \gamma_m (d - 0.5)$$

$$= 60 + 1.0 \times \frac{17.6 \times 1 + (19.3 - 10) \times 1}{1 + 1} \times (2 - 0.5)$$

$$= 80.175kPa$$

51. 正确答案是 C，解答如下：

根据《地规》5.2.7 条：

查规范表 5.2.7，$E_{s1}/E_{s2} = 4.8/1.6 = 3$，$z/b = 1/1.5 = 0.67 > 0.5$，取 $\theta = 23°$。

$$p_z = \frac{b(p_k - p_c)}{b + 2z\tan\theta} = \frac{1.5 \times (98.6 - 17.6 \times 1)}{1.5 + 2 \times 1 \times \tan 23°} = 51.73kPa$$

$$p_z + p_{cz} = 51.73 + 17.6 \times 1 + (19.3 - 10) \times 1 = 78.63kPa$$

【48~51 题评析】 50 题、51 题，计算 γ_m、p_{cz} 时，地下水位下取土的有效重度。

267

52. 正确答案是 A，解答如下：

查《地规》表 5.2.4，取 $\eta_b = 0.3$，$\eta_d = 1.5$。因基底宽度 $b = 2.8\text{m} < 3.0\text{m}$，故只需进行深度修正。

$$f_a = f_{ak} + \eta_d \gamma_m (d - 0.5)$$

$$= 250 + 1.5 \times \frac{17 \times 0.5 + (18 - 10) \times 1}{1.5} \times (1.5 - 0.5) = 266.5\text{kPa}$$

$150\text{kPa} < f_{ak} = 250\text{kPa} < 300\text{kPa}$，粉土，查《抗规》表 4.2.3，取 $\zeta_a = 1.3$：

$$f_{aE} = \zeta_a f_a = 1.3 \times 266.5 = 346.45\text{kPa}$$

53. 正确答案是 B，解答如下：

$$M_k = 600 + V_k h = 600 + 180 \times 1 = 780\text{kN} \cdot \text{m}$$

$$G_k = 20 \times 2.8 \times 3.2 \times \left(1.5 + \frac{0.3}{2}\right) - 10 \times 2.8 \times 3.2 \times 1 = 206.08$$

$$e = \frac{M_k}{F_k + G_k} = \frac{780}{1200 + 206.08} = 0.555\text{m} > \frac{b}{6} = \frac{3.2}{6} = 0.533\text{m}$$

故地基反力呈三角形分布，由《地规》5.2.2 条：

$$a = \frac{b}{2} - e = \frac{3.2}{2} - 0.555 = 1.045\text{m}$$

零应力区长度：$b - 3a = 3.2 - 3 \times 1.045 = 0.065\text{m}$

54. 正确答案是 C，解答如下：

根据《抗规》4.2.4 条，基底受力区长度 $\geqslant 0.85l$：

$$p_{max} = \frac{2(F_k + G_k)}{3la} \leqslant \frac{2(F_k + G_k)}{0.85bl} = \frac{2 \times (1200 + 206.08)}{0.85 \times 3.2 \times 2.8} = 369.24\text{kPa}$$

$$p_{max} \leqslant 1.2 f_{aE} = 1.2 \times 345.28 = 414.34\text{kPa}$$

上述取较小值，故取 $p_{max} \leqslant 369.2\text{kPa}$。

【52～54 题评析】 53 题，应首先判别地基反力分布形状，若为梯形分布时，零应力区的长度为零。

55. 正确答案是 C，解答如下：

由《地处规》7.4.3 条、7.1.5 条：

$$R_a = u_p \sum_{i=1}^{n} q_{si} l_{pi} + \alpha_p q_p A_p$$

$$= 3.14 \times 0.5 \times (15 \times 12) + 1.0 \times 140 \times \frac{\pi}{4} \times 0.5^2 = 310\text{kN}$$

$$R_a = \frac{f_{cu} A_p}{4\lambda} = 337\text{kN} > 310\text{kN}$$

故取 $R_a = 310\text{kN}$

由《地处规》7.1.5 条：

$$d_e = 1.13s = 1.13 \times 1 = 1.13\text{m},$$

$$m = \frac{d^2}{d_e^2} = \frac{0.5^2}{1.13^2} = 0.196$$

$$f_{spk} = \lambda m \frac{R_a}{A_p} + \beta(1-m)f_{sk}$$

$$= 0.8 \times 0.196 \times \frac{310}{3.14 \times 0.5^2/4} + 0.4 \times (1-0.196) \times 140 = 292.7\text{kPa}$$

56. 正确答案是 A，解答如下：

查《地规》表 G.0.1，土层为弱冻胀土碎石土地基，查规范表 5.1.7-1，取 $\psi_{zs} = 1.40$；

弱冻胀土，查规范表 5.1.7-2，取 $\psi_{zw} = 0.95$；

城市市区，60 万人，查规范表 5.1.7-3 及注的规定，取 $\psi_{ze} = 0.90$。

由规范式（5.1.7）：

$$z_d = z_0 \cdot \psi_{zs} \cdot \psi_{zw} \cdot \psi_{ze} = 1.8 \times 1.4 \times 0.95 \times 0.90 = 2.155\text{m}$$

57. 正确答案是 D，解答如下：

根据《荷规》8.1.2 条条文说明，围护结构，取 $w_0 = 0.5\text{kN/m}^2$。

地面粗糙度为 B 类，$z = 28\text{m}$，查《荷规》表 8.2.1，$\mu_z = 1.358$；查《荷规》表 8.6.1，$\beta_{gz} = 1.598$；由《结通规》4.6.5 条，$\beta_{gz} \geq 1 + 0.7/\sqrt{1.358} = 1.601$，故取 $\beta_{gz} = 1.601$。

幕墙为直接承受风荷载的围护结构，故不考虑《荷规》8.3.4 条折减系数。

$$\mu_{sl} = 1.0 - (-0.2) = 1.2$$

$$w_k = \beta_{gz} \mu_{sl} \mu_z w_0 = 1.601 \times 1.2 \times 1.358 \times 0.5 = 1.304\text{kN/m}^2$$

58. 正确答案是 D，解答如下：

$\mu_z = 1.4$，$w_0 = 0.5\text{kN/m}^2$，$\beta_{gz} = 1.65$，由《结通规》4.6.5 条，$\beta_{gz} \geq 1 + 0.7/\sqrt{1.4} = 1.59$，故取 $\beta_{gz} = 1.65$

$$u_{sl} = -0.6 - 0.2 = -0.8$$

$$w_k = \beta_{gz} \mu_{sl} \mu_z w_0 = 1.65 \times (-0.8) \times 1.4 \times 0.5 = -0.924\text{kN/m}^2$$

59. 正确答案是 A，解答如下：

查《高规》表 4.3.7-1，7 度，取 $\alpha_{max} = 0.08$；查规程表 4.3.7-2，取 $T_g = 0.40\text{s}$

$$T_g = 0.4\text{s} < T_1 = 1.0\text{s} < 5T_g = 2.0\text{s}, 则：$$

$$\alpha = \left(\frac{T_g}{T}\right)^\gamma \eta_2 \alpha_{max} = \left(\frac{0.4}{1.0}\right)^{0.9} \times 1.0 \times 0.08 = 0.0351$$

$$G_E = G_1 + 8 \times 0.9G_1 + 0.8G_1 + 0.08G_1 = 9.08G_1$$

$$= 9.08 \times 15000 = 136200\text{kN}$$

由《高规》附录式（C.0.1-1）、式（C.0.1-2）：

$$F_{Ek} = \alpha G_{eq} = 0.0351 \times 0.85 \times 136200 = 4063.53\text{kN}$$

$$V_1 = F_{Ek} = 4063.53\text{kN}$$

60. 正确答案是 C，解答如下：

$T_1 = 1.0\text{s} > 1.4T_g = 1.4 \times 0.4 = 0.56\text{s}$，$T_g = 0.4\text{s}$，查《高规》附录表 C.0.1：

$$\delta_n = 0.08T_1 + 0.01 = 0.09$$

$$\Delta F_n = \delta_n F_{Ek} = 0.09 \times 4500 = 405 \text{kN}$$

61. 正确答案是 D，解答如下：

$$F_{11,k} = \frac{G_{11} H_{11}}{\sum_{j=1}^{n} G_j H_j} F_{Ek}(1 - \delta_n) = \frac{0.08 G_1 \times (36.6 + 3.6)}{183.58 G_1} \times 4500 \times (1 - 0.09) = 71.737 \text{kN}$$

主体结构层重力荷载代表值 G：

$$G = \frac{G_1 + 8 \times 0.9 G_1 + 0.8 G_1}{10} = 0.9 G_1$$

$$\frac{G_n}{G} = \frac{0.08 G_1}{0.9 G_1} = 0.089, K_n / K = 0.010, 查《高规》附录表 C.0.3。$$

$$\beta_n = 4.3 - \frac{0.089 - 0.05}{0.10 - 0.05} \times (4.3 - 4.1) = 4.144$$

$$\beta_n F_{11,k} = 4.144 \times 71.737 = 297.28 \text{kN}$$

由《抗震通规》4.3.2 条：

$$M_n = 1.4 \times 297.28 \times 3.6 = 1498 \text{kN} \cdot \text{m}$$

【59~61 题评析】 高层建筑结构采用底部剪力法计算，与多层结构有一定区别，具体计算应按《高规》附录 C 进行。

62. 正确答案是 B，解答如下：

底层剪力墙属于剪力墙底部加强部位，$\mu_N = 0.25 > 0.2$，根据《高规》7.2.14 条，应设置约束边缘构件。

根据规程 7.2.15 条表 7.2.15 注 2 规定：

翼墙长度 550mm $< 3 \times b_w = 3 \times 350 = 1050$mm，应视为无翼墙

$$l_c = \max(0.15 h_w, b_w, 400) = \max(0.15 \times 4800, 350, 400)$$

$$= 720 \text{mm}$$

暗柱，$h_c = \max(b_w, l_c / 2, 400) = \max(350, 720/2, 400) = 400$mm

$$A_{s,min} = 1.2\% \times 350 \times [(550 - 350) + 400] = 2520 \text{mm}^2 > 6 \, \Phi \, 16 \, (A_s = 1206 \text{mm}^2)$$

故取 $A_{s,min} = 2520 \text{mm}^2$。

【62 题评析】 本题关键是判别该墙肢是视为无翼墙的墙肢。

63. 正确答案是 D，解答如下：

逆时针，$M_b^r + M_b^l = 175 + 420 = 595 \text{kN} \cdot \text{m}$

顺时针，$M_b^r + M_b^l = 360 + 210 = 570 \text{kN} \cdot \text{m}$

故取 $M_b^r + M_b^l = 595 \text{kN} \cdot \text{m}$

根据《高规》6.2.5 条：

$$V_b = 1.2 \frac{M_b^r + M_b^l}{l_n} + V_{Gb} = 1.2 \times \frac{595}{7.2} + 130 = 229.17 \text{kN}$$

由《混规》11.3.4 条：

$$\frac{A_{sv}}{s} \geqslant \frac{\gamma_{RE}V_b - 0.6\alpha_{cv}f_t bh_0}{f_{yv}h_0}$$

$$= \frac{0.85 \times 229170 - 0.6 \times 0.7 \times 1.43 \times 250 \times 490}{270 \times 490}$$

$$= 0.92 \text{mm}^2/\text{mm}$$

由题目中图示配筋，纵筋配筋率：$\rho = \frac{A_s}{bh_0} = \frac{2945}{250 \times 490} = 2.4\% > 2.0\%$

根据《高规》6.3.2 条第 4 款规定：

箍筋直径 $\geqslant 8 + 2 = 10$mm，最大间距 $s \leqslant \min(h_b/4, 100) = \min(550/4, 100) = 100$mm

故箍筋构造要求：$2\Phi10@100$，$A_{sv}/s = \frac{2 \times 78.5}{100} = 1.57 \text{mm}^2/\text{mm} > 0.92 \text{mm}^2/\text{mm}$

所以 $A_{sv}/s \geqslant 1.57 \text{mm}^2/\text{mm}$。

【63 题评析】 本题关键是计算出纵向钢筋配筋率 $\rho > 2.0\%$，故其箍筋配置应加强。

64. 正确答案是 D，解答如下：

查《高规》表 3.7.3，$\left[\frac{\Delta u}{h}\right] = \frac{1}{550}$

第 10 层，$\frac{\Delta u}{h} = \frac{61 - 53}{4000} = \frac{1}{500}$

$$\frac{\Delta u}{h} \Big/ \left[\frac{\Delta u}{h}\right] = \frac{1}{500} \cdot \frac{550}{1} = 1.1$$

65. 正确答案是 A，解答如下：

查《高规》表 3.7.5，$[\theta_p] = \frac{1}{50}$。

根据《高规》5.5.3 条，第 1 层，$\Delta u_e = 12$mm；查规程表 5.5.3，取 $\eta_p = 2.0$：

$$\Delta u_{p,1} = \eta_p \Delta u_{e,1} = 2.0 \times 12 = 24 \text{mm}$$

$$\theta_{p,1} = \frac{\Delta u_{p,1}}{h} = \frac{24}{4500} = \frac{1}{187.5}$$

$$\frac{\theta_{p,1}}{[\theta_p]} = \frac{1}{187.5} \cdot \frac{50}{1} = 0.267$$

【64、65 题评析】 应注意的是，区分多遇地震作用下的弹性位移，与罕遇地震作用下的弹性位移。

66. 正确答案是 B，解答如下：

根据《高规》12.2.3 条，施工后浇带的数量 n：

$$n \geqslant \frac{20 + 65}{40} - 1 = 1.12$$

故取 $n = 2$。

67. 正确答案是 D，解答如下：

根据《高规》4.3.3 条：

$$e = \pm 0.05L = \pm 0.05 \times 20 = \pm 1.0 \text{m}$$

68. 正确答案是 D，解答如下：

根据《高规》12.1.7 条，$H/B > 4$ 时，$p_{min} \geqslant 0$，则：

$$p_{\min} = \frac{N_k}{A} - \frac{M_k}{W} \geqslant 0$$

$$\frac{210000}{30 \times 20} - \frac{M_k}{\frac{1}{6} \times 30 \times 20^2} \geqslant 0$$

解之得：$M_k \leqslant 7 \times 10^5 \, kN \cdot m$

【66～68题评析】 由于本题目所给条件是裙房与主楼可分开考虑，所以68题中 $L = 20m$。

69. 正确答案是C，解答如下：

(1) 54m，查《高规》表3.3.1-1，属A级高度。

(2) 丙类建筑，Ⅱ类场地，7度（0.15g），根据规程3.9.1条，按7度考虑抗震等级。

(3) 查规程表3.9.3，框支柱抗震等级为二级；查规程表6.4.2及注4的规定：

$$[\mu_N] = 0.70 + 0.10 = 0.80$$

$$\mu_N = \frac{N}{f_c A} = \frac{13300 \times 10^3}{23.1 \times 800 \times 900} = 0.80, 满足$$

(4) 查规程表6.4.7，及规程10.2.10条规定：

$$\lambda_v = 0.15 + 0.02 = 0.17; \rho_v \geqslant 1.5\%$$

$$\rho_v \geqslant \lambda_v f_c / f_{yv} = 0.17 \times 23.1/270 = 1.45\%$$

所以取 $\rho_v \geqslant 1.5\%$。

70. 正确答案是C，解答如下：

根据《网络规程》5.9.1条，应选（C）项。

71. 正确答案是C，解答如下：

根据《高钢规》8.6.1条、8.6.4条：

$h_B \geqslant 2.5 \times 0.5 = 1.25m$，排除（A）项。

$$l = \frac{2}{3} \times 4.8 = 3.2m$$

查《高钢规》表8.1.3及注3，取 $\alpha = 1.0$

（B）项：$M_u = 20.1 \times 500 \times 3200 \times [\sqrt{(2 \times 3200 + 1250)^2 + 1250^2} - (2 \times 3200 + 1250)]$
$= 3262.6 kN \cdot m < \alpha M_p = 4500 kN \cdot m$，不满足

（C）项：$M_u = 20.1 \times 500 \times 3200 \times [\sqrt{(2 \times 3200 + 1500)^2 + 1500^2} - (2 \times 3200 + 1500)]$
$= 4539 kN \cdot m > \alpha M_p = 4500 kN \cdot m$，满足

72. 正确答案是A，解答如下：

根据《高钢规》8.6.4条：

$$\frac{M_u}{l} = f_{ck} b [\sqrt{(2l + h_B)^2 + h_B^2} - (2l + h_B)]$$

$$= f_{ck} \times 500 \times [\sqrt{(2 \times 3200 + 2000)^2 + 2000^2} - (2 \times 3200 + 2000)]$$

$$= f_{ck} \times 500 \times 234.8 \leqslant 0.58 \times 452 \times 24 \times 2 \times 335$$

解得：$f_{ck} \leqslant 35.9 \text{N/mm}^2$

选$\leqslant$C55（$f_{ck} = 35.5 \text{N/mm}^2$），故选（A）项。

73. 正确答案 D，解答如下：

根据《高耸标准》6.2.2 条，截面刚度取 $0.65 E_c I_c$，则：

由 3.0.11 条：

$$\Delta u = H\tan\theta + 0.86 = 180 \times 0.001 + 0.86 = 1.04\text{m}$$

$$\Delta u / H = 1.04/180 = 1/173$$

74. 正确答案 D，解答如下：

根据《高耸标准》6.2.2 条，截面刚度取 $0.65 E_c Z_c$，则：

由 3.0.11 条、3.0.9 条：

$$\Delta u = H\tan\theta + \Delta u_E + 0.2\Delta u_w$$

$$= 180 \times 0.001 + 0.42 + 0.2 \times 0.86 = 0.772\text{m}$$

$$\Delta u / H = 0.772/180 = 1/233$$

75. 正确答案是 B，解答如下：

1 号桥墩顺桥向的抗推刚度为：

$$I = 2 \times \frac{\pi D^4}{64} = 2 \times \frac{3.14 \times 1.2^4}{64} = 0.2035\text{m}^4$$

$$K_1 = \frac{3EI}{l_1^3} = \frac{3 \times 2.85 \times 10^7 \times 0.2035}{10.97^3} = 13180\text{kN/m}$$

板式橡胶支座的抗推刚度，1 号桥墩上：

$$K_{支1} = \frac{G_e \Sigma \Delta_支}{\Sigma t} = \frac{1.1 \times 28 \times \frac{3.14}{4} \times 0.20^2}{0.04} = 24178\text{kN/m}$$

0 号桥台上：$K_{支0} = \dfrac{K_{支1}}{2} = 12089\text{kN/m}$

故 1 号桥墩的组合抗推刚度为：

$$K_{z1} = \frac{1}{\frac{1}{K_1} + \frac{1}{K_{支1}}} = \frac{1}{\frac{1}{13180} + \frac{1}{24178}} = 8530.1\text{kN/m}$$

0 号桥台的组合抗推刚度为：

$$K_{z0} = K_{支0} = 12089\text{kN/m}$$

76. 正确答案是 C，解答如下：

公路-Ⅰ级，$q_k = 10.5\text{kN/m}$，$P_k = 2 \times (20+130) = 300\text{kN}$

桥宽 12m，双向行驶，根据《公桥通规》表 4.3.1-4，设计车道数为 2。

由《公桥通规》4.3.5 条，4.3.1 条表 4.3.1-5，取 1 条车道荷载计算汽车制动力，并且车道荷载提高 1.2。

$$F_{bk} = 1.2 \times (7 \times 20 \times 10.5 + 300) \times 10\% = 1.2 \times 177\text{kN} = 212.4\text{kN} > 165\text{kN}$$

取 $F_{bk} = 212.4\text{kN}$

$$F_{bk1} = \frac{K_{z1}}{\Sigma K_{zi}} F_{bk} = \frac{8529.6}{37831.3} \times 212.4 = 48\text{kN}$$

77. 正确答案是 A，解答如下：

设零点位置距 0 号桥台的距离为 x_0：

$$x_0 = \frac{\sum\limits_{i=0}^{n} iK_{zi}}{\sum\limits_{i=0}^{n} K_{zi}} \cdot L \quad (i = 0, 1, 2, \cdots, n)$$

$\Sigma K_{zi} = 12094.5 + 8609.2 + 1721.2 + 659.6 + 461.6 + 565.2 + 1624.8 + 12094.5$
$= 37830.6 \text{kN/m}$

$$x_0 = \frac{20}{37830.6} \times (0 + 1 \times 8609.2 + 2 \times 1721.2 + 3 \times 659.6$$
$$+ 4 \times 461.6 + 5 \times 565.2 + 6 \times 1624.8 + 7 \times 12094.5)$$
$$= 59.8 \text{m}$$

1 号桥墩：$x_1 = -(59.8 - 20) = -39.8 \text{m}$

$F_t = K_{z1} \alpha \Delta t \cdot x_1 = 8609.2 \times 1 \times 10^{-5} \times (-25) \times (-39.8) = 85.66 \text{kN}(\rightarrow)$

【75～77 题评析】 77 题，求 x_0 的计算公式针对等跨度的情况，即 $L_1 = L_2 = \cdots = L$。当跨度不等时，x_0 按下式计算：

$$x_0 = \frac{\sum\limits_{i=0}^{n} K_{zi} L_i}{\sum\limits_{i=0}^{n} K_{zi}} \quad (L_i \text{ 代表第 } i \text{ 号桥墩距 0 号桥台的距离})$$

78. 正确答案是 C，解答如下：

影响斜板桥受力最重要的因素是斜交角、宽跨比及支承形式，故选（C）项。

79. 正确答案是 B，解答如下：

F 截面的剪力影响线在 F 点左、右两侧，有上下突变，左、右值的绝对值之和为 1，故图（a）、（c）不对。在 F 截面设置如图 1-1-3 所示装置，可判定出曲线形状。

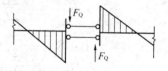

图 1-1-3

80. 正确答案是 A，解答如下：

根据《公桥混规》6.5.2 条第 2 款：

$$W_0 = \frac{I_0}{y_0} = \frac{1.74 \times 10^{10}}{290} = 6 \times 10^7 \text{mm}^3$$

由规范式（6.1.6-1）：$\sigma_{pc} = \frac{N_{p0}}{A_0} + \frac{N_{p0} e_{p0}}{W_0} = \frac{\sigma_{p0} A_p}{A_0} + \frac{\sigma_{p0} A_p e_{p0}}{W_0}$

$$= \frac{650 \times 1017}{3.2 \times 10^5} + \frac{650 \times 1017 \times 250}{6 \times 10^7} = 4.82 \text{MPa}$$

$$\gamma = \frac{2S_0}{W_0} = \frac{2 \times 3.2 \times 10^7}{6 \times 10^7} = 1.067$$

$$M_{cr} = (\sigma_{pc} + \gamma f_{tk}) W_0 = (4.82 + 1.067 \times 2.4) \times 6 \times 10^7$$
$$= 4.43 \times 10^8 \text{N} \cdot \text{mm} = 443 \text{kN} \cdot \text{m}$$

实战训练试题（二）解答与评析

（上午卷）

1. 正确答案是 C，解答如下：

根据《混规》6.2.23 条：

$e_0 = \dfrac{M}{N} = \dfrac{90}{950} = 94.7\text{mm} < \dfrac{h}{2} - a_\text{s} = \dfrac{450}{2} - 40 = 185\text{mm}$，属小偏拉

$$e' = \frac{h}{2} + a'_\text{s} + e_0 = \frac{450}{2} - 40 + 94.7 = 279.7\text{mm}$$

$$e = \frac{h}{2} - a'_\text{s} - e_0 = \frac{450}{2} - 40 - 94.7 = 90.3\text{mm}$$

$h_0 = h'_0 = 410\text{mm}$。

由规范式（6.2.23-2）：

$$A_\text{s} = \frac{Ne'}{f_\text{y}(h'_0 - a'_\text{s})} = \frac{950 \times 10^3 \times 279.7}{360 \times (410 - 40)} = 1995\text{mm}^2$$

由规范式（6.2.23-1）：

$$A'_\text{s} = \frac{Ne}{f_\text{y}(h_0 - a_\text{s})} = \frac{950 \times 10^3 \times 90.3}{360 \times (410 - 40)} = 644\text{mm}^2$$

复核最小配筋率，由规范表 8.5.1：

$$\rho_{\min} = \max(0.2\%,\ 0.45 f_\text{t}/f_\text{y}) = \max(0.2\%, 0.45 \times 1.43/360) = 0.2\%$$

$$A_{\text{s,min}} = 0.2\% \times 300 \times 450 = 270\text{mm}^2，故 A_\text{s}、A'_\text{s} 均满足$$

【1 题评析】　本题考核，小偏拉时，其受拉钢筋、受压钢筋的最小配筋率的要求。

2. 正确答案是 B，解答如下：

根据《混规》6.5.2 条、6.5.1 条：

因板开有洞口，$6h_0 = 6 \times (200 - 20) = 1080\text{mm} > 700\text{mm}$，故应计入洞口影响：

$$\frac{AB}{700} = \frac{300 + 180/2}{300 + 700}，即：AB = 273\text{mm}$$

$$u_\text{m} = 4\left(b + 2 \times \frac{h_0}{2}\right) - AB = 4 \times (0.6 + 0.18) - 0.273 = 2.847\text{m}$$

由规范式（6.5.1-2）、式（6.5.1-3）、式（6.5.1-1）：

中柱，$\alpha_\text{s} = 40$；正方形，$\beta_\text{s} = 2$，则：

$$\eta_1 = 0.4 + \frac{1.2}{\beta_\text{s}} = 0.4 + \frac{1.2}{2} = 1.0$$

$$\eta_2 = 0.5 + \frac{\alpha_\text{s} h_0}{4u_\text{m}} = 0.5 + \frac{40 \times 180}{4 \times 2847} = 1.13$$

故取 $\eta = 1.0$。

$$0.7\beta_h f_t \eta u_m h_0 = 0.7 \times 1.0 \times 1.43 \times 1.0 \times 2847 \times 180 = 513.0\text{kN}$$

3. 正确答案是 C，解答如下：

首先计算出 F_l，由《可靠性标准》8.2.4 条：

$$q = 1.3 \times 6.0 + 1.5 \times 3.5 = 13.05\text{kN/m}^2$$

$$F_l = N - q(b + 2h_0)^2 = 13.05 \times 7.5 \times 7.5 - 13.05 \times (0.6 + 2 \times 0.18)^2 = 722.0\text{kN}$$

根据《混规》式（6.5.3-2）：

$$A_{svu} \geqslant \frac{F_l - 0.5 f_t \eta u_m h_0}{0.8 f_{yv}} = \frac{722 \times 10^3 - 0.5 \times 1.43 \times 1.0 \times 2847 \times 180}{0.8 \times 270}$$

$$= 1646\text{mm}^2$$

4. 正确答案是 A，解答如下：

由于洞口影响，该配筋冲切破坏锥体斜截面的周长为：

$$A'B' = \frac{300 + 180 + 180/2}{300 + 700} \times 700 = 399\text{mm}$$

$$u_m = 4 \times \left(600 + 2 \times 180 + 2 \times \frac{180}{2}\right) - A'B' = 4161\text{mm}$$

$\eta_1 = 1.0$。

$$\eta_2 = 0.5 + \frac{\alpha_s h_0}{4 u_m} = 0.5 + \frac{40 \times 180}{4 \times 4161} = 0.932$$

故取 $\eta = 0.932$。

$$0.7\beta_h f_t \eta u_m h_0 = 0.7 \times 1 \times 1.43 \times 0.932 \times 4161 \times 180 = 698.7\text{kN} > F_l = 660\text{kN}$$

【2～4 题评析】 计算洞口影响时，AB、$A'B'$ 值是不相同的，故相应的 u_m 值不同。

5. 正确答案是 C，解答如下：

根据《设防分类标准》3.0.3 条条文说明，应选 (C) 项。

6. 正确答案是 D，解答如下：

$r_1/r_2 = 130/200 = 0.65 > 0.5$，且配置 8 Φ 16，满足《混规》附录 E.0.3 条注的规定。

根据《混规》E.0.2 条，受弯构件，取规范式（E.0.3-1）中 $N = 0$；规范式（E.0.3-2）中 $Ne_i = M, \alpha_t = 1 - 1.5\alpha$，则：

$$N = 0 = \alpha\alpha_1 f_c A + (\alpha - \alpha_t) f_y A_s$$
$$= \alpha\alpha_1 f_c A + (\alpha - 1 + 1.5\alpha) f_y A_s$$

即：

$$\alpha = \frac{f_y A_s}{\alpha_1 f_c A + 2.5 f_y A_s}$$

又

$$A = \pi(r_2^2 - r_1^2) = 72.53 \times 10^3 \text{mm}^2$$

$$\alpha = \frac{360 \times 1608}{1 \times 11.9 \times 72.53 \times 10^3 + 2.5 \times 360 \times 1608} = 0.2506 < \frac{2}{3}$$

故：

$$\alpha_t = 1 - 1.5\alpha = 0.6241$$

由提示知：

$$\alpha > \arccos\left(\frac{2r_1}{r_1 + r_2}\right)/\pi = 0.211$$

$$\sin\pi\alpha = \sin(\pi \times 0.2506) = 0.7082, \ \sin\pi\alpha/\pi = 0.2255$$

$$\sin\pi\alpha_t = \sin(\pi \times 0.6241) = 0.9253, \ \sin\pi\alpha_t/\pi = 0.2947$$

由规范式（E.0.3-2）：

$$M_u = 1.0 \times 11.9 \times 72.53 \times 10^3 \times \frac{(200+130) \times 0.2255}{2} + 360 \times 1608 \times 165$$

$$\times (0.2255 + 0.2947)$$

$$= 81.8 kN \cdot m$$

7. 正确答案是 A，解答如下：

根据《混规》H.0.1 条、H.0.2 条、H.0.3 条：

由《可靠性标准》8.2.4 条：

第一阶段（施工阶段）：

$$M_{1Gk} = \frac{1}{8} q_{1Gk} l_0^2 = \frac{1}{8} \times 12 \times 5.8^2 = 50.46 kN \cdot m$$

$$M_{1Qk} = \frac{1}{8} q_{1Qk} l_0^2 = \frac{1}{8} \times 10 \times 5.8^2 = 42.05 kN \cdot m$$

$$M_1 = 1.3 M_{1Gk} + 1.5 M_{1Qk} = 1.3 \times 50.46 + 1.5 \times 42.05 = 128.67 kN \cdot m$$

$$V_{1Gk} = \frac{1}{2} q_{1Gk} l_n = \frac{1}{2} \times 12 \times 5.8 = 34.8 kN$$

$$V_{1Qk} = \frac{1}{2} \times 10 \times 5.8 = 29 kN$$

$$V_1 = 1.3 V_{1Gk} + 1.5 V_{1Qk} = 1.3 \times 34.8 + 1.5 \times 29 = 88.74 kN$$

8. 正确答案是 B，解答如下：

$$\Phi 8 @ 150, \frac{A_{sv}}{s} = \frac{2 \times 50.3}{150} = 0.67$$

根据《混规》H.0.4 条，取叠合层 C30 混凝土计算：

$$V_u = 1.2 f_t b h_0 + 0.85 f_{yv} \frac{A_{sv}}{s} h_0$$

$$= 1.2 \times 1.43 \times 250 \times 610 + 0.85 \times 270 \times 0.67 \times 610 = 355.5 kN$$

9. 正确答案是 D，解答如下：

第一阶段预制梁正截面受弯承载力 M_{1u}：

$h_{01} = 450 - 40 = 410 mm$，T 形截面，$b_f' = 500 mm$

$$x = \frac{f_y A_s}{\alpha_1 f_c b_f'} = \frac{360 \times 1520}{1 \times 14.3 \times 500} = 76.5 mm < h_f' = 120 mm$$

$$< \xi_b h_{01} = 0.518 \times 410 = 212 mm$$

故 $$M_{1u} = \alpha_1 f_c b_f' x \left(h_{01} - \frac{x}{2} \right) = 1 \times 14.3 \times 500 \times 76.5 \times \left(410 - \frac{76.5}{2} \right)$$

$$= 203.3 kN \cdot m$$

根据《混规》H.0.7 条：

$$\sigma_{s1k} = \frac{M_{1Gk}}{0.87 A_s h_{01}} = \frac{50.46 \times 10^6}{0.87 \times 1520 \times 410} = 93.07 N/mm^2$$

由于 $M_{1Gk} = 50.46 kN \cdot m < 0.35 M_{1u} = 0.35 \times 203.3 = 71.2 kN \cdot m$

故 $$\sigma_{s2q} = \frac{1.0 M_{2q}}{0.87 A_s h_0} = \frac{1.0 \times 140 \times 10^6}{0.87 \times 1520 \times 610} = 173.55 N/mm^2$$

$$\sigma_{sk} = \sigma_{s1k} + \sigma_{s2q} = 93.07 + 173.55 = 266.62 N/mm^2$$

【7～9题评析】 8题，叠合面的受剪承载力应取叠合层和预制构件中的混凝土 f_t 的较低值进行计算。

10. 正确答案是 B，解答如下：

根据《混规》6.2.4 条、6.2.5 条：

$$\xi_c = \frac{0.5 f_c A}{N} = \frac{0.5 \times 14.3 \times 600 \times 600}{2200 \times 1000} = 1.17 > 1.0，故取 \xi_c = 1.0$$

$$e_0 = \frac{M_2}{N_2} = \frac{750}{2200} = 0.341\text{m}, \quad e_a = \max\left(20, \frac{600}{30}\right) = 20\text{mm}$$

用规范式（6.2.4-3）、式（6.2.4-2）：

$$\eta_{ns} = 1 + \frac{1}{1300\ (M_2/N + e_0)\ /h_0} \left(\frac{l_c}{h}\right)^2 \xi_c$$

$$= 1 + \frac{1}{1300\left(\frac{750}{2200} + 0.02\right) \cdot \frac{1}{0.56}} \cdot \left(\frac{5.3}{0.6}\right)^2 \times 1 = 1.093$$

$$C_m = 0.94 > 0.7$$

$$C_m \eta_{ns} = 0.94 \times 1.093 = 1.0274 > 1.0，则：$$

$$M = C_m \eta_{ns} M_2 = 1.0274 \times 750 = 771\text{kN} \cdot \text{m}$$

11. 正确答案是 B，解答如下：

根据《混规》11.1.6 条：

$$\mu_N = \frac{N}{f_c A} = \frac{2200 \times 10^3}{14.3 \times 600 \times 600} = 0.43 > 0.15，\text{取 } \gamma_{RE} = 0.8$$

抗震二级，由规范 11.4.2 条：

$$M = 1.5 \times 800 = 1200\text{kN} \cdot \text{m}$$

$$e_0 = \frac{M}{N} = \frac{1200}{2200} = 0.545\text{m} = 545\text{mm}$$

由规范 6.2.5 条：

$$e_a = \max\left(20, \frac{600}{30}\right) = 20\text{mm}$$

$$e_i = e_0 + e_a = 564\text{mm}$$

由规范 6.2.17 条：

$$e = e_i + \frac{h}{2} - a_s = 565 + \frac{600}{2} - 40 = 825\text{mm}$$

$$x = 205\text{mm} < \xi_b h_0 = 0.518 \times 560 = 290\text{mm}$$

$$> 2a_s' = 80\text{mm}$$

故属于大偏心受压柱，由规范式（6.2.17-2）：

$$A_s = A_s' = \frac{\gamma_{RE} Ne - \alpha_1 f_c bx\left(h_0 - \frac{x}{2}\right)}{f_y'(h_0 - a_s')}$$

$$= \frac{0.8 \times 2200 \times 10^3 \times 825 - 1 \times 14.3 \times 600 \times 205 \times \left(560 - \frac{205}{2}\right)}{360 \times (560 - 40)}$$

$$= 3458\text{mm}^2$$

12. 正确答案是 B，解答如下：

根据《混规》11.4.3 条，框架结构，抗震二级：

$$V_c = 1.3 \times \frac{(M_c^t + M_c^b)}{H_n} = 1.3 \times \frac{(760 + 1200)}{4.7} = 542.1 \text{kN} > 369 \text{kN}$$

取 $V_c = 542.1 \text{kN}$

$$\lambda = \frac{H_n}{2h_0} = \frac{4700}{2 \times 560} = 4.2 > 3.0，取 \lambda = 3$$

由规范式（11.4.7）：

$$N = 2200 \times 10^3 \text{N} > 0.3 f_c A = 1544.4 \times 10^3 \text{N}$$

故取 $N = 1544.4 \times 10^3 \text{N}$

$$V_c \leqslant \frac{1}{\gamma_{RE}} \left(\frac{1.05}{\lambda + 1} f_t b h_0 + f_{yv} \frac{A_{sv}}{s} h_0 + 0.056 N \right)$$

$$542.1 \times 10^3 \leqslant \frac{1}{0.85} \times \left(\frac{1.05}{3+1} \times 1.43 \times 600 \times 560 + 300 \times \frac{A_{sv}}{s} \times 560 \right.$$

$$\left. + 0.056 \times 1544.4 \times 10^3 \right)$$

解之得：

$$\frac{A_{sv}}{s} \geqslant 1.48 \text{mm}^2/\text{mm}$$

复核最小配筋率，由规范表 11.4.12-2，箍筋直径取 8mm，间距 100mm；又柱截面为 600mm×600mm，选用 4 肢箍，则：

$$A_{sv}/s \geqslant \frac{4 \times 50.3}{100} = 2.012 \text{mm}^2/\text{mm}，所以最终取 A_{sv}/s = 2.012 \text{mm}^2/\text{mm}$$

【10～12 题评析】 11 题、12 题，关键是确定底层柱柱底弯矩值 M_c^b，并复核最小配筋率、最小配箍率。

13. 正确答案是 B，解答如下：

根据《混规》表 3.4.5 及注，预应力混凝土构件在使用阶段可以开裂，故（C）、（D）项不对；

根据《混规》6.2.10 条，受弯构件受拉钢筋施加预应力不影响正截面承载力，而受压钢筋施加预应力将降低截面承载力，故（A）项不对。

14. 正确答案是 C，解答如下：

不考虑竖向地震作用时：

$$M_{A1} = \frac{1}{2} \times (1.3 \times 30 + 1.5 \times 20) \times 7^2 = 1690.5 \text{kN} \cdot \text{m}$$

根据《抗规》5.3.3 条：

$$q_{Ek} = (30 + 0.5 \times 20) \times 15\% = 6 \text{kN/m}$$

$$M_{Ek} = \frac{1}{2} \times 6 \times 7^2 = 147 \text{kN} \cdot \text{m} > 120 \text{kN} \cdot \text{m}$$

故取 $M_{Ek} = 147 \text{kN} \cdot \text{m}$，由《抗震通规》4.3.2 条：

$$M_{A2} = \frac{1}{2} \times 1.3 \times (30 + 0.5 \times 20) \times 7^2 + 1.4 \times 147$$

$$= 1480 \text{kN} \cdot \text{m}$$

取较大者，所以取 $M_A = M_{A1} = 1690.5\text{kN} \cdot \text{m}$

15. 正确答案是 B，解答如下：

根据《混加规》6.2.3 条：

$$取 \ x_n = x_b = \xi_b h_0 = 0.550 \times (500 - 60) = 242\text{mm}$$

假定 $h_n \leqslant x_n$，则：

$$1 \times 16.7 \times 250 \times h_n + 1 \times 9.6 \times 250 \times (242 - h_n) = 300 \times 3695 - 300 \times 763$$

可得：$h_n = 168.7\text{mm} < 242\text{mm}$，故假定成立。

由式（6.2.3-1）：

$$M_u = 1 \times 16.7 \times 250 \times 168.7 \times \left(440 - \frac{168.7}{2}\right) + 1 \times 9.6 \times 250 \times (242 - 168.7)$$

$$\times \left(440 - 168.7 - \frac{242 - 168.7}{2}\right) + 300 \times 763 \times (440 - 40)$$

$$= 383.3\text{kN} \cdot \text{m}$$

16. 正确答案是 A，解答如下：

支座 A 反力为：$R_A = \dfrac{1}{2} \times (2W_1 + 2W_2 + W_3) = \dfrac{1}{2} \times (2 \times 17.83 + 2 \times 31.21 + 26.75)$

$$= -62.415\text{kN}(压)$$

端竖杆 aA：$N_{aA} = R_A = -62.415\text{kN}(压)$

17. 正确答案是 A，解答如下：

由于 aA 杆：$N_{aA} = -62.415\text{kN}$（压）

对节点 a，$\sum Y = 0$，则：

$$N_{aA} = N_{aB}\cos\theta + W_1, \quad \cos\theta = \frac{5.4}{\sqrt{6^2 + 5.4^2}} = 0.669$$

$$N_{aB} = \frac{62.415 - 17.83}{0.669} = 66.64\text{kN}(拉)$$

18. 正确答案是 D，解答如下：

根据《钢标》7.4.2 条：

斜杆 aB 平面内：$l_{0x} = 0.5l = 0.5 \times \sqrt{6^2 + 5.4^2} = 0.5 \times 8.072 = 4.036\text{m}$

平面外： $l_{0y} = l = 8.072\text{m}$

查《钢标》表 7.4.7，$[\lambda] = 400$

根据《钢标》7.4.7 条：

平面内： $i_{min} \geqslant \dfrac{l_{0x}}{[\lambda]} = \dfrac{4036}{400} = 10.09\text{mm}$

平面外： $i_y \geqslant \dfrac{l_{0y}}{[\lambda]} = \dfrac{8072}{400} = 20.18\text{mm}$

故选用 1L70×5，$i_{lmin} = 13.9\text{mm}$，$i_y = 21.6\text{mm}$

19. 正确答案是 C，解答如下：

竖杆 cC 为压杆，查《钢标》表 7.4.6，取 $[\lambda] = 200$

查《钢标》表 7.4.1-1：

$$l_0 = 0.9l = 0.9 \times 5.4 = 4.86\text{m}$$

$$i_{\min} = \frac{l_0}{[\lambda]} = \frac{4860}{200} = 24.3\text{mm}$$

选用┘┌63×5，$i_{\min} = 24.5$mm。

【16～19 题评析】

18 题、19 题，关键是确定杆的计算长度。

19 题，$\lambda = \dfrac{l_0}{i_{\min}} = \dfrac{4860}{24.5} = 198$

查《钢标》表 7.2.1-1，b 类截面，查《钢标》附表 D.0.2，取 $\varphi = 0.189$

$\dfrac{N}{\varphi A} = \dfrac{26.75 \times 10^3}{0.189 \times 1230} = 115\text{N/mm}^2 < f = 215\text{N/mm}^2$，满足。可见截面由最大长细比控制。

20. 正确答案是 C，解答如下：

肩梁的计算简图如图 2-1-1 所示。

$$P_2 = \frac{N \cdot y}{h} + \frac{M_x}{h}$$

$$= \frac{6073 \times 770}{1507} + \frac{3560 \times 10^3}{1507}$$

$$= 5465\text{kN}$$

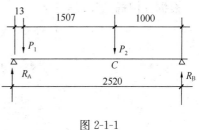

图 2-1-1

$$P_1 = W - P_2 = 6073 - 5465 = 608\text{kN}$$

$$\sum R_B = \frac{5465 \times 1520 + 608 \times 13}{2520} = 3300\text{kN}$$

单根：$R_B = \sum R_B / 2 = 1650$kN

21. 正确答案是 A，解答如下：

C 点弯矩最大，$M_{\max} = R_B \times 1 = 1650 \times 1 = 1650\text{kN} \cdot \text{m}$

$$\frac{M_{\max}}{\gamma_x W_n} = \frac{1650 \times 10^6}{1.05 \times 9112.5 \times 10^3} = 172.4\text{N/mm}^2$$

22. 正确答案是 A，解答如下：

$$V = R_B = 1650\text{kN}$$

由《钢标》式（6.1.3），受剪截面为矩形，则：

$$\tau_{\max} = \frac{1.5V}{h t_w} = \frac{1.5 \times 1650 \times 10^3}{1350 \times 30} = 61.1\text{N/mm}^2$$

23. 正确答案是 A，解答如下：

由《钢标》11.2.6 条：

$$l_w = 1350 - 2 \times 12 = 1326\text{mm} > 60 \times 12 = 720\text{mm}$$

$$\alpha_f = 1.5 - \frac{1326}{120 \times 12} = 0.58 > 0.5$$

$$\sum R_A = N - \sum R_B = 6073 - 3300 = 2773\text{kN}$$

$$\frac{\sum R_A}{0.7 h_f \sum l_w f_f^w \alpha_f} = \frac{2773 \times 10^3}{0.7 \times 12 \times (4 \times 1326) \times 160 \times 0.58} = 0.67$$

24. 正确答案是 B，解答如下：

由《钢标》11.2.6 条：

$$l_w = 1350 - 2 \times 16 = 1318mm > 60h_f = 960mm$$

$$\alpha_f = 1.5 - \frac{1318}{120 \times 16} = 0.81 > 0.5$$

$$\frac{\sum R_B}{0.7h_f \sum l_w f_f^w \alpha_f} = \frac{3300 \times 10^3}{0.7 \times 16 \times 4 \times 1318 \times 160 \times 0.81} = 0.43N/mm^2$$

【20~24题评析】 20~22题，关键是分析肩梁传力途径，确定其计算简图。

23、24题，由于搭接侧面角焊缝内力并非沿侧面角焊缝全长均匀分布，应按《钢标》11.2.6条考虑折减。

25. 正确答案是 B，解答如下：

根据《钢标》18.2.4条，应高出150mm，选（B）项。

26. 正确答案是 A，解答如下：

根据《门规》7.1.3条：

$$l_{ox} = 2.42 \times 7500 = 18150mm, \quad \lambda_1 = \frac{18150}{279.31} = 65$$

$$\bar{\lambda}_1 = \frac{65}{\pi} \sqrt{\frac{235}{206000}} = 0.7 < 1.2$$

$$\eta_t = \frac{4620}{6620} + \left(1 - \frac{4620}{6620}\right) \times \frac{0.7^2}{1.44} = 0.80$$

b类，$\lambda_1/\varepsilon_k = 65$，查《钢标》附表D.0.2，取 $\varphi_x = 0.780$

$$\frac{N_1}{\eta_t \varphi_x A_{e1}} = \frac{80 \times 10^3}{0.80 \times 0.780 \times 6620} = 19.4N/mm^2$$

27. 正确答案是 B，解答如下：

根据《门规》7.1.3条：

$\lambda_1 = 65$

$$N_{cr} = \frac{\pi^2 \times 286 \times 10^3 \times 6620}{65^2} = 3182.4 \times 10^3 N$$

$$\frac{\beta_{mx} M_1}{(1 - N_1/N_{cr}) W_{e1}} = \frac{1 \times 120 \times 10^6}{\left(1 - \frac{80 \times 10^3}{3182.4 \times 10^3}\right) \times 1.4756 \times 10^6}$$

$$= 83.4N/mm^2$$

28. 正确答案是 B，解答如下：

根据《门规》7.1.5条：

$$l_{oy} = 7500mm, \quad \lambda_{1y} = \frac{7500}{40.154} = 186.8$$

$$\bar{\lambda}_{1y} = \frac{186.8}{\pi} \sqrt{\frac{235}{206000}} = 2.01 > 1.3$$

故取 $\eta_{ty} = 1$

b类，$\lambda_{1y}/\varepsilon_k = 186.8$，查《钢标》附表D.0.2，取 $\varphi_y = 0.210$

$$\frac{N_1}{\eta_{ty} \varphi_y A_{e1} f} = \frac{80 \times 10^3}{1 \times 0.210 \times 6620 \times 215} = 0.268$$

29. 正确答案是 A，解答如下：

根据《门规》7.1.5条、7.1.4条：

$$\lambda_b = \sqrt{\frac{\gamma_x W_{x1} f_y}{M_{cr}}} = \sqrt{\frac{1 \times 1.4756 \times 10^6 \times 235}{215 \times 10^6}} = 1.27$$

$$n = \frac{1.51}{1.27^{0.1}} \cdot \sqrt[3]{\frac{200}{692}} = 0.975, \quad k_\sigma = 0$$

$$\lambda_{b0} = \frac{0.55 - 0.25 \times 0}{(1 + 1.37)^{0.2}} = 0.463$$

$$\varphi_b = \frac{1}{(1 - 0.463^{2 \times 0.975} + 1.27^{2 \times 0.975})^{\frac{1}{0.975}}} = 0.413$$

30. 正确答案是 B，解答如下：

根据《砌规》6.1.1条、6.1.4条：

窗洞：$\frac{900}{3600} = 0.25 > 0.2$，故：$\mu_2 = 1 - 0.4 \frac{b_s}{s} = 1 - 0.4 \times \frac{1.8 \times 3}{12} = 0.82 > 0.7$

$$\mu_1 = 1.0, \quad [\beta] = 24$$

$$\mu_1 \mu_2 [\beta] = 1 \times 0.82 \times 24 = 19.68$$

刚性方案，$s = 12m$，$H = 3.6m$，$s > 2H = 7.2m$，查规范表5.1.3：

$$H_0 = 1.0H = 3.6m$$

$$\frac{H_0}{h} = \frac{3600}{240} = 15 < 19.68$$

31. 正确答案是 B，解答如下：

对于（A）项，根据《砌规》表6.1.1注3，$[\beta] = 14$

$\mu_2 = 1.0$；$\mu_1 \mu_2 [\beta] = 1 \times 1 \times 14 = 14.0$，故（A）项不对。

对于（B）项，根据《砌规》6.1.3条、6.1.4条：

$$\mu_1 = 1.2 + \frac{240 - 120}{240 - 90} \times (1.5 - 1.2) = 1.44$$

$$\mu_2 = 1 - 0.4 \times \frac{1.5}{6} = 0.9, \quad [\beta] = 22$$

$$\mu_1 \mu_2 [\beta] = 1.44 \times 0.9 \times 22 = 28.51，故（B）项正确。$$

【30、31题评析】 30题，应注意窗洞与墙高之比，从而确定 μ_2 值，《砌规》6.1.4 条中作了相应规定。

32. 正确答案是 C，解答如下：

根据《砌规》7.2.2条：

由《可靠性标准》8.2.4条：

$h_w = 1.5m < l_n = 3m$，则应考虑梁板荷载作用，同时，$h_w = 1.5m > \frac{l_n}{3} = 1m$，取墙体自重高度为1.0m。

$$p = 1.3 \times (1 \times 0.24 \times 18 + 0.24 \times 0.24 \times 25 + 0.015 \times 0.24 \times 3 \times 20) + 15$$
$$= 22.77 kN/m$$

$$M = \frac{1}{8}pl_0^2 = \frac{1}{8} \times 22.77 \times 3.24^2 = 29.88 \text{kN} \cdot \text{m}; \quad h_0 = 240 - 35 = 205 \text{mm}$$

$$x = h_0 - \sqrt{h_0^2 - \frac{2\gamma_0 M}{\alpha_1 f_c b}} = 205 - \sqrt{205^2 - \frac{2 \times 1 \times 29.88 \times 10^6}{1 \times 9.6 \times 240}}$$

$$= 78 \text{mm}$$

$$A_s = \frac{\alpha_1 f_c bx}{f_y} = \frac{1 \times 9.6 \times 240 \times 78}{300} = 599 \text{mm}^2$$

33. 正确答案是 C,解答如下:

根据《砌规》5.2.4 条:

$$a_0 = a = 240 \text{mm}, \quad \eta = 1.0, \quad A_l = a_0 b = 240 \times 240 \text{mm}^2$$

$$A_0 = (240 + 240) \times 240 = 2 \times 240 \times 240 \text{mm}^2$$

$$\gamma = 1 + 0.35\sqrt{\frac{A_0}{A_l} - 1} = 1 + 0.35 \times \sqrt{2 - 1} = 1.35$$

由规范 5.2.2 条,$\gamma \leqslant 1.25$,故取 $\gamma = 1.25$

$$N_l = \frac{1}{2} \times 22.77 \times 3.24 = 36.9 \text{kN} < \eta\gamma f A_l$$

$$= 1 \times 1.25 \times 1.5 \times 240 \times 240 = 108 \text{kN}$$

34. 正确答案是 C,解答如下:

根据《砌规》7.3.3 条、7.3.6 条。

$$l_c = 4.85 + \frac{0.3}{2} \times 2 = 5.15 \text{m}, \quad l_n = 4.85 \text{m}, \quad 1.1 l_n = 5.335 \text{m}$$

故取 $l_0 = 5.15 \text{m}$

$$M_2 = \frac{1}{8}Q_2 l_0^2 = \frac{1}{8} \times 95 \times 5.15^2 = 314.95 \text{kN} \cdot \text{m}$$

$$\psi_m = 4.5 - 10\frac{a}{l_n} = 4.5 - 10 \times \frac{1.07}{5.15} = 2.422$$

$$\alpha_m = 0.8\psi_m\left(1.7\frac{h_b}{l_0} - 0.03\right) = 0.8 \times 2.422 \times \left(1.7 \times \frac{0.45}{5.15} - 0.03\right) = 0.23$$

$$M_b = \alpha_m M_2 = 0.23 \times 314.95 = 72.44 \text{kN} \cdot \text{m}$$

35. 正确答案是 C,解答如下:

根据《砌规》7.3.6 条:

$$\eta_N = 0.8 \times \left(0.44 + 2.1\frac{h_w}{l_0}\right) = 0.8 \times \left(0.44 + 2.1 \times \frac{5.15}{5.15}\right) = 2.032$$

$$N_{bt} = \eta_N \frac{M_2}{H_0} = 2.032 \times \frac{314.95}{5.375} = 119.07 \text{kN}$$

$$e_0 = \frac{M_b}{N_{bt}} = \frac{85}{119.07} = 714 \text{mm} > \frac{h_b}{2} - a_s = \frac{450}{2} - 45 = 180 \text{mm}$$

故为大偏拉,则:

$$e = e_0 - \frac{h}{2} + a_s = 714 - \frac{450}{2} + 45 = 534 \text{mm}$$

【34、35 题评析】 对于本题目图 4.10 (b) 中 a 值是如下确定的:

门洞靠托梁中点的距离：$e = \dfrac{5450}{2} - 1220 - 1000 = 505\text{mm}$

$$a = \dfrac{l_0}{2} - 505 - 1000 = \dfrac{5150}{2} - 505 - 1000 = 1070\text{mm}$$

36. 正确答案是 D，解答如下：

查《抗规》表 5.1.4-1，$\alpha_{max} = 0.04$

根据《抗规》5.2.1 条，取 $\alpha_1 = \alpha_{max} = 0.04$

$F_{Ek} = \alpha_1 G_{eq} = 0.04 \times 0.85 \times (2270 + 2150 + 2150 + 1440) = 272.34\text{kN}$

已知 $F_{1k} = 39\text{kN}$，故 $V_{2k} = F_{Ek} - F_{1k} = 272.34 - 39 = 233.34\text{kN}$

根据《抗规》5.2.6 条：

第二层③轴线，$V_{2k,3} = \dfrac{5.5 \times 10^5}{3 \times 5.5 \times 10^5 + 2 \times 4.8 \times 10^5} \times V_{2k} = 49.17\text{kN}$

由《抗震通规》4.3.2 条：

$V = 1.4 V_{2k,3} = 68.8\text{kN}$

37. 正确答案是 B，解答如下：

根据《抗规》7.2.4 条，7.2.5 条，底层剪力 V_1 应乘增大系数 1.35；由《抗震通规》4.3.2 条：

$$V_1 = 1.35 \times 1.4 \times F_{Ek} = 1.35 \times 1.4 \times 272.34 = 514.72\text{kN}$$

$$V_b = V_1/4 = 128.68\text{kN}$$

$$V_c = \dfrac{6 \times 10^3}{6 \times 10^3 \times 15 + 0.2 \times 3.15 \times 10^5 \times 4} \times 514.72 = 9.05\text{kN}$$

38. 正确答案是 A，解答如下：

一榀框架的侧向刚度：$K_{cf} = 3 \times K_c = 3 \times 6 \times 10^3 = 18 \times 10^3 \text{N/mm}$

约束普通砖抗震墙分担的地震倾覆力矩设计值 M_b 为：

$$M_b = \dfrac{0.2 K_b}{5 K_{cf} + 4 \times 0.2 K_b} M_f = \dfrac{0.2 \times 3.15 \times 10^5}{5 \times 18 \times 10^3 + 4 \times 0.2 \times 3.15 \times 10^5} \times 5600$$

$$= 1031.58\text{kN} \cdot \text{m}$$

39. 正确答案是 A，解答如下：

根据《木标》4.3.1 条，红皮云杉 TC 13B，$f_m = 13\text{N/mm}^2$，$f_c = 10\text{N/mm}^2$

由《木标》4.3.2 条，表 4.3.9-1：

$$f_m = 1.15 \times 0.8 f_m = 11.96\text{N/mm}^2$$

$$f_c = 1.15 \times 0.8 f_c = 9.2\text{N/mm}^2 , \quad d = 140 + \dfrac{2236}{2} \times 0.9\% = 150\text{mm}$$

$$A = \dfrac{\pi}{4} d^2 = \dfrac{\pi}{4} \times 150^2 = 17663\text{mm}^2$$

由《木标》5.3.2 条：

$$k = \dfrac{N e_0 + M_0}{W f_m \left(1 + \sqrt{\dfrac{N}{A f_c}}\right)} = \dfrac{32000 \times 7.5 + 1.8 \times 10^6}{\dfrac{\pi \times 150^3}{32} \times 11.96 \times \left(1 + \sqrt{\dfrac{32000}{17663 \times 9.2}}\right)}$$

$$= 0.357$$

$$\varphi_m = (1-k)^2(1-k_0) = (1-0.357)^2 \times (1-0.04) = 0.397$$

40. 正确答案是 D，解答如下：

根据《木标》6.1.3 条：

$$V = N\cos45° = 70.43 \times \cos26.56° = 63\text{kN}$$

$$l_v = 450\text{mm}, \quad h_c = 55\text{mm}, \quad \frac{l_v}{h_c} = \frac{450}{55} = 8.18 < 10$$

查表 6.1.3，取 $\psi_v = 0.837$

恒载为主，查表 4.3.9-1，$f_v = 0.8f_v = 0.8 \times 1.4$

$$\frac{V}{b_v l_v} = \frac{63000}{179 \times 450} = 0.782\text{N/mm}^2$$

$$\psi_v f_v = 0.837 \times 0.8 \times 1.4 = 0.937\text{N/mm}^2$$

【39、40题评析】 关键是 f_m、f_c 的调整计算，《木标》4.3.1 条、4.3.9 条作了相应规定。

（下午卷）

41. 正确答案是 C，解答如下：

根据《既有地规》5.2.7 条，应选（C）项。

42. 正确答案是 C，解答如下：

如图 2-1-2 所示，取 1m 为对象，$k_a = \tan^2\left(45° - \dfrac{30°}{2}\right) = \dfrac{1}{3}$

（1）坡顶堆载前，土主动土压力 $E_{ak1} = \dfrac{1}{2}K_a\gamma H^2 = \dfrac{1}{2} \times$

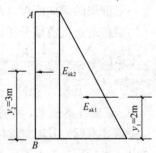

图 2-1-2

$\dfrac{1}{3} \times 20 \times 6^2 = 120\text{kN/m}$，$y_1 = \dfrac{1}{3} \times 6 = 2\text{m}$。

$$\frac{M_{抗}}{M_{倾}} = 1.70, \quad 即：\frac{M_{抗}}{120 \times 2} = 1.70$$

故：$M_{抗} = 1.70 \times 120 \times 2 = 408\text{kN·m/m}$

（2）坡顶堆载后：土主动土压力包括堆载 q 产生的土压力，即：

$$E_{ak2} = K_a \cdot q \cdot H = \frac{1}{3} \times 40 \times 6 = 80\text{kN/m}, \quad y_2 = \frac{1}{2} \times 6 = 3\text{m}$$

$$\frac{M'_{抗}}{M'_{倾}} = \frac{408 + T_k\cos15° \times 3}{120 \times 2 + 80 \times 3} \geqslant 1.60$$

解之得：$T_k \geqslant 124.23\text{kN}$

又锚索间距为 2m，则：$T_k \geqslant 124.23 \times 2 = 248.46\text{kN}$

43. 正确答案是 D，解答如下：

当力 F_{k1} 和 F_{k2} 合力位置为基础梁的中心时，地基反力呈均匀分布：

F_{k1} 和 F_{k2} 合力距柱 A 的距离为：$\dfrac{4F_{k1}}{F_{k1}+F_{k2}} = \dfrac{4 \times 900}{1100+900} = 1.8\text{m}$

$$c + 1.8 = 4 - 1.8 + 1，故\ c = 1.4\text{m}$$

44. 正确答案是 B，解答如下：

根据《地规》5.2.2 条：

$$p_k = \frac{F_k + G_k}{A} \leqslant f_a$$

即：$\dfrac{1206 + 804}{6.8 b_f} + 20 \times 1.5 \leqslant 300$

解之得：$\qquad\qquad b_f \geqslant 1.095\text{m}$

45. 正确答案是 B，解答如下：

取 1m 翼缘长计算：$V = p_j A = \dfrac{F_1 + F_2}{A} \times \dfrac{1.25 - 0.45}{2} \times 1 = \dfrac{1206 + 804}{6.8 \times 1.25} \times 0.4 \times 1$

$$= 94.59\text{kN}$$

根据《地规》8.2.10 条、8.2.9 条：

$$\beta_{hs} = 1.0$$
$$V \leqslant 0.7 \beta_{hs} f_t b h_0$$
$$h_0 \geqslant \frac{94.59 \times 10^3}{0.7 \times 1 \times 1.27 \times 1000} = 106.4\text{mm}$$

则：$h_f = h_0 + 40 = 146.4\text{mm}$

由《地规》8.3.1 条第 1 款，$h_f \geqslant 200\text{mm}$

所以取 $h_f = 200\text{mm}$。

46. 正确答案是 C，解答如下：

地基净反力：$p_j = \dfrac{F_1 + F_2}{l} = \dfrac{1206 + 804}{6.8} = 295.59\text{kN/m}$

$$M_{A,max} = \frac{1}{2} p_j c^2 = \frac{1}{2} \times 295.59 \times 1.8^2 = 478.86\text{kN} \cdot \text{m}$$
$$V_A^l = p_j c = 295.59 \times 1.8 = 532.06\text{kN}$$
$$V_A^R = F_1 - V_A^l = 1206 - 532.06 = 673.94\text{kN}$$

47. 正确答案是 A，解答如下：

设剪力为零处距柱 A 的距离为 x：

$$x = \frac{V_A^R}{p_j} = \frac{673.94}{295.59} = 2.28\text{m}$$

此处弯矩最大：$M = \dfrac{1}{2} p_j (1.8 + 2.28)^2 - F_1 \times 2.28$

$$= \frac{1}{2} \times 295.59 \times 4.08^2 - 1206 \times 2.28$$
$$= 289.43\text{kN}$$

48. 正确答案是 C，解答如下：

根据《地规》5.3.7 条、5.3.8 条：

$$z_n = b(2.5 - 0.4\ln b) = 2.5 \times (2.5 - 0.4 \times \ln 2.5) = 5.33\text{m}$$

由于第三层土的压缩模量较小，应继续向下计算。

所以变形计算深度 $z_n=1+4+2=7m$

49. 正确答案是 C，解答如下：

基底附加压力：$p_0=\dfrac{F+G}{A}-\gamma d=\dfrac{1600}{2.5\times 2.5}+20\times 2-19.5\times 2=257kPa$

根据《地规》5.3.5条：

$$s'=\frac{p_0}{E_{si}}(z_3\bar{\alpha}_3-z_2\bar{\alpha}_2)$$

$$=\frac{257}{2300}\times(4\times 0.0852\times 7-4\times 0.1114\times 5)$$

$$=0.0176m=17.6mm$$

50. 正确答案是 C，解答如下：

t_2 为缺陷反射波波峰对应的时刻，则：

$$\Delta T=73.5-60=13.5ms$$

由《基桩检规》8.4.1条：

$$L=\frac{c\Delta T}{2000}=\frac{3555.6\times 13.5}{2000}=24m$$

51. 正确答案是 D，解答如下：

根据《地规》8.5.19条：

$$\beta_{hp}=1.0-\frac{1150-800}{2000-800}\times(1-0.9)=0.971$$

$$h_0=h-a_s=1150-110=1040mm$$

$$a_{0x}=a_{0y}=1200+\frac{400}{2}-\frac{700}{2}=1050mm>h_0=1040mm$$

故取 $a_{0x}=a_{0y}=1040mm$，$\lambda_{0x}=\lambda_{0y}=\dfrac{a_{0x}}{h_0}=\dfrac{1040}{1040}=1.0$

$$\alpha_{0x}=\alpha_{0y}=\frac{0.84}{\lambda_{0x}+0.2}=\frac{0.84}{1+0.2}=0.7$$

由规范式（8.5.19-1）：

$$2[\alpha_{0x}\times(b_c+a_{0y})+\alpha_{0y}(h_c+a_{0x})]\beta_{hp}f_th_0$$

$$=2\times 2\times 0.7\times(700+1040)\times 0.971\times 1.71\times 1040=8413.1kN$$

52. 正确答案是 A，解答如下：

根据《地规》8.5.21条：

由规范式（8.5.21-1）：

$$\beta_{hs}=\left(\frac{800}{h_0}\right)^{1/4}=\left(\frac{800}{1040}\right)^{1/4}=0.9365$$

$$\lambda=\frac{a_{0x}}{h_0}=\frac{1050}{1040}=1.01<3.0$$

$$\beta=\frac{1.75}{\lambda+1.0}=\frac{1.75}{2.01}=0.871$$

$$\beta_{hs}\beta f_tb_0h_0=0.9365\times 0.871\times 1.71\times 4000\times 1040=5802.5kN$$

53. 正确答案是 C，解答如下。

(1) 粉土层，$\rho_c\%=13.8\%>13\%$，根据《抗规》4.3.3条，该土层属不液化土，故 (A)、(B) 项不对；

(2) 对测点2，查《抗规》表4.3.4，取 $N_0=12$；$d_w=2.0$；砂土，取 $\rho_c=3$；设计地震第一组，取 $\beta=0.80$。

由规范式 (4.3.4)：

$$N_{cr}=N_0\beta[\ln(0.6d_s+1.5)-0.1d_w]\sqrt{3/\rho_c}$$

$$=12\times0.80\times[\ln(0.6\times5+1.5)-0.1\times2]\sqrt{3/3}$$

$$=12.5<N_2=14$$

故测点2不会液化，排除 (D) 项，应选 (C) 项。

54. 正确答案是 A，解答如下：

根据《抗规》4.3.5条：

测点 3：下界深度为 8.0m，$d_3=8-\dfrac{5+7}{2}=2\text{m}$，$z_3=6+\dfrac{2}{2}=7\text{m}$，$W_3=\dfrac{10}{15}$ $(20-7)=8.67\text{m}^{-1}$

测点 7：下界深度只计算到15m处，$d_7=\dfrac{15-13}{2}=1\text{m}$，

$$z_7=(12+2)+\frac{1}{2}=14.5\text{m},\quad W_7=\frac{10}{15}(20-14.5)=3.67\text{m}^{-1}$$

由规范式 (4.3.5)：

$$I_{lE}=\sum_{i=1}^{n}\left(1-\frac{N_i}{N_{cr}}\right)d_iW_i$$

$$=\left(1-\frac{13}{14}\right)\times2\times8.67+\left(1-\frac{14}{20}\right)\times2\times4.67+\left(1-\frac{18}{22}\right)\times1\times3.67$$

$$=4.71$$

55. 正确答案是 C，解答如下：

根据《地处规》7.2.2条、7.1.5条：

$$f_{spk}=[1+m(n-1)]f_{sk}$$

$$m=\frac{f_{spk}/f_{sk}-1}{n-1}=\frac{160/100-1}{3-1}=30\%$$

又

$$m=\frac{d^2}{d_e^2},\ d_e=1.05s，则：$$

$$30\%=\frac{d^2}{(1.05s)^2}，即：$$

$$s=\frac{d}{1.05\times\sqrt{30\%}}=\frac{1.2}{1.05\times\sqrt{30\%}}=2.09\text{m}$$

56. 正确答案是 D，解答如下：

查《地规》表5.2.5，查 $\varphi_k=10°$ 时，取 $M_b=0.18$，$M_d=1.73$，$M_c=4.17$

由规范式（5.2.5）：

$$f_a = M_b \gamma b + M_d \gamma_m d + M_c c_k$$
$$= 0.18 \times 18.6 \times 2.4 + 1.73 \times 17.5 \times 1.5 + 4.17 \times 24$$
$$= 153.53 \text{kPa}$$

【56题评析】 应注意题目中加权平均重度 γ_m 取值，具体计算时，有地下水时，位于地下水位以下的土的重度取有效重度。

57. 正确答案是 B，解答如下：

根据《烟标》5.2.1条：

$$w_0 = 0.50 \text{kN/m}^2$$

$H = 100\text{m}$ 处，$r = \dfrac{3+11}{2 \times 2} = 3.5\text{m}$，$r_0 = 3.5 - 0.16/2 = 3.42\text{m}$，查《荷规》，B类，取 $\mu_z = 2.0$。

由《烟标》5.2.4条：

$$\beta_{gz} = 1 + 2 \times 2.5 \times 0.14 \times \left(\frac{100}{10}\right)^{-0.15} = 1.496$$

由《结通规》4.6.5条：

$$\beta_{gz} \geqslant 1 + 0.7/\sqrt{2.0} = 1.495$$

故 $\beta_{gz} = 1.496$

$$M_{\theta out} = 0.27 \beta_{gz} \mu_z w_0 r^2$$
$$= 0.27 \times 1.496 \times 2.0 \times 0.50 \times 3.42^2$$
$$= 4.72 \text{kN} \cdot \text{m/m}$$

58. 正确答案是 A，解答如下：

粗糙度 D 类，查《荷规》表8.2.1，$H = 24\text{m}$ 及其以下，$\mu_z = 0.51$，$T_1 = 0.24s < 0.25s$，根据《荷规》8.4.1条，取 $\beta_z = 1.0$，由《结通规》4.6.5条，$\beta_z \geqslant 1.2$，故取 $\beta_z = 1.2$

$$\mu_z w_0 d^2 = 0.51 \times 0.6 \times 6^2 = 11.02 \geqslant 0.015，\quad H/d = 24/6 = 4.0，\quad \Delta \approx 0$$

查《荷规》表8.3.1第37项，取 $\mu_s = 0.5$

$$w_k = \beta_z \mu_s \mu_z w_0 = 1.2 \times 0.5 \times 0.51 \times 0.6 = 0.184 \text{kN/m}^2$$

【58题评析】 58题，在本题目条件下，$\mu_z = 0.51$ 沿全高不变。

59. 正确答案是 C，解答如下：

$H = 100\text{m}$，根据《高规》4.2.2条、5.6.1条及条文说明，$H = 100\text{m} > 60\text{m}$，取 $w_0 = 1.1 \times 0.65 = 0.715 \text{kN/m}^2$

粗糙度 A 类，查《荷规》表8.2.1，取 $\mu_z = 2.23$

根据《高规》4.2.3条，取 $\mu_s = 0.8$

根据《荷规》8.4.3条、8.4.4条：

$$x_1 = \frac{30/1.7}{\sqrt{1.28 \times 0.715}} = 18.447$$

$$R = \sqrt{\frac{\pi}{6 \times 0.05} \cdot \frac{18.447^2}{(1 + 18.447^2)^{4/3}}} = 1.222$$

已知 $B_z = 0.55$，则：

$$\beta_z = 1 + 2 \times 2.5 \times 0.12 \times 0.55 \times \sqrt{1 + 1.222^2} = 1.521 > 1.2（《结通规》4.6.5 条）$$

$$w_k = \beta_z \mu_z \mu_s w_0 = 1.521 \times 2.23 \times 0.8 \times 0.715 = 1.940 \text{kN/m}^2$$

$$\begin{aligned} M_{0k} &= \frac{1}{2} \cdot w_k \cdot B \times 100 \times \frac{2 \times 100}{3} \\ &= \frac{1}{2} \times 1.940 \times 40 \times 100 \times \frac{2 \times 100}{3} \\ &= 258667 \text{kN} \cdot \text{m} \end{aligned}$$

【59题评析】 本题关键是确定 w_0 值，本题目结构设计使用年限为 100 年，《高规》4.2.2 条、5.6.1 条条文说明作了具体规定。

60. 正确答案是 D，解答如下：

根据《抗规》5.2.7 条：

$$H/B = 102/25 = 4.08 > 3，T_1 = 1.8\text{s} > 1.2T_g = 1.2 \times 0.45\text{s} = 0.54\text{s}$$

$T_1 = 1.8\text{s} < 5T_g = 5 \times 0.45\text{s} = 2.25\text{s}$，故满足折减条件。

查《抗规》表 5.2.7，取 $\Delta T = 0.08$。$H/B = 102/25 = 4.08 > 3.0$，则由规范式（5.2.7）：

$$\psi = \left(\frac{T_1}{T_1 + \Delta T}\right)^{0.9} = \left(\frac{1.8}{1.8 + 0.08}\right)^{0.9} = 0.962$$

底部折减为 0.962，顶部不折减，中部 ψ 值：$\psi = 0.962 + \frac{1}{2}(1 - 0.962) = 0.981$，则：

$$F = \psi F = 0.981F$$

61. 正确答案是 B，解答如下：

$H/B = 102/25 = 4.08 > 4$，根据《抗规》第 4.2.4 条：

$$p_{\min} = \frac{N_k}{A} - \frac{M_k}{W} \geq 0，则：$$

根据《地规》8.4.3 条，取 M_k 的抗减系数 0.90。

$$p_{\min} = \frac{6.5 \times 10^5}{(25 + 2a) \times (50 + 2a)} - \frac{0.9 \times 3.25 \times 10^6}{\frac{1}{6} \times (50 + 2a) \times (25 + 2a)^2} \geq 0$$

解之得：$a \geq 1.0\text{m}$。

【60、61题评析】 60 题，应注意的是，折减后的楼层水平地震剪力（如本题为 0.981F）应满足最小楼层地震剪力要求，即《抗规》5.2.5 条规定的内容。

62. 正确答案是 A，解答如下：

$$M_F/M_0 = \frac{3.8 \times 10^5 - 1.8 \times 10^5}{3.8 \times 10^5} = 52.6\% \begin{matrix} < 80\% \\ > 50\% \end{matrix}$$

根据《高规》8.1.3 条第 3 款，该框架部分应按框架结构确定抗震等级和轴压比。

Ⅲ类场地，7 度（0.15g），根据规程 3.9.2 条，应按 8 度考虑抗震构造措施的抗震等级，查规程表 3.9.3，该榀框架抗震等级为一级；根据《高规》8.1.3 条，查规程表 6.4.2，取 $[\mu_N] = 0.65$。

$$\mu_N = \frac{N}{f_c A} \leq [\mu_N] = 0.65$$

$$A \geqslant \frac{N}{f_c \times 0.65} = \frac{5600 \times 10^3}{19.1 \times 0.65} = 4.51 \times 10^5 \text{mm}^2$$

取 700×700 （$A = 4.9 \times 10^5 \text{mm}^2$），满足。

63. 正确答案是 D，解答如下：

根据《高规》8.2.2 条第 5 款，查表 6.4.3-1：

$$A_{\text{s,min}} = (0.7\% + 0.05\%)A_c = 0.75\% \times 600 \times 600 = 2700 \text{mm}^2 > 2500 \text{mm}^2$$

二级，$\mu_N = 0.45 > 0.3$，底部，故根据《高规》7.2.14 条、7.2.15 条：

$$A_{\text{s,min}} \geqslant 1\% \times 600 \times 600 = 3600 \text{mm}^2 > 2500 \text{mm}^2$$

配 4Φ18＋8Φ16，$A_s = 1017 + 1608 = 2625 \text{mm}^2$，不满足

配 12Φ18，$A_s = 3054 \text{mm}^2$，不满足；配 12Φ20，$A_s = 3770 \text{mm}^2$，满足。

查《高规》表 6.4.3-2，箍筋直径≥8mm，最大间距 $s = \min(8d, 100) = \min(8 \times 20, 100) = 100$，故选Φ8@100。

64. 正确答案是 A，解答如下：

$$M_F / M_0 = \frac{3.8 \times 10^5 - 2.0 \times 10^5}{3.8 \times 10^5} - 47\% \begin{array}{l} < 50\% \\ > 10\% \end{array}$$

根据《高规》8.1.3 条，为典型的框架-剪力墙结构，Ⅱ类场地，查表 3.9.3，框架抗震等级为三级。

根据《高规》6.2.2 条的条文说明，柱下端截面组合的弯矩设计值不考虑增大系数，即仍取 $M_A = 360 \text{kN} \cdot \text{m}$。

【62～64 题评析】64 题，《抗规》6.2.3 条条文说明：对框架-抗震墙结构中的框架，其主要抗侧力构件为抗震墙，对其框架部分的底层柱的嵌固端截面，可不作要求，这与《高规》6.2.2 条条文说明一致。

65. 正确答案是 C，解答如下：

根据《抗规》6.2.13 条条文说明：

左边：(1) $\frac{1}{2} s_1 = \frac{1}{2} \times (7.2 - 0.2) = 3.5 \text{m}$

　　　(2) 至洞边：4.7m

　　　(3) 15%H：15% × 54 = 8.1m

　　　取较小者，3.5m

右边：(1) $\frac{1}{2} s_2 = \frac{1}{2} \times (3.6 - 0.2) = 1.7 \text{m}$

　　　(2) 至洞边：1.7m

　　　(3) 15%H：1.5% × 54 = 8.1m

　　　取较小者，1.7m

　　　所以　$b = 3.5 + 1.7 + 0.2 = 5.4 \text{m}$

66. 正确答案是 D，解答如下：

墙肢 1 反向地震作用组合时：

$$e_0 = \frac{M}{N} = \frac{3300}{2200} = 1.5 > \frac{h_w}{2} - a_s = \frac{3.2}{2} - 0.2 = 1.4$$

故属大偏拉，根据《高规》7.2.4 条，墙肢 2 弯矩应乘以增大系数 1.25：

$$M_{w2} = 1.25 \times 33000 = 41250 \text{kN} \cdot \text{m}$$

墙肢剪力，根据《高规》7.2.4 条、7.2.6 条：

$$V_{w2} = 1.25 \times 1.4 \times 2200 = 3850 \text{kN}$$

67. 正确答案是 C，解答如下：

底层墙肢属于底部加强部位，$\mu_N = 0.45$，根据《高规》7.2.14 条，应设为约束边缘构件；抗震二级，查规程表 7.2.15，取 $\lambda_v = 0.20$

$$\rho_{v,min} = \lambda_v f_c / f_{yv} = 0.20 \times 16.7/270 = 1.237\%$$

取箍筋间距为 100，假定箍筋直径为 10mm，则：$\rho_v \geqslant \rho_{v,min}$

$$\rho_v = \frac{(800 \times 2 + 160 \times 6 + 475 \times 2) \cdot A_{sl}}{100 \times (780 \times 150 + 315 \times 150)} \geqslant 1.237\%$$

解之得：$A_{sl} \geqslant 58 \text{mm}^2$

故选 Φ10（$A_{sl} = 78.5 \text{mm}^2$），选配 Φ10@100。

【65~67 题评析】 65 题，抗震设计，翼墙的有效长度可按《抗规》6.2.13 条条文说明；非抗震设计，翼墙的有效长度按《混规》9.4.3 条确定，应注意的是，两本规范是有区别的。

68. 正确答案是 B，解答如下：

$$h_{b0} = h_b - a_s = 300 - 60 = 240 \text{mm}, \quad \eta_{jb} = 1.35$$

根据《抗规》附录 D.2.2 条规定，框架结构：

$$\begin{aligned}
V_{j-1} &= \frac{\eta_{jb} \sum M_{b-1}}{h_{b0} - a_s'} \left(1 - \frac{h_{b0} - a_s'}{H_c - h_b}\right) \\
&= \frac{1.35 \times 290 \times \frac{2}{3} \times 10^3}{240 - 60} \times \left(1 - \frac{240 - 60}{4000 - 300}\right) \\
&= 1379.5 \text{kN} \\
V_{j-2} &= \frac{1.35 \times 290 \times \frac{1}{3} \times 10^3}{240 - 60} \times \left(1 - \frac{240 - 60}{4000 - 300}\right) = 689.8 \text{kN}
\end{aligned}$$

69. 正确答案是 B，解答如下：

根据《抗规》附录 D.2.2 条、D.2.3 条：

$$\eta_j = 1.5, \quad h_j = 500 \text{mm}$$

$$N = 2419.2 \text{kN} > 0.5 f_c A = 0.5 \times 16.7 \times 500 \times 500 = 2087.5 \text{kN}$$

故取 $N = 2087.5 \text{kN}$

柱宽范围内：$A_{svj} = 4 \times 50.3 = 201.2 \text{mm}^2$

由规范附录式（D.1.4-1）：

$$\frac{1}{\gamma_{RE}} \left(1.1 \eta_j f_t b_j h_j + 0.05 \eta_j N \frac{b_j}{b_c} + f_{yv} A_{svj} \frac{h_{b0} - a_s'}{s}\right)$$

$$= \frac{1}{0.85} \times \left(1.1 \times 1.5 \times 1.57 \times 500 \times 500 + 0.05 \times 1.5 \times 2087500 \times \frac{500}{500} + \right.$$

$$\left. 270 \times 4 \times 50.3 \times \frac{240 - 60}{100}\right)$$

$$= 1061.1 \text{kN}$$

70. 正确答案是 A，解答如下：

根据《抗规》附录 D.2.2 条、D.2.3 条：

柱宽范围外：$A_{svj} = 2 \times 50.3 = 100.6mm^2$，$\eta_j = 1.0$

$$\frac{1}{\gamma_{RE}}\left(1.1\eta_j f_t b_j h_j + f_{yv} A_{svj} \frac{h_{b0} - a'_s}{s}\right)$$

$$= \frac{1}{0.85} \times \left(1.1 \times 1.0 \times 1.57 \times 300 \times 500 + 270 \times 100.6 \times \frac{240 - 60}{100}\right)$$

$$= 362.28kN$$

【68~70 题评析】 68 题、69 题、70 题，属于扁梁框架的梁柱节点计算，应注意的是，柱宽范围内、外的箍筋量（A_{svj}）的确定。

71. 正确答案是 B，解答如下：

查《高钢规》表 4.2.1，取 $f_{yb} = 235N/mm^2$

柱：　　$W_{pc} = 2 \times (450 \times 22 \times 239 + 228 \times 14 \times 114) = 5459976mm^3$

梁：　　$W_{pb} = 2 \times (260 \times 14 \times 243 + 236 \times 8 \times 118) = 2214608mm^3$

$$\sum W_{pc}\left(f_{yc} - \frac{N}{A_c}\right) = 2 \times 5459976 \times \left(225 - \frac{2510000}{26184}\right)$$

$$= 1410201867N \cdot mm$$

$$\eta \sum W_{pb} f_{yb} = 1.10 \times (2 \times 2214608 \times 235) = 1144952336N \cdot mm$$

$$左端 / 右端 = 1410201867/1144952336 = 1.23$$

72. 正确答案是 C，解答如下：

根据《高钢规》8.6.4 条、8.1.3 条，取 $\alpha = 1.2$：

由《高钢规》8.1.5 条：

$$\frac{N}{N_y} = \frac{2510000}{26184 \times 225} = 0.426 > 0.13$$

$$M_{pc} = 1.15 \times (1 - 0.426) \times 5459976 \times 225 = 810.9kN \cdot m$$

$$M_u \geqslant \alpha M_{pc} = 1.2 \times 810.9 = 973kN \cdot m$$

73. 正确答案是 B，解答如下：

根据《高耸标准》表 3.0.7-2 注 2：

由表 3.0.9：

$$3.5 \times 0.4 + 0.6 \times 0.7 = 1.82kN/m^2 < 3.5 \times 0.7 = 2.45kN/m^2$$

$$M_G = 1.2 \times \frac{1}{2} \times (12 \times 4.5) \times 3^2 = 291.6kN \cdot m$$

$$M_W = 200kN \cdot m$$

$$M_L = 1.4 \times 0.7 \times \frac{1}{2} \times (3.5 \times 4.5) \times 3^2 = 69.46kN \cdot m$$

$$M_S = 1.4 \times 0.7 \times \frac{1}{2} \times (0.6 \times 4.5) \times 3^2 = 11.91kN \cdot m$$

$$M = 291.6 + 200 + 69.46 + 11.91 = 573kN \cdot m$$

74. 正确答案是 D，解答如下：

根据《高耸标准》表 3.0.7-2 注 2：

$$2\times0.4+1.2\times0.7=1.64kN/m^2>2\times0.7=1.41kN/m^2$$

故取外平台活荷载的准永久值计算。

由 73 题可知，$M_G=291.6kN$，$M_W=200kN \cdot m$

$$M_L=1.4\times0.4\times\frac{1}{2}\times(2\times4.5)\times3^2=22.68kN \cdot m$$

$$M_S=1.4\times0.7\times\frac{1}{2}\times(1.2\times4.5)\times3^2=23.81kN \cdot m$$

$$M=291.64+200+22.68+23.81=538kN \cdot m$$

75. 正确答案是 A，解答如下：

$$\sum a_i^2=a_1^2+a_2^2+a_3^2+a_4^2=(2\times1.60)^2+1.60^2+(-1.60)^2+(-2\times1.60)^2=25.60m^2$$

$$\eta_{11}=\frac{1}{n}+\frac{e_1a_1}{\sum a_i^2}$$

$$=\frac{1}{5}+\frac{3.2\times3.2}{25.60}=0.60$$

$$\eta_{15}=\frac{1}{n}+\frac{e_1a_1}{\sum a_i^2}$$

$$=\frac{1}{5}+\frac{(-3.2)\times3.2}{25.60}=-0.20$$

根据 η_{11}、η_{15} 绘制 1 号主梁的横向影响线，如图 2-1-3 所示；确定横向影响线的零点位置 x，如图 2-1-3 所示。

$$\frac{x}{0.60}=\frac{4\times1.60-x}{0.20}，即：x=4.80m$$

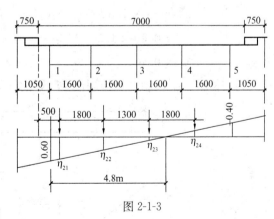

图 2-1-3

$$m_c=\frac{1}{2}\sum \eta_q$$

$$=\frac{1}{2}\times(\eta_{q1}+\eta_{q2}+\eta_{q3}+\eta_{q4})$$

$$=\frac{1}{2}\times\frac{0.60}{4.80}\times(4.60+2.80$$

$$+1.50-0.30)$$

$$=0.538$$

76. 正确答案是 C，解答如下：

根据《公桥通规》表 4.3.1-3，可知

各车轮轴重；纵向车轮按最不利布置在桥梁上，跨中横隔梁受载图示，如图 2-1-4 所示。

$$F_Q=\frac{1}{2}\sum F_iy_i=\frac{1}{2}\times(140\times1+140\times0.711)=119.77kN$$

77. 正确答案是 D，解答如下：

为绘制 $M_{r\text{-}r}$ 影响线，首先求出 $M_{r\text{-}r}$ 影响线上几个关键点，再连线。

(1) 当 $F=1$ 作用在 1 号梁轴上时，已求得 $\eta_{11}=0.60$，$\eta_{12}=0.40$，$\eta_{15}=-0.20$，位于 $r\text{-}r$ 截面左侧，则：

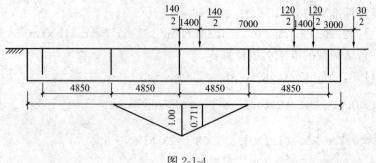

图 2-1-4

$$M_r = \sum_{左} R_i b_i - 1 \times e, 即:$$

$$\eta_{r1}^M = \eta_{11} \times 1.5d + \eta_{12} \times 0.5d - 1 \times 1.5d$$

$$= 0.60 \times 1.5 \times 1.6 + 0.40 \times 0.5 \times 1.6 - 1 \times 1.5 \times 1.6$$

$$= -0.64$$

（2）当 $F=1$ 作用在 5 号梁轴上时，位于 r-r 截面右侧，则：

$$M_r = \sum_{左} R_i b_i, 即:$$

$$\eta_{r5}^M = \eta_{15} \times 1.5d + \eta_{25} \times 0.5d$$

$$= (-0.2) \times 1.5 \times 1.6 + 0 \times 0.5d = -0.48$$

（3）当 $F=1$ 作用在 2 号梁轴上时，位于 r-r 截面左侧，则：

$$M_r = \sum_{左} R_i b_i - 1 \times e, 即:$$

$$\eta_{r2}^M = \eta_{12} \times 1.5d + \eta_{22} \times 0.5d - 1 \times 0.5d$$

$$= 0.40 \times 1.5 \times 1.6 + 0.30 \times 0.5 \times 1.6 - 1 \times 0.5 \times 1.6$$

$$= 0.40$$

由上述 η_{r1}^M、η_{r2}^M、η_{r5}^M，可绘制出 $M_{r\text{-}r}$ 影响线如图 2-1-5 所示。

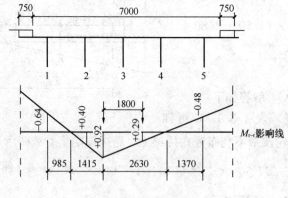

图 2-1-5

由上述图 2-1-5 可知，设计车道数为 1；查《公桥通规》表 4.3.1-5，取 $\xi = 1.2$。

$$M_{2-3} = M_{r\text{-}r} = (1+\mu)\xi \cdot F_Q \cdot \Sigma\eta$$

$$= (1 + 0.30) \times 1.2 \times 130 \times (0.92 + 0.29)$$

$$= 265.8 \text{kN} \cdot \text{m}$$

【75~77题评析】 77题，根据各根主梁的影响线计算，并绘制横隔梁的弯矩影响线，通过关键点，再连线可完成弯矩影响线。

78. 正确答案是 B，解答如下：

由《公桥混规》6.5.2 条第 2 款，A 类预应力混凝土构件，取 $B = 0.95 E_c I_0$

$$B = 0.95 E_c I_0 = 0.95 \times 3.25 \times 10^4 \times 2.1 \times 10^{11} = 6.48 \times 10^{15} \text{N} \cdot \text{mm}^2$$

$$f_s = \frac{5 M_{GK} l_0^2}{48B} + 0.7 \times \frac{5 M_{qk} l_0^2}{48B} + 0.7 \times \frac{M_{pk} l_0^2}{12B} + 0.4 \times \frac{5 M_{rk} l_0^2}{48B}$$

$$= \frac{5 \times 2000 \times 10^6 \times 29500^2}{48 \times 6.48 \times 10^{15}} + 0.7 \times \frac{5 \times 1050 \times 10^6 \times 29500^2}{48 \times 6.48 \times 10^{15}}$$

$$+ 0.7 \times \frac{200 \times 10^6 \times 29500^2}{12 \times 6.48 \times 10^{15}} + 0.4 \times \frac{5 \times 250 \times 10^6 \times 29500^2}{48 \times 6.48 \times 10^{15}}$$

$$= 27.979 + 10.282 + 1.567 + 1.399$$

$$= 41.23 \text{mm}$$

由 6.5.3 条：$\eta_\theta f_s = 1.45 \times 41.23 = 59.8 \text{mm}$

79. 正确答案是 C，解答如下：

$$\eta_\theta f_G = 1.45 \times \frac{5 M_{GK} l^2}{48 \times 0.95 E_c I_0}$$

$$= 1.45 \times \frac{5 \times 2000 \times 10^6 \times 29500^2}{48 \times 0.95 \times 3.25 \times 10^4 \times 2.1 \times 10^{11}} = 40.55 \text{mm}$$

$$f_2 = \eta_\theta f_s - \eta_\theta f_G = 65 - 40.55 = 24.45 \text{mm}$$

80. 正确答案是 D，解答如下：

根据《公桥通规》表 4.3.1-3，后轮着地长度为：$a_1 = 0.20 \text{m}$，则：

$$a_2 = a_1 + 2h = 0.2 + 2 \times 0.12 = 0.44 \text{m}$$

由《公桥混规》4.2.3 条：一个车轮在跨中时，垂直板跨方向的荷载分布宽度为：

$$a = a_1 + 2h + \frac{l}{3} = 0.44 + \frac{2.4}{3} = 1.24 \text{m}$$

由规范式（4.2.3-2），$a \geq \frac{2}{3}l = \frac{2}{3} \times 2.4 = 1.6 \text{m} > d = 1.4 \text{m}$，此时车轮有重叠。

由规范式（4.2.3-3）：

$$a = a_1 + 2h + d + \frac{l}{3} = 0.44 + 1.4 + \frac{2.4}{3} = 2.64 \text{m}$$

并且

$$a \geq \frac{2}{3}l + d = \frac{2}{3} \times 2.4 + 1.4 = 3.0 \text{m}$$

所以取

$$a = 3.0 \text{m}$$

【80题评析】 判定车轮的荷载分布宽度是否重叠是计算该类问题的关键。

实战训练试题（三）解答与评析

（上午卷）

1. 正确答案是 C，解答如下：

根据《混规》5.3.2 条，（A）、（D）项正确；（C）项错误。

【1 题评析】根据《混规》5.2.4 条，（B）项正确。

2. 正确答案是 D，解答如下：

根据《混规》6.2.17 条、6.2.5 条：

$$e_0 = \frac{M}{N} = \frac{300}{500} = 0.6\text{m} = 600\text{mm}, \quad e_a = \max\left(20, \frac{500}{30}\right) = 20\text{mm}$$

$$e_i = e_0 + e_a = 620\text{mm}$$

假定大偏压，$x = \dfrac{N}{\alpha_1 f_c b} = \dfrac{500 \times 10^3}{1 \times 14.3 \times 500} = 70\text{mm} < \xi_b h_0 = 0.518 \times 460 = 238\text{mm}$

故属于大偏压，并且 $x = 70\text{mm} < 2a_s' = 80\text{mm}$，由规范 6.2.14 条：

$$e_s' = e_i - \frac{h}{2} + a_s' = 620 - \frac{500}{2} + 40 = 410\text{mm}$$

$$A_s' = A_s \geqslant \frac{Ne_s'}{f_y(h - a_s - a_s')} = \frac{500 \times 10^3 \times 410}{360 \times (500 - 40 - 40)} = 1356\text{mm}^2$$

复核最小配筋率，由规范 8.5.1 表 8.5.1：

$$A_s + A_s' \geqslant 0.55\% \times 500 \times 500 = 1375\text{mm}^2 < 2 \times 1356 = 2712\text{mm}^2$$

3. 正确答案是 B，解答如下：

根据《混规》6.2.17 条、6.2.5 条：

$$e_0 = \frac{M}{N} = \frac{40}{400} = 0.1\text{m} = 100\text{mm}, \quad \text{同上}, \quad e_a = 20\text{mm}$$

$$e_i = e_0 + e_a = 100 + 20 = 120\text{mm}$$

小偏压，$e = e_i + \dfrac{h}{2} - a_s = 120 + \dfrac{500}{2} - 40 = 330\text{mm}$

根据《混规》式 (6.2.17-8)：

$$\xi = \frac{N - \xi_b \alpha_1 f_c b h_0}{\dfrac{Ne - 0.43\alpha_1 f_c b h_0^2}{(\beta_1 - \xi_b)(h_0 - a_s')} + \alpha_1 f_c b h_0} + \xi_b$$

$$= \frac{400 \times 10^3 - 0.518 \times 1 \times 14.3 \times 500 \times 460}{\dfrac{400 \times 10^3 \times 330 - 0.43 \times 1 \times 14.3 \times 500 \times 460^2}{(0.8 - 0.518) \times (460 - 40)} + 1 \times 14.3 \times 500 \times 460} + 0.518$$

$$= 1.715$$

由规范式 (6.2.17-7)：

$$A'_s = \frac{Ne - \xi(1 - 0.5\zeta)\alpha_1 f_c b h_0^2}{f'_y(h_0 - a'_s)}$$

$$= \frac{400 \times 10^3 \times 330 - 1.715 \times (1 - 0.5 \times 1.715) \times 1 \times 14.3 \times 500 \times 460^2}{360 \times (460 - 40)} < 0$$

查规范表 8.5.1，$A_{s,min} = 0.2\% \times 500 \times 500 = 500\text{mm}^2$

4. 正确答案是 C，解答如下：

$$\mu_N = \frac{N}{f_c A} = \frac{500 \times 10^3}{14.3 \times 500 \times 500} = 0.140 < 0.15$$

查《混规》表 11.1.6，偏压，取 $\gamma_{RE} = 0.75$；受弯，取 $\gamma_{RE} = 0.75$。

$$e_i = 620\text{mm}$$

假定大偏压，$x = \frac{\gamma_{RE} N}{\alpha_1 f_c b} = \frac{0.75 \times 500 \times 10^3}{1.0 \times 14.3 \times 500} = 52.4\text{mm} < \xi_b h_0 = 238\text{mm}$

故属于大偏压，并且 $x = 52.4\text{mm} < 2a'_s = 80\text{mm}$，由规范 6.2.14 条：

$$e'_s = e_i - \frac{h}{2} + a'_s = 620 - \frac{500}{2} + 40 = 410\text{mm}$$

$$A'_s = A_s \geqslant \frac{\gamma_{RE} N e'_s}{f_y(h - a_s - a'_s)} = \frac{0.75 \times 500 \times 10^3 \times 410}{360 \times (500 - 40 - 40)} = 1017\text{mm}^2$$

框架结构的中柱，查规范表 11.4.12-1，故取 $\rho_{min} = (0.8 + 0.05)\% = 0.85\%$：

$$A_{s,min} + A'_{s,min} = 0.85\% \times 500 \times 500 = 2125\text{mm}^2 > 2 \times 1017 = 2034\text{mm}^2$$

【2～4题评析】 本题主要考核偏心受压构件的判别方法。

5. 正确答案是 B，解答如下：

根据《混规》7.1.4 条，偏心受压构件：

$$e_0 = \frac{M_q}{N_q} = \frac{180 \times 10^6}{500 \times 10^3} = 360\text{mm}, \quad h_0 = h - a_s = 460\text{mm}$$

$l_0/h = 4000/500 = 8 < 14$，故取 $\eta_s = 1.0$

$$y_s = \frac{h}{2} - a_s = \frac{500}{2} - 40 = 210\text{mm}$$

$$e = \eta_s e_0 + y_s = 1 \times 360 + 210 = 570\text{mm}$$

矩形截面，取 $\gamma'_f = 0.0$，由规范式 (7.1.4-5)：

$$z = \left[0.87 - 0.12(1 - \gamma'_f)\left(\frac{h_0}{e}\right)^2\right]h_0$$

$$= \left[0.87 - 0.12 \times (1 - 0) \times \left(\frac{460}{570}\right)^2\right] \times 460 = 364\text{mm} < 0.87h_0$$

$$= 0.87 \times 460 = 400.2\text{mm}$$

$$\sigma_{sq} = \frac{N_q(e - z)}{A_s z} = \frac{500 \times 10^3 \times (570 - 364)}{1256 \times 364} = 225\text{N/mm}^2$$

6. 正确答案是 B，解答如下：

根据《混规》7.1.2 条：

$$\psi = 1.0, \quad \rho_{te} = \frac{A_s}{A_{te}} = \frac{A_s}{0.5bh} = \frac{1521}{0.5 \times 300 \times 500} = 0.02 > 0.01$$

由规范式（7.1.2-1）：

$$\omega_{max} = \alpha_{cr}\psi\frac{\sigma_{sq}}{E_s}\left(1.9c_s + 0.08\frac{d_{eq}}{\rho_{te}}\right)$$

$$= 1.9 \times 1.0 \times \frac{186}{2 \times 10^5} \times \left(1.9 \times 30 + \frac{0.08 \times 20}{0.02}\right)$$

$$= 0.242mm$$

【5、6 题评析】 《混规》式（7.1.4-7）求 γ_f'，当为矩形截面时，$\gamma_f' = 0.0$；式（7.1.4-5）求 z，z 应满足 $z \leqslant 0.87h_0$。

7. 正确答案是 B，解答如下：

根据《混规》9.3.11 条；

由《可靠性标准》8.2.4 条：

$$F_v = 1.3G_k + 1.5P_k = 1.3 \times 82 + 1.5 \times 830 = 1351.6kN$$

$$F_h = 1.5F_{hk} = 1.5 \times 50 = 75kN$$

$a = 0.05 + 0.02 = 0.07m < 0.3h_0 = 0.3 \times (550 - 35) = 0.1545m$, 取 $a = 0.3h_0$

由规范式（9.3.11）：

$$A_s \geqslant \frac{F_v a}{0.85f_y h_0} + 1.2\frac{F_h}{f_y} = \frac{1351.6 \times 10^3 \times 0.3h_0}{0.85 \times 360 \times h_0} + 1.2 \times \frac{75 \times 10^3}{360}$$

$$= 1325 + 250 = 1575mm^2$$

又根据《混规》9.3.12 条，牛腿承受竖向力所需的纵向受力钢筋配筋率为：

$$\rho_{min} = \max(0.2\%, 0.45f_t/f_y) = \max(0.2\%, 0.45 \times 1.71/360) = 0.214\%$$

$$A_{s,min} = 0.214\% \times 400 \times 550 = 471mm^2 < 1325mm^2$$

故取 $A_s = 1575mm^2$，选用 6Φ20（$A_s = 1884mm^2$）

8. 正确答案是 B，解答如下：

根据《抗规》9.1.12 条：

$$a = 0.05 + 0.02 = 0.07m < 0.3h_0 = 0.1545m, 故取 a = 0.3h_0; \gamma_{RE} = 1.0$$

$$A_s \geqslant \left(\frac{N_G a}{0.85h_0 f_y} + 1.2\frac{N_E}{f_y}\right)\gamma_{RE}$$

$$= \left[\frac{1.2 \times 950 \times 10^3 \times 0.3h_0}{0.85 \times 360 \times h_0} + 1.2 \times \frac{100 \times 10^3}{360}\right] \times 1$$

$$= 1118 + 333 = 1451mm^2, 选用 5\Phi20(A_s = 1570mm^2)$$

【7、8 题评析】 根据《混规》9.3.11 条，及《抗规》9.1.12 条，当 $a < 0.3h_0$ 时，取 $a = 0.3h_0$。

根据《混规》9.3.12 条，牛腿承受竖向力所需的纵向受力钢筋应满足最小配筋率要求。

9. 正确答案是 B，解答如下：

$$h_0 = h - a_s = 650 - 40 = 610mm$$

AB 跨跨中最大弯矩由基本组合控制，故取 $\gamma_0 = 1.0$，按非抗震设计：

根据《混规》式（6.2.10-1）：

$$M_1 = f_y'A_s'(h_0 - a_s') = 360 \times 982 \times (610 - 40) = 201.51kN \cdot m$$

$$M_2 = \gamma_0 M - M_1 = 1 \times 278 - 201.51 = 76.49kN \cdot m$$

$$x = h_0 - \sqrt{h_0^2 - \frac{2M_2}{\alpha_1 f_c b}} = 610 - \sqrt{610^2 - \frac{2 \times 76.49 \times 10^6}{1 \times 11.9 \times 300}}$$

$$= 36.2\text{mm} < 2a'_s = 2 \times 40 = 80\text{mm}$$

由《混规》6.2.14 条:

$$A_s \geqslant \frac{\gamma_0 M}{f_y(h - a_s - a'_s)} = \frac{1 \times 278 \times 10^6}{360 \times (650 - 40 - 40)} = 1355\text{mm}^2$$

选用了 3 Φ 25($A_s = 1473\text{mm}^2$),$\rho = \dfrac{A_s}{bh} = \dfrac{1473}{300 \times 650} = 0.755\%$

框架梁,抗震二级,查《混规》表 11.3.6-1,则:

$$\rho_{\min} = \max(0.25\%, 0.55 f_t/f_y) = \max(0.25\%, 0.55 \times 1.27/360)$$

$$= 0.25\% < 0.755\%,满足最小配筋率要求。$$

10. 正确答案是 B,解答如下:

A 支座按抗震设计,取 $\gamma_{RE} = 0.75$;考虑梁支座上部双排布筋:

$$h_0 = h - a_s = 650 - 70 = 580\text{mm}$$

根据《混规》式(6.2.10-1):

$$M_1 = f'_y A'_s(h_0 - a'_s) = 360 \times 1473 \times (580 - 40) = 286.35\text{kN} \cdot \text{m}$$

$$M_2 = \gamma_{RE} M - M_1 = 0.75 \times 595 - 286.35 = 159.9\text{kN} \cdot \text{m}$$

$$x = h_0 - \sqrt{h_0^2 - \frac{2M_2}{\alpha_1 f_c b}} = 580 - \sqrt{580^2 - \frac{2 \times 159.9 \times 10^6}{1 \times 11.9 \times 300}} = 83.2\text{mm} < 0.35 h_0$$

$$= 203\text{mm},且 > 2a'_s = 2 \times 40 = 80\text{mm}$$

故

$$A_s = \frac{\alpha_1 f_c b x}{f_y} + A'_s = \frac{1 \times 11.9 \times 300 \times 83.2}{360} + 1473 = 2298\text{mm}^2$$

选用 5 Φ 25($A_s = 2454\text{mm}^2$),$\rho = \dfrac{A_s}{bh} = \dfrac{2454}{300 \times 650} = 1.26\%$

11. 正确答案是 D,解答如下:

B 支座抗震设计,B 支座梁上部单排布筋,$a_s = 40\text{mm}$

$$h_0 = h - a_s = 610\text{mm}$$

根据《混规》式(6.2.10-1):

$$M_1 = f'_y A'_s(h_0 - a'_s) = 360 \times 1473 \times (610 - 40) = 302.26\text{kN} \cdot \text{m}$$

$$M_2 = \gamma_{RE} M - M_1 = 0.75 \times 465 - 302.26 = 46.49\text{kN} \cdot \text{m}$$

$$x = h_0 - \sqrt{h_0^2 - \frac{2M_2}{\alpha_1 f_c b}} = 610 - \sqrt{610^2 - \frac{2 \times 46.49 \times 10^6}{1 \times 11.9 \times 300}} = 21.7\text{mm} < 2a'_s = 80\text{mm}$$

根据《混规》6.2.14 条:

$$A_s \geqslant \frac{\gamma_{RE} M}{f_y(h - a_s - a'_s)} = \frac{0.75 \times 465 \times 10^6}{360 \times (650 - 40 - 40)} = 1700\text{mm}^2$$

选用 4 Φ 25($A_s = 1964\text{mm}^2$),$\rho = \dfrac{A_s}{bh} = \dfrac{1964}{300 \times 650} = 1.01\%$

12. 正确答案是 A,解答如下:

根据《混规》11.3.2 条,抗震二级

$$V_b = 1.2 \frac{(M_b^r + M_b^c)}{l_n} + V_G^b = 1.2 \times \frac{(595 + 218)}{6.9} + 110 = 251.39\text{kN} > 232\text{kN，且} >$$

208kN

故取 $V_b = 251.39\text{kN}$

由规范式（11.3.4）：

$$V_b \leqslant \frac{1}{\gamma_{RE}}\left(0.6\alpha_{cv}f_t bh_0 + f_{yv}\frac{A_{sv}}{s}h_0\right)$$

$$A_{sv}/s \geqslant \frac{\gamma_{RE}V_b - 0.6\alpha_{cv}f_t bh_0}{f_{yv}h_0} = \frac{0.85 \times 251.39 \times 10^3 - 0.6 \times 0.7 \times 1.27 \times 300 \times 580}{300 \times 580}$$

$$= 0.69\text{mm}^2/\text{mm}$$

选用 $2\Phi 8@100$，$A_{sv}/s = 2 \times 50.3/100 = 1.006\text{mm}^2/\text{mm}$

【9～12题评析】 非抗震设计时，应取 γ_0；抗震设计时，应取 γ_{RE}。

抗震设计时，一般的框架梁上、下部均配置了通长直通钢筋，即应计入受压区钢筋的影响；当 $x < 2a_s'$，应按《混规》6.2.14 条计算，应注意的是 M 应取为 $\gamma_{RE}M$。

13. 正确答案是 C，解答如下：

根据《混规》3.4.3 条及注 1、2 规定：

$$l_0 = 2 \times 3.5 = 7\text{m，则：} \quad [f] = \frac{l_0}{300} = \frac{7000}{300} = 23.3\text{mm}$$

14. 正确答案是 B，解答如下：

根据《混验规》4.2.7 条：

梁跨度不大于 18m，故应抽查构件数量的 10%，应选（B）项。

15. 正确答案是 C，解答如下：

根据《混加规》8.2.2 条：

$$h_0 = 600 - 15 = 585\text{mm}, \quad h_{01} = 600 - 40 = 560\text{mm}$$

假定为大偏压：

$$950 \times 10^3 = 1 \times 11.9 \times 400x + 0.9 \times 215 \times 1482 - 215 \times 1482$$

可得：$x = 206.3\text{mm}$

$$\sigma_{s0} = \left(\frac{0.8 \times 560}{206.3} - 1\right) \times 2 \times 10^5 \times 0.0033 = 773\text{N/mm}^2 > 300\text{N/mm}^2$$

$$\sigma_a = \left(\frac{0.8 \times 585}{206.3} - 1\right) \times 206 \times 10^3 \times 0.0033 = 862\text{N/mm}^2 > 215\text{N/mm}^2$$

故取 $\sigma_{s0} = 300\text{N/mm}^2$，$\sigma_a = 215\text{N/mm}^2$，假定成立。

由式（8.2.2-2）：

$$右端 = 1 \times 11.9 \times 400 \times 206.3 \times \left(585 - \frac{206.3}{2}\right) + 300 \times 1520 \times (585 - 40)$$

$$- 300 \times 1520 \times (40 - 15) + 0.9 \times 215 \times 1482 \times (585 - 15)$$

$$= 874\text{kN} \cdot \text{m}$$

16. 正确答案是 B，解答如下：

根据《钢规》7.4.1 条：

平面内：$l_{0x} = 1507\text{mm}$，$\lambda_x = \dfrac{l_{0x}}{i_x} = \dfrac{1507}{20.1} = 75.0$

平面外：$l_{0y}=1507\times3\mathrm{mm}$，$\lambda_y=\dfrac{l_{0y}}{i_y}=\dfrac{1507\times3}{52.9}=85.5$

由《钢标》7.2.2条：

$$\lambda_z=3.7\frac{b_1}{t}=3.7\times\frac{110}{6}=67.8<\lambda_y，则：$$

$$\lambda_{yz}=85.5\times\left[1+0.06\times\left(\frac{67.8}{85.5}\right)^2\right]=88.7$$

均属b类截面，取$\lambda_{yz}=88.7$，查附表D.0.2，取$\varphi_{yz}=0.630$

$$\frac{N}{\varphi_{yz}A}=\frac{229.8\times10^3}{0.630\times2127.4}=171.5\mathrm{N/mm^2}$$

17. 正确答案是D，解答如下：

查《钢标》表7.4.1-1：

平面内：$l_{0x}=2230\mathrm{mm}$，$\lambda_x=\dfrac{l_{0x}}{i_x}=\dfrac{2230}{24.8}=89.9$

平面外：$l_{0y}=2230\mathrm{mm}$，$\lambda_y=\dfrac{l_{0y}}{i_y}=\dfrac{2230}{35.6}=62.6$

由《钢标》7.2.2条：

$$\lambda_z=3.9\frac{b}{t}=3.9\times\frac{80}{5}=62.4<\lambda_y，则：$$

$$\lambda_{yz}=62.6\times\left[1+0.16\times\left(\frac{62.4}{62.6}\right)^2\right]=72.6$$

均属b类截面，按λ_x查表，查附表D.0.2，取$\varphi_x=0.622$

$$\frac{N}{\varphi_x A}=\frac{148.6\times10^3}{0.622\times1582.4}=151.0\mathrm{N/mm^2}$$

18. 正确答案是C，解答如下：

等边角钢，肢背焊缝内力分配系数为0.7，则：

$$\frac{0.7N/2}{0.7h_f l_w}\leqslant f_f^w=160\mathrm{N/mm^2}$$

$$l_w\geqslant\frac{0.7\times148.6\times10^3/2}{0.7\times5\times160}=92.9\mathrm{mm}>8h_f=40\mathrm{mm}，且<60h_f=300\mathrm{mm}$$

$$l=l_w+2h_f=102.9\mathrm{mm}$$

19. 正确答案是A，解答如下：

首先判定中竖杆是受拉力还是受压力，如图3-1-1所示。

$\sum Y=0$，则：$2\times229.8\sin\alpha=P+S_{10}$，$\sin\alpha=0.096$（由前述计算得到）

故　　　$S_{10}=2\times229.8\times0.096-20=24.12$（拉力）

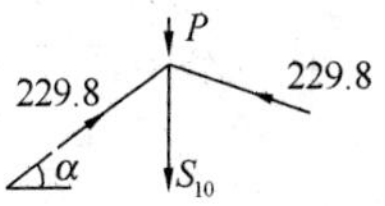

根据《钢标》7.2.6条：

$$n\geqslant\frac{2400}{80i_{min}}-1=\frac{2400}{80\times11.0}-1=1.7，故取2个$$

图3-1-1

20. 正确答案是C，解答如下：

根据《钢标》7.4.2条：

平面内：$l_{0x}=0.5l=0.5\times6\sqrt{2}=4.243\text{m}$

平面外：$l_{0y}=l=6\sqrt{2}=8.485\text{m}$

查《钢标》表 7.4.7：

轻级工作制吊车　　　　　　　　　　$[\lambda]=400$

与肢边平行的等边单角钢的回转半径为：

$$i\geqslant\frac{l_{0y}}{[\lambda]}=\frac{8485}{400}=21.2\text{mm}$$

故选 L70×5，$i=21.6\text{mm}$。

21. 正确答案是 C，解答如下：

查《钢标》表 7.4.1-1，取斜平面，$l_0=0.9l=5.4\text{m}$

查《钢标》表 7.4.6，取 $[\lambda]=200$

$$i_{\min}\geqslant\frac{l_0}{[\lambda]}=\frac{5400}{200}=27.0\text{mm}$$

选 2L70×5，$i_{\min}=27.3\text{mm}>27.0\text{mm}$

22. 正确答案是 A，解答如下：

根据《钢标》7.4.3 条：

平面内：$l_{0x}=3\text{m}$，$\lambda_x=\dfrac{l_{0x}}{i_x}=\dfrac{3000}{23.3}=128.8$

平面外：$l_{0y}=l\left(0.75+0.25\dfrac{N_2}{N_1}\right)=6\times\left(0.75+0.25\times\dfrac{15.6}{46.8}\right)=5\text{m}$

由《钢标》7.2.2 条：

$$\lambda_y=\frac{5000}{32.9}=152.0$$

$\lambda_z=3.9\dfrac{b}{t}=3.9\times\dfrac{75}{5}=58.5<\lambda_y$，则：

$$\lambda_{yz}=152\times\left[1+0.16\times\left(\frac{58.5}{152}\right)^2\right]=155.6$$

均属 b 类截面，查附表 D.0.2，取 $\varphi_{yz}=0.289$

$$N\leqslant\varphi_{yz}Af/\gamma_{RE}=0.289\times1482.4\times215/0.8=115.1\text{kN}$$

23. 正确答案是 D，解答如下：

腹杆 S_2 的长度为：$\sqrt{1.5^2+1.5^2}=2.121\text{m}$

查《钢标》表 7.4.1-1，斜平面，$l_0=0.9l=1.91\text{m}$

由《钢标》7.6.1 条：

$$\lambda_y=\frac{l_0}{i_{\min}}=\frac{1910}{11}=173.6$$

由《钢标》表 7.2.1-1 及注，均属 b 类截面，查附表 D.0.2，取 $\varphi_{\min}=0.239$

折减系数：$\eta=0.6+0.0015\lambda_y=0.6+0.0015\times173.6=0.8604$

$$N_u=\varphi_{\min}A\eta f/\gamma_{RE}=0.239\times541.5\times0.8604\times215/0.8=29.93\text{kN}$$

由《钢标》7.6.3 条：

$$w/t=\frac{56-5\times2}{5}=9.2<14\varepsilon_k=14，不考虑折减$$

故 $$N_u = 29.93kN$$

$$N_2/N_u = 22.06/29.93 = 0.737$$

【16～23题评析】 16题、17题，考核单轴对称构件，绕对称轴应计及扭转效应，用换算长细比 λ_{yz} 代替 λ_y。

19题、20题、21题，考核拉杆、压杆的计算长度、长细比的计算。

22题、23题，区别双角钢截面构件与单角钢截面构件，在计算 λ_{yz} 时有不同处理方法。

24. 正确答案是 A，解答如下：

水平分力 $H = \dfrac{4}{5} \times 650 = 520kN$，焊缝受拉

竖向分力 $V = \dfrac{3}{5} \times 650 = 390kN$，焊缝受剪

根据《钢标》11.2.1条，$h_e = 12mm$，则：

(1) $$\sigma = \dfrac{H}{l_w h_e} \leqslant f_t^w$$

$$l_w \geqslant \dfrac{H}{h_e f_t^w} = \dfrac{520 \times 10^3}{12 \times 215} = 202mm$$

(2) $$\tau_{max} = \dfrac{1.5V}{l_w h_e} \leqslant f_v^w$$

$$l_w \geqslant \dfrac{1.5V}{h_e f_v^w} = \dfrac{1.5 \times 390 \times 10^3}{12 \times 125} = 390mm$$

(3) $$\sigma_{折} = \sqrt{\left(\dfrac{520 \times 10^3}{12l_w}\right)^2 + 3 \times \left(\dfrac{1.5 \times 390 \times 10^3}{12l_w}\right)^2} \leqslant 1.1 \times 215$$

可得：$l_w \geqslant 401mm$

故取 $l_w \geqslant 401mm$，$l = l_w + 2t = 401 + 2 \times 12 = 425mm$

25. 正确答案是 D，解答如下：

根据《钢标》11.2.2条：

$$\sigma_f = \dfrac{H}{h_e l_w} = \dfrac{520 \times 10^3}{2 \times 0.7 \times 8 \times l_w}$$

$$\tau_f = \dfrac{V}{h_e l_w} = \dfrac{390 \times 10^3}{2 \times 0.7 \times 8 \times l_w}$$

$$\sqrt{\left(\dfrac{\sigma_f}{\beta_f}\right)^2 + \tau_f^2} \leqslant f_f^w，则：$$

$$l_w \geqslant \dfrac{10^3}{2 \times 0.7 \times 8 \times 160} \times \sqrt{\left(\dfrac{520}{1.22}\right)^2 + 390^2} = 322mm$$

$$l = l_w + 2h_f = 322 + 2 \times 8 = 338mm$$

26. 正确答案是 B，解答如下：

根据《门规》表 4.2.2-3a，4.2.3条：

$$c = \max\left(\dfrac{1.5 + 1.5}{2}, \dfrac{4.5}{3}\right) = 1.5m$$

$$A = 4.5 \times 1.5 = 6.75 \text{m}^2，中间区，\mu_z = 1.0$$

风吸力：$\mu_w = +0.176 \log 6.75 - 1.28 = -1.13$

$$w_k = 1.5 \times (-1.13) \times 1 \times 0.35 = -0.593 \text{kN/m}^2$$

由《门规》表 4.2.2-36：

风压力：$\qquad \mu_w = -0.176 \log 6.75 + 1.18 = 1.03$

$$w_k = 1.5 \times 1.03 \times 1 \times 0.35 = +0.541 \text{kN/m}^2$$

故取 $w_k = -0.593 \text{kN/m}^2$ 计算。

设计值：$q_y = 1.5 \times [(-0.593) \times 1.5] = -1.334 \text{kN/m}$

$$M_x' = \frac{1}{g} \times (-1.334) \times 4.5^2 = -3.38 \text{kN} \cdot \text{m}$$

27. 正确答案是 C，解答如下：

$$q_y = -1.334 \text{kN/m}$$

$$V_{y,\max}' = \frac{1}{2} \times (-1.334) \times 4.5 = -3.0 \text{kN}$$

$$\frac{3V_{y,\max}'}{2h_0 t} = \frac{3 \times 3.0 \times 10^3}{2 \times (160 - 2.5 \times 2.5 \times 2) \times 2.5}$$
$$= 12.2 \text{N/mm}^2$$

28. 正确答案是 D，解答如下：

根据《门规》9.1.5 条、《冷弯规程》5.6 节：

卷边：$\qquad \psi = \dfrac{\sigma_{\min}}{\sigma_{\max}} = \dfrac{y_1}{y_2} = \dfrac{80-20}{80} = 0.75$

$$\alpha = 1.15 - 0.15 \times 0.75 = 1.0375$$

$$\xi = \frac{60}{20} \sqrt{\frac{0.425}{3.0}} = 1.129 > 1.1，则：$$

$$k_1 = 0.11 + \frac{0.93}{(1.129 - 0.05)^2} = 0.909$$

$$\rho = \sqrt{\frac{205 \times 0.909 \times 0.425}{72.2}} = 1.047$$

$$\frac{a}{t} = \frac{20}{2.5} = 8 < 18\alpha\rho = 18 \times 1.0375 \times 1.047 = 19.6$$

故取 $b_e = b_c = 20 \text{mm}$。

29. 正确答案是 D，解答如下：

拉条左侧处（或右侧处）为最大剪力值 $V_{x',\max}$

$$V_{x',\max} = 0.625q \cdot \frac{l}{2} = 0.625 \times 1.3 \times 0.50 \times \frac{4.5}{2}$$
$$= 0.914 \text{kN}$$

$$\frac{3V_{x',\max}}{4b_0 t} = \frac{3 \times 0.914 \times 10^3}{4 \times (60 - 2.5 \times 2.5 \times 2) \times 2.5}$$
$$= 5.77 \text{N/mm}^2$$

30. 正确答案是 A，解答如下：

根据《砌规》5.2.4 条：

$$A=0.49\times0.49=0.2401m^2<0.3m^2，故\ \gamma_a=0.7+A=0.9401$$
$$f=\gamma_a f=0.9401\times2.98=2.80MPa$$

由规范式（5.2.4-5）：
$$a_0=10\sqrt{h_c/f}=10\times\sqrt{600/2.80}=146.4mm$$
$$A_l=300\times146.4=43920mm^2，\ A_0=490\times490=240100mm^2$$
$$A_0/A_l=240100/43920=5.5>3.0，故取\ \psi=0.0$$
$$\gamma=1+0.35\sqrt{\frac{240100}{43920}-1}=1.74<2.0，$$
$$\eta=0.7$$
$$\psi N_0+N_l=0+120=120kN<\eta\gamma fA_b=0.7\times1.74\times2.8\times43920=149.8kN$$

31. 正确答案是 B，解答如下：

根据《砌规》5.2.5 条：
$$\sigma_0=\frac{N_0}{A_b}=\frac{65\times10^3}{490\times490}=0.27N/mm^2，\ \sigma_0/f=0.27/2.8=0.096$$

查规范表 5.2.5，$\delta_1=5.54$；取 $f=2.80MPa$，则：
$$a_0=\delta_1\sqrt{h/f}=5.54\times\sqrt{600/2.8}=81mm；\ 0.4a_0=32.4mm$$

合力偏心距 e：
$$e=\frac{120\times\left(\frac{490}{2}-32.4\right)}{120+65}=138mm$$
$$e/h=138/490=0.282，取\ \beta\leqslant3$$

查规范附表 D.0.1-1，取 $\varphi=0.509$

$$A_0=A_b，\ \gamma=1+0.35\sqrt{\frac{A_0}{A_b}-1}=1，\ \gamma_1=0.8\gamma=0.8<1.0，故\ \gamma_1=1.0$$
$$\varphi\gamma_1 fA=0.509\times1.0\times2.8\times490\times490=342kN$$

【30、31题评析】 运用《砌规》式（5.2.4-5）：$a_0=10\sqrt{h_c/f}$；《砌规》式（5.2.5-4）：$a_0=\delta_1\sqrt{h/f}$，两式中 f 应取 $\gamma_a f$ 进行计算。

32. 正确答案是 C，解答如下：

屋盖 2 类，$s=30m$，查《砌规》表 4.2.1，属刚弹性方案；查规范表 4.2.4，取空间性能影响系数 $\eta=0.58$。

如图 3-1-2 所示排架计算简图。

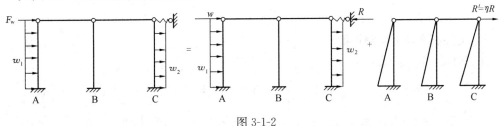

图 3-1-2

$$R=F_w+\frac{3}{8}(w_1+w_2)H=2.38+\frac{3}{8}\times(2.45+1.52)\times6=11.31kN$$

$$M_{A1}=\frac{1}{8}w_1H^2=\frac{1}{8}\times2.45\times6^2=11.025kN\cdot m$$

$$R' = \eta R = 0.58 \times 11.31 = 6.56 \text{kN}$$

A 柱：$\mu_A = \dfrac{EI_1}{2EI_1 + EI_2} = \dfrac{EI_1}{2EI_1 + 2EI_1} = 0.25$

$$M_{A2} = \mu_A R' H = 0.25 \times 6.56 \times 6 = 9.84 \text{kN} \cdot \text{m}$$

$$M_A = M_{A1} + M_{A2} = 20.865 \text{kN} \cdot \text{m}$$

33. 正确答案是 B，解答如下：

根据《砌规》5.2.6 条：

查规范表 3.2.1-1，表 3.2.5-1，取 $f = 1.5 \text{MPa}$，$E = 1600f = 2400 \text{N/mm}^2 = 2.4 \times 10^3 \text{N/mm}^2$

由规范式（5.2.6-3）：

$$h_0 = 2\sqrt[3]{\frac{E_b I_b}{Eh}} = 2 \times \sqrt[3]{\frac{25.5 \times \frac{1}{12} \times 240 \times 180^3 \times 10^3}{2.4 \times 240 \times 10^3}} = 346 \text{mm}$$

$\pi h_0 = 1086 \text{mm}$，故垫梁最小长度应大于 1086mm。

34. 正确答案是 B，解答如下：

根据《砌规》5.2.6 条：

$$\sigma_0 = \frac{107 \times 10^3}{1200 \times 240 + 130 \times 370} = 0.318 \text{N/mm}^2$$

$$N_0 = \frac{1}{2} \pi b_b h_0 \sigma_0 = \frac{1}{2} \times 3.14 \times 240 \times 360 \times 0.318 = 43.1 \text{kN}$$

$$N_0 + N_l = 43.1 + 120 = 163.1 \text{kN}$$

$$2.4 \delta_2 b_b h_0 f = 2.4 \times 0.8 \times 240 \times 360 \times 1.5 = 248.83 \text{kN}$$

35. 正确答案是 C，解答如下：

取沿池壁竖向 1m 宽的板带计算：

$$V = \gamma_w \frac{1}{2} \gamma H^2 = 1.5 \times \frac{1}{2} \times 10 \times 1.5^2 = 16.88 \text{kN/m}$$

查《砌规》表 3.2.2，取 $f_{tm} = 0.14 \text{N/mm}^2$，$f_v = 0.14 \text{N/mm}^2$；M7.5 水泥砂浆，对 f_{tm} 和 f_v 不调整。

由《砌规》5.4.2 条，取 $z = \dfrac{2}{3} h$：

$$V = 16.88 \text{kN/m} < b z f_v = b \times \frac{2h}{3} \times f_v = 1000 \times \frac{2 \times 620}{3} \times 0.14$$
$$= 57.87 \text{kN/m}$$

36. 正确答案是 C，解答如下：

由《砌规》5.4.1 条：

$$M = \gamma_w \frac{1}{6} \gamma H^3 = 1.5 \times \frac{1}{6} \times 10 \times 1.5^3 = 8.44 \text{kN} \cdot \text{m/m}$$

$$M = 8.44 \text{kN} \cdot \text{m/m} < f_{tm} W = f_{tm} \frac{bh^2}{6} = 0.14 \times \frac{1000 \times 620^2}{6}$$
$$= 8.97 \text{kN} \cdot \text{m/m}$$

37. 正确答案是 C，解答如下：

根据《砌规》10.5.4 条、10.5.2 条：

$$\lambda = \frac{M}{Vh_0} = \frac{1177}{245 \times 5.1} = 0.942 < 1.5,\text{取}\ \lambda = 1.5$$

$$f_{vg} = 0.2 f_g^{0.55} = 0.2 \times 6.98^{0.55} = 0.582 \text{N/mm}^2$$

$$N = 1167\text{kN} < 0.2 f_g bh = 1432.3\text{kN}$$

故取 $\qquad\qquad N = 1167\text{kN}$

$$V_w = 1.4 \times 245 = 343\text{kN}, \gamma_{RE} = 0.85$$

由规范式（10.5.4-1）：

$$V_w \leqslant \frac{1}{\gamma_{RE}}\left[\frac{1}{\lambda - 0.5}\left(0.48 f_{vg} bh_0 + 0.10 N \frac{A_w}{A}\right) + 0.72 f_{yh} \frac{A_{sh}}{s} h_0\right]$$

$$343 \times 10^3 \leqslant \frac{1}{0.85} \times \left[\frac{1}{1.5 - 0.5} \times (0.48 \times 0.582 \times 190 \times 5100 + 0.10 \times 1167000 \times 1)\right.$$

$$\left. + 0.72 \times 300 \frac{A_{sh}}{s} \times 5100\right]$$

解之得：$A_{sh}/s < 0$，故按构造配置水平分布筋。

查《砌规》表 10.5.9-1 及注 1，抗震二级，底部加强区，取 $\rho_{sh} \geqslant 0.13\%$，选 2 Φ 8@
400，则 $\rho_{sh} = \frac{2 \times 50.3}{190 \times 400} = 0.132\% > 0.13\%$，满足。

38. 正确答案是 B，解答如下：

当 $N = 1288\text{kN}$（拉力）时，根据《砌规》10.5.5 条：

$$V_w \leqslant \frac{1}{\gamma_{RE}}\left[\frac{1}{\lambda - 0.5}\left(0.48 f_{vg} bh_0 - 0.17 N \frac{A_w}{A}\right) + 0.72 f_{yh} \frac{A_{sh}}{s} h_0\right]$$

$$343 \times 10^3 \leqslant \frac{1}{0.85} \times \left[\frac{1}{1.5 - 0.5} \times (0.48 \times 0.582 \times 190 \times 5100 - 0.17 \times 1288000 \times 1)\right.$$

$$\left. + 0.72 \times 300 \times \frac{A_{sh}}{s} \times 5100\right]$$

即：$291.55 \times 10^3 \leqslant 270699.84 - 218960 + 0.72 \times 300 \times \frac{A_{sh}}{s} \times 5100$

解之得：$A_{sh}/s \geqslant 0.218 \text{mm}^2/\text{mm}$

选 2 Φ 10 @ 400，$A_{sh}/s = 2 \times 78.5/400 = 0.393 \text{mm}^2/\text{mm} > 0.218 \text{mm}^2/\text{mm}$；$\rho_{sh} = \frac{2 \times 78.5}{190 \times 400} = 0.21\%$；查《砌规》表 10.5.9-1 及注 1，$\rho_{sh} \geqslant 0.13\%$，满足。

【37、38 题评析】 37 题，当 $N > 0.2 f_g bh$ 时，取 $N = 0.2 f_g bh$，但 38 题中，N 直接代入公式计算，但注意《砌规》10.5.5 条注的规定，因本题目满足 $0.48 f_{vg} bh_0 - 0.17 N \frac{A_w}{A} > 0$，否则，取 $0.48 f_{vg} bh_0 - 0.17 N \frac{A_w}{A} = 0$。

39. 正确答案是 B，解答如下：

根据《木标》6.2.7 条、6.2.6 条：

$$R_e = \frac{f_{em}}{f_{es}} = 1$$

$$k_{sIV} = \frac{16}{150}\sqrt{\frac{1.647 \times 1 \times 1 \times 235}{3 \times (1+1) \times 17.73}} = 0.203$$

$$k_{\text{IV}} = 0.203/1.88 = 0.108$$
$$k_{\min} = \min(0.228, 0.125, 0.168, 0.108) = 0.108$$
$$Z = 0.108 \times 150 \times 16 \times 17.73 = 4.6\text{kN}$$

40. 正确答案是 D，解答如下：

根据《木标》6.1.4 条条文说明，应选（D）项。

（下午卷）

41. 正确答案是 C，解答如下：

根据《既有地规》6.3.2 条，应选（C）项。

42. 正确答案是 C，解答如下：

根据《边坡规范》附录 A.0.3 条：
$$P_n = 0$$
$$P_i = P_{i-1}\psi_{i-1} + T_i - \frac{R_i}{F_{st}} = 1150 \times 0.8 + 6000 - \frac{6600 + F}{1.35} = 0$$

解之得：$F = 2742\text{kN/m}$
$$M = FLd\cos\alpha = 2742 \times 4 \times 4\cos15° = 42377\text{kN} \cdot \text{m}$$

43. 正确答案是 D，解答如下：

根据《地规》5.2.1 条：
$$p_k = \frac{F_k + G_k}{b} \leqslant f_a$$

$$f_a \geqslant \frac{300 + 136}{2} + 20 \times \frac{(1.5 + 1.7)}{2} = 250\text{kPa}$$

44. 正确答案是 A，解答如下：

根据《可靠性标准》8.2.4 条：

地基净反力：$p_j = (1.3 \times 300 + 1.5 \times 136)/2 = 297\text{kPa}$

$$V = p_j l = 297 \times \frac{2 - 0.37}{2} = 242.1\text{kN}$$

$$M = \frac{1}{2} p_j l^2 = \frac{1}{2} \times 297 \times \left(\frac{2 - 0.37}{2}\right)^2 = 98.6\text{kN} \cdot \text{m}$$

45. 正确答案是 B，解答如下：

根据《地规》8.2.1 条第 1 款，$h_1 \geqslant 200\text{mm}$，应选（B）项。

46. 正确答案是 D，解答如下：

根据《地规》8.2.10 条、8.2.9 条：
$$h_0 = h - a_s = 500 - 45 = 455\text{mm}, \beta_{hs} = 1.0$$
$$0.7\beta_{hs} f_t b h_0 = 0.7 \times 1.0 \times 1.27 \times 1000 \times 455 = 404\text{kN/m}$$

47. 正确答案是 C，解答如下：

根据《地规》8.2.14 条：
$$A_s = \frac{M}{0.9 f_y h_0} = \frac{96 \times 10^6}{0.9 \times 360 \times 455} = 651\text{mm}^2$$

$A_{s,\min} = 0.15\% \times 1000 \times 500 = 750\text{mm}^2$

根据《地规》8.2.1 条第 3 款：

板主筋：直径$\geqslant$10mm，间距 s：100mm$\leqslant s\leqslant$200mm，故（A）项不对。

板分布筋：直径$\geqslant$8mm，间距 s：$s\leqslant$300mm，且每延米分布筋的面积应不小于主筋面积的 15%，故（D）项不对。

$\Phi 10@100$，$A_s=\dfrac{1000}{100}\times 78.5=785\text{mm}^2$，主筋满足

$\Phi 12@150$，$A_s=\dfrac{1000}{150}\times 113.1=754\text{mm}^2$，主筋满足，且较小

分布筋 $\Phi 8@300$，$A_s=\dfrac{1000}{300}\times 50.3=168\text{mm}^2 > 15\%\times 754=113.1\text{mm}^2$

故选 $12\Phi@150/\Phi 8@300$。

【43～47 题评析】 43 题，计算 G_k 时，应取 $d=\dfrac{1.5+1.7}{2}=1.6\text{m}$。

48. 正确答案是 B，解答如下：

各柱的竖向力合力距柱 A 中心的距离 x 为：

$$x=\frac{960\times 14.4+1854\times 9.9+1840\times 4.2}{570+960+1854+1840}=7.64\text{m}$$

合力位于基础中心时，基底反力均匀分布：

$$2(x+x_1)=x_1+14.4+x_2$$

故　　　　　$x_2=2x+x_1-14.4=2\times 7.64+0.6-14.4=1.48\text{m}$

49. 正确答案是 C，解答如下：

$$p_j=\frac{\sum F}{l}=\frac{570+1840+1854+960}{0.6+14.4+1.48}=317\text{kN/m}$$

50. 正确答案是 A，解答如下：

基础 C 左端：$V_C^l=p_j(4.5+1.48)-(960+1854)$
　　　　　　　$=317.0\times(4.5+1.48)-(960+1854)=-918.34\text{kN}$

　右端：　$V_C^r=317.0\times(4.5+1.48)-960=935.66\text{kN}$

基础 B 右端：$V_B^r=p_j(x_1+4.2)-(570+1840)$
　　　　　　　$=317.0\times(0.6+4.2)-(570+1840)=-888.4\text{kN}$

　左端：$V_B^l=p_j\times(0.6+4.2)-570$
　　　　　$=317.0\times(0.6+4.2)-570=951.6\text{kN}$

上述值取最大值，$V_{max}=951.6\text{kN}$。

51. 正确答案是 D，解答如下：

剪力为零处的截面，其弯矩值最大，则设剪力为零点距柱 A 形心为 x：

$$p_j(x+x_1)=570,\text{故}\ x=\frac{570}{317}-0.6=1.198\text{m}$$

$$M_{max}=\frac{1}{2}p_j(x_1+x)^2-F_A x$$

$$= \frac{1}{2} \times 317 \times (0.6 + 1.198)^2 - 570 \times 1.198$$

$$= -170.46 \text{kN} \cdot \text{m}$$

52. 正确答案是 A，解答如下：

根据《地处规》4.1.4 条，换填垫层厚度 z，$0.5\text{m} \leqslant z \leqslant 3\text{m}$，图中基底下 0.5m 处为地下水位，故素土、灰土均不宜，选用砂石垫层，选（A）项。

53. 正确答案是 B，解答如下：

根据《地处规》4.2.2 条：

$z/b = 2.0/3.6 = 0.56 > 0.5$，查规范表 4.2.1，取 $\theta = 30°$

$$p_c = \gamma d = 17 \times 2 = 34 \text{kPa}$$

由规范式（4.2.2-2）：

$$p_z = \frac{b(p_k - p_c)}{b + 2z\tan\theta} = \frac{3.6 \times (280 - 34)}{3.6 + 2 \times 2\tan 30°} = 149.9 \text{kPa}$$

54. 正确答案是 D，解答如下：

$$p_{cz} - 17 \times 2 + 18 \times 0.5 + (18 - 10) \times 1.5 = 55 \text{kPa}$$

55. 正确答案是 B，解答如下：

垫层 $z = 2\text{m}$ 处，$e = 0.82$，$I_L = 0.8$，黏土，查《地规》表 5.2.4，取 $\eta_d = 1.6$。

$$f_a = f_{ak} + \eta_d \gamma_m (d - 0.5)$$

$$= 150 + 1.6 \times \frac{17 \times 2.5 + 7 \times 0.5 + 9 \times 1.0}{4} \times (4 - 0.5)$$

$$= 227 \text{kPa}$$

【52~55 题评析】 54 题，计算 p_{cz} 时，垫层范围内取垫层材料重度，有地下水时，取垫层材料的浮重度。

55 题，计算 γ_m 时，按原土层分布情况计算，有地下水时，取土的有效重度。

56. 正确答案是 C，解答如下：

根据《基桩检规》8.4.1 条：

桩底为嵌岩桩，故桩底反射波的质点运动方向与 λ 射波的质点运动方向异号，即反相，故为 I 类桩。

$$c = \frac{2000 \times 8}{64.5 - 60} = 3555.6 \text{m/s}$$

57. 正确答案是 A，解答如下：

根据《烟标》5.2.2 条、5.2.3 条：

$$d = 4 + 50 \times 2\% \times 2 = 6\text{m}$$

B 类、150m，查《荷规》表 8.2.1，取 $\mu_H = 2.25$

$$v_H = 40\sqrt{2.25 \times 0.4} = 37.947 \text{m/s}$$

$$v_{cr,1} = \frac{6}{0.2 \times 1.20} = 25 \text{m/s}$$

$$H_1 = 150 \times \left(\frac{25}{1.2 \times 37.947}\right)^{\frac{1}{0.15}} = 2.75\text{m}$$

58. 正确答案是 C，解答如下：

根据《高规》4.2.2 条、5.6.1 条及其条文说明：

$H=90\text{m}>60\text{m}$，取 $w_0=1.1\times0.5=0.55\text{kN/m}^2$

B 类地面，根据《荷规》8.4.4 条：

$$x_1=\frac{30/1.6}{\sqrt{1.0\times0.55}}=25.28$$

$$R=\sqrt{\frac{\pi}{6\times0.05}\cdot\frac{25.28^2}{(1+25.28^2)^{4/3}}}=1.101$$

59. 正确答案是 C，解答如下：

粗糙度 B 类，根据《荷规》表 8.2.1，取 $\mu_z=1.93$，根据《高规》4.2.3 条第 1 款，取 $\mu_s=0.8$；由《结通规》4.6.5 条，$\beta_z=1.68>1.2$，取 $\beta_z=1.68$

由《高规》式（4.2.1），同上，取 $w_0=0.55\text{kN/m}^2$：

$w_k=\beta_z\mu_z\mu_s w_0=1.68\times1.93\times0.8\times0.55=1.427\text{kN/m}^2$

60. 正确答案是 A，解答如下：

如图 3-1-3 所示，$q_k=1.50\times26=39\text{kN/m}$

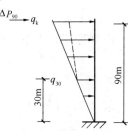

图 3-1-3

$$q_{30}=\frac{30}{90}\times39=13\text{kN/m}$$

$$M_k=600\times60+13\times60\times\frac{60}{2}+\frac{1}{2}\times$$

$$(39-13)\times60\times\frac{2}{3}\times60=90600\text{kN}\cdot\text{m}$$

$$M=1.5M_k=135900\text{kN}\cdot\text{m}$$

61. 正确答案是 B，解答如下：

根据《抗震通规》4.3.2 条：

$$N=1.3\times(1850+0.5\times500)\times3=8190\text{kN}$$

根据《高规》表 7.2.13：

$$\mu_N=\frac{N}{f_cA}\leqslant0.5,\quad A=th_w$$

故

$$t\geqslant\frac{N}{0.5f_ch_w}=\frac{8190\times10^3}{0.5\times19.1\times3000}=286\text{mm}$$

$\frac{h_w}{t}=\frac{3000}{286}=10.5>8$，由《高规》7.1.8 条注 1 规定，不属于短肢剪力墙，故轴压比不调整。所以最终取 $t\geqslant283\text{mm}$。

62. 正确答案是 C，解答如下：

根据《高规》附录 D.0.2 条、D.0.3 条：

取 $\beta=1.0$，$l_0=\beta h=1.0\times5000=5000\text{mm}$

由规程式（D.0.1）：

$$q\leqslant\frac{E_c t^3}{10l_0^2},\quad\text{则：}$$

$$t\geqslant\sqrt[3]{10ql_0^2/E_c}=\sqrt[3]{\frac{10\times4000\times5000^2}{3.25\times10^4}}=313\text{mm}$$

【61、62题评析】 61题，墙肢的轴压比计算，《高规》7.2.13条表7.2.13注的规定，轴压力设计值 N 不考虑地震作用组合；当为短肢剪力墙时，由《高规》7.2.2条，其轴压比减小。

62题，单片独立墙肢属于两边支承，其他情况的墙肢，《高规》附录D.0.3条作了规定。

63. 正确答案是 D，解答如下：

$l_n/h_b = 3500/600 = 5.8 > 5$，根据《高规》7.1.3条，该连梁按框架梁计算。

抗震二级，由规程6.3.5条：$\rho_{sv} \geqslant 0.28 f_t/f_{yv} = 0.28 \times 1.71/270 = 0.177\%$

由规程表6.3.2-2，加密区箍筋间距 s 为：

$$s = \min\left(\frac{h_b}{4}, 8d, 100\right) = \min\left(\frac{600}{4}, 8 \times 25, 100\right) = 100\text{mm}$$

由规程6.3.4条，非加密区箍筋间距 s 为：$s_1 \leqslant 2 \times s = 200\text{mm}$

$$\rho_{sv} = \frac{A_{sv}}{bs_1} \geqslant \rho_{sv,min} = 0.177\%$$

取 $\Phi 8$，$A_{sv} = 2 \times 50.3 = 100.6\text{mm}^2$，$s_1 \leqslant \dfrac{100.6}{250 \times 0.177\%} = 227\text{mm}$

故非加密区配置 $\Phi 8@200$，满足。

64. 正确答案是 A，解答如下：

$l_n/h_b = 2200/950 = 2.32 < 5.0$，按连梁计算。

根据《高规》7.2.27条第4款：

$$l_n/h_b = 2.32 < 2.5, \text{则：}$$
$$h_w = h_0 - h'_f = 950 - 30 - 120 = 800\text{mm}$$

每侧腰筋：$A_s = \dfrac{1}{2} \times 0.3\% \times 300 \times 800 = 360\text{mm}^2$

每侧根数：$n \geqslant \dfrac{950 - 30 - 120}{200} - 1 = 3$，至少取 3 根。

选 $4\Phi 12$（$A_s = 452\text{mm}^2$），满足。

【63、64题评析】 高层建筑中连梁的计算及配筋，首先应计算连梁跨高比 l_n/h_b 值，再分为框架梁、连梁进行计算、配筋。

65. 正确答案是 B，解答如下：

该建筑物为板柱-剪力墙结构，$H = 30$m，属于高层建筑。

根据《高规》3.9.1条，7度（$0.1g$），I_1 类场地、丙类建筑，故可按6度考虑抗震构造措施的抗震等级。

查规程表3.9.3，板柱抗震构造措施的抗震等级为三级，剪力墙抗震构造措施的抗震等级为二级。

66. 正确答案是 D，解答如下：

根据《高规》8.1.9条：

查规程表8.1.9，$h \geqslant \dfrac{6000}{40} = 150$m，且 $h \geqslant 200$mm

故取 $h \geqslant 200$m。

67. 正确答案是 B，解答如下：

根据《高规》8.2.3 条：

每一方向通过柱截面的板底连续钢筋截面面积 A_s：

$$A_s \geqslant \frac{1}{2} \cdot \frac{N_G}{f_y} = \frac{1}{2} \times \frac{620 \times 10^3}{360} = 861 \text{mm}^2$$

由《高规》8.2.4 条：

A_{s1}：$3600 \times 50\% = 1800 \text{mm}^2 < 1809 \text{mm}^2$（9 Φ 16）

$$A_{s2} \geqslant \frac{1}{2} A_{s1} = \frac{1}{2} \times 1800 = 900 \text{mm}^2$$

暗梁：柱截面范围的板底钢筋 $= \max\left(861,\ 900 \times \frac{600}{1000}\right) = 861 \text{mm}^2$

暗梁：板底总钢筋 $= 861 + 900 \times \frac{400}{1000} = 1221 \text{mm}^2$

选 9 Φ 14（$A_{s2} = 1385 \text{mm}^2$），满足。

68. 正确答案是 C，解答如下：

根据《高规》8.1.10 条：

$$V_w = F_{Ek} = 2600 \text{kN}$$
$$V_c \geqslant 20\% V_w = 20\% \times 2600 = 520 \text{kN}$$

69. 正确答案是 C，解答如下：

由前述结果，可知剪力墙抗震构造措施的抗震等级为二级；根据《高规》7.2.14 条，$\mu_N = 0.35 > 0.3$，该底层墙体应设置约束边缘构件。根据规程 7.2.15 条：

$$A_s \geqslant A_c \times 1.0\% = (300 + 600) \times 300 \times 1.0\% = 2700 \text{mm}^2$$

取 12 Φ 18（$A_s = 3054 \text{mm}^2$），满足。

70. 正确答案是 B，解答如下：

根据《高规》7.2.6 条、7.2.10 条：

$$V = \eta_{vw} V_w = 1.4 \times 500 = 700 \text{kN}$$

$$\lambda = \frac{M^c}{V^c h_{w0}} = \frac{2475}{500 \times 2.25} = 2.2 < 3.0$$

$$N = 2100 \text{kN} > 0.2 f_c b_w h_w = 1931 \text{kN}，\text{故取} \ N = 1931 \text{kN}$$

$$A_w = 2250 \times 300,\ h_{w0} = 2250 \text{mm}$$

由《高规》式（7.2.10-2）：

$$V \leqslant \frac{1}{\gamma_{RE}} \left[\frac{1}{\lambda - 0.5} \left(0.4 f_t b_w h_{w0} + 0.1 N \frac{A_w}{A} \right) + 0.8 f_{yh} \frac{A_{sh}}{s} h_{w0} \right]$$

$$700 \times 10^3 \leqslant \frac{1}{0.85} \times \left[\frac{1}{2.2 - 0.5} \times \left(0.4 \times 1.43 \times 300 \times 2250 + 0.1 \times 1931000 \times \frac{2250 \times 300}{1.215 \times 10^6} \right) \right.$$

$$\left. + 0.8 \times 270 \times \frac{A_{sh}}{s} \times 2250 \right]$$

解之得：$A_{sh}/s \geqslant 0.627 \text{mm}^2/\text{mm}$

双肢箍，箍筋间距为200，单肢箍筋面积：$A_{\mathrm{sl}} \geqslant \dfrac{0.627 \times 200}{2} = 62.7\mathrm{mm}^2$

选用 $\Phi 10$（$A_{\mathrm{sl}} = 78.5\mathrm{mm}^2$），$2\Phi10@200$，$\rho_{\mathrm{sh}} = \dfrac{2 \times 78.5}{300 \times 200} = 0.262\% > 0.25\%$，满足规程8.2.1条规定。

【65～70题评析】 65题，关键是判别该建筑物为板柱-剪力墙结构。

68题，《高规》8.1.10条及条文说明，板柱-剪力墙结构中各层横向及纵向剪力墙应能承担相应方向该层的全部地震剪力；板柱部分作为第二道抗震防线，应承担不少于该层相应方向20%的地震剪力。

70题，应注意的是，本题目中 $A_{\mathrm{w}} \neq A$。

71. 正确答案是B，解答如下：

根据《高钢规》表7.4.1及注，Q345钢：

$$\frac{h_0}{t_{\mathrm{w}}} = \frac{500 - 2 \times 16}{10} = 46.8 < \left(80 - 110 \times \frac{432000}{11080 \times 215}\right)\varepsilon_{\mathrm{k}} = 54$$

$$< 70\varepsilon_{\mathrm{k}} = 58$$

满足。

72. 正确答案是B，解答如下：

根据《高钢规》8.5.2条、8.5.3条及8.1.5条，Q235钢：

$$\frac{N}{N_{\mathrm{y}}} = \frac{432000}{11080 \times 235} = 0.166 > 0.13$$

$$M_j = 0.5 \times [1.15 \times (1 - 0.166) \times 2096360 \times 235]$$

$$= 236.25\mathrm{kN \cdot m}$$

$$M_{\mathrm{w}} \geqslant 0.4 \times \frac{8542 \times 10^4}{8542 \times 10^4 + 37481 \times 10^4} \times 236.25 = 17.5\mathrm{kN \cdot m}$$

73. 正确答案是B，解答如下：

根据《高耸标准》4.2.1条：

$z = 160\mathrm{m}$，C类地面，查表4.2-6，$\mu_z = 1.79 + \dfrac{160 - 150}{200 - 150} \times (2.03 - 1.79) = 1.838$

$H = 200$，查表4.2.9-2，$\varepsilon_1 = 0.64$

$z/H = 160/200 = 0.8$，$l_{\mathrm{x}}(H)/l_{\mathrm{x}}(0) = 9/18 = 0.5$

由表4.2.9-3及注2：$\varepsilon_2 = \dfrac{1}{2} \times (0.72 + 0.82) = 0.77$

$\beta_z = 1 + 1.60 \times 0.64 \times 0.77 = 1.788 > 1.2$（《结通规》4.6.5条）

$w_{\mathrm{k}} = 1.788 \times 0.70 \times 1.838 \times 0.40 = 0.92\mathrm{kN/m}^2$

74. 正确答案B，解答如下：

根据《高耸标准》3.0.11条第3款：

$A_{\mathrm{f}} = 0.4 \times 0.48 - 0.4 \times 0.38 = 0.04\mathrm{m} = 40\mathrm{mm}$

$$a = A_{\mathrm{f}}w_1^2 = 40 \times \left(\frac{2z}{3}\right)^2 = 175.3\mathrm{mm}$$

75. 正确答案是A，解答如下：

作出 1 号、2 号板的横向影响线如图 3-1-4 所示。

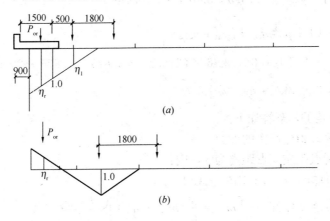

图 3-1-4
(a) 1 号板；(b) 2 号板

对于 1 号板：

$$\eta_1 = \frac{900 + 1150 + 1150/2 - 1500 - 500}{1150} \times 1 = 0.543$$

$$m_{0q1} = \frac{1}{2} \sum \eta = \frac{1}{2} \times 0.543 = 0.272$$

对于 2 号板：

$$\eta_1 = 1.0$$

$$m_{0q2} = \frac{1}{2} \sum \eta = 0.5$$

76. 正确答案是 A，解答如下：

人群荷载，求 $P_{or} = p_r a$ 相对应的影响线竖坐标 η_r，如图 3-1-4 所示。

1 号板：

$$m_{0r1} = \sum \eta_r = \frac{900 + 1150 + 1150/2 - 1500/2}{1150} \times 1 = 1.630$$

2 号板：

$$m_{0r2} = \sum \eta_r = -\frac{900 + 1150/2 - 1500/2}{1150} \times 1 = -0.630$$

77. 正确答案是 A，解答如下：

根据《公桥通规》4.3.1 条：

公路-Ⅱ级，$q_k = 0.75 \times 10.5 = 7.875\text{kN/m}$

$$P_k = 0.75 \times 2 \times (15.5 + 130) = 218.25\text{kN}$$

桥面净宽 7m，双向行驶，查通用规范表 4.3.1-4，设计车道数为 2，故取 $\xi = 1.0$。

跨中截面的弯矩影响线竖坐标：$y_k = \dfrac{l_0}{4} = \dfrac{15.5}{4} = 3.875\text{m}$

$$\Omega = \frac{l_0^2}{8} = \frac{15.5^2}{8} = 30.031\text{m}^2$$

$$（或 \Omega=\frac{1}{2}\times l_0 \times y_k=\frac{1}{2}\times 15.5\times 3.875=30.031\text{m}^2）$$

$$M_{2k}=(1+\mu)\xi m_{cq}(P_k y_k+q_k\Omega)$$

$$=1.245\times 1.0\times 0.66\times(218.25\times 3.875+7.875\times 30.031)$$

$$=889.3\text{kN}\cdot\text{m}$$

78. 正确答案是 D，解答如下：

(1) 集中荷载 $1.2P_k$ 产生的剪力

设 $1.2P_k$ 作用点距左支点距离为 x，则：

$$V_{1.2P_k}=(1+\mu)\xi m_c(x)\times 1.2P_k\cdot y_k(x)$$

$$=(1+\mu)\xi\times 1.2P_k\times\left[m_{0q}+\frac{x}{a}(m_{cq}-m_{0q})\right]\times\frac{l-x}{l}$$

$$=1.245\times 1\times 1.2\times 218.25\times\left[0.36+\frac{x}{15.5/4}\times(0.66-0.36)\right]\times\frac{15.5-x}{15.5}$$

令 $\dfrac{dV_{1.2P_k}}{dx}=0$

求得：$x=5.424\text{m}>a=l/4=15.5/4=3.875\text{m}$

故取 $x=3.875\text{m}$ 计算 $V_{1.2P_k}$。

$$V_{1.2P_k}=1.245\times 1.2\times 218.25\times\left[0.36+\frac{3.875}{15.5/4}\times(0.66-0.36)\right]\times\frac{15.5-3.875}{15.5}$$

$$=161.4\text{kN}$$

(2) 均布荷载 q_k 产生的剪力

$$V_{qk}=(1+\mu)\xi\times\left[m_{cq}q_k\frac{l}{2}+\frac{a}{2}(m_{0q}-m_{cq})q_k\overline{y}\right]$$

$$=1.245\times 1.0\times\left[0.66\times 7.875\times\frac{15.5}{2}+\frac{3.875}{2}\times(0.36-0.66)\times 7.875\times\frac{11}{12}\right]$$

$$=44.925\text{kN}$$

$$V_q=V_{qk}+V_{1.2P_k}=206.3\text{kN}$$

79. 正确答案是 D，解答如下：

$$a=l_0/4=15.5/4=3.875\text{m}$$

$$V_r=m_{cr}q_r\frac{l_0}{2}+\frac{a}{2}(m_{0r}-m_{cr})q_r\times\overline{y}$$

$$=0.54\times 2.25\times\frac{15.5}{2}+\frac{3.875}{2}\times(1.26-0.54)\times 2.25\times\frac{11}{12}$$

$$=12.293\text{kN}$$

【77～79 题评析】 78 题，由于汽车荷载中的集中荷载 $1.2P_k$ 产生的剪力不能直接用图乘法计算，故转化为 $m_c(x)\times y_k(x)$ 的函数极值计算；对于汽车荷载中的均布荷载 q_k 产生的剪力则直接采用了图乘法，同样，79 题，均布人群荷载 q_r 产生的剪力也采用了图乘法。

80. 正确答案是 A，解答如下：

根据《公桥混规》5.2.1 条、5.2.2 条。

安全等级三级，取 $\gamma_0=0.9$，$f_{td}=1.52\text{MPa}$，$f_{cd}=16.1\text{MPa}$，则：$f_{sd}=330\text{MPa}$，ξ_b $=0.53$，$h_0=h-a_s=620\text{mm}$

$$\gamma_0 M_0 = f_{cd}bx\left(h_0 - \frac{x}{2}\right)，则：$$

$$
\begin{aligned}
x &= h_0 - \sqrt{h_0^2 - \frac{2\gamma_0 M_0}{bf_{cd}}} \\
&= 620 - \sqrt{620^2 - \frac{2 \times 0.9 \times 320 \times 10^6}{250 \times 16.1}} \\
&= 129\text{mm} < \xi_b h_0 = 328.6\text{mm}
\end{aligned}
$$

$$A_s = \frac{f_{cd}bx}{f_{sd}} = \frac{16.1 \times 250 \times 129}{330} = 1573\text{mm}^2$$

$$\rho_{min} = 0.45 f_{td}/f_{sd} = 0.45 \times 1.52/330 = 0.207\% > 0.2\%$$

故

$$A_{s,min} = 0.207\% \times 250 \times 620 = 321\text{mm}^2 < 1573\text{mm}^2$$

所以取 $A_s = 1573\text{mm}^2$。

实战训练试题（四）解答与评析

（上午卷）

1. 正确答案是 A，解答如下：

AB 梁线刚度：
$$i_{BA}=\frac{EI}{l}=\frac{EI}{6}$$

BC 梁线刚度：
$$i_{BC}=\frac{EI}{8}$$

$$\mu_{BA}=\frac{3i_{BA}}{3i_{BA}+4i_{BC}}=\frac{3\times\frac{1}{6}}{3\times\frac{1}{6}+4\times\frac{1}{8}}=0.5$$

$$M_{BA}=\frac{1}{8}ql^2=\frac{1}{8}\times25\times6^2=112.5\text{kN}\cdot\text{m}$$

$$M_{BC}=\frac{1}{12}ql^2=\frac{1}{12}\times25\times8^2=133.3\text{kN}\cdot\text{m}$$

不平衡弯矩：$\Delta M=133.3-112.5=20.8\text{kN}\cdot\text{m}$

2. 正确答案是 D，解答如下：
$$M_B=M_C=0.7\times140=98\text{kN}\cdot\text{m}$$

调幅前，跨中弯矩：$M_{中,前}=\frac{1}{8}ql^2-\frac{1}{2}\times(140+140)$

$$=\frac{1}{8}\times25\times8^2-140=60\text{kN}\cdot\text{m}$$

调幅后，跨中弯矩：$M_{中,后}=60+\frac{1}{2}\times(1-0.7)\times(140+140)=102\text{kN}\cdot\text{m}$

$$x=h_0-\sqrt{h_0^2-\frac{2\gamma_0M_{跨中}}{\alpha_1f_cb}}=465-\sqrt{465^2-\frac{2\times1\times102\times10^6}{1\times14.3\times200}}$$

$$=84.3\text{mm}$$

$$A_s=\frac{\alpha_1f_cbx}{f_y}=\frac{1\times14.3\times200\times84.3}{360}=670\text{mm}^2$$

3. 正确答案是 B，解答如下：

AB 跨跨中最大弯矩值，将恒载满跨布置：
$$M_1=0.077\times ql^2=0.077\times1.3\times20\times6^2=70.07\text{kN}\cdot\text{m}$$

将活荷载隔跨布置：$M_2=0.1\times ql^2=0.1\times1.5\times25\times6^2=135\text{kN}\cdot\text{m}$

$$M_{AB}=M_1+M_2=207.07\text{kN}\cdot\text{m}$$

4. 正确答案是 C，解答如下：

$$h_0 = h - a_s = 500 - 40 = 460\text{mm}$$

$$M_1 = f'_y A'_s (h_0 - a'_s) = 360 \times 628 \times (460 - 40) = 94.95\text{kN} \cdot \text{m}$$

$$M_2 = \gamma_0 M - M_1 = 1.0 \times 280 - 94.95 = 185.05\text{kN} \cdot \text{m}$$

根据《混规》式（6.2.10-1）：

$$x = h_0 - \sqrt{h_0^2 - \frac{2M_2}{\alpha_1 f_c b}} = 460 - \sqrt{460^2 - \frac{2 \times 185.05 \times 10^6}{1 \times 14.3 \times 250}}$$

$$= 131.25\text{mm} < \xi_0 h_0 = 0.518 \times 460 = 238\text{mm}$$

$$> 2a'_s = 80\text{mm}$$

$$A_s = \frac{\alpha_1 f_c bx}{f_y} + A'_s = \frac{1 \times 14.3 \times 250 \times 131.25}{360} + 628 = 1931\text{mm}^2$$

5. 正确答案是 A，解答如下：

$$\alpha_1 f_c b'_f h'_f \left(h_0 - \frac{h'_f}{2}\right) = 1 \times 14.3 \times 850 \times 100 \times (460 - 50)$$

$$= 498.36\text{kN} \cdot \text{m} > M = 200\text{kN} \cdot \text{m}$$

故属于第一类 T 形截面，取 $b'_f \times h = 850 \times 500$ 计算

$$x = h_0 - \sqrt{h_0^2 - \frac{2\gamma_0 M}{\alpha_1 f_c b'_f}} = 460 - \sqrt{460^2 - \frac{2 \times 1 \times 200 \times 10^6}{1 \times 14.3 \times 850}}$$

$$= 37.3\text{mm}$$

$$A_s = \frac{\alpha_1 f_c b'_f x}{f_y} = \frac{1 \times 14.3 \times 850 \times 37.3}{360} = 1259\text{mm}^2$$

6. 正确答案是 D，解答如下：

根据《混规》7.1.2 条：

边跨 AB 跨中荷载的准永久组合应为：荷载组合①＋②×0.5：

$$M_q = 0.077 \times 20 \times 6^2 + 0.100 \times 25 \times 6^2 \times 0.5 = 100.44\text{kN} \cdot \text{m}$$

$$\sigma_{sq} = \frac{M_q}{0.87 h_0 A_s} = \frac{100.44 \times 10^6}{0.87 \times 460 \times 1723} = 145.7\text{N/mm}^2$$

$$\rho_{te} = \frac{A_s}{A_{te}} = \frac{1723}{0.5 \times 250 \times 500} = 0.0276 > 0.01$$

$$\psi = 1.1 - 0.65 \frac{f_{tk}}{\rho_{te}\sigma_{sq}} = 1.1 - 0.65 \times \frac{2.01}{0.0276 \times 145.7} = 0.775 \begin{matrix} < 1.0 \\ > 0.2 \end{matrix}$$

$$d_{eq} = \frac{\sum n_i d_i^2}{\sum n_i v_i d_i} = \frac{1 \times 25^2 + 2 \times 28^2}{1 \times 1 \times 25 + 2 \times 1 \times 28} = 27.07\text{mm}$$

$$w_{max} = \alpha_{cr} \psi \frac{\sigma_{sq}}{E_s}\left(1.9 c_s + 0.08 \frac{d_{eq}}{\rho_{te}}\right)$$

$$= 1.9 \times 0.775 \times \frac{145.7}{2 \times 10^5} \times \left(1.9 \times 30 + 0.08 \times \frac{27.07}{0.0276}\right)$$

$$= 0.145\text{mm}$$

【3～6题评析】 3题、6题，关键是确定活荷载最不利布置。

5题，关键是判别 T 形梁属于哪一类 T 形截面。对第一类 T 形截面，按 $b'_f \times h$ 计算。

7. 正确答案是 D，解答如下：

根据《混规》6.2.21 条及 6.2.15 条：

$$N_{u0} = f_c A + f'_y A'_s$$

$$\rho = \frac{A'_s}{b \times h_0} = \frac{4926}{500 \times 500} = 1.97\% < 3\%$$

故 $N_{u0} = 14.3 \times 500 \times 500 + 4926 \times 360 = 5348.36\text{kN}$

8. 正确答案是 A，解答如下：

根据《混规》6.2.17 条：

$$h_0 = h - a_s = 500 - 45 = 455\text{mm}$$

$$e_{0x} = \frac{M_{0x}}{N} = \frac{136.4}{243} = 0.561\text{m}$$

$$e_a = \max\left(20, \frac{500}{30}\right) = 20\text{mm}$$

$$e_{ix} = e_{0x} + e_a = 581\text{mm}$$

$$e = e_{ix} + \frac{h}{2} - a_s = 581 + \frac{500}{2} - 45 = 786\text{mm}$$

大偏压，由《混规》式（6.2.17-1）、式（6.2.17-2）：

$$N_{ux} = \alpha_1 f_c b x \, ; N_{ux} e = \alpha_1 f_c b x \left(h_0 - \frac{x}{2}\right) + f'_y A'_s (h_0 - a'_s)，则：$$

$$x = N_{ux}/(\alpha_1 f_c b)$$

$$N_{ux} e = N_{ux}\left(h_0 - \frac{x}{2}\right) + 360 \times 1847 \times (455 - 45)$$

$$= N_{ux}\left(455 - \frac{N_{ux}}{2 \times 1 \times 14.3 \times 500}\right) + 272.617 \times 10^6$$

$$N_{ux}^2 + 4.73 \times 10^6 N_{ux} - 3.9 \times 10^{12} = 0$$

解之得：　　　　　　$N_{ux} = 0.716 \times 10^6 \text{N} = 716\text{kN}$

9. 正确答案是 B，解答如下：

$$N(1/N_{ux} + 1/N_{uy} - 1/N_{u0}) = 243 \times (1/480 + 1/800 - 1/5348.36)$$
$$= 0.765 < 1.0$$

【7～9 题评析】　7 题、8 题、9 题主要考核双向偏心受压构件，其正截面受压承载力计算。

10. 正确答案是 B，解答如下：

根据《混规》9.2.12 条：

$$4\,\Phi\,18(A_s = 1017\text{mm})$$

$$N_{s1} = 2 f_y A_{s1} \cos\frac{\alpha}{2} = 0.0$$

$$N_{s2} = 0.7 f_y A_s \cos\frac{\alpha}{2} = 0.7 \times 360 \times 1017 \cos\frac{120°}{2} = 128142\text{N}$$

故取　　　　　　$N_s = N_{s2} = 128142\text{N}$

箍筋面积：$A_{sv} = \dfrac{N_s}{f_{yv} \sin\dfrac{120°}{2}} = \dfrac{128142}{270 \times \sin 60°} = 548\text{mm}^2$

11. 正确答案是 A，解答如下：

4 ⏀ 18（$A_s = 1017\text{mm}^2$），2 ⏀ 18（$A_s = 509\text{mm}^2$）

根据《混规》9.2.12条：

$$N_{s1} = 2f_y A_{s1} \cos\frac{\alpha}{2} = 2 \times 360 \times 509 \times \cos\frac{130°}{2} = 154881\text{N}$$

$$N_{s2} = 0.7 f_y A_s \cos\frac{\alpha}{2} = 0.7 \times 360 \times 1017 \times \cos\frac{130°}{2} = 108310\text{N}$$

$$\text{故 } N_s = \max(N_{s1}, N_{s2}) = 154881\text{N}$$

箍筋面积：$A_{sv} = \dfrac{N_s}{f_{yv}\sin\dfrac{130°}{2}} = \dfrac{154881}{270 \times \sin 65°} = 633\text{mm}^2$

每侧各配置 3×2 ⏀ $10@100$，$A_{sv} = 2 \times 6 \times 78.5 = 942\text{mm}^2 > 633\text{mm}^2$

12. 正确答案是 A，解答如下：

（1）根据《混规》9.3.8条：

C30＜C50，由规范 6.3.1 条规定，取 $\beta_c = 1.0$

$$h_0 \geq \frac{f_y A_s}{0.35 \beta_c f_c b} = \frac{360 \times 1473}{0.35 \times 1 \times 14.3 \times 300} = 353.2\text{mm}$$

$$h = h_0 + a_s = 393.2\text{mm}$$

（2）根据《混规》9.3.6条，柱纵筋弯折后的竖直投影长度≥$0.5l_{ab}$；又由规范 8.3.1 条计算 l_{ab}，则：

$$h_0 = 0.5 l_{ab} = 0.5 \times \alpha \frac{f_y}{f_t} d = 0.5 \times 0.14 \times \frac{360}{1.43} \times 25 = 440.6\text{mm}$$

$$h = h_0 + a_s = 480.6\text{mm}$$

故取 $h \geq 480.6\text{mm}$

13. 正确答案是 C，解答如下：

根据《抗规》附录 C.0.7 条第 3 款，（A）项正确；附录 C.0.8 条，（C）项不妥；

根据《混规》10.1.2 条，（B）项正确；11.8.4 条及条文说明，（D）项正确。

14. 正确答案是 C，解答如下：

根据《混加规》9.2.8条：

$$h_0 = 600 - 35 = 565\text{mm}$$

由提示为第 2 类 T 形梁，由《混加规》式（9.2.3-1），并计入有效受压翼缘：

$$M' = M - f'_{y0} \times 0 \times (h - a') + f_{y0} A_{s0}(h - h_0) - \alpha_1 f_{c0}(b'_f - b)h'_f \cdot \left(h - \frac{h'_f}{2}\right)$$

$$= 380 \times 10^6 - 0 + 300 \times 1964 \times (600 - 565) - 1 \times 9.6$$

$$\times (600 - 250) \times 100 \times \left(600 - \frac{100}{2}\right)$$

$$= 215822000\text{N} \cdot \text{mm}$$

$$x = h - \sqrt{h^2 - \frac{2M'}{\alpha_1 f_{c0} b}} = 600 - \sqrt{600^2 - \frac{2 \times 21582200}{1 \times 9.6 \times 250}}$$

$$= 175.6\text{mm} < 0.85 \xi_b h_0 = 0.85 \times 0.550 \times 565 = 264\text{mm}$$

查表 9.2.9 及注的规定：

$$\sigma_{s0} = \frac{M_{0k}}{0.85h_0A_s} = \frac{120 \times 10^6}{0.85 \times 565 \times 1964} = 127\text{N/mm}^2 < 150\text{N/mm}^2$$

$$\alpha_{sp} = 0.9 \times \left[1.15 + \frac{0.026 - 0.020}{0.030 - 0.020} \times (1.20 - 1.15)\right] = 1.062$$

$$\varepsilon_{sp,0} = \frac{1.062 \times 120 \times 10^6}{2 \times 10^5 \times 1964 \times 565} = 0.0006$$

$$\psi_{sp} = \frac{0.8 \times 0.0033 \times 600/175.6 - 0.0033 - 0.0006}{215/206000}$$

$$= 4.91$$

15. 正确答案是 D，解答如下：

由《混加规》式（9.2.3-2），并计入有效受压翼缘：

$$A_{sp} = \frac{\alpha_1 f_{c0}bx + \alpha_1 f_{c0}(b'_f - b)h'_f - f_{y0}A_{s0}}{\psi_{sp}f_{sp}}$$

$$= \frac{1 \times 9.6 \times 250 \times 180 + 1 \times 9.6 \times (600 - 250) \times 100 - 300 \times 1964}{1 \times 215}$$

$$= 832\text{mm}^2$$

16. 正确答案是 C，解答如下：

平面内，$l_{0x} = 6\text{m}$，$\lambda_x = \dfrac{l_{0x}}{i_x} = \dfrac{6000}{151} = 39.7$

平面外：$l_{0y} = 3\text{m}$，$\lambda_y = \dfrac{l_{0y}}{i_y} = \dfrac{3000}{87.8} = 34.2$

热轧 H 型钢，$b/h = 344/348 = 0.99 > 0.8$，查《钢标》表 7.2.1-1 及注，$x$ 轴，属 b 类；y 轴，属 c 类。取 $\lambda_x = 39.7$，查附表 D.0.2，取 $\varphi_x = 0.90$；$\lambda_y = 34.2$，查附表 D.0.3，取 $\varphi_y = 0.876$，故取 $\varphi = 0.876$。

$$\frac{N}{\varphi A} = \frac{2179.2 \times 10^3}{0.876 \times 14600} = 170.4\text{N/mm}^2$$

17. 正确答案是 A，解答如下：

根据《钢标》8.1.1 条：

拉弯构件的截面等级可按受弯构件的截面等级确定原则进行确定。

截面等级满足 S3 级，故取 $\gamma_x = 1.05$

$$\frac{N}{A_n} + \frac{M_x}{\gamma_x W_{nx}} = \frac{2117.4 \times 10^3}{17390} + \frac{66.6 \times 10^6}{1.05 \times 2300 \times 10^3} = 149.3\text{N/mm}^2$$

18. 正确答案是 A，解答如下：

顶排螺栓受力最大：$M = Ve = 250 \times 0.12 = 30\text{kN} \cdot \text{m}$

$$N_{t1} = \frac{My_1}{2\sum y_i^2} = \frac{30 \times 10^3 \times 400}{2 \times (100^2 + 200^2 + 300^2 + 400^2)} = 20.0\text{kN}$$

19. 正确答案是 B，解答如下：

根据《钢标》11.4.1 条：

$$N_v^b = n_v \frac{\pi d^2}{4} f_v^b = 1 \times \frac{3.14 \times 20^2}{4} \times 140 = 43.96\text{kN}$$

$$N_c^b = d\sum t \cdot f_c^b = 20 \times 20 \times 305 = 122.0\text{kN}$$

$$N_t^b = f_t^b \cdot A_e = 170 \times 244.8 = 41.62 \text{kN}$$

螺栓连接长度：$l_1 = 4 \times 100 = 400 \text{mm} > 15d_0 = 15 \times 21.5 = 322.5 \text{mm}$

根据 11.4.5 条：

折减系数：$\eta = 1.1 - \dfrac{l_1}{150d_0} = 1.1 - \dfrac{400}{150 \times 21.5} = 0.976 > 0.7$

故 $N_v^b = 43.96 \times 0.976 = 42.90 \text{kN}$

由提示，$N_t = 20 \text{kN}$

每个螺栓分担剪力：$N_v = \dfrac{V}{n} = \dfrac{250}{10} = 25$

$$\sqrt{\left(\frac{N_v}{N_v^b}\right)^2 + \left(\frac{N_t}{N_t^b}\right)^2} = \sqrt{\left(\frac{25}{42.90}\right)^2 + \left(\frac{20}{41.62}\right)^2} = 0.76 < 1.0$$

20. 正确答案是 A，解答如下：

弯矩平面内：$l_{0x} = 2 \times 800 = 1600 \text{cm}$

$$\lambda_x = \frac{l_{0x}}{i_x} = \frac{1600}{39.6} = 40.4$$

换算长细比：$\lambda_{0x} = \sqrt{\lambda_x^2 + 27\dfrac{A}{A_{1x}}} = \sqrt{40.4^2 + 27 \times \dfrac{177.05}{2 \times 8.367}} = 43.8$

查《钢标》表 7.2.1-1，均属 b 类截面，查附表 D.0.2，取 $\varphi_x = 0.883$

21. 正确答案是 B，解答如下：

已知 $\varphi_x = 0.90$，$\beta_{mx} = 1.0$

$$N'_{Ex} = \frac{\pi^2 EA}{1.1\lambda_{0x}^2} = \frac{3.14^2 \times 206000 \times 17705}{1.1 \times 43.8^2} = 17040 \text{kN}$$

$$W_{1x} = \frac{I_x}{y_0} = \frac{278000 \times 10^4}{800 - 461} = 8.20 \times 10^6 \text{mm}^3$$

根据《钢标》8.2.3 条：

$$\frac{N}{\varphi_x A} + \frac{\beta_{mx}M_x}{W_{1x} \times \left(1 - \dfrac{N}{N'_{Ex}}\right)} = \frac{1990 \times 10^3}{0.9 \times 17705} + \frac{1.0 \times 696.5 \times 10^6}{8.2 \times 10^6 \times \left(1 - \dfrac{1990}{17040}\right)}$$

$$= 221.1 \text{N/mm}^2$$

22. 正确答案是 C，解答如下：

右肢受力 N_1：

$$N_1 = \frac{N \times 461 + M_x}{h} = \frac{1990 \times 10^3 \times 461 + 696.5 \times 10^6}{800}$$

$$= 2017 \text{kN}$$

右肢平面内：$\lambda_{1x} = \dfrac{l_{x1}}{i_{x1}} = \dfrac{800}{26.5} = 30.2$

右肢平面外：$\lambda_{1y} = \dfrac{l_{y1}}{i_{y1}} = \dfrac{4000}{152} = 26.3$

轧制工字型钢，$b/h = 146/400 = 0.365 < 0.8$，查《钢标》表 7.2.1-1，对 x_1 轴属 b 类，对 y_1 轴属 a 类；查附表 D.0.2，$\varphi_x = 0.935$；查附表 D.0.1，$\varphi_y = 0.970$，故取 $\varphi_{min} = 0.935$。

$$\frac{N}{\varphi_{min}A_1}=\frac{2017\times10^3}{0.935\times10200}=211.5\text{N/mm}^2$$

23. 正确答案是 A，解答如下：

斜缀条与柱的连接无节板，查《钢标》表 7.4.1-1，取 $l_0=l=800/\cos45°=1131\text{mm}$

由《钢标》7.6.1 条：

$$\lambda=\frac{l_0}{i_{min}}=\frac{1131}{10.9}=103.8$$

由《钢标》表 7.2.1-1 及注，b 类截面，查《钢标》附表 D.0.2，取 $\varphi=0.530$

$\eta=0.6+0.0015\lambda=0.6+0.0015\times103.8=0.756$

$$N_u=\eta\varphi Af=0.756\times0.530\times836.7\times215=72.08\text{kN}$$

由《钢标》7.6.3 条：

$$\frac{w}{t}=\frac{56-8\times2}{8}=5<14\varepsilon_k=14,\text{不考虑折减}$$

故取 $N_u=72.08\text{kN}$

【20~23 题评析】20 题，悬臂柱，其平面内计算长度 $l_{0x}=2l=2\times800=1600\text{cm}$。

21 题，关键是计算 N'_{Ex} 要用换算长细比 λ_{0x}；W_{1x} 为右肢的截面模量，故 $y_0=800-461=339\text{mm}$。

22 题，轧制工字形钢、轧制 H 型钢，首先确定 b/h 值，查《钢标》表 7.2.1-1，确定截面类型。

24. 正确答案是 D，解答如下：

柱 B：柱顶，$K_1=\dfrac{\sum i_b}{\sum i_c}=\dfrac{1}{1}=1.0$

柱底，$K_2=0$

有侧移框架，查《钢标》附录表 E.0.2，取 $\mu=2.33$

附有摇摆柱，由《钢标》式（8.3.1-2）：

$$\eta=\sqrt{1+\frac{\sum(N_1/H_1)}{\sum(N_f/H_f)}}$$

$$=\sqrt{1+\frac{2\times\dfrac{P}{2}\times\dfrac{1}{6}}{2\times P\times\dfrac{1}{6}}}=1.22$$

$$l_{0x}=\eta\mu l=1.22\times2.33\times6=17.06\text{m}$$

25. 正确答案是 B，解答如下：

根据《结通规》3.1.13 条：

$q=8\text{kN/m}^2$

$$q=1.3\times(3.2\times3+0.663)+1.4\times8\times3=46.94\text{kN/m}$$

$$M=\frac{1}{8}ql^2=\frac{1}{8}\times46.94\times5^2=146.69\text{kN}\cdot\text{m}$$

查《钢标》附录表 C.0.2，项次 3，自由长度 5m，故取 $\varphi_b=0.73>0.6$

$$\varphi'_b=1.07-\frac{0.282}{\varphi_b}=1.07-\frac{0.282}{0.73}=0.684$$

$$\frac{M_x}{\varphi'_b W_x} = \frac{146.69 \times 10^6}{0.684 \times 1090 \times 10^3} = 197 \text{N/mm}^2$$

【25题评析】 本题求次梁的弯矩，故《钢标》3.3.4条不适用。假定，次梁仅腹板与主梁相连，由《钢标》6.2.5条，取侧向支承点距离为$1.2 \times 5 = 6$m，查表C.0.2，取$\varphi_b = 0.6$。

26. 正确答案是C，解答如下：

$\theta = \alpha = 5.71°$，由《门规》表4.2.2-4b，4.2.3条：

$$c = \max\left(\frac{1.5 + 1.5}{2}, \frac{6}{3}\right) = 2\text{m}$$

$$A = 6 \times 2 = 12\text{m}^2 > 10\text{m}^2$$

中间区，$\mu_w = +0.38$

$\mu_z = 1.0$，由4.2.1条：

$$w_k = 1.5 \times 0.38 \times 1 \times 0.35 = +0.1995 \text{kN/m}^2$$

$$q_{y'} = 1.3 \times (0.2 \times 1.5\cos5.71° \cdot \cos5.71°)$$
$$+ 1.5 \times (0.5 \times 1.5\cos5.71° \cdot \cos5.71°)$$
$$+ 1.5 \times 0.6 \times (0.1995 \times 1.5)$$
$$= 1.769 \text{kN/m}$$

$$M_{x'} = \frac{1}{8} \times 1.769 \times 6^2 = 7.96 \text{kN} \cdot \text{m}$$

【26题评析】 $1.5\cos5.71°$是指水平投影的间距。

27. 正确答案是A，解答如下：

根据《门规》表4.2.2-4a，4.2.3条：

$A = 12\text{m}^2$，中间区，则：

$$\mu_w = -1.08$$

$$w_k = 1.5 \times (-1.08) \times 1 \times 0.35 = -0.567 \text{kN/m}^2$$

$$q_{y'} = 1.0 \times (0.2 \times 1.5\cos5.71° \times \cos5.71°) + 1.5 \times (-0.567) \times 1.5 = -0.979 \text{kN/m}$$

$$M_{x'} = \frac{1}{8} \times (-0.979) \times 6^2 = -4.41 \text{kN} \cdot \text{m}$$

28. 正确答案是B，解答如下：

$$V_{y'\max} = \frac{1}{2} \times 1.78 \times 6 = 5.34 \text{kN}$$

$$\frac{3V_{y'\max}}{2h_0 t} = \frac{3 \times 5.34 \times 10^3}{2 \times (220 - 2.5 \times 2 \times 2) \times 2} = 19.1 \text{N/mm}^2$$

29. 正确答案是C，解答如下：

根据《门规》9.1.5条、《冷弯规程》5.6节：

$$\psi = \frac{210.6}{210.6} = 1, \quad \alpha = 1.0, \quad b_c = b = 75\text{mm}$$

$$\xi = \frac{220}{75}\sqrt{\frac{3.0}{23.9}} = 1.039 < 1.1$$

$$k_1 = \frac{1}{\sqrt{1.039}} = 0.981$$

$$\rho = \sqrt{\frac{205 \times 0.981 \times 3.0}{210.6}} = 1.69$$

$$\frac{b}{t} = \frac{75}{2} = 37.5 > 18\alpha\rho = 18 \times 1 \times 1.69 = 30.42$$

$$< 38\alpha\rho = 38 \times 1 \times 1.69 = 64.22$$

$$b_e = \left(\sqrt{\frac{21.8 \times 1 \times 1.69}{75/2}} - 0.1 \right) \times 75 = 66.8\text{mm}$$

30. 正确答案是 A，解答如下：

$$H = 4.5 + 0.4 = 4.9\text{m}，查《砌规》表 5.1.3：$$

弹性方案，垂直排架方向，$H_0 = 1.0H = 4.9\text{m}$

$$\beta = \gamma_\beta \frac{H_0}{h} = 1 \times \frac{1.0 \times 4.9}{0.49} = 10$$

$e/h = 0$，查规范附录表 D.0.1-1，取 $\varphi = 0.87$

31. 正确答案是 B，解答如下：

M5 水泥砂浆，对 f 不调整。

$$A = 0.49 \times 0.49 = 0.2401\text{m}^2 < 0.3\text{m}^2，\gamma_a = 0.7 + A = 0.9401$$

故 $$f = 0.9401 \times 1.50 = 1.410\text{N/mm}^2$$

排架方向，查《砌规》表 5.1.3：

$$H_0 = 1.5H = 1.5 \times 4.9 = 7.35\text{m}$$

$$\beta = \gamma_\beta \frac{H_0}{h} = 1.0 \times \frac{7.35}{0.49} = 15$$

$e/h = 0$，查《砌规》附表 D.0.1-1，取 $\varphi = 0.745$

$$\varphi fA = 0.745 \times 1.410 \times 490 \times 490 = 252.2\text{kN}$$

32. 正确答案是 C，解答如下：

配筋砌体，$A = 0.49 \times 0.49 = 0.2401\text{m}^2 > 0.2\text{m}^2$，故取 $f = 1.50\text{MPa}$

取 $f_y = 320\text{N/mm}^2$，$e = 0$

根据《砌规》8.1.2 条：

$$f_n = f + 2\left(1 - \frac{2e}{y}\right)\rho f_y$$

$$= 1.50 + 2 \times \rho \times 320$$

又 $$\beta = \gamma_\beta \frac{H_0}{h} = 1.0 \times \frac{7.35}{0.49} = 15.0，e/h = 0$$

对于（C）项，$a = 80\text{mm}$，$\rho = \dfrac{(a+b)\ A_s}{as_n} = \dfrac{(80+80) \times 12.57}{80 \times 80 \times 260} = 0.121\%$，满足

8.1.3 条。

故 $$f_n = 1.50 + 2 \times 0.121\% \times 320 = 2.274\text{N/mm}^2$$

$$\varphi_n = \varphi_{on} = \frac{1}{1 + (0.0015 + 0.45 \times 0.121\%) \times 15^2} = 0.685$$

$$\varphi_n f_n A = 0.685 \times 2.274 \times 490 \times 490 = 374\text{kN} > 360\text{kN}，满足。$$

33. 正确答案是 B，解答如下：

根据《砌规》7.1.5 条第 3 款，圈梁高度 $h \geqslant 120\text{mm}$；

又由规范 6.1.2 条第 3 款，$b/s \geqslant 1/30$ 时，视为不动铰支点。

$b = 190\text{mm} < \dfrac{1}{30} \times 6000 = 200\text{mm}$，故需增大圈梁高度。

$$I = \frac{120 \times 200^3}{12} = \frac{h \times 190^3}{12}$$

故 $h = 140$mm，取 150mm，即 $b \times h = 190$mm$\times 150$mm。

34. 正确答案是 B，解答如下：

根据《砌规》7.4.2 条的规定：

$$l_1 = 1.6 + 0.9 + 0.3 = 2.8\text{m} > 2.2h_b = 2.2 \times 0.3 = 0.66\text{m}$$

$$x_0 = 0.3h_b = 0.3 \times 0.3 = 0.09\text{m} < 0.13l_1 = 0.13 \times 2.8 = 0.364\text{m}$$

有构造柱，取 $x_0 = \dfrac{0.09}{2} = 0.045$m

由《可靠性标准》8.2.4 条：

$$M_{ov} = 1.3 \times 4.5 \times (1.5 + 0.045) + [1.5 \times 8.52 + 1.3$$
$$\times (1.56 + 17.75)] \times 1.5 \times \left(\frac{1.5}{2} + 0.045\right)$$
$$= 54.21\text{kN} \cdot \text{m}$$

35. 正确答案是 A，解答如下：

根据《砌规》7.4.3 条及图 7.4.3（c），300mm＜370mm，故不考虑挑梁尾端上部 45°扩展角范围的墙重。

墙体的抗倾覆力矩 M_{r1}：

$$M_{r1} = 0.8 \times 0.24 \times 19 \times [2.8 \times (2.8 - 0.3) \times (2.8/2 - 0.045)$$
$$- 0.9 \times 2.1 \times \left(1.6 + \frac{0.9}{2} - 0.045\right)]$$
$$= 20.78\text{kN} \cdot \text{m}$$

楼板的抗倾覆力矩 M_{r2}：

$$M_{r2} = 0.8 \times \frac{1}{2} \times (10 + 1.98) \times (2.8 - 0.045)^2 = 36.37\text{kN} \cdot \text{m}$$

$$M_r = M_{r1} + M_{r2} = 57.15\text{kN} \cdot \text{m}$$

【34、35 题评析】 35 题，应注意的是，挑梁尾端长度 0.3m＜0.37m，根据《砌规》图 7.4.3（c）知，不计尾端上部 45°扩展角范围内的墙体自重。

36. 正确答案是 A，解答如下：

根据《砌规》9.2.4 条、8.2.4 条：

$$e = \frac{M}{N} = \frac{1770 \times 10^3}{1935} = 914.7\text{mm}$$

$$\beta = \gamma_\beta \frac{H_0}{h} = 1 \times \frac{4.4}{5.5} = 0.8$$

$$e_a = \frac{\beta^2 h}{2200}(1 - 0.022\beta) = \frac{0.8^2 \times 5500}{2200} \times (1 - 0.022 \times 0.8)$$
$$= 1.57\text{mm}$$

$$e_N = e + e_a + \frac{h}{2} - a_s = 914.7 + 1.57 + \frac{5500}{2} - 300 = 3366.3\text{mm}$$

$$h_0 = h - a'_s = 5200\text{mm}$$

$x = 1655$mm，大偏压。

由规范式（9.2.4-2），及提示，$\sum f_{si}S_{si} = 0.5f_{yw}\rho_w b (h_0 - 1.5x)^2$：

$$Ne_N = 1935 \times 3366.3 = 6513.8 \text{kN} \cdot \text{m}$$

$$f_g bx\left(h_0 - \frac{x}{2}\right) = 6.95 \times 190 \times 1655 \times \left(5200 - \frac{1655}{2}\right) = 9556 \text{kN} \cdot \text{m}$$

$$0.5f_{yw}\rho_w b (h_0 - 1.5x)^2 = 0.5 \times 360 \times 0.135\% \times 190 \times (5200 - 1.5 \times 1655)^2$$

$$= 341 \text{kN} \cdot \text{m}$$

代入规范式（9.2.4-2）计算，可知：$A_s' < 0$，按构造配置钢筋。

根据《砌规》9.4.10 条第 1 款，应选（A）项。

【36 题评析】由《砌规》式（9.2.4-1），$\sum f_{si}A_{si} = f_{yw}\rho_w (h_0 - 1.5x) b$，假定为大偏压，可得：

$$x = \frac{N + f_{yw}\rho_w bh_0}{(f_g + 1.5f_{yw}\rho_w)b} = \frac{1935000 + 360 \times 0.135\% \times 190 \times 5200}{(6.95 + 1.5 \times 360 \times 0.135\%) \times 190}$$

$$= 1655 \text{mm} \quad \begin{array}{l} < \xi_b h_0 = 0.52 \times 5200 = 2704 \text{mm} \\ > 2a_s' = 2 \times 300 = 600 \text{mm} \end{array}$$

37. 正确答案是 B，解答如下：

根据《砌规》9.3.1 条：

$$\lambda = \frac{M}{Vh_0} = \frac{1770 \times 10^3}{400 \times 5200} = 0.85 < 1.5, \text{取} \lambda = 1.5$$

$$N = 1935 \text{kN} > 0.25f_g bh = 1820.9 \text{kN}, \text{取} N = 1820.9 \text{kN}$$

由规范式（9.3.1-2）：

$$\frac{A_{sh}}{s} = \frac{V - (0.6f_{vg}bh_0 + 0.12N) \times \dfrac{1}{\lambda - 0.5}}{0.9f_{yh}h_0}$$

$$= \frac{400 \times 10^3 - (0.6 \times 0.581 \times 190 \times 5200 + 0.12 \times 1820.9 \times 10^3) \times 1}{0.9 \times 270 \times 5200} < 0$$

按构造配筋，根据《砌规》9.4.8 条第 5 款，$\rho_{sh} \geqslant 0.07\%$；

（A）项：$\rho_{sh} = \dfrac{2 \times 50.3}{800 \times 190} = 0.066\%$，不满足

（B）项：$\rho_{sh} = \dfrac{2 \times 78.5}{800 \times 190} = 0.103\%$，满足

38. 正确答案是 B，解答如下：

根据《砌规》4.3.5 条，应选用水泥砂浆，故排除（A）项；由规范 5.2.1 条、5.2.2 条：

$$A_l = 200 \times 200 = 40000 \text{mm}^2$$

$$A_0 = (370 + 200 + 85)^2 - (370 + 200 + 85 - 370)^2 = 347800 \text{mm}^2$$

$$\gamma = 1 + 0.35\sqrt{\frac{A_0}{A_l} - 1} = 1.971 < 2.5$$

安全等级为一级，$\gamma_0 = 1.1$，由规范式（5.2.1）：

$$1.1 \times 215 \times 10^3 \leqslant f \cdot \gamma A_l$$

故 $$f \geqslant \frac{1.1 \times 215 \times 10^3}{1.971 \times 40000} = 3.00 \text{N/mm}^2$$

查《砌规》表 3.2.1-1，取 M15 水泥砂浆，MU25 烧结普通砖，$f = 3.60 \text{N/mm}^2$。

复核，查规范表 4.3.5 及注 2，选用 M15 水泥砂浆满足要求。

39. 正确答案是 D，解答如下：

水曲柳（TB15），$f_c = 14 \text{N/mm}^2$，$f_{c,90} = 4.7 \text{N/mm}^2$

根据《木标》4.3.2 条第 2 款，强度设计值提高 10%：

$$f_c = 1.1 \times 14 = 15.4 \text{N/mm}^2, \quad f_{c,90} = 1.1 \times 4.7 = 5.17 \text{N/mm}^2$$

$\alpha = 26°34' > 10°$，由标准式（4.3.3-2）：

$$f_{c\alpha} = \cfrac{f_c}{1 + \left(\cfrac{f_c}{f_{c,90}} - 1 \right) \cfrac{\alpha - 10°}{80°} \sin\alpha}$$

$$= \cfrac{15.4}{1 + \left(\cfrac{15.4}{5.17} - 1 \right) \times \cfrac{26.6° - 10°}{80°} \times \sin26.6°} = 13.0 \text{N/mm}^2$$

承压面积 A_c：

$$A_c = \frac{bh_c}{\cos\alpha} = \frac{N}{f_{c\alpha}}$$

$h_c = \cfrac{120 \times 10^3}{13} \cdot \cfrac{\cos26.6°}{200} = 41.3 \text{mm}$，并且满足 6.1.1 条规定，$h_c \geqslant 20 \text{mm}$，$h_c \leqslant \cfrac{h}{3} = \cfrac{250}{3} = 83.3 \text{mm}$。

40. 正确答案是 C，解答如下：

由《木标》式（6.1.5）：

$$N_b = N\tan(60° - \alpha) = 120000\tan(60° - 26.6°) = 79125 \text{N}$$

查《钢标》表 4.4.6，C 级普通螺栓，$f_t^b = 170 \text{N/mm}^2$

由《木标》6.1.5 条：

$$A_e = \frac{N_b}{1.25 f_t^b} = \frac{79125}{1.25 \times 170} = 372.4 \text{mm}^2$$

选 M27（$A_e = 459 \text{mm}^2$），满足；而 M24（$A_e = 353 \text{mm}^2$），不满足。

【39、40 题评析】 39 题，刻槽深度 h_c 除应满足计算要求外，还应满足《木标》的构造要求。

40 题，根据《木标》6.1.5 条规定，保险螺栓的强度设计值应乘以 1.25 的系数。

（下午卷）

41. 正确答案是 C，解答如下：

根据《既有地规》附录 A.0.7 条，应选 (C) 项。

42. 正确答案是 B，解答如下：

根据《边坡规范》附录 A.0.2 条：

$$V = \frac{1}{2}\gamma_w h_w^2 = \frac{1}{2} \times 10 \times 12^2 = 720 \text{kN/m}$$

$$U = \frac{1}{2}\gamma_w h_w L = \frac{1}{2} \times 10 \times 12 \times 50 = 3000 \text{kN/m}$$

$$R = (G\cos\theta - V\sin\theta - U)\tan\varphi + cL$$

$$= (15500\cos28° - 720\sin28° - 3000)\tan25° + 50 \times 50$$

$$= 7325.2 \text{kN/m}$$

$$T = G\sin\theta + V\cos\theta$$

$$= 15500\sin28° + 720\cos28° = 7912.53 \text{kN/m}$$

$$F_s = \frac{R}{T} = \frac{7325.25}{7912.53} = 0.93$$

43. 正确答案是 B，解答如下：

根据《地规》5.2.2 条：

$$M_k = 200 + 150 \times 1 = 350 \text{kN} \cdot \text{m}$$

$$F_k + G_k = 600 + 20 \times 1.5 \times 2.5 \times 2.5 = 787.5 \text{kN}$$

$$e = \frac{M_k}{F_k + G_k} = \frac{350}{787.5} = 0.44\text{m} > \frac{b}{6} = \frac{2.5}{6} = 0.42\text{m}$$

故基底反力呈三角形分布。

$$a = \frac{b}{2} - e = \frac{2.5}{2} - 0.44 = 0.81\text{m}$$

由规范式（5.2.2-4）：

$$p_{kmax} = \frac{2(F_k + G_k)}{3la} = \frac{2 \times 787.5}{3 \times 2.5 \times 0.81} = 259.3 \text{kPa}$$

44. 正确答案是 A，解答如下：

150kPa$<f_{ak}=$230kPa$<$300kPa，粉土，查《抗规》表 4.2.3，取 $\zeta_a=1.3$。

$$f_{aE} = \zeta_a f_a = 1.3 \times 265 = 344.5 \text{kPa}$$

45. 正确答案是 C，解答如下：

$$M_k = 200 + 100 \times 1 = 300 \text{kN} \cdot \text{m}$$

$$F_k + G_k = 1600 + 20 \times 1.5 \times 2.5 \times 2.5 = 1787.5 \text{kN}$$

$$e = \frac{M_k}{F_k + G_k} = \frac{300}{1787.5} = 0.167\text{m} < \frac{b}{6} = \frac{2.5}{6} = 0.417\text{m}$$

故基底反力呈梯形分布。

$$p_{max} = \frac{F_k + G_k}{A} + \frac{6M_k}{bl^2} = \frac{1787.5}{2.5 \times 2.5} + \frac{6 \times 300}{2.5 \times 2.5^2} = 401.2 \text{kPa}$$

$$p = \frac{F_k + G_k}{A} = \frac{1787.5}{2.5 \times 2.5} = 286 \text{kPa}$$

根据《抗规》4.2.4条：

$$p \leqslant f_{aE}, \text{即}: p = 286 \text{kPa} < 344.5 \text{kPa}$$

$$p_{max} \leqslant 1.2 f_{aE}, \text{即}: p_{max} = 401.2 \text{kPa} < 1.2 f_{aE} = 1.2 \times 344.5 = 413.4 \text{kPa}$$

【43～45题评析】 43题、45题，求基底反力时，首先应判定基底反力图形，故需计算 e 值。

46. 正确答案是 B，解答如下：

根据《地规》附录 V：

$$h + t = 8\text{m}, \quad t = 8 - h$$

$$\frac{5.14 \times 30 + 19(8-h)}{19 \times 8 + 0} \geqslant 1.6$$

可得：$h \leqslant 3.32\text{m}$

47. 正确答案是 B，解答如下：

根据《地规》6.7.3条，

挡土墙高度为 5.5m，取 $\psi_c = 1.1$；$k_a = \tan^2$ $\left(45° - \frac{30°}{2}\right) = 0.333$

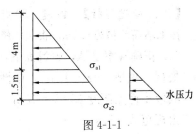

图 4-1-1

如图 4-1-1 所示，挡土墙墙身总压力包括土压力和水压力。

$$\sigma_{a1} = 18.2 \times 4k_a = 24.24 \text{kPa}$$

$$\sigma_{a2} = [18.2 \times 4 + (20-10) \times 1.5]k_a = 29.24 \text{kPa}$$

$$E_{a1} = \psi_c \times \frac{1}{2} \times 29.24 \times 4 = 53.33 \text{kN/m}$$

$$E_{a2} = 1.1 \times \frac{1}{2} \times (24.24 + 29.24) \times 1.5 = 44.12 \text{kN/m}$$

$$E_w = 1.1 \times \frac{1}{2} \times (1.5 \times 10) \times 1.5 = 12.375 \text{kN/m}$$

$$E_a = E_{a1} + E_{a2} + E_w = 109.8 \text{kN/m}$$

48. 正确答案是 A，解答如下：

将填土表面均布荷载换算为当量土层厚度：

$$h_1 = \frac{q}{\gamma} = \frac{18}{18.2} = 0.989\text{m}, \text{此时挡土墙高度仍为 5.5m,}$$

取 $\psi_c = 1.1$。

$$E_a = \psi_c \times \left(qk_a \cdot h + \frac{1}{2} \times \gamma h k_a \cdot h\right)$$

$$= 1.1 \times \left(18 \times 0.333 \times 5.5 + \frac{1}{2} \times 18.2 \times 5.5 \times 0.333 \times 5.5\right)$$

$$= 137.1 \text{kN/m}$$

49. 正确答案是 C，解答如下：

根据《地规》6.7.3 条

$$\sigma_{a1} = qk_a - 2c \cdot \tan\left(45° - \frac{\varphi}{2}\right)$$

$$= 18 \times 0.4903 - 2 \times 10 \times \tan\left(45° - \frac{20°}{2}\right)$$

$$= -5.18 \text{kPa(拉应力)}$$

50. 正确答案是 A，解答如下：

均布荷载换算为当量土厚度：$h_1 = \frac{q}{\gamma} = \frac{12}{17} = 0.71\text{m}$，此时挡土墙高度仍为 5.5m，取 $\psi_c = 1.1$。

设主动土压力为零处至墙底面的距离为 x：

$$\frac{x}{5.5 - x} = \frac{30.08}{7.87}, 故\ x = 4.36\text{m}$$

由《地规》6.7.3 条：

$$E_a = 1.1 \times \frac{1}{2} \times 4.36 \times 30.08 = 72.13 \text{kN/m}$$

【49、50题评析】 49题、50题，当将填土表面均布荷载 q 换算为当量土层厚度（q/γ）后，挡土墙高度仍为 5.5m，由《地规》6.7.3 条规定，取 $\psi_c = 1.1$。

51. 正确答案是 A，解答如下：

根据《桩规》表 5.4.4-2，中性点深度比 $l_n/l_0 = 1.0$，

故取中性点深度 $l_n = l_0 = 15\text{m}$

由规范式（5.4.4-2）：

$$\sigma'_1 = p + \sigma'_{\gamma i} = 60 + \frac{1}{2} \times (18 - 10) \times 8 = 92 \text{kPa}$$

$$\sigma'_2 = p + \sum_{e=1}^{i-1} \gamma_e \Delta z_e + \frac{1}{2} \gamma_i \Delta z_i = 60 + (18 - 10) \times 8 + \frac{1}{2} \times (20 - 10) \times 7 = 159 \text{kPa}$$

由规范式（5.4.4-1）

$$q_{s1}^n = \xi_{n1} \cdot \sigma'_1 = 0.25 \times 92 = 23 \text{kPa} < q_{s1k} = 40 \text{kPa}$$

$$q_{s2}^n = \xi_{n2} \cdot \sigma'_2 = 0.30 \times 159 = 47.7 \text{kPa} < q_{s2k} = 50 \text{kPa}$$

由规范式（5.4.4-3）：

$$Q_g^n = \eta_n \cdot u \sum_{i=1}^{n} q_{si}^n l_i = 1 \times 3.14 \times 1.0 \times (23 \times 8 + 47.7 \times 7)$$

$$= 1626.2 \text{kN}$$

52. 正确答案是 B，解答如下：

根据《抗规》表 4.3.4，取 $N_0 = 12$；砂土，$\rho_c = 3$；$d_w = 2.0\text{m}$

设计地震第一组，取 $\beta = 0.80$

测点 1：$N_{cr1} = N_0 \beta [\ln(0.6d_s + 1.5) - 0.1d_w] \sqrt{3/\rho_c}$

$$= 12 \times 0.80 \times [\ln(0.6 \times 9 + 1.5) - 0.1 \times 2] \sqrt{3/3}$$

334

$$= 16.6 > N_1 = 10, 液化$$

$N_1/N_{cr1}=11/16=0.66$，查《抗规》表4.4.3，粉细砂层8~10m，取折减系数为1/3。

测点2：$N_{cr2} = 12 \times 0.80 \times [\ln(0.6 \times 11 + 1.5) - 0.1 \times 2]\sqrt{3/3} = 18.16 > N_2 = 15$，液化

$N_2/N_{cr2}=15/18.16=0.826$，查《抗规》表4.4.3，粉细砂层10~12m，取折减系数为1。

$$R_a = \pi \times 0.5 \times (50 \times 3 + 40 \times 3 + 60 \times 2 \times 1/3 +$$

$$60 \times 2 \times 1 + 65 \times 2) + \frac{\pi}{4} \times 0.5^2 \times 1500$$

$$= 1173.575kN$$

$$R_{aE} = 1.25R_a = 1466.97kN$$

53. 正确答案是C，解答如下：

测点1：$N_{cr1} = 17 < N_1 = 19$，不会液化

测点2：$N_{cr2} = 19 > N_2 = 12$，液化，2点液化土层厚度为：

$d_2 = \frac{3-1}{2} + 1 = 2m$，$\frac{N_2}{N_{cr2}} = \frac{12}{19} = 0.63$，查《抗规》表4.4.3，取粉细砂层10~12m，其折减系数为$\frac{2}{3}$。

$$R_a = \pi \times 0.5 \times \left(50 \times 3 + 40 \times 3 + 60 \times 2 + 60 \times 2 \times \frac{2}{3} + 65 \times 2\right) +$$

$$\frac{\pi}{4} \times 0.5^2 \times 1500$$

$$= 1236.375kN$$

$$R_{aE} = 1.25R_a = 1545.47kN$$

54. 正确答案是B，解答如下：

根据《抗规》4.4.3条第2款：

$$R_a = \pi \times 0.5 \times (2 \times 0 + 1 \times 50 + 3 \times 40 + 4 \times 0 + 2 \times 65)$$

$$+ \frac{\pi}{4} \times 0.5^2 \times 1500$$

$$= 765.375kN$$

$$R_{aE} = 1.25R_a = 956.72kN$$

【52~54题评析】 52题，53题，根据《抗规》表4.4.3，取土层液化影响折减系数，液化土的桩周摩阻力再乘以该折减系数。

55. 正确答案是C，解答如下：

根据《地处规》8.2.3条：

$$l = 4.8 - 1.4 = 3.4m$$

$$n = \frac{e}{1+e} = \frac{1.1}{1+1.1} = 0.523$$

$$r = 0.6\sqrt{\frac{v}{nl \times 10^3}} = 0.6 \times \sqrt{\frac{960}{0.523 \times 3.4 \times 10^3}} = 0.44$$

加固土层厚度 h 为：

$$h = l + r = 3.4 + 0.44 = 3.84\text{m}$$

56. 正确答案是 D，解答如下：

根据《地规》表 6.3.7 注 2 的规定，(D) 项不妥。

57. 正确答案是 D，解答如下：

根据《高规》3.12.2 条第 5 款，应选 (D) 项。

58. 正确答案是 C，解答如下：

由于不考虑风振系数变化，则：

$$\frac{w_B}{w_A} = \frac{\beta \mu_s \mu_{zb} \omega_0}{\beta \mu_s \mu_{za} \omega_0} = \frac{\mu_{zb}}{\mu_{za}} = \eta_B$$

根据《荷规》8.2.2 条：

$$\tan 45° = 1 > 0.3, \text{取} \tan\alpha = 0.3; K = 1.4$$

$$z = 30\text{m} < 2.5H = 2.5 \times 20 = 50\text{m}, \text{取} z = 30\text{m}$$

$$\eta_0 = \left[1 + K\tan\alpha \left(1 - \frac{z}{2.5H}\right)\right]^2$$

$$= \left[1 + 1.4 \times 0.3 \times \left(1 - \frac{30}{2.5 \times 20}\right)\right]^2 = 1.36$$

B 处修正后：

$$\eta_B = 1 + (1.36 - 1) \times \frac{3d}{4d} = 1.27$$

59. 正确答案是 A，解答如下：

(1) 根据《高规》3.3.2 条：

方案 (c)，高宽比 $\frac{H}{B} = \frac{72}{14} = 5.1 > 5$，不满足。

(2) 根据规程 3.5.5 条：

方案 (b)，$B_1 = 12\text{m} < 0.75B = 0.75 \times 18 = 13.5\text{m}$，不满足。

方案 (a)，$B_1 = 14\text{m} > 0.75B = 0.75 \times 18 = 13.5\text{m}$，满足；$\frac{H}{B} = \frac{72}{18} = 4 < 5$，满足。

故选方案 (a) 合理。

60. 正确答案是 B，解答如下：

底层边柱：
$$\bar{k}_{边} = \frac{i_b}{i_c} = \frac{4}{2.6} = 1.54$$

$$\alpha_{边} = \frac{0.5 + \bar{k}_{边}}{2 + \bar{k}_{边}} = \frac{0.5 + 1.54}{2 + 1.54} = 0.58$$

$$V_{边} = \frac{D_{边}}{\sum D_i} V_1 = \frac{0.58 \times 2.6}{2 \times (0.58 \times 2.6 + 0.7 \times 4.1)} \times (10 \times 10)$$

$$= 17.22\text{kN}$$

61. 正确答案是 A，解答如下：

$$\sum_{i=1}^{4} D_i = \frac{12}{h^2}(2\alpha_{边} i_{边c} + 2\alpha_{中} i_{中c})$$

$$= \frac{12}{6000^2} \times (2 \times 0.58 \times 2.6 + 2 \times 0.7 \times 4.1) \times 10^{10}$$

$$= 2.92 \times 10^4 \, \text{N/mm}$$

$$\delta_1 = \frac{V_1}{\sum\limits_{i=1}^{4} D_i} = \frac{10 \times 10 \times 10^3}{2.92 \times 10^4} = 3.42 \, \text{mm}$$

62. 正确答案是 A，解答如下：

7 度、丙类，$H = 82\text{m}$，查《高规》表 3.9.3，剪力墙抗震等级为二级。

$\dfrac{h_w}{b_w} = \dfrac{2000}{300} = 6.7 \begin{array}{l} <8 \\ >4 \end{array}$，根据《高规》7.1.8 条，该墙肢属于短肢剪力墙。

$\mu_N = 0.35 > 0.3$，根据规程 7.2.14 条，该底层墙肢应设置约束边缘构件。

根据规程 7.2.15 条，纵筋配筋率不小于 1.0%；又根据规程 7.2.2 条第 5 款，该墙底层全截面纵筋配筋率不宜小于 1.2%，则：

$$A_s = 1.2\% \times (300 \times 2000 + 2 \times 200 \times 300) = 8640 \, \text{mm}^2$$

当竖向纵筋间距 200mm 时，在 1700mm 范围内一侧纵筋根数：

$$\frac{1700 - 35}{200} = 8.3 \, \text{根，取 9 根。}$$

总的竖向纵筋根数：$8 + 2 \times 9 = 26$ 根

$A_{s1} = A_s/n = 8640/26 = 332.3 \, \text{mm}^2$，选用 $\Phi 22$（$A_{s1} = 380.1 \, \text{mm}^2$）。

63. 正确答案是 A，解答如下：

根据《高规》表 7.2.15 注 2：

$$200 + 300 + 200 = 700 \, \text{mm} < 3 \times 300 = 900 \, \text{mm，应视为无翼墙}$$

又根据规程附录 D.0.2 条、D.0.3 条

$$l_0 = \beta h = 1.0 \times 4.8 = 4800 \, \text{mm}$$

由规程式（D.0.1）：

$$q \leqslant \frac{E_c t^3}{10 l_0^2} = \frac{3.25 \times 10^4 \times 300^3}{10 \times 4800^2} = 3808.6 \, \text{N/mm} = 3808.6 \, \text{kN/m}$$

【62、63 题评析】 62 题，该墙肢 $h_w/b_w = 6.7$，属于短肢剪力墙，其抗震设计规定更严，《高规》7.2.2 条作了具体规定。

63 题，《高规》表 7.2.15 注 2 规定，翼墙长度小于其厚度 3 倍或者端柱截面边长小于墙厚的 2 倍时，视为无翼墙或无端柱。

64. 正确答案是 C，解答如下：

根据《高规》12.2.1 条：

$1.1 A_{s计} = 1.1 \times 985 = 1084 \, \text{mm}^2$

$1.1 A_{s实} = 1.1 \times 1017 = 1119 \, \text{mm}^2$

选 $4 \Phi 20$（$A_s = 1256 \, \text{mm}^2$），满足。

故选用 $12 \Phi 20$（$A_s = 3770 \, \text{mm}^2$）。

65. 正确答案是 B，解答如下：

根据《高规》6.3.2条：

$$\rho = \frac{A_s}{bh} = \frac{3 \times 314.2}{250 \times 610} = 0.62\% < 2.0\%$$

查规程表 6.3.2-2，箍筋最小直径为 8mm，故（A）项不对，又箍筋最大间距 s 为：

$$s = \min(h_b/4, 8d, 100) = \min(650/4, 8 \times 20, 100) = 100\text{mm}$$

由规程式（6.3.4-2）：

$$\rho_{sv,min} = 0.28 f_t / f_{yv} = 0.28 \times 1.57/270 = 0.16\%$$

故 $\rho_{sv} = \dfrac{A_{sv}}{sb} \geq \rho_{sv,min} = 0.16\%$

当 $s=100$mm 时，用双肢箍，其单肢箍筋截面面积为：

$$A_{sv1} \geq 0.16\% bs/2 = 0.16\% \times 250 \times 100/2 = 20\text{mm}^2$$

选 Φ8（$A_{sv1}=50.3\text{mm}^2$），满足，配置 Φ8@100。

【64、65题评析】 65题，复核梁端纵筋配筋率 ρ 是否大于 2.0% 是本题的关键。

66. 正确答案是 B，解答如下：

根据《高规》4.3.4条，（A）项不正确；

根据《高规》4.3.5条第1款及条文说明，（B）项正确，（C）项不正确；

根据《高规》4.3.5条第4款，（D）项不正确。

67. 正确答案是 B，解答如下：

$\mu_N = 0.40 > 0.2$，由《高规》7.2.14条，应设约束边缘构件。

根据《高规》表 7.2.15，抗震一级：

$$l_c = \max(0.20 h_w, b_w, 400) = \max(0.20 \times 2200, 200, 400) = 440\text{mm}$$

$$h_c = \max(b_w, l_c/2, 400) = \max(200, 440/2, 400) = 400\text{mm}$$

暗柱：$a_s = a'_s = \dfrac{h_c}{2} = 200$mm；$h_0 = h - a_s = 2200 - 200 = 2000$mm

已知大偏压，$x < \xi_b h_0$，由规程式（7.2.8-1）、式（7.2.8-8）：

$$\gamma_{RE} N = N_c - N_{sw} = \alpha_1 f_c b_w x - (h_{w0} - 1.5x) b_w f_{yw} \rho_w$$

$$x = \frac{\gamma_{RE} N + f_{yw} b_w h_{w0} \rho_w}{\alpha_1 f_c b_w + 1.5 f_{yw} b_w \rho_w}$$

$$= \frac{0.85 \times 465700 + 300 \times 200 \times 2000 \times 0.314\%}{1 \times 11.9 \times 200 + 1.5 \times 300 \times 200 \times 0.314\%}$$

$$= 290.2\text{mm}$$

68. 正确答案是 C，解答如下：

根据《高规》7.2.8条：

$$\gamma_{RE} N \left(e_0 + h_{w0} - \frac{h_w}{2} \right) = A'_s f'_y (h_{w0} - a'_s) - M_{sw} + M_c$$

$$A'_s = \frac{\gamma_{RE} (M + N h_{w0} - 0.5 N h_w) + M_{sw} - M_c}{f'_y (h_{w0} - a'_s)}$$

$$= \frac{0.85 \times (414 \times 10^6 + 465700 \times 2000 - 0.5 \times 465700 \times 2200) + 153.7 \times 10^6 - 1097 \times 10^6}{360 \times (2000 - 200)}$$

$$< 0$$

故按构造配筋，由规程 7.2.15 条：

$$A_{s,min} = 1.2\% \times (200 \times 400) = 960mm^2 < 1608mm^2 (8 \, \Phi \, 16)$$

故取 $A'_s = A_{s,min} = 1608mm^2$

69. 正确答案是 B，解答如下：

$$\lambda = \frac{M}{V_w h_{w0}} = \frac{414}{262.4 \times 2} = 0.79 < 1.5, 取 \lambda = 1.5$$

$$V = 1.6V_w = 1.6 \times 262.4 = 419.84kN$$

$$N = 465.7kN < 0.2f_c b_w h_w = 1047.2kN, 取 N = 465.7kN$$

由《高规》式（7.2.10-2）：

$$\frac{A_{sh}}{s} \geqslant \frac{\gamma_{RE}V - \frac{1}{\lambda - 0.5}(0.4f_t b_w h_{w0} + 0.1N)}{0.8f_{yh} \cdot h_{w0}}$$

$$= \frac{0.85 \times 419840 - \frac{1}{1.5 - 0.5} \times (0.4 \times 1.27 \times 200 \times 2000 + 0.1 \times 465700)}{0.8 \times 300 \times 2000}$$

$$= 0.223mm^2/mm$$

当 $s = 200mm$，$A_{sh} \geqslant 0.223 \times 200 = 44.6mm^2$

根据规程 7.2.17 条第 1 款：$\rho_{sh,min} = 0.25\%$

$$A_{sh,min} = 0.25\% \times 200 \times 200 = 100mm^2$$

故取 $A_{sh} = 100mm^2$。

70. 正确答案是 C，解答如下：

墙肢竖向分布筋的长度范围：$2200 - 2 \times 400 = 1400mm$

根据《高规》7.2.12 条：

$$\frac{1}{\gamma_{RE}}(0.6f_y A_s + 0.8N)$$

$$= \frac{1}{0.85} \times \left\{ 0.6 \times \left[300 \times \left(\frac{1400}{200} - 1 \right) \times 78.5 \times 2 + 12 \times 201.1 \times 360 \right] + 0.8 \times 465700 \right\}$$

$$= 1251kN$$

【67~70 题评析】 67 题，应掌握剪力墙墙肢 h_0、a_s 的计算方法。

68 题，剪力墙端部暗柱配筋应满足最小配筋率要求，即规程 7.2.15 条。

69 题，关键是确定 λ、N 值；剪力设计值取内力调整后的设计值。

71. 正确答案是 C，解答如下：

根据《高钢规》表 4.2.1、8.2.4 条：

$f_{yw} = 345N/mm^2$，$f_{yc} = 335N/mm^2$

$$m = \min \left\{ 1, 4 \times \frac{26}{650 - 2 \times 20} \times \sqrt{\frac{(500 - 2 \times 26) \times 335}{12 \times 345}} \right\}$$

$$= \min\{1, 1.03\} = 1$$

$$W_{wpe} = \frac{1}{4} \times (650 - 2 \times 18 - 2 \times 35)^2 \times 12 = 887808mm^3$$

$$M_{uw}^{j} = m \cdot W_{wpe} \cdot f_{yw}$$
$$= 1 \times 887808 \times 345 = 306.3 \text{kN} \cdot \text{m}$$

72. 正确答案是 A，解答如下：

根据《高钢规》8.2.1 条、8.1.3 条：

$$\alpha = 1.40$$

$$W_p = 2 \times \left(250 \times 18 \times 316 + 307 \times 12 \times \frac{307}{2} \right) = 3974988 \text{mm}^3$$

$$\alpha (\Sigma M_p / l_n) + V_{Gb} = 1.40 \times \frac{2 \times 3974988 \times 335}{6200} + 50 \times 10^3$$

$$= 651 \text{kN}$$

73. 正确答案是 D，解答如下：

1、2 号中墩的组合抗推刚度相等，$K_{Z1} = K_{Z2}$

1 号中墩墩柱的抗推刚度为：

$$K_1 = \frac{3EI}{l_1^3} = \frac{3 \times 3 \times 10^7 \times \frac{1}{12} \times 3 \times 1.2^3}{6^3} = 1.8 \times 10^5 \text{kN/m}$$

1 号中墩上橡胶支座的抗推刚度 $K_支$（4 块）：

$$K_支 = \frac{nG_eA_g}{t_e} = \frac{4 \times 1.0 \times 180 \times 250}{39} = 4615 \text{kN/m}$$

桥台上橡胶支座的抗推刚度 $K_{支0}$（2 块）：

$$K_{支0} = K_支 / 2 = 2307.5 \text{kN/m}$$

1 号中墩的组合抗推刚度（或集成后的抗推刚度）为：

$$K_{Z1} = \frac{1}{\frac{1}{K_1} + \frac{1}{K_支}} = \frac{1}{\frac{1}{1.8 \times 10^5} + \frac{1}{4615}} = 4499.6 \text{kN/m}$$

桥台的组合抗推刚度 K_{Z0}：

$$K_{Z0} = K_{支0} = 2307.5 \text{kN/m}$$

故 $\Sigma K_{Zi} = 13614.2 \text{kN/m}$

双向行驶，车行道净宽 7m，查《公桥通规》表 4.3.1-4，为 2 条设计车道。由《公桥通规》4.3.5 条，汽车制动力按一条车道荷载计算。又由规范 4.3.1 条第 7 款表 4.3.1-5，取车道荷载提高系数 1.2。

公路—Ⅰ级：$q_k = 10.5 \text{kN/m}$，$P_k = 2 \times (19.5 + 130) = 299 \text{kN}$

$F_{bk} = 1.2 \times (10.5 \times 59.5 + 299) \times 10\% = 1.2 \times 92.4 \text{kN} = 111 \text{kN} < 165 \text{kN}$

故取 $F_{bk} = 165 \text{kN}$

1 号中墩：$\quad F_{1bk} = \frac{K_{Z1}}{\Sigma K_{Zi}} \cdot F_{bk} = \frac{4499.6}{13614.2} \times 165 = 54.53 \text{kN}$

74. 正确答案是 A，解答如下：

由于跨中截面两侧墩台抗推刚度相等，温度作用是自平衡的，故零点位置位于桥对称截面位置，即 1、2 号桥墩中点，故：

$$x_0 = 19.5 + 0.5 + \frac{19.5}{2} = 29.75 \text{m}$$

75. 正确答案是 A，解答如下：

1号墩距零点位置的距离为：$x_1 = -10.0$m

升温时：$\Delta_{1t} = \alpha_t x_1 = 1 \times 10^{-5} \times (40-15) \times (-10) = -2.5 \times 10^{-3}m= -2.5$mm

降温时：$\Delta_{1t0} = \alpha_t x_1 = 1 \times 10^{-5} \times (-5-15) \times (-10) = 2.0 \times 10^{-3}m= 2.0$mm

76. 正确答案是 D，解答如下：

（1）确定支座1的汽车荷载横向分布系数，用杠杆法计算，如图 4-1-2 所示。

$$\eta_1 = \frac{3.4 + 2.55 - 0.75 - 0.5}{3.4} \times 1 = 1.382$$

$$\eta_2 = \frac{5.95 - 0.75 - 0.5 - 1.8}{3.4} \times 1 = 0.853$$

$$\eta_3 = \frac{5.95 - 0.75 - 0.5 - 1.8 - 1.3}{3.4} \times 1 = 0.471$$

$$\eta_4 = \frac{5.95 - 0.75 - 0.5 - 1.8 - 1.3 - 1.8}{3.4} \times 1 = -0.059$$

$$m_{cq} = \frac{1}{2} \sum \eta_i = 1.3235$$

（2）桥面车行道净宽 7.0m，双向行驶，查《公桥通规》表 4.3.1-4，为 2 个设计车道，故取 $\xi = 1.0$。

1号中墩汽车加载如图 4-1-3 所示。

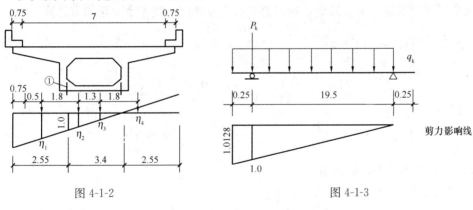

图 4-1-2   图 4-1-3

$$y_k = 1.0128, \quad \Omega = \frac{1}{2} l_0 y_k = \frac{1}{2} \times 19.75 \times 1.0128 = 10.0014\text{m}$$

$$R_{1k} = (1+\mu)\xi m_{cq}(P_k y_k + q_k \Omega)$$
$$= 1.256 \times 1.0 \times 1.3235 \times (299 \times 1.0128 + 10.5 \times 10.0014)$$
$$= 678\text{kN}$$

【73～76题评析】 73题，掌握柔性墩的组合抗推刚度的计算；计算汽车制动力 F_{bk} 时，应满足规范最小值要求。

76题，本题目求主梁一侧单个橡胶支座的最大压力值，故取汽车加载长度为单孔。

77. 正确答案是 A，解答如下：

每米宽板上的永久荷载集度：

沥青混凝土面层：$g_1 = 0.02 \times 1 \times 23 = 0.46$kN/m

混凝土垫层：$g_2 = 0.09 \times 1 \times 24 = 2.16 \text{kN/m}$

T 梁翼板自重：$g_3 = \dfrac{0.08 + 0.14}{2} \times 1 \times 25 = 2.75 \text{kN/m}$

合计：$g = 5.37 \text{kN/m}$

每米宽板条的永久荷载在板的根部产生的弯矩标准值：

$$M_{Ag} = -\frac{1}{2} g l_0^2 = -\frac{1}{2} \times 5.37 \times \left(\frac{1.42}{2}\right)^2 = -1.354 \text{kN} \cdot \text{m}$$

78. 正确答案是 A，解答如下：

查《公桥通规》表 4.3.1-3，后车轮着地长度 $a_1 = 0.2 \text{m}$，着地宽度 $b_1 = 0.6 \text{m}$。

$$a = a_1 + 2h = 0.2 + 2 \times 0.11 = 0.42 \text{m}$$

$$b = b_1 + 2h = 0.6 + 2 \times 0.11 = 0.82 \text{m}$$

由《公桥混规》4.2.5 条，单个车轮：$a = a_1 + 2h + 2l_c = 0.42 + 2 \times \dfrac{1.42}{2} = 1.84 \text{m} > d = 1.4 \text{m}$

故后车轮的有效分布宽度有重叠，则：

$$a = a_1 + 2h + d + 2l_c = 0.42 + 1.4 + 2 \times \frac{1.42}{2} = 3.24 \text{m}$$

故作用于每米宽板条上的弯矩标准值、剪力标准值，按 2 个车轮轴重计算。

$$M_{Aq} = -(1+\mu)\frac{2 \times P}{4a}\left(l_0 - \frac{b}{4}\right)$$

$$= -1.3 \times \frac{2 \times 140}{4 \times 3.24} \times \left(0.71 - \frac{0.82}{4}\right) = -14.184 \text{kN} \cdot \text{m}$$

$$V_{Aq} = (1+\mu)\frac{2P}{4a} = 1.3 \times \frac{2 \times 140}{4 \times 3.24} = 28.086 \text{kN}$$

79. 正确答案是 D，解答如下：

$$\gamma_0 M_A = \gamma_0 (\gamma_G M_{Ag} + \gamma_{Q1} M_{Aq})$$

$$= -1.0 \times (1.2 \times 1.354 + 1.8 \times 14.184) = -27.16 \text{kN} \cdot \text{m}$$

80. 正确答案是 A，解答如下：

根据《公桥通规》4.1.6 条：

$$M_{fd} = M_{Ag} + \psi_{f1} M_{Aq}$$

$$= -\left(1.354 + 0.7 \times \frac{14.184}{1+0.3}\right) = -8.99 \text{kN} \cdot \text{m}$$

【77～80 题评析】 78 题，须判断后车轮的有效分布宽度是否有重叠，当单个车轮，$a = a_1 + 2h + 2l_c > d = 1.4 \text{m}$ 时，必重叠。

实战训练试题（五）解答与评析

（上午卷）

1. 正确答案是 C，解答如下：

根据《荷规》3.2.6 条条文说明，（C）项不妥。

2. 正确答案是 B，解答如下：

根据《可靠性标准》8.2.4 条

根据《混规》6.5.1 条规定：

$$q = 1.3 \times 20 + 1.5 \times 3 = 30.5 \text{kN/m}^2$$

$$b = 1500 + 2h_0 = 1500 + 2 \times 220 = 1940 \text{mm}$$

$$F_l = 30.5 \times (6 \times 6 - 1.94 \times 1.94) = 983.2 \text{kN}$$

3. 正确答案是 A，解答如下：

根据《荷规》附录 C.0.5 条规定：

$$l = 3.0 \text{m}, b_{cx} = b_{tx} + 2s + h = 0.6 + 2 \times 0.2 + 0.1 = 1.1 \text{m}$$

$$b_{cy} = b_{ty} + 2s + h = 1.5 + 2 \times 0.2 + 0.1 = 2.0 \text{m}$$

又 $b_{cx} < b_{cy}$；$b_{cy} < 2.2l = 2.2 \times 3 = 6.6 \text{m}$；

$b_{cx} < l$，由《荷规》式 (C.0.5-3)：

$$b = \frac{2}{3}b_{cy} + 0.73l = \frac{2}{3} \times 2.0 + 0.73 \times 3 = 3.523 \text{m}$$

由于设备中心至非支承边的距离 d：

$$d = 0.8 + 0.75 = 1.55 \text{m} < \frac{b}{2} = 1.76 \text{m}$$

故有效分布宽度 b 应折减，由《荷规》式 (C.0.5-5)：

$$b' = \frac{1}{2}b + d = \frac{3.523}{2} + 1.55 = 3.31 \text{m}$$

4. 正确答案是 A，解答如下：

板的计算简图如图 5-1-1。

$$b_{cx} = 1.1 \text{m}$$

操作荷载产生的均布线荷载 q_1：

$$q_1 = 2.0 \times b' = 2.0 \times 3.31 = 6.62 \text{kN/m}$$

设备荷载扣除相应操作荷载后产生的沿板跨均布线荷载 q_2。

$$q_2 = (10 \times 1.1 - 2 \times 0.6 \times 1.5)/1.1 = 8.36 \text{kN/m}$$

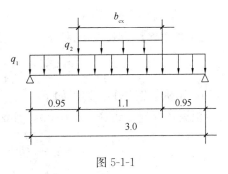

图 5-1-1

故：
$$M_{\max} = \frac{1}{2}q_1 l^2 + \frac{1}{2}q_2 b_{cx}\frac{l}{2} - \frac{1}{2}q_2 b_{cx}\frac{b_{cx}}{4}$$

$$= \frac{1}{8} \times 6.62 \times 3^2 + \frac{1}{2} \times 8.36 \times 1.1 \times \frac{3}{2} - \frac{1}{2} \times 8.36 \times 1.1 \times \frac{1.1}{4}$$

$$= 13.08 \text{kN} \cdot \text{m}$$

由《荷规》附录式（C.0.4-1）：

$$q_e = \frac{8M_{\max}}{bl^2} = \frac{8 \times 13.08}{3.31 \times 3^2} = 3.513 \text{kN/m}^2$$

5. 正确答案是 A，解答如下：

梁端内力值：$V = R = P = 400 \times 10^3 \text{N}$，$M = Ra = 400 \times 2.0 = 800 \text{kN} \cdot \text{m}$

$$h_0 = h - a_s = 820 + 100 + 80 - 45 = 955 \text{mm}$$

根据《混规》6.3.8 条：

$$c = h_0 = 955 \text{mm}, \quad z = 0.9h_0 = 859.5 \text{mm}$$

由规范式（6.3.4-2），取箍筋间距 $s = 150 \text{mm}$：

$$V_{cs} = \frac{1.75}{\lambda + 1}f_t b h_0 + f_{yv}\frac{A_{sv}}{s}h_0$$

$$= \frac{1.75}{2.09 + 1.0} \times 1.27 \times 160 \times 955 + 270 \times \frac{A_{sv}}{150} \times 955$$

$$= 109.9 \times 10^3 + 1719 A_{sv}$$

由规范式（6.3.8-2）：

$$V_{sp} = \frac{M - 0.8\Sigma f_{yv} A_{sv} z_{sv}}{z + c\tan\beta}\tan\beta$$

$$= \frac{800 \times 10^6 - 0.8 \times 270 \times \frac{955}{150}A_{sv} \times 480}{859.5 + 955 \times \tan 20°} \times \tan 20°$$

$$= 241.22 \times 10^3 - 199 A_{sv}$$

将上述结果代入规范式（6.3.8-1）：

$$V \leqslant V_{cs} + V_{sp} + 0.0 = 109.9 \times 10^3 + 1719 A_{sv} + 241.22 \times 10^3 - 199 A_{sv}$$

解之得：
$$A_{sv} \geqslant 32 \text{mm}^2$$

选双肢箍筋 2 Φ 8，$A_{sv} = 2 \times 50.3 = 100.6 \text{mm}^2$，满足。

【5 题评析】5 题中 z_{sv} 按下式计算得到：

$$z_{sv} = \frac{c}{2} = \frac{955}{2} = 477.5 \text{mm}$$

6. 正确答案是 D，解答如下：

根据《混规》式（6.2.10-1），且 $\gamma_{RE} = 0.75$：

$$x = h_0 - \sqrt{h_0^2 - \frac{2\gamma_{RE}M}{\alpha_1 f_c b}}$$

$$= 565 - \sqrt{565^2 - \frac{2 \times 0.75 \times 180 \times 10^6}{1 \times 11.9 \times 250}}$$

$$= 87 \text{mm} < 0.35 h_0 = 198 \text{mm}$$

344

$$< \xi_b h_0 = 0.518 \times 565 = 293\text{mm}$$

$$A_s = \frac{\alpha_1 f_c bx}{f_y} = \frac{1 \times 11.9 \times 250 \times 87}{360} = 719\text{mm}^2$$

7. 正确答案是 D，解答如下：

$$M_1 = f_y A_s (h_0 - a'_s) = 360 \times 982 \times (565 - 35) = 187.37\text{kN} \cdot \text{m}$$

$$\frac{f_y A_s (h_0 - a'_s)}{\gamma_{RE}} = \frac{187.37}{0.75} = 249.83\text{kN} \cdot \text{m} > 200\text{kN} \cdot \text{m}, 满足$$

$$M_2 = \gamma_{RE} M - M_1 = 0.75 \times 410 - 187.37 = 120.13\text{kN} \cdot \text{m}$$

根据《混规》式 (7.2.1-1)：

$$x = h_0 - \sqrt{h_0^2 - \frac{2M_2}{\alpha_1 f_c b}} = 565 - \sqrt{565^2 - \frac{2 \times 120.13 \times 10^6}{1 \times 11.9 \times 250}}$$

$$= 77\text{mm} < 0.35 h_0 = 198\text{mm}, 且 > 2a'_s = 70\text{mm}$$

$$A_s = \frac{\alpha_1 f_c bx}{f_y} + A'_s = \frac{1 \times 11.9 \times 250 \times 77}{360} + 982 = 1618\text{mm}^2$$

8. 正确答案是 B，解答如下：

根据《混规》6.2.10 条：

$$x = \frac{f_y A_s - f'_y A'_s}{\alpha_1 f_c b} = \frac{360 \times 1520 - 360 \times 628}{1.0 \times 11.9 \times 250}$$

$$= 108\text{mm} < \xi_b h_0 = 0.518 \times 565 = 293\text{mm}$$

$$> 2a'_s = 70\text{mm}$$

由规范式 (6.2.10-1)：

$$M = \frac{1}{\gamma_{RE}} \left[\alpha_1 f_c bx \left(h_0 - \frac{x}{2} \right) + f'_y A'_s (h_0 - a'_s) \right]$$

$$= \frac{1}{0.75} \times \left[1 \times 11.9 \times 250 \times 108 \times \left(565 - \frac{108}{2} \right) + 360 \times 628 \times (565 - 35) \right]$$

$$= 378.68\text{kN} \cdot \text{m}$$

9. 正确答案是 A，解答如下：

根据《抗震通规》4.3.2 条：

$$V_{Gb} = 1.3 \times 43.4 \times \frac{l_n}{2} = 1.3 \times 43.4 \times \frac{6 - 0.5}{2} = 155.155\text{kN}$$

根据《混规》11.3.2 条：

顺时针方向：$M_b^l + M_b^r = 200 + 360 = 560\text{kN} \cdot \text{m}$

逆时针方向：$M_b^l + M_b^r = 410 + 170 = 580\text{kN} \cdot \text{m}$,

故取逆时针方向弯矩值计算

$$V_b = 1.2 \frac{M_b^l + M_b^r}{l_n} + V_{Gb} = 1.2 \times \frac{580}{6 - 0.5} + 155.155 = 281.7\text{kN}$$

由规范式 (11.3.4)：

$$V_b \leqslant \frac{1}{\gamma_{RE}} \left(0.6 \alpha_{cv} f_t bh_0 + f_{yv} \frac{A_{sv}}{s} h_0 \right)$$

$$\frac{A_{sv}}{s} \geq \frac{\gamma_{RE} V_b - 0.6\alpha_{cv} f_t bh_0}{f_{yv} h_0}$$

$$= \frac{0.85 \times 281.7 \times 10^3 - 0.6 \times 0.7 \times 1.27 \times 250 \times 565}{270 \times 565}$$

$$= 2.06 \text{mm}^2/\text{mm}$$

10. 正确答案是 C，解答如下：

根据《抗规》5.1.1 条第 4 款，（A）项正确；

根据《抗规》6.2.14 条第 1 款，（B）项正确；

根据《抗规》6.3.9 条第 1 款，（D）项正确；

（C）项不妥，这是因为地震作用具有双向性，故不能用弯起钢筋抗剪。

11. 正确答案是 B，解答如下：

$$\sigma'_{p0} = \sigma'_{con} - \sigma'_l = 735 - 130 = 605 \text{N/mm}^2$$

根据《混规》式（6.2.10-2）：

$$x = \frac{f_{py} A_p + (\sigma'_{p0} - f'_{py}) A'_p}{\alpha_1 f_c b'_f} = \frac{900 \times 628 + (605 - 410) \times 157}{1.0 \times 19.1 \times 360}$$

$$= 86.7 \text{mm} < h'_f = 105 \text{mm}, > 2a'_p = 50 \text{mm}$$

已知截面的中和轴通过翼缘，属于第一类 T 形截面，由式（6.2.10-1）：

$$M_u = \alpha_1 f_c b'_f x \left(h_0 - \frac{x}{2}\right) - (\sigma'_{p0} - f'_{py}) A'_p (h_0 - a'_p)$$

$$= 1 \times 19.1 \times 360 \times 86.7 \times \left(757 - \frac{86.7}{2}\right) - (605 - 410) \times 157 \times (757 - 25)$$

$$= 402.8 \text{kN} \cdot \text{m}$$

12. 正确答案是 D，解答如下：

$$\sigma'_{p0} = \sigma'_{con} - \sigma'_l = 735 - 130 = 605 \text{N/mm}^2$$

$$\sigma_{p0} = \sigma_{con} - \sigma_l = 972 - 189 = 783 \text{N/mm}^2$$

根据《混规》式（10.1.7-1），预应力钢筋的合力为：

$$N_{p0} = \sigma_{p0} A_p + \sigma'_{p0} A'_p = 783 \times 628 + 605 \times 157 = 586.71 \text{kN}$$

由规范式（10.1.7-2），预应力钢筋合力作用点至换算截面重心的距离为：

$$e_{p0} = \frac{\sigma_{p0} A_p y_p - \sigma'_{p0} A'_p y'_p}{N_{p0}}$$

$$= \frac{783 \times 628 \times 408 - 605 \times 157 \times 324}{586.71 \times 10^3} = 289.5 \text{mm}$$

由规范式（10.1.6-1），求 σ_{pc}：

$$\sigma_{pc} = \frac{N_{p0}}{A_0} + \frac{\sigma_{p0} e_{p0}}{I_0} y_{max}$$

$$= \frac{586.71 \times 10^3}{98.52 \times 10^3} + \frac{586.71 \times 10^3 \times 289.5 \times 451}{8.363 \times 10^9}$$

$$= 15.11 \text{N/mm}^2$$

13. 正确答案是 D，解答如下：

根据《混规》式（10.1.6-1）：

截面上边缘的混凝土预应力为：

$$\sigma'_{pcI} = \frac{N_{p0I}}{A_0} - \frac{N_{p0I}e_{p0I}}{I_0}y'_{max}$$

$$= \frac{684.31\times10^3}{98.52\times10^3} - \frac{684.31\times10^3\times299.6}{8.363\times10^9}\times349$$

$$= -1.61\text{N/mm}^2\text{(拉应力)}$$

截面下边缘的混凝土预应力为：

$$\sigma_{pcI} = \frac{N_{p0I}}{A_0} + \frac{N_{p0I}e_{p0I}}{I_0}y_{max}$$

$$= \frac{684.31\times10^3}{98.52\times10^3} + \frac{684.31\times10^3\times299.6}{8.363\times10^9}\times451$$

$$= 18.0\text{N/mm}^2\text{(压应力)}$$

14. 正确答案是 C，解答如下：

梁自重在吊点处产生的弯矩：$M_b = \frac{1}{2}\times2.36\times0.7^2\times1.5 = 0.8673\text{kN}\cdot\text{m}$

吊装时在梁吊点处截面的上下边缘混凝土应力为：

上边缘：$\sigma'_c = -2.0 - \frac{M_b}{I_0}y'_{max} = -2.0 - \frac{0.8673\times10^6}{8.363\times10^9}\times349$

$$= -2.0 - 0.036 = -2.036\text{N/mm}^2$$

下边缘：$\sigma_c = 20.6 + \frac{M_b}{I_0}y_{max} = 20.6 + \frac{0.8673\times10^6}{8.363\times10^9}\times451$

$$= 20.6 + 0.05 = 20.65\text{N/mm}^2$$

【11~14题评析】 12题、13题，注意不同阶段预应力钢筋合力的计算，及相应的 A_0、I_0 取值。

15. 正确答案是 B，解答如下：

根据《混加规》10.5.2条：

查表10.5.2，$\lambda = \frac{H_n}{2h_0} = \frac{4500}{2\times460} = 4.9 > 3$

取 $\psi_{vc} = 0.72$

查 4.3.4-1，重要构件，$f_f = 1600\text{MPa}$，故取 $f_f = 0.5\times1600 = 800\text{MPa}$

$$b_f \geqslant \frac{V_{cf}s_f}{\psi_{vc}f_f h\cdot2n_f t_f} = \frac{(550\times10^3 - 370\times10^3)\times300}{0.72\times800\times500\times2\times3\times0.167}$$

$$= 187\text{mm}$$

取 $b_f = 200\text{mm}$，满足，故选（B）项。

16. 正确答案是 A，解答如下：

由《荷规》附录F.1.1条：

$$T_1 = (0.007\sim0.013)H = (0.007\sim0.013)\times42 = 0.294\sim0.546\text{s}$$

17. 正确答案是 C，解答如下：

根据《可靠性标准》8.2.4条：

可变荷载，有利，$\gamma_Q = 0.0$；永久荷载，有利，$\gamma_G = 1.0$

$$N_t = -\gamma_G(F_{G1}+F_{G2})\times\frac{7.2}{2}\times\frac{1}{7.2\times2} + \gamma_Q F_3 H\cdot\frac{1}{7.2\times2}$$

$$=-1.0 \times (1100+440) \times \frac{1}{4} + 1.5 \times 500 \times 45 \times \frac{1}{7.2 \times 2}$$

$$=1958.75kN$$

18. 正确答案是 B，解答如下：

$$l_{0x} = l_{0y} = 7m$$

热轧 H 型钢，$b/h=398/394=1.01>0.8$，查《钢标》表 7.2.1-1，x 轴，属 b 类；y 轴，属 c 类。

$$\lambda_x = \frac{l_{0x}}{i_x} = \frac{7000}{173} = 40.5，查附录表 D.0.2，取 \varphi_x = 0.897$$

$$\lambda_y = \frac{l_{0y}}{i_y} = \frac{7000}{100} = 70，查附表 D.0.3，取 \varphi_y = 0.642。$$

故取 $\varphi=0.642$

$$\frac{N}{\varphi_y A} = \frac{2143 \times 10^3}{0.642 \times 18760} = 178 N/mm^2$$

19. 正确答案是 D，解答如下：

板厚 $t=10mm$，查《钢标》表 7.2.1-1，属 b 类截面。

$$\lambda = \frac{l_0}{i} = \frac{7000}{173} = 40.5$$

查附表 D.0.2，取 $\varphi=0.897$

$$\frac{N}{\varphi A} = \frac{2143 \times 10^3}{0.897 \times 15400} = 155 N/mm^2$$

20. 正确答案是 C，解答如下：

由题目条件，支架的交叉腹杆按单杆受拉考虑，故可将 cd 杆视为横缀条，其分担水平剪力的 1/2：

$$N = -1.5 \times 500 \times \frac{1}{2} = -375kN(压力)$$

$$\lambda = l_0/i = 7200/69 = 104.3$$

查《钢标》表 7.2.1-1，b 类截面，查附表 D.0.2，取 $\varphi=0.527$

$$\frac{N}{\varphi A} = \frac{375 \times 10^3}{0.527 \times 3656.8} = 194.6 N/mm^2$$

21. 正确答案是 B，解答如下：

交叉缀条按拉杆设计，则：

$$\alpha = \arctan \frac{7}{7.2} = 44.19°, \cos\alpha = 0.717$$

$$N = \frac{F_3}{2\cos\alpha} = \frac{1.5 \times 500}{2 \times 0.717} = 523kN$$

根据《钢标》11.4.2 条：

$$N_v^b = 0.9 k n_f \mu P = 0.9 \times 1 \times 2 \times 0.45 \times 190 = 153.9 kN$$

螺栓数目：$n \geqslant \dfrac{N}{N_v^b} = \dfrac{523}{153.9} = 3.4$

【16~21 题评析】 17 题，考虑各类荷载作用的效应时，当恒载有利时，取 $\gamma_G=1.0$；

活荷载有利时取 $\gamma_{Q}=0.0$。

20题，求 cd 杆内力 N，也可采用取隔离体进行计算。

22. 正确答案是 A，解答如下：

平面内：$l_{0x}=1507\text{mm}$，$\lambda_{x}=\dfrac{l_{0x}}{i_{x}}=\dfrac{1507}{17.2}=87.6$

平面外：$l_{0y}=2964\text{mm}$，$\lambda_{y}=\dfrac{l_{0y}}{i_{y}}=\dfrac{2964}{25.4}=116.7$

由《钢标》7.2.2 条：

$$\lambda_{z}=3.9\frac{b}{t}=3.9\times\frac{56}{5}=43.68<\lambda_{y}，则：$$

$$\lambda_{yz}=116.7\times\left[1+0.16\times\left(\frac{43.68}{116.7}\right)^{2}\right]=119.3$$

查表 7.2.1-1，属 b 类截面；查附录 D.0.2，取 $\varphi_{yz}=0.440$

$$\frac{N}{\varphi_{yz}A}=\frac{7.94\times10^{3}}{0.440\times10.83\times10^{2}}=16.7\text{N/mm}^{2}$$

23. 正确答案是 B，解答如下：

平面内：$l_{0x}=1852\text{mm}$，$\lambda_{x}=\dfrac{l_{0x}}{i_{x}}=\dfrac{1852}{17.2}=107.7$

平面外：$l_{0y}=l_{1}\left(0.75+0.25\dfrac{N_{2}}{N_{1}}\right)=3768\times\left(0.75+0.25\times\dfrac{8.05}{17.78}\right)=3252\text{mm}$

$$\lambda_{y}=\frac{l_{0y}}{i_{y}}=\frac{3252}{25.4}=128.0$$

由《钢标》7.2.2 条：

$$\lambda_{z}=3.9\frac{b}{t}=3.9\times\frac{56}{5}=43.68<\lambda_{y}，则：$$

$$\lambda_{yz}=128\times\left[1+0.16\times\left(\frac{43.68}{128}\right)^{2}\right]=130.4$$

均属 b 类截面，查附表 D.0.2，取 $\varphi_{yz}=0.385$

$$\frac{N}{\varphi_{yz}A}=\frac{17.78\times10^{3}}{0.385\times10.83\times10^{2}}=42.6\text{N/mm}^{2}$$

24. 正确答案是 A，解答如下：

根据《钢标》7.6.1 条：

$$\lambda=\frac{l_{0}}{i_{\min}}=\frac{0.9\times1705}{11.0}=139.5$$

由表 7.2.1-1 及注，b 类截面，查附表 D.0.2，取 $\varphi=0.346$；

$$\eta=0.6+0.0015\lambda=0.6+0.0015\times139.5=0.809$$

$$N_{u}=\eta\varphi Af=0.809\times0.346\times5.42\times10^{2}\times215=32.6\text{kN}$$

由《钢标》7.6.3 条：

$$\frac{w}{t}=\frac{56-5\times2}{5}=9.2<14\varepsilon_{k}=14，不考虑折减$$

故最终取 $N_{u}=32.6\text{kN}$

25. 正确答案是 A，解答如下：

根据《钢标》8.2.1条：

$$l_{0x} = l_{0y} = 2050\text{mm}$$

$$\lambda_x = \frac{l_{0x}}{i_x} = \frac{2050}{19.4} = 105.7$$

b 类截面，查附表 D.0.2，取 $\varphi_x = 0.519$；

最不利情况，取 $W_{1x} = W_{x\min} = 10.16 \times 10^3 \text{mm}^3$，$\gamma_x = 1.2$

$$\frac{N}{\varphi_x A} + \frac{\beta_{mx} M_x}{\gamma_x W_{1x} \times \left(1 - 0.8 \dfrac{N}{N'_{Ex}}\right)} = \frac{7.65 \times 10^3}{0.519 \times 1229} + \frac{1.0 \times 1.96 \times 10^6}{1.2 \times 10.16 \times 10^3 \times \left(1 - 0.8 \times \dfrac{7.65}{203.3}\right)}$$

$$= 177.7\text{N/mm}^2$$

26. 正确答案是 A，解答如下：

根据《钢标》8.2.1条：

$$\lambda_y = \frac{l_{0y}}{i_y} = \frac{2050}{28.2} = 72.7$$

由《钢标》7.2.2条：

$$\lambda_z = 3.9 \times \frac{63}{5} = 49.14 < \lambda_y，则：$$

$$\lambda_{yz} = 72.7 \times \left[1 + 0.16 \times \left(\frac{49.14}{72.7}\right)^2\right]$$

$$= 78.0$$

b 类截面，查附表 D.0.2，取 $\varphi_{yz} = 0.701$

根据翼缘受拉，附录 C.0.5 条：

$$\varphi_b = 1 - 0.005 \lambda_y / \varepsilon_k = 1 - 0.005 \times 72.7/1 = 0.964$$

$$\frac{N}{\varphi_y A} + \eta \frac{\beta_{tx} M_x}{\varphi_b W_{1x}} = \frac{7.65 \times 10^3}{0.701 \times 12.29 \times 10^2} + 1.0 \times \frac{1.0 \times 1.96 \times 10^6}{0.964 \times 10.16 \times 10^3}$$

$$= 209.0\text{N/mm}^2$$

【22～26 题评析】 22题、23题，应考虑单轴对称截面的扭转效应，用 λ_{yz} 代替 λ_y。
25题，由于背风面的侧柱最不利，故取 $W_{1x} = W_{x\min}$。

27. 正确答案是 A，解答如下：

三级对接焊缝，查《钢标》表 4.4.5，取 $f_t^w = 185\text{N/mm}^2$

$$\frac{M_x}{W_x} \leqslant \sigma_{\max}, M_x = \frac{1}{2} qlx - \frac{1}{2} qx^2$$

按对接焊缝抗弯刚度要求，该处梁截面所能承受的边缘纤维弯曲拉应力为：

$$\sigma_{\max} = \frac{f_t^w h/2}{h_0/2} = \frac{185 \times 1032}{1000} = 190.9\text{N/mm}^2$$

所以，$M_x \leqslant \sigma_{\max} W_x = 190.9 \times \dfrac{2898 \times 10^6}{516} = 1072.1\text{kN} \cdot \text{m}$

即：

$$\frac{1}{2} qlx - \frac{1}{2} qx^2 \leqslant 1072.1$$

解之得：

$$x \leqslant 2.97\text{m}$$

28. 正确答案是 A，解答如下：

$$V = \frac{1}{2} ql - qx = \frac{1}{2} \times 80 \times 12 - 80 \times 2 = 320\text{kN}$$

$$\tau_1 = \frac{VS_x}{I_x t_w} = \frac{320 \times 10^3 \times (250 \times 16 \times 508)}{2898 \times 10^6 \times 10} = 22.4 \text{N/mm}^2$$

$$M = 480 \times 2 - 80 \times 2 \times 1 = 800 \text{kN} \cdot \text{m}$$

$$\sigma = \frac{M}{I} y = \frac{800 \times 10^6}{2898 \times 10^6} \times 500 = 138 \text{N/mm}^2$$

由《钢标》式（6.1.5-1），$\sigma_c = 0$，则：

$$\sqrt{\sigma_1^2 + 3\tau^2} = \sqrt{138^2 + 3 \times 22.4^2} = 143 \text{N/mm}^2$$

【27、28题评析】 由题目条件的图示，可知仅梁腹板采用对接焊缝，梁翼缘无焊缝。

29. 正确答案是 C，解答如下：

根据《钢标》4.3.3条，结构工作温度（−27℃）不高于−20℃时，Q345钢应具有−20℃冲击韧性的合格保证，故选 Q345D。

30. 正确答案是 B，解答如下：

$$A = 1.2 \times 0.37 = 0.444 \text{m}^2 > 0.3 \text{m}^2$$

根据《砌规》5.2.5条：

$\sigma_0 / f = 0.60/1.5 = 0.40$，查规范表5.2.5，$\delta_1 = 6.0$

$$a_0 = \delta_1 \sqrt{h/f} = 6.0 \times \sqrt{500/1.5} = 110 \text{mm} < 370 \text{mm}$$

$$N_0 = \sigma_0 A_b = 0.6 \times 550 \times 370 = 122.1 \text{kN}$$

合力偏心距：$e = \dfrac{M}{N_l + N_0} = \dfrac{80 \times 10^3 \times \left(\dfrac{370}{2} - 0.4 \times 110\right)}{80 \times 10^3 + 122.1 \times 10^3} = 55.8 \text{mm}$

$$e/h = 55.8/370 = 0.151$$

按 $\beta \leqslant 3$，由规范附录式（D.0.1-1）：

$$\varphi = \frac{1}{1 + 12(e/h)^2} = \frac{1}{1 + 12 \times 0.151^2} = 0.785$$

31. 正确答案是 D，解答如下：

$$b + 2h = 550 + 2 \times 370 = 1290 \text{mm} > 1200 \text{mm}(窗间墙长度)$$

故取　　　　　$b + 2h = 1200 \text{mm}$，$A_0 = (b + 2h)h = 1200 \times 370$

多孔砖未灌实，故取 $\gamma = 1.0$

$$\gamma_1 = 0.8\gamma = 0.8 < 1.0，故取 \gamma_1 = 1.0$$

由《砌规》式（5.2.5-1）：

$$\varphi \gamma_1 f A_b = 0.836 \times 1.0 \times 1.5 \times 550 \times 370 = 255.2 \text{kN}$$

【30、31题评析】 30题，由于 $A = 0.444 \text{m}^2 > 0.3 \text{m}^2$，不调整 f，否则，当 $A < 0.3 \text{m}^2$ 时，计算 $a_0 = \delta_1 \sqrt{h_c/f}$ 中 f 应进行调整。

31题，首先应判别 $b + 2h$ 是否大于1200mm，故取 $b + 2h = 1200 \text{mm}$。

32. 正确答案是 B，解答如下：

横墙高：$H = 4.5 + 0.3 = 4.8 \text{m}$，$\dfrac{h}{H} = \dfrac{0.9}{4.8} = 0.188 < 0.2$

根据《砌规》6.1.4条，取 $\mu_2 = 1.0$

33. 正确答案是 D，解答如下：

根据《砌规》7.4.4条，$\eta = 0.7$；$\gamma = 1.5$：

$$A_l = 1.2bh_b = 1.2 \times 240 \times 400 = 115200mm^2$$

$$\eta f A_l = 0.7 \times 1.5 \times 1.5 \times 115200 = 181.4kN$$

【32、33题评析】 有洞口墙，求修正系数 μ_2 时，应判别洞口高度与墙高之比。

34. 正确答案是 D，解答如下：

查《砌规》表3.2.2，M10，$f_t = 0.19MPa$

M10 水泥砂浆，不考虑 f_t 的调整。

$$N_{t,u} = f_t bh = 0.19 \times 370 \times 2000 = 140.6kN$$

35. 正确答案是 D，解答如下：

$q_1 = 1.5 \times 10 \times 1 = 15kN/m^2$, $q_2 = 1.5 \times 10 \times 2 = 30kN/m^2$

如图 5-1-2 所示：

$$N_t = \frac{15+30}{2} \times D \times 1, \quad N_{t,u} = 0.19 \times 370 \times 1000 = 70.3kN$$

$N_t = 2N_{t,u}$，则 $D = 6.25m$

36. 正确答案是 A，解答如下：

根据《砌规》9.2.2条注2：

平面内：$H_0 = 1.0H = 1.0 \times 8 = 8m$, $\beta = \dfrac{H_0}{h} = \dfrac{8}{0.6} = 13.3$

平面外：$H_0 = 1.0H = 8m$, $\beta = \dfrac{H_0}{h} = \dfrac{8}{0.4} = 20$

37. 正确答案是 B，解答如下：

根据《砌规》9.2.4条、8.2.4条：

$$\beta = \gamma_\beta \frac{H_0}{h} = 1 \times \frac{8}{0.6} = 13.3$$

$$e_a = \frac{\beta^2 h}{2200}(1 - 0.022\beta) = \frac{13.3^2 \times 600}{2200} \times (1 - 0.022 \times 13.3) = 34mm$$

$$e_N = e + e_a + \frac{h}{2} - a_s = 665 + 34 + \frac{600}{2} - 50 = 949mm$$

大偏压，受压区高度 x：

$$x = \frac{N}{bf_g} = \frac{331000}{400 \times 5.44} = 152.1mm \quad \begin{array}{l} < \xi_b h_0 = 286mm \\ > 2a_s' = 100mm \end{array}$$

$$A_s' = \frac{Ne_N - f_g bx \left(h_0 - \dfrac{x}{2}\right)}{f_y'(h_0 - a_s')}$$

$$= \frac{331000 \times 949 - 5.44 \times 400 \times 152.1 \times \left(550 - \dfrac{152.1}{2}\right)}{360 \times (550 - 50)}$$

$$= 873mm^2$$

选用 4 Φ 18（$A_s' = 1017mm^2$），满足。

38. 正确答案是 C，解答如下：

由提示知，根据《砌规》9.2.2条：

$$\beta = \gamma_\beta \frac{H_0}{h} = 1 \times \frac{8}{0.4} = 20$$

$$\varphi_{0g} = \frac{1}{1+0.001\beta^2} = \frac{1}{1+0.001\times20^2} = 0.71$$

$$\varphi_{0g}(f_g A + 0.8 f_y' A_s') = 0.71 \times (5.44 \times 400 \times 600 + 0.8 \times 360 \times 2513)$$
$$= 1441\text{kN}$$

【36~38题评析】 37题，计算 x、A_s' 与混凝土结构大偏压计算方法是一致。

39. 正确答案是 B，解答如下：

TC13B，根据《木标》表4.3.1-3，取 $f_c = 10\text{MPa}$；恒载作用，查表4.3.9-1，取调整系数为0.8。

原木端部有切削，不考虑强度设计值调整，故取 $f_c = 0.8 \times 10 = 8\text{MPa}$

$$f_c A_n = 8 \times \frac{\pi}{4} \times 100^2 = 62.8\text{kN}$$

40. 正确答案是 C，解答如下：

根据《木标》4.3.18条：$d = 100 + \frac{2828}{2} \times \frac{9}{1000} = 112.7\text{mm}$

由《木标》5.1.4条：

$$i = \frac{d}{4} = \frac{112.7}{4} = 28.18\text{mm}$$

$$\lambda = \frac{l_0}{i} = \frac{2828}{28.18} = 100.35$$

$$\lambda_c = 5.28\sqrt{1\times300} = 91.5 < \lambda, 则：$$

$$\varphi = \frac{0.95\pi^2 \times 300}{100.35^2} = 0.279$$

$$\frac{N}{\varphi A_0} = \frac{25.98 \times 10^3}{0.279 \times \frac{\pi}{4} \times 112.7^2} = 9.3\text{MPa}$$

【39、40题评析】 39题，当原木端部有切削时，不考虑原木的强度设计值的提高。
40题，验算原木稳定时，取原木中点位置，《木标》4.3.18条作了规定。

（下午卷）

41. 正确答案是 B，解答如下：

根据《抗规》4.3.4条、4.4.3条：

$$N_1 = N_{cr} = N_0\beta[\ln(0.6d_s + 1.5) - 0.1d_w]\sqrt{3/\rho_c}$$
$$= 10 \times 0.80 \times [\ln(0.6 \times 9 + 1.5) - 0.1 \times 2] \times \sqrt{3/3} = 13.85$$

又由：$N_1 = N_p + 100\rho(1 - e^{-0.3N_p})$

即：
$$13.85 = 7 + 100\rho(1 - e^{-0.3\times7})$$

解之得：$\rho = 0.0781$

$$\rho = \frac{b \times b}{s^2} = 0.0781, 则：s = \frac{300}{\sqrt{0.0781}} = 1073.5\text{mm}$$

42. 正确答案是 D，解答如下：

根据《既有地规》附录 B.0.3 条，应选（D）项。

43. 正确答案是 B，解答如下：

根据《地规》附录 P 规定：

内柱与弯矩作用方向一致的冲切临界截面的边长 c_1：

$$c_1 = h_c + h_0 = 1.65 + 1.75 = 3.4m$$

$$c_2 = b_c + h_0 = 0.6 + 1.75 = 2.35m$$

$$u_m = 2(c_1 + c_2) = 2 \times (3.4 + 2.35) = 11.5m; c_{AB} = \frac{c_1}{2} = \frac{3.4}{2} = 1.7m$$

由规范 8.4.7 条：

$$F_l = N - p(h_c + 2h_0)(b_c + 2h_0)$$

$$= 21600 - 326.7 \times (1.65 + 2 \times 1.75) \times (0.6 + 2 \times 1.75) = 14702kN$$

由规范 8.4.7 条条文说明：$M_{unb} = 270kN \cdot m$

由规范式（8.4.7-1）：

$$\tau_{max} = \frac{F_l}{u_m h_0} + \frac{\alpha_s M_{unb} c_{AB}}{I_s}$$

$$= \frac{14702}{11.5 \times 1.75} + \frac{0.445 \times 270 \times 1.7}{38.27} = 735.9kPa$$

44. 正确答案是 C，解答如下：

根据《地规》8.4.7 条：

$$\beta_s = \frac{h_c}{b_c} = \frac{1.65}{0.6} = 2.75 \begin{matrix} < 4 \\ > 2 \end{matrix}$$

$$\beta_{hp} = 1 - \frac{1800 - 800}{2000 - 800} \times (1 - 0.9) = 0.917$$

$$0.7 \left(0.4 + \frac{1.2}{\beta_s} \right) \beta_{hp} f_t = 0.7 \times \left(0.4 + \frac{1.2}{2.75} \right) \times 0.917 \times 1.43$$

$$= 0.7677 N/mm^2 = 767.7kPa$$

45. 正确答案是 B，解答如下：

根据《地规》8.4.7 条，筏板变厚度处忽略弯矩影响。

$$\tau_{max} = \frac{F_l}{u_m h_0}$$

筏板变厚度台阶水平截面的两个边长分别为 $a = 2.4m$，$b = 4.0m$，$h_0 = 1.15m$

$$u_m = 2(a + b + 2h_0) = 2 \times (2.4 + 4.0 + 2 \times 1.15) = 17.4m$$

$$F_l = N - p(a + 2h_0)(b + 2h_0)$$

$$= 21600 - 326.7 \times (2.4 + 2 \times 1.15) \times (4.0 + 2 \times 1.15)$$

$$= 11926kN$$

$$\tau_{max} = \frac{11926}{17.4 \times 1.15} = 596kPa$$

46. 正确答案是 A，解答如下：

根据《地规》8.4.7 条：

筏板变厚度台阶处：$\beta_s = \frac{b}{a} = \frac{4.0}{2.4} = 1.67 < 2$，取 $\beta_s = 2.0$

$$\beta_{hp} = 1 - \frac{1200 - 800}{2000 - 800} \times (1 - 0.9) = 0.967$$

$$0.7\left(0.4 + \frac{1.2}{\beta_s}\right)\beta_{hp}f_t = 0.7 \times \left(0.4 + \frac{1.2}{2}\right) \times 0.967 \times 1.43$$

$$= 0.968 \text{N/mm}^2 = 968 \text{kPa}$$

47. 正确答案是 A，解答如下：

根据《地规》8.4.10 条及其条文说明：

$$V_s = 326.7 \times \frac{9.45 - 4.0 - 2 \times 1.15}{2} = 514.55 \text{kN/m}$$

48. 正确答案是 D，解答如下：

根据《地规》8.4.10 条：

$$\beta_{hs} = \left(\frac{800}{h_0}\right)1/4 = \left(\frac{800}{1150}\right)^{1/4} = 0.913$$

$$0.7\beta_{hs}f_t b_w h_0 = 0.7 \times 0.913 \times 1.43 \times 1000 \times 1150 = 1051.0 \times 10^3 \text{N/m}$$

$$= 1051 \text{kN/m}$$

【43~48 题评析】 43 题，考核作用在冲切临界面重心上的不平衡弯矩产生的附加剪力，地基规范附录 P 规定了其计算参数的计算。

43 题、45 题，其各自的冲切临界截面的周长 u_m，《地规》附录 P 规定了其计算方法。

49. 正确答案是 C，解答如下：

根据《地规》8.2.10 条

抗剪截面位置为： $b_1 = \frac{2600 - 370 - 2 \times 60}{2} = 1055 \text{mm}$

$$p_{j1} = 102.31 + \frac{2600 - 1055}{2600} \times (120.77 - 102.31) = 113.28 \text{kPa}$$

$$V = \frac{1}{2}(p_{jmax} + p_{j1}) \cdot l \cdot b_1$$

$$= \frac{1}{2} \times (120.77 + 113.28) \times 1 \times 1.055 = 123.5 \text{kN/m}$$

50. 正确答案是 A，解答如下：

根据《地规》8.2.14 条：

弯矩计算位置为：

$$a_1 = b_1 + \frac{1}{4} \text{砖长}$$

$$= 1055 + \frac{1}{4} \times 240 = 1115 \text{mm}$$

$$p_{j1} = 102.31 + \frac{2.6 - 1.115}{2.6} \times (120.77 - 102.31) = 112.85 \text{kPa}$$

$$M = \frac{1}{6}(2p_{jmax} + p_{jI})b_1^2 = \frac{1}{6} \times (2 \times 120.77 + 112.85) \times 1.115^2$$

$$= 73.43 \text{kN} \cdot \text{m/m}$$

51. 正确答案是 B，解答如下：

根据《基桩检规》4.1.3 条、4.2.2 条：

最大加载量＝2×3000＝6000kN

$$\frac{1.2 \times 6000}{A} \leqslant 1.5 \times 200$$

可得：$A \geqslant 24\text{m}^2$

52. 正确答案是 A，解答如下：

根据《桩规》5.7.5 条：

$$d = 2\text{m} > 1\text{m}, b_0 = 0.9(d+1) = 0.9 \times (2+1) = 2.7\text{m}$$

$$\alpha = \sqrt[5]{\frac{mb_0}{EI}} = \sqrt[5]{\frac{25 \times 10^3 \times 2.7}{2.149 \times 10^7}} = 0.3158\text{m}^{-1}$$

$\alpha h = 0.3158 \times 25 = 7.895 > 4.0$，查规范表 5.7.2，取 $\nu_x = 2.441$

由规范式（5.7.2-2）：

$$R_{\text{ha}} = 0.75 \frac{\alpha^3 EI}{\nu_x} \chi_{0a} = 0.75 \times \frac{0.3158^3 \times 2.149 \times 10^7}{2.441} \times 0.005$$

$$= 1039.76\text{kN}$$

53. 正确答案是 C，解答如下：

根据《地规》5.3.6 条规定：

$$\overline{E}_s = \frac{\Sigma A_i}{\Sigma \dfrac{A_i}{E_{si}}} = \frac{493.6 + 1722.32 + 52.08}{\dfrac{493.6}{4.5} + \dfrac{1722.32}{5.1} + \dfrac{52.08}{5.1}} = 4.956\text{MPa}$$

$$p_0 = \frac{F+G}{A} - p_{cz} = \frac{1100 + 20 \times 2 \times 4 \times 1.5}{2 \times 4} - 19.5 \times 1.5 = 138.25\text{kPa}$$

$p_0 > f_{ak} = 130\text{kPa}$，查规范表 5.3.5，则：

$$\psi_s = 1.3 - \frac{4.956 - 4}{7 - 4} \times (1.3 - 1.0) = 1.204$$

54. 正确答案是 A，解答如下：

$0 \sim 0.5\text{m}$：$\Delta s'_1 = \dfrac{p_0}{E_{si}}(z_i \overline{\alpha}_i - z_{i-1} \overline{\alpha}_{i-1}) = \dfrac{138.25}{4500} \times 493.6 = 15.16\text{mm}$

$0.5 \sim 4.2\text{m}$：$\Delta s'_2 = \dfrac{138.25}{5100} \times 1722.32 = 46.69$

$4.2 \sim 4.5\text{m}$：$\Delta s'_3 = \dfrac{138.25}{5100} \times 52.08 = 1.41$

$$s' = \Sigma \Delta s'_i = 15.16 + 46.69 + 1.41 = 63.26$$

$$s = \psi_s s' = 1.1 \times 63.26 = 69.59\text{mm}$$

【**53、54 题评析**】 53 题，掌握 $\overline{E}_s$ 的计算方法。

54 题，本题目表 5-1 中的 $\overline{\alpha}_i$ 值已考虑了系数 4，即 4 个小矩形平均附加应力系数之和。

55. 正确答案是 C，解答如下：

根据《地处规》8.2.3 条、8.3.3 条：

$$M = 100g/L, G_3 = 1000M/P = 1000 \times 100/82\% = 122 \times 10^3\text{g}$$

$$V = \alpha\beta\pi\gamma^2(l+\gamma)n$$

$$=0.65 \times 1.1 \times 3.14 \times 0.4^2 \times (12+0.4) \times 0.56 = 2.49 \text{m}^3$$

每孔需固体烧碱量为：

$$m = G_s V = 122 \times 10^3 \times 2.49 = 303.78 \times 10^3 \text{g} = 303.78 \text{kg}$$

56. 正确答案是 C，解答如下：

根据《抗规》4.1.4 条第 2 款：

$v_4/v_3 = 470/180 = 2.61 > 2.5$，卵石层底 $22.0\text{m} > 5.0\text{m}$，$v_4 \geqslant 400\text{m/s}$，$v_5 \geqslant 400\text{m/s}$，故取覆盖层厚度 $d_{0v} = 16.0\text{m}$。

由规范 4.1.5 条：$d_0 = \min(d_{0v}, z_0) = \min(16, 20) = 16\text{m}$

$$v_{se} = \frac{16}{\dfrac{5}{120} + \dfrac{5}{90} + \dfrac{6}{180}} = 122.55 \text{m/s}$$

查《抗规》表 4.1.6，可知该场地属Ⅲ类场地。

57. 正确答案是 A，解答如下：

根据《高规》4.2.2 条、5.6.1 条及其条文说明：

设计使用年限为 100 年，$H = 58\text{m} < 60\text{m}$，按承载能力设计时，取 $w_0 = 0.70 \text{kN/m}^2$

$z = 58\text{m}$，B 类地面，查《荷规》表 8.2.1，取 $\mu_z = 1.692$；$z/H = 1.0$，查《荷规》附录表 G.0.3，取 $\phi_1(z) = 1.00$。

根据《荷规》8.4.5 条、8.4.6 条、8.4.3 条：

$$\rho_z = \frac{10\sqrt{58 + 60e^{-58/60} - 60}}{58} = 0.787$$

$$\rho_x = \frac{10\sqrt{21.32 + 50e^{-21.32/50} - 50}}{21.32} = 0.934$$

$$B_z = 0.670 \times 58^{0.187} \times 0.934 \times 0.787 \times \frac{1.00}{1.692} = 0.622$$

$$\beta_z = 1 + 2 \times 2.5 \times 0.14 \times 0.622 \times \sqrt{1 + 1.06^2} = 1.634$$

由《结通规》4.6.5 条：

$$\beta_z \geqslant 1.2$$

故取 $\beta_z = 1.634$。

58. 正确答案是 B，解答如下：

根据《高规》附录 B.0.1 条，Y 形风荷载体型系数分别为 -0.5，-0.55，-0.5，-0.7，1.0，已标于图上。

查《荷规》表 8.2.1，30m，$\mu_z = 1.39$；$w_0 = 0.70 \text{kN/m}^2$；由《结通规》4.6.5 条：

$$\beta_z = 1.26 > 1.2, \text{取} \beta_z = 1.26$$

$$\sum_{i=1}^{n} \beta_z \mu_z \mu_{si} \beta_i w_0 = 1.26 \times 1.39 \times 0.70 \times 2 \times (1.0 \times 7.69\cos 30° -$$

$$0.7 \times 8\cos 60° + 0.5 \times 7.69\cos 30° + 0 + 0.5 \times 4)$$

$$= 22.53 \text{kN/m}$$

59. 正确答案是 A，解答如下：

$$q_{20} = \frac{20}{58} \cdot q_k = \frac{20}{58} \times 29.05 = 10.02 \text{kN/m}$$

$$V = \frac{1}{2} \times (q_k + q_{20}) \times (58 - 20) = \frac{1}{2} \times (29.05 + 10.02) \times 38$$

$$= 742.33 \text{kN}$$

【57～59题评析】 57题，运用《荷规》8.4.6条时，B 为迎风面宽度，本题目 $B = 21.32 \text{m}$。

57题和58题，因为 $H = 58 \text{m} < 60 \text{m}$，根据《高规》4.2.2条及5.6.1条条文说明，取 $w_0 = 0.70 \text{kN/m}^2$。

60. 正确答案是 B，解答如下：

根据《高规》5.3.4条：

$$l_b = a - 0.25 h_b = 800 - 0.25 \times 1200 = 500 \text{mm}$$

$$l_c = c - 0.25 b_c = 600 - 0.25 \times 1600 = 200 \text{mm}$$

61. 正确答案是 A，解答如下：

底层墙肢 1，其轴压比大于 0.40，根据《高规》7.2.14条，其墙肢端部应设约束边缘构件；查规程表 7.2.15，抗震二级：

$$l_c = \max(0.20 h_w, b_w, 400) = \max(0.20 \times 1700, 200, 400)$$

$$= 400 \text{mm}$$

暗柱长度：$h_c = \max(b_w, l_c/2, 400) = \max(200, 400/2, 400) = 400 \text{mm}$

$$a_s = a'_s = h_c/2 = 200 \text{mm}$$

由规程 7.2.8条，$h_{w0} = h_w - a_s = 1500 \text{mm}$

$$\gamma_{RE} N = \alpha_1 f_c b x - (h_{w0} - 1.5 x) b_w f_{yw} \rho_w$$

$$x = \frac{0.85 \times 2200 \times 10^3 + 1500 \times 200 \times 300 \times 0.565\%}{1.0 \times 14.3 \times 200 + 1.5 \times 200 \times 300 \times 0.565\%} = 706 \text{mm}$$

62. 正确答案是 A，解答如下：

墙肢 2 轴压比大于 0.40，由《高规》7.2.14条，其应设为约束边缘构件。

墙肢 2 分为两条简单墙肢考虑，由《高规》7.2.15条 T 形墙部位的翼柱沿翼缘、腹板方向的长度分别为：

$$h_{c1} = \max(b_w + 2 b_f, b_w + 2 \times 300)$$

$$= \max(200 + 2 \times 200, 200 + 2 \times 300) = 800 \text{mm}$$

$$h_{c2} = \max(b_f + b_w, b_f + 300) = \max(200 + 200, 200 + 300) = 500 \text{mm}$$

翼缘墙肢端部应设置约束边缘构件，其长度 l_c。

$$l_c = \max(0.2 h_w, b_w, 400)$$

$$= \max(0.2 \times 1200, 200, 400) = 400 \text{mm}$$

暗柱长度 h_c：$h_c = \max(b_w, l_c/2, 400) = \max(200, 400/2, 400) = 400 \text{mm}$

翼墙内纵筋配筋范围的最小长度为：

$$l = h_{c1} + 2 h_c = 800 + 2 \times 400 = 1600 \text{mm} > h_w = 1200 \text{mm}$$

故取 $l = 1200 \text{mm}$，$A_1 = l b_f = 1200 \times 200 = 2.4 \times 10^5 \text{mm}^2$

$$A = A_1 + 300 \times 200 = 2.4 \times 10^5 + 0.6 \times 10^5 = 3.0 \times 10^5 \text{mm}^2$$

63. 正确答案是 B，解答如下：

$l_n/h_b=1.52/0.6=2.53$，根据《高规》7.1.3条，按连梁计算。

复核连梁截面条件，$V_b = 300\text{kN} < \dfrac{1}{\gamma_{RE}}(0.20\beta_c f_c b_b h_{b0}) = \dfrac{1}{0.85}(0.20 \times 1 \times 14.3 \times$

$200 \times 560) = 377\text{kN}$，满足

取$\Phi 10@100$，由《高规》式（7.2.23-2）：

$$\frac{1}{\gamma_{RE}}\left(0.42 f_t b_b h_{b0} + f_{yv}\frac{A_{sv}}{s}h_{b0}\right)$$

$$=\frac{1}{0.85}\times\left(0.42 \times 1.43 \times 200 \times 560 + 270 \times \frac{2 \times 78.5}{100} \times 560\right)$$

$$=358.4\text{kN} > V_b = 300\text{kN}，满足抗剪，选（B）项。$$

【61～63题评析】 63题，墙肢2的T端，其翼墙内纵筋配置范围最小长度$l >$ 1200mm，故实际取$l=1200$mm，同时，还应考虑翼柱的纵筋配置，见《高规》图7.2.15 (b)所示。

64. 正确答案是C，解答如下：

根据《混规》6.2.10条：

双筋梁，$\gamma_{RE}M = \alpha_1 f_c x\left(h_0 - \dfrac{x}{2}\right) + f'_y A'_s(h_0 - a'_s)$，则：

$$x = h_0 - \sqrt{h_0^2 - \frac{2\left[\gamma_{RE}M - f'_y A'_s(h_0 - a'_s)\right]}{\alpha_1 f_c b}}$$

$$=565 - \sqrt{565^2 - \frac{2 \times \left[0.75 \times 180 \times 10^6 - 360 \times 628 \times (565 - 35)\right]}{1 \times 14.3 \times 250}}$$

$$=7.6\text{mm} < 2a'_s = 70\text{mm}$$

由《混规》式（6.2.14）：

$$A_s = \frac{\gamma_{RE}M}{f_y(h - a_s - a'_s)} = \frac{0.75 \times 180 \times 10^6}{360 \times (600 - 35 - 35)}$$

$$=708\text{mm}^2$$

65. 正确答案是B，解答如下：

根据《混规》7.2.1条：

$$M_1 = f'_y A'_s(h_0 - a'_s) = 360 \times 982 \times (565 - 35) = 187.366\text{kN} \cdot \text{m}$$

$$x = h_0 - \sqrt{h_0^2 - \frac{2(\gamma_{RE}M - M_1)}{\alpha_1 f_c b}}$$

$$=565 - \sqrt{565^2 - \frac{2 \times (0.75 \times 440 \times 10^6 - 187.366 \times 10^6)}{1 \times 14.3 \times 250}}$$

$$=75.7\text{mm} < \xi_b h_0 = 293\text{mm}$$

$$> 2a'_s = 70\text{mm}$$

$$A_s = \frac{\alpha_1 f_c b x}{f_y} + a'_s = \frac{1 \times 14.3 \times 250 \times 75.7}{360} + 982 = 1734\text{mm}^2$$

$A'_s/A_s = 982/1734 = 0.57 > 0.3$，满足《高规》6.3.2条第3款规定。

66. 正确答案是D，解答如下：

顺时针：
$$M_b^l + M_b^r = 200 + 360 = 560 \text{kN} \cdot \text{m}$$

逆时针：
$$M_b^l + M_b^r = 440 + 175 = 615 \text{kN} \cdot \text{m}$$

故取
$$M_b^l + M_b^r = 615 \text{kN} \cdot \text{m}$$

由《高规》6.2.5条：
$$V = \eta_{vb} \frac{M_b^l + M_b^r}{l_n} + V_{Gb}$$
$$= 1.2 \times \frac{615}{5.7 - 0.5} + 130.4 = 272.32 \text{kN}$$

67. 正确答案是 A，解答如下：

查《高规》表 4.3.7-1，9 度，多遇地震，取 $\alpha_{max} = 0.32$；由规程 4.3.13 条：

$$\alpha_{vmax} = 0.65 \alpha_{max} = 0.65 \times 0.32 = 0.208$$

$$G_{eq} = 0.75 G_E$$

$$F_{Evk} = \alpha_{vmax} G_{eq} = 0.208 \times 0.75 \times [(13050 + 0 \times 2000) + 9 \times (12500 + 0.5 \times 2100)]$$
$$= 21060 \text{kN}$$

底层竖向地震作用产生的 N_{Evk1} 为：$N_{Evk1} = \sum\limits_{i=1}^{10} F_{vik} = F_{Evk} = 21060 \text{kN}$

由《高规》4.3.13 条第 3 款规定，构件的竖向地震作用效应，宜乘增大系数 1.5；又底层中柱 A 的竖向地震作用产生的轴向力标准值可按柱 A 分担的面积比例分配，即：

$$N_A = \frac{5.1 \times 7.2}{51 \times 21.6} \times 1.5 \times 21060 = 1053 \text{kN}$$

【67题评析】 计算构件的竖向地震作用效应，宜乘增大系数 1.5，《高规》4.3.13 条第 3 款规定；《抗规》5.3.1 条也作了同样的规定。

68. 正确答案是 D，解答如下：

连梁跨高比 $l_n/h_b = 900/900 = 1 < 5$，根据《高规》7.1.3 条，按连梁计算。

连梁弯矩：$M_b = V \dfrac{l_n}{2} = 160 \times \dfrac{0.9}{2} = 72 \text{kN} \cdot \text{m}$

由于对称配筋，由《混规》11.7.7 条：

$$A_s = \frac{\gamma_{RE} M_b}{f_y(h_0 - a_s')} = \frac{0.75 \times 72 \times 10^6}{360 \times (900 - 35 - 35)} = 181 \text{mm}^2$$

复核最小配筋率，由《高规》7.2.24 条：

$$\rho_{min} = \max(0.25\%, 0.55 f_t/f_y) = \max(0.25\%, 0.55 \times 1.43/360)$$
$$= 0.25\%$$

$$A_{s,min} = \rho_{min} bh = 0.25\% \times 160 \times 900 = 360 \text{mm}^2$$

所以取 $A_s = 360 \text{mm}^2$

69. 正确答案是 B，解答如下：

$$V_b = \frac{1.2 \times (M_b^l + M_b^r)}{l_n} + V_{Gb} = \frac{1.2 \times (72 + 72)}{0.9} + 0 = 192 \text{kN}$$

$$l_n/h_b = 900/900 = 1.0 < 2.5$$

由《高规》7.2.23条：

$$\frac{A_{sv}}{s} \geq \frac{\gamma_{RE}V_b - 0.38f_tb_bh_{b0}}{0.9f_{yv}h_{b0}}$$

$$= \frac{0.85 \times 192000 - 0.38 \times 1.43 \times 160 \times 865}{0.9 \times 210 \times 865}$$

$$= 0.419 \text{mm}^2/\text{mm}$$

根据《高规》7.2.27条第2款，查规程表6.3.2-2，箍筋最小直径≥8mm，其最大间距 s 为：

$$s = \min(h_b/4, 100) = \min(900/4, 100) = 100\text{mm}$$

$$\frac{A_{sv,min}}{s} = \frac{2 \times 50.3}{100} = 1.006\text{mm}^2/\text{mm} > 0.419\text{mm}^2/\text{mm},$$

$$\text{故最终取 } A_{sv}/s \geq 1.006\text{mm}^2/\text{mm}。$$

【68、69题评析】 68题，本题目求下部钢筋截面面积，应复核最小配筋率。

69题，复核抗剪箍筋配置是否满足构造要求（最小配箍率要求）。

70. 正确答案是C，解答如下：

根据《网格规程》3.3.4条，可取短向跨度的 $1/20 \sim 1/50$，所以应选（C）项。

71. 正确答案是B，解答如下：

根据《高钢规》8.7.2条：

$$l_{0x} = 8.6/2 = 4.3\text{m}, l_{0y} = 0.7 \times 8.6 = 6.02\text{m}$$

$$\lambda_x = \frac{4300}{49.9} = 86.2$$

$$\lambda_y = \frac{6020}{86.1} = 69.9$$

72. 正确答案是A，解答如下：

抗震四级，由《高钢规》表7.5.3：

$$\frac{b}{t} = \frac{200-8}{2 \times 12} = 8 < 13\sqrt{235/345} = 10.7$$

$$\frac{h_0}{t_w} = \frac{200 - 2 \times 12}{8} = 22 < 33\sqrt{235/345} = 27.2$$

均满足。

73. 正确答案是B，解答如下：

2号桥墩两孔单行汽车加载如图5-1-3所示。

$$y_k = \frac{29.5 + 0.25}{29.5} \times 1.0 = 1.0085$$

$$\Omega_L = \Omega_R = \frac{1}{2}l_0y_k$$

$$= \frac{1}{2} \times 29.75 \times 1.0085$$

$$= 15.001\text{m}$$

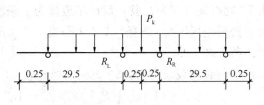
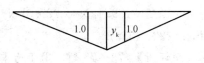

支点反力影响线

图 5-1-3

公路-Ⅰ级：$q_k = 10.5\text{kN/m}$，$P_k = 2 \times (29.5 + 130) = 319\text{kN}$

重力式桥墩，不计汽车冲击系数，桥面车行道净宽 8m，双向行驶，查《公桥通规》表 4.3.1-4，设计车道数为 2；现单向行驶，故设计车道数为 1，查《公桥通规》表 4.3.1-5，取 $\xi = 1.2$。

$$R_R = P_k y_k + q_k \Omega_R = 319 \times 1.0085 + 10.5 \times 15.001 = 479.2\text{kN}$$

$$R_L = q_k \Omega_L = 10.5 \times 15.001 = 157.5\text{kN}$$

$$R = R_R + R_L = 636.7\text{kN}$$

单列车：$\xi R = 1.2 \times 637.7 = 765.2\text{kN}$

74. 正确答案是 C，解答如下：

单行汽车横向加载如图 5-1-4 所示。

$$x_1 = 4 - 0.5 - \frac{1.8}{2} = 2.6\text{m}$$

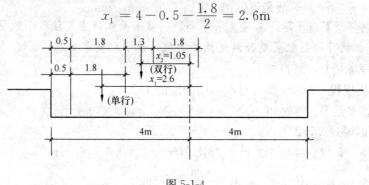

图 5-1-4

双孔单向行驶汽车荷载：

由上一题，　　　　　　$\xi R = 1.2 \times 637.7 = 765.2\text{kN}$

$$M_1 = \xi R \cdot x_1 = 765.2 \times 2.6 = 1989.5\text{kN} \cdot \text{m}$$

75. 正确答案是 B，解答如下：

双孔双向行驶汽车荷载合力 R_2，如图 5-1-4 所示，双行汽车荷载横桥向加载。

$$x_2 = 4 - 0.5 - 1.8 - \frac{1.3}{2} = 1.05\text{m}；双行汽车，取 \xi = 1.0$$

$$R_2 = 2 \times \xi(R_R + R_L) = 2 \times 1.0 \times 636.7 = 1273.4\text{kN}$$

$$M_2 = R_2 x_2 = 1273.4 \times 1.05 = 1337.1\text{kN} \cdot \text{m}$$

76. 正确答案是 D，解答如下：

由 73 题可知，双向行驶，设计车道数为 2 条。

由《公桥通规》4.3.5 条，4.3.1 条表 4.3.1-5，取 1 条车道荷载计算汽车制动力，并且车道荷载提高 1.2。

取汽车荷载加载长度为：$5 \times 30 = 150\text{m}$

$$F_{bk} = 1.2 \times (150q_k + P_k) \times 10\% = 1.2 \times (150 \times 10.5 + 319) \times 10\%$$

$$= 1.2 \times 189.4\text{kN} = 227.3\text{kN} > 165\text{kN}$$

故取 $F_{bk} = 227.3\text{kN}$。

【73~76 题评析】　73~75 题，由于为重力式桥墩，不考虑汽车荷载冲击系数。

77. 正确答案是 D，解答如下：

根据《公桥混规》4.3.2条：

$$b'_f = l/3 = \frac{14500}{3} = 4833\text{mm}$$

$$b'_f = 1600\text{mm}$$

$$b'_f = b + 2b_h + 12h'_f = 400 + 0 + 12 \times 110 = 1720\text{mm}$$

故取 $b'_f = 1600\text{mm}$

78. 正确答案是 B，解答如下：

$L_k = 15.0$，按单孔跨径查《公桥通规》表 1.0.5，属小桥；查通《公桥通规》表 4.1.5-1，结构安全等级为一级，故取 $\gamma_0 = 1.1$。

$$\gamma_0 M_d = \gamma_0 (\gamma_G M_{Gk} + \gamma_{Q1} M_{qk} + \psi_c \gamma_{Q2} M_{rk})$$

$$= 1.1 \times (1.2 \times 600 + 1.4 \times 280 + 0.75 \times 1.4 \times 30) = 1257.85\text{kN} \cdot \text{m}$$

$$f_{cd} b'_f h'_f \left(h_0 - \frac{h'_f}{2} \right) = 13.8 \times 1600 \times 110 \times \left(675 - \frac{110}{2} \right)$$

$$= 1505.86\text{kN} \cdot \text{m} > 1257.85\text{kN} \cdot \text{m}$$

故属第一类 T 形截面。

$$x = h_0 - \sqrt{h_0^2 - \frac{2\gamma_0 M_d}{f_{cd} b'_f}}$$

$$= 675 - \sqrt{675^2 - \frac{2 \times 1257.85 \times 10^6}{13.8 \times 1600}}$$

$$= 90\text{mm} < h'_f = 110\text{mm}，且 < \xi_b h_0 = 0.53 \times 675 = 357.75\text{mm}$$

$$A_s = \frac{f_{cd} b'_f x}{f_{sd}} = \frac{13.8 \times 1600 \times 90}{330} = 6022\text{mm}^2$$

由《公桥通规》9.1.12条：

$$\rho_{min} = \max(0.2\%, 0.45 f_{td}/f_{sd}) = \max(0.2\%, 0.45 \times 1.39/330) = 0.2\%$$

$$A_{s,min} = \rho_{min} b h_0 = 0.2\% \times 400 \times 675 = 540\text{mm}^2 < 6022\text{mm}^2，满足$$

79. 正确答案是 C，解答如下：

根据《公桥混规》5.2.12条：

$$\gamma_0 V_d \leqslant 0.50 \times 10^{-3} \alpha_2 f_{td} b h_0，则：$$

$$\gamma_0 V_d \leqslant 0.50 \times 10^{-3} \times 1.0 \times 1.39 \times 400 \times 675 = 187.65\text{kN}$$

【77～79题评析】 78题，关键是确定结构重要性系数 γ_0，并复核最小配筋率。

80. 正确答案是 B，解答如下：

根据《公桥混规》8.1.15条，取 $\eta_0 = 1.75$。

实战训练试题（六）解答与评析

（上午卷）

1. 正确答案是 C，解答如下：

由《可靠性标准》8.2.4 条：

取 1m 计算，$g_k=4\times1=4kN/m$，$q_k=2\times1=2kN/m$

$\quad g_1=1.3\times4=5.2kN/m$，$q=1.5\times2=3kN/m$，$g_2=1.0\times4=4kN/m$

$\Sigma M_B=0$，则：

$$R_A=\frac{\dfrac{1}{2}\times(5.2+3)\times3.6^2-\dfrac{1}{2}\times4\times1.5^2}{3.6}=13.51kN$$

$$x=\frac{13.51}{8.2}=1.65m$$

$$M_{max}=13.51\times1.65-\frac{1}{2}\times8.2\times1.65^2=11.13kN\cdot m$$

2. 正确答案是 C，解答如下：

根据《混规》6.3.15 条、6.3.12 条：

$$b=1.76r=1.76\times250=440mm，h_0=1.6r=1.6\times250=400mm$$

$$\lambda=\frac{M}{Vh_0}=\frac{115}{400\times0.4}=0.718<1.0，取\lambda=1.0$$

$$N=900kN>0.3f_cA=841.9kN$$

故取 $\qquad\qquad\qquad N=841.9kN$

由规范式（6.3.12）：

$$V\leqslant\frac{1.75}{\lambda+1}f_tbh_0+f_{yv}\frac{A_{sv}}{s}h_0+0.07N$$

$$\frac{A_{sv}}{s}\geqslant\frac{V-\dfrac{1.75}{\lambda+1}f_tbh_0-0.07N}{f_{yv}h_0}$$

$$=\frac{400\times10^3-\dfrac{1.75}{1+1}\times1.43\times440\times400-0.07\times841.9\times10^3}{270\times400}$$

$$=1.12mm^2/mm$$

选用 $2\Phi10@100$，$A_{sv}/s=2\times78.5/100=1.57mm^2/mm$，满足

【2题评析】 本题考核圆形截面柱的抗剪计算，应注意 λ、N 的取值。

3. 正确答案是 D，解答如下：

根据《混规》6.4.8 条及 6.4.9 条：

$$\beta_t=\frac{1.5}{1+0.5\dfrac{VW_t}{Tbh_0}}=\frac{1.5}{1+\dfrac{0.5\times80\times10^3\times0.98}{250\times465}}=1.12>1.0$$

故取 $$\beta_t = 1.0$$

由规范式（6.4.8-1）：

$$V \leqslant (1.5 - \beta_t) \times 0.7 f_t b h_0 + f_{yv} \frac{A_{sv}}{s} h_0$$

$$80 \times 10^3 \leqslant (1.5 - 1.0) \times 0.7 \times 1.43 \times 250 \times 465 + 270 \times \frac{A_{sv}}{100} \times 465$$

解之得：$A_{sv} \geqslant 17.4 \text{mm}^2$

4. 正确答案是 B，解答如下：

翼缘，根据《混规》9.2.10 条：

$$\rho_{sv,min} = 0.28 f_t / f_{yv} = 0.28 \times 1.43 / 270 = 0.15\%$$

$$A_{sv,min} = \rho_{sv,min} (b_f' - b) s = 0.15\% \times (400 - 250) \times 150 = 33.75 \text{mm}^2$$

腹板，根据《混规》式（9.2.5）：

$$\rho_{tl,min} = 0.6 \sqrt{\frac{T}{Vb} \frac{f_t}{f_y}} = 0.6 \times \sqrt{\frac{200}{250}} \times \frac{1.43}{360} = 0.213\%$$

$$A_{st,min} = \rho_{tl,min} hb = 0.213\% \times 500 \times 250 = 266 \text{mm}^2$$

【3、4题评析】 3题，T形截面腹板抗剪箍筋面积计算，《混规》6.4.9条作了具体规定。

5. 正确答案是 D，解答如下：

$$4 \oplus 25 (A_s = 1964 \text{mm}^2), \quad 4 \oplus 22 (A_s = 1520 \text{mm}^2), \quad f_{yk} = 400 \text{N/mm}^2$$

$$h_0 = 600 - 35 = 565 \text{mm}$$

根据《混规》11.3.2 条：

逆时针：

$$M_{bua}^l = \frac{1}{\gamma_{RE}} f_{yk} A_s^l (h_0 - a_s') = \frac{1}{0.75} \times 400 \times 1964 \times (565 - 35) = 555.16 \text{kN} \cdot \text{m}$$

$$M_{bua}^r = \frac{1}{\gamma_{RE}} f_{yk} A_s^r (h_0 - a_s') = \frac{1}{0.75} \times 400 \times 1520 \times (565 - 35) = 429.65 \text{kN} \cdot \text{m}$$

$$M_{bua}^l + M_{bua}^r = 555.16 + 429.65 = 984.81 \text{kN} \cdot \text{m}$$

顺时针，同理，$M_{bua}^l + M_{bua}^r = 429.65 + 555.16 = 984.81 \text{kN} \cdot \text{m}$

$$V_b = 1.1 \frac{M_{bua}^l + M_{bua}^r}{l_n} + V_{Gb} = 1.1 \times \frac{984.81}{5.2} + 1.2 \times 112.7 = 343.57 \text{kN}$$

6. 正确答案是 B，解答如下：

根据《混规》式（11.3.4）：

$$\frac{A_{sv}}{s} \geqslant \frac{\gamma_{RE} V_b - 0.6 \alpha_{cv} f_t b h_0}{f_{yv} h_0} = \frac{0.85 \times 285 \times 10^3 - 0.6 \times 0.7 \times 1.43 \times 250 \times 565}{270 \times 565} = 1.03 \text{mm}^2/\text{mm}$$

双肢箍，$s = 100 \text{mm}$，则：$A_{sv1} \geqslant 1.03 \times 100 / 2 = 51.5 \text{mm}^2$

选用 $\Phi 10$（$A_{s1} = 78.5 \text{mm}^2$），配置 $2 \Phi 10@100$，$\rho_{sv} = \frac{A_{sv}}{bs} = \frac{2 \times 78.5}{250 \times 100} = 0.628\%$

复核箍筋配置，查《混规》表 11.3.6-2：

箍筋最小直径为 10mm，最大间距 $s = \min(6d, h/4, 100) = \min(6 \times 25, 600/4, 100) = 100 \text{mm}$，故（A）项不对。

抗震一级，由规范式（11.3.9-1）：

$$\rho_{sv,min}=0.30f_t/f_{yv}=0.30\times1.43/270=0.159\%<0.628\%$$，满足。

所以选 2Φ10@100。

【5、6 题评析】 5 题，应注意的是，应计算逆时针、顺时针两种情况，当两端配筋不同时，其逆时针方向弯矩值与顺时针方向弯矩值是不同的。

7. 正确答案是 B，解答如下：

根据《混规》6.6.3 条：

$$A_l=A_{ln}=\frac{\pi}{4}d^2=\frac{\pi\times250^2}{4}=49063\text{mm}^2$$

$$A_{cor}=\frac{\pi}{4}d_{cor}^2=\frac{\pi\times450^2}{4}=158963\text{mm}^2>1.25A_l=61329\text{mm}^2$$

$$A_b=\frac{\pi(3d)^2}{4}=\frac{\pi}{4}\times(3\times250)^2=441563\text{mm}^2$$

因 $A_{cor}<A_b$，故 $\beta_{cor}=\sqrt{\frac{A_{cor}}{A_l}}=\sqrt{\frac{158963}{49063}}=1.80$

8. 正确答案是 B，解答如下：

根据《混规》式（6.6.3-1）：

$$\beta_l=3.0$$

$$\beta_c=1.0,\alpha=1.0$$

$$\rho_v=\frac{4A_{ss1}}{d_{cor}s}=\frac{4\times28.3}{450\times50}=0.00503$$

$$\begin{aligned}N&=0.9(\beta_c\beta_lf_c+2\alpha\rho_v\beta_{cor}f_y)A_{ln}\\&=0.9\times(1\times3\times11.9+2\times1\times0.00503\times1.8\times300)\times49063\\&=1816.27\text{kN}\end{aligned}$$

验算截面条件，由《混规》式（6.6.1-1）：

$$N_u=1.35\beta_c\beta_lf_cA_{ln}=1.35\times1\times3\times11.9\times49063=2364.59\text{kN}>1816.27\text{kN}$$

【7、8 题评析】 7 题，应注意的是，当 $A_{cor}>A_b$ 时，$\beta_{cor}=\sqrt{\frac{A_b}{A_l}}$。

8 题，应复核截面条件，计算局部受压区的截面最大承载力 N_u，若 $N\geqslant N_u$，取 $N=N_u$。

9. 正确答案是 A，解答如下：

根据已知条件，如图 6-1-1 所示，底层柱上端节点弯矩值为：

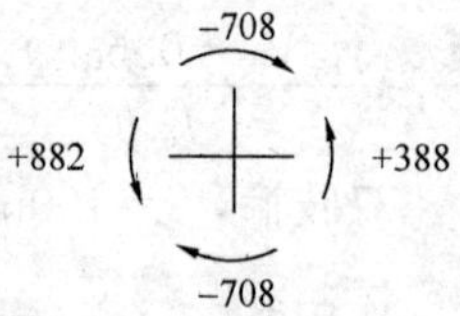

图 6-1-1 逆时针为正

根据《混规》11.4.1 条：

$$\Sigma M_c=1.5\Sigma M_b=1.5\times(882+388)=1905\text{kN}\cdot\text{m}$$

$\Sigma M_c=708+708=1416\text{kN}\cdot\text{m}$，故取 $\Sigma M_c=1905\text{kN}\cdot\text{m}$

底层柱上端弯矩值：

$$M_c^t=1905\times\frac{708}{708+708}=952.5\text{kN}\cdot\text{m}$$

10. 正确答案是 A，解答如下：
$$H = 5.3\text{m}, \quad H_\text{n} = 5.3 - 0.6 = 4.7\text{m}$$

根据《混规》11.4.2 条，该底层中柱柱下端 M_c^b：
$$M_\text{c}^\text{b} = 1.5 \times 810 = 1215\text{kN} \cdot \text{m}$$

由规范式（11.4.3-2）：
$$V_\text{c} = 1.3 \times \frac{M_\text{c}^\text{t} + M_\text{c}^\text{b}}{H_\text{n}} = 1.3 \times \frac{952.5 + 1215}{4.7} = 599.5\text{kN}$$

由规范式（11.4.7）：
$$\lambda = \frac{H_\text{n}}{2h_0} = \frac{4.7}{2 \times 0.56} = 4.2 > 3.0, \quad \text{取} \; \lambda = 3.0$$

$$N = 2200\text{kN} > 0.3 f_\text{c} A = 1544.4\text{kN}, \text{故取} \; N = 1544.4\text{kN}$$

$$V_\text{c} \leqslant \frac{1}{\gamma_\text{RE}} \left(\frac{1.05}{\lambda + 1} f_\text{t} b h_0 + f_\text{yv} \frac{A_\text{sv}}{s} h_0 + 0.056N \right)$$

$$\frac{A_\text{sv}}{s} \geqslant \frac{0.85 \times 599.5 \times 10^3 - \dfrac{1.05}{3 + 1} \times 1.43 \times 600 \times 560 - 0.056 \times 1544.4 \times 10^3}{300 \times 560}$$

$$= 1.77\text{mm}^2/\text{mm}$$

11. 正确答案是 A，解答如下：

柱箍筋加密区外，柱剪力不需调整：
$$V_\text{c} = \frac{M_\text{c}^\text{t} + M_\text{c}^\text{b}}{H_\text{n}} > \frac{952.5 + 1215}{4.7} = 461.17\text{kN}$$

$N = 2200\text{kN} > 0.3 f_\text{c} A = 1544.4\text{kN}$，故取 $N = 1544.4\text{kN}$；$\lambda = 3.0$，由《混砌》式

（11.4.7）：

$$V_\text{c} \leqslant \frac{1}{\gamma_\text{RE}} \left(\frac{1.05}{\lambda + 1} f_\text{t} b h_0 + f_\text{yv} \frac{A_\text{sv}}{s} h_0 + 0.056N \right)$$

$$\frac{A_\text{sv}}{s} \geqslant \frac{0.85 \times 461.17 \times 10^3 - \dfrac{1.05}{4} \times 1.43 \times 600 \times 560 - 0.056 \times 1544.4 \times 10^3}{300 \times 560}$$

$$= 1.07\text{mm}^2/\text{mm}$$

12. 正确答案是 D，解答如下：

查《混规》表 10.2.2，取 $a = 5\text{mm}$

由规范式（10.2.2）：
$$\sigma_{l1} = \frac{a}{l} E_\text{s} = \frac{5}{18 \times 10^3} \times 1.95 \times 10^5 = 54.167\text{N/mm}^2$$

$$\sigma_\text{con} = 0.65 f_\text{ptk} = 0.65 \times 1720 = 1118\text{N/mm}^2$$

查《混规》表 10.2.4，取 $\kappa = 0.0015$；$\mu\theta = 0.0$

$$\kappa x + \mu\theta = 0.0015 \times 18 = 0.027 < 0.3, \text{则：}$$

$$\sigma_{l2} = (\kappa x + \mu\theta)\sigma_\text{con} = 0.027 \times 1118 = 30.186\text{N/mm}^2$$

故
$$\sigma_{l1} = \sigma_{l1} + \sigma_{l2} = 54.167 + 30.186 = 84.353\text{N/mm}^2$$

13. 正确答案是 D，解答如下：

首先计算 A_n，根据《混规》10.1.6 条：

$$\alpha_E = 5.97$$

$$A_n = A - 2 \times \frac{\pi}{4}d^2 + (\alpha_E - 1) \times A_s$$

$$= 240 \times 220 - 2 \times \frac{\pi}{4} \times 48^2 + (5.97 - 1) \times 452 = 51429\text{mm}^2$$

超张拉，查规范表 10.2.1，低松弛，$\sigma_{con} = 0.65 f_{ptk} \leqslant 0.7 f_{ptk}$，则：

$$\sigma_{l4} = 0.125 \times \left(\frac{\sigma_{con}}{f_{ptk}} - 0.5\right)\sigma_{con}$$

$$= 0.125 \times (0.65 - 0.5) \times 1118 = 20.96\text{N/mm}^2$$

张拉终止后混凝土的预压应力 σ_{pcI}：

$$\sigma_{pcI} = \frac{(\sigma_{con} - \sigma_{lI})A_p}{A_n} = \frac{(1118 - 84.353) \times 840}{51429} = 16.88\text{N/mm}^2$$

$$\frac{\sigma_{pcI}}{f'_{cu}} = \frac{16.88}{40} = 0.42 < 0.5,\text{可以按规范式}(10.2.5\text{-}3)\text{ 计算 } \sigma_{l5}:$$

$$\rho = \frac{A_p + A_s}{2A_n} = \frac{840 + 452}{2 \times 51429} = 0.0126$$

$$\sigma_{l5} = \frac{55 + 300\sigma_{pcI}/f'_{cu}}{1 + 15\rho} = \frac{55 + 300 \times 0.42}{1 + 15 \times 0.0126} = 152.22\text{N/mm}^2$$

所以
$$\sigma_{lII} = \sigma_{l4} + \sigma_{l5} = 20.96 + 152.22 = 173.18\text{N/mm}^2$$

【12、13题评析】 当 $\sigma_{pcI}/f'_{cu} \leqslant 0.5$ 时，《混规》式 (10.2.5-1)、式 (10.2.5-3) 才适用；当结构处于年平均相对湿度低于 40% 的环境下，σ_{l5} 及 σ'_{l5} 值应增加 30%。

14. 正确答案是 D，解答如下：

根据《抗规》13.3.4 条，8 度，取全长 4000mm，应选 (D) 项。

15. 正确答案是 B，解答如下：

$$h_0 = h - a = 600 - 40 = 560\text{mm}, h - h_0 = a = 40\text{mm}$$

根据《混加规》10.6.2 条，所有外力对纤维复合材取力矩平衡，$A'_{s0} = A_{s0}$，则：

$$N(e + a) \leqslant \alpha_1 f_{c0} bx\left(h_0 - \frac{x}{2} + a\right) + f'_{y0} A'_{s0}(h - a') - f_{y0} A_{s0} \cdot a$$

即：
$$N(e + a) \leqslant \alpha_1 f_{c0} bx\left(h - \frac{x}{2}\right) + f'_{y0} A'_{s0}(h - a' - a)$$

$$x = h - \sqrt{h^2 - 2x\frac{N(e + a) - f'_{y0}A'_{s0}(h - a' - a)}{\alpha_1 f_{c0}}}$$

$$= 600 - \sqrt{600^2 - 2 \times \frac{900 \times 10^3 \times (88.5 + 40) - 300 \times 1520 \times (600 - 40 - 40)}{1 \times 14.3 \times 400}}$$

$$= 210.4\text{mm}$$

查表 4.3.4-1，重要构件，取 $f_f = 1600\text{MPa}$。

由式 (10.6.2-1)：

$$A_f = \frac{1 \times 14.3 \times 400 \times 210.4 - 900 \times 10^3}{1600} = 189.7\text{mm}^2$$

故选（B）项。

16. 正确答案是 B，解答如下：

根据《钢标》6.1.1 条、6.1.3 条：

$$\frac{b}{t} = \frac{250 - 8}{2 \times 12} = 10 < 13\varepsilon_k = 13$$

$$\frac{h_0}{t_w} = \frac{454 - 2 \times 12}{8} = 53.75 < 93\varepsilon_k = 93$$

截面等级满足 S3 级，取 $\gamma_x = 1.05$。

$$\frac{M_x}{\gamma_x W_{nx}} = \frac{279.1 \times 10^6}{1.05 \times 1525 \times 10^3} = 174.3 \text{N/mm}^2$$

17. 正确答案是 A，解答如下：

$$M_B = -R_c l + \frac{1}{2}ql^2 \quad 即:R_c = \left(\frac{1}{2}ql^2 - M_B\right) \cdot \frac{1}{l}$$

$$R_c = \frac{\frac{1}{2} \times 45 \times 8^2 - 172.1}{8} = 158.5 \text{kN}$$

$$V_B = ql - R_c = 45 \times 8 - 158.5 = 201.5 \text{kN}$$

由《钢标》式（6.1.3）：

$$\tau = \frac{VS}{It_w} = \frac{201.5 \times 10^3 \times 848 \times 10^3}{34610 \times 10^4 \times 8} = 61.7 \text{N/mm}^2$$

18. 正确答案是 D，解答如下：

柱顶：$K_1 = \frac{\Sigma i_b}{\Sigma i_c} = \frac{1.5 \times 34610/8}{13850/3.5} = 1.64$

柱底：$K_2 = 0.0$

无侧移框架柱，查《钢标》附录表 E.0.1，$\mu = 0.84$

$$l_{0x} = \mu l = 0.84 \times 3.5 = 2.94 \text{m}$$

19. 正确答案是 A，解答如下：

平面外：$l_{0y} = 3.5 \text{m}$，$\lambda_y = \frac{l_{0y}}{i_y} = \frac{3500}{61.7} = 56.7$

焊接 H 形截面、剪切边，查《钢标》表 7.2.1-1，对 y 轴属 c 类截面，$\lambda_y/\varepsilon_k = 56.7$，查附表 D.0.3，$\varphi_y = 0.730$

由《钢标》8.2.1 条：

$$\beta_{tx} = 0.65 + 0.35\frac{M_2}{M_1} = 0.65 + 0.35 \times \frac{0}{172.1} = 0.65$$

$$\varphi_b = 0.997$$

柱 AB 承受的压力，节点 B 有：$\Sigma Y = 0$

$$N_{AB} = P + V_B = 93 + 201.5 = 294.5 \text{kN}$$

截面等级满足 S3 级，取全截面计算。

$$\frac{N_{AB}}{\varphi_y A} + \eta \frac{\beta_{tx} M_x}{\varphi_b W_{1x}} = \frac{294.5 \times 10^3}{0.730 \times 8208} + 1.0 \times \frac{0.65 \times 172.1 \times 10^6}{0.997 \times 923 \times 10^3}$$

$$= 170.7 \text{N/mm}^2$$

【16～19题评析】19题，焊接H形截面，剪切边，查《钢标》表7.2.1-1知，对y轴属c类截面。

20. 正确答案是B，解答如下：

如图6-1-2所示，支座A处剪力最大。

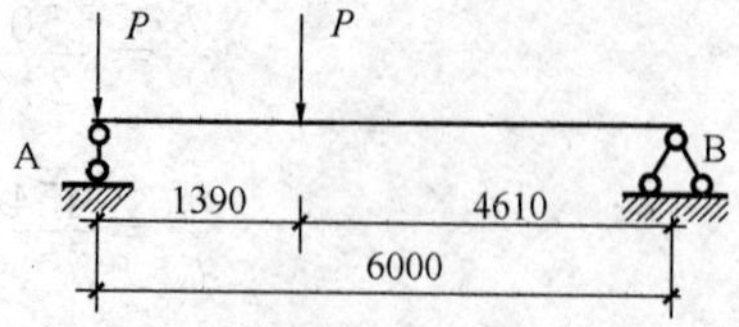

图 6-1-2

$$V_k = R_A = \left(1 + \frac{4.61}{6}\right) P_{kmax}$$

$$= \left(1 + \frac{4.61}{6}\right) \times 22.3 \times 9.8 = 386.45 \text{kN}$$

根据《荷规》6.3.1条，中级工作制，动力系数为1.05；根据《可靠性标准》8.2.4条，吊车荷载分项系数1.5。

$$V = 1.05 \times 1.5 \times V_k = 1.05 \times 1.5 \times 386.45 = 608.66 \text{kN}$$

由《钢标》式（6.1.3）：

$$\tau = \frac{V S_x}{I t_w} = \frac{608.66 \times 10^3 \times 2.41 \times 10^6}{163 \times 10^7 \times 8} = 112.5 \text{N/mm}^2$$

21. 正确答案是C，解答如下：

根据《钢标》6.1.4条：

$$l_z = a + 5h_y + 2h_R = 50 + 5 \times 16 + 2 \times 140 = 410 \text{mm}$$

取$\psi = 1.0$，$F = P = 1.5 \times 1.05 \times 22.3 \times 9.8 = 344.2 \text{kN}$

$$\sigma_c = \frac{\psi F}{l_z t_w} = \frac{1.0 \times 344.2 \times 10^3}{410 \times 8} = 105 \text{N/mm}^2$$

22. 正确答案是D，解答如下：

根据《钢标》附录C.0.1条：

$$\xi = \frac{l_1 t}{b_1 h} = \frac{6000 \times 16}{420 \times 750} = 0.305 < 2.0, 则：$$

$$\beta_b = 0.73 + 0.18\xi = 0.73 + 0.18 \times 0.305 = 0.785$$

由提示知：$I_1 = 9878 \text{cm}^4$，$I_2 = 2083 \text{cm}^4$

$$\alpha_b = \frac{I_1}{I_1 + I_2} = \frac{9878}{9878 + 2083} = 0.826 > 0.8$$

根据附表C.0.1注6：

项次3，$\xi = 0.305 < 0.5$，$\beta_b = 0.9\beta_b = 0.9 \times 0.785 = 0.707$

$$\eta_b = 0.8(2\alpha_b - 1) = 0.8 \times (2 \times 0.826 - 1) = 0.522$$

$$\lambda_y = \frac{l_0}{i_y} = \frac{6000}{85.2} = 70.4$$

由附录公式（C.0.1-1）：

$$\varphi_b = \beta_b \frac{4320}{\lambda_y^2} \times \frac{Ah}{W_x} \times \left[\sqrt{1 + \left(\frac{\lambda_y t_1}{4.4h}\right)^2} + \eta_b\right] \varepsilon_k^2$$

$$= 0.707 \times \frac{4320}{(70.4)^2} \times \frac{164.64 \times 10^2 \times 750}{5.19 \times 10^3 \times 10^3} \times \left[\sqrt{1 + \left(\frac{70.4 \times 16}{4.4 \times 750}\right)^2} + 0.522\right] \frac{235}{235}$$

$$= 2.32 > 0.6$$

所以 $\varphi'_b = 1.07 - \frac{0.282}{\varphi_b} = 1.07 - \frac{0.282}{2.32} = 0.95$

23. 正确答案是 A，解答如下：

根据《钢标》6.3.3条：

$a/h_0 = 1000/718 = 1.393 > 1.0$

$$\lambda_{n,s} = \frac{h_0/t_w}{37\eta\sqrt{5.34 + 4(h_0/a)^2}} \times \frac{1}{\varepsilon_k} = \frac{718/8}{37 \times 1.11 \times \sqrt{5.34 + 4 \times \left(\frac{718}{1000}\right)^2}} \cdot \frac{1}{1}$$

$$= 0.803 > 0.8, 且 < 1.2$$

$$\tau_{cr} = [1 - 0.59(\lambda_s - 0.8)]f_v$$

$$= [1 - 0.59 \times (0.803 - 0.8)] \times 125 = 124.8 \text{N/mm}^2$$

$$\left(\frac{\sigma}{\sigma_{cr}}\right)^2 + \left(\frac{\tau}{\tau_{cr}}\right)^2 + \frac{\sigma_c}{\sigma_{c,cr}} = \left(\frac{140}{215}\right)^2 + \left(\frac{51}{124.8}\right)^2 + \frac{100}{211} = 1.07$$

24. 正确答案是 B，解答如下：

如图 6-1-3 所示，根据《钢标》6.3.7条：

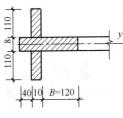

图 6-1-3

$B = 15t_w\varepsilon_k = 15 \times 8 \times \sqrt{235/235} = 120 \text{mm}$

$A = (40 + 10 + 120) \times 8 + 2 \times 110 \times 10 = 3560 \text{mm}^2$

$I_y \approx \frac{1}{12} \times 10 \times (2 \times 110 + 8)^3 = 9.88 \times 10^6 \text{mm}^4$

$$i_y = \sqrt{I_y/A} = 52.68 \text{mm}, \lambda_y = \frac{h_0}{i_y} = \frac{718}{52.68} = 13.6$$

焊接、焰切边的十字形，查表 7.2.1-1，均属 b 类截面；查附表 D.0.2，取 $\varphi = 0.986$。

$$\frac{N}{\varphi A} = \frac{550 \times 10^3}{0.986 \times 3560} = 156.69 \text{N/mm}^2$$

25. 正确答案是 B，解答如下：

根据《钢标》11.2.7条：

$$h_f \geqslant \frac{1}{2 \times 0.7 f_f^w}\sqrt{\left(\frac{VS_1}{I}\right)^2 + \left(\frac{\psi F}{\beta_f l_z}\right)^2}$$

取 $\beta_f = 1.0, l_z = 410 \text{mm}, \psi F = 1.0 \times 344.2 = 344.2 \text{kN}$，则：

$$h_f \geqslant \frac{1}{2 \times 0.7 \times 160} \times \sqrt{\left[\frac{600 \times 10^3 \times 420 \times 16 \times (750 - 436 - 8)}{163 \times 10^3 \times 10^4}\right]^2 + \left(\frac{1 \times 344.2 \times 10^3}{410}\right)^2}$$

$$= 5.05 \text{mm}$$

由《钢标》11.3.5条，取 $h_f \geqslant 6 \text{mm}$

最终取 $h_f \geqslant 6 \text{mm}$

【20～25题评析】 20题、21题,关键是动力系数的取值,《荷规》6.3.1条作了具体规定。

22题,关键是《钢标》附录表C.0.1注6的规定,应考虑折减系数。由《钢标》附录式(C.0.1-1)求得的$\varphi_b>0.6$时,还需用规范附录式(C.0.1-7)转化为求φ_b'。

25题,关键是确定绕y轴时,T形截面为哪一类截面。

26. 正确答案是A,解答如下:

上弦杆肢尖与节点板间的角焊缝传递弦杆两端内力差ΔN及其偏心力矩$M=\Delta N \cdot e$。

$$\Delta N = N_1 - N_2 = 480 - 110 = 370kN$$

$$M = \Delta N \cdot e = 370 \times (90-20) \times 10^{-3} = 25.9kN \cdot m$$

$$l_w = l - 2h_f = (190+170) - 2 \times 8 = 344mm$$

根据《钢标》11.2.2条:

$$\sigma_f = \frac{6M}{2 \times 0.7h_f l_w^2} = \frac{6 \times 25.9 \times 10^6}{2 \times 0.7 \times 8 \times 344^2} = 117.25N/mm^2$$

$$\tau_f = \frac{\Delta N}{2 \times 0.7h_f l_w} = \frac{370 \times 10^3}{2 \times 0.7 \times 8 \times 344} = 96.03N/mm^2$$

所以:

$$\sqrt{\left(\frac{\sigma_f}{\beta_f}\right)^2 + (\tau_f)^2} = \sqrt{\left(\frac{117.25}{1.22}\right)^2 + 96.03^2} = 135.86N/mm^2$$

27. 正确答案是C,解答如下:

根据《门规》附录A规定:

$$K = \frac{1.233 \times 10^5 E}{\dfrac{6 \times 5.1645 \times 10^8 E}{7500}} \cdot \left(\frac{5.1645}{0.7773}\right)^{0.29}$$

$$= 0.517$$

$$\mu = 2 \times \left(\frac{5.1645}{0.773}\right)^{0.145} \cdot \sqrt{1 + \frac{0.38}{0.517}} = 3.47$$

$$l_{ox} = 3.47 \times 7.5 = 26.025m$$

28. 正确答案是B,解答如下:

根据《门规》7.1.1条:

$$\alpha = 3, \omega_1 = 0.41 - 0.897 \times 3 + 0.363 \times 3^2 - 0.041 \times 3^2 = -0.121$$

$$\gamma_p = \frac{684}{588 - 2 \times 8} - 1 = 0.196$$

$$\eta_s = 1 - (-0.121)\sqrt{0.196} = 1.05$$

$$k_\tau = 1.05 \times \left(5.34 + \frac{4}{3^2}\right) = 6.07$$

$$\lambda_s = \frac{684/5}{37\sqrt{6.07}\sqrt{235/235}} = 1.50$$

$$\varphi_{ps} = \frac{1}{(0.51 + 1.50^{3.2})^{1/2.6}} = 0.577$$

$$V_d = 0.85 \times 0.577 \times 684 \times 5 \times 125 = 210kN < 358kN$$

故取 $V_d = 210$ kN。

29. 正确答案是 D，解答如下：

根据《门规》7.1.1 条：

$$k_\sigma = \frac{16}{\sqrt{(1-0.74)^2 + 0.112 \times (1+0.74)^2 + (1-0.74)}} = 17.82$$

$$\lambda_p = \frac{684/5}{28.1\sqrt{17.82} \cdot \sqrt{\dfrac{235}{1.1 \times 91.6}}} = 0.75$$

$$\rho = \frac{1}{(0.243 + 0.75^{1.25})^{0.9}} = 1.06 > 1.0$$

故 $\rho = 1$，即全截面有效。

由 7.1.2 条：

$V = 30\text{kN} < 0.5V_d = 0.5 \times 200 = 100\text{kN}$，则：

$$\frac{N}{A_e} + \frac{M}{W_e} = \frac{80 \times 10^3}{6620} + \frac{120 \times 10^6}{1.4756 \times 10^6} = 93.4\text{N/mm}^2$$

30. 正确答案是 D，解答如下：

查《砌规》表 3.2.1-1，$f = 2.07$MPa。

$A = 0.37 \times 0.49 = 0.181\text{m}^2 < 0.2\text{m}^2$，取 $\gamma_a = A + 0.8 = 0.981$，故 $f = 0.981 \times 2.07 = 2.03$MPa

根据《砌规》8.1.2 条：

$$\rho = \frac{(a+b)\ A_s}{abs_n} = \frac{(50+50)\ \times 12.6}{50 \times 50 \times 195} = 0.258\% \begin{matrix} <1.0\% \\ >0.1\% \end{matrix} \text{，满足}$$

$$e = \frac{M}{N} = \frac{15}{190} = 0.08\text{m}$$

$$f_n = f + 2\left(1 - \frac{2e}{y}\right)\rho f_y$$

$$= 2.03 + 2 \times \left(1 - \frac{2 \times 0.08}{0.49/2}\right) \times 0.258\% \times 320 = 2.60\text{MPa}$$

$$\varphi_n f_n A = 2.60 \times 370 \times 490\varphi_n \times 10^{-3} = 471.4\varphi_n(\text{kN})$$

【30 题评析】 本题目的关键是确定 γ_a 值，$A < 0.2\text{m}^2$，取 $\gamma_a = A + 0.8$；M7.5 水泥砂浆对 f 不调整。

31. 正确答案是 A，解答如下：

壁柱高度 H：$H = 6.2 + 0.5 = 6.7$m，刚性方案，$s = 15\text{m} > 2H = 13.4$m，查规范表 5.1.3，取 $H_0 = 1.0H = 6.7$m

由《砌规》4.2.8 条：

$$b_f = 0.49 + \frac{2}{3} \times 6.7 = 4.96\text{m},$$

$$b_f = 2.5 + \frac{5-2}{2} = 4.0\text{m}，\text{故取 } b_f = 4.0\text{m}$$

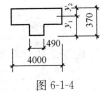

图 6-1-4

$$A = 4000 \times 240 + 490 \times 130 = 1023700\text{mm}^2$$

如图 6-1-4，$y_1 = \dfrac{4000 \times 240 \times (120 + 130) + 490 \times 130 \times 65}{1023700}$

$$=238.5 \text{mm}$$

$$y_2 = 370 - y_1 = 131.5 \text{mm}$$

$$I = \frac{1}{12} \times 4000 \times 240^3 + 4000 \times 240 \times (131.5 - 120)^2 + \frac{1}{12} \times 490 \times 130^3$$

$$+ 490 \times 130 \times (238.5 - 65)^2 = 6.74 \times 10^9 \text{mm}^4$$

$$i = \sqrt{I/A} = 81.1 \text{mm}$$

$$h_T = 3.5i = 284 \text{mm}$$

32. 正确答案是 C，解答如下：

$$H_0 = 6.7 \text{m}, \beta = \frac{H_0}{h_T} = \frac{6700}{284} = 23.6$$

$$\mu_1 = 1.0, \frac{h}{H} = \frac{1.2}{6.7} = 0.179 < 0.2，根据《砌规》6.1.4 条，取 \mu_2 = 1.0$$

$$\mu_1 \mu_2 [\beta] = 1 \times 1 \times 24 = 24$$

33. 正确答案是 A，解答如下：

$$H = \frac{6.95 + 6.2}{2} + 0.5 = 7.075 \text{m} > s = 5 \text{m}，刚性方案，查《砌规》表 5.1.3，取 H_0 = 0.6s =$$
$$0.6 \times 5 = 3.0 \text{m}$$

$$\beta = \frac{H_0}{h} = \frac{3000}{240} = 12.5$$

$$\mu_1 = 1.0，同理，\mu_2 = 1.0，则：\mu_1 \mu_2 [\beta] = 1 \times 1 \times 24 = 24$$

【31～33题评析】 32题、33题，关键是确定 μ_2 值。

34. 正确答案是 A，解答如下：

$$H = 5.4 + 0.5 = 5.9 \text{m}, \quad s = 12.5 \text{m} > 2H = 11.8 \text{m},$$

查《砌规》表 5.1.3，刚性方案，$H_0 = 1.0H = 5.9 \text{m}$，

$$\beta = \frac{H_0}{h} = \frac{5900}{240} = 24.6$$

35. 正确答案是 C，解答如下：

根据《砌规》8.2.7 条：

取中间单元长度 2.5m 计算，$A_n = 240 \times (2500 - 240) = 542400 \text{mm}^2$

$$A_c = 240 \times 240 = 57600 \text{mm}^2$$

$$\eta = \left[\frac{1}{\frac{l}{b_c} - 3} \right]^{1/4} = \left[\frac{1}{\frac{2.5}{0.24} - 3} \right]^{1/4} = 0.606$$

由规范式 (8.2.7-1)：

$$N = \varphi_{com} [f A_n + \eta (f_c A_c + f'_y A'_s)]$$

$$= 0.542 \times [1.69 \times 542400 + 0.606 \times (57600 \times 9.6 + 300 \times 615)]$$

$$= 739.05 \text{kN}$$

每延米为：739.05/2.5 = 295.6kN/m

36. 正确答案是 C，解答如下：

根据《抗规》7.3.1 条表 7.3.1，应在楼梯间四角、楼梯斜梯段上下端对应的墙体处，设构造柱共需 8 个。

37. 正确答案是 B，解答如下：

外纵墙的横墙最大间距 $s=7.2m$，第 1 类楼盖，查《砌规》表 4.2.1，故刚性方案。

第二层，$H=3.0m$，$s=7.2m$，$s=7.2m>2H=6m$，刚性方案，查《砌规》表 5.1.3，取 $H_0=1.0H=3m$

$$\beta=\frac{H_0}{h}=\frac{3}{0.24}=12.5$$

查规范表 6.1.1，取 $[\beta]=26$，$\mu_1=1.0$，$\mu_2=1-0.4\times\frac{3.6}{7.2}=0.8>0.7$

$$\mu_1\mu_2[\beta]=1\times0.8\times26=20.8$$

38. 正确答案是 C，解答如下：

根据《抗规》7.2.3 条：①、⑥轴线墙体等效侧向刚度：$h/b=3/(6+6+2.4+0.24)=0.205<1$，可只计算剪切变形，$K=\frac{EA}{3h}=\frac{Et\times14640}{3\times3000}=1.627Et$

②～⑤轴线墙体等效侧向刚度：

$h/b=\frac{3}{6.24}=0.48<1.0$，则：

$$K=\frac{EA}{3h}=\frac{Et\times6240}{3\times3000}=0.693Et$$

由《抗规》5.2.6 条：

$$V_{Q1k}=\frac{0.4Et\times1500}{(2\times1.627+6\times0.693+0.4)Et}=76.8kN$$

由《抗震通规》4.3.2 条：

$$V_{Q1}=76.8\times1.4=107.5kN$$

39. 正确答案是 C，解答如下：

根据《木标》5.3.2 条、5.1.4 条、冷杉 TC11B：

$$i_x=\frac{h}{\sqrt{12}}=\frac{150}{\sqrt{12}}=43.30mm$$

$$\lambda_x=\frac{l_0}{i_x}=\frac{2310}{43.3}=53.35$$

$$\lambda_c=5.28\sqrt{1\times300}=91.45>\lambda_x，则：$$

$$\varphi=\frac{1}{1+\frac{53.35^2}{1.43\pi^2\times1\times300}}=0.598$$

40. 正确答案是 B，解答如下：

冷杉（TC11B），查《木标》表 4.3.1-3，$f_c=10MPa$，$f_m=11MPa$

由《木标》5.3.2 条：

$$e_0 = 7.5\,\text{mm}$$

$$W = \frac{1}{6} \times 120 \times 150^2 = 450 \times 10^3\,\text{mm}^3, A = 120 \times 150$$

$$k = \frac{Ne_0 + M_0}{Wf_m\left(1 + \sqrt{\dfrac{N}{Af_c}}\right)} = \frac{50000 \times 7.5 + 2.5 \times 10^6}{450 \times 10^3 \times 11 \times \left(1 + \sqrt{\dfrac{50 \times 10^3}{120 \times 150 \times 10}}\right)}$$

$$= 0.38$$

$$\varphi_m = (1-k)^2(1-k_0) = (1-0.38)^2 \times (1-0.05) = 0.365$$

（下午卷）

41. 正确答案是 D，解答如下：

根据《抗规》14.1.4 条，(D) 项错误，应选 (D) 项。

42. 正确答案是 C，解答如下：

根据《边坡规范》附录 F.0.4 条：

$$K_a = \tan^2\left(45° - \frac{20°}{2}\right) = 0.49, K_p = \tan^2\left(45° + \frac{20°}{2}\right) = 2.04$$

$$e_{ak} = qK_a + \gamma h K_a - 2c\sqrt{K_a}$$

$$= 20 \times 0.49 + 18 \times (6 + Y_n) \times 0.49 - 2 \times 10 \times \sqrt{0.49} = 8.82Y_n + 48.72$$

$$e_{pk} = \gamma h K_p + 2c\sqrt{K_p}$$

$$= 18 \times Y_n \times 2.04 + 2 \times 10 \times \sqrt{2.04} = 36.72Y_n + 28.57$$

由 $e_{ak} = e_{pk}$，则：

$$8.82Y_n + 48.72 = 36.72Y_n + 28.57$$

解之得：$Y_n = 0.72\,\text{m}$

43. 正确答案是 C，解答如下：

根据《桩规》3.4.3 条，应选 (C) 项。

44. 正确答案是 A，解答如下：

欲使基底均匀受压，应使上部结构传来的合力位于基础形心处。

上部结构传来的合力距柱 1 形心的距离 x：

$$x = \frac{350 \times 3 + 10 - 45}{350 + 250} = 1.69\,\text{m}; l_0 = 0.2\,\text{m}$$

$$2(l_0 + x) = l_0 + 3 + l_2$$

$$l_2 = 2 \times (0.2 + 1.69) - 0.2 - 0.3 = 0.58\,\text{m}$$

45. 正确答案是 C，解答如下：

设剪力为零处距基础左端为 x：

基底均匀受压，基础长度 $l = 3.78\,\text{m}$；$x = \dfrac{F_1}{q_j}$；$q_j = \dfrac{F_1 + F_2}{l} = \dfrac{250 + 350}{3.78} = 158.7\,\text{kN/m}$

$$x = \frac{250}{158.7} = 1.58\text{m}$$

$$M_{max} = \frac{1}{2}q_j x^2 - F_1(x - l_0) - M_1$$

$$= \frac{1}{2} \times 158.7 \times 1.58^2 - 250 \times (1.58 - 0.20) - 45$$

$$= -191.9\text{kN} \cdot \text{m}$$

46. 正确答案是 C，解答如下：

如图 6-1-5 所示：

$$A_l = 0.4 \times 0.4 = 0.16\text{m}^2$$

$$A_b = (0.38 + 0.4 + 0.38) \times 1 = 1.16\text{m}^2$$

$$\beta_l = \sqrt{\frac{A_b}{A_l}} = \sqrt{\frac{1.16}{0.16}} = 2.69, \ f_{cc} = 0.85 f_c = 0.85 \times 11.9 = 10.115\text{N/mm}^2$$

$\omega = 1.0$，由《混规》式（D.5.1-1）：

$$\omega \beta_l f_{cc} A_l = 1.0 \times 2.69 \times 10.115 \times 0.16 \times 10^6 = 4353\text{kN}$$

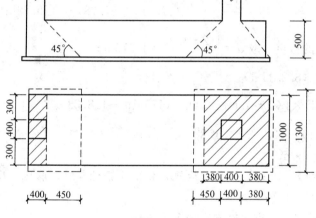

图 6-1-5

【44～46 题评析】 46 题，A_b 的计算应按"同心、对称"的原则。

47. 正确答案是 A，解答如下：

$M = M_1 + F_2 \times 0.4 + V_1 \times 0.85 = 90 + 150 \times 0.4 + 10 \times 0.85 = 158.5\text{kN} \cdot \text{m}$

$F = F_1 + F_2 = 300 + 150 = 450\text{kN}$

$$e_j = \frac{M}{F} = \frac{158.5}{450} = 0.35\text{m} < \frac{b}{6} = \frac{3.0}{6} = 0.5\text{m}，则：$$

地基土净反力呈梯形分布。

$$p_{jmax} = \frac{F}{A} + \frac{6M}{b^2 l} = \frac{450}{3 \times 1.8} + \frac{6 \times 158.5}{3^2 \times 1.8} = 142.04\text{kPa}$$

48. 正确答案是 A，解答如下：

根据《地规》8.2.9 条、附录 U：

$$h_0 = 550 - 50 = 500\text{mm}，h_1 = 300$$

$$b_{y0} = \left[1 - 0.5 \times \frac{300}{500} \times \left(1 - \frac{950}{1800}\right)\right] \times 1800 = 1545 \text{mm}$$

$$V_u = 0.7\beta_{hs}f_tA_0 = 0.7 \times 1.0 \times 1.27 \times 1545 \times 500 = 687 \text{kN}$$

49. 正确答案是 A，解答如下：

由 47 题，$e_j = 0.35\text{m} < \frac{b}{6} = 0.5\text{m}$，故基底净反力呈梯形分布，所以基底反力也呈梯形分布。

地基土反力：

$$p = \frac{F+G}{A} \pm \frac{6M}{b^2 l}$$

$$p_{\min}^{\max} = \frac{450 + 1.3 \times 20 \times 3 \times 1.8 \times (1.2 + 0.15/2)}{3 \times 1.8} \pm \frac{6 \times 158.5}{3^2 \times 1.8}$$

$$= 116.483 \pm 58.704 = \begin{matrix} 175.19 \text{kPa} \\ 57.78 \text{kPa} \end{matrix}$$

柱边 I-I 截面处的地基反力 p_I：

$$p_I = p_{\min} + \frac{b - a_1}{b}(p_{\max} - p_{\min})$$

$$= 57.78 + \frac{3 - 1.2}{3} \times (175.19 - 57.78) = 128.23 \text{kPa}$$

基础及其上土的自重，取 $\bar{d} = \frac{1.2 + 1.35}{2} = 1.275\text{m}$

由《地规》式（8.2.11-1）：

$$M_I = \frac{1}{12} \times 1.2^2 \times [(2 \times 1.8 + 0.4) \times (175.19 + 128.23 - 2 \times 1.3 \times 20 \times 1.275)$$

$$+ (175.19 - 128.23) \times 1.8]$$

$$= 123.96 \text{kN} \cdot \text{m}$$

【47～49题评析】 49题，当按《地规》8.2.11条计算时，取地基反力 p 进行计算。

50. 正确答案是 B，解答如下：

位移控制，$\alpha h \geqslant 4.0$，查《桩规》表 5.7.3-1：

$$\eta_r = 2.05$$

由规范式（5.7.3-3）

$$\eta_i = \frac{\left(\frac{s_a}{d}\right)^{0.015n_2 + 0.45}}{0.15n_1 + 0.10n_2 + 1.9} = \frac{3^{0.015 \times 4 + 0.45}}{0.15 \times 3 + 0.10 \times 4 + 1.9} = 0.6368$$

承台底位于地面上，故 $P_c = 0$，所以：$\eta_b = 0.0$，$\eta_l = 0.0$

由规范式（5.7.3-6）：

$$\eta_h = \eta_i\eta_r + \eta_l + \eta_b = 0.6368 \times 2.05 + 0 + 0 = 1.30544$$

$$R_h = \eta_h R_{ha} = 1.30544 \times 50 = 65.272 \text{kN}$$

51. 正确答案是 B，解答如下：

根据《桩规》5.8.2 条：

$$\psi_c f_c A_{ps} + 0.9f_y'A_s' = 0.7 \times 11.9 \times \pi \times 300^2 + 0.9$$

$$\times 360 \times 314.2 \times 8$$

378

$$=3168\text{kN}$$

52. 正确答案是 D，解答如下：

根据《基桩检规》4.1.3 条、4.2.2 条：

反力装置的反力 $=1.2\times7000\times2=16800\text{kN}$

每根锚桩的主筋数量 n 为：

$$n=\frac{16800\times10^3}{4\times\frac{\pi}{4}\times25^2\times360}=23.8$$

故取 $n=24$ 根

53. 正确答案是 D，解答如下：

根据《地处规》7.1.8 条表 7.1.8 注的规定：

$$\overline{E}_s=\frac{\Sigma A_i}{\Sigma\dfrac{A_i}{E_{si}}}=\frac{4\times(3207.4+1106+692.4+95.8)}{4\times\left(\dfrac{3207.4}{14.4}+\dfrac{1106}{28.8}+\dfrac{692.4}{12}+\dfrac{95.8}{12}\right)}=15.6\text{MPa}$$

查规范表 7.1.8：

$$\psi_s=0.4-\frac{15.6-15}{20-15}\times(0.4-0.25)=0.382$$

54. 正确答案是 D，解答如下：

$z_i=0\sim14\text{m}$：　　$\Delta s_1'=\dfrac{4p_0}{\zeta E_{si}}(z_i\overline{\alpha}_i-z_{i-1}\overline{\alpha}_{i-1})=\dfrac{4\times300}{14400}\times3207.4=267.28\text{mm}$

$z_i=14\sim21\text{m}$：　　$\Delta s_2'=\dfrac{4\times300}{28800}\times1106.0=46.08\text{mm}$

$z_i=21\sim27\text{m}$：　　$\Delta s_3'=\dfrac{4\times300}{12000}\times692.4=69.24\text{mm}$

$z_i=27\sim28\text{m}$：　　$\Delta s_4'=\dfrac{4\times300}{12000}\times95.8=9.58\text{mm}$

$$s=\psi_s s'=\psi_s\Sigma\Delta s_i'=0.30\times(267.28+46.08+69.24+9.58)=117.7\text{mm}$$

【**53、54 题评析**】 53 题、54 题，本题目表 6-3 中所给沉降计算数据是小矩形 $b\times l=14\text{m}\times16.8\text{m}$，所以 53 题、54 题中应乘以系数 4。

55. 正确答案是 C，解答如下：

根据《桩规》5.3.3 条：

$$p_{sk1}=\frac{3.5+6.5}{2}=5\text{MPa},\quad p_{sk2}=6.5\text{MPa}$$

$$p_{sk1}<p_{sk2},\ p_{sk}=\frac{1}{2}(p_{sk1}+\beta\cdot p_{sk2})$$

$\dfrac{p_{sk2}}{p_{sk1}}=\dfrac{6.5}{5}=1.3<5$，查规范表 5.3.3-3，$\beta=1$

$$p_{sk}=\frac{1}{2}\times(5+6.5)=5.75\text{MPa}=5750\text{kPa}$$

$Q_{uk}=Q_{sk}+Q_{pk}=u\Sigma q_{sik}l_i+\alpha p_{sk}A_p$

　　$=3.14\times0.5\times(14\times25+2\times50+2\times100)+0.8\times5750\times0.25$

　　　$\times3.14\times0.5^2$

$$=1020.5+902.8=1923.3\text{kN}$$

56. 正确答案是 A，解答如下：

根据《桩规》5.6.2条：

$A_c = 2\times2-4\times0.2\times0.2 = 3.84\text{m}^2$；黏土，取 $\eta_p = 1.30$

$$p_0 = \eta_p \frac{F-nR_a}{A_c} = 1.30\times\frac{360-4\times80}{3.84} = 13.54\text{kPa}$$

承台等效宽度 B_c：

$$B_c = B\sqrt{A_c}/L = 2\sqrt{3.84}/2 = 1.96\text{m}$$

$$L_c = 3.84/1.96 = 1.96\text{m}$$

将承台等效矩形划分为 4 个小矩形：$a = 1.96/2 = 1.0\text{m}$，$b = 1.96/2 = 1.0\text{m}$，列表 6-1-1计算沉降量。

表 6-1-1

z_i (m)	l/b	z/b	$\bar{\alpha}_i$	$z_i\bar{\alpha}_i$ (m)	$z_i\bar{\alpha}_i - z_{i-1}\bar{\alpha}_{i-1}$ (m)	E_{si} (MPa)	s_s (mm)
0	1	0	0.2500	0	—	—	—
3	1	3	0.1369	0.4107	0.4107	1.5	14.83

57. 正确答案是 D，解答如下：

根据《高规》4.2.1条：

$w_k = \beta_z\mu_s\mu_z w_0$，两个方案中的 μ_z、w_0 相同，又由《荷规》8.4.3条～8.4.6条，故 β_z 也相同，所以仅 μ_s 不同。

根据《高规》4.2.3条：$H/B = 59/14 = 4.214$，$L/B = 14/14 = 1 < 1.5$

$$\mu_{sa} = 1.4$$

$$\mu_{sb} = 0.8+1.2/\sqrt{n} = 0.8+1.2/\sqrt{8} = 1.224$$

故：

$$\frac{w_{ka}}{w_{kb}} = \frac{\mu_{sa}}{\mu_{sb}} = \frac{1.4}{1.224} = \frac{1.144}{1}$$

58. 正确答案是 C，解答如下：

根据《荷规》8.1.1条：

$w_k = \beta_{gz}\mu_{sl}\mu_z w_0$，两个方案 β_{gz}、μ_z、w_0 均相同。

方案（a）：矩形平面，根据《荷规》8.3.3条第 1 款、8.3.5条，取 $\mu_{sla} = 1.0-(-0.2) = 1.2$

方案（b）：正多边形平面，根据《荷规》8.3.3条第 3 款、8.3.5条，取 $\mu_{slb} = 0.8\times1.25-(-0.2) = 1.2$

则：$\dfrac{w_{ka}}{w_{kb}} = \dfrac{1.2}{1.2} = \dfrac{1}{1}$

59. 正确答案是 C，解答如下：

根据《高规》3.3.2条、3.4.3条：

（a）方案，$H/B = 68/13 = 5.23 > 5$，不满足

（b）方案，$H/B = 68/15 = 4.53 < 5$，$L/b = 5/3 = 1.67 > 1.5$，不满足

(c) 方案，$H/B=68/15=4.53<5$，$L/B=50/15=3.3<5$，

$L/B_{max}=5/20=0.25<0.3$，$l/b=5/6=0.83<1.5$，满足

(d) 方案，《高规》3.4.3 条条文说明，属于对抗震不利的方案。

60. 正确答案是 C，解答如下：

(1) 非抗震设计时，$\gamma_0=1.0$，$\gamma_0 M=54.6$kN·m

对称配筋，$x=0<2a'_s=70$mm，由《混规》6.2.14 条：

$$A_s=\frac{\gamma_0 M}{f_y(h-a_s-a'_s)}=\frac{54.6\times10^6}{360\times(500-35-35)}=353\text{mm}^2$$

(2) 抗震设计时，$\gamma_{RE}=0.75$

$$x=0<2a'_s=70\text{mm}$$

$$A_s=\frac{\gamma_{RE}M}{f_y(h-a_s-a'_s)}=\frac{0.75\times57.8\times10^6}{360\times(500-35-35)}=280\text{mm}^2$$

$l_n/h_b=2.6/0.5=5.2>5.0$，由《高规》7.1.3 条，应按框架梁计算；查规程表 6.3.2-1：

$$\rho_{min}=\max(0.25\%,\ 0.55f_t/f_y)=\max(0.25\%,\ 0.55\times1.43/360)=0.25\%$$

$$A_{s,min}=0.25\%\times200\times500=250\text{mm}^2<353\text{mm}^2$$

所以最终取 $A_s=353\text{mm}^2$。

61. 正确答案是 C，解答如下：

组合 1：$M_b^l+M_b^r=110+160=270$kN·m

组合 2：$M_b^l+M_b^r=210+75=285$kN·m

故取 $M_b^l+M_b^r=285$kN·m

由《高规》7.2.21 条：

$$V_b=\eta_{vb}\frac{(M_b^l+M_b^r)}{l_n}+V_{Gb}$$

$$=1.2\times\frac{285}{2.6}+85=216.54\text{kN}$$

$l_n/h_b=2.6/0.5=5.2>5.0$，由规程 7.1.3 条规定，应按框架梁计算。

由《混规》式(11.3.4)：

$$A_{sv}/s\geqslant\frac{\gamma_{RE}V_b-0.6\alpha_{cv}f_t bh_{b0}}{f_{yv}h_{b0}}$$

$$=\frac{0.85\times216.540\times10^3-0.6\times0.7\times1.43\times200\times465}{270\times465}$$

$$=1.021\text{mm}^2/\text{mm}$$

62. 正确答案是 A，解答如下：

根据《高规》6.2.7 条，由《混规》11.6.2 条：

取 $\eta_j=1.5$；$b_j=b_c=600$mm，$h_j=h_c=600$mm

$$\frac{1}{\gamma_{RE}}(0.30\eta_j\beta_c f_c b_j h_j)=\frac{1}{0.85}\times(0.30\times1.5\times1.0\times14.3\times600\times600)$$

$$=2725.41\text{kN}$$

63. 正确答案是 B，解答如下：

根据《混规》11.6.4 条：
$$\eta_j = 1.5, \quad b_j = 600\text{mm}, \quad h_j = 600\text{mm}$$
$$h_{b0} = \frac{800 + 600}{2} - 60 = 640\text{mm}$$

$N = 3400\text{kN} > 0.5 f_c b_c h_c = 0.5 \times 14.3 \times 600 \times 600 = 2574\text{kN}$，故取 $N = 2574\text{kN}$

由《混规》式(11.6.4-2)：

$$
\begin{aligned}
\frac{A_{svj}}{s} &= \frac{\gamma_{RE} V_j - 1.1 \eta_j f_t b_j h_j - 0.05 \eta_j N \dfrac{b_j}{b_c}}{f_{yv}(h_{b0} - a'_s)} \\
&= \frac{0.85 \times 1183000 - 1.1 \times 1.5 \times 1.43 \times 600 \times 600 - 0.05 \times 1.5 \times 2574000 \times 1}{270 \times (640 - 60)} \\
&< 0.0
\end{aligned}
$$

按构造配置箍筋，由《高规》6.4.10 条第 2 款，$\rho_v \geqslant 0.5\%$；查《高规》表 6.4.3-2，箍筋直径 $\geqslant 8\text{mm}$，间距 $s \leqslant 100\text{mm}$，故(A)项不对。

$$\rho_v \geqslant \lambda_v f_c / f_{yv} = 0.10 \times 16.7 / 270 = 0.619\%$$

故 $\rho_v \geqslant 0.619\%$。

取 $s = 100\text{mm}$，四肢箍，假定箍筋直径为 8mm，则：

$$\rho_v = \frac{2 \times 4 \times A_{sv1} \times 552}{544 \times 544 \times 100} \geqslant 0.619\%，\quad 即：A_{sv1} \geqslant 41\text{mm}^2$$

故选 $\Phi 8 (A_{sv1} = 50.3\text{mm}^2)$，原假定正确，配置双向 4 肢 $\Phi 8@100$。

64. 正确答案是 D，解答如下：

剪力墙底部总弯矩设计值：

$$
\begin{aligned}
M_0 &= \gamma_w \sum_{i=1}^{4} F_{ki} H_i \\
&= 1.5 \times 21 \times (4.4 \times 10.5 + 5.8 \times 31.5 + 7.4 \times 52.5 + 8.7 \times 73.5) \\
&= 39591\text{kN} \cdot \text{m}
\end{aligned}
$$

剪力墙底部轴力设计值 N_0：$M_0 = N_0 L$，$L = 18.1 - 7.8 = 10.3\text{m}$

故：
$$N_0 = \frac{M_0}{L} = \frac{39591}{10.3} = 3844\text{kN}$$

剪力墙受到的轴力即为连梁受到的剪力，则每根连梁平均剪力设计值为：

$$V_b = \frac{N_0}{28} = \frac{3844}{28} = 137.29\text{kN}，\quad 则：$$

$$M_b = V_b \cdot \frac{l_n}{2} = 137.29 \times \frac{2.5}{2} = 171.6\text{kN} \cdot \text{m}$$

65. 正确答案是 C，解答如下：

$l_n / h_b = 2500 / 500 = 5$，由《高规》7.1.3 条，按框架梁计算。

非抗震设计，由《混规》6.3.4 条：

$$
\begin{aligned}
A_{sv}/s &\geqslant \frac{V_b - 0.7 f_t b h_{b0}}{f_{yv} h_{b0}} \\
&= \frac{155000 - 0.7 \times 1.43 \times 250 \times 465}{270 \times 465} \\
&= 0.308\text{mm}^2/\text{mm}
\end{aligned}
$$

根据《高规》6.3.4条表6.3.4，箍筋最大间距 $s \leq 200\text{mm}$；

$$\rho_{sv} \geq 0.24 f_t / f_{yv} = 0.24 \times 1.43/270 = 0.127\%$$

用双肢箍，箍筋间距 $s=150\text{mm}$ 时，单肢箍截面面积为：

$A_{sv1} \geq 0.308 \times 150/2 = 23.1\text{mm}^2$。

$\Phi 6@200$：$\rho_{sv} = \dfrac{2 \times 28.3}{250 \times 200} = 0.11\%$，不满足，（A）、（B）不对；

$\Phi 8@200$：$\rho_{sv} = \dfrac{2 \times 50.3}{250 \times 200} = 0.201\%$，满足，（C）项正确；

对于(D)项，由题目图中(d)可知，伸入剪力墙内的框架梁部分不需要配置箍筋，故(D)项不对。

【64、65题评析】 剪力墙连梁的配筋，《高规》7.2.27条作了较严的规定。

66. 正确答案是C，解答如下：

$$\mu_N = \frac{7500 \times 10^3}{14.3 \times 250 \times 6000} = 0.35 > 0.3$$

由《高规》7.2.14条，底层墙肢应设约束边缘构件。

由《高规》7.2.15条，查表7.2.15，抗震二级，$\mu_N = 0.35 < 0.4$，取 $\lambda_v = 0.12$，由《高规》式（7.2.15）：

$$\rho_v = \lambda_v \frac{f_c}{f_{yv}} = 0.12 \times \frac{16.7}{300} = 0.668\%$$

67. 正确答案是D，解答如下：

根据《高规》7.2.7条：

$$\lambda = \frac{M}{V h_{w0}} = \frac{18000}{2500 \times (6-0.3)} = 1.26 < 2.5$$

由《高规》式（7.2.7-3）：

$$\frac{1}{\gamma_{RE}}(0.15\beta_c f_c b_w h_{w0}) = \frac{1}{0.85} \times (0.15 \times 1.0 \times 14.3 \times 250 \times 5700)$$
$$= 3596\text{kN}$$

68. 正确答案是D，解答如下：

剪力设计值，由《高规》7.1.4条：

底部加强部位高度：$\dfrac{H}{10} = \dfrac{50}{10} = 5\text{m} > 0.5 h_{w0} = 0.5 \times 5.7 = 2.85\text{m}$

故所计算墙肢截面处属于底部加强部位范围，由规程7.2.6条：
$$V = \eta_{vw} V_w = 1.4 \times 2500 = 3500\text{kN}$$

$\lambda = 1.26 < 1.5$，取 $\lambda = 1.5$

$$N = 3200\text{kN} < 0.2 f_c b_w h_w = 4290\text{kN}$$

故取 $N = 3200\text{kN}$

由规程式（7.2.10-2）：

$$\frac{A_{sh}}{s} \geq \frac{\gamma_{RE} V - \dfrac{1}{\lambda-0.5}\left(0.4 f_t b_w h_{w0} + 0.1 N \dfrac{A_w}{A}\right)}{0.8 f_{yh} h_{w0}}$$

$$= \frac{0.85 \times 3500 \times 10^3 - \dfrac{1}{1.5-0.5} \times (0.4 \times 1.43 \times 250 \times 5700 + 0.1 \times 3200 \times 10^3 \times 1)}{0.8 \times 300 \times 5700}$$

$= 1.345\text{mm}^2/\text{mm}$

双肢箍，$s=100mm$，单肢箍筋截面面积：$A_{\mathrm{sv1}}=\dfrac{1.345\times100}{2}=67.25mm^2$

选 Φ10（$A_{\mathrm{sv1}}=78.5mm^2$），配置Φ10@100，$\rho_{\mathrm{sh}}=\dfrac{2\times78.5}{250\times100}=0.628\%>0.25\%$

满足规程 7.2.17 条规定。

69. 正确答案是 D，解答如下：

（1）根据《高规》4.3.2条，（A）项正确；

（2）根据《高规》4.3.2条及其条文说明，（B）项正确；

（3）根据《高规》10.5.2条，（C）项正确；

（4）《高规》未对（D）项作出规定，故不妥。

70. 正确答案是 C，解答如下：

根据《网格规程》4.4.2条，应选（C）项。

71. 正确答案是 D，解答如下：

Ⅰ. 根据《高钢规》6.2.2条，错误，排除（A）、（C）项。

Ⅲ. 根据《高钢规》8.6.1条，错误，故选（D）项。

【71题评析】Ⅱ. 根据《高钢规》6.4.6条，正确。

Ⅳ. 根据《高钢规》8.3.3条，错误。

Ⅴ. 根据《高钢规》9.6.11条，正确。

72. 正确答案是 B，解答如下：

根据《高钢规》8.4.2条：

角部组装焊缝厚度$\geq\dfrac{1}{2}\times40=20mm$，$\geqslant16mm$，故选（B）项。

73. 正确答案是 D，解答如下：

$l_{\mathrm{a}}/l_{\mathrm{b}}=4.8/2.4=2.0\geqslant2.0$，故行车道板可按单向板计算。计算弯矩时，板的计算跨径l_0，根据《公桥混规》4.2.2条：

$$l_0=2.4-0.2+t=2.2+t\ (t\ 为板厚)$$

由图示可知，$t=\dfrac{0.15\times1.1+\dfrac{1}{2}\times0.3\times0.05}{1.1}=0.157m$

故 $l_0=2.2+t=2.2+0.157=2.357m<l_{\mathrm{c}}=2.4m$，故取 $l_0=2.357m$

铺装层自重：$g_1=1\times0.08\times23=1.84kN/m$

板自重　　　$g_2=1\times0.16\times25=4.0kN/m$

合计：　　　$g=g_1+g_2=5.84kN/m$

$$M_{0\mathrm{g}}=\dfrac{1}{8}gl_0^2=\dfrac{1}{8}\times5.84\times2.357^2=4.06kN\cdot m$$

74. 正确答案是 A，解答如下：

查《公桥通规》表 4.3.1-3，后车轮：$a_1=0.2m$，$b_1=0.6m$

$$a=a_1+2h=0.2+2\times0.08=0.36m$$

$$b=b_1+2h=0.6+2\times0.08=0.76m$$

一个车轮位于板的跨中时，由《公桥混规》4.2.3条：

$$a = a_1 + 2h + \frac{l}{3} = 0.36 + \frac{2.36}{3} = 1.147\text{m} < \frac{2l}{3} = \frac{2 \times 2.36}{3} = 1.573\text{m}$$

取 $a = 1.573\text{m} > d = 1.4\text{m}$，故后车轮有重叠，由《公桥混规》4.1.3条。

$$a = a_1 + 2h + d + \frac{l}{3} = 0.36 + 1.4 + \frac{2.36}{3} = 2.547\text{m} < \frac{2l}{3} + d = 2.973\text{m}。$$

故取 $a = 2.973\text{m}$。

75. 正确答案是C，解答如下：

由上述知，取2个后车轮进行计算。

$$M_{0p} = (1 + \mu)\frac{2 \times P}{4a}\left(\frac{l}{2} - \frac{b}{4}\right)$$

$$= 1.3 \times \frac{2 \times 140}{4 \times 2.973} \times \left(\frac{2.36}{2} - \frac{0.76}{4}\right)$$

$$= 30.30\text{kN} \cdot \text{m}$$

$L_k = 18\text{m}$，按单孔跨径查《公桥通规》表1.0.5，属小桥；查《公桥通规》表4.1.5-1，三级公路上小桥，结构安全等级为二级，取 $\gamma_0 = 1.0$。

$$\gamma_0 M_0 = \gamma_0 (\gamma_G M_{0g} + \gamma_{Q1} M_{0p})$$

$$= 1.0 \times (1.2 \times 3.5 + 1.8 \times 30.30)$$

$$= 58.74\text{kN} \cdot \text{m}$$

因板厚与梁高之比：$t/h_b = 0.16/1.3 = \frac{1}{8.125} < \frac{1}{4}$，故根据《公桥混规》4.2.2条：

$$\gamma_0 M_{中} = 0.5\gamma_0 M_0 = 0.5 \times 58.74 = 29.4\text{kN} \cdot \text{m}$$

【73~75题评析】 74题，首先判断后车轮的有效分布宽度是否有重叠。当 $a > 1.4\text{m}$ 时，必重叠。

75题，关键是确定结构重要性系数 γ_0 值。

76. 正确答案是B，解答如下：

两行汽车荷载横向分如图6-1-6所示。

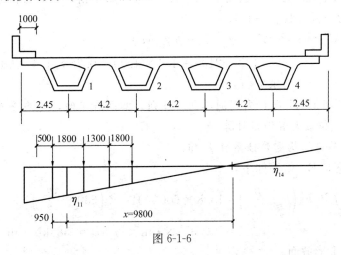

图 6-1-6

$$\eta_{11} = \frac{1}{n} + \frac{e_1 a_1}{\sum\limits_{i=1}^{n} a_i^2} = \frac{1}{4} + \frac{6.3 \times 6.3}{2 \times (2.1^2 + 6.3^2)} = 0.7$$

$$\eta_{14} = \frac{1}{4} - \frac{6.3 \times 6.3}{2 \times (2.1^2 + 6.3^2)} = -0.2$$

零点位置距 1 号梁位的距离 x：$x = \dfrac{0.7}{0.7 + 0.2} \times (4.2 \times 3) = 9.8\text{m}$

$$m_{cq} = \frac{1}{2} \Sigma \eta_q = \frac{1}{2} \times 0.7 \times \frac{1}{9.8} \times (9.8 + 0.95 + 9.8 - 0.85$$

$$+ 9.8 - 2.15 + 9.8 - 3.95)$$

$$= 1.1857$$

77. 正确答案是 A，解答如下：

$L/4$ 处截面的弯矩影响线竖坐标：$y_k = \dfrac{L}{4} \cdot \dfrac{3L}{4} \cdot \dfrac{1}{L} = \dfrac{3L}{16} = \dfrac{3 \times 24.5}{16} = 4.594\text{m}$

$$\Omega = \frac{1}{2} L y_k = \frac{1}{2} \times 24.5 \times 4.594 = 56.277\text{m}^2$$

公路-Ⅰ级，$q_k = 10.5\text{kN/m}$，$P_k = 12 \times (24.5 + 130) = 309\text{kN}$

查《公桥通规》表 4.3.1-5，取二车道，$\xi = 1.0$；三车道 $\xi = 0.78$；四车道，$\xi = 0.67$。

二列汽车，$\xi m_{cq} = 1.0 \times 1.20 = 1.200$

三列汽车，$\xi m_{cq} = 0.78 \times 1.356 = 1.058$

四列汽车，$\xi m_{cq} = 0.67 \times 1.486 = 0.9956$

取较大者，故取 $\xi m_{cq} = 1.200$。

$$M_q = (1 + \mu) \xi m_{cq} (P_k y_k + q_k \Omega)$$

$$= 1.166 \times 1.200 \times (309 \times 4.594 + 10.5 \times 56.277)$$

$$= 2813\text{kN} \cdot \text{m}$$

78. 正确答案是 C，解答如下：

$L_k = 25\text{m}$，按单孔跨径查《公桥通规》表 1.0.5，属中桥；查《公桥通规》表 4.1.5-1，其安全等级为一级，取 $\gamma_0 = 1.1$。

$$\gamma_0 M_{ud} = \gamma_0 (\gamma_G M_g + \gamma_{Q1} M_q + \psi_c \gamma_{Q2} M_r)$$

$$= 1.1 \times (1.2 \times 2100 + 1.4 \times 4000 + 0.75 \times 1.4 \times 90)$$

$$= 9036\text{kN} \cdot \text{m}$$

【76～78 题评析】 77 题，需判别二列、三列、四列汽车时，考虑多车道横向车道布载系数后，取 ξm_{cq} 值最大者进行计算。

78 题，注意确定结构重要性系数 γ_0 值。

79. 正确答案是 B，解答如下：

$$f_{cd} b'_f h'_f \left(h_0 - \frac{h'_f}{2} \right) = 13.8 \times 600 \times 120 \times \left(630 - \frac{120}{2} \right)$$

$$= 566.35\text{kN} \cdot \text{m} < \gamma_0 M_d = 585\text{kN} \cdot \text{m}$$

故属第二类 T 形截面。

$$M = \gamma_0 M_d - f_{cd}(b'_f - b)h'_f \left(h_0 - \frac{b'_f}{2}\right)$$

$$= 585 \times 10^6 - 13.8 \times (600 - 300) \times 120 \times \left(630 - \frac{120}{2}\right)$$

$$= 301.824 \text{kN} \cdot \text{m}$$

$$x = h_0 - \sqrt{h_0^2 - \frac{2M}{f_{cd}b}} = 630 - \sqrt{630^2 - \frac{2 \times 301.824 \times 10^6}{13.8 \times 300}}$$

$$= 129 \text{mm} > h'_f = 120 \text{mm}, \text{ 且 } < \xi_b h_0 = 0.53 \times 630 = 334 \text{mm}$$

由《公桥混规》式 (5.2.3-3)：

$$A_s = \frac{f_{cd}[bx + (b'_f - b)h'_f]}{f_{sd}}$$

$$= \frac{13.8 \times [300 \times 129 + (600 - 300) \times 120]}{330}$$

$$= 3124 \text{mm}^2$$

$$\rho_{min} = \max(0.2\%, \ 0.45 f_{td}/f_{sd}) = \max(0.2\%, 0.45 \times 1.39/330)$$

$$= 0.2\%$$

$$A_{s,min} = 0.2\% bh_0 = 0.2\% \times 300 \times 630 = 378 \text{mm}^2 < 3124 \text{mm}^2, \text{满足。}$$

【79 题评析】 复核最小配筋率。

80. 正确答案是 B，解答如下：

根据《公桥混规》9.6.5 条，≥C25，选 (B) 项。

实战训练试题（七）解答与评析

（上午卷）

1. 正确答案是 B，解答如下：

根据《可靠性标准》8.2.4 条：

按板宽 0.49m 计算，求 p：

$p = 1.3 \times (0.12 \times 0.49 \times 25 + 1.5 \times 0.49 \times 18) + 1.5 \times 5 \times 0.49 = 22.785\text{kN/m}$

$M = \dfrac{1}{8} p l_0^2 = \dfrac{1}{8} \times 22.785 \times 2.16^2 = 13.29\text{kN} \cdot \text{m}$

南方地区地沟，查《混规》表 3.5.2，属二 a 类环境；查规范表 8.2.1 及注 1 的规定，取纵向受力筋的混凝土保护层厚度 $c = 20 + 5 = 25\text{mm}$，假定纵向受力筋直径 $d = 16\text{mm}$，$a_s = 25 + 16/2 = 33\text{mm}$。

$$h_0 = h - a_s = 120 - 33 = 87\text{mm}$$

$$x = h_0 - \sqrt{h_0^2 - \frac{2\gamma_0 M}{\alpha_1 f_c b}} = 87 - \sqrt{87^2 - \frac{2 \times 1.0 \times 13.29 \times 10^6}{1.0 \times 11.9 \times 490}} = 32\text{mm}$$

$$A_s = \frac{\alpha_1 f_c b x}{f_y} = \frac{1 \times 11.9 \times 490 \times 32}{360} = 518\text{mm}^2$$

宽 490mm 盖板，选用 $\Phi\,14@100 (A_s = 754\text{mm}^2)$ 满足；选用 $\Phi\,10@100 (A_s = 385\text{mm}^2)$，不满足。

选用 $\Phi\,12@100 (A_s = 554\text{mm}^2)$，满足。

由《混通规》4.4.6 条：

最小配筋率：$\rho_{\min} = \max(0.20\%, 0.45 f_t / f_y) = \max(0.20\%, 0.45 \times 1.27/360) = 0.20\%$

$A_{s,\min} = 0.20\% \times 120 \times 490 = 118\text{mm}^2$，故选用 $\Phi\,12@100$，满足。

2. 正确答案是 A，解答如下：

根据《混规》9.7.6 条：

盖板自重标准值：

$$0.49 \times 2.4 \times 0.12 \times 25 = 3.53\text{kN}$$

$$A_s \geqslant \frac{3.53 \times 10^3}{2 \times 65 \times 3} = 9.1\text{mm}^2$$

故选 $\Phi\,6 (A_s = 28.3\text{mm}^2)$，配置 $4\Phi\,6$。

【1、2 题评析】 1 题中，计算永久荷载时应包括土压力 $1.5 \times 1.0 \times 18\text{kN/m}$；南方地区的地沟，查《混规》表 3.5.2 知，属于二 a 类环境，故钢筋的混凝土保护层厚度加大。

3. 正确答案是 C，解答如下：

根据《混规》表8.5.1：

$$\rho_{min} = \max(0.2\%, 0.45 f_t/f_y) = \max(0.2\%, 0.45 \times 1.27/360) = 0.20\%$$

剪扭构件，根据《混规》式（9.2.5），图示的跨中，$V=0$，取$\dfrac{T}{Vb}=2.0$，则：

$$\rho_{tl} \geqslant 0.6\sqrt{\dfrac{T}{Vb}}\dfrac{f_t}{f_y} = 0.6 \times \sqrt{2.0} \times \dfrac{1.27}{360} = 0.299\%$$

抗扭纵筋沿周边均匀分置，取$\dfrac{1}{4}\rho_{tl,min}$。

故 $\rho_{min} \geqslant 0.20\% + 0.299\%/4 = 0.275\%$

4. 正确答案是 A，解答如下：

$$\lambda = \dfrac{a}{h_0} = \dfrac{2100}{500-35} = 4.52 > 3,\ 取\lambda = 3.0$$

由提示知，应按《混规》式（6.4.8-5）计算β_t：

$$\beta_t = \dfrac{1.5}{1+0.2(\lambda+1)\dfrac{VW}{Tbh_0}} = \dfrac{1.5}{1+0.2\times(3+1)\times\dfrac{153350 \times 41666667}{50 \times 10^6 \times 500 \times 465}}$$

$$= 1.04 > 1.0$$

故取 $\beta_t = 1.0$

抗剪箍筋计算，由规范式（6.4.8-4）：

$$A_{sv} \geqslant [V - 1.75 \times (1.5 - \beta_t)f_t bh_0/(\lambda+1)] \cdot s/(f_{yv}h_0)$$

$$= [153350 - 1.75 \times (1.5-1) \times 1.27 \times 500 \times 465/(3+1)] \times 100/(270 \times 465)$$

$$= 71\text{mm}^2$$

5. 正确答案是 D，解答如下：

根据《混规》6.4.12条：

$$T = 50\text{kN} \cdot \text{m} > 0.175 f_t W_t = 0.175 \times 1.27 \times 41666667 = 9.26\text{kN} \cdot \text{m}$$

故应进行受扭承载力计算

由规范式（6.4.8-3）：

$$A_{st1} \geqslant \dfrac{(T - 0.35\beta_t W_t f_t)s}{1.2\sqrt{\xi}f_{yv}A_{cor}} = \dfrac{(50 \times 10^6 - 0.35 \times 1 \times 1.27 \times 41666667) \times 100}{1.2 \times \sqrt{1.2} \times 270 \times 202500}$$

$$= 44\text{mm}^2$$

在 $s=100$mm 范围内，箍筋总计算配筋面积：$\Sigma A_{sv} = A_{sv} + 2A_{st1} = 0.6 \times 100 + 2 \times 44 = 148\text{mm}^2$

6. 正确答案是 C，解答如下：

$T_1 = 3.8$s，8 度（0.2g），查《抗规》表5.2.5及注1，取$\lambda = 0.0304$。

首层为薄弱层，由规范式（5.2.5），以及《抗规》3.4.4条第2款：

$$V_{Ek1} = 1.15 \times 1600 = 1840\text{kN} < \lambda\sum_{i=1}^{6} G_i = 1.15 \times 0.0304 \times (14000 + 10000 \times 4 + 6000) =$$

2097.6kN，故取 $V_{EK1} = 2097.6$kN。

7. 正确答案是 A，解答如下：

I_1 类场地、第一组，根据《抗规》5.1.4 条，取 $T_g = 0.25s$

$5T_g < T_1 = 3.80s < 6.0s$，故位于反应谱的位移控制段。

由《抗规》5.2.5 条条文说明：

底部的剪力系数，调整前 $\lambda_{前}$ 和调整后 $\lambda_{后}$ 分别为：

$$\lambda_{前} = \frac{1.15 \times 1600}{14000 + 4 \times 10000 + 6000} = 0.03067$$

$$\lambda_{后} = 1.15 \times 0.0304 = 0.03496$$

$$\Delta\lambda_0 = 0.03496 - 0.03067 = 0.00429$$

第六层调整后的剪力值：$V_6 = 400 + 0.00429 \times 6000 = 425.74\text{kN}$

第二层调整后的剪力值：$V_2 = 1500 + 0.00429 \times (6000 + 4 \times 10000) = 1697.34\text{kN}$

【6、7 题评析】 6 题，楼层剪力首先应满足楼层最小地震剪力要求。

7 题，当楼层中第一楼层剪力不满足楼层最小地震剪力时，根据《抗规》5.2.5 条及其条文说明，应调整该楼层的楼层最小地震剪力，同时，其上部各楼层的地震剪力也应相应调整。

8. 正确答案是 C，解答如下：

根据《混规》2.1.12 条，

$l_c = 6000\text{mm}, 1.15l_n = 1.15 \times 5300 = 6095\text{mm}$，故取 $l_0 = 6000\text{mm}$

$l_0/h = 6000/4000 = 1.5$，属深梁。

又根据《混规》附录 G.0.2 条，取 $a_s = 0.1h = 400\text{mm}$，$h_0 = 4000 - 400 = 3600\text{mm}$

由规范式（G.0.2-3）：

$$\alpha_d = 0.8 + 0.04\frac{l_0}{h} = 0.8 + 0.04 \times 1.5 = 0.86$$

假定 $x = 0.2h_0 = 720\text{mm}$，由规范式（G.0.2-2）：

$$z = \alpha_d(h_0 - 0.5x) = 0.86 \times (3600 - 0.5 \times 720) = 2786.4\text{mm}$$

由规范式（G.0.2-1）：

$$A_s = \frac{M}{f_y z} = \frac{3770 \times 10^6}{360 \times 2786.4} = 3758\text{mm}^2$$

将 A_s 代入规范式（6.2.10-2）求 x：

$$x = \frac{f_y A_s}{\alpha_1 f_c b} = \frac{360 \times 3758}{1 \times 14.3 \times 250} = 378\text{mm} < 0.2h_0 = 720\text{mm}$$

故原假定成立。

9. 正确答案是 D，解答如下：

根据《混规》G.0.9 条，及 8.3.1 条：

$$l_a = 1.1 \times \xi_a \alpha \frac{f_y}{f_t}d = 1.1 \times 1.0 \times 0.14 \times \frac{360}{1.43} \times 18 = 698\text{mm} > 200\text{mm}$$

10. 正确答案是 B，解答如下：

根据《混规》G.0.4 条：

由于 $l_0/h = 1.5$，取 $\lambda = 0.25$；当 $l_0/h = 1.5 < 2$，取 $l_0/h = 2.0$；支座处，取 $a_s = 0.2h$，$h_0 = 0.8h = 3200\text{mm}$

390

$$V \leqslant \frac{1.75}{\lambda+1}f_t b h_0 + \frac{(l_0/h-2)}{3}f_{yv}\frac{A_{sv}}{s_h}h_0 + \frac{(5-l_0/h)}{6}f_{yh}\frac{A_{sh}}{s_v}h_0$$

$$1750\times10^3 \leqslant \frac{1.75}{0.25+1}\times1.43\times250\times3200+0+\frac{(5-2)}{6}\times270\times\frac{A_{sh}}{s_v}\times3200$$

解之得：$\dfrac{A_{sh}}{s_v}\geqslant0.344\text{mm}^2/\text{mm}$，查规范表 G.0.12，取 $\rho_{sh,min}=0.25\%$。

选 2Φ8@150，$\rho_{sh}=\dfrac{A_{sh}}{b}=0.27\%>0.25\%$，$A_{sh}/s_v=2\times50.3/150=0.67\text{mm}^2/\text{mm}$，满足。

【8~10题评析】 8题，深受弯构件的计算长度 $l_0=\min\{l_c,1.15l_n\}$，l_c 为支座中心线的距离。10题，当 $l_0/h<2.0$ 时，根据《混规》式（G.0.4-1）、式（G.0.4-2），可知竖向分布筋按构造要求配置，应满足《混规》G.0.10条、G.0.12条规定。

11. 正确答案是 C，解答如下：

多层，规则框架，根据《抗规》5.2.3条，平行于长边的边榀框架，跨中弯矩为：

由《抗震通规》4.3.2条：

$$M=1.4\times1.05\times240+1.3\times110=495.8\text{kN}\cdot\text{m}$$

由提示知，$x<2a'_s$，根据《混规》6.2.14条：

$$A_s\geqslant\frac{\gamma_{RE}M}{f_y(h-a_s-a'_s)}=\frac{0.75\times495.8\times10^6}{360\times(800-40-40)}=1435\text{mm}^2$$

选用 3Φ25（$A_s=1473\text{mm}^2$），$\rho=\dfrac{1473}{400\times800}=0.46\%$

12. 正确答案是 C，解答如下：

根据《抗规》5.2.3条、《抗震通规》4.3.2条：

梁左端：$M_{b1}^l=1.4\times1.05\times350+1.3\times320=930.5\text{kN}\cdot\text{m}$

由《混规》6.2.10条，梁上部双排布筋 $a_s=60\text{mm}$；

$$M_1=f'_yA'_s(h_0-a'_s)=360\times1140\times(760-60)=287.28\text{kN}\cdot\text{m}$$

梁下部单排布筋 $M_2=\gamma_{RE}M_{b1}^l-M_1=0.75\times930.5-287.28=410.6\text{kN}\cdot\text{m}$

$$x=h_0-\sqrt{h_0^2-\frac{2M_2}{\alpha_1f_c b}}$$

$$=740-\sqrt{740^2-\frac{2\times410.6\times10^6}{1\times14.3\times400}}$$

$$=104.4\text{mm}<0.35h_0=259\text{mm},并且<\xi_b h_0=0.518\times740=383.3\text{mm}$$

$$>2a'_s=2\times40=80\text{mm}$$

$$A_s=\frac{\alpha_1f_c bx}{f_y}+A'_s=\frac{1\times14.3\times400\times104.4}{360}+1140=2799\text{mm}^2$$

选用 6Φ25（$A_s=2945\text{mm}^2$）

由《混规》11.3.6条第2款：

$$\frac{A_{s,底}}{A_{s,顶}}=\frac{1140}{2945}=0.39>0.3，满足。$$

13. 正确答案是 A，解答如下：

由《混规》11.3.2条，抗震二级，《抗震通规》4.3.2条：

$$V_b = 1.2 \times \frac{(M_{b1}^l + M_{b1}^r)}{l_n} + V_{Gb}$$

$$= 1.2 \times \frac{(930 + 850)}{6.3} + 1.3 \times \left(220 + \frac{1}{2} \times 10 \times 6.3\right)$$

$$= 666\text{kN}$$

由《混规》11.3.4 条规定，本题目框架梁不是独立梁，则取 $\alpha_{cv} = 0.7$：

$$V_b \leqslant \frac{1}{\gamma_{RE}} \left[0.6\alpha_{cv}f_t bh_0 + f_{yv}\frac{A_{sv}}{s}h_0\right]$$

$$666 \times 10^3 \leqslant \frac{1}{0.85} \times \left[0.6 \times 0.7 \times 1.43 \times 400 \times 740 + 300 \times \frac{A_{sv}}{s} \times 740\right]$$

解之得：
$$\frac{A_{sv}}{s} \geqslant 1.75\text{mm}^2/\text{mm}$$

选用 4 肢箍 $\Phi 8@100$，$\dfrac{A_{sv}}{s} = \dfrac{4 \times 50.3}{100} = 2.01\text{mm}^2/\text{mm} > 1.75\text{mm}^2/\text{mm}$，并且 $\rho_{纵} = 0.9\% < 2\%$，故满足规范表 11.3.6-2 的构造要求。

14. 正确答案是 C，解答如下：

非加密区计算，应取加密区端点处的剪力值，且无需对剪力进行调整。查《混凝土结构设计规范》表 11.3.6-2，加密区长度：$l = \max(1.5h, 500) = \max(1.5 \times 800, 500) = 1200\text{mm}$；《抗震通规》4.3.2 条：

$$V = \frac{M_{b1}^r + M_{b2}^r}{l_n} + V_G' = \frac{930 + 850}{6.3}$$

$$+ \left[1.3 \times \left(220 + \frac{1}{2} \times 10 \times 6.3\right) - 1.3 \times 10 \times 1.2\right]$$

$$= 282.54 + 311.35 = 593.89\text{kN}$$

由《混规》11.3.4 条：

$$593.89 \times 10^3 \leqslant \frac{1}{0.85} \times \left[0.6 \times 0.7 \times 1.43 \times 400 \times 740 + 300 \times \frac{A_{sv}}{s} \times 740\right]$$

解之得：$\dfrac{A_{sv}}{s} \geqslant 1.47\text{mm}^2/\text{mm}$

4 Φ 8@200，$\dfrac{A_{sv}}{s} = \dfrac{4 \times 50.3}{200} = 1.006\text{mm}^2/\text{mm}$，不满足

4 Φ 8@150，$\dfrac{A_{sv}}{s} = 1.34\text{mm}^2/\text{mm}$，不满足

4 Φ 10@200，$\dfrac{A_{sv}}{s} = \dfrac{4 \times 78.5}{200} = 1.57\text{mm}^2/\text{mm}$，满足

【11~14 题评析】14 题，非加密区抗剪箍筋计算时，不需对梁端剪力进行调整，按一般梁计算地震作用产生的剪力和重力荷载作用产生的剪力。

15. 正确答案是 C，解答如下：

根据《抗震通规》4.3.1 条，(C) 项错误，故选 (C) 项。

【15 题评析】(A) 项，根据《抗规》3.9.6 条，正确；(B) 项，根据《抗规》3.9.2 条第 2 款，正确；(D) 项，根据《抗规》6.2.13 条第 2 款条文说明，正确。

16. 正确答案是 C，解答如下：

根据题目图 7-6(a) 所示：

平面内柱高度：$H_2 = 6900\text{mm}$；

平面外柱计算高度：由《钢标》8.3.5 条，取侧向支撑点距离，$H'_{02} = 5480\text{mm}$

17. 正确答案是 A，解答如下：

上段柱：$I_{1x} = 396442\text{km}^4$；中段柱：$I_{2x} = 3420021\text{cm}^4$

令 $I_{1x} = 1.0$，则 $I_{2x}/I_{1x} = 3420021 \times 0.9/396442 = 7.76$（0.9 为折减系数）

$I_{3x}/I_{1x} = 12090700 \times 0.9/396442 = 27.45$（0.9 为折减系数）

根据《钢标》附录表 E.0.6：

$$K_1 = \frac{I_{1x}}{I_{3x}} \cdot \frac{H_3}{H_1} = \frac{1}{27.45} \times \frac{15800}{7100} = 0.081 \approx 0.1$$

$$K_2 = \frac{I_{2x}}{I_{3x}} \cdot \frac{H_3}{H_2} = \frac{7.76}{27.45} \times \frac{15800}{6900} = 0.647 \approx 0.6$$

$$\eta_1 = \frac{H_1}{H_3}\sqrt{\frac{N_1}{N_3} \cdot \frac{I_{3x}}{I_{1x}}} = \frac{7100}{15800} \times \sqrt{\frac{1033}{6163} \cdot \frac{27.45}{1}} = 0.96 \approx 1.0$$

$$\eta_2 = \frac{H_2}{H_3}\sqrt{\frac{N_2}{N_3} \cdot \frac{I_{3x}}{I_{2x}}} = \frac{6900}{15800} \times \sqrt{\frac{6073}{6163} \cdot \frac{27.45}{7.76}} = 0.82 \approx 0.8$$

查附录表 E.0.6，取 $\mu_3 = 2.81$

根据《钢标》8.3.3 条，取折减系数为 0.8：

$$\mu_3 = 0.8 \times 2.81 = 2.248$$

$$\mu_2 = \frac{\mu_3}{\eta_2} = \frac{2.248}{0.8} = 2.81$$

18. 正确答案是 B，解答如下：

上段柱：$H'_{01} = 5140\text{mm}$，$\lambda_y = \frac{H'_{01}}{i_y} = \frac{5140}{98.7} = 52$

焊接工字钢，焰切边，查《钢标》表 7.2.1-1，均属于 b 类截面，查附表 D.0.2，取 $\varphi_y = 0.847$

由《钢标》附录 C.0.5 条：

$$\varphi_b = 1.07 - \frac{\lambda_y^2}{44000\varepsilon_k^2} = 1.07 - \frac{52^2}{44000 \times 1} = 1.0$$

根据《钢标》8.2.1 条：

$$\frac{N}{\varphi_y A} + \eta\frac{\beta_{tx}M_x}{\varphi_b W_x} = \frac{1018 \times 10^3}{0.847 \times 32880} + \frac{1 \times 1 \times 1439 \times 10^6}{1.0 \times 9.911 \times 10^6}$$
$$= 181.75\text{N/mm}^2$$

19. 正确答案是 B，解答如下：

$$\sigma = \frac{N}{A_n} \pm \frac{M_x}{I_{nx}}y_1 = \frac{1018 \times 10^3}{32880} \pm \frac{1439 \times 10^6}{3.964 \times 10^9} \times (400 - 30)$$

$$= 31.0 \pm 134 = \begin{array}{l} 165.0\text{N/mm}^2 \\ -103.0\text{N/mm}^2 \end{array}$$

$$\alpha_0 = \frac{\sigma_{max} - \sigma_{min}}{\sigma_{max}} = \frac{165 + 103}{165} = 1.62$$

$$\frac{h_0}{t_w} = \frac{740}{12} = 61.7 < (38 + 13 \times 1.62^{1.39})\varepsilon_k = 63.4$$

20. 正确答案是 C，解答如下：

$$H_{02} = 1953\text{cm}, \quad \lambda_x = \frac{H_{02}}{i_{2x}} = \frac{1953}{75.78} = 25.8$$

格构柱斜缀条 L140×90×10，计算换算长细比 λ_{0x}，由《钢标》式（7.2.3-2）：

$$\lambda_{0x} = \sqrt{\lambda_x^2 + 27\frac{A}{A_{1x}}} = \sqrt{25.8^2 + 27 \times \frac{595.48}{2 \times 22.26}} = 32$$

中柱段，查《钢标》表 7.2.1-1，均属 b 类截面；查附表 D.0.2，取 $\varphi_x = 0.929$。由《钢标》8.2.2 条：

$$W_{1x} = \frac{I_{2x}}{y_0} = \frac{3420021}{73.7} = 46404.6 \approx 46405\text{cm}^3$$

$$\frac{N}{\varphi_x A} + \frac{\beta_{mx} M_x}{W_{1x}\left(1 - \frac{N}{N'_{Ex}}\right)} = \frac{6073 \times 10^3}{0.929 \times 59548} + \frac{1 \times 3560 \times 10^6}{46.4 \times 10^6 \times \left(1 - \frac{6073}{107.37 \times 10^3}\right)}$$

$$= 191.1\text{N/mm}^2$$

21. 正确答案是 A，解答如下：

吊车肢内力：$N_2 = \frac{Ny_1}{h} + \frac{M_x}{h} = \frac{6073 \times 770}{1507} + \frac{3560 \times 10^3}{1507}$

$$= 5465\text{kN}$$

平面内：$l_{0x} = 155\text{cm}$，$\lambda_{dx} = \frac{l_{0x}}{i_{dx}} = \frac{155}{10.3} = 15$（b 类截面）

平面外：$l_{0y} = 548\text{cm}$，$\lambda_{dy} = \frac{l_{0y}}{i_{dy}} = \frac{548}{30.9} = 17.7$（b 类截面）

查《钢标》附录表 D.0.2，取 $\varphi_y = 0.977$，则：

$$\frac{N}{\varphi_y A_d} = \frac{5465 \times 10^3}{0.977 \times 30400} = 184.0\text{N/mm}^2$$

22. 正确答案是 B，解答如下：

根据《钢标》7.2.7 条：

$$V = \frac{Af}{85\varepsilon_k} = \frac{595.48 \times 10^2 \times 205}{85 \times 1} = 143.62\text{kN}$$

已知 $V_{max} = 316\text{kN}$，故取 $V = 316\text{kN}$

横缀条内力：$N = \frac{V}{2} = \frac{316}{2} = 158\text{kN}$

23. 正确答案是 D，解答如下：

$$\cos\theta = \frac{150.7}{216.2} = 0.697, N = \frac{316}{2\cos\theta} = \frac{316}{2 \times 0.697} = 226.7\text{kN}$$

【16～23 题评析】 上段柱的计算，如 18 题、19 题，按一般实腹式构件进行计算；20 题属于格构式构件计算，提示中 N'_{EX} 如下计算得到：

$$N'_{EX} = \frac{\pi^2 EA}{1.1\lambda_{0x}^2} = \frac{3.14^2 \times 206 \times 10^3 \times 595.48 \times 10^2}{1.1 \times 32^2} = 107.37 \times 10^6\text{N}$$

24. 正确答案是 A，解答如下：

根据《抗规》9.2.10条：压杆卸荷系数：$\psi_c = 0.30$

25. 正确答案是 C，解答如下：

柱间的净距：$\qquad s_c = 6000 - 400 = 5600\text{mm}$

根据《钢标》7.4.2条：

平面内：$l_{02} = 0.5l_2 = 0.5 \times 6.31 = 3.155\text{m}$

$$\lambda_2 = \frac{l_{02}}{i_{\min}} = \frac{3155}{21.7} = 145 < 200$$

由《钢标》表7.2.1-1及注，b类截面，查附录表D.0.2，取 $\varphi_2 = 0.325$

由《抗规》附录式（K.2.2）：

$$N_t = \frac{l_2}{(1 + \psi_c\varphi_2)s_c}V_{b1} = \frac{6310}{(1 + 0.30 \times 0.325) \times 5600} \times$$
$$\frac{1.3 \times 146}{3} = 65\text{kN}$$

26. 正确答案是 D，解答如下：

根据《抗规》9.2.10条：

压杆卸荷系数：$\psi_c = 0.30$

27. 正确答案是 B，解答如下：

平面内：$l_{01} = 0.5l_1 = 0.5 \times 9.12 = 4.56\text{m}$

$$\lambda_1 = \frac{l_{01}}{i_{\min}} = \frac{4560}{31.5} = 145 < 200$$

由《钢标》表7.2.1-1及注，b类截面，查附录表D.0.2，取 $\varphi_1 = 0.325$

$$s_c = 6000 - 400 = 5600\text{mm}$$

由《抗规》附录式（K.2.2）：

$$N_t = \frac{l_1}{(1 + \psi_c\varphi_1)s_c}V_{b2} = \frac{9120}{(1 + 0.30 \times 0.325) \times 5600} \times 1.3 \times (146 + 82)$$
$$= 439.8\text{kN}$$

$$N_t = 439.8\text{kN} < fA_n/\gamma_{RE} = 215 \times 2048/0.75 = 587.1\text{kN}$$

【24～27题评析】 本题考核钢结构柱间支撑地震作用效应计算，《抗规》附录K.2.2条规定，斜杆长细比≤200的钢支撑计算应考虑压杆卸载影响。

28. 正确答案是 C，解答如下：

根据《钢标》10.4.5条：

$$M \geqslant 1.1 \times 900 = 990\text{kN} \cdot \text{m}$$

$$M \geqslant 0.5\gamma_x W_x f = 0.5 \times 1.05 \times 10 \times 10^6 \times 215 = 1129\text{kN} \cdot \text{m}$$

取上述较大者，故取 $M = 1129\text{kN} \cdot \text{m}$

29. 正确答案是 C，解答如下：

根据《钢标》6.3.1条，①项正确；②项不对；故排除（B）、（D）；又根据《钢标》6.3.6条，③项不对；④项正确，故选（C）项。

30. 正确答案是 A，解答如下：

根据《砌规》5.2.4条：

深梁，取 $\eta = 1.0$

$$A_l = a_0 b = 250 \times 240$$
$$A_0 = (250 + 2 \times 240) \times 240 = 730 \times 240$$
$$\gamma = 1 + 0.35 \sqrt{\frac{A_0}{A_l} - 1} = 1 + 0.35 \sqrt{\frac{730 \times 240}{250 \times 240} - 1} = 1.485 < 2.0$$

M10 水泥砂浆，故不调整 f，则：
$$f = 2.98\text{MPa}$$
$$\eta \gamma f A_l = 1.0 \times 1.485 \times 2.98 \times 250 \times 240 = 265.5\text{kN}$$

31. 正确答案是 D，解答如下：

根据《砌规》5.2.5 条：
$$A_b = a_b b_b = 240 \times 610 = 146400\text{mm}^2$$
$$N_0 = 0.8 \times A_b = 117.12\text{kN}$$
$$A_0 = 240 \times (610 + 2 \times 240) = 261600\text{mm}^2$$
$$\gamma = 1 + 0.35 \sqrt{\frac{A_0}{A_b} - 1} = 1 + 0.35 \sqrt{\frac{261600}{146400} - 1} = 1.310$$
$$\gamma_1 = 0.8\gamma = 1.048 > 1.0$$

$f = 2.98\text{MPa}$。

$\beta \leqslant 3$，且 $e/h = 0$，查《砌规》附表 D.0.1-1，取 $\varphi = 1.0$

$N_0 + N_l = 280 + 117.12 = 397.12\text{kN} < \varphi \gamma_1 f A_b$
$$= 1 \times 1.048 \times 2.98 \times 146400 = 457.2\text{kN}$$

【30、31题评析】 关键是 M10 水泥砂浆对强度设计值不调整。深梁，其抗弯刚度无穷大，其局部均匀受压，故 $e = 0$。

32. 正确答案是 A，解答如下。

MU10、M2.5 混合砂浆，查《砌规》表 3.2.1-1，取 $f = 1.3\text{MPa}$

1-1 截面处于偏心受压，根据《砌规》4.2.5 条和 5.2.5 条：
$$\sigma_0 = \frac{128.88 \times 10^3}{495700} = 0.26\text{MPa}, \sigma_0/f = 0.26/1.3 = 0.2$$

查规范表 5.2.5，取 $\delta_1 = 5.7$，$a_0 = \delta_1 \sqrt{h_c/f} = 5.7 \times \sqrt{500/1.3} = 111.8\text{mm}$
$$N_0 = \sigma_0 A_b = 0.26 \times 370 \times 490 = 47.138\text{kN}$$

合力偏心矩： $e = \dfrac{95.16 \times (370/2 - 0.4a_0)}{95.16 + 47.138} = \dfrac{95.16 \times (185 - 0.4 \times 111.8)}{95.16 + 47.138}$
$$= 93.8\text{mm} < 0.6y_2 = 135.6\text{mm}$$
$$e/a_b = 93.8/370 = 0.2535$$

由规范附录 D.0.1 条，当 $\beta \leqslant 3$ 时，$\varphi = \dfrac{1}{1 + 12 \ (e/h)^2} = \dfrac{1}{1 + 12 \times 0.2535^2} = 0.5646$

33. 正确答案是 A，解答如下：

$H = 3.4 + 0.6 + 0.5 = 4.5\text{m}, s = 3.6 \times 3 = 10.8\text{m} > 2H = 9\text{m}$，刚性方案，查《砌规》表 5.1.3，取：$H_0 = 1.0H = 1 \times 4.5 = 4.5\text{m}$

2-2 截面处于轴心受压，根据《砌规》5.1.1 条：
$$\beta = \gamma_\beta \frac{H_0}{h_T} = 1 \times \frac{4500}{316.9} = 14.2, e/h_T = 0.0$$

查规范附表 D.0.1-1，取 $\varphi = 0.765$

M10 烧结普通砖，M7.5 水泥砂浆，取 $f=1.69\text{N/mm}^2$

$$\varphi fA = 0.765 \times 1.69 \times 495700 = 640.9\text{kN}$$

【32、33题评析】 32题，关键是确定合力偏心距 e 值，《砌规》4.2.5条作了规定。33题，应注意 M7.5 水泥砂浆对强度设计值不调整。

34. 正确答案是 B，解答如下：

(1) 确定顶层各横向抗震墙侧向刚度

已知 ③ 轴：$K_3 = 1.106Et$；① 轴：$K_1 = 1.138Et$

②轴横墙开洞情况分成 A、B 二个墙段，如图 7-1-1 所示。

墙段 A：$h/b = 3/5.340 = 0.56 < 1.0$，则：

$$K_A = \frac{EA}{3h} = \frac{Etb}{3h} = \frac{Et \times 5340}{3 \times 3000} = 0.593Et$$

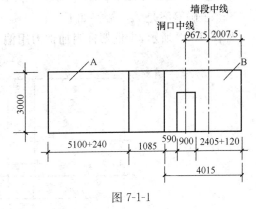

图 7-1-1

墙段 B：$h/b = 3/4.015 = 0.75 < 1.0$，则根据《抗规》表 7.2.3 注 1 的规定：

开洞率为 $\dfrac{0.24 \times 0.9}{0.24 \times (0.59 + 0.9 + 2.405 + 0.12)} = 0.224$，查《抗规》表 7.2.3，取洞口影响系数 $\rho = 0.9256$，又根据《抗规》表 7.2.3 注 2 的规定：

洞口中线： $967.5/4015 = 0.241 < 0.25$

故取 $\rho = 0.9256$

$$K_B = \rho \frac{EA}{3h} = 0.9256 \times \frac{Et \times 4015}{3 \times 3000} = 0.413Et$$

所以 $K_2 = K_A + K_B = 1.006Et$

(2) 确定②轴横墙 $F_{6,2k}$ 值

根据《抗规》5.2.6 条：

$$F_{6,2k} = \frac{1.006Et}{2 \times (1.006 + 1.138 + 1.106)Et} \times 224 = 34.67\text{kN}$$

35. 正确答案是 B，解答如下：

根据《砌规》表 10.2.1：

$$f_v = 0.14\text{N/mm}^2, \sigma_0/f = 0.35/0.14 = 2.5, \text{取} \xi_N = 1.185$$

$$f_{vE} = \xi_N f_v = 1.185 \times 0.14 = 0.1659\text{N/mm}^2$$

有 $A = (10200 + 240 - 900 - 1085) \times 240 = 2029200\text{mm}^2$

查《砌规》表 10.1.5，两端有构造柱的砖墙，$\gamma_{RE} = 0.9$

$$f_{vE}A/\gamma_{RE} = 0.1659 \times 2029200/0.9 = 374.0\text{kN}$$

由《抗震通规》4.3.2 条：

$$V = 1.4V_k = 1.4 \times 50 = 70\text{kN} < 374.0\text{kN}, \text{满足}$$

【34、35题评析】 34题，考核砌体墙段的层间等效侧面刚度，《抗规》7.2.3 条作了

规定，须注意该条中注的规定。

①轴等效侧向刚度计算如下：

$$h/b = 3/10.44 = 0.287 < 1.0, K_1 = \frac{EA}{3h} = \frac{Etb}{3h} = \frac{Et \times 102400}{3 \times 3000} = 1.138Et$$

35 题，关键是确定 γ_{RE} 值，《砌规》表 10.1.5 条作了具体规定。

36. 正确答案是 A，解答如下：

如图 7-1-2 所示，求框架柱附加轴力用偏心受压法，柱截面 $A_i = 0.4 \times 0.4 = 0.16 \mathrm{m}^2$

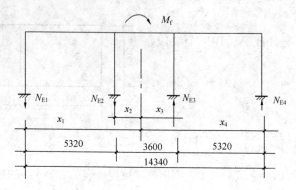

图 7-1-2

$$x_1 = \frac{A_i(14.34 + 8.92 + 5.32)}{4A_i} = 7.145\mathrm{m}$$

$$x_2 = x_1 - 5.32 = 1.825\mathrm{m},$$

$$x_3 = 3.6 - x_2 = 1.775\mathrm{m}, x_4 = 14.34 - 7.145 = 7.195\mathrm{m}$$

$$N_{E1} = \pm \frac{M_f x_i A_i}{\Sigma A_i x_i^2} = \pm \frac{910 \times 7.145 \times A_i}{A_i(7.145^2 + 1.825^2 + 1.775^2 + 7.195^2)}$$

$$= \pm 59.5\mathrm{kN}$$

37. 正确答案是 D，解答如下：

根据《砌规》7.3.7 条及其条文说明，及《抗震通规》4.3.2 条：

$$M_{A,max} = M_{1CE} + M_{2CE} + M_{Eh}$$

$$= 1.3 \times 10.87 + 1.3 \times 75.88 + 1.4 \times 56.32$$

$$= 191.6\mathrm{kN \cdot m}$$

根据《砌规》10.4.3 条第 1 款，抗震二级，取增大系数 1.25：

$$M_{A,max} = 1.25 \times 191.6 = 239.5\mathrm{kN \cdot m}$$

38. 正确答案是 D，解答如下：

由提示知柱上端为大偏压，由《抗震通规》4.3.2 条，取 $\eta_N = 1.0$，$\gamma_G = 1.0$：

$$N_{A,min} = N_{1CE} + \eta_N N_{2CE} + N_{AE} - N_{E1} - N_{E2}$$

$$= 1.0 \times 48.2 + 1.0 \times 1.0 \times 343.74 + 1.0 \times 320 - 1.4 \times 50 - 1.4$$

$$\times \frac{(56.32 + 22.53)}{5.32}$$

$$= 621.2\mathrm{kN}$$

【36～38 题评析】 38 题，假若 A 柱柱顶截面为小偏压，此时，根据《砌规》7.3.7

条，取 $\eta_N = 1.2$，最不利值为：

$$N_{CE} = N_{1CE} + \eta_N N_{2CE} + N_{AE} + N_{E1} + N_{E2}$$

$$= 1.3 \times 48.2 + 1.3 \times 1.2 \times 343.74 + 1.3 \times 320 + 1.4 \times 50 + 1.4 \times \frac{56.32 + 22.53}{5.32}$$

$$= 1105.6 \text{kN}$$

39. 正确答案是 B，解答如下：

根据《木标》5.1.2 条、5.1.4 条，云杉 TC15B

$$i = \sqrt{I/A} = \frac{D}{4} = \frac{154.85}{4} = 38.71 \text{mm}$$

$$\lambda = \frac{l_0}{i} = \frac{3300 \times 0.8}{38.71} = 68.20$$

$\lambda_c = 4.13\sqrt{1 \times 330} = 75.0 > \lambda$，则：

$$\varphi = \frac{1}{1 + \frac{68.2^2}{1.96\pi^2 \times 1 \times 330}} = 0.578$$

$$\frac{N}{\varphi A_0} = \frac{65 \times 10^3}{0.578 \times \frac{1}{4} \times 3.14 \times 154.85^2} = 5.97 \text{N/mm}^2$$

【39题评析】 39题，《木标》4.3.18 条对原来的挠度、稳定计算、抗弯强度计算所取位置作了规定；《木标》5.1.3 条第 5 款，稳定计算时，螺栓孔可不作为缺口考虑。

40. 正确答案是 B，解答如下：

根据《木标》6.2.7 条、6.2.6 条：

$$R_e = \frac{f_{em}}{f_{es}} = 1, \quad R_t = \frac{t_m}{t_s} = \frac{140}{80} = 1.75$$

$R_e R_t = 1 \times 1.75 = 1.75 < 2$，则：

双剪，$k_I = \frac{1.75}{2 \times 4.38} = 0.20$

$$Z = 0.20 \times 80 \times 16 \times 32.3 = 8.3 \text{kN}$$

（下午卷）

41. 正确答案是 C，解答如下：

根据《既有地规》11.4 节、11.5 节、11.6 节，应选（C）项。

42. 正确答案是 C，解答如下：

根据《桩规》5.9.7 条：

$h_0 = 900$，$\beta_{hp} = 1 - \frac{1000 - 800}{2000 - 800} \times (1 - 0.9) = 0.9833$，$b_c = 600 \text{mm}$，$h_c = 1350 \text{mm}$

$a_{0y} = 600 \text{mm}$，$a_{0x} = 425 \text{mm}$，$f_t = 1.43 \text{N/mm}^2$

$\lambda_{0x} = \frac{a_{0x}}{h_0} = 0.472$，$\lambda_{0y} = \frac{a_{0y}}{h_0} = 0.667$

$\beta_{0x} = \frac{0.84}{\lambda_{0x} + 0.2} = 1.25$，$\beta_{0y} = \frac{0.4}{\lambda_{0y} + 0.2} = 0.969$

$$F_{lu}=2\times[1.25\times(600+600)+0.969\times(1350+425)]\times0.9833\times1.43\times900\times10^{-3}$$
$$=8149.80kN$$

43. 正确答案是 A，解答如下：

根据《地规》8.5.6 条：
$$R_a = q_{pq}A_p + u_p\Sigma q_{sia}l_i$$
$$= 1120\times\frac{3.14\times0.426^2}{4}+3.14\times0.426\times(15\times0.7+10\times18+30\times2.12)$$
$$= 499.4kN$$

44. 正确答案是 C，解答如下：

根据《地规》附录 Q.0.10 条、Q.0.11 条：
$$\overline{Q}=\frac{1}{3}(Q_1+Q_2+Q_3)=\frac{1}{3}\times(1020+1120+1210)=1116.67kN$$

极差：$1210-1020=190kN<1116.67\times30\%=335kN$

故取
$$R_u=\overline{Q}=1116.67kN$$
$$R_a=\frac{R_u}{2}=558.33kN$$

根据《抗规》4.4.2 条：
$$R_{aE}=1.25R_a=1.25\times558.33=697.9kN$$

45. 正确答案是 D，解答如下：

根据《地规》8.5.4 条：
$$M_{yk}=570+310\times1=880kN\cdot m$$
$$G_k=20\times3.9\times2.7\times1.5=315.9kN$$

由规范式（8.5.4-2）：
$$Q_{k,max}=\frac{F_k+G_k}{n}+\frac{M_{yk}x_i}{\Sigma x_i^2}$$
$$=\frac{3300+315.9}{6}+\frac{880\times1.5}{4\times1.5^2}=749.32kN$$

46. 正确答案是 A，解答如下：

根据《地规》8.5.18 条：
$$N_i=\frac{F}{6}=505kN$$
$$M_y=\Sigma N_i x_i=2\times505\times(1.5-0.25)=1262.5kN\cdot m$$
$$M_x=\Sigma N_i y_i=3\times505\times(0.9-0.2)=1060.5kN\cdot m$$

故取 $M_{max}=1262.5kN\cdot m$

47. 正确答案是 B，解答如下：

根据《地规》8.5.19 条：
$$h_0=h-a_s=1000-60=940mm$$
$$a_{0x}=1.07m>h_0=0.94m，取\ a_{0x}=h_0$$

故
$$\lambda_{0x}=\frac{a_{0x}}{h_0}=1.0$$
$$a_{0y}=0.52m<h_0=0.94m，且>0.25h_0=0.235m$$

故 $$\lambda_{0y}=\frac{a_{0y}}{h_0}=\frac{0.52}{0.94}=0.553$$

48. 正确答案是 C，解答如下：

圆桩换成方桩，$b=0.8d=0.8\times426=341\text{mm}$

$$h_0=h-a_s=1000-60=940\text{mm}$$

$$a_{0x}=1.5-\frac{0.5}{2}-\frac{0.341}{2}=1.0795\text{m}, a_{0x}>h_0, 故取 a_{0x}=h_0, \lambda_{0x}=\frac{a_{0x}}{h_0}=\frac{h_0}{h_0}=1.0,$$

$$a_{0y}=0.9-\frac{0.4}{2}-\frac{0.341}{2}=0.5295\text{m}, \quad a_{0y}<h_0, \lambda_{0y}=\frac{a_{0y}}{h_0}=\frac{0.5295}{0.94}=0.563$$

$$\alpha_{0x}=\frac{0.84}{\lambda_{0x}+0.2}=\frac{0.84}{1+0.2}=0.70$$

$$\alpha_{0y}=\frac{0.84}{\lambda_{0y}+0.2}=\frac{0.84}{0.563+0.2}=1.10$$

由《地规》式（8.5.19-1）：

$$2[\alpha_{0x}(b_c+a_{0y})+\alpha_{0y}(h_c+a_{0x})]\beta_{hp}f_t h_0$$
$$=2\times[0.70\times(400+529.5)+1.10\times(500+940)]\times0.983\times1.27\times940$$
$$=5244.7\text{kN}$$

【43～48题评析】 47题、48题，需注意的是，在计算冲跨比 λ_{0x}（或 λ_{0y}）、角桩冲跨比 λ_{1x}（或 λ_{1y}）时，《地规》8.5.19条分别作了规定，λ_{0x}、λ_{0y} 满足 0.25～1.0；λ_{1x}、λ_{1y} 满足 0.25～1.0。

《桩规》5.9.7条、5.9.8条也作相应规定，《桩规》规定 λ_{0x}、λ_{0y} 满足 0.25～1.0；λ_{1x}、λ_{1y} 满足 0.25～1.0。

49. 正确答案是 C，解答如下：

根据《基桩检规》9.4.11条：

$$\beta=\frac{14+5+14-6-2\times3}{14-5+14+6}=0.724$$

查表9.4.11，为Ⅲ类。

50. 正确答案是 A，解答如下：

根据《桩规》5.2.5条：

桩中心距：$s_a=\sqrt{A/n}=\sqrt{5.4\times4.86/8}=1.811\text{m}$

$$s_a/d=1.811/0.6=3.02, B_c/l=4.86/16.5=0.2945$$

由提示知，取低值，查表5.2.5，取承台效应系数 $\eta_c=0.06$

不考虑地震作用，由《桩规》式（5.2.5-1）：

$$f_{ak}=\left[1.36\times160+0.7\times170+\left(\frac{4.86}{2}-1.36-0.7\right)\times160\right]/2.43$$
$$=162.88\text{kPa}$$

$$A_c=(A-nA_{ps})/n=\left(5.4\times4.86-8\times\frac{\pi}{4}\times0.6^2\right)/8=2.998\text{m}^2$$

$$R=R_a+\eta_c f_{ak}A_c=1081.1+0.06\times162.88\times2.998=1110.40\text{kN}$$

51. 正确答案是 A，解答如下：

$150\text{kPa}<f_{ak}<300\text{kPa}$，查《抗规》表4.2.3：

取 $\xi_a=1.3$

由《桩规》式 (5.2.5-2)：

$$R = R_a + \frac{\xi_a}{1.25}\eta_c f_{ak} A_c = 1081.1 + \frac{1.3}{1.25} \times 0.06 \times 162.88 \times 2.998 = 1111.57\text{kN}$$

52. 正确答案是 A，解答如下：

根据《桩规》5.3.7 条：

$$d_e = d/\sqrt{n} = 0.6/\sqrt{2} = 0.424\text{m}$$

$$h_b/d_e = 1.5/0.424 = 3.538 < 5，则由规范式 (5.3.7-2)：$$

$$\lambda_p = 0.16 h_b/d_e = 0.16 \times 3.538 = 0.566$$

由规范式 (5.3.7-1)：

$$Q_{uk} = u\Sigma q_{sik} l_i + \lambda_p q_{pk} A_p$$

$$= 1794.89 + 0.566 \times 1300 \times \frac{\pi}{4} \times 0.6^2$$

$$= 2002.82\text{kN}$$

由《桩规》5.2.2 条：

$$R_a = \frac{Q_{ak}}{2} = 1001.41\text{kN}$$

53. 正确答案是 D，解答如下：

根据《桩规》5.3.8 条：

$$A_j = \frac{\pi}{4}(d^2 - d_1^2) = \frac{\pi}{4} \times (0.6^2 - 0.34^2) = 0.192\text{m}^2$$

$$A_{p1} = \frac{\pi}{4}d_1^2 = \frac{\pi}{4} \times 0.34^2 = 0.091\text{m}^2$$

$$h_b/d_1 = 1.5/0.34 = 4.41 < 5，则由规范式(5.3.8-2)：$$

$$\lambda_p = 0.16 h_b/d_1 = 0.16 \times 4.41 = 0.7056$$

由规范式 (5.3.8-1)：

$$Q_{uk} = u\Sigma q_{sik} l_i + q_{pk}(A_j + \lambda_p A_{p1})$$

$$= 1794.89 + 1300 \times (0.192 + 0.7056 \times 0.091)$$

$$= 2127.96\text{kN}$$

由《桩规》5.2.2 条：

$$R_a = \frac{Q_{uk}}{2} = 1063.98\text{kN}$$

【50～53题评析】 50题、51题，关键是 f_{ak} 值的计算，《桩规》5.2.5 条作了具体规定。

52题，计算 λ_p 时，应用 d_e 代替 d 进行计算。

53题，须注意，《桩规》式 (5.3.8-2)、(5.3.8-3) 中，应用 d_1 代替 d。

54. 正确答案是 C，解答如下：

根据《地处规》7.5.1 条：

$$\bar{\eta}_c \rho_{dmax} = \bar{\rho}_{d1} = 1.57\text{t/m}^3$$

$$s = 0.95d\sqrt{\frac{\bar{\eta}_c \rho_{dmax}}{\bar{\eta}_c \rho_{dmax} - \bar{\rho}_d}} = 0.95 \times 0.4 \times \sqrt{\frac{1.57}{1.57 - 1.33}} = 0.97\text{m}$$

由规范 7.5.1 条第 3 款，$s=(2.0 \sim 3.0) \times 0.4 = 0.8 \sim 1.2$m

故取 $s=1.0$m

55. 正确答案是 C，解答如下：

根据《地处规》7.5.2 条、7.1.5 条：

$$d_e = 1.13s = 1.13 \times 0.9 = 1.017\text{m}$$

$$A_e = \frac{\pi d_e^2}{4} = 0.812\text{m}^2$$

地基整片处理，故 $A=(46+2\times2)\times(12.8+2\times2)=840\text{m}^2$

$$n = \frac{A}{A_e} = \frac{840}{0.812} = 1035 \text{ 根}$$

56. 正确答案是 C，解答如下：

根据《边坡规范》3.2.3 条：

$$\theta = 45° + \varphi/2 = 45° + \frac{14°}{2} = 52°, H = 8\text{m}$$

$$L = \frac{H}{\tan\theta} = \frac{8}{\tan52°} = 6.25\text{m}$$

57. 正确答案是 C，解答如下：

根据《荷规》8.2.1 条，地面粗糙度为 B 类。根据《荷规》8.4.4 条、8.4.3 条：

$$x_1 = \frac{30/1.2}{\sqrt{1.0 \times 0.60}} = 32.275$$

$$R = \sqrt{\frac{\pi}{6 \times 0.05} \cdot \frac{32.275^2}{(1+32.275^2)^{4/3}}} = 1.016$$

$$\beta_z = 1 + 2gI_{10}B_z\sqrt{1+R^2} = 1 + 2 \times 2.5 \times 0.14 \times 0.591 \times \sqrt{1+1.016^2}$$

$$= 1.590 > 1.2 (《结通规》4.6.5 条)$$

故取 $\beta_z = 1.590$

58. 正确答案是 C，解答如下：

$H=34.7$m<60m，根据《高规》5.6.4 条，风荷载不参与组合；由《抗震通规》4.3.2 条：

$$M_A = -[1.3 \times (90 + 0.5 \times 50) + 1.4 \times 40] = -205.5\text{kN} \cdot \text{m}$$

59. 正确答案是 A，解答如下：

根据《高规》5.6.4 条、《抗震通规》4.3.2 条：

$$N = (3100 + 0.5 \times 550) \times 1.3 + 1.4 \times 950 = 5717.5\text{kN}$$

60. 正确答案是 D，解答如下：

根据《高规》5.6.3 条、《抗震通规》4.3.2 条：

$$M = -[(25 + 0.5 \times 15) \times 1.3 + 1.4 \times 270] = -420.25\text{kN} \cdot \text{m}$$

丙类建筑，8 度设防，Ⅱ类场地，查高规表 3.9.3，框架抗震等级为一级。

底层角柱，根据《高规》6.2.2 条、6.2.4 条。

$$M = -420.25 \times 1.7 \times 1.1 = -785.9\text{kN} \cdot \text{m}$$

61. 正确答案是 D，解答如下：

框架抗震等级一级，根据《高规》6.2.3 条：

$$V = 1.2 \times \frac{M_{cua}^t + M_{cua}^b}{H_n} = 1.2 \times \frac{725 + 725}{4.5} = 386.7 \text{kN}$$

根据《高规》6.2.4条：

$$V = 1.1 \times 386.7 = 425 \text{kN}$$

62. 正确答案是 A，解答如下：

框架抗震等级为一级，根据《高规》6.2.7条规定，由《混规》11.6.2条：

$$h_{b0} = h - a_s = 600 - 40 = 560 \text{mm}$$

$$V_j = \frac{1.15 \Sigma M_{bua}}{h_{b0} - a_s'} \left(1 - \frac{h_{b0} - a_s'}{H_c - h_b}\right)$$

$$= \frac{1.15 \times 920 \times 10^6}{560 - 40} \times \left(1 - \frac{560 - 40}{3400 - 600}\right)$$

$$= 1656.8 \text{kN}$$

63. 正确答案是 B，解答如下：

根据《混规》11.6.3条：

$$\eta_j = 1.5, \quad b_j = 550 \text{mm}, h_j = 550 \text{mm}, \quad \beta_c = 1.0$$

$$V_j \leqslant \frac{1}{\gamma_{RE}} (0.30 \eta_j \beta_c f_c b_j h_j)$$

$$f_c \geqslant \frac{0.85 \times 1900 \times 10^3}{0.30 \times 1.5 \times 1 \times 550 \times 550} = 11.86 \text{N/mm}^2$$

框架抗震一级，由《混规》11.2.1条，混凝土强度等级应不小于 C30（$f_c = 14.3 \text{N/mm}^2$）。

故最终取 $f_c = 14.3 \text{N/mm}^2$

64. 正确答案是 D，解答如下：

根据《高规》3.9.5条和12.2.1条，(2)、(4) 正确，应选（D）项。

【58～64题评析】 60题、61题，本题目中柱 CA 为边榀框架角柱，故 M、V 最后调整值应乘增大系数1.1。

63题，假定本题目是求混凝土 f_c 的计算值，则取 $f_c \geqslant 11.86 \text{N/mm}^2$。

65. 正确答案是 A，解答如下：

由提示轴压比大于0.15，则：

查《高规》表3.8.2，取 $\gamma_{RE} = 0.80$

取柱下端的左震下轴力：

$$x = \frac{0.80 \times 13495.52 \times 10^3}{1 \times 23.1 \times 800} = 584 \text{mm} < \xi_b h_0 = 0.518 \times 1310 = 679 \text{mm}$$

按大偏压计算；又由于 $N_{左震} < N_{右震}$ 的内力组合对大偏压最不利，故取左震的内力值进行配筋计算。

抗震一级，底层中柱，根据《高规》10.2.11条第3款：

$$M_{下} = -1.5 \times 4508.38 = -6762.57 \text{kN} \cdot \text{m}$$

$$N_{下} = 13495.52 \text{kN}$$

66. 正确答案是 C，解答如下：

根据《混规》6.2.17条：

$$e_0 = \frac{M}{N} = \frac{6762.57}{13495.52} = 0.501\text{m} = 501\text{mm}$$

$$e_a = \max\left(20, \frac{1350}{30}\right) = 45\text{mm}$$

$$e_i = e_0 + e_a = 546\text{mm}$$

$$e = e_i + \frac{h}{2} - a_s = 546 + \frac{1350}{2} - 40 = 1181\text{mm}$$

$$x = 584\text{mm} < \xi_b h_0 = 679\text{mm}$$

$$> 2a'_s = 80\text{mm}$$

由《混规》式（6.2.17-2），且 $\gamma_{RE} = 0.8$：

$$A_s = A'_s \geqslant \frac{0.8 \times 13495.52 \times 10^3 \times 1181 - 1.0 \times 23.1 \times 800 \times 584 \times (1310 - 584/2)}{360 \times (1310 - 40)}$$

$$= 3858\text{mm}^2$$

$$A_s + A'_s \geqslant 7716\text{mm}^2$$

67. 正确答案是 B，解答如下：

柱上端弯矩值，根据《高规》10.2.11 条第 3 款：

$$M_{\text{上}} = 1.5 \times 3940.66 = 5910.99\text{kN} \cdot \text{m}$$

由《高规》式（6.2.3-2）：

$$V = \eta_{vc} \frac{M_c^t + M_c^b}{H_n} = 1.4 \times \frac{5910.99 + 6762.57}{7 - 1.6} = 3285.74\text{kN} > 2216.28\text{kN}$$

故取 $V = 3285.7\text{kN}$。

已知 $\lambda = 2.061$，由《高规》式（6.2.8-2）：

$$N = 13495.52\text{kN} > 0.3 f_c A = 7484.4\text{kN}，取 N = 7484.4\text{kN}$$

$$\frac{A_{sv}}{s} \geqslant \frac{\gamma_{RE} V - \frac{1.05}{\lambda + 1} f_t b h_0 - 0.056N}{f_{yv} h_0}$$

$$= \frac{0.85 \times 3285.7 \times 10^3 - \frac{1.05}{2.061 + 1} \times 1.89 \times 800 \times 1310 - 0.056 \times 7484400}{300 \times 1310}$$

$$= 4.311\text{mm}^2/\text{mm}$$

68. 正确答案是 A，解答如下：

$$l_1 = 1350 - 2 \times 20 - 2 \times \frac{12}{2} = 1298\text{mm}$$

$$l_2 = 800 - 2 \times 20 - 2 \times \frac{12}{2} = 748\text{mm}$$

$$\rho_v = \frac{113.1 \times (6 \times 1298 + 8 \times 748)}{1286 \times 736 \times 100} = 1.65\%$$

由提示 $\mu_N = 0.6$，查《高规》表 6.4.7，取 $\lambda_v = 0.15$，并由规程 10.2.10 条第 3 款，增加 0.02，故取 $\lambda_v = 0.15 + 0.02 = 0.17$

由《高规》式（6.4.7）

$$[\rho_v] = \lambda_v f_c / f_{yv} = 0.17 \times 23.1 / 300 = 1.309\%$$

根据《高规》10.2.10 条第 3 款：取 $[\rho_v] \geqslant 1.5\%$，故最终取 $[\rho_v] = 1.5\%$

$$\frac{\rho_v}{[\rho_v]} = \frac{1.65\%}{1.5\%} = 1.1$$

【65～68题评析】 66题，计算柱底截面配筋的内力设计值应采用内力调整后的设计值，同时，应复核纵筋的最小配筋率。

67题，柱剪力值应取内力调整后的 M_c^t、M_c^b 进行计算，并乘以剪力增大系数 η_{vc}。

69. 正确答案是 C，解答如下：

各段重力荷载代表值为：

$$G_6 = 2500\text{kN}, G_5 = \frac{5000+5600}{2} = 5300\text{kN}, G_4 = \frac{5600+6000}{2} = 5800\text{kN}$$

$$G_3 = \frac{6000+6600}{2} = 6300\text{kN}, G_2 = \frac{6600+7000}{2} = 6800\text{kN}$$

$$G_1 = \frac{7000+7800}{2} = 7400\text{kN}$$

根据《抗规》5.2.2条：

$$\sum_{i=1}^{6} x_{ji}G_i = 1 \times 2500 + 0.10 \times 5300 + (-0.38) \times 5800 + (-0.30) \times 6300 + (-0.20) \times$$
$$6800 + (-0.04) \times 7400 = -2720\text{kN}$$

$$\gamma_2 = \sum_{i=1}^{6} x_{ji}G_i / \sum_{i=1}^{6} x_{ji}^2 G_i = -2720/4241.36 = -0.64$$

$$F_{21} = \alpha_2 \gamma_2 x_{21} G_1 = 0.08 \times (-0.64) \times (-0.04) \times 7400 = 15.2\text{kN}$$

70. 正确答案是 C，解答如下：

根据《抗规》式（5.2.2-3）：

$$V_{Ek} = \sqrt{\sum V_j^2} = \sqrt{650^2 + (-730)^2 + 610^2} = 1152.3\text{kN}$$

71. 正确答案是 B，解答如下：

根据《钢标》11.4.2条：

$$N_v^b = 0.9 k n_f \mu P = 0.9 \times 1 \times 2 \times 0.45 \times 190 = 153.9\text{kN}$$

螺栓数 n 为：

$$n = \frac{A_w f}{N_v^b} = \frac{256 \times 16 \times 305}{153900} = 8.1$$

取 $n = 9$ 个

72. 正确答案是 A，解答如下：

根据《高钢规》附录 F.1.1 条、表 4.2.5：

$$N_{vu}^b = 0.58 n_f A_e^b f_u^b = 0.58 \times 2 \times 303 \times 1040 = 365.54\text{kN}$$

$$N_{cu}^b = 22 \times 16 \times (1.5 \times 470) = 248.16\text{kN}$$

上述取较小值，10个螺栓 $= 10 \times 248.16 = 2481.6\text{kN}$

由《高钢规》表 8.1.3，取 $\alpha_1 = 1.25$，$\alpha_2 = 1.20$

$$N_w^j / \alpha_1 = 2481.6/1.25 = 1985.28\text{kN}$$

$$N_f^j / \alpha_2 = 22 \times 300 \times 2 \times 470/1.20 = 5170\text{kN}$$

$$N_w^j / \alpha_1 + N_f^j / \alpha_2 = 7155.28\text{kN}$$

$$A_{br} f_y = 17296 \times 335 = 5794.16\text{kN} < 7155.28\text{kN}$$

73. 正确答案是 B，解答如下：

$$h_0 = h - a_s = 1300 - 70 = 1230 \text{mm}$$

$$\alpha_{Es} = \frac{E_s}{E_c} = \frac{2 \times 10^5}{2.8 \times 10^4} = 7.143$$

计算截面混凝土受压区高度 x，由 $S_{0c} = S_{0t}$，则：

$$\frac{1}{2} b_f' x^2 = \alpha_{Es} A_s (h_0 - x)$$

$$\frac{1}{2} \times 1500 x^2 = 7.143 \times 1206 \times (1230 - x)$$

解之得：$x = 113 \text{mm} < h_f' = 120 \text{mm}$，故属第一类 T 形截面。

$$I_{cr} = \frac{1}{3} b_f' x^3 + \alpha_{Es} A_s (h_0 - x)^2$$

$$= \frac{1}{3} \times 1500 \times 113^3 + 7.143 \times 1206 \times (1230 - 113)^2$$

$$= 11469.6 \times 10^6 \text{mm}^4$$

74. 正确答案是 A，解答如下：

$h_0 = h - a_s = 1300 - 110 = 1190 \text{mm}$，由 $S_{0c} = S_{0t}$，则：

$$\frac{1}{2} b_f' x^2 = \alpha_{Es} A_s (h_0 - x)$$

$$\frac{1}{2} \times 1500 x^2 = 7.143 \times 6836 \times (1190 - x)$$

解之得：$x = 247.7 \text{mm} > h_f' = 120 \text{mm}$，故属于第二类 T 形截面
由提示可知：

$$A = \frac{\alpha_{Es} A_s + h_f'(b_f' - b)}{b} = \frac{7.143 \times 6836 + 120 \times (1500 - 180)}{180} = 1151$$

$$B = \frac{2\alpha_{Es} A_s h_0 + (b_f' - b) h_f'^2}{b} = \frac{2 \times 7.143 \times 6836 \times 1190 + (1500 - 180) \times 120^2}{180}$$

$$= 751235$$

故　$x = \sqrt{A^2 + B} - A$

$$= \sqrt{1151^2 + 751235} - 1151 = 289.8 \text{mm} \approx 290 \text{mm}$$

$$I_{cr} = \frac{b_f' x^3}{3} - \frac{(b_f' - b)(x - h_f')^3}{3} + \alpha_{Es} A_s (h_0 - x)^2$$

$$= \frac{1500 \times 290^3}{3} - \frac{(1500 - 180) \times (290 - 120)^3}{3} + 7.143 \times 6836 \times (1190 - 290)^2$$

$$= 49584.7 \times 10^6 \text{mm}^4$$

75. 正确答案是 C，解答如下：
根据《公桥混规》7.2.4 条：
动力系数为 1.2，$M_k = 1.2 M_{Gk} = 1.2 \times 505.69 = 606.828 \text{kN} \cdot \text{m}$；$x_0 = x = 290 \text{mm}$

$$\sigma_{cc}^{t} = \frac{M_k^t x_0}{I_{cr}} = \frac{606.828 \times 10^6 \times 290}{50000 \times 10^6} = 3.52\text{MPa}$$

76. 正确答案是 C，解答如下：

根据《公桥混规》7.2.4 条：

$$h_{01} = h - \left(\frac{d}{2} + c\right) = 1300 - \left(\frac{32}{2} + 35\right) = 1249\text{mm}$$

$$\sigma_s = \alpha_{Es} \frac{M_k^t (h_{01} - x_0)}{I_{cr}}$$

$$= 7.143 \times \frac{606.828 \times 10^6 \times (1249 - 290)}{50000 \times 10^6} = 83.14\text{MPa}$$

【73~76 题评析】 73 题、74 题，求开裂截面换算截面的惯性矩 I_{cr}，截面为 T 形时，分为第一类 T 形截面、第二类 T 形截面，上述 I_{cr} 的求解公式同样适用于其他矩形、T 形截面。

75 题、76 题，在施工阶段，应考虑吊装动力系数。

77. 正确答案是 B，解答如下：

由《公桥混规》4.3.4 条：

$$b_i = 2.7\text{m}, \quad h_i = 3\text{m} < \frac{2.7}{0.3} = 9\text{m}$$

$$l_i = 0.2 \times (40 + 60) = 20\text{m}$$

由规范式 (4.3.4-4)：

$$\rho_s = 21.86 \times \left(\frac{2.7}{20}\right)^4 - 38.01 \times \left(\frac{2.7}{20}\right)^3 + 24.57 \times \left(\frac{2.7}{20}\right)^2 - 7.67 \times \frac{2.7}{20} + 1.27$$

$$= 0.596$$

$$b_{m1} = \rho_s b_i = 0.596 \times 2.7 = 1.61\text{m}$$

78. 正确答案是 B，解答如下：

由《公桥混规》4.3.4 条：

$$b_i = \frac{7.6}{2} - 0.35 = 3.45\text{m}$$

$$h_i = 1.6\text{m} < \frac{3.45}{0.3} = 11.5\text{m}$$

$$l_i = 0.6 \times 60 = 36\text{m}$$

由规范式 (4.3.4-2)：

$$\rho_f = -6.44 \times \left(\frac{3.45}{36}\right)^4 + 10.10 \times \left(\frac{3.45}{36}\right)^3 - 3.56 \times \left(\frac{3.45}{36}\right)^2 - 1.44 \times \frac{3.45}{36} + 1.08$$

$$= 0.917$$

$$b_{m2} = \rho_f b_i = 0.917 \times 3.45 = 3.17\text{m}$$

【77、78 题评析】 须注意的是，《公桥混规》4.3.3 条中规定，"当梁高 $h \geqslant b_i/0.3$ 时，翼缘有效宽度应采用翼缘实际宽度"，本题目中，$h = 1.6\text{m} < b_i/0.3 = 2.7/0.3 = 9\text{m}$，$h = 3.0\text{m} < b_i/0.3 = 9\text{m}$，故不受此条限制。

79. 正确答案是 B，解答如下：

根据《公桥混规》6.3.1条、6.3.2条：

A类预应力混凝土：$\sigma_{st} - \sigma_{pc} \leqslant 0.7 f_{tk}$；$\sigma_{lt} - \sigma_{pc} \leqslant 0$

$$\sigma_{st} = \frac{M_s}{W_0} = \frac{M_s}{I_0} y_0 = \frac{75000}{7.75} \times 1.3 = 12580.6 \text{kN/m}^2$$

$$\sigma_{pc} = \frac{N_p}{A_n} + \frac{N_p e_{pn}}{I_n} - N_p \cdot \left(\frac{1}{A_n} + \frac{e_{pn}}{I_n} \cdot y_n \right)$$

$$= N_p \times \left[\frac{1}{8.8} + \frac{(1.15 - 0.3) \times 1.15}{5.25} \right] = 0.2998 N_p$$

$$\sigma_{lt} = \frac{M_l}{I_0} y_0 = \frac{65000}{7.75} \times 1.3 = 10903.2 \text{kN/m}^2$$

$\sigma_{st} - \sigma_{pc} = 12580.6 - 0.2998 N_p \leqslant 0.7 f_{tk} = 0.7 \times 2.65 \times 10^3$

解之得：$N_p \geqslant 35776 \text{kN}$

$\sigma_{lt} - \sigma_{pc} = 10903.2 - 0.2998 N_p \leqslant 0$，解之得：$N_p \geqslant 36368 \text{kN}$

所以取 $N_p \geqslant 36368 \text{kN}$。

【79题评析】 假若本题已知永久有效预应力值 N_p，则可以复核该 A 类预应力混凝土是否满足抗裂要求。

80. 正确答案是 C，解答如下：

根据《公桥混规》9.3.15条，不应超过 3 个月。

实战训练试题（八）解答与评析

（上午卷）

1. 正确答案是 D，解答如下：

对于（A）项，根据《设防分类标准》6.0.5 条条文说明，（A）项正确；

对于（B）项，根据《设防分类标准》6.0.8 条，（B）项正确；

对于（C）项，根据《设防分类标准》6.0.11 条，（C）项正确；

对于（D）项，根据《设防分类标准》4.0.3 条，未包括二级医院，故（D）项错误。

2. 正确答案是 A，解答如下：

根据《混规》6.2.7 条及注的规定，当同一截面内配置有不同种类的钢筋时，ξ_b 应取较小值，故取 $\xi_b = 0.482$ 进行计算。

$$h_0 = h - a_s = 600 - 40 = 560\text{mm}$$

单筋梁，由规范式（6.2.10-1）；
$$M_u = \alpha_1 f_c b h_0^2 \xi_b (1 - 0.5\xi_b) = 1 \times 14.3 \times 250 \times 560^2 \times 0.482 \times (1 - 0.5 \times 0.482)$$
$$= 410.1\text{kN} \cdot \text{m}$$

3. 正确答案是 B，解答如下：

3 Φ 28（$A_s = 1847\text{mm}^2$），2 Φ 25（$A_s = 982\text{mm}^2$），查《混规》表 8.2.1，C30，梁，室内环境，取箍筋的混凝土保护层厚度 $c = 20\text{mm}$，箍筋直径为 8mm，则纵筋的 $c = 20 + 8 = 28\text{mm}$；又 $d = 28$，故最终取纵筋的 $c = 28\text{mm}$。钢筋合力点到梁底距离为：

$$a_s = \frac{1847 \times (28 + 0.5 \times 28) \times 360 + 982 \times (28 + 28 + 28 + 0.5 \times 25) \times 435}{1847 \times 360 + 982 \times 435}$$

$$= 63.3\text{mm}$$

$$h_0 = h - a_s = 750 - 63.3 = 686.7\text{mm}$$

$$x = \frac{f_y A_s}{\alpha_1 f_c b} = \frac{435 \times 982 + 360 \times 1847}{1 \times 14.3 \times 250} = 305.5\text{mm}$$

$$< \xi_b h_0 = 0.482 \times 686.7 = 331\text{mm}$$

故 $M_u = \alpha_1 f_c b x (h_0 - x/2) = 1 \times 14.3 \times 250 \times 305.5 \times \left(686.7 - \frac{305.5}{2}\right)$

$$= 583.2\text{kN} \cdot \text{m}$$

【2、3 题评析】 2 题、3 题，关键是确定 ξ_b 值，即当同一截面内配置有不同种类的钢筋时，ξ_b 应取较小值；关于梁纵向钢筋的构造规定，《混规》9.2.1 条作了规定。

4. 正确答案是 C，解答如下：

$$V_x = V\cos\theta = 210 \times \cos 30° = 181.9\text{kN}, V_y = V\sin\theta = 210 \times \sin 30° = 105\text{kN}$$

根据《混规》6.3.17 条，且 $V_{ux} = V_{uy}$，则：

$$V_x \leqslant \frac{V_{ux}}{\sqrt{1 + \left(\frac{V_{ux}\tan\theta}{V_{uy}}\right)^2}} = \frac{V_{ux}}{\sqrt{1 + (\tan 30°)^2}} = 0.866 V_{ux}$$

即：$V_{ux} \geqslant 1.155 V_x = 1.155 \times 181.9 = 210$kN

取：$V_{uy} = V_{ux} = 210$kN

根据规范式（6.3.17-3）、式（6.3.17-4）：

$N = 890$kN$> 0.3 f_c A = 772.2$kN，故取 $N = 772.2$kN

$$V_{ux} = \frac{1.75}{\lambda_x + 1} f_t b h_0 + f_{yv}\frac{A_{svx}}{s} h_0 + 0.07N$$

$$\frac{A_{svx}}{s} = \frac{210 \times 10^3 - \frac{1.75}{3+1} \times 1.43 \times 400 \times 410 - 0.07 \times 772.2 \times 10^3}{270 \times 410}$$

$$= 0.482 \text{mm}^2/\text{mm}$$

采用双肢箍 $\Phi 8$，则：$s = \frac{50.3 \times 2}{0.482} = 209$mm

同理，$\dfrac{A_{svy}}{s} = \dfrac{210 \times 10^3 - \frac{1.75}{3+1} \times 1.43 \times 450 \times 360 - 0.07 \times 772.2 \times 10^3}{270 \times 360}$

$$= 0.562 \text{mm}^2/\text{mm}$$

选用 $2 \Phi 8$，则 $s = \frac{2 \times 50.3}{0.562} = 179$mm，故选用 $2 \Phi 8@150$。

5. 正确答案是 A，解答如下：

$l_0/d = 5200/550 = 9.45$，查《混规》表 6.2.15，取 $\varphi = 0.966$

$A = \dfrac{\pi d^2}{4} = \dfrac{3.14 \times 550^2}{4} = 2.375 \times 10^5 \text{mm}^2$

假定 $\rho < 3\%$，由规范式（6.2.15）

$$A'_s = \left(\frac{N}{0.9\varphi} - f_c A\right)/f'_y = \left(\frac{5700 \times 10^3}{0.9 \times 0.966} - 14.3 \times 2.375 \times 10^5\right)/360$$

$$= 8778 \text{mm}^2$$

$$\rho = A'_s/A = 8778/(2.375 \times 10^5) = 3.70\% > 3\%$$

故由规范式（6.2.15），且 $A = A - A'_s$：

$$A'_s = \left(\frac{N}{0.9\varphi} - f_c A\right)/(f'_y - f_c)$$

$$= \left(\frac{5700 \times 10^3}{0.9 \times 0.966} - 14.3 \times 2.375 \times 10^5\right)/(360 - 14.3)$$

$$= 9141 \text{mm}^2$$

$$\rho = A'_s/A = 3.85\% < 5\%,\text{满足构造要求}$$

6. 正确答案是 A，解答如下：

$d_{cor} = D - 2c - 2 \times d = 550 - 2 \times 20 - 2 \times 10 = 490$mm，$A_{cor} = \dfrac{\pi d_{cor}^2}{4} = 1.885 \times 10^5 \text{mm}^2$

根据《混规》式（6.2.16-1），取 $\alpha = 1.0$：

$$A_{ss0} = \frac{5700 \times 10^3/0.9 - 14.3 \times 1.885 \times 10^5 - 360 \times 6082}{2 \times 1.0 \times 270}$$

$$= 2682\text{mm}^2 > 0.25A'_s = 0.25 \times 6082 = 1521\text{mm}^2，满足构造要求$$

由规范式（6.2.16-2）：

$$s = \frac{\pi d_{cor} A_{ss1}}{A_{ss0}} = \frac{3.14 \times 490 \times 78.5}{2682} = 45\text{mm}$$

7. 正确答案是 C，解答如下：

根据《混规》6.2.16 条、6.2.15 条：

$$A_{ss0} = \frac{\pi d_{cor} A_{ss1}}{s} = \frac{3.14 \times 490 \times 78.5}{40} = 3020\text{mm}^2 > 0.25A'_s = 1521\text{mm}^2，满足$$

配螺旋箍时，$N_{ui} = 0.9(f_c A_{cor} + f'_y A'_s + 2\alpha f_y A_{ss0})$

$$= 0.9 \times (14.3 \times 188500 + 360 \times 6082 + 2 \times 1.0 \times 270 \times 3020)$$

$$= 5864\text{kN}$$

配普通箍时，$\rho = A'_s/A = 6082/237500 = 2.56\% < 3\%$

故 $N_{u2} = 0.9\varphi(f_c A + f'_y A'_s)$

$$= 0.9 \times 0.966 \times (14.3 \times 237500 + 360 \times 6082)$$

$$= 4856\text{kN}$$

$1.5N_{u2} = 7284\text{kN} > N_u = 5864\text{kN}$，满足。

根据规范 6.2.16 条及注的规定，取 $N_u = 5864\text{kN}$。

【5～7 题评析】 5 题、7 题中，运用《混规》式（6.2.15）时，首先应判别 $\rho \leq 3\%$ 或 $\rho > 3\%$，当 $\rho > 3\%$，A 应改用（$A - A'_s$）代替。

运用《混规》6.2.16 条，须注意该条的注 1、2 规定。

8. 正确答案是 A，解答如下：

根据《设防分类标准》6.0.5 条及条文说明，营业面积 8000m² > 7000m²，属乙类建筑。

乙类建筑，7 度，II 类场地，根据《设防分类标准》3.0.3 条，应按 8 度考虑抗震等级；

查《混规》表 11.1.3，$H = 28$m，8 度，框架结构，故其抗震等级一级。

9. 正确答案是 C，解答如下：

多层框架结构，查《混规》表 11.4.12-1 及注的规定：

抗震二级，角柱，HRB400 级钢筋：$\rho_{s,min} = 0.9\% + 0.05\% = 0.95\%$

$$A_{s,min} = \rho_{s,min} bh = 0.95\% \times 700 \times 700 = 4655\text{mm}^2$$

14 根纵筋，单根 A_{s1}：$A_{s1} = 4655/14 = 332.5\text{mm}^2$

故选 $\Phi 22$（$A_s = 380.1\text{mm}^2$），配置为 14 $\Phi 22$。

【9 题评析】 假定本题目为 45m 框架结构，建于 IV 类场地上，其他条件不变，仍确定纵筋配置。

此时，45m 框架结构，根据《高规》1.0.2 条，属于高层建筑，查《高规》表 6.4.3-1

时，Ⅳ类场地上较高的高层建筑，表 6.4.3-1 中数值应增加 0.1%，即：

$$\rho_{s,min} = (0.9 + 0.05 + 0.1)\% = 1.05\%$$

10. 正确答案是 B，解答如下：

北京地区露天环境，查《混规》表 3.5.2，属二 b 类环境；查规范表 8.2.1，取纵筋的混凝土保护层厚度为 25mm，假定纵筋直径为 Φ 12，则取 $a_s = 31mm$。

$$h_0 = h - a_s = 300 - 31 = 269mm$$

$$\begin{aligned} x &= h_0 - \sqrt{h_0^2 - \frac{2M\gamma_0}{\alpha_1 f_c b}} \\ &= 269 - \sqrt{269^2 - \frac{2 \times 30 \times 10^6 \times 1.0}{1 \times 14.3 \times 1000}} \\ &= 8mm \end{aligned}$$

$$A_s = \frac{\alpha_1 f_c bx}{f_y} = \frac{1 \times 14.3 \times 1000 \times 8}{435} = 263mm^2/m$$

复核最小配筋率：

由《混通规》4.4.6 条：

$$\begin{aligned} \rho_{min} &= \max(0.2\%, 0.45 f_t/f_y) = \max(0.2\%, 0.45 \times 1.43/360) \\ &= 0.2\% \end{aligned}$$

$$A_{s,min} = \rho_{min} bh = 0.2\% \times 1000 \times 300 = 600mm^2 > 263mm^2$$

选用 Φ 12@150（$A_s = 754mm^2$），满足。

11. 正确答案是 A，解答如下：

$$M_q = 12.55kN \cdot m/m, h_0 = 300 - (25 + 6) = 269mm$$

根据《混规》7.1.2 条：

$$\alpha_{cr} = 1.9, \Phi 12@125(A_s = 904.8mm^2),$$

$$\rho_{te} = \frac{A_s}{0.5bh} = \frac{904.8}{0.5 \times 1000 \times 300} = 0.0060 < 0.01, 取 \rho_{te} = 0.01$$

$$\sigma_{sq} = \frac{M_q}{0.87h_0 A_s} = \frac{12.55 \times 10^6}{0.87 \times 269 \times 904.8} = 59.27N/mm^2$$

$$\psi = 1.1 - 0.65 \frac{f_{tk}}{\rho_{te}\sigma_{sq}} = 1.1 - 0.65 \times \frac{2.01}{0.01 \times 59.27} = -1.1, 取 \psi = 0.2$$

所以 $w_{max} = 1.9 \times 0.2 \times \frac{59.27}{2.0 \times 10^5} \times \left(1.9 \times 25 + 0.08 \times \frac{12}{0.01}\right)$

$$= 0.0162mm$$

【10、11题评析】 10 题，建造于北京地区露天环境水槽，查表知，属二 b 类环境，故取最外层纵筋的 $c = 25mm$，同时，应注意配筋复核，满足最小配筋率要求。

12. 正确答案是 B，解答如下：

根据《混规》3.4.5 条规定，二 a 类环境，空心圆孔板为一般构件，其裂缝控制等级为三级；又根据规范 7.1.1 条，三级属于可出现裂缝的构件

$$\sigma_{pc} = \frac{N_{p0}}{A_0} + \frac{N_{p0}e_{p0}}{I_0}y_0 = N_{p0}\left(\frac{1}{A_0} + \frac{e_{p0}}{I_0}y_0\right)$$

$$=A_p(\sigma_{con}-\sigma_l)\left(\frac{1}{A_0}+\frac{e_{p0}}{I_0}y_0\right)=(\sigma_{con}-319)\times\left(\frac{1}{89783}+\frac{46.33\times63.33}{1.7949\times10^8}\right)$$

$$=A_p(\sigma_{con}-319)\times2.748\times10^{-5}$$

$$\sigma_{cq}=\frac{M_q}{I_0}y_0=\frac{11.3\times10^6}{1.7949\times10^8}\times63.33=3.99\text{N/mm}^2$$

由规范式（7.1.1-4）：$\sigma_{cq}-\sigma_{pc}=3.99-(\sigma_{con}-319)\times176.67\times2.748\times10^{-5}\leqslant f_{tk}=2.01\text{N/mm}^2$

故 $\sigma_{con}\geqslant726.8\text{N/mm}^2$

13. 正确答案是 D，解答如下：

由于构件在使用阶段不出现裂缝，根据《混规》7.2.3 条、7.2.2 条：

$$B_s=0.85E_cI_0=0.85\times3.0\times10^4\times1.7949\times10^8=4.577\times10^{12}\text{N}\cdot\text{mm}^2$$

取 $\theta=2.0$。

$$B=\frac{M_k}{M_q(\theta-1)+M_k}B_s$$

$$=\frac{14.71\times10^6}{11.3\times10^6\times(2-1)+14.71\times10^6}\times4.577\times10^{12}$$

$$=2.589\times10^{12}\text{N}\cdot\text{mm}^2$$

所以 $f_1=\frac{5}{384}\cdot\frac{ql_0^4}{B}=\frac{5}{48}\cdot\frac{M_kl_0^2}{B}=\frac{5}{48}\times\frac{14.71\times10^6\times3.77^2\times10^6}{2.589\times10^{12}}=8.41\text{mm}$

14. 正确答案是 C，解答如下：

根据《混规》9.7.2 条、11.1.6 条表 11.1.6 注的规定，取 $\gamma_{RE}=1.0$；取 $f_y=300\text{N/mm}^2$

由规范式（9.7.2-5）：

$$\alpha_v=(4.0-0.08d)\sqrt{f_c/f_y}=(4.0-0.08\times22)\sqrt{11.9/300}=0.446<0.7$$

假设锚筋为二层，则 $\alpha_r=1.0$，则：

$$A_s=\frac{\gamma_{RE}V}{\alpha_r\alpha_vf_y}=\frac{1.0\times210\times10^3}{1.0\times0.446\times300}=1570\text{mm}^2>A_s=1520\text{mm}^2(4\,\Phi\,22)$$

故不满足

假设锚筋为三层，则 $\alpha_r=0.9$，则：

$$A_s=\frac{1.0\times210\times10^3}{0.9\times0.446\times300}=1744\text{mm}^2$$

由《混规》11.1.9 条：

$$A_s=1744\times(1+25\%)=2180\text{mm}^2<A_s=2281\text{mm}^2(6\,\Phi\,22)$$

取三层，6 Φ 22，满足。

【14 题评析】 本题须注意，当 $f_y\geqslant300\text{N/mm}^2$，取 $f_y=300\text{N/mm}^2$ 进行计算；抗震设计，取 $\gamma_{RE}=1.0$。

15. 正确答案是 B，解答如下：

根据《混验规》9.2.7 条：

侧向弯曲的允许偏差 $=\dfrac{9000}{750}=12\text{mm}$，且 $<20\text{mm}$

故取 12mm。

16. 正确答案是 A，解答如下：

根据《钢标》8.1.1 条：

截面等级满足 S3 级，取 $\gamma_x=1.05$

$$\frac{N}{A_n}+\frac{M_x}{\gamma_x W_{nx}}=\frac{1200\times10^3}{21600}+\frac{1200\times10^3\times500}{1.05\times4.975\times10^6}=170.4\text{N/mm}^2$$

17. 正确答案是 C，解答如下：

根据《钢标》8.2.1 条：

$H_{0x}=6500\times2=13000\text{mm}$，$\lambda_x=\dfrac{H_{0x}}{i_x}=\dfrac{13000}{262.9}=49.4$

查表 7.2.1-1，均为 b 类截面，查附表 D.0.2，取 $\varphi_x=0.859$

$$\frac{N}{\varphi_x A}+\frac{\beta_{mx}M_x}{\gamma_x W_x(1-0.8N/N'_{EX})}$$

$$=\frac{1200\times10^3}{0.859\times21600}+\frac{1.0\times1200\times10^3\times500}{1.05\times4.975\times10^6\times(1-0.8\times1200/16360)}$$

$$=64.67+122.02=186.69\text{N/mm}^2$$

18. 正确答案是 C，解答如下：

$$H_{0y}=6500\text{mm},\lambda_y=\frac{H_{0y}}{i_y}=\frac{6500}{99.4}=65.4$$

b 类截面，查《钢标》附表 D.0.2，取 $\varphi_y=0.778$

根据《钢标》8.2.1 条：

取 $\eta=1.0$

$$\frac{N}{\varphi_y A}+\eta\frac{\beta_{tx}M_x}{\varphi_b W_x}=\frac{1200\times10^3}{0.778\times21600}+1.0\times\frac{1.0\times1200\times10^3\times500}{0.973\times4.975\times10^6}=195.36\text{N/mm}^2$$

19. 正确答案是 B，解答如下：

根据《钢标》8.4.1 条、3.5.1 条：

$$\sigma=\frac{N}{A_n}\pm\frac{M_x}{I_{nx}}\cdot\frac{h_0}{2}=\frac{1200\times10^3}{21600}\pm\frac{1200\times10^3\times500}{1.492\times10^9}\times\frac{560}{2}$$

$$=55.6\pm112.6=\begin{array}{l}168.2\text{N/mm}^2\\-57.0\text{N/mm}^2\end{array}$$

$$\alpha_0=\frac{\sigma_{max}-\sigma_{min}}{\sigma_{max}}=\frac{168.2-(-57.0)}{168.2}=1.34$$

故 $\dfrac{h_0}{t_w}=\dfrac{560}{10}=56<(38+13\times1.34^{1.39})\varepsilon_k=57.5$

【16~19 题评析】17 题，由于为悬壁柱，故平面内计算长度 $l_{0x}=2l=2\times6500$。

20. 正确答案是 B，解答如下：

由《可靠性标准》8.2.4 条：

$q_1 = 1.3 \times 3.3 + 1.5 \times 0.5 = 5.04 \text{kN/m}^2$

托架支座反力：

$$R_A = R_B = \frac{F}{2} = \frac{1}{2} \times (5.04 \times 15 \times 2 \times 6 + 25) = 466.1 \text{kN}$$

21. 正确答案是 A，解答如下：

由于 $N_{1-2} = 0$，过 2-3 杆、2-5 杆作切割线，对 5 点取矩，$\sum M_5 = 0$，则：

$$N_{2-3} = -\frac{R_A \times 4000}{2000} = -2R_A = -2 \times 462.5 = -925 \text{kN}（压）$$

故 $N_{3-4} = N_{2-3} = -925 \text{kN}$

22. 正确答案是 A，解答如下：

过 3-4 杆、5-4 杆、5-6 杆作切割线，对 4 点取矩，$\sum M_4 = 0$，则：

$$N_{5-6} = \frac{R_A \times 6000}{2000} = 3R_A = 3 \times 462.5 = 1387.5 \text{kN}（拉）$$

23. 正确答案是 A，解答如下：

平面内：$\lambda_x = \dfrac{l_{0x}}{i_x} = \dfrac{200}{3.11} = 64.3$，

平面外：$\lambda_y = \dfrac{l_{0y}}{i_y} = \dfrac{600}{8.75} = 68.6$

查《钢标》表 7.2.1-1，均属 b 类截面。

根据《钢标》7.2.2 条

$$\lambda_z = 3.7 \frac{b_1}{t} = 3.7 \times \frac{180}{12} = 55.5 < \lambda_y，则：$$

$$\lambda_y = 68.6 \times \left[1 + 0.06 \times \left(\frac{55.5}{68.6} \right)^2 \right] = 71.3$$

故取 $\lambda_{yz} = 71.3$，查附表 D.0.2，取 $\varphi_{yz} = 0.743$

$$\frac{N}{\varphi_{yz} A} = \frac{850 \times 10^3}{0.743 \times 67.42 \times 10^2} = 170 \text{N/mm}^2$$

24. 正确答案是 B，解答如下：

根据《钢标》7.2.2 条：

平面内：$\lambda_x = \dfrac{l_{0x}}{i_x} = \dfrac{282.8}{4.44} = 63.7$（b 类截面）

平面外：$\lambda_y = \dfrac{l_{0y}}{i_y} = \dfrac{282.8}{3.77} = 75.0$（b 类截面）

$$\lambda_z = 5.1 \frac{b_2}{t} = 5.1 \times \frac{90}{12} = 38.25 < \lambda_y，则：$$

$$\lambda_{yz} = 75 \times \left[1 + 0.25 \times \left(\frac{38.25}{75} \right)^2 \right] = 79.9$$

查附表 D.0.2，取 $\varphi_{yz} = 0.688$

$$\frac{N}{\varphi_{yz} A} = \frac{654 \times 10^3}{0.688 \times 52.80 \times 10^2} = 180 \text{N/mm}^2$$

25. 正确答案是 A，解答如下：

根据《钢标》表 7.4.1-1：

平面内：$\lambda_x = \dfrac{l_{0x}}{i_x} = \dfrac{0.8 \times 282.8}{3.08} = 73.5$

平面外：$\lambda_y = \dfrac{l_{0y}}{i_y} = \dfrac{282.8}{4.55} = 62.2$

26. 正确答案是 B，解答如下：

根据《钢标》7.5.1 条：

$$N_{3-5} = F_b = N/60 = 925/60 = 15.42 \text{kN}$$

27. 正确答案是 C，解答如下：

由《钢标》7.4.1 条、7.2.2 条：

$$l_{0x} = 0.8l = 0.8 \times 200 = 160 \text{cm}; \quad l_{0y} = 200 \text{cm}$$

平面内：$\lambda_x = \dfrac{l_{0x}}{i_x} = \dfrac{160}{1.93} = 82.9$

平面外：$\lambda_y = \dfrac{l_{0y}}{i_y} = \dfrac{200}{3.06} = 65.4$

$\lambda_z = 3.9 \times \dfrac{63}{6} = 40.95 < \lambda_y$，则：

$$\lambda_{yz} = 65.4 \times \left[1 + 0.16 \times \left(\dfrac{40.95}{65.4} \right)^2 \right] = 69.5$$

均属于 b 类截面，故取 $\lambda_x = 82.9$，查附表 D.0.2，取 $\varphi_x = 0.669$

$$\dfrac{N}{\varphi_x A} = \dfrac{18.0 \times 10^3}{0.669 \times 14.58 \times 10^2} = 18.45 \text{N/mm}^2$$

【20~27 题评析】 20 题、21 题、22 题属于结构力学计算。

23 题、24 题，对单轴对称的构件，绕对称轴应考虑扭转效应，即应计算 λ_{yz} 值。

26 题，竖杆 3-5 内力属于支撑力计算，《钢标》7.5.1 条作了规定。

28. 正确答案是 C，解答如下：

根据《抗规》8.1.6 条第 3 款，框架-中心支撑不宜采用 K 形支撑，故（C）项不妥。

29. 正确答案是 A，解答如下：

根据《钢标》18.3.3 条，≥100℃，故选（A）项。

【28、29 题评析】 28 题、29 题考核钢结构抗震设计、防火的基本构造规定。

30. 正确答案是 B，解答如下：

$A = 1.2 \times 0.24 = 0.288 \text{m}^2 < 0.3 \text{m}^3$，由《砌规》3.2.3 条第 1 款：$f = \gamma_a f = (0.288 + 0.7) \times 1.5 = 1.482 \text{N/mm}^2$

$$\sigma_0 = \dfrac{N_0}{A_b} = \dfrac{25 \times 10^3}{650 \times 240} = 0.160 \text{N/mm}^2$$

$\sigma_0/f = 0.16/1.482 = 0.108$，查《砌规》表 5.2.5，

取 $\delta_1 = 5.4 + \dfrac{0.108 - 0}{0.2 - 0} \times (5.7 - 5.4) = 5.562$

由规范式(5.2.5-4)

$$a_0 = \delta_1 \sqrt{h/f} = 5.562 \times \sqrt{600/1.482} = 111.9\text{mm} < a = 240\text{mm}$$

$$e = \frac{N_l \left(\dfrac{a_b}{2} - 0.4a_0 \right)}{N_l + N_0}$$

$$= \frac{80 \times \left(\dfrac{240}{2} - 0.4 \times 111.9 \right)}{80 + 25} = 57.3\text{mm}$$

31. 正确答案是 B，解答如下：

根据《砌规》5.2.5 条：

$$A_b = a_b b_b = 0.24 \times 0.65 = 0.156\text{m}^2$$

$$b + 2h = 0.65 + 2 \times 0.24 = 1.13\text{m} < 1.2\text{m（窗间墙长度）}$$

故 $A_0 = (b+2h) h = 1.13 \times 0.24 = 0.27\text{m}^2$

$$\frac{A_0}{A_b} = \frac{0.27}{0.156} = 1.73$$

$$\gamma = 1 + 0.35 \sqrt{\frac{A_0}{A_b} - 1} = 1 + 0.35 \times \sqrt{1.73 - 1} = 1.3$$

$$\gamma_1 = 0.8\gamma = 1.04 > 1.0$$

【30、31题评析】 30题，由于砌体面积 $A < 0.3\text{m}^2$，故 f 应调整，$f = \gamma_a f$。

31题，由于 $b + 2h = 1.13\text{m} < 1.2\text{m}$(窗间墙长度)，故 $A_0 = (b+2h)h$。

32. 正确答案是 C，解答如下：

根据《砌规》表 3.2.1-4 及注 1，考虑独立柱对 f 的影响，取 $f = 0.7 \times 4.95 = 3.465\text{MPa}$

根据《砌规》3.2.3 条：

$A = 0.6 \times 0.8 = 0.48\text{m}^2 > 0.3\text{m}^2$，故对 f 不调整。

由规范式 (3.2.1-1)、式 (3.2.1-2)：

$$f_g = f + 0.6\alpha f_c = 3.465 + 0.6 \times 0.3 \times 11.9$$

$$= 5.607\text{N/mm}^2 < 2f = 2 \times 3.465 = 6.93\text{N/mm}^2$$

$$\text{故取 } f_g = 5.607\text{N/mm}^2$$

根据《砌规》5.1.3 条：

$$H = 5.04 + 0.3 = 5.34\text{m}$$

弹性方案，查规范表 5.1.3：

排架方向，$H_0 = 1.5H = 8.01\text{m}$；又由规范表 5.1.2 及注的规定，$\gamma_\beta = 1.0$：

$$\beta = \gamma_\beta \frac{H_0}{h} = 1.0 \times \frac{8.01}{0.8} = 10.01$$

$e/h = 220/800 = 0.275$，查规范附表 D.0.1-1，取 $\varphi = 0.36$

$$N_u = \varphi f_g A = 0.36 \times 5.607 \times 480000 = 968.9\text{kN}$$

【32 题评析】 本题考核关键是 f 值的调整，由《砌规》3.2.3 条，需判别柱截面面积 A 是否大于 0.3m^2，若小于 0.3m^2，需乘以 γ_a 值。

33. 正确答案是 A，解答如下：

$$A=0.25\times0.37=0.0925\text{m}^2<0.2\text{m}^2$$

根据《砌规》3.2.3 条第 2 款，$\gamma_a=0.8+A=0.893$

$$\beta=\gamma_\beta\frac{H_0}{h}=1\times\frac{5.7}{0.37}=15.4$$

$$\rho=\frac{A_s}{bh}=\frac{2\times615}{370\times490}=0.68\%$$

查《砌规》表 8.2.3，取 $\varphi_{\text{com}}=0.837$
由规范式（8.2.3）：

$$A'_s=2\times615=1230\text{mm}^2,\quad \eta_s=1.0$$

$$\varphi_{\text{com}}(fA+f_cA_c+\eta_sf'_yA'_s)=0.837\times(1.69\times0.893\times92500$$

$$+9.6\times2\times120\times370+1.0\times300\times1230)$$

$$=1139.2\text{kN}$$

34. 正确答案是 C，解答如下：

$$h_0=h-a_s=5400-300=5100\text{mm}$$

$$e_0=\frac{M}{N}=\frac{1170}{1280}=914\text{mm},\quad \beta=\gamma_\beta\frac{H_0}{h}=1\times\frac{4400}{5400}=0.815$$

根据《砌规》9.2.4 条、8.2.4 条：

$$e_a=\frac{\beta^2h}{2200}(1-0.022\beta)=\frac{0.815^2\times5400}{2200}\times(1-0.022\times0.815)$$

$$=1.60\text{mm}$$

$$e_N=e_0+e_a+\frac{h}{2}-a_s=914+1.60+\frac{5400}{2}-300=3316\text{mm}$$

$$x=687\text{mm}<\xi_bh_0=0.52\times5100=2652\text{mm}$$

由规范式(9.2.4-2)：

$$Ne_N\leqslant\left[f_gbx(h_0-x/2)+f'_yA'_s(h_0-a'_s)-\sum f_{si}S_{si}\right]\frac{1}{\gamma_{\text{RE}}}$$

$$0.85\times1280\times10^3\times3316\leqslant8.33\times190\times687$$

$$\times(5100-687/2)+360\times A'_s(5100-300)-748.092\times10^6$$

解之得：$A'_s<0$
故墙肢竖向受压主筋按构造配筋，根据《砌规》10.5.10 条：

底部加强部，查《砌规》表10.5.10，抗震二级，选3 Φ 18。

35. 正确答案是A，解答如下：

根据《砌规》10.5.4条：

$$\lambda = \frac{M}{Vh_0} = \frac{1170 \times 10^6}{190 \times 10^3 \times 5100} = 1.207 < 1.5, \quad \text{取} \lambda = 1.5$$

$N = 1280kN < 0.2 f_g bh = 1709.32kN$，取 $N = 1280kN$

由规范式（10.5.4-1）：

$$V_w \leqslant \frac{1}{\gamma_{RE}} \left[\frac{1}{\lambda - 0.5} \left(0.48 f_{vg} bh_0 + 0.10 N \frac{A_w}{A} \right) + 0.72 f_{yh} \frac{A_{sh}}{s} h_0 \right]$$

$$266 \times 10^3 \leqslant \frac{1}{0.85} \times \left[\frac{1}{1.5 - 0.5} \times (0.48 \times 0.642 \times 190 \times 5100 \right.$$

$$\left. + 0.10 \times 1280000 \times 1) + 0.72 \times 360 \times \frac{A_{sh}}{s} \times 5100 \right]$$

解之得：$A_{sh}/s < 0$，故按构造配筋。

抗震二级，查《砌规》表10.5.9-1及注1，底部加强部位，$\rho_{sh} \geqslant 0.13\%$，间距 $\leqslant$ 400mm，直径 $d \geqslant 8mm$，选2 Φ 8@400，$\rho_{sh} = \frac{A_s}{bs_v} = \frac{2 \times 50.3}{190 \times 400} = 0.132\%$，满足最小配筋率。

36. 正确答案是A，解答如下：

根据《砌规》7.3.6条：

$$\psi_M = 3.8 - \frac{8a_i}{l_{0i}} = 3.8 - \frac{8 \times 0.5}{7.12} = 3.238$$

$$\alpha_m = \psi_m \left(2.7 \frac{h_b}{l_{0i}} - 0.08 \right) = 3.238 \times \left(2.7 \times \frac{0.85}{7.12} - 0.08 \right) = 0.785$$

$$\eta_n = 0.8 + 2.6 \frac{h_w}{l_{0i}} = 0.8 + 2.6 \times \frac{2.8}{7.12} = 1.822$$

$$H_0 = h_w + \frac{h_b}{2} = 2.8 + \frac{0.85}{2} = 3.225m$$

$$M_b = M_{11} + \alpha_m M_{21} = 156.84 + 0.785 \times 862.98 = 834.28kN$$

$$N_{bt} = \eta_n \frac{M_{21}}{H_0} = 1.822 \times \frac{862.98}{3.225} = 487.55kN$$

37. 正确答案是B，解答如下：

根据《砌规》7.3.8条：

如图8-1-1所示，取柱边剪力计算。

$$x = 7.12 \times \frac{112.51}{112.51 + 142.6} = 3.14m$$

$$V_{1A} = \frac{3.14 - 0.2}{3.14} \times 112.51$$

同理，$V_{2A} = \frac{3.14 - 0.2}{3.14} \times 616.6$。由《砌规》7.3.8条：

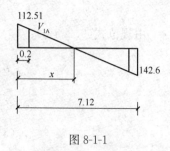

图 8-1-1

$$V_{bA} = V_{1A} + \beta_v V_{2A}$$

$$= \frac{3.14 - 0.2}{3.14} \times 112.51 + 0.7 \times \frac{3.14 - 0.2}{3.14} \times 616.6$$

$$= 509.47 \text{kN}$$

根据《混规》6.3.4条，均布荷载，取 $\lambda = 1.5$，则：

$$\frac{A_{sv}}{s} \geqslant \frac{V_{bA} - 0.7 f_t b h_0}{f_{yv} h_0} = \frac{509470 - 0.7 \times 1.43 \times 350 \times 790}{270 \times 790}$$

$$= 1.09 \text{mm}^2 / \text{mm}$$

选 4 肢箍Φ 8@200，$A_{sv}/s = 1.006 \text{mm}^2/\text{mm}$，不满足

选 4 肢箍Φ 10@200，$A_{sv}/s = 1.57 \text{mm}^2/\text{mm}$，满足。

故应选（B）项。

38. 正确答案是 A，解答如下：

根据《砌规》7.3.7条及其条文说明，边柱，且为小偏压，取 $\eta = 1.2$：

$$M_c = M_{1c} + M_{2c} = 19.79 + 104.58 = 124.4 \text{kN}$$

$$N_c = N_{1c} + \eta N_{2c} + N_A = 112.51 + 1.2 \times 616.6 + 350 = 1202.43 \text{kN}$$

【36～38题评析】 37题，题目图中剪力值为柱中心线值，而托梁支座边的箍筋配置应按柱边剪力值进行计算。

38题，根据《砌规》7.3.7条及其条文说明，边柱，当为小偏心受压时，轴压力 N 越大越不利，故应乘以增大系数 $\eta = 1.2$；当为大偏心受压时，轴压力 N 越小越不利，此时不考虑增大系数，取 $\eta = 1.0$。

39. 正确答案是 D，解答如下：

东北落叶松 TC17B，$f_m = 17 \text{N/mm}^2$

查《木标》表 4.3.9-2，25 年，取调整系数 1.05；

短边尺寸为 150mm，根据《木标》4.3.2 条第 2 款，取调整系数 1.1。

$$f_m = 1.1 \times 1.05 \times 17 = 19.635 \text{N/mm}^2$$

由《木标》5.2.1 条：

$$\frac{\gamma_0 M}{W_n} \leqslant f_m$$

$$M \leqslant \frac{f_m W_n}{\gamma_0} = \frac{1}{\gamma_0} f_m \frac{1}{6} b h^2 = \frac{1}{0.95} \times 19.635 \times \frac{1}{6} \times 150 \times 300^2$$

$$= 46.50 \text{kN} \cdot \text{m}$$

40. 正确答案是 D，解答如下：

查《木标》表 4.3.1-3，$f_v = 1.6 \text{N/mm}^2$

查《木标》表 4.3.9-2，25 年，取调整系数 1.05；短边尺寸为 150mm，根据《木标》4.3.2 条第 2 款，取调整系数 1.1。

$$f_v = 1.1 \times 1.05 \times 1.6 = 1.848 \text{N/mm}^2$$

由《木标》5.2.4 条：

$\dfrac{\gamma_0 V S}{I b} \leqslant f_v$，又 $S = \dfrac{1}{2} b h \cdot \dfrac{h}{4}$，$I = \dfrac{1}{12} b h^3$，则：

$$V \leqslant \frac{f_v Ib}{\gamma_0 S} = \frac{f_v \cdot \frac{1}{12}bh^3 b}{\gamma_0 \cdot \frac{1}{8}bh^2} = \frac{2}{3\gamma_0}f_v bh$$

$$= \frac{2}{3 \times 0.95} \times 1.848 \times 150 \times 300 = 58.36\text{kN}$$

【39、40题评析】 关键是《木标》式（5.2.1-1）、式（5.2.4）中应考虑结构重要性系数 γ_0。

（下午卷）

41. 正确答案是 C，解答如下：

根据《边坡规范》8.2.1条：

$$N_{ak} = \frac{H_{tk}}{\cos\alpha} = \frac{1200}{\cos15°} = 1242.3\text{kN}$$

由规范 8.2.3 条，二级边坡，查规范表 8.2.3-1，取 $K=2.4$，则：

$$l_a \geqslant \frac{KN_{ak}}{\pi Df_{rbk}} = \frac{2.4 \times 1242.3}{3.14 \times 0.15 \times 1200} = 5.3\text{m}$$

根据规范 8.4.1 条第 2 款：

$$l_a = \max(5.3, 4.2) = 5.3\text{m}$$

复核构造要求：$l_a \geqslant 3.0\text{m}$；$l_a \leqslant 45D = 45 \times 0.15 = 6.75\text{m}$，$l_a \leqslant 6.5\text{m}$

故锚固长度 5.3m 满足构造要求，应取锚固长度为 5.3m。

42. 正确答案是 C，解答如下：

根据《桩规》5.3.10 条：

$$Q_{uk} = u\Sigma q_{sjk}l_j + u\Sigma\beta_{si}q_{sik}l_{gi} + \beta_p q_{pk}A_p$$

$$= 3.14 \times 0.6 \times 50 \times 12 + 3.14 \times 0.6 \times (1.4 \times 36 \times 11 + 1.6 \times 60 \times 1) + 2.4$$

$$\times 1200 \times 3.14 \times 0.3^2$$

$$= 1130 + 1225 + 814 = 3169\text{kN}$$

$$R_a = \frac{Q_{uk}}{2} = \frac{3169}{2} = 1585\text{kN}$$

43. 正确答案是 B，解答如下：

由于桩身配箍不满足《桩规》5.8.2 第 1 款的条件，则：

$$f_c = \frac{N}{\psi_c A_{ps}} = \frac{1980 \times 1000}{0.75 \times 3.14 \times 300^2} = 9.34\text{kN/mm}^2，可选 C20$$

桩基环境类别为二 a，根据《桩规》3.5.2 条，桩身混凝土强度等级不得小于 C25。

根据计算及构造要求，应选（B）项。

44. 正确答案是 B，解答如下：

根据《桩规》5.5.11 条及表 5.5.11，不考虑后注浆时：

$$\psi = 0.65 + \frac{(20-18)}{(20-15)} \times (0.9 - 0.65) = 0.65 + 0.1 = 0.75$$

因后注浆，对桩端持力层为细砂层应再乘以 0.7～0.8 的折减系数，则：

$$\psi = 0.75 \times 0.7 = 0.525, \psi = 0.75 \times 0.8 = 0.60$$

故：ψ 为 0.525～0.60。

45. 正确答案是 A，解答如下：

根据《混规》3.5.2 条，桩处于三 a 类环境。

由《桩规》3.5.3 条，其裂缝控制等级为一级，（A）项错误，应选（A）项。

46. 正确答案是 C，解答如下：

根据《地规》5.2.2 条：

$$M_k = 250 + 102 \times 1 = 352 \text{kN} \cdot \text{m}$$

$$F_k + G_k = 605 + 150 = 755 \text{kN}$$

$$e = \frac{M_k}{F_k + G_k} = \frac{352}{755} = 0.466\text{m} > \frac{b}{6} = \frac{2.5}{6} = 0.417\text{m}$$

故基底反力呈三角形分布。

$$a = \frac{b}{2} - e = \frac{2.5}{2} - 0.466 = 0.784\text{m}$$

$$p_{kmax} = \frac{2(F_k + G_k)}{3la} = \frac{2 \times 755}{3 \times 2 \times 0.784} = 321.0\text{kPa}$$

47. 正确答案是 A，解答如下：

根据《地规》5.2.7 条：

$$E_{s1}/E_{s2} = 8/2 = 4, z/b = 1.6/2 = 0.8 > 0.50$$

查规范表 5.2.7，取压力扩散角 $\theta = 24°$

$$p_k = \frac{F_k + G_k}{A} = \frac{905 + 150}{2.5 \times 2} = 211\text{kPa}$$

$$p_c = \gamma d = 17.5 \times 1.5 = 26.25\text{kPa}$$

由规范式（5.2.7-3）：

$$p_z = \frac{lb(p_k - p_c)}{(b + 2z\tan\theta) \cdot (l + 2z\tan\theta)}$$

$$= \frac{2.5 \times 2 \times (211 - 26.25)}{(2 + 2 \times 1.6\tan24°) \times (2.5 + 2 \times 1.6\tan24°)}$$

$$= 68.73\text{kPa}$$

$$p_{cz} = 17.5 \times (1.5 + 1.6) = 54.25\text{kPa}$$

$$p_z + p_{cz} = 122.98\text{kPa}$$

48. 正确答案是 B，解答如下：

查《地规》表 5.2.4，淤泥质土，$\eta_d = 1.0$

由规范式（5.2.4）：

$$f_{az} = f_{ak} + \eta_d \gamma_m (d - 0.5)$$

$$=80+1.0\times17.5\times(3.1-0.5)=125.5\text{kPa}$$

【46~48题评析】 46题，首先应判别地基反力分布图形：矩形、三角形或梯形。

49. 正确答案是A，解答如下：

根据《地规》6.7.3条，挡土墙高度4.8m小于5m，取$\psi_a=1.0$；查规范附录L.0.2条，填土为中密碎石土，其干密度$\rho_d=2.0\text{t/m}^3$，属Ⅰ类填土；查图L.0.2（a），$\beta=0$，$q=0$，$\alpha=90°$，

取$k_a=0.2$，则：

$$E_a=\psi_a\frac{1}{2}\gamma h^2k_a=1.0\times\frac{1}{2}\times20\times4.8^2\times0.2=46.08\text{kN/m}$$

50. 正确答案是A，解答如下：

根据《地规》6.7.5条第1款：

$$E_{at}=E_a\sin(\alpha-\alpha_0-\delta)=50\sin(90°-15°)=48.30\text{kN/m}$$

$$E_{an}=E_a\cos(\alpha-\alpha_0-\delta)=50\cos(90°-15°)=12.94\text{kN/m}$$

$$G_n=G=1\times4.8\times22+\frac{1}{2}\times1\times4.2\times22+1.2\times0.6\times22$$

$$=167.64\text{kN/m}$$

$$G_t=0$$

由规范式（6.7.5-1）：

$$k_s=\frac{(G_n+E_{an})\mu}{E_{at}-G_t}=\frac{(167.64+12.94)\times0.4}{48.30-0}=1.495$$

51. 正确答案是B，解答如下：

如图8-1-2所示，根据《地规》6.7.5条第2款：

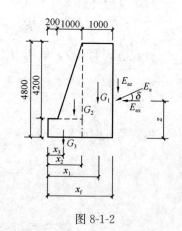

$$Gx_0=G_1x_1+G_2x_2+G_3x_3$$

$$=1\times4.8\times22\times1.7+\frac{1}{2}\times1\times4.2\times22\times0.87$$

$$+1.2\times0.6\times22\times0.6$$

$$=229.22\text{kN}\cdot\text{m/m}$$

$$E_{ax}=E_a\sin(\alpha-\delta)=50\sin(90°-15°)=48.30\text{kN/m}$$

$$E_{az}=E_a\cos(\alpha-\delta)=50\cos(90°-15°)=12.94\text{kN/m}$$

$$x_f=2.2\text{m},z=\frac{1}{3}\times4.8=1.6\text{m},z_f=z=1.6\text{m}$$

由规范式（6.7.5-6）

图8-1-2

$$K_t=\frac{Gx_0+E_{az}x_f}{E_{ax}z_f}=\frac{229.22+12.94\times2.2}{48.30\times1.60}=3.33$$

【49~51题评析】 49题，本题目中土坡高度为3.6m，挡土墙高度为4.8m，可见，土坡高度与挡土墙高度的概念是不同的。《地规》6.7.3条，ψ_a的取值是根据挡土墙高度来确定的，故取$\psi_a=1.0$。

52. 正确答案是 A，解答如下：

根据《桩规》5.4.1 条：

$t=3.76-1.5=2.26\text{m}$，$t=2.26\text{m}>0.50B_0=0.5\times4.26=2.13\text{m}$

$E_{s1}/E_{s2}=35/4.4=7.95$

查《桩规》表 5.4.1：$\theta=25°+\dfrac{7.95-5}{10-5}\times(30°-25°)=27.95°$

$\Sigma q_{sik}l_i=55\times5.16+50\times7.7+60\times2.14+70\times1.5=902.2\text{kN/m}$

由《桩规》式 (5.4.1-2)：

$$\sigma_z=\dfrac{(F_k+G_k)-\dfrac{3}{2}(A_0+B_0)\cdot\Sigma q_{sik}l_i}{(A_0+2t\cdot\tan\theta)(B_0+2t\cdot\tan\theta)}$$

$$=\dfrac{(5500+2400)-\dfrac{3}{2}\times(4.8+4.26)\times902.2}{(4.8+2\times2.26\tan27.95°)\times(4.26+2\times2.26\tan27.95°)}$$

$$=\dfrac{7900-\dfrac{3}{2}\times8173.932}{7.2\times6.66}$$

$$=-90.94\text{kPa}$$

53. 正确答案是 D，解答如下：

根据《桩规》5.4.1 条及其条文说明：$z=25.4-6.64=18.76\text{m}$

$\gamma_m=[(19.8-10)\times5.16+(19-10)\times7.7+(20-10)\times(2.14+3.76)]/18.76$

$=9.535\text{kN/m}^3$

故 $\sigma_z+\gamma_m z=0+9.535\times18.76=178.87\text{kPa}$

54. 正确答案是 B，解答如下：

查《地规》表 5.2.4，$I_L=0.89>0.85$，黏性土，取 $\eta_d=1.0$

根据《桩规》5.4.1 条及其条文说明：$z=25.4-6.64=18.76\text{m}$，取 $d=z=18.76\text{m}$

$f_a=f_{ak}+\eta_d\gamma_m(d-0.5)=100+1.0\times10\times(18.76-0.5)$

$=282.6\text{kPa}$

【52~54 题评析】 53 题，求 γ_m 时，地下水位以下土的重度取浮重度，$\gamma'=\gamma_{sat}-10$。

55. 正确答案是 B，解答如下：

根据《地处规》7.2.2 条：

$e_1=e_{max}-D_{r1}(e_{max}-e_{min})=0.8-0.85\times(0.8-0.64)=0.664$

不考虑振动下沉密实作用，取 $\xi=1.0$。

正方形布桩，由规范式 (7.2.2-2)：

$$s=0.89\xi d\sqrt{\dfrac{1+e_0}{e_0-e_1}}=0.89\times1.0\times0.6\times\sqrt{\dfrac{1+0.78}{0.78-0.664}}=2.09\text{m}$$

56. 正确答案是 C，解答如下：

根据《地规》表 3.0.3，双跨，吊车额定起重量为 20~30t，故选 (C) 项。

57. 正确答案是 A，解答如下：

根据《高规》4.2.2 条及条文说明，$H=80\text{m}>60\text{m}$，取 $w_0=1.1\times0.60=0.66\text{kN/m}^2$

根据《荷规》8.4.5 条、8.4.6 条、8.4.3 条：

$$\rho_z=\frac{10\sqrt{80+60\text{e}^{-80/60}-60}}{80}=0.748$$

$$\rho_x=\frac{10\sqrt{50+50\text{e}^{-50/50}-50}}{50}=0.858$$

$$B_z=0.295\times80^{0.261}\times0.858\times0.748\times\frac{1.00}{1.36}=0.437$$

$$\beta_z=1+2\times2.5\times0.23\times0.437\times\sqrt{1+1.00^2}=1.711>1.2（《结构通规》4.6.5 条）$$

故取 $\beta_z=1.711$

$$w_k=\beta_z\mu_s\mu_zw_0=1.711\times\mu_s\times1.36\times0.66=1.536\mu_s(\text{kN/m}^2)$$

58. 正确答案是 D，解答如下：

根据《高规》附录 B：

$w_k=1.50\times[(10+10)\times0.3+30\times0.9+(10+10+30)\times0.6]=94.5\text{kN/m}$

$F_w=94.5\times3.6=340.2\text{kN}$

59. 正确答案是 C，解答如下：

根据《荷规》8.6.1 条表 8.6.1，取 $\beta_{gz}=1.73$；由《结构通规》4.6.5 条，$\beta_{gz}\geqslant1+$ $0.7/\sqrt{1.36}=1.60$，故取 $\beta_{gz}=1.73$。《荷规》8.1.2 条条文说明，取 $w_0=0.60\text{kN/m}^2$。

根据《高规》附录 B，取外表面 $\mu_s=0.9$。

又根据《荷规》8.3.3 条第 3 款，取 $\mu_s=0.9\times1.25=1.125$

由《荷规》8.3.5 条规定，内表面取为 0.2。

幕墙骨架围护结构的从属面积 $>25\text{m}^2$，应乘折减系数 0.8，则：

$$\mu_{sl}=1.125\times0.8+0.2=1.1$$

$$w_k=\beta_{gz}\mu_{sl}\mu_zw_0=1.73\times1.1\times1.36\times0.60=1.55\text{kN/m}^2$$

【57~59 题评析】 57 题，由于本题目 $H=80\text{m}>60\text{m}$，根据《高规》4.2.2 条条文说明，设计使用年限为 50 年，按承载能力设计时，故取 $w_0=1.1\times0.60=0.66\text{kN/m}^2$。

59 题，本题中应注意 w_0 的取值，根据《荷规》8.1.2 条条文说明，可取 50 年一遇的基本风压，当计算承载能力，且 $H>60\text{m}$ 时，仍取为 w_0，不考虑增大系数 1.1。μ_{sl} 的取值，应考虑建筑物迎风面的外表面、内表面的取值，以及幕墙骨架的折减系数。

60. 正确答案是 A，解答如下：

根据《高规》4.3.7 条：

7 度 (0.15g)，罕遇地震，查《高规》表 4.3.7-1，取 $\alpha_{max}=0.72$

场地 II 类，第一组，查《高规》表 4.3.7-2，取 $T_g=0.35\text{s}$；罕遇地震，故取 $T_g=$ $0.35+0.05=0.40\text{s}$。

$T=0.7\times1.0=0.70\text{s}$，$T_g=0.4\text{s}<T=0.70\text{s}<5T_g=2.0\text{s}$，则：

$$\alpha = \left(\frac{T_g}{T}\right)^{\gamma} \eta_2 \alpha_{\max} = \left(\frac{0.4}{0.7}\right)^{0.9} \times 1 \times 0.72 = 0.435$$

61. 正确答案是 A，解答如下：

根据《高规》3.7.5 条：

$$\Delta u_p \leqslant [\theta_p] \, h = \frac{1}{50} \times 6000 = 120 \text{mm}$$

根据规程 5.5.3 条表 5.5.3：

当 $\xi_{y1} < 0.5 \xi_{y2}$，$\eta_p = 1.5 \times \frac{1}{2} \times (1.8 + 2.0) = 2.85$；

当 $\xi_{y2} > 0.8 \xi_{y2}$，$\eta_p = \frac{1}{2} \times (1.8 + 2.0) = 1.9$

$\xi_{y1} = 0.55 \xi_{y2}$，线性内插，取 $\eta_p = 2.69$

由规程式（5.5.3-1）：

$$\Delta u_p = \eta_p \Delta u_e$$

故：

$$\Delta u_e = \frac{\Delta u_p}{\eta_p} = \frac{120}{2.69} = 44.6 \text{mm}$$

62. 正确答案是 C，解答如下：

因为 $20 \sum\limits_{j=1}^{10} G_j / H_j > D_1 = 15 \sum\limits_{j=1}^{10} G_j / H_i > 10 \sum\limits_{j=1}^{10} G_j / H_j$

根据《高规》5.4.1 条、5.4.4 条，应考虑重力二阶效应的不利影响；又根据规程 5.4.3 条规定：

$$F_{11} = \cfrac{1}{1 - \cfrac{\sum\limits_{j=1}^{10} G_j}{D_1 h_1}} = \cfrac{1}{1 - \cfrac{\sum\limits_{j=1}^{10} G_j}{\left(15 \sum\limits_{j=1}^{10} G_j / h_i\right) \cdot h_1}} = \cfrac{1}{1 - \cfrac{1}{15}} = 1.071$$

【60～62 题评析】 60 题，本题为计算罕遇地震作用，故 $T_g = 0.35 + 0.05 = 0.40 \text{s}$。62 题，首先判别是否应考虑重力二阶效应的不利影响，《高规》5.4.3 条作了近似计算规定。

63. 正确答案是 C，解答如下：

跨中：$e_0 = \dfrac{M}{N} = \dfrac{1558}{4592.6} = 339 \text{mm} < \dfrac{h}{2} - a_s = \dfrac{2600}{2} - 70 = 1230 \text{mm}$

故属小偏拉，根据《混规》6.2.23 条：

$$e' = e_0 + \frac{h}{2} - a'_s = 339 + \frac{2600}{2} - 70 = 1569 \text{mm}$$

由规范式（6.2.23-2）：

$$A_s = \frac{\gamma_{RE} N e'}{f_y (h'_0 - a_s)} = \frac{0.85 \times 4592.6 \times 10^3 \times 1569}{360 \times (2600 - 70 - 70)} = 6916 \text{mm}^2$$

复核最小配筋率，根据《高规》10.2.7 条：

$$A_{s,\min} = 0.5\% \times 900 \times 2600 = 11700 \text{mm}^2$$

故取 $A_s = 11700mm^2$

64. 正确答案是 B，解答如下：

支座处：$e_0 = \dfrac{M}{N} = \dfrac{5906}{4592.6} = 1286mm > \dfrac{h}{2} - a_s = \dfrac{2600}{2} - 70 = 1230mm$

故属大偏拉，根据《混规》6.2.23 条：

$$e = e_0 - \frac{h}{2} + a_s = 1286 - \frac{2600}{2} + 70 = 56mm$$

$$e' = e_0 + \frac{h}{2} - a'_s = 1286 + 1300 - 70 = 2516mm$$

由规范式（6.2.23-4），$h_0 = h - a_s = 2600 - 70 = 2530mm$

$$x = h_0 - \sqrt{h_0^2 - \frac{2\left[\gamma_{RE} Ne - f'_y A'_s (h_0 - a'_s)\right]}{\alpha_1 f_c b}}$$

$$= 2530 - \sqrt{2530^2 - \frac{2 \times \left[0.85 \times 4592.6 \times 10^3 \times 56 - 360 \times 12316 \times (2530 - 70)\right]}{1 \times 19.1 \times 900}}$$

< 0

故由规范式（6.2.23-2）计算 A_s：

$$A_s \geqslant \frac{\gamma_{RE} Ne'}{f_y (h'_0 - a_s)} = \frac{0.85 \times 4592.6 \times 10^3 \times 2516}{360 \times (2530 - 70)} = 11090mm^2$$

复核最小配筋率，根据《高规》10.2.7 条：

$$A_{s,min} = 0.5\% \times 900 \times 2600 = 11700mm^2$$

最终取 $A_s = 11700mm^2$

65. 正确答案是 B，解答如下：

根据《高规》10.2.7 条，抗震一级。

对于（A）项，$\rho_{sv} = \dfrac{6 \times 78.5}{900 \times 100} = 0.523\% < \rho_{sv,min} = 1.2 f_t / f_{yv} = 1.2 \times 1.71 / 360 = 0.57\%$，不满足

对于（B）项，$\rho_{sv} = \dfrac{6 \times 113.1}{900 \times 100} = 0.754\% > \rho_{sv,min} = 0.57\%$，

相应箍筋肢距为：$\dfrac{900 - 2 \times 30}{5} = 168mm < 200mm$

根据《高规》6.3.5 条，箍筋肢距满足。

66. 正确答案是 A，解答如下：

根据《混规》9.2.13 条，

$$h_w = 2600 - 200 - 70 = 2330$$

每侧腰筋面积：$A_s = 0.1\% bh_w = 0.1\% \times 900 \times 2330 = 2097mm^2$

又根据《高规》10.2.7 条第 3 款规定，腰筋直径 $\geqslant 16mm$，间距 $s \leqslant 200mm$，则：

每侧根数：$\dfrac{2600 - 200 - 70}{200} - 1 = 10.65$，故至少 11 根。

对于（A）项，11 Φ 16，$A_s = 11 \times 201 = 2211mm^2 > A_s = 2160mm^2$，满足

67. 正确答案是 D，解答如下：

428

根据《高规》附录 E.0.2 条，（D）项正确，应选（D）项。

【67 题评析】根据《高规》5.4.4 条及条文说明，（A）项错误；

根据《高规》5.4.1 条，（B）项错误；

根据《高规》3.5.2 条，（C）项错误。

68. 正确答案是 D，解答如下：

连梁跨高比：$l_n/h_b = 2.7/0.5 = 5.4 > 5.0$，根据《高规》7.1.3 条，该连梁应按框架梁计算。

$x < 2a'_s$，基本组合时，由《混规》6.2.14 条：

$$h_0 = h - a_s = 500 - 35 = 465\text{mm}$$

$$A_s = A'_s = \frac{\gamma_0 M_b}{f_y(h_0 - a_s - a'_s)} = \frac{1.0 \times 43.5 \times 10^6}{360 \times (465 - 35)} = 281\text{mm}^2$$

地震组合时，取 $\gamma_{RE} = 0.75$：

$$A_s = A'_s = \frac{\gamma_{RE} M_b}{f_y(h - a_s - a'_s)} = \frac{0.75 \times 66.1 \times 10^6}{360 \times (465 - 35)} = 320\text{mm}^2$$

最小配筋率，抗震二级，框架梁，查《高规》表 6.3.2-1：

$$\rho_{min} = \max(0.25\%, 0.55 f_t/f_y) = \max(0.25\%, 0.55 \times 1.57/360) = 0.25\%$$

$$A_{s,min} = \rho_{min} bh = 0.25\% \times 220 \times 500 = 275\text{mm}^2$$

所以最终取 $A_s = 320\text{mm}^2$

69. 正确答案是 B，解答如下：

$l_n/h_b = 5.4 > 5.0$，按框架梁计算。

根据《高规》6.2.5 条：

$$V_b = \eta_{vb} \frac{M_b^l + M_b^r}{l_n} + V_{Gb}$$

$$= 1.2 \times \frac{32.65 + 32.65}{2.7} + 41.32 = 70.34\text{kN}$$

根据《高规》6.2.10 条，由《混规》11.3.4 条：

$$\frac{A_{sv}}{s} \geq \frac{\gamma_{RE} V_b - 0.6\alpha_{cv} f_t b_b h_{b0}}{f_{yv} h_{b0}}$$

$$= \frac{0.85 \times 70.34 \times 10^3 - 0.6 \times 0.7 \times 1.57 \times 220 \times 465}{300 \times 465} < 0$$

故按构造配筋；选用 2Φ8@100，满足《高规》6.3.2 条表 6.3.2-2 的要求。

【68、69 题评析】 68 题，由于连梁跨高比>5，故根据《高规》7.1.3 条规定，应按框架梁计算，并应考虑非抗震设计、抗震设计两种情况，同时，配筋应满足抗震框架梁的构造要求。

69 题，框架梁的箍筋配置，根据《高规》6.3.2 条及 6.3.5 条规定，应按框架梁梁端加密区箍筋的构造要求采用。

70. 正确答案是 A，解答如下：

根据《高规》11.2.2 条~11.2.7 条，应选（A）项。

71. 正确答案是 B，解答如下：

根据《高钢规》7.3.5 条：

假定，$t_w \leqslant 16$mm，取 $f_v = 175$N/mm²

$$V_p = h_{b1} h_{c1} t_p = (472 + 14) \times (456 + 22) \times t_w$$

$$\frac{M_{b1} + M_{b2}}{V_p} = \frac{142 \times 10^6 + 156 \times 10^6}{486 \times 478 t_w} \leqslant \frac{4}{3} \times 175 \times \frac{1}{0.75}$$

可得：$t_w \geqslant 8.2$mm，故假定正确。

72. 正确答案是 A，解答如下：

根据《高钢规》7.3.8 条：

$$W_{pb1} = W_{pb2} = 2 \times (260 \times 14 \times 243 + 236 \times 8 \times 118)$$

$$= 2214608 \text{mm}^3$$

由《高钢规》表 4.2.1，取 $f_{yb} = 235$N/mm²

$$\frac{\psi(M_{pb1} + M_{pb2})}{V_p} = \frac{0.75 \times (2214608 \times 235 \times 2)}{486 \times 478 \times 14}$$

$$= 240 \text{N/mm}^2$$

73. 正确答案是 A，解答如下：

根据《公桥混规》附录 C 规定：

$$A = 14 \times 0.25 + 7 \times 0.22 + 2 \times 0.3 \times (2.5 - 0.25 - 0.22) = 6.258 \text{m}^2$$

$$u = 2 \times (14 + 2.5) + 2 \times (7 - 2 \times 0.3 + 2.5 - 0.25 - 0.22) = 49.86 \text{m}$$

理论厚度：$h = \dfrac{2A}{u} = \dfrac{2 \times 6.258}{49.86} = 251$mm

由规范式（C.2.1-3）：

$$\phi_{RH} = 1 + \frac{1 - 65/100}{0.46 \times (251/100)^{1/3}} = 1.55987$$

$$f_{cu,k} = 40\text{MPa}, f_{cm} = 0.8 \times 40 + 8 = 40\text{MPa}$$

$$\beta(f_{cm}) = \frac{5.3}{(40/10)^{0.5}} = 2.65$$

$$\beta(t_0) = \frac{1}{0.1 + (7/1)^{0.2}} = 0.63461$$

故 $\phi_0 = \phi_{RH} \cdot \beta(f_{cm}) \cdot \beta(t_0) = 1.55987 \times 2.65 \times 0.63461 = 2.6233$

74. 正确答案是 B，解答如下：

由《公桥混规》附录 C 规定：

由规范式（C.2.1-7）：

$$\beta_H = 150 \times \left[1 + \left(1.2 \times \frac{65}{100} \right)^{18} \right] \frac{251}{100} + 250 = 630.80 < 1500$$

$$\beta_c(t - t_0) = \beta_c(17 - 7) = \left[\frac{(17 - 7)/1}{630.80 + (17 - 7)/1} \right]^{0.3} = 0.2871$$

故 $\phi(17, 7) = \phi_0 \cdot \beta_c(t - t_0)$

$$= 2.63 \times 0.2871 = 0.75507$$

75. 正确答案是 A，解答如下：

选取跨中断开的两跨简支梁作为基本结构，由于合龙时，该截面的弯矩和剪力均为零，即 $X_1 = X_2 = 0$，如图 8-1-3 所示。

在赘余联系处仅施加下一个赘余力，即随时间 t 变化的待定徐变次内力 M_t，如图 8-3（a）所示。

左半跨老化系数：

$$\rho_1(\infty,t_0)=\frac{1}{1-e^{-\phi_1}}-\frac{1}{\phi_1}=\frac{1}{1-e^{-1}}-\frac{1}{1}=0.582$$

故：$E_{\phi_1}=\dfrac{E}{\phi_1(\infty,t_0)}=\dfrac{E}{1}=1.0E$

$$E_{\rho\phi_1}=\frac{E}{1+\rho_1(\infty,t_0)\phi_1(\infty,t_0)}$$

$$=\frac{E}{1+0.582\times1}=0.632E$$

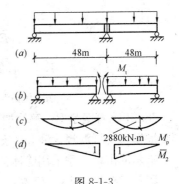

图 8-1-3

76. 正确答案是 D，解答如下：

先计算常变位和载变位，用图乘法：

$$\delta_{22t}^{\oplus}=\frac{1}{E_{\rho\phi1}I}\Big[\frac{1}{2}\times1\times48\times\frac{2}{3}\Big]+\frac{1}{E_{\rho p2}I}\Big[\frac{1}{2}\times1\times48\times\frac{2}{3}\Big]=\frac{62.35}{EI}$$

$$\Delta_{2p}^{\oplus}=\frac{1}{E_{\phi1}I}\Big[\frac{2}{3}\times48\times2880\times\frac{1}{2}\Big]+\frac{1}{E_{\phi2}I}\Big[\frac{2}{3}\times48\times2880\times\frac{1}{2}\Big]=\frac{138240}{EI}$$

由力法方程：

$$\delta_{22t}^{\oplus}M_t+\Delta_{2p}^{\oplus}=0$$

代入上述数值，解之得：$M_t=-2217\text{kN}\cdot\text{m}$

【75、76题评析】 75 题，老化系数 $\rho(t,t_0)$、换算弹性模量的计算公式如下：

$$\rho(t,t_0)=\frac{1}{1-e^{-\phi}}-\frac{1}{\phi}$$

式中，ϕ 为徐变系数 $\phi(t,t_0)$ 的简化表示符号。

$$E_{\phi}=\frac{E}{\phi(t,t_0)}$$

$$E_{\rho\phi}=\frac{E}{1+\rho(t,t_0)\phi(t,t_0)}$$

式中 E_{ϕ} 为应用在不随时间 t 变化的荷载作用下的换算弹性模量；

$E_{\rho\phi}$ 为应用在随时间 t 变化的荷载作用下的换算弹性模量。

77. 正确答案是 B，解答如下：

根据《公桥混规》6.4.3 条、6.4.4 条、6.4.5 条：

$$\sigma_{ss}=\frac{M_s}{0.87A_sh_0}=\frac{950\times10^6}{0.87\times4909\times1200}=185.4\text{MPa}$$

$$\rho_{te}=\frac{A_s}{2a_sb}=\frac{4909}{2\times100\times180}=0.136>0.1,\text{取}\ \rho=0.1$$

焊接钢筋骨架：

$$d_e=1.3\times\frac{\sum n_id_i^2}{\sum n_id_i}=1.3\times25=32.5\text{mm}$$

带肋钢筋：$C_1=1.0$；$C_2=1+0.5\dfrac{M_L}{M_s}=1+0.5\times\dfrac{650}{950}=1.342$，$C_3=1.0$

由规范式（6.4.3）：

$$W_{cr} = C_1 C_2 C_3 \frac{\sigma_{ss}}{E_s}\left(\frac{c+d}{0.36+1.7\rho_{te}}\right)$$

$$= 1.0 \times 1.342 \times 1.0 \times \frac{185.4}{2\times10^5} \times \left(\frac{40+32.5}{0.36+1.7\times0.1}\right)$$

$$= 0.17\text{mm}$$

78. 正确答案是 B，解答如下：

根据《公桥混规》6.4.2 条：

哈尔滨市，冬季采用除冰盐，故属于Ⅳ类环境，$[W_{cr}]=1.5\text{mm}$，应选（B）项。

【77、78 题评析】 77 题，题目中采用焊接钢筋骨架，故 d_e 应考虑系数 1.3；此外，注意 ρ_{te} 的取值。

79. 正确答案是 B，解答如下：

根据《公桥混规》7.1.1 条、7.1.2 条、7.1.3 条：

$$M_k = 11000 + 5000 + 500 = 16500\text{kN·m}$$

$$\sigma_{kt} = -\frac{M_k}{I}y = -\frac{16500}{1.5}\times1.15 = -12650\text{kN/m}^2 (\text{拉应力})$$

$$\sigma_{pc} = \frac{N_p}{A_n} + \frac{N_p e_{pn}}{I_n}y = N_p\left(\frac{1}{5.3} + \frac{1.0}{1.5}\times1.15\right) = 0.955N_p$$

$\sigma_{cc} = \sigma_{kt} + \sigma_{pc} = 0$，则：

$$N_p = -\sigma_{kc}/0.955 = 12650/0.955 = 13246.07\text{kN}$$

【79 题评析】 本题目中 $\sigma_{cc}=0.0$，假若 $\sigma_{cc}\neq0.0$，根据上述推导过程可求出相应的永久有效预加力值。

80. 正确答案是 B，解答如下：

根据《公桥混规》4.4.1 条，均应乘以折减系数 0.7，应选（B）项。

实战训练试题（九）解答与评析

（上午卷）

1. 正确答案是 A，解答如下：

第一层剪力：$V_1 = 20 + 15 + 8 + 2 = 45\text{kN}$

第二层剪力：$V_2 = 15 + 8 + 2 = 25\text{kN}$

如图 9-1-1 所示，节点 D 处弯矩，柱 DG 剪力：$V_{DG} = \dfrac{3}{3+4+2}V_2 = \dfrac{3}{9} \times 25 = 8.33\text{kN}$

柱 DA 剪力：$V_{DA} = \dfrac{5}{5+6+4}V_1 = \dfrac{5}{15} \times 45 = 15\text{kN}$

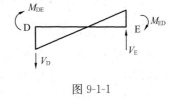

图 9-1-1

$$M_{DG} = V_{DG} \cdot \frac{h_2}{2} = 8.33 \times \frac{5}{2}$$
$$= 20.83\text{kN} \cdot \text{m}$$
$$M_{DA} = V_{DA} \cdot \frac{h_1}{3} = 15 \times \frac{6}{3}$$
$$= 30\text{kN} \cdot \text{m}$$

由节点平衡知，$M_{DE} = M_{DG} + M_{DA} = 20.83 + 30 = 50.83\text{kN} \cdot \text{m}$

$$V_D = \frac{M_{DE} + M_{ED}}{l}$$
$$= \frac{50.83 + 24.5}{8} = 9.42\text{kN}$$

2. 正确答案是 D，解答如下：

节点 E 处的剪力，$V_{EH} = \dfrac{4}{3+4+2}V_2 = \dfrac{4}{9} \times 25 = 11.11\text{kN}$

$$V_{EB} = \frac{6}{5+6+4}V_1 = \frac{6}{15} \times 45 = 18\text{kN}$$

节点 E 处的弯矩，$M_{EH} = V_{EH} \cdot \dfrac{h_2}{2} = 11.11 \times \dfrac{5}{2} = 27.78\text{kN} \cdot \text{m}$

$$M_{EB} = V_{EB} \cdot \frac{h_1}{3} = 18 \times \frac{6}{3} = 36\text{kN} \cdot \text{m}$$

节点平衡关系：$M_{ED} + M_{EF} = M_{EH} + M_{EB} = 63.78\text{kN}$

梁 ED、EF 在节点 E 处的弯矩按梁刚度分配：

$$M_{EF} = \frac{16}{10+16} \cdot (M_{ED} + M_{EF}) = 39.25\text{kN}$$

433

【1、2题评析】 本题主要考核结构静力计算方法——反弯点法的运用。反弯点法的计算前提条件是：梁的线刚度（i_b）与柱的线刚度（i_c）之比大于 3。此时，除底层柱外，柱的反弯点都在柱高中点，底层柱则取离柱底 2/3 柱高处。

3. 正确答案是 D，解答如下。

根据《可靠性标准》8.2.4 条：

取永久荷载、左风参与组合：

$$N_{min} = 1.0 \times 56.5 + 1.5 \times (-18.7) = 28.45 kN$$

相应的 M 为：

$$M = 1.0 \times (-23.2) + 1.5 \times 35.3 = 29.75 kN \cdot m$$

4. 正确答案是 B，解答如下：

根据《可靠性标准》8.2.4 条：

$$M_{max} = 1.3 \times (-23.2) + 1.5 \times (-40.3) + 1.5 \times 0.7 \times (-18.5)$$

$$= -110.04 kN \cdot m$$

此时，$N = 1.3 \times 56.5 + 1.5 \times 16.3 + 1.5 \times 0.7 \times 24.6 = 123.73 kN$

5. 正确答案是 B，解答如下：

因为是一般结构，根据《抗规》5.4.1 条，取风荷载的 $\psi_w = 0.0$，取右地震参与组合。

由《抗震通规》4.3.2 条：

$$M = 1.3 \times (32.5 + 0.5 \times 21.5) + 1.4 \times 47.6 = 122.865 kN \cdot m$$

内力调整，根据《混规》11.4.2 条规定，底层框架边柱的柱底端弯矩应乘以 1.5 的系数，则：

$$M = 1.5 \times 122.865 = 184.3 kN$$

【5题评析】 需注意题目给定的条件：一般结构、抗震等级为二级、框架结构的底层边柱。一般结构，故可根据《混规》或《抗规》进行计算，两者的计算结果是相同的。

对于 60m 以上的高层建筑，当考虑荷载和地震作用的地震组合时，根据《高规》5.6.4 条规定，应考虑风荷载参与组合。

6. 正确答案是 A，解答如下：

$\mu_N = 0.6$，抗震等级二级，查《混规》表 11.4.17，取 $\lambda_v = 0.13$

由规范式（11.4.17），C30<C35，取 C35 混凝土进行计算，$f_c = 16.7 N/mm^2$

$[\rho_v] = \lambda_v f_c / f_{yv} = 0.13 \times 16.7 / 270 = 0.804\% > 0.6\%$

$l_1 = l_2 = 600 - 2 \times 20 - 2 \times 5 = 550mm$，$n_1 = n_2 = 4$

$$\rho_v = \frac{n_1 A_{s1} l_1 + n_2 A_{s2} l_2}{A_{cor} \cdot s} = \frac{2 \times 4 \times 78.5 \times 550}{(600 - 2 \times 30) \times (600 - 2 \times 30) \times 100} = 1.184\%$$

$[\rho_v] / \rho_v = 0.804\% / 1.184\% = 0.679$

【6题评析】 根据《混规》式（11.4.17）进行计算 $[\rho_v]$ 时，应注意 f_c 的取值，即：$f_c \geq 16.7 N/mm^2$；查表 11.4.17 时，应注意表 11.4.17 注 2、3 的规定。

7. 正确答案是 C，解答如下：

（1）求 μ_N，多层框架-剪力墙结构，根据《混规》11.7.16 条表 11.7.16 中注的规定：

$$\mu_N = \frac{N}{f_c A} = \frac{5880.5 \times 10^3}{19.1 \times (2000 \times 300 + 1700 \times 300)} = 0.277$$

（2）求 μ_{Nmax}，允许设置构造边缘构件，根据《混规》表 11.7.17 规定，抗震等级二级，取 $\mu_{Nmax} = 0.3$。

（3）$\mu_{Nmax}/\mu_N = 0.3/0.277 = 1.08$

8. 正确答案是 C，解答如下：

$$\mu_N = \frac{N}{f_c A} = \frac{8480.4 \times 10^3}{19.1 \times (2000 \times 300 + 1700 \times 300)} = 0.4 \begin{cases} \leqslant 0.4 \\ > 0.3 \end{cases}$$

故应设置约束边缘构件。

根据《混规》表 11.7.18 及注 2 的规定：

$$l_c = \max\{0.10 h_w, b_w, 400, b_w + 300\}$$
$$= \max\{0.10 \times 2000, 300, 400, 300 + 300\} = 600mm$$

【7、8 题评析】 剪力墙设置构造边缘构件的最大轴压比，《混规》《抗规》《高规》三者是一致的。

本题为 L 形转角墙，故计算约束边缘构件沿墙肢的长度 l_c 时，应注意《混规》表 11.7.18 中注 1、2 的规定。

9. 正确答案是 A，解答如下：

根据《混规》6.2.1 条规定：

$$\varepsilon_{cu} = 0.0033 - (f_{cu,k} - 50) \times 10^{-5} = 0.0033 - (60 - 50) \times 10^{-5} = 0.0032 < 0.0033$$

由规范 6.2.6 条规定，C60 时的 β_1：

$$\beta_1 = 0.8 - \frac{60 - 50}{80 - 50} \times (0.8 - 0.74) = 0.78$$

由规范 6.2.7 条规定，求 ξ_b：

$$\xi_b = \frac{\beta_1}{1 + \dfrac{f_y}{E_s \varepsilon_{cu}}} = \frac{0.78}{1 + \dfrac{360}{2 \times 10^5 \times 0.0032}} = 0.4992$$

【9 题评析】 根据《混规》6.2.7 条计算相对界限受压区高度 ξ_b 时，应正确计算 β_1 和 ε_{cu} 值。

10. 正确答案是 B，解答如下：

根据《混规》8.3.1 条规定，C45＜C60，取 C45 计算，$f_t = 1.80N/mm^2$；直径大于 25mm，则：

基本锚固长度 l_{ab}：$l_{ab} = \alpha \dfrac{f_y}{f_t} d = 0.14 \times \dfrac{360}{1.80} \times 28 = 784mm$

由规范 11.6.7 条和 11.1.7 条规定，抗震等级二级：

$$l_{abE} = 1.15 l_{ab} = 1.15 \times 784 = 902mm$$

根据规范 11.6.7 条的图 11.6.7，则：

$l_1 \geqslant 0.4 l_{abE} = 0.4 \times 902 = 361mm \leqslant 450 - 40 - 25 = 385mm$，构造上可行；$l_2 = 15d = 15 \times 28 = 420mm$

故 $\qquad\qquad\qquad l_1 + l_2 \geqslant 385 + 420 = 805mm$

【10 题评析】 正确计算 l_{abE} 是本题的关键，《混规》11.6.7 条式（11.6.7）有明确规

定，取基本锚固长度 l_{ab} 进行计算。

11. 正确答案是 C，解答如下：

北京地区露天环境，根据《混规》3.5.2 条规定，应为二 b 类环境，查表 8.2.1，取箍筋的混凝土保护层厚度 $c=35mm$，箍筋直径为 10mm，则纵向钢筋的 $c=35+10=45mm$。

$$h_0 = h - a_s = 500 - (45 + 20/2) = 445mm$$

由规范式（6.2.10-1），$x = \xi h_0$，且安全等级为二级，取 $\gamma_0 = 1.0$

$$M_u = \alpha_1 f_c b h_0^2 \xi (1 - 0.5\xi)$$

$$M_u = 1 \times 14.3 \times 250 \times 445^2 \times 0.2842 \times (1 - 0.5 \times 0.2842)/1.0$$
$$= 172.61 kN \cdot m$$

【11 题评析】 正确确定 h_0 是本题的关键。题目给定的条件，北京地区露天环境表明其环境类别不属于一类环境，应根据《混规》3.5.2 条规定进行判别。

12. 正确答案是 D，解答如下：

$P/R_A = 108/140.25 = 77\% > 75\%$，故按集中荷载作用下计算。

由《混规》式（6.3.4-2）：

$$\lambda = 2.0/h_0 = 2.0/(0.5 - 0.035) = 4.3，故取 \lambda = 3；h_0 = 465mm$$

$$V \leqslant \alpha_{cv} f_f b h_0 + f_{yv} \frac{A_{sv}}{s} h_0$$

$$\frac{A_{sv}}{s} \geqslant \frac{140.25 \times 10^3 - 1.75/(3+1) \times 1.43 \times 200 \times 465}{270 \times 465} = 0.654$$

双肢箍，$\dfrac{A_{sv1}}{s} \geqslant 0.654/2 = 0.327 mm^2/mm$

取箍筋直径Φ8，$A_{sv1} = 50.3 mm^2$，故 $s \leqslant 154mm$，所以配置Φ8@150。

13. 正确答案是 C，解答如下：

由上一题知，$\lambda = 3$

由《混规》式（6.3.4-2）：

$$V_A \leqslant \alpha_{cv} f_t b h_0 + f_{yv} \frac{A_{sv}}{s} h_0$$

$$= \frac{1.75}{3+1} \times 1.43 \times 200 \times 465 + 270 \times \frac{2 \times 50.3}{150} \times 465 = 142.39 kN$$

$$V_A = \frac{1}{2} ql + P，则：P = V_A - \frac{1}{2} ql$$

$$P = 142.39 - \frac{1}{2} \times 10.0 \times 6 = 112.39 kN$$

【12、13 题评析】 对集中荷载作用下（$V_{集中}/V > 75\%$）的独立梁，根据《混规》式（6.3.4-2）进行计算时，应注意 λ 的取值。

对于 12 题，假若已知集中荷载 P，欲求梁所能承受的最大均布荷载设计值 q，由 $V_A = \frac{1}{2} ql + P$，则有：

$$q = \frac{2(V_A - P)}{l}$$

14. 正确答案是 A，解答如下：

轴心受压构件中，混凝土与钢筋均处于受压状态。根据平截面假定，由于混凝土的徐变使构件缩短，迫使钢筋缩短，从而使钢筋应力增大，而钢筋增大的应力反向作用在混凝土上，从而使混凝土应力减小。

15. 正确答案是 C，解答如下：

根据《混规》表 8.2.1 注 1 的规定，C25，二 a 类环境类别，最外层钢筋的混凝土保护层厚度为：$25+5=30\text{mm}$。

【15 题评析】 关于《混规》GB 50010—2010（2015 年版）与老规范的区别，在规范的条文说明中一般均作出了解释，故复习时一定要结合条文说明进行复习、解题。

16. 正确答案是 D，解答如下：

根据《可靠性标准》8.2.4 条：

在题目图 9-7 中，对 A 点取矩，$\Sigma M_A=0$，则：
$$3V_B=1.3\times(1.6G_2+1.0\times G_3)+1.5\times15.8T$$
$$V_B=[1.3\times(1.6\times20+1.0\times50)+1.5\times15.8\times18.1]/3=178.52\text{kN}$$

利用节点法求 BD 杆最大压力设计值 N_{BD}，设 BD 杆与水平线夹角为 θ：
$$\tan\theta=\frac{14}{3-1.6}=10,\sin\theta=0.995$$

由 $\Sigma Y_B=0$，则：$N_{BD}\sin\theta=V_B$
$$N_{BD}=\frac{V_B}{\sin\theta}=\frac{178.52}{0.995}=179.42\text{kN}$$

17. 正确答案是 D，解答如下：

在 DC 面以下作水平截断线，取截断线以上为隔离体，$\Sigma M_D=0$，则：
$$2.7N_{AC}=1.3\times(2.7G_1+1.1G_2+1.7G_3)+1.5\times(15.8-3)T+1.5\times2.7P$$
$$=1.3\times(2.7\times40+1.1\times20+1.7\times50)+1.5\times12.8\times18.1+1.5\times$$
$$2.7\times583.4=2989.79\text{kN}$$

故 $N_{AC}=1107.3\text{kN}$

18. 正确答案是 B，解答如下：

(1) 求 A 点的支座反力 V_A，由 $\Sigma M_B=0$：
$$3V_A=1.3\times(3G_1+1.5G_2+2G_3)+1.5\times3P+1.5\times15.8T$$
$$=1.3\times(3\times40+1.4\times20+2\times50)+1.5\times3\times583.4+1.5\times15.8\times18.1$$
$$=3376.67\text{kN}$$

故 $V_A=1125.6\text{kN}$（↑）

(2) 利用节点法求 AD 杆最大压力

由上题可知，$N_{AC}=1107.3\text{kN}$

设 AD 杆与水平段夹角为 θ，则：$\sin\theta=3000/4036=0.743$

对节点 A，$\Sigma Y_A=0$，则：
$$V_A-N_{AD}\sin\theta-N_{AC}=0$$

$$N_{AD} = \frac{V_A - N_{AC}}{\sin\theta} = \frac{1125.6 - 1107.3}{0.743} = 24.6 \text{kN}$$

19. 正确答案是 C，解答如下：

查《钢标》表 7.4.1-1，腹杆 DE 的计算长度，取斜平面：

$$l_0 = 0.9l = 0.9 \times 4036 = 3632 \text{mm}$$

$$\lambda = \frac{l_0}{i_{\min}} = \frac{3632}{25} = 145.3$$

又根据《钢标》7.6.1 条：

$$\eta = 0.6 + 0.0015\lambda = 0.6 + 0.0015 \times 145.3 = 0.818$$

20. 正确答案是 D，解答如下：

查《钢标》表 7.4.1-1，腹杆 DE 的计算长度：

$$l_0 = 0.8l = 0.8 \times 4036 = 3229 \text{mm}$$

由于腹杆 DE 在中间有缀条连系，即在平面外有支撑，故其平面外的计算长度一定小于 $0.8l$，故仅考虑平面内情况：

$$\lambda = \frac{l_0}{i_x} = \frac{3229}{23.1} = 139.8$$

根据《钢标》7.6.1 条：

$$\eta = 0.6 + 0.0015\lambda = 0.6 + 0.0015 \times 139.8 = 0.810$$

21. 正确答案是 D，解答如下：

查《钢标》表 7.4.6，腹杆 CD 的容许长细比 $[\lambda] = 200$。

CD 杆在斜平面屈曲，其计算长度：

$$l_0 = 0.9l = 0.9 \times 2700 = 2430 \text{mm}$$

$i_{\min} = l_0/[\lambda] = 2430/200 = 12.2 \text{mm}$，故选 L63×6($i_{\min} = 12.4 \text{mm}$)

22. 正确答案是 B，解答如下：

$$2 \text{ 个 M30，} A_e = 2 \times 561 = 1122 \text{mm}^2$$

$$\sigma = \frac{V_B}{A_e} = \frac{108 \times 10^3}{1122} = 96.3 \text{N/mm}^2$$

23. 正确答案是 C，解答如下：

由题目图示可知，为轧制 H 型钢，查《钢标》表 7.2.1-1，绕强轴为 a 类；绕弱轴为 b 类。

平面内：$l_{0y} = 3$m，$\lambda_y = \frac{l_{0y}}{i_y} = \frac{3000}{45.4} = 66.1$（b 类截面）

平面外：$l_{0x} = 14$m，$\lambda_x = \frac{l_{0x}}{i_x} = \frac{14000}{168} = 83.3$（a 类截面）

根据 $\lambda_y = 66.1$，查《钢标》附表 D.0.2，取 $\varphi_y = 0.773$
根据 $\lambda_x = 83.3$，查《钢标》附表 D.0.1，取 $\varphi_x = 0.761$
故取 $\varphi = 0.763$

$$\sigma = \frac{N_{AE}}{\varphi A} = \frac{1204 \times 10^3}{0.761 \times 8412} = 188.08 \text{N/mm}^2$$

【16～23 题评析】 16～18 题，属于结构力学计算。注意的是：①本题目中可变荷载仅仅只有吊车荷载，荷载组合时，当可变荷载控制时，吊车水平荷载、吊车竖向荷载不考

虑组合值条款；②假若题目中可变荷载包括吊车荷载和其他可变荷载，荷载组合时，当可变荷载控制时，吊车水平荷载、吊车竖向荷载应考虑组合值系数。此外，吊车荷载 T 的方向可向左，或向右。

19~21 题，考核腹杆的计算长度，中间无联系的等边角钢，其截面两主轴均不在桁架平面内，属于斜平面，查《钢标》表 7.4.1-1，取 $l_0=0.9l$。

20 题，腹杆 DE 中间的连系缀条（也称附加缀条），其示意图如图 9-1-2 所示。

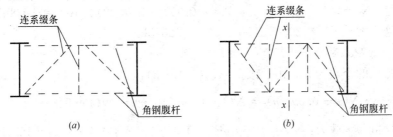

图 9-1-2

23 题，关键是正确确定平面内、平面外的计算长度及各自所属截面类型（如 a 类、b 类等）。

24. 正确答案是 A，解答如下：

根据《抗规》8.2.5 条第 3 款：

$$t_w \geqslant \frac{h_{c1} + h_{b1}}{90} = \frac{2700 + 450}{90} = 35mm$$

25. 正确答案是 C，解答如下：

M22（8.8 级），查《钢标》表 11.4.2-2，取 $P=150kN$

$$N_t^b = 0.8P = 0.8 \times 150 = 120kN$$

$$n = \frac{N}{N_t^b} = \frac{1050}{120} = 8.75 \text{个，取} n = 10 \text{个}$$

26. 正确答案是 B，解答如下：

Q235，E43 焊条，查《钢标》表 4.4.5，取 $f_f^w = 160N/mm^2$

根据《钢标》12.7.3 条：

$$V_1 = 0.15N_{max} = 0.15 \times 4000 = 600kN$$

$$V_2 = \frac{A_f}{85\varepsilon_k} = \frac{[400 \times 16 \times 2 + (400 - 16 \times 2) \times 16 \times 2] \times 215}{85 \times 1} = 62.2kN$$

故取

$$V = \max\{V_1, V_2\} = 600kN$$

$$\tau_f = \frac{V}{0.7h_f l_w} \leqslant f_f^w$$

$$h_f \geqslant \frac{600 \times 10^3}{0.7 \times (4 \times 400) \times 160} = 3.3mm$$

由《钢标》11.3.5 条：

$$h_{fmin} \geqslant 6mm$$

故最终取 $\qquad$ $h_f \geqslant 6mm$

【26题评析】 角焊缝焊脚尺寸应满足：受力要求；构造要求。

27. 正确答案是 D，解答如下：

M24(10.9级)，查《钢标》表11.4.2-2，取 $P=225kN$

由《钢标》表11.5.2注3，$d_c = \max(24+4, 2b) = 28mm$

由《钢标》7.1.1条：

净截面处：$N = 0.7 f_u A_n = 0.7 \times 520 \times (1050 - 10 \times 28) \times 100 = 28028kN$

毛截面处：$N = fA = 305 \times 1050 \times 100 = 32025kN$

故取 $N=32025kN$

设连接螺栓的个数为 n，由《钢标》式 (7.1.1-3)：

$$N(1 - 0.5 n_1/n) = N(1 - 0.5 \times 10/n) = N(1 - 5/n)$$

单个螺栓抗剪承载力：$N_v^b = 0.9 k n_f \mu P = 0.9 \times 1 \times 2 \times 0.4 \times 225 = 162kN$

构件承受的拉力：$N = n N_v^b = 162 \times 10^3 n$，则：

$$N(1 - 5/n) = 162 \times 10^3 n(1 - 5/n) = 32025 \times 10^3$$

解之得： $\qquad$ $n = 202.7$ 个

取220个，22排，根据《钢标》11.4.5条：

折减系数 η，$\eta = 1.1 - \dfrac{l_1}{150 d_0} = 1.1 - \dfrac{(22-1) \times 90}{150 \times 26} = 0.62 < 0.7$，取 $\eta = 0.7$

故螺栓数目：$n = \dfrac{202.7}{0.7} = 290$ 个，取 n 为 310 个。

复核：$\eta = 1.1 - \dfrac{(31-1) \times 90}{150 \times 26} = 0.41 < 0.7$

取 $\eta = 0.7$

$n \eta N_v^b = 310 \times 0.7 \times 162 = 35154kN$，满足。

【27题评析】 本题关键是超长连接螺栓（普通螺栓和高强度螺栓均应考虑），其连接长度 $l_1 > 15 d_0$ 时，应将其承载力设计值乘以折减系数 $\left(1.1 - \dfrac{l_1}{150 d_0}\right)$；

当 $l_1 > 60 d_0$ 时，折减系数为 0.7。因此，折减系数应不低于 0.7。

注意，《钢结构高强度螺栓连接技术规范》5.1.3条规定，应取毛截面、净截面破坏的较大者计算螺栓数目。

28. 正确答案是 D，解答如下：

平面内：$l_{0x} = 6m$

平面外：$l_{0y} = 12m$

按等稳定原则，$\lambda_x = \dfrac{l_{0x}}{i_x} \approx \lambda_y = \dfrac{l_{0y}}{i_y}$，即：$i_y = 2 i_x$

29. 正确答案是 D，解答如下：

根据《钢标》式 (7.1.1-3)：

由《钢标》表11.5.2注3，$d_c = \max(20+4, 22) = 24mm$

$\left(1 - 0.5 \dfrac{n_1}{n}\right) \dfrac{N}{A_n} \leqslant 0.7 f_u$，则：

$$N \leqslant \frac{0.7A_n f_u}{1 - 0.5n_1/n}$$

对于（A）项，$A_n = 22 \times (400 - 4 \times 24) = 6688mm^2$，$1 - 0.5n_1/n = 0.9286$

对于（C）项，$A_n = 22 \times (400 - 4 \times 24) = 6688mm^2$，$1 - 0.5n_1/n = 0.875$

对于（B）项，$A_n = 22 \times (400 - 2 \times 24) = 7744mm^2$，$1 - 0.5n_1/n = 0.9643$

对于（D）项，$A_n = 22 \times (400 - 2 \times 24) = 7744mm^2$，$1 - 0.5n_1/n = 0.9444$

显然，（A）、（C）项中，排除（A）项；（B）、（D）项中，排除（B）项；

对（C）、（D）项，代入上式验算：

$$N_C \leqslant 6688 \times 0.7f_u/0.875 = 5350f_u$$

$$N_D \leqslant 7744 \times 0.7f_u/0.9444 = 5740f_u$$

故（D）项，板件承载力最大。

【29题评析】 当题目要求同时考虑毛截面屈服、净截面断裂时，构件的受拉承载力何项最高时，应采用"双控"原则进行分析计算，即：

（A）项：$N = Af = 400 \times 22 \times 205 = 1804kN$

$$N = \frac{0.7f_u A_n}{1 - 0.5n_1/n} = \frac{0.7 \times 370 \times 6688}{0.9286} = 1865kN$$

（C）项：$N = Af = 1804kN$

$$N = \frac{0.7 \times 370 \times 6688}{0.875} = 1979.6kN$$

（B）项：$N = Af = 1804kN$

最左侧第一排螺栓处：

$$N = \frac{0.7 \times 370 \times 7744}{0.9643} = 2080kN$$

最左侧第二排螺栓处：

$$N = \frac{0.7 \times 370 \times (400 - 4 \times 24) \times 22}{1 - \frac{2}{28} - \frac{0.5 \times 4}{28}} = 2021kN$$

（D）项：$N = Af = 1804kN$

最左侧第一排螺栓处：

$$N = \frac{0.7 \times 370 \times 7744}{0.9444} = 2124kN$$

最左侧第二排螺栓处：

$$N = \frac{0.7 \times 370 \times (400 - 4 \times 24) \times 22}{1 - \frac{2}{14} - \frac{0.5 \times 4}{14}} = 2425kN$$

可知，四个选项均由毛截面屈服控制 N，故受拉承载力均相同。

30. 正确答案是 B，解答如下：

(1) 带壁柱山墙高度，根据《砌规》5.1.3条：

$$H = 5.633 + 0.5 = 6.133m$$

带壁柱墙 $b_f = 0.5 + \frac{4}{2} = 2.5m$，故可知 $h_T = 507mm$；屋盖为第1类、房屋横墙间距

为 12m，查规范表 4.2.1，属刚性方案。山墙的两横墙间距 $s=12m$，刚性方案，查规范表 5.1.3：

$$2H = 12.266m > s = 12m > H = 6.133m$$

故　　　　$H_0 = 0.4s + 0.2H = 0.4 \times 12 + 0.2 \times 6.133 = 6.027m$

$$\beta = \frac{H_0}{h_T} = \frac{6.027}{0.507} = 11.89$$

（2）查《砌规》表 6.1.1，M5 砂浆，墙的 $[\beta] = 24$

承重墙 $\mu_1 = 1.0$；$\mu_2 = 1 - 0.4 \frac{b_s}{s} = 1 - 0.4 \times \frac{3}{12} = 0.9$

$$\mu_1 \mu_2 [\beta] = 1.0 \times 0.9 \times 24 = 21.6$$

31. 正确答案是 C，解答如下：

（1）刚性方案，$H = [4.3 + (5.633 - 4.3)/2] + 0.5 = 5.47m$（墙平均高度）；$H = 5.47m > s = 4m$，查《砌规》表 5.1.3，取 $H_0 = 0.6s = 0.6 \times 4 = 2.4m$

$$\beta = \frac{H_0}{h} = \frac{2.4}{0.24} = 10$$

（2）$\mu_1 = 1$，$\mu_2 = 1$，$[\beta] = 24$

$$\mu_1 \mu_2 [\beta] = 1 \times 1 \times 24 = 24$$

32. 正确答案是 C，解答如下：

（1）山墙平均高度：$H = (4.0 + 6.3)/2 + 0.5 = 5.65m$

$2H = 2 \times 5.65 = 11.3m < s = 12m$，查《砌规》表 5.1.3，刚性方案，$H_0 = 1.0H = 5.65m$

$$\beta = \frac{H_0}{h} = \frac{5.65}{0.24} = 23.54$$

（2）根据《砌规》6.1.2 条第 2 款：$\dfrac{b_c}{l} = \dfrac{0.24}{4} = 0.06 \begin{matrix} < 0.25 \\ > 0.05 \end{matrix}$

$$\mu_c = 1 + \gamma \frac{b_c}{l} = 1 + 1.5 \times 0.06 = 1.09$$

$\mu_1 = 1$，$\mu_2 = 1$，$[\beta] = 24$，则：

$$\mu_1 \mu_2 \mu_c [\beta] = 1 \times 1 \times 1.09 \times 24 = 26.16$$

33. 正确答案是 B，解答如下：

屋架受力计算面积为：$4 \times (12 + 0.8 \times 2) = 54.4m^2$

根据《可靠性标准》8.2.4 条：

$$R = (1.3 \times 2.2 \times 54.4 + 1.5 \times 0.5 \times 54.4)/2 = 98.19kN$$

34. 正确答案是 B，解答如下：

屋类属第 1 类屋类，房屋横墙间距 $s=20m$，查《砌规》表 4.2.1 知，属刚性方案。

刚性方案，$s = 20m > 2H = 2 \times 4.5 = 9m$，查《砌规》表 5.1.3，取 $H_0 = 1.0H = 1.0 \times (4.0 + 0.5) = 4.5m$

$$\beta = \gamma_\beta \frac{H_0}{h_T} = 1.2 \times \frac{4.5}{0.493} = 10.95$$

$e=0$，查规范附表 D. 0. 1-1，取 $\varphi=0.848$

根据《砌规》表 3. 2. 1-3，取 $f=1.83\text{MPa}$

$$N=\varphi f A = 0.848 \times 1.83 \times 812600 = 1261.03\text{kN}$$

35. 正确答案是 B，解答如下：

$$e=\frac{M}{N}=\frac{8.58 \times 10^6}{232 \times 10^3}=37\text{mm} < 0.6y_2 = 0.6 \times 446 = 267.6\text{mm}$$

$\dfrac{e}{h_{\text{T}}}=\dfrac{37}{493}=0.075$；查《砌规》表 5. 1. 2，取 $\gamma_\beta=1.2$；由上一题知，$H_0=4.5\text{m}$

$$\beta=\gamma_\beta \frac{H_0}{h_{\text{T}}}=1.2 \times \frac{4.5}{0.493}=10.95$$

查《砌规》附表 D. 0. 1-1，取 $\varphi=0.682$

同理，取 $f=1.83\text{MPa}$

$$N=232\text{kN} < \varphi f A = 0.682 \times 1.83 \times 812600 = 1014.17\text{kN}$$

36. 正确答案是 C，解答如下：

查《砌规》表 3. 2. 1-1，MU10 砖、M5 砂浆，取 $f=1.5\text{MPa}$（地上）；MU10、M10 水泥砂浆，取 $f=1.89\text{MPa}$

墙高 $H=3.2+1.0=4.2\text{m}$，$s=6.6\text{m}$，为第 1 类楼盖，查《砌规》表 4. 2. 1，属刚性方案

$2H=8.4\text{m} > s=6.6\text{m} > H=4.2\text{m}$，查《砌规》表 5. 1. 3：

$$H_0=0.4s+0.2H=0.4 \times 6.6 + 0.2 \times 4.2 = 3.48\text{m}$$

$$\beta=\gamma_\beta \frac{H_0}{h}=1.0 \times \frac{3.48}{0.24}=14.5，e=0$$

查《砌规》附录表 D. 0. 1-1，取 $\varphi=0.77-\dfrac{14.5-14}{16-14} \times (0.77-0.72)=0.758$

$$N=\varphi f A = 0.758 \times 1.89 \times 240 \times 1000 = 343.8\text{kN/m}$$

37. 正确答案是 C，解答如下：

$$A_{\text{n}}=(2200-240) \times 240 = 470400\text{mm}^2，A_{\text{c}}=240 \times 240 = 57600\text{mm}^2$$

$$A'_{\text{s}}=615.8\text{mm}^2，l=2.2\text{m}，b_{\text{c}}=0.24\text{m}$$

根据《砌规》8. 2. 7 条：$l/b_{\text{c}}=2.2/0.24=9.17 > 4.0$

$$\eta=\left[\frac{1}{\dfrac{l}{b_{\text{c}}}-3}\right]^{1/4}=\left[\frac{1}{\dfrac{2.2}{0.24}-3}\right]^{1/4}=0.635$$

由规范式（8. 2. 7-1）：

$$N=\varphi_{\text{com}}[f A_{\text{n}} + \eta(f_{\text{c}} A_{\text{c}} + f'_{\text{y}} A'_{\text{s}})]$$

$$=0.804 \times [1.89 \times 470400 + 0.635 \times (11.9 \times 57600 + 300 \times 615.8)]$$

$$=1159.06\text{kN}$$

单位长度承载力：
$$\frac{N}{2.2} = \frac{1159.06}{2.2} = 526.8 \text{kN/m}$$

【36、37题评析】 36题，本题中横墙±0.00标高处虽设有圈梁QL（240×240），但其刚度尚不足以视为受压承载力计算竖向杆件不动铰支点，故构件高度取为 $H = 3.2 + 1.0 = 4.2$m。

38. 正确答案是A，解答如下：

根据《砌规》7.4.2条：

$$x_0 = 0.3 h_b = 0.3 \times 300 = 90 \text{mm}$$

由规范7.4.1条、7.4.3条：$M_{0v} \leqslant M_r$

$$28.16 \times \frac{(1.38 + 0.09)^2}{2} \leqslant 0.8 \times 16 \times \frac{(l_1 - 0.09)^2}{2}$$

解之得： $l_1 \geqslant 2.27$m

根据《砌规》7.4.6条：

$$l_1 > 2 \times 1.38 = 2.76 \text{m}$$

故最终取 $l_1 > 2.76$m。

39. 正确答案是D，解答如下：

根据《砌规》7.4.4条：

由《可靠性标准》8.2.4条：

$$\eta = 0.7, \ \gamma = 1.5, \ A_l = 1.2bh = 1.2 \times 240 \times 300 = 86400 \text{mm}^2$$

$$\eta \gamma f A_l = 0.7 \times 1.5 \times 1.5 \times 86400 = 136.08 \text{kN}$$

$$R_1 = (1.3 \times 16 + 1.5 \times 6.4) \times (1.38 + 0.09) = 44.688 \text{kN}$$

$$N_l = 2R_1 = 89.376 \text{kN} < 136.08 \text{kN}$$

40. 正确答案是B，解答如下：

根据《砌规》7.3.5条，自承重墙梁可不验算墙体受剪承载力和砌体局部受压承载力。

（下午卷）

41. 正确答案是B，解答如下：

根据《砌规》6.5.1条、6.5.2条，砌体结构的温度应力与多种因素有关。

42. 正确答案是A，解答如下：

西北云杉 TC 11-A，查《木标》表4.3.1-3：

$$f_c = 10 \text{N/mm}^2, \ f_t = 7.5 \text{N/mm}^2$$

$$N \leqslant f_t A_n = 7.5 \times (140 \times 160 - 2 \times 16 \times 140) = 134.4 \text{kN}$$

43. 正确答案是C，解答如下：

根据《木标》6.2.6条、6.2.7条，6.2.5条：

$$R_e = \frac{f_{em}}{f_{es}} = 1$$

$$k_{s\text{III}} = \frac{1}{2+1}\left[\sqrt{\frac{2 \times (1+1)}{1} + \frac{1.647 \times (1+2 \times 1) \times 1 \times 235 \times 16^2}{3 \times 1 \times 15 \times 100^2}} - 1\right]$$

$$= 0.386$$

$$k_{\text{III}} = \frac{0.386}{2.22} = 0.174, \quad Z = 0.174 \times 100 \times 16 \times 15 = 4.176\text{kN}$$

$$Z_d = 1 \times 1 \times 1 \times 0.98 \times 4.176 = 4.09\text{kN}$$

$$N_u = 2 \times 4.09 \times 10 = 81.8\text{kN}$$

44. 正确答案是 C，解答如下：

$$\alpha_{1-2} = \frac{e_1 - e_2}{p_2 - p_1} = \frac{0.83 - 0.81}{200 - 100} = 0.2 \times 10^{-3}\text{kPa}^{-1} = 0.2\text{MPa}^{-1}$$

根据《地规》4.2.6 条：

$0.1\text{MPa}^{-1} < \alpha_{1-2} = 0.2\text{MPa}^{-1} < 0.5\text{MPa}^{-1}$，属中压缩性土

45. 正确答案是 D，解答如下：

欲使基底反力呈矩形均匀分布，则所有外力对基底中心线的力矩为零：

$M_k + F_k\left(x - \dfrac{b}{2}\right) = 0$，则：

$$x = \frac{b}{2} - \frac{M_k}{F_k}$$

46. 正确答案是 B，解答如下：

$e = 0.84 < 0.85$，$I_L = 0.83 < 0.85$，查《地规》表 5.2.4，取 $\eta_b = 0.3$，$\eta_d = 1.6$。

根据提示知，$b < 3\text{m}$，故不考虑宽度修正。

$$\gamma_m = \frac{17 \times 0.8 + 19 \times 0.4}{1.2} = 17.67\text{kN/m}^3$$

由规范式（5.2.4）：

$$f_a = f_{ak} + \eta_d\gamma_m(d - 0.5) = 150 + 1.6 \times 17.67 \times (1.2 - 0.5)$$

$$= 169.8\text{kPa}$$

47. 正确答案是 B，解答如下：

基底反力呈矩形均匀分布，则：

$$p_k = \frac{F_k + G_k}{b} \leqslant f_a$$

即：

$$b \geqslant \frac{F_k}{f_a - \gamma_G d} = \frac{300}{165 - 20 \times 1.2} = 2.13\text{m}$$

48. 正确答案是 C，解答如下：

地基净反力 p_j：

$$p_j = \frac{F}{b} = \frac{405}{2.2} = 184.09\text{kPa}，取1m计算，p_{j0} = 184.09\text{kN/m}$$

$$m = \frac{1}{2}p_{j0}a_1^2 = \frac{1}{2} \times 184.09 \times \left(\frac{2.2-0.3}{2}\right)^2 = 83.07\text{kN} \cdot \text{m/m}$$

49. 正确答案是D，解答如下：

$$\frac{E_{s1}}{E_{s2}} = \frac{6}{2} = 3，\frac{z}{b} = \frac{3-0.4}{2.2} = 1.18 > 0.5$$

查《地规》表5.2.7，取 $\theta = 23°$

$$p_c = 17 \times 0.8 + 19 \times 0.4 = 21.2\text{kPa}$$

由规范式（5.2.7-2）：

$$p_z = \frac{b(p_k - p_c)}{b + 2z\tan\theta} = \frac{2.2 \times (160.36 - 21.2)}{2.2 + 2 \times 2.6 \times \tan23°} = 69.47\text{kPa}$$

50. 正确答案是A，解答如下：

$$p_{cz} = 17 \times 0.8 + 19 \times 3 = 70.6\text{kPa}$$

查《地规》表5.2.4，取 $\eta_d = 1.0$

$$f_{az} = f_{ak} + \eta_d\gamma_m(d - 0.5)$$

$$= 80 + 1.0 \times \frac{17 \times 0.8 + 19 \times 3}{3.8} \times (3.8 - 0.5)$$

$$= 141.3\text{kPa}$$

【44～50题评析】 45题，当基底反力呈矩形均匀分布状态时，其所有外力对基底中心线的力矩之和必为零。由于基础自重 G_k 位于基底中心线上，不产生力矩。

48题，计算时采用地基净反力 p_j 进行计算翼板根部处截面的弯矩值、剪力值较为方便，须注意 p_j 单位为 kPa（或 kN/m²），求弯矩值、剪力值时一般取单位长度（1m）进行计算，故 p_{j0} 单位为 kN/m。

49题、50题，计算 p_c、p_{cz}、γ_m 时，须注意是否有地下水。

51. 正确答案是C，解答如下：

由已知条件知，z/b 相同，l/b 不同，查《地规》附录表 K.0.1-2 知，条形基础（$l/b \geq 10$）的平均附加应力系数 $\bar{\alpha}$ 比独立基础的 $\bar{\alpha}$ 值大；又两者 p_0 相同，由《地规》式（5.3.5）可知：条形基础的最终变形量 $s_2 >$ 独立基础的 s_1。

52. 正确答案是B，解答如下：

挡土墙高度为：5.5m，根据《地规》6.7.3条，取 $\psi_c = 1.1$；由规范式（6.7.3-1）：

$$E_a = \frac{1}{2}\psi_a\gamma h^2 k_a = \frac{1}{2} \times 1.1 \times 20 \times 5.5^2 \times 0.2 = 66.55\text{kN/m}$$

53. 正确答案是A，解答如下：

同上一题，$\psi_a = 1.1$

$$E_a = \psi_a q H k_a = 1.1 \times 20 \times 5.5 \times 0.2 = 24.2\text{kN/m}$$

54. 正确答案是B，解答如下：

$$G = \frac{1}{2} \times (1.2 + 2.7) \times 5.5 \times 24 = 257.4\text{kN/m}$$

$$G_n = G = 257.4\text{kN/m}，G_t = 0$$

根据《地规》6.7.5条第1款：

$$K_1 = \frac{(G + E_a \sin\delta) \cdot \mu}{E_a \cos\delta} = \frac{(257.4 + 93 \times \sin10°) \times 0.45}{93 \times \cos10°} = 1.344$$

55. 正确答案是 C，解答如下：

如图 9-1-3 所示：$G_1 = \frac{1}{2} \times 5.5 \times (2.7 - 1.2) \times 24 = 99\text{kN/m}$

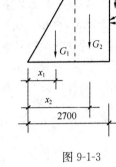

图 9-1-3

$$G_2 = 1.2 \times 5.5 \times 24 = 158.4\text{kN/m}$$

$$x_1 = \frac{2}{3} \times 1.5 = 1.0\text{m}, \quad x_2 = 1.5 + \frac{1.2}{2} = 2.1\text{m}$$

$$E_{ax} = E_a \sin(90° - 10°) = 93\sin80° = 91.59\text{kN/m}$$

$$E_{az} = 93\cos80° = 16.15\text{kN/m}$$

由《地规》6.7.5 条第 2 款：

$$K_2 = \frac{Gx_0 + E_{az}x_f}{E_{ax}z_f} = \frac{99 \times 1 + 158.4 \times 2.1 + 16.15 \times 2.7}{91.59 \times 2.1}$$

$$= 2.47$$

56. 正确答案是 D，解答如下：

首先确定所有力对基底形心的弯矩 M_k，重心 G 在基底形心轴的右侧：

$$M_k = G \cdot \left(x_0 - \frac{2.7}{2}\right) + E_{az} \times \frac{2.7}{2} - E_{ax} \times 2.1$$

$$= 257.4 \times (1.677 - 1.35) + 16.15 \times 1.35$$

$$- 91.59 \times 2.1$$

$$= -86.367\text{kN} \cdot \text{m/m}，左侧受压最大$$

由上一题知 $E_{az} = 16.15\text{kN/m}$

$$e = \frac{M_k}{G + E_{az}} = \frac{86.367}{257.4 + 16.15} = 0.316\text{m} < \frac{b}{6} = \frac{2.7}{6} = 0.45$$

故基底反力呈梯形分布，则：

$$p_{kmax} = \frac{G + E_{az}}{b} + \frac{M_k}{W}$$

$$= \frac{257.4 + 16.15}{2.7} + \frac{86.367}{1.215} = 172.40\text{kPa}$$

【52～56 题评析】 52 题、53 题，由于挡土墙高度为 5.5m，根据《地规》6.7.3 条，取 $\psi_a = 1.1$。土坡高度、挡土墙高度是不同概念，如图 9-1-4 所示。

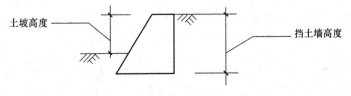

图 9-1-4

55 题，由于 $\delta \neq 0°$，故 $E_{az} \neq 0$，对基底形心轴产生力矩。

56 题，由于 $e \leqslant b/6$，故基底反力呈梯形分布；若 $e > b/6$，则基底反力将呈三角形分布；同时，均应满足 $e < b/4$；即《地规》6.7.5 条第 4 款规定。

57. 正确答案是 C，解答如下：

根据《地规》8.5.3 条第 8 款规定：8 度及 8 度以上地震区的桩应通长配筋，故（C）项不妥。

58. 正确答案是 D，解答如下：

根据《高规》4.2.2 条及其条文说明：

$H=100\text{m}>60\text{m}$，$w_0=1.1\times0.50=0.55\text{kN/m}^2$

根据《荷规》8.2.1 条：

B 类粗糙度，$z=80\text{m}$，$\mu_z=1.87$；$z/H=0.8$，查《荷规》附表 G.0.3，取 $\phi_1(z)=0.74$

根据《荷规》8.4.5 条、8.4.6 条、8.4.3 条：

$$\rho_z=\frac{10\sqrt{100+60e^{-100/60}-60}}{100}=0.716$$

$$\rho_x=\frac{10\sqrt{25+50e^{-25/50}-50}}{25}=0.923$$

$$B_z=0.670\times100^{0.187}\times0.923\times0.716\times\frac{0.74}{1.87}=0.415$$

$\beta_z=1+2\times2.5\times0.14\times0.415\times\sqrt{1+1.145^2}=1.442>1.2$（《结通规》4.6.5 条）

故取 $\beta_z=1.442$

59. 正确答案是 B，解答如下：

$H=100\text{m}$，查《荷规》表 8.2.1，取 $\mu_z=2.00$；μ_{sl} 取值：外表面为 1.0，内表面为 -0.2，幕墙骨架围护面积 40m^2 大于 25m^2，取 $\mu_{sl}=1.0\times0.8-(-0.2)=1.0$

又根据《荷规》8.1.2 条条文说明，取 $w_0=0.50\text{kN/m}^2$。

查《荷规》表 8.6.1，取 $\beta_{gz}=1.50$，由《结通规》4.6.5 条：

$$\beta_{gz}\geqslant1+\frac{0.7}{\sqrt{2}}=1.49，故取\ \beta_{gz}=1.50$$

$$w=\beta_{gz}\mu_{sl}\mu_z w_0=1.50\times1.0\times2.00\times0.50=1.50\text{kN/m}^2$$

60. 正确答案是 D，解答如下：

$$M_k=2000+500\times100+\frac{1}{2}\times50\times100\times\frac{2}{3}\times100=218666.7\text{kN}\cdot\text{m}$$

$$M=1.5M_k=328000\text{kN}\cdot\text{m}$$

61. 正确答案是 A，解答如下：

根据《荷规》8.2.2 条：

$\tan\alpha=0.45>0.3$，取 $\tan\alpha=0.3$；$k=1.4$

$$z/H=100/45=2.22<2.5$$

$$\eta_B=\left[1+1.4\times0.3\times\left(1-\frac{100}{2.5\times45}\right)\right]^2=1.0955$$

D 点的 μ_z 为：$\qquad\mu_z=1.0955\times2.00=2.191$

【58~61 题评析】 58 题，运用《荷规》8.4.3 条时，须注意 I_{10} 的取值。

59 题，确定局部风压体型系数 μ_{sl} 时，应注意区分迎风面和背风面，以及外表面、内表面取值。

62. 正确答案是 C，解答如下：

多遇地震、8度（0.2g），查《抗规》表5.1.4-1，取$\alpha_{\max}=0.16$

III类场地，设计分组第二组，查《抗规》表5.1.4-2，取$T_g=0.55$s

$$T_g = 0.55\text{s} < T_1 = 0.7\text{s} < 5T_g = 2.75\text{s}$$

故

$$\alpha_1 = \left(\frac{T_g}{T_1}\right)^\gamma \eta_2 \alpha_{\max} = \left(\frac{0.55}{0.7}\right)^{0.9} \times 1 \times 0.16 = 0.1288$$

$$F_{Ek} = \alpha_1 G_{eq} = 0.1288 \times 0.85 \times (7000 + 4 \times 6000 + 4800)$$
$$= 3919.4\text{kN}$$

63. 正确答案是B，解答如下：

根据《抗规》5.2.1条：

$T_1 = 0.8s > 1.4T_g = 0.77$s，$T_g = 0.55$s，查规范表5.2.1，则：

$$\delta_n = 0.08T_1 + 0.01 = 0.074$$

故

$$\Delta F_6 = \delta_n F_{Ek} = 0.074 \times 3475 = 257.15\text{kN}$$

64. 正确答案是B，解答如下：

$$\sum_{j=1}^{6} G_j H_j = 7000 \times 5 + 6000 \times (8.6 + 12.2 + 15.8 + 19.4) + 4800 \times 23$$
$$= 481400$$

由《抗规》式（5.2.1-2）：

$$F_5 = \frac{G_5 H_5}{\sum\limits_{j=1}^{6} G_j H_j}(1 - \delta_n)F_{Ek} = \frac{G_5 H_5}{\sum\limits_{j=1}^{6} G_j H_j}(F_{Ek} - \Delta F_6)$$

$$= \frac{6000 \times 19.4}{481400} \times (3126 - 256) = 694.0\text{kN}$$

65. 正确答案是B，解答如下：

$$T_g = 0.55\text{s} < T_1 = 1.2\text{s} < 5T_g = 2.75\text{s}$$

根据《抗规》5.1.5条：

$$\gamma = 0.9 + \frac{0.05 - 0.04}{0.3 + 6 \times 0.04} = 0.9185, \quad \eta_2 = 1 + \frac{0.05 - 0.04}{0.08 + 1.6 \times 0.04} = 1.0694$$

故

$$\alpha_1 = \left(\frac{T_g}{T_1}\right)^\gamma \eta_2 \alpha_{\max}$$

$$= \left(\frac{0.55}{1.2}\right)^{0.9185} \times 1.0694 \times 0.16 = 0.0836$$

$$F_{Ek} = \alpha_1 G_{eq} = 0.0836 \times 0.85 \times (7000 + 4 \times 6000 + 4800) = 2544\text{kN}$$

【62～65题评析】　62题、65题，在计算地震影响系数α_1时，应首先判别T_1与T_g、$5T_g$的关系，再确定相应的计算公式。

65题，计算η_1、η_2时须注意的是，$\eta_1 \geq 0.0$，$\eta_2 \geq 0.55$。

66. 正确答案是D，解答如下：

根据《高规》6.2.1条，钢筋混凝土框架结构：

抗震等级二级，$\eta_c = 1.5$

$$\Sigma M_c = \eta_c \Sigma M_b = 1.5 \times (495 + 105) = 900\text{kN} \cdot \text{m}$$

$$M_{BD} = \frac{345}{345 + 255} \times 900 = 517.5\text{kN} \cdot \text{m}$$

67. 正确答案是 D，解答如下：

根据《高规》6.2.3 条：

$$V = \eta_{vc}(M_c^t + M_c^b)/H_n$$
$$= 1.3 \times (298 + 306)/(4.5 - 0.6) = 201.3 \text{kN}$$

68. 正确答案是 C，解答如下：

根据《高规》6.2.5 条：

$$V_b = \eta_{vb}(M_b^r + M_b^l)/l_n + V_{Gb}$$
$$= 1.2 \times \frac{105 + 305}{7.5 - 0.6} + 135 = 206.3 \text{kN}$$

69. 正确答案是 A，解答如下：

根据《高规》6.3.5 条第 1 款：

$$\rho_{sv} \geqslant 0.28 f_t/f_{yv} = 0.28 \times 1.71/270 = 0.177\%$$

70. 正确答案是 C，解答如下：

根据《高规》5.4.1 条：

$$EJ_D \geqslant 2.7H^2 \sum_{i=1}^{n} G_i = 2.7 \times 75^2 \times (7300 + 6500 \times 18 + 5100)$$
$$= 1965262500 \text{kN} \cdot \text{m}^2$$

71. 正确答案是 D，解答如下：

根据《高规》3.7.3 条：

(A) 项：$[\Delta u/h] = \dfrac{1}{550}$

(B) 项：$[\Delta u/h] = \dfrac{1}{1000} + \dfrac{180 - 150}{250 - 150} \times \left(\dfrac{1}{500} - \dfrac{1}{1000}\right) = \dfrac{1}{769}$

(C) 项：$[\Delta u/h] = \dfrac{1}{800} + \dfrac{160 - 150}{250 - 150} \times \left(\dfrac{1}{500} - \dfrac{1}{800}\right) = \dfrac{1}{755}$

(D) 项：$[\Delta u/h] = \dfrac{1}{1000} + \dfrac{175 - 150}{250 - 150} \times \left(\dfrac{1}{500} - \dfrac{1}{1000}\right) = \dfrac{1}{800}$

所以应选（D）项。

72. 正确答案是 D，解答如下：

根据《高规》10.2.2 条：

底部加强部位的高度 h：$h = \max\left(\dfrac{95.4}{10}, 5.4 + 3.6 \times 2\right) = 12.6 \text{m}$

又根据《高规》10.2.20 条、7.2.14 条规定：

剪力墙的约束边缘构件范围为：$12.6 + 3.6 = 16.2 \text{m}$

73. 正确答案是 A，解答如下：

偏心受压法：

$$\eta_q = \frac{1}{n} \pm \frac{ea_i}{\sum\limits_{i=1}^{n} a_i^2}$$

$$\sum_{1}^{4} a_i^2 = a_1^2 + a_2^2 + a_3^2 + a_4^2 = 2 \times (2^2 + 4^2) = 40 \text{m}^2$$

当 $P=1$ 作用于 1 号梁上时，$e_1=4$m，$a_1=4$m

1 号梁反力 η_{11}：$\quad\quad\quad\quad \eta_{11}=\dfrac{1}{5}+\dfrac{4\times 4}{40}=0.60$

当 $P=1$ 作用于 5 号梁上时，$e_1=-4$m，$a_1=4$m

1 号梁反力 η_{15}：$\quad\quad\quad\quad \eta_{15}=\dfrac{1}{5}-\dfrac{4\times 4}{40}=-0.20$

根据 η_{11}、η_{15} 作出 1 号梁的横向影响线，如图 9-5（a）所示，设零点至 1 号梁位的距离为 x：

$$x=\dfrac{0.60}{0.60+0.20}\times 4\times 2=6.0\text{m}$$

将车辆荷载横向最不利布置如图 9-5（a）所示：

1 号梁：$m_{cq}=\dfrac{1}{2}\Sigma\eta_q=\dfrac{1}{2}\times\eta_{11}\cdot\dfrac{1}{x}(x_{q1}+x_{q2}+x_{q3}+x_{q4})$

$$=\dfrac{1}{2}\times 0.60\times\dfrac{1}{6}\times(6-1+6-2.8+6-4.1+6-5.9)$$

$$=0.51$$

74. 正确答案是 B，解答如下：

人群荷载等效集中力 P_{0r} 的位置如图 9-1-5 所示，则：

$$m_{cr}=\eta_r=\dfrac{6+0.25}{6}\times 0.6=0.625$$

75. 正确答案是 A，解答如下：

公路- I 级：$q_k=10.5$kN/m，$P_k=2\times(19.5+130)=299$kN

桥面净宽 $W=7.0$m，查《公桥通规》表 4.3.1-4，取设计车道数为 2，故 $\xi=1.0$

跨中截面弯矩影响线的纵坐标值，见图 9-1-6：

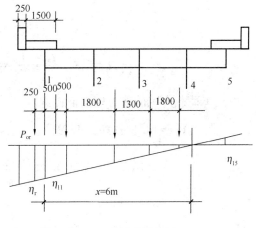

图 9-1-5

$$y_k=\dfrac{l_0}{4}=\dfrac{19.5}{4}=4.875\text{m}$$

$$\Omega=\dfrac{l_0^2}{8}=\dfrac{19.5^2}{8}=47.531\text{m}^2$$

$M_q=(1+\mu)\xi m_{cq}(P_k y_k+q_k\Omega)$

$$=1.21\times 1.0\times 0.56\times(299\times 4.875+10.5\times 47.531)$$

$$=1325.9\text{kN}\cdot\text{m}$$

76. 正确答案是 B，解答如下：

$\dfrac{l_0}{4}$ 处截面弯矩影响线的纵坐标，见图 9-1-7：

$$y_k = \frac{\frac{l_0}{4} \times \frac{3l_0}{4}}{l_0} = \frac{3l_0}{16} = \frac{3 \times 19.5}{16} = 3.656$$

$$\Omega = \frac{1}{2}l_0 y_k = \frac{1}{2} \times 19.5 \times 3.656 = 35.646$$

$$M_2 = (1+\mu)\xi n_{cq}(P_k y_k + q_k \Omega)$$
$$= 1.21 \times 1.0 \times 0.560 \times (299 \times 3.656 + 10.5 \times 35.646)$$
$$= 994.3 \text{kN} \cdot \text{m}$$

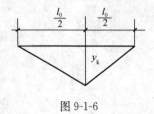

图 9-1-6

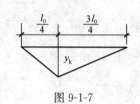

图 9-1-7

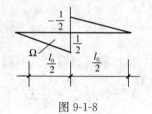

图 9-1-8

77. 正确答案是 A，解答如下：

跨中截面剪力影响线的纵坐标如图 9-1-8 所示：

$$y_k = \frac{1}{2}$$

$$\Omega = \frac{1}{2} \times \frac{l_0}{2} \cdot \frac{1}{2} = \frac{19.5}{8} = 2.4375\text{m}$$

由汽车荷载产生的剪力标准值：

$$V = (1+\mu)\xi n_{cq}(1.2P_k y_k + q_k \Omega)$$

$$= 1.21 \times 1.0 \times 0.56 \times \left(1.2 \times 299 \times \frac{1}{2} + 10.5 \times 2.4375\right)$$

$$= 138.9\text{kN}$$

【73～77 题评析】 75 题、76 题中，Ω 值按梁的 l_0 计算。

77 题中，Ω 值按梁的 $\frac{l_0}{2}$ 计算。

汽车荷载产生的剪力值，当为集中荷载时应取 $1.2P_k$ 进行剪力计算。

78. 正确答案是 A，解答如下：

$L_k = 15\text{m}$，按单孔跨径查《公桥通规》表 1.0.5，属小桥；查《公桥通规》表 4.1.5-1，其设计安全等级为二级，故取 $\gamma_0 = 1.0$。

$$\gamma_0 V_d = \gamma_0(\gamma_G M_{Gk} + \gamma_{Q1}M_{qk} + \psi_c \gamma_{Q2}M_{Q2k})$$
$$= 1.0 \times (1.2 \times 250 + 1.4 \times 180 + 0.75 \times 1.4 \times 20)$$
$$= 573\text{kN}$$

79. 正确答案是 B，解答如下：

根据《公桥混规》5.2.11 条：

$$\gamma_0 V_d \leqslant 0.51 \times 10^{-3} \sqrt{f_{cu,k}} b h_0$$

$$1.0 \times 650 \leqslant 0.51 \times 10^{-3} \times \sqrt{30} \times b \times 1200$$

故 $$b \geqslant 194\text{mm}$$

80. 正确答案是 A，解答如下：

根据《公桥混规》5.2.12条：

$$\gamma_0 V_d \leqslant 0.5 \times 10^{-3} \alpha_2 f_{td} b h_0$$

$$\gamma_0 V_d \leqslant 0.5 \times 10^{-3} \times 1.0 \times 1.39 \times 200 \times 1200 = 166.8\text{kN}$$

【78～80题评析】 78题、79题、80题，关键是结构重要性系数 γ_0 的取值，《公桥通规》4.1.5条对 γ_0 的取值作了规定。

实战训练试题（十）解答与评析

（上午卷）

1. 正确答案是 A，解答如下：

BC 跨，计算单元 $\frac{l_{01}}{l_{02}} = \frac{8}{4} = 2$，按单向板传导荷载；无库房区，取活荷载组合值系数为 0.7，但本题目仅一种活荷载，由荷载的标准组合值：

$$q_1 = (5.0 + 2.5) \times 4 + 4.375 + 2.0 = 36.375 \text{kN/m}$$

AB 跨，计算单元 $\frac{l_{01}}{l_{02}} = \frac{4}{4} = 1$，按双向板传导荷载；同上，取 $\psi_c = 0.7$：

$$q_3 = (5.0 + 2.5) \times 4 = 30 \text{kN/m}$$

2. 正确答案是 C，解答如下：

$$P_1 = (3.125 + 2.0) \times 4 = 20.5 \text{kN}$$
$$P_2 = (3.125 + 2.0) \times 4 + 5.0 \times 2 \times 4/2 + 2.5 \times 2 \times 4/2$$
$$= 50.5 \text{kN}$$

3. 正确答案是 D，解答如下：

永久荷载标准值，均布恒载：$5.0 \times 4 \times 6 \times 5 + 7.0 \times 4 \times 6 = 768 \text{kN}$

梁自重：$4.375 \times 6 \times 6 + 3.125 \times 4 \times 6 = 232.5 \text{kN}$

填充墙自重：$2.0 \times 6 \times 5 + 2.0 \times 4 \times 5 = 100.0 \text{kN}$

活荷载标准值，楼面活载：$2.5 \times 4 \times 6 \times 5 = 300 \text{kN}$

屋面活载：$0.7 \times 4 \times 6 = 16.8 \text{kN}$

荷载标准组合值，取楼面活载的组合值系数为 0.7，屋面活载的组合值系数为 0.7（不上人屋面，查《荷规》表 5.3.1），则：

$$N = (768 + 232.5 + 100.0) + 300 + 0.7 \times 16.8$$
$$= 1412.26 \text{kN}$$

4. 正确答案是 B，解答如下：

根据《可靠性标准》8.2.4 条：

$$q = 1.3 \times 5 \times 1 + 1.5 \times 2.5 \times 1 = 10.25 \text{kN/m}$$
$$M = \frac{1}{10} q l^2 = \frac{1}{10} \times 10.25 \times 4^2 = 16.4 \text{kN} \cdot \text{m}$$

5. 正确答案是 C，解答如下：

中间榀框架，现浇楼板，梁的刚度应乘增大系数 2.0，则：

梁线刚度：$i_{BA} = 2EI_b/l = \frac{2}{12} \times 250 \times 700^3 \cdot E \cdot \frac{1}{4000}$

$$i_{BC} = 2EI_b/l = \frac{2}{12} \times 250 \times 700^3 \cdot E \cdot \frac{1}{8000}$$

令 $i_{BA}=2$，则 $i_{BC}=1.0$

分层法，柱的线刚度应乘以 0.9，则：

$$i_{BD}=0.9EI_c/l=\frac{0.9}{12}\times500\times600^3\times E\times\frac{1}{4000}$$

$$i_{BD}/i_{BC}=\frac{0.9}{2}\times\frac{500}{250}\times\left(\frac{6}{7}\right)^3\times\frac{8000}{4000}=1.1335$$

$$\mu_{BA}=\frac{2}{2+1+1.1335}=0.484$$

$$\mu_{BC}=\frac{1}{2+1+1.1335}=0.242$$

6. 正确答案是 B，解答如下：

第一层的侧向刚度：$K_1=GA_1/h_1=G\times2.5\times\left(\frac{h_{c1}}{h_1}\right)^2\times A_{c1}\times\frac{1}{h_1}=2.5Gh_{c1}^2A_{c1}\times\frac{1}{h_1^3}$

同理，第二层的侧向刚度：$K_2=2.5Gh_{c2}^2A_{c2}\times\frac{1}{h_2^3}$

又已知 1～6 层所有柱截面均相同，均为 C40，故 $h_{c1}=h_{c2}$，$A_{c1}=A_{c2}$，则由《抗规》表 3.4.2-2：

$$K_1/K_2=h_2^3/h_1^3=4^3/6^3=30\%<70\%$$

又 $K_2=K_3=K_4$，则：

$$\frac{K_1}{(K_2+K_3+K_4)/3}=\frac{K_1}{3K_2/3}=K_1/K_2=30\%<80\%$$

故第 1 层为薄弱层。

【1～6 题评析】 1～3 题解题的关键是荷载的标准组合及其相应的组合值系数的取值，需注意楼面永久荷载（或恒载）标准值、楼面活荷载标准值不能直接相加，应考虑荷载组合的情况；同理，屋面永久荷载标准值，屋面活荷载标准值不能直接相加；也不能与楼面永久荷载标准值、楼面活荷载标准值直接相加。

5 题计算时，应注意：第一，现浇结构，中间榀框架梁的刚度应乘以增大系数 2.0，若为边榀框架梁，其刚度应乘以增大系数 1.5，具体见《高规》5.2.2 条规定；第二，分层法计算，除底层柱外，其他各层柱的线刚度应乘以折减系数 0.9，其弯矩传递系数取为 1/3；底层柱的线刚度不折减，其弯矩传递系数取为 1/2。

7. 正确答案是 B，解答如下：

根据《混规》9.2.10 条：

$$\rho_{sv}=\frac{A_{sv}}{bs}=\frac{101}{300\times200}=0.168\%<0.28f_t/f_{yv}=0.28\times1.71/270=0.177\%$$

故不满足。

【7 题评析】 边榀框架梁常受扭矩作用，其钢筋应配置抗扭纵筋、抗扭箍筋，这与一般的框架梁是有区别的，《混规》9.2.5 条、9.2.10 条分别规定了抗扭纵筋、抗扭箍筋的构造规定。

8. 正确答案是 A，解答如下：

根据《抗规》5.1.1 条条文说明，8 度，2.5m 挑梁为长悬臂挑梁；由《抗规》5.3.3 条，《抗震通规》4.3.2 条：

$$S = \gamma_G S_{GE} + \gamma_{EV} S_{EK}$$

$$= 1.3 \times \frac{1}{2} \times 20 \times 2.5^2 + 1.4 \times 10\% \times 20 \times \frac{1}{2} \times 2.5^2$$

$$= 90 \text{kN} \cdot \text{m}$$

【8题评析】 对于长悬臂和大跨度结构的竖向地震作用标准值的取值，《抗规》5.3.3 条作了规定，如何判定是否为长悬臂和大跨度结构，《抗规》5.1.1 条条文说明作出了具体规定。

9. 正确答案是 A，解答如下：

多层框架结构的角柱，查《混规》表 11.4.12-1 及注 2 的规定，抗震等级二级，角柱；$\rho_{min} = 0.95\%$，$\rho_{max} = 5\%$。

由已知条件，$4 \oplus 14 + 6 \oplus 18$，$A_s = 615 + 1527 = 2142 \text{mm}^2$

(1) 纵筋配筋率：$\rho = \dfrac{A_s}{A} = \dfrac{2142}{400 \times 600} = 0.89\% < 0.95\%$，违规

(2) 一侧配筋：$3 \oplus 18$，$A_s = 763 \text{mm}^2$

$$\rho = \frac{763}{400 \times 600} = 0.318\% > 0.2\%，不违规$$

(3) 查规范表 11.4.17，$\mu_N \leqslant 0.3$，抗震等级二级，取 $\lambda_v = 0.08$

$$\rho_v \geqslant \lambda_v f_c / f_{yv} = 0.08 \times 16.7 / 270 = 0.495\%$$

查规范表 8.2.1，箍筋保护层厚度为 20mm，则 $l_1 = 600 - 2 \times 20 - 2 \times 8/2 = 552 \text{mm}$，$l_2 = 400 - 2 \times 20 - 2 \times 8/2 = 352 \text{mm}$

实配 ρ_v：$\rho_v = \dfrac{n_1 A_{s1} l_1 + n_2 A_{s2} l_2}{A_{cor} \cdot s}$

$$= \frac{3 \times 50.3 \times 552 + 4 \times 50.3 \times 352}{(600 - 2 \times 28) \times (400 - 2 \times 28) \times 100}$$

$$= 0.834\% > 0.495\%，且 > 0.6\%，不违规$$

(4) 查《混规》表 11.4.12-2，抗震等级二级：

箍筋最大间距：$s = \min(8d, 100) = \min(8 \times 14, 100) = 100 \text{mm}$，不违规

由规范 11.4.15 条规定，箍筋肢距 b 为：

$$b = \max(250, 20d) = \min(250, 20 \times 8) = 250 \text{mm}$$

实际肢距为：552/3 = 184mm < 250mm，不违规

(5) 角柱、抗震二级，根据《混规》11.4.14 条，应沿柱全高加密，违规。

10. 正确答案是 C，解答如下：

查《混规》表 11.4.16，取 $[\mu_N] = 0.75$；由《抗震通规》4.3.2 条：

$$\mu_N = \frac{N}{f_c A} = \frac{1.3 \times (860 + 0.5 \times 580) \times 10^3 + 1.4 \times 480 \times 10^3}{16.7 \times 400 \times 600} = 0.54$$

$$\lambda = \frac{\mu_N}{[\mu_N]} = \frac{0.54}{0.75} = 0.72$$

【9、10题评析】 柱的配筋复核，包括：柱全部纵向钢筋和一侧纵向钢筋；纵向钢筋间距；柱加密区箍筋的体积配箍率；柱加密区箍筋的间距和肢距；柱非加密区的箍筋体积

配箍率、箍筋间距。

11. 正确答案是 A，解答如下：

（1）翼柱尺寸复核，根据《混规》11.7.18条及图11.7.18：

$$\max(b_f+b_w, b_f+300)=\max(600,600)=600mm$$

$$\max(b_w+2b_f, b_w+2\times300)=\max(300+2\times300,300+600)=900mm$$

故满足。

（2）已知非阴影部分无问题，对于阴影部分配箍率：

查《混规》表11.7.18，抗震二级，$\mu_N=0.45>0.4$，取 $\lambda_v=0.2$

$$\rho_v\geqslant\lambda_v f_c/f_{yv}=0.2\times19.1/270=1.415\%$$

墙，一类环境，查表8.2.1，C40，取箍筋和分布筋的混凝土保护层厚度为15mm：

$$\rho_v=\frac{(6\times260+575\times2+890\times2)\times78.5}{(250\times880+315\times250)\times100}$$

$$=1.18\%<1.415\%，违规$$

（3）箍筋直径和间距，根据规范表11.7.19、11.7.18条第3款的规定，直径 $d\geqslant$ 8mm，间距 $s\leqslant150mm$，实配 Φ10@100，满足。

（4）纵筋的配筋率，$A_s=4020mm^2$（20 Φ16）

$$\rho=\frac{A_s}{bh}=\frac{4020}{300\times(300+900)}=1.117\%$$

规范11.7.18条第2款，抗震二级，$\rho_{min}=1.0\%<1.117\%$，满足

【11题评析】 有翼墙的剪力墙约束边缘构件，需注意《混规》图11.7.18的规定，对于规范式（11.7.18）中 f_c 的取值规定与规范式（11.4.17）中 f_c 的取值规定是相同的。

12. 正确的答案是 B，解答如下：

根据《混规》附录B.0.1条、B.0.2条、B.0.5条：

$$\eta_{s,2}=\frac{1}{1-\frac{\sum N_i}{DH_0}}=\frac{1}{1-\frac{40000}{0.6\times4.2\times10^5\times4}}=1.041$$

$$\eta_{s,1}=\frac{1}{1-\frac{45000}{0.6\times1.5\times10^5\times5}}=1.111$$

$$\eta_B=\frac{1}{2}(\eta_{s,2}+\eta_{s,1})=1.077\approx1.08$$

13. 正确答案是 C，解答如下：

一类环境，C30 的梁，查《混规》表8.2.1，取箍筋的混凝土保护层厚度为20mm，箍筋直径10mm，选用 Φ20，则 $a_s=40mm$，则梁两边纵筋的垂直距离 $h_1=250-2\times40=170mm$，故 $h_1/2=170/2=85mm$

纵向钢筋所在处弦长：$l=2\sqrt{(D/2)^2-85^2}=2\sqrt{(450/2)^2-85^2}=417mm$

根据规范11.6.7条第1款规定：

纵面钢筋直径：$d\leqslant\frac{1}{20}l=\frac{1}{20}\times417=20.9m$

选 3 Φ20，梁端受拉钢筋配筋率：

$$\rho = \frac{A_s}{bh} = \frac{942}{250 \times 400} = 0.942\%$$

$\rho_{min} = \max(0.3\%, 0.65 f_t / f_y) = \max(0.3\%, 0.65 \times 1.43/360) = 0.26\% < 0.942\%$，满足

选用 3 Φ 20，满足。

【13 题评析】 上述解答过程中，应注意弦长的计算，也可如下计算：

$$l = \sqrt{D^2 - 180^2} = \sqrt{450^2 - 170^2} = 417mm$$

14. 正确答案是 C，解答如下：

根据《混规》8.1.1 条表 8.1.1 及注的规定，以及 8.1.2 条规定，（A）项、（B）项、（D）项均不对；（C）项正确。

【14 题评析】 对于钢筋混凝土结构伸缩缝的间距及其设置规定，《混规》8.1.1～8.1.4 条作了明确规定；同时，《混规》8.1.1～8.1.4 条的条文说明进行解释和补充。应注意施工后浇带与施工缝是不同的概念。

15. 正确答案是 C，解答如下：

根据《组合规范》5.5.13 条，（C）项错误，应选（C）项。

【15 题评析】 根据《组合规范》1.0.2 条、1.0.3 条其条文说明，（A）项、（B）项正确。

根据《组合规范》6.1.5 条，（D）项正确。

16. 正确答案是 B，解答如下：

檩条上的线荷载设计值为：$q = 5 \times 1.5 = 7.5kN/m$

多跨连续檩条支座最大弯矩设计值为：

$$M = 0.105ql^2 = 0.105 \times 7.5 \times 10^2 = 78.75kN \cdot m$$

17. 正确答案是 B，解答如下：

根据《钢标》6.1.1 条、6.1.2 条：

$$\frac{b_1}{t} = \frac{350 - 12}{2 \times 16} = 10.6 < 13\varepsilon_k = 13，翼缘为 S3 级$$

腹板满足 S4 级，故截面等级为 S4 级，取 $\gamma_x = 1.0$，按全截面计算。

$$\sigma = \frac{M_x}{\gamma_x W_{nx}} = \frac{2450 \times 10^6}{1.0 \times 12810 \times 10^3} = 191.3N/mm^2$$

18. 正确答案是 C，解答如下：

$$R_A = R_B = \frac{1}{2}(4F_2 + F_1) = \frac{1}{2} \times (4 \times 15 + 700) = 380kN$$

19. 正确答案是 D，解答如下：

平面内：$l_{0x} = 5m$，$\lambda_x = \frac{l_{0x}}{i_x} = \frac{5000}{53.9} = 92.8$

平面外：$l_{0y} = 10m$，$\lambda_y = \frac{l_{0y}}{i_y} = \frac{1000}{97.3} = 102.8$

查《钢标》表 7.2.1-1，均属于 b 类截面，$\lambda_y = 102.8$，查附表 D.0.2，取 $\varphi_{min} = \varphi_y = 0.536$

$$\frac{N}{\varphi_{\min}A}=\frac{1217\times10^3}{0.536\times12570}=180.6\text{N/mm}^2$$

20. 正确答案是 D，解答如下：

T 形杆翼缘由角焊缝传力，拼接板与节点板之间传递的内力为 N：
$$N=Af=100\times12\times215=258\text{kN}$$

拼接板与节点板之间采用角焊缝连接，由《钢标》式（11.2.2-2）：
$$\tau_{\text{f}}=\frac{N}{h_{\text{e}}l_{\text{w}}}\leqslant f_{\text{f}}^2$$

$$l_{\text{w}}=\frac{N}{h_{\text{e}}f_{\text{f}}^{\text{w}}}=\frac{258\times10^3}{2\times0.7\times6\times160}=192\text{mm}，且<60h_{\text{f}}=360\text{mm}$$

$$l_1=l_{\text{w}}+2h_{\text{f}}=192+2\times6=204\text{mm}，取\ l_1=210\text{mm}$$

21. 正确答案是 C，解答如下：

利用节点法，$\Sigma Y_{\text{A}}=0$，则：
$$\frac{3.5}{\sqrt{3.5^2+5^2}}D_1=R_{\text{A}}-0.5F_2$$

$$D_1=(1930-0.5\times30)\times1.744=3339.76\text{kN}$$

22. 正确答案是 D，解答如下：

将托架整体视为受弯构件，则其跨中弯矩最大，跨中下弦杆拉力也最大。

取隔离体如图 10-1-1 所示，对 O 点取矩，$\Sigma M_0=0$：

$4N_l=1930\times25-(15\times25+30\times20+730\times15+30\times10+730\times5)$

解之得：$N_l=8093.75\text{kN}$

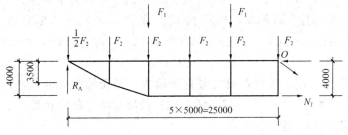

图 10-1-1

23. 正确答案是 B，解答如下：

上弦杆平面内：$l_{0\text{y}}=5\text{m}$，$\lambda_{\text{y}}=\dfrac{l_{0\text{y}}}{i_{\text{y}}}=\dfrac{5000}{104}=48.1$

上弦杆平面外：$l_{0\text{x}}=10\text{m}$，$\lambda_{\text{x}}=\dfrac{l_{0\text{x}}}{i_{\text{x}}}=\dfrac{10000}{182}=55.0$

轧制，$b/h=407/428=0.95>0.8$，查《钢标》表 7.2.1-1 及注 1，x 轴，为 a 类；y 轴为 b 类。

$\lambda_{\text{x}}/\varepsilon_{\text{k}}=55/\sqrt{235/345}=66.6$，查附表 D.0.1，取 $\varphi_{\text{x}}=0.856$

$\lambda_{\text{y}}/\varepsilon_{\text{k}}=48.1/\sqrt{235/345}=58.3$，查附录 D.0.2，取 $\varphi_{\text{y}}=0.816$

$$\frac{N}{\varphi A}=\frac{8550\times10^3}{0.816\times36140}=290\text{N/mm}^2$$

24. 正确答案是 A，解答如下：

腹杆平面内：$l_{0y}=0.8l=0.8\times4=3.2\text{m}$，$\lambda_y=\dfrac{l_{0y}}{i_y}=\dfrac{3200}{72.6}=44.1$

腹杆平面外：$l_{0x}=l=4\text{m}$，$\lambda_x=\dfrac{l_{0x}}{i_x}=\dfrac{4000}{169}=23.7$

热轧 H 型钢，$b/h=300/390=0.77<0.8$，查《钢标》表 7.2.1-1，对 x 轴属 a 类截面，对 y 轴属 b 类截面；又由于 λ_y 远远大于 λ_x，则：

$\lambda_y/\varepsilon_k=44.1/\sqrt{235/345}=53.4$，查附表 D.0.2，取 $\varphi_y=0.84$

$$\frac{N}{\varphi_y A}=\frac{1855\times10^3}{0.84\times13670}=161.5\text{N/mm}^2$$

25. 正确答案是 B，解答如下：

拼接板与节点板之间的两条焊缝承担的剪力应取拼接板受力 N_1 和节点板受力（即腹杆翼缘受力）N_2 中的最小值：

$$N_1=Af=358\times10\times305=1091900\text{N}$$
$$N_2=Af=2\times300\times16\times305=2928000\text{N}$$

故取 $N=N_1=1091900\text{N}$

根据《钢标》11.2.1 条：

$$l_w=\frac{N}{2h_e f_v^w}=\frac{1091900}{2\times10\times175}=312\text{mm}$$

$$l=l_w+2t=312+2\times10=332\text{mm}，取 l=335\text{mm}$$

【16～25 题评析】 16 题、18 题、21 题、22 题属于结构力学计算。

17 题，首先应判别截面等级，确定 γ_x 值。对 Q235，轧制工字形钢，受弯构件，一般地，直接取 $\gamma_x=1.05$；同时，《钢标》6.1.2 条规定，对需要计算疲劳的梁，宜取 $\gamma_x=\gamma_y=1.0$。

19 题、23 题、24 题，关键是确定杆件平面内、平面外的计算长度，其判别方法是：将桁架垂直放置，再将构件（T 形钢、H 形钢）按题目给定条件放置。

26. 正确答案是 D，解答如下：

根据《抗规》8.1.6 条第 3 款规定，不宜选用 K 形支撑。

27. 正确答案是 D，解答如下：

加劲板与腹板之间有 4 条角焊缝承担 F：

$$l_1=\frac{F}{4\times0.7h_f f_f^w}+2h_f=\frac{2500\times10^3}{4\times0.7\times16\times160}+2\times16=381\text{mm}，且<60h_f=960\text{mm}$$

腹板抗剪验算，剪切面为 2 个：

$$A_v=2t_w l_1，\quad \frac{F}{A_v}\leqslant f_v$$

$$l_1\geqslant\frac{F}{2t_w f_v}=\frac{2500\times10^3}{2\times16\times125}=625\text{mm}$$

取较大者，取 $l_1=625\text{mm}$。

28. 正确答案是 D，解答如下：

根据《钢标》6.3.7条，取受压构件截面如图10-1-2所示：

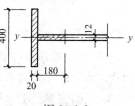

图 10-1-2

$$b = 15t_w\varepsilon_k = 15 \times 12 \times \sqrt{235/235} = 180\text{mm}$$

$$I_y = \frac{1}{12} \times 20 \times 400^3 = 1.067 \times 10^8 \text{mm}^4$$

$$A = 20 \times 400 + 12 \times 180 = 10160\text{mm}^2$$

$$i_y = \sqrt{I/A} = \sqrt{1.067 \times 10^8/10160} = 102.5\text{mm}$$

$$\lambda_y = \frac{l_0}{i_y} = \frac{h_0}{i_y} = \frac{1300}{102.5} = 12.7$$

T形截面，焰切边，查《钢标》表7.2.1-1，绕 y 轴按 b 类截面，查附表 D.0.2，取 $\varphi_y = 0.988$。

$$\frac{N}{\varphi_y A} = \frac{1005 \times 10^3}{0.988 \times 10160} = 100.1\text{N/mm}^2$$

【28题评析】 T形截面，查《钢标》表7.2.1-1时，应注意翼缘为焰切边，或剪切边，或轧制，各自属于不同的截面类型。

29. 正确答案是 C，解答如下：

根据《钢标》13.2.1条第 1 款规定，在支管与主管连接处，不得将支管插入主管内。

30. 正确答案是 B，解答如下：

$$A = 0.24 \times 1 + 0.25 \times 0.24 = 0.3\text{m}^2$$

$$I = \frac{1}{3} \times 1.0 \times 0.169^3 + \frac{1}{3} \times (1.0 - 0.24) \times (0.24 - 0.169)^3 + \frac{1}{3} \times 0.24 \times (0.49 - 0.169)^3$$

$$= 0.004346\text{m}^4$$

$$i = \sqrt{I/A} = 0.12\text{m}, h_T = 3.5i = 0.42\text{m}$$

查《砌规》表5.1.3，刚性方案，$s = 9\text{m} > 2H = 7.2\text{m}$

$$H_0 = 1.0H = 3.6\text{m}$$

$$\beta = \frac{H_0}{h_T} = \frac{3.6}{0.42} = 8.57$$

31. 正确答案是 D，解答如下：

首层，$H = 3.6 + 0.3 + 0.5 = 4.4\text{m}$

查《砌规》表5.1.3，刚性方案，$s = 9\text{m} > 2H = 8.8\text{m}$：

$$H_0 = 1.0H = 4.4\text{m}, \quad \frac{H_0}{h} = \frac{4.4}{0.24} = 18.33$$

$$\mu_1 = 1.0, \quad \mu_2 = 1 - 0.4 \times \frac{3 \times 1}{9} = 0.867$$

$$\frac{H_0}{h} = 18.33 < \mu_1\mu_2 [\beta] = 1 \times 0.867 \times 24 = 20.8$$

32. 正确答案是 C，解答如下：

根据《砌规》3.2.3条：

砌体施工质量控制等级为 C 级，$f = \gamma_a f = 0.89 \times 1.83 = 1.6287\text{MPa}$；

$$A = 0.24 \times 1 = 0.24\text{m}^2 < 0.3\text{m}^2, \quad \gamma_a = 0.7 + A = 0.94,$$

$$f = 1.6287 \times 0.94 = 1.531$$

$$\beta = \gamma_\beta \frac{H_0}{h} = 1.2 \times \frac{3.6}{0.24} = 18 \quad (H_0 = 3.6\text{m 由 30 题得到})$$

$e=0$，查《砌规》附表 D.0.1-1，取 $\varphi=0.67$

$$N=\varphi f A=0.67\times1.531\times240\times1000=246.18\text{kN/m}$$

【30~32题评析】 应注意的是，构件高度与楼层位置有关，如第一层、第二层等。

32题中，蒸压灰砂普通砖，根据《砌规》5.1.2条，取 $\gamma_\beta=1.2$；由于内墙 C 截面尺寸面积 $<0.3\text{m}^2$，故需乘以 γ_a：$\gamma_a=0.7+A=0.7+0.24=0.94$。

33. 正确答案是 D，解答如下：

根据《砌规》7.4.2条：

$$l_1=1.5\text{m}>2.2h_b=0.66\text{m}$$

$$x_0=0.3h_b=0.09\text{m}<0.13l_1=0.195\text{m}$$

由规范 7.4.1 条、《可靠性标准》8.2.4 条：

$$M_{ov}=[1.3\times(15.5+1.35)+1.5\times5]\times1.5\times(1.5/2+0.09)=37.05\text{kN}\cdot\text{m}$$

34. 正确答案是 B，解答如下：

根据《砌规》7.4.6条：

$$l<l_1/2=3.0/2=1.5\text{m}$$

由前述结果可知，$x_0=0.09\text{m}$

$$28\times l\times\left(\frac{l}{2}+0.09\right)\leqslant0.8\times\frac{(10+1.35)\times(3-0.09)^2}{2}$$

解之得：$l\leqslant1.56\text{m}$

故最终取：$l<1.5\text{m}$。

35. 正确答案是 D，解答如下：

根据《砌规》7.4.4条：

$$f=1.5\text{N/mm}^2，\eta=0.7，\gamma=1.5$$

$$A_l=1.2bh_b=1.2\times240\times300=86400\text{mm}^2$$

$$\eta\gamma f A_l=0.7\times1.5\times1.5\times86400=136.08\text{kN}$$

【33~35题评析】 35题，应注意 M5 水泥砂浆对强度设计值不调整。

36. 正确答案是 A，解答如下：

M5 水泥砂浆，故取 $f=1.5\text{MPa}$

顶层，$\sigma_0=0$，查《砌规》表 5.2.5，取 $\delta_1=5.4$

由规范式（5.2.5-4）：

$$a_0=\delta_1\sqrt{\frac{h_c}{f}}=5.4\times\sqrt{\frac{800}{1.5}}=124.71\text{mm}$$

37. 正确答案是 D，解答如下：

根据《可靠性标准》8.2.4条：

$$N=1.3\times(3.75\times4+4.2)\times\frac{8}{2}+1.5\times4.25\times4\times\frac{8}{2}=201.84\text{kN}$$

$$M=201.84\times(0.3304-0.4a_0)=201.84\times(0.3304-0.4\times0.15)$$

$$=54.58\text{kN}\cdot\text{m}$$

38. 正确答案是 A，解答如下：

$$l_n=5\text{m}，1.1l_n=5.5\text{m}，l_c=5+2\times\frac{0.3}{2}=5.3\text{m}，故取 l_0=5.3\text{m}$$

根据《砌规》7.3.3 条：

$$h_w = 15m > l_0 = 5.3m，取 h_w = 5.3m$$

$$H_0 = h_w + 0.5h_b = 5.3 + 0.5 \times 0.5 = 5.55m$$

39. 正确答案是 B，解答如下：

根据《砌规》7.3.8 条：

自承重墙梁，无洞口，取 $\beta_v = 0.45$；净跨度 $l_n = 5.0m$

$$V_{bj} = V_{1j} + \beta_v V_{2j} = 0 + 0.45 \times (10.5 \times 15 + 6.2) \times \frac{5}{2} = 184.2kN$$

40. 正确答案是 C，解答如下：

根据《砌规》6.5.2 条、6.5.3 条，（C）项不妥。

（下午卷）

41. 正确答案是 D，解答如下：

根据《砌规》6.4.5 条及其条文说明，（D）项不妥。

42. 正确答案是 B，解答如下：

西南云杉（TC15-B），查《木标》表 4.3.1-3，取 $f_c = 12N/mm^2$，$f_t = 9.0N/mm^2$，$f_v = 1.5N/mm^2$，$f_{c,90} = 3.1N/mm^2$

（1）承压要求：

$$f_{c\alpha} = \frac{f_c}{1 + \left(\frac{f_c}{f_{c,90}} - 1\right)\frac{\alpha - 10°}{80°}\sin 30°}$$

$$= \frac{12}{1 + \left(\frac{12}{3.1} - 1\right)\frac{30 - 10}{80} \times 0.5} = 8.83N/mm^2$$

$$N_1 = A_c f_{c\alpha} = \frac{h_c b_v}{\cos\alpha} f_{c\alpha} = \frac{30 \times 140}{\cos 30°} \times 8.83 = 42.8kN$$

（2）抗剪要求：$V = N_2 \cos 30°$

$$\frac{l_v}{h_c} = \frac{240}{30} = 8，查表 6.1.2，取 \psi_v = 0.64$$

$$\frac{N_2 \cos 30°}{l_v b_v} = \psi_v f_v，则：$$

$$N_2 = \frac{l_v b_v \psi_v f_v}{\cos 30°} = \frac{240 \times 140 \times 0.64 \times 1.5}{0.866} = 37.2kN$$

取上述较小者，$N = 37.2kN$

43. 正确答案是 B，解答如下：

根据《木标》6.2.6 条、6.2.7 条：

查《钢标》表 4.4.6，$f_c^b = 305N/mm^2$

由 6.2.8 条，$f_{es} = 1.1 f_c^b = 1.1 \times 305 = 335.5N/mm^2$

$$R_e = \frac{f_{em}}{f_{es}} = \frac{14.2}{335.5} = 0.04$$

$$k_{sⅢ} = \frac{0.04}{2.04} \left[\sqrt{\frac{2 \times (1+0.04)}{0.04} + \frac{1.647 \times (1+2 \times 0.04) \times 1 \times 235 \times 20^2}{3 \times 0.04 \times 335.5 \times 10^2}} - 1 \right]$$

$$= 0.17$$

$$k_Ⅲ = \frac{0.17}{2.22} = 0.077$$

$$Z = 0.077 \times 10 \times 20 \times 335.5 = 5.17 \text{kN}$$

由 6.2.5 条，$Z_d = 1 \times 1 \times 1 \times 0.96 \times 5.17 = 4.96 \text{kN}$

$$T_u = 2 \times 4.96 \times 8 = 79.36 \text{kN}$$

【42、43 题评析】 假定方木截面为 150mm×150mm，根据《木规》4.2.3 条第 2 款规定，其强度设计值可提高 10%，此时，对于 42 题，$f_v = 1.5 \times 1.1$，$f_{c,90} = 3.1 \times 1.1$，然后再计算 $f_{cα}$ 值。

44. 正确答案是 B，解答如下：

根据《地处规》附录 C.0.11 条：

$$R_a = Q_u/2 = 1500/2 = 750 \text{kN}$$

45. 正确答案是 B，解答如下：

根据《地处规》7.7.2 条、7.1.5 条：

$$R_a = u_p \sum_{i=1}^{n} q_{si} l_{qi} + \alpha_p q_p A_p$$

$$= 0.4 \times 3.14 \times (35 \times 3 + 40 \times 2 + 45 \times 1) + \frac{1.0 \times 3.14 \times 0.4^2}{4} \times 1600$$

$$= 489.84 \text{kN}$$

46. 正确答案是 D，解答如下：

根据《地处规》3.0.4 条，取 $\eta_d = 1.0$：

$$f_{sp} = f_{spk} + \eta_d \gamma_m (d - 0.5) \geqslant p_k$$

即：

$$390 \leqslant f_{spk} + 1.0 \times 16 \times (4 - 0.5)$$

$$f_{spk} \geqslant 334 \text{kPa}$$

47. 正确答案是 B，解答如下：

根据《地处规》7.7.2 条、7.1.5 条：

$f_{spk} = \lambda m \dfrac{R_a}{A_p} + \beta (1-m) f_{sk}$，取 $f_{sk} = f_k = 120 \text{kPa}$，则：

$$m = \frac{f_{spk} - \beta f_{sk}}{\dfrac{\lambda R_a}{A_p} - \beta f_{sk}} = \frac{248 - 0.8 \times 120}{\dfrac{0.9 \times 450}{3.14 \times 0.2^2} - 0.8 \times 120} = 4.86\%$$

48. 正确答案是 D，解答如下：

根据《地处规》7.1.6 条：

$$f_{cu} \geqslant 4 \frac{\lambda R_a}{A_p} = 4 \times \frac{0.9 \times 450}{3.14 \times 0.2^2} = 12.9 \text{MPa}$$

49. 正确答案是 B，解答如下：

根据《地处规》7.1.5 条：

$$m = d^2/d_e^3，等边三角形布置，d_e = 1.05s$$

$$s = \frac{d_e}{1.05} = \frac{d}{1.05\sqrt{m}} = \frac{0.4}{1.05 \times \sqrt{0.05}} = 1.70\text{m}$$

【44~49题评析】 46题，根据《地处规》3.0.4条规定，经处理后的地基，其 f_{spk} 值应进行深度修正，取 $\eta_d = 1.0$；而宽度修正取 $\eta_b = 0.0$。f_{spk} 修正后值 f_{ap} 应满足地基承载力要求：$f_{spa} \leqslant p_k$。

50. 正确答案是 B，解答如下：

$e = 0.78 < 0.85$，$I_L = 0.88 > 0.85$，查《地规》表 5.2.4，取 $\eta_b = 0.0$，$\eta_d = 1.0$

由规范式（5.2.4）：

$$f_a = f_{ak} + \eta_b \gamma(b-3) + \eta_d \gamma_m(d-0.5)$$
$$= 125 + 0 + 1 \times 18 \times (1.5 - 0.5) = 143\text{kPa}$$

51. 正确答案是 D，解答如下：

根据《地规》5.2.2 条：

$$M_k = H_k d = 70 \times 1.9 = 133\text{kN} \cdot \text{m}$$

$$F_k + G_k = 200 + 20 \times 1.6 \times 2.4 \times \frac{(1.7+1.5)}{2} = 322.88\text{kN}$$

$$e = \frac{M_k}{F_k + G_k} = \frac{133}{322.88} = 0.41\text{m} > \frac{b}{6} = \frac{2.4}{6} = 0.4\text{m}$$

故基底反力呈三角形分布，$a = \frac{b}{2} - e = \frac{2.4}{2} - 0.41 = 0.79\text{m}$

由规范式（5.2.2-4）：

$$p_{kmax} = \frac{2(F_k + G_k)}{3la} = \frac{2 \times 322.88}{3 \times 1.6 \times 0.79} = 170.3\text{kPa}$$

52. 正确答案是 A，解答如下：

根据《地规》式（8.2.8-1）、式（8.2.8-2）：

$$a_b = a_t + 2h_0 = 500 + 2 \times 450 = 1400\text{mm} < l = 1600\text{mm}$$

即冲切破坏锥的底面在 l 方向落在基底面以内

$$a_m = (a_t + a_b)/2 = (500 + 1400)/2 = 950\text{mm}$$

$$0.7\beta_{hp} f_t a_m h_0 = 0.7 \times 1 \times 1.27 \times 950 \times 450 = 380.05\text{kN}$$

53. 正确答案是 C，解答如下：

根据《地规》式（8.2.8-3）：

$$F_l = p_j A_l = (p_{max} - 1.3\gamma_G \bar{d}) A_l$$
$$= (260 - 1.3 \times 20 \times 1.6) \times 0.609 = 133\text{kN}$$

54. 正确答案是 C，解答如下：

根据《地规》5.2.2 条：

$$M_k = H_k d = 50 \times 1.9 = 95\text{kN} \cdot \text{m}$$

$$F_k + G_k = 200 + 20 \times 3.52 \times 1.6 = 312.64\text{kN}$$

$$e = \frac{M_k}{F_k + G_k} = \frac{95}{312.64} = 0.303\text{m} < \frac{b}{6} = \frac{2.2}{6} = 0.37\text{m}$$

故基底反力呈梯形分布，由规范式（5.2.2-2）：

$$p_{kmax} = \frac{F_k + G_k}{A} + \frac{M_k}{W} = \frac{312.64}{3.52} + \frac{95}{1.29} = 162\text{kPa}$$

55. 正确答案是 D, 解答如下:

根据《地规》8.2.11 条: $a_1 = \dfrac{2.2-0.5}{2} = 0.85\text{m}$

$$p = 20.5 + \frac{2.2-0.85}{2.2} \times (219.3-20.5) = 142.5\text{kPa}$$

$$M_{\text{I-I}} = \frac{1}{12}a_1^2 \left[(2l+a')\left(p_{\max}+p-\frac{2G}{A}\right) + (p_{\max}-p)l \right]$$

$$= \frac{1}{12} \times 0.85^2 \times \left[(2 \times 1.6 + 0.5) \times \left(219.3 + 142.5 - \frac{2 \times 1.3 \times 20 \times 1.6 \cdot A}{A}\right) + \right.$$

$$\left. (219.3 - 142.5) \times 1.6 \right]$$

$$= 69.5\text{kPa}$$

【50~55 题评析】 50 题, 地基承载力修正时, 基础埋深 d 的取值, 根据《地规》5.2.4 条规定, 宜自室外地面标高算起。

51 题, 计算基础及其上土的自重时, 取 $\bar{d} = (1.7+1.5)/2 = 1.6\text{m}$。

52 题, 首先应判断冲切破坏锥的底面在 l 方向上是否落在基础底面以内。

56. 正确答案是 C, 解答如下:

根据《地处规》7.1.3 条, 应选 (C) 项。

57. 正确答案是 B, 解答如下:

根据《地规》8.5.6 条第 6 款:

$$3d = 3 \times 1.65 = 4.95\text{m}, \text{并且} \geqslant 5\text{m}$$

故取 5m, 应选 (B) 项。

58. 正确答案是 B, 解答如下:

6 层, 高度 $H = 3.6 \times 5 + 5 + 0.45 = 23.45\text{m}$, 属于多层结构。

根据《抗规》6.1.14 条规定:

$$K_1/K_{-1} = 1/1.8 = 0.556 > 0.5; K_{-1}/K_{-2} = 1/2.5 = 0.4 < 0.5$$

楼板厚度 250mm > 180mm, Φ20 双向钢筋, 故取地下 1 层板底 (-4.000) 作为上部结构的嵌固端。

【58 题评析】 本题 6 层、高度为 23.45m, 不属于高层建筑, 故应根据《抗规》作答; 若本题属于高层建筑, 应根据《高规》5.3.7 条、12.2.1 条作答。

59. 正确答案是 B, 解答如下:

根据《高规》4.2.2 条:

$H = 88\text{m} > 60\text{m}$, 则:

$$w_0 = 1.1 \times 0.55 = 0.605\text{kN/m}^2$$

根据《荷规》8.4.4 条, C 类地面:

$$x_1 = \frac{30/2.9}{\sqrt{0.54 \times 0.605}} = 18.099$$

$$R = \sqrt{\frac{\pi}{6 \times 0.05} \cdot \frac{18.099^2}{(1+18.099^2)^{4/3}}} = 1.23$$

60. 正确答案是 D, 解答如下:

466

屋面处迎风面宽度：$B=32+2\times12\cos60°=44$m，

C类地面，$z=88$m，查《荷规》表8.2.1，取$\mu_z=1.416$；$z/H=1.0$，查《荷规》附录表G.0.3，取$\phi_1(z)=1.00$

根据《荷规》8.4.5条、8.4.6条：

$$\rho_z=\frac{10\sqrt{88+60e^{-88/60}-60}}{88}=0.735$$

$$\rho_x=\frac{10\sqrt{44+50e^{-44/50}-50}}{44}=0.873$$

$$B_z=0.295\times88^{0.261}\times0.873\times0.735\times\frac{1.00}{1.416}=0.430$$

61. 正确答案是B，解答如下：

根据《荷规》表8.3.1第30项：

$$\sum_{i=1}^{6}\mu_iB_i=0.8\times32+2\times0.45\times12\cos120°+2\times0.5\times32\cos60°+0.5\times12$$
$$=42.2$$

62. 正确答案是C，解答如下：

根据《高规》附录E.0.1条、5.3.7条：

$$\gamma=\frac{K_{-1}}{K_1}=\frac{G_0A_0}{G_1A_1}\cdot\frac{h_1}{h_0}=\frac{19.76\times10^6}{17.17\times10^6}\times\frac{5.2}{3.5}=1.71<2$$

故应以地下室底板为嵌固端。

$$M=\frac{1}{2}qH\times\left(3.5+\frac{2H}{3}\right)=\frac{1}{2}\times134.7\times88\times\left(3.5+\frac{2}{3}\times88\right)$$
$$=368449.4\text{kN}\cdot\text{m}$$

63. 正确答案是D，解答如下：

根据《高规》10.2.2条：

剪力墙底部加强部位的高度：$H=\max\left(\frac{88}{10},5.2+4.8+3.0\right)=13.0$m

【59～63题评析】59题，《高规》4.2.2条条文说明及5.6.1条条文说明。

62题，关键是判断结构的嵌固端位置。

64. 正确答案是A，解答如下：

根据《高规》6.3.2条第3款：

$A_{s底}/A_{s顶}\geqslant0.3$，则（B）、（C）项不满足

根据规程6.3.3条第1款：$\rho\leqslant2.75\%$，且不宜大于2.5%

对于（A）项，$\rho=\frac{3927}{300\times530}=2.47\%$，满足

对于（D）项，$\rho=\frac{4926}{300\times530}=3.1\%$，不满足

65. 正确答案是A，解答如下：

根据《高规》表6.3.2-2：

梁端加密区箍筋最大间距：$s=\min(h_b/4,8d,100)$

$s=\min(650/4,8\times25,100)=100$mm，故（B）、（D）项不对

梁端顶面受拉钢筋配筋率：$\rho = \dfrac{3927}{300 \times 530} = 2.47\% > 2\%$

故根据规程 6.3.2 条第 4 款规定，箍筋最小直径应增大 2mm，即 8＋2＝10mm，故（C）项不对。

66. 正确答案是 D，解答如下：

根据《高规》6.4.3 条第 1 款，$H = 66\text{m} > 60\text{m}$，Ⅳ类场地上的较高高层建筑：

$$\rho_{min} = 0.9\% + 0.1\% + 0.05\% = 1.05\%$$

故：$A_s \geq 1.05\% \times 350 \times 600 = 2205\text{mm}^2$，所以排除（A）、（B）项。

又由规程 6.4.4 条第 5 款，小偏心受拉的角柱：

$$A_s \geq 1.25 \times 2100 = 2625\text{mm}^2$$

故排除（C）项。

所以选 10 Φ 20 ($A_s = 3142\text{mm}^2$)

【64～66 题评析】65 题，一、二级抗震框架梁，根据《高规》表 6.3.2-2，箍筋加密区间距 $s \leq 100\text{mm}$，故（B）、（D）项可先排除。当梁端纵向钢筋较多时，一般地应复核其受拉纵筋配筋率，并且满足最大配筋率要求。

67. 正确答案是 B，解答如下：

根据《高钢规》5.4.3 条：

$$\begin{aligned} F_{Ek} &= \alpha_1 G_{eq} = 0.12 \times 0.85 \times [(4300 + 0.5 \times 160) + 10 \times (4100 + 0.5 \times 550)] \\ &= 4909\text{kN} \end{aligned}$$

68. 正确答案是 C，解答如下：

根据《高钢规》5.4.3 条：

$T_1 = 1.1\text{s} > 1.4 T_g = 1.4 \times 0.4 = 0.56\text{s}$

则：$\delta_n = 0.08 T_1 + 0.01 = 0.08 \times 1.1 + 0.01 = 0.098$

$\quad G_1 = 4100 + 0.5 \times 550 = 4375\text{kN}$，$G_{11} = 4300 + 0.5 \times 160 = 4380\text{kN}$

$$G_{2 \sim 10} = G_1 = 4375\text{kN}$$

$$\begin{aligned} \sum_{j=1}^{11} G_j H_j &= 4375 \times 2.8 \times (1+2+3+4+5+6+7+8+9+10) + 4380 \times 2.8 \times 11 \\ &= 808654 \end{aligned}$$

$$\begin{aligned} F_{11} &= \frac{G_{11} H_{11}}{\sum\limits_{j=1}^{11} G_j H_j} \cdot F_{Ek}(1 - \delta_n) = \frac{4380 \times 2.8 \times 11}{808654} \times 6000 \times (1 - 0.098) \\ &= 903\text{kN} \end{aligned}$$

$$\Delta F_n = \delta_n \cdot F_{Ek} = 0.098 \times 6000 = 588\text{kN}$$

$$\Sigma F_{11} = F_{11} + \Delta F_n = 903 + 588 = 1491\text{kN}$$

69. 正确答案是 B，解答如下：

根据《高钢规》7.3.7 条：

$$t_{wc} \geq \frac{h_{0b} + h_{0c}}{90} = \frac{400 + 500}{90} = 10\text{mm}$$

抗震等级三级，由《高钢规》7.4.1 条：

$$\frac{h_c}{t_{wc}} \leqslant 48\sqrt{235/345}, 则:t_{wc} \geqslant 12.6mm$$

最终取 $t_{wc} \geqslant 12.6mm$。

【67~69题评析】69题，若根据《抗规》8.2.5条的规定，计算公式是相同的。

70. 正确答案是D，解答如下：

$H=130m$，7度，由《高规》3.3.1条，属于B级高度。

查《高规》表3.9.4：

框架抗震等级为一级，剪力墙抗震等级为一级。

71. 正确答案是B，解答如下：

$$T_1 = 0.41 + 0.10 \times 10^{-2} H^2/d = 0.41 + \frac{0.0010 \times 70^2}{(4.5+7.3)/2} = 1.2405s$$

8度（0.2g），查《抗规》表5.1.4-1，取 $\alpha_{max}=0.16$

Ⅱ类场地，第一组，查表5.1.4-2，取 $T_g=0.35s$

$T_s = 0.35s < T_1 = 1.2405s < 5T_g = 1.75s$。

由《烟标》3.1.31条，$\zeta=0.04$

$$\gamma = 0.9 + \frac{0.05-0.04}{0.3+6 \times 0.04} = 0.918$$

$$\eta_2 = 1 + \frac{0.05-0.04}{0.08+1.6 \times 0.04} = 1.069$$

$$\alpha_1 = \left(\frac{T_g}{T_1}\right)^{\gamma} \eta_2 \alpha_{max} = \left(\frac{0.35}{1.2405}\right)^{0.918} \times 1.069 \times 0.16 = 0.054$$

72. 正确答案是B，解答如下：

根据《高规》附录D.0.1条、D.0.2条、D.0.3条：

一字墙，$\beta=1.0$，故 $l_0 = \beta h = 1.0 \times 5000 = 5000mm$

$q \leqslant \frac{E_c t^3}{10 l_0^2}$，则：

$$t \geqslant \sqrt[3]{\frac{10 l_0^2 q}{E_c}} = \sqrt[3]{\frac{10 \times 5000^2 \times 3400}{3.15 \times 10^4}} = 299.94mm$$

73. 正确答案是B，解答如下：

确定支座1的荷载横向分布系数，用杠杆法计算，如图10-1-3所示。

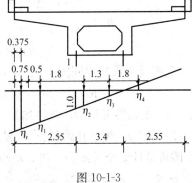

图 10-1-3

$$\eta_1 = \frac{3.4+2.55-0.75-0.5}{3.4} \times 1$$

$$=1.382$$

$$\eta_2 = \frac{5.95-0.75-0.5-1.8}{3.4} \times 1$$

$$=0.853$$

$$\eta_3 = \frac{5.95-0.75-0.5-1.8-1.3}{3.4} \times 1$$

$$=0.471$$

$$\eta_4 = \frac{5.95 - 0.75 - 0.5 - 1.8 - 1.3 - 1.8}{3.4} \times 1$$

$$= -0.059$$

$$m_{cq} = \frac{1}{2} \sum_{i=1}^{4} \eta_q = 1.3235$$

桥面行车道净宽 7.0m，双向行驶，查《公桥通规》表 4.3.1-4，设计车道数为 2，故取 $\xi = 1.0$。

1 号中墩汽车加载如图 10-1-4 所示。

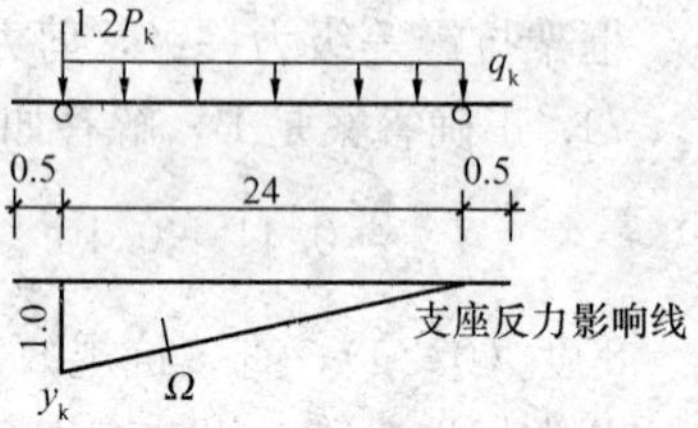

公路-I 级：$q_k = 10.5 \text{kN/m}$

$$P_k = 2 \times (24 + 130) = 308 \text{kN}$$

$$\Omega = \frac{1}{2} \times 24 \times 1 = 12 \text{m}^2$$

$$R_{1k} = (1 + \mu) \xi m_{cq} (P_k y_k + q_k \Omega)$$

$$= 1.215 \times 1.0 \times 1.3235 \times (308 \times 1 + 10.5 \times 12)$$

$$= 697.9 \text{kN}$$

图 10-1-4

74. 正确答案是 A，解答如下：

恒载平分到四个支座：$R_1 = \dfrac{4500}{4} = 1125 \text{kN}$

75. 正确答案是 C，解答如下：

根据《公桥混规》8.7.3 条：

$$\frac{R_{ck}}{A_e} = \frac{2000 \times 10^3}{(400 - 2 \times 5)(b - 2 \times 5)} \leqslant \sigma_c = 10$$

解之得：$b \geqslant 523 \text{mm}$

76. 正确答案是 C，解答如下：

$$M_k = (750 + 750) \times 1 = 1500 \text{kN} \cdot \text{m}$$

77. 正确答案是 B，解答如下：

如图 10-3（a）所示，人群等效荷载集中力 P_{or}，其对应的 η_r 为：

$$\eta_r = \frac{3.4 + 2.55 - \dfrac{0.75}{2}}{3.4} \times 1 = 1.6397, \quad m_{cr} = \eta_r = 1.6397$$

$$q_{rk} = 3.0 \times 0.75 = 2.25 \text{kN/m}$$

支座反力影响线同图 10-4（a）：$y_k = 1.0$，$\Omega = 12 \text{m}^2$

$$R_{1k.r} = m_{cr} \cdot q_{rk} \Omega = 1.6397 \times 2.25 \times 12 = 44.27 \text{kN}$$

78. 正确答案是 D，解答如下：

$L_k = 25 \text{m}$，按单孔跨径查《公桥通规》表 1.0.5，属中桥；查《公桥通规》表 4.1.5-1，该桥设计安全等级为一级，故取 $\gamma_0 = 1.1$。

$$\gamma_0 S_{ud} = \gamma_0 (\gamma_G S_{GK} + \gamma_{Q1} S_{Q1K} + \psi_c \gamma_{Q2} S_{Q2K})$$

$$= 1.1 \times [1.2 \times 700 + 1.4 \times 600 \times (1 + 0.215) + 0.75 \times 1.4 \times 40]$$

$$= 2093 \text{kN}$$

79. 正确答案是 A，解答如下：

$$S_{sd} = 700 + 0.4 \times 600 + 0.4 \times 40 = 956$$

【73~79题评析】73 题，本题目求箱梁支座 1 的最大压力值，故按单孔长度即 24m 加载；假若求中间桥墩墩顶的最大压力值，应按双孔长度即 $24 \times 2 = 48m$ 加载。

80. 正确答案是 C，解答如下：

根据弯梁桥的受力特点，即：对于两端均有抗扭支座的，其外弧侧的支座反力一般大于内弧侧；曲率半径 R 较小时，内弧侧还可能出现负反力。所以 $A_2 > A_1$，$D_2 > D_1$。

实战训练试题（十一）解答与评析

（上午卷）

1. 正确答案是 C，解答如下：

C25，HRB400 级钢筋，取 $\xi_b = 0.518$

$$h_0 = h - a_s = 535\text{mm}, \quad x_b = \xi_b h_0 = 0.518 \times 535 = 277\text{mm} > h_f = 120\text{mm}$$

根据规范 6.2.10 条，安全等级二级，取 $\gamma_0 = 1.0$：

$$M = \alpha_1 f_c b x_b \left(h_0 - \frac{x_b}{2}\right) + \alpha_1 f_c (b'_f - b) h'_f \left(h_0 - \frac{h'_f}{2}\right)$$

$$= 1.0 \times 11.9 \times 250 \times 277 \times \left(535 - \frac{277}{2}\right)$$

$$+ 1.0 \times 11.9 \times 500 \times 120 \times \left(535 - \frac{120}{2}\right)$$

$$= 665.9\text{kN} \cdot \text{m}$$

2. 正确答案是 B，解答如下：

根据《可靠性标准》8.2.4 条：

支座截面剪力设计值 V：

$$V = 1.3 \times 40 + 1.5 \times 40 + (1.3 \times 4 + 1.5 \times 4) \times \frac{6}{2} = 145.6\text{kN}$$

独立梁，集中荷载产生的剪力占总剪力之比：

$$\frac{1.3 \times 40 + 1.5 \times 40}{145.6} = 76.9\% > 75\%$$

根据《混规》式（6.3.4-2）：

$$\lambda = \frac{2000}{600 - 65} = 3.74, \text{故取} \lambda = 3$$

$$V \leqslant \alpha_{cv} f_t b h_0 + f_{yv} \frac{A_{sv}}{s} h_0$$

$$A_{sv} \geqslant \left(145.6 \times 10^3 - \frac{1.75}{3+1} \times 1.27 \times 250 \times 535\right) \times \frac{200}{270 \times 535}$$

$$= 99\text{mm}^2$$

双肢箍，$A_{sv1} = A_{sv}/2 = 49.5\text{mm}^2$

3. 正确答案是 A，解答如下：

根据《可靠性标准》8.2.4 条：

$$\lambda = \frac{2000}{600 - 35} = 3.74, \text{故取} \lambda = 3$$

$$V = 1.3 \times 58 + 1.5 \times 58 = 162.4\text{kN}$$

$$T_w = \frac{W_{tw}}{W_{tw} + W_{tf}} T = \frac{16.15 \times 10^6}{16.15 \times 10^6 + 3.6 \times 10^6} \times 12$$

$$= 9.81 \text{kN} \cdot \text{m}$$

根据《混规》6.4.8 条规定：

$$\beta_t = \frac{1.5}{1 + 0.2(\lambda + 1)\dfrac{VW_{tw}}{T_w b h_0}}$$

$$= \frac{1.5}{1 + 0.2 \times (3 + 1) \times \dfrac{162.4 \times 10^3 \times 16.15 \times 10^6}{9.81 \times 10^6 \times 250 \times 535}}$$

$$= 0.58$$

4. 正确答案是 B，解答如下：

根据《混规》7.1.2 条：

$$\rho_{te} = \frac{A_s}{A_{te}} = \frac{1520}{0.5 \times 250 \times 600} = 0.02 > 0.01$$

$$\psi = 1.1 - 0.65 \frac{f_{tk}}{\rho_{te}\sigma_{sq}} = 1.1 - 0.65 \times \frac{1.78}{0.02 \times 268} = 0.884 \begin{matrix} <1 \\ >0.2 \end{matrix}$$

$$w_{max} = \alpha_{cr}\psi\frac{\sigma_{sq}}{E_s}\left(1.9c_s + 0.08\frac{d_{eq}}{\rho_{te}}\right)$$

$$= 1.9 \times 0.884 \times \frac{268}{2 \times 10^5} \times \left(1.9 \times 25 + 0.08 \times \frac{22}{0.02}\right)$$

$$= 0.305 \text{mm}$$

【1～4 题评析】 1 题，ξ_b 的取值，当混凝土强度等级≤C50，钢筋为 HPB300 时，$\xi_b = 0.576$；当为 HRB335 时，$\xi_b = 0.550$；当为 HRB400 时，$\xi_b = 0.518$；当为 HRB500 时，$\xi_b = 0.482$。

2 题、3 题，应注意剪跨比 λ 的取值，当 $\lambda < 1.5$ 时，取 $\lambda = 1.5$；当 $\lambda > 3$ 时，取 $\lambda = 3$，具体见规范 7.5.4 条。

4 题，应注意 ρ_{te} 的计算及其取值范围；ψ 的取值范围。

5. 正确答案是 C，解答如下：

根据《荷规》6.1.2 条第 1 款规定，一台四轮桥式吊车每侧的刹车轮数为 1，求柱间支撑，取 2 台，不考虑折减：

$$F = 10\% \times 178 \times 2 = 35.6 \text{kN}$$

6. 正确答案是 C，解答如下：

根据《荷规》6.2.1 条规定，对于边柱应考虑两台吊车；求最大吊车竖向荷载时，吊车梁支座反力影响线如图 11-1-1（a）所示。

$$\Sigma y_i = 1 + \frac{2000}{6000} + \frac{60}{6000} + \frac{4060}{6000} = 2.02$$

又根据荷载规范 6.2.2 条，荷载折减系数取 0.9：

$$D_{max} = 0.9 \times 178 \Sigma y_i = 0.9 \times 178 \times 2.02 = 324 \text{kN}$$

求最小吊车竖向荷载时，吊车梁支座反力影响线如图 11-1-1（b）所示。

$$\Sigma y_i = 0 + \frac{4000}{6000} + 0 + \frac{4000}{6000} = \frac{4}{3}$$

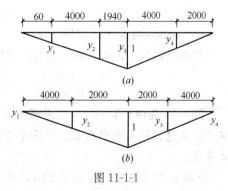

图 11-1-1

$$D_{\min}=0.9\times43.7\times\frac{4}{3}=52.44\text{kN}$$

7. 正确答案是 C，解答如下：

根据《荷规》6.2.1 条规定，仅有 2 台吊车参与组合；当 AB 跨、BC 跨各有一台吊车同时在同一方向刹车时，参见图 11-1 影响线图，且根据规范 6.2.2 条，荷载折减系数取为 0.9：

$$H=0.9\times\left(1+\frac{2000}{6000}\right)T_{\text{Q}}\times2=2.4T_{\text{Q}}$$

8. 正确答案是 D，解答如下：

根据《可靠性标准》8.2.4 条：

根据《荷规》5.3.3 条，不上人的屋面均布活荷载，可不与雪荷载和风荷载同时组合；又吊车荷载产生的弯矩值较大，作为主导可变荷载（或第 1 可变荷载）进行计算，则：

$M=1.3\times19.3+1.5\times58.5+1.5\times0.70\times18.8+1.5\times0.7\times3.8+1.5\times0.6\times20.3$
$=154.84\text{kN}\cdot\text{m}$

9. 正确答案是 D，解答如下：

根据《混规》6.2.20 条及表 6.2.20-1：

上柱：$l_0=2.0H_u=2.0\times3.3=6.6\text{m}$

下柱：$l_0=1.0H_l=1.0\times8.45=8.45\text{m}$

10. 正确答案是 D，解答如下：

根据《混规》9.3.11 条、9.3.10 条：

应考虑安装偏差 20mm，$a=100+20=120\text{mm}<0.3h_0=0.3\times800=240\text{mm}$

故取 $a=0.3h_0=240\text{mm}$

$$A_s=\frac{F_v a}{0.85f_y h_0}+1.2\frac{F_h}{f_y}=\frac{300\times10^3\times240}{0.85\times360\times800}+1.2\times\frac{60\times10^3}{360}$$

$$=294+200=494\text{mm}^2$$

根据规范 9.3.12 条：

$$\rho_{\min}=\max(0.2\%,0.45f_t/f_y)=\max(0.2\%,0.45\times1.71/360)$$

$$=0.214\%$$

$$A_{s,\min}=\rho_{\min}bh=0.214\%\times400\times850=728\text{mm}^2>294\text{mm}^2$$

故取 $A_s=A_{s,\min}+200=728+200=928\text{mm}^2$

11. 正确答案是 C，解答如下：

根据《混规》9.6.2 条，动力系数取为 1.5；根据规范 7.1.4 条，取标准组合值，则：

$$\sigma_{\text{sk}}=\frac{1.5M_k}{0.87h_0 A_s}=\frac{1.5\times27.2\times10^6}{0.87\times465\times509}=198\text{N/mm}^2$$

【5~11 题评析】 5~6 题考核有吊车荷载的排架计算，应注意《荷规》6.2.2 条中，水平荷载包括横向水平荷载、纵向水平荷载，当参与组合的吊车台数≥2 时，应取荷载折减系数。

9 题，查《混规》表 6.2.20-1，计算柱的计算长度时，应注意表 6.2.20-1 中注 1、2、

3 的规定。对于 9 题，题目隐含了 $H_u/H_l \geqslant 0.3$，否则，应对上柱的计算长度进行修正。

10 题，关键是复核承受竖向力所需的纵向钢筋的最小配筋率，见《混规》9.3.12 条的构造规定。

12. 正确答案是 D，解答如下：

根据《混规》11.4.3 条、11.4.5 条：

$$V_c = 1.3 \times \frac{(M_c^t + M_c^b)}{H_n} \times 1.1 = 1.3 \times \frac{(180 + 320)}{4} \times 1.1 = 178.75 \text{kN} \cdot \text{m}$$

13. 正确答案是 A，解答如下：

根据《混规》11.4.7 条：

$$\lambda = \frac{H_n}{2h_0} = \frac{4000}{2 \times 550} = 3.64 > 3, 取 \lambda = 3.0$$

$$0.3f_cA = 0.3 \times 19.1 \times 600^2 = 2062.8 \text{kN} < N = 3500 \text{kN}$$

故取 $\qquad\qquad N = 2062.8 \text{kN}$

非加密区，由规范式 (11.4.7)：

$$V = \frac{1}{\gamma_{RE}} \left(\frac{1.05}{\lambda + 1} f_t bh_0 + f_{yv} \frac{A_{sv}}{s} h_0 + 0.056N \right)$$

$$= \frac{1}{0.85} \times \left(\frac{1.05}{3+1} \times 1.71 \times 600 \times 550 + 300 \times \frac{314}{200} \times 550 + 0.056 \times 2062.8 \times 10^3 \right)$$

$$= 615 \text{kN}$$

【12、13 题评析】 12 题给定条件为中间层角柱，角柱受力复杂，震害严重，故其弯矩、剪力设计值应取经调整后的弯矩、剪力值乘以不小于 1.1 的系数。

13 题，关键是确定 λ、N 的取值；其次，题目条件是求非加密区斜截面抗剪承载力。

14. 正确答案是 B，解答如下：

根据《混规》11.8.1 条，(B) 项正确。

15. 正确答案是 B，解答如下：

根据《混规》4.2.3 条，取 $f_{py} = 1320 \text{N/mm}^2$。

$A_s = 12 \times 615.8 = 7389.6 \text{mm}^2$，$A_p = 28 \times 140 = 3920 \text{mm}^2$（查《混规》附表 A.0.2）

$$\lambda = \frac{A_p f_{py}}{A_p f_{py} + A_s f_y} = \frac{3920 \times 1320}{3920 \times 1320 + 7389.6 \times 360} = 0.66$$

【15 题评析】 预应力强度比 λ 的计算，《混规》和《抗规》是一致的；不同的是，预应力混凝土框架柱的构造规定，《抗规》附录 C.2.3 作了规定。

16. 正确答案是 B，解答如下：

横梁 B1 为单跨简支外伸梁，其最大弯矩设计值：

$$M = F_2 \times 2.5 = 305 \times 2.5 = 762.5 \text{kN} \cdot \text{m}$$

17. 正确答案是 B，解答如下：

查《钢标》表 4.4.8，取 $E = 206 \times 10^3 \text{N/mm}^2$

$$f = \frac{5q_k l^4}{384EI} = \frac{5M_k l^2}{48EI} = \frac{5 \times 135 \times 10^6 \times 12000^2}{48 \times 206 \times 10^3 \times 23700 \times 10^4} = 41.5 \text{mm}$$

18. 正确答案是 C，解答如下：

根据《钢标》6.1.1 条、6.1.2 条：

截面等级满足 S3 级，故取 $\gamma_x = 1.05$

$$\frac{M_x}{\gamma_x W_{nx}} = \frac{450 \times 10^6}{1.05 \times 2610 \times 10^3} = 164.2 \text{N/mm}^2$$

19. 正确答案是 B，解答如下：

根据《钢标》7.1.1 条、表 11.5.2 注 3：

由 7.1.3 条，取 $\eta = 0.70$

$$\sigma = \frac{N}{\eta A} = \frac{520 \times 10^3}{0.7 \times 4390} = 169.2 \text{N/mm}^2$$

$$d_c = \max(20 + 4, 22) = 24 \text{mm}$$

$$\sigma = \frac{N}{\eta A_n}\left(1 - 0.5\frac{n_1}{n}\right) = \frac{520 \times 10^3}{0.7 \times (4390 - 4 \times 6.5 \times 24)} \times \left(1 - 0.5 \times \frac{2}{6}\right)$$

$$= 164.4 \text{N/mm}^2$$

故取 $\sigma = 169.2 \text{N/mm}^2$

20. 正确答案是 A，解答如下：

根据《钢标》11.2.2 条规定：

$$l_1 = \frac{N}{\Sigma h_e \cdot f_f^w} + 2h_f = \frac{520 \times 10^3}{4 \times 0.7 \times 6 \times 160} + 2 \times 6$$

$$= 205.5 \text{mm} > 8h_f = 8 \times 6 = 48 \text{mm}, 且 < 60h_f = 360 \text{mm}$$

取 $l_1 = 220 \text{mm}$。

21. 正确答案是 B，解答如下：

角焊缝 l_2 为正面角焊缝，其实际长度为：

$$l_2 = \frac{N}{2h_e \beta_f f_f^w} + 2h_f = \frac{520 \times 10^3}{2 \times 0.7 \times 10 \times 1.22 \times 160} + 2 \times 10 = 210 \text{mm}$$

焊缝处截面按受拉强度计算所需长度：

$$l_2 = \frac{N}{tf} = \frac{520 \times 10^3}{10 \times 215} = 242 \text{mm}$$

故取 $l_2 = 242 \text{mm}$

所以应选（B）项。

22. 正确答案是 B，解答如下：

Q235、Ⅱ类孔，BL3 铆钉，查《钢标》表 4.4.7，取 $f_v^r = 155 \text{N/mm}^2$，$f_c^r = 365 \text{N/mm}^2$

由《钢标》11.4.1 条：

$$N_v^r = n_v \frac{\pi d_0^2}{4} f_v^r = 2 \times \frac{\pi \times 21^2}{4} \times 155 = 107.37 \text{kN}$$

$$N_v^r = d_0 \Sigma t \cdot f_c^r = 21 \times 10 \times 365 = 76.65 \text{kN}$$

故取 $N_v = 76.65 \text{kN}$

铆钉数目：$n = \frac{N}{N_v} = \frac{520}{76.65} = 6.8$ 个，取 $n = 8$ 个

铆钉布置两排，每排铆钉连接长度 $l_1 = (4 - 1) \times 3d_0 = 9d_0 < 15d_0$

故不考虑超长折减，取 $n=8$ 个，满足。

23. 正确答案是 D，解答如下：

根据《钢标》11.5.4 条，高强度螺栓承压型连接不用于直接承受动荷载的结构中。

【16～23 题评析】 18 题，当梁承受动荷载时，《钢标》6.1.1 条条文说明中指出，直接承受动力荷载的梁也可以考虑塑性发展。

21 题，横梁 B1 所受到的力是由轨道梁 B3 传来，故横梁 B1 为间接承受动力荷载。

22 题，复核铆钉连接长度是否为超长连接。

24. 正确答案是 C，解答如下：

橡条坡向长度 5m，其水平投影长度 4m，则：

$$q = 4 \times 1.2 = 4.8 \text{kN/m}$$

$$M = \frac{1}{8}ql^2 = \frac{1}{8} \times 4.8 \times 4^2 = 9.6 \text{kN·m}$$

25. 正确答案是 C，解答如下：

由橡条传来的沿屋面坡向的荷载设计值为：

$$F = 1.2 \times 4 \times \frac{24}{2} \times \frac{3}{5} = 34.6 \text{kN}, \cos\alpha = \frac{5}{\sqrt{5^2 + 4^2}} = 0.781$$

故

$$N = \frac{F}{\cos\alpha} = \frac{34.6}{0.781} = 44.3 \text{kN}$$

26. 正确答案是 C，解答如下：

山墙面积：$A = 48 \times \frac{18}{2} + 7.5 \times 48 = 792 \text{m}^2$

风荷载传递给每侧刚架柱顶和刚架柱基，各分担 1/4，则：

$$W_1 = 792 \times 0.55 \times \frac{1}{4} = 108.9 \text{kN}$$

27. 正确答案是 D，解答如下：

平面内：$l_{0y} = 1.0 \text{m}$，$\lambda_y = \frac{l_{0y}}{i_y} = \frac{1000}{14.1} = 71$

平面外：$l_{0x} = 4.0 \text{m}$，$\lambda_x = \frac{l_{0x}}{i_x} = \frac{4000}{39.5} = 101$

查《钢标》表 7.2.1-1，均属 b 类截面。

$\lambda_x = 101$，查附表 D.0.2，取 $\varphi_x = 0.548$

$$\frac{N}{\varphi_x A} = \frac{120 \times 10^3}{0.548 \times 1274} = 171.9 \text{N/mm}^2$$

28. 正确答案是 C，解答如下：

截面等级满足 S4 级，取全截面计算。

根据《钢标》附录 C.0.5 条：

$$\varphi_b = 1.07 - \frac{\lambda_y^2}{44000\varepsilon_k^2} = 1.07 - \frac{60^2}{44000 \times 235/345} = 0.95$$

$$\frac{M_x}{\varphi_b W_x} = \frac{5100 \times 10^6}{0.95 \times 19360 \times 10^3} = 277.3 \text{N/mm}^2$$

29. 正确答案是 B，解答如下：

根据《钢标》3.5.1 条：

$$\frac{b}{t} = \frac{400-12}{2 \times 25} = 7.8 < 13\varepsilon_k = 13\sqrt{235/345} = 10.7，翼缘满足 S3 级$$

$$\begin{array}{l} \sigma_{max} \\ \sigma_{min} \end{array} = \frac{920 \times 10^3}{38000} \pm \frac{5100 \times 10^6 \times 750}{1.50 \times 10^{10}} = 24.2 \pm 255 = \begin{array}{l} +279.2 \text{N/mm}^2 \\ -230.8 \text{N/mm}^2 \end{array}$$

$$\alpha_0 = \frac{279.2 - (-230.8)}{279.2} = 1.827$$

$$\frac{h_0}{t_w} = \frac{1500}{12} = 125 > (45 + 25 \times 1.827^{1.66}) \times \sqrt{235/345} = 93.3$$

$$< 250$$

腹板满足 S5 级；由《钢标》8.4.2 条：

$$k_\sigma = \frac{16}{2 - 1.827 + \sqrt{(2-1.827)^2 + 0.112 \times 1.827^2}} = 19.79$$

$$\lambda_{n,p} = \frac{1500/12}{28.1\sqrt{19.79}} \times \frac{1}{\sqrt{235/345}} = 1.21 > 0.75$$

$$\rho = \frac{1}{1.21}\left(1 - \frac{0.19}{1.21}\right) = 0.70$$

$$h_c = \frac{279.2}{279.2 - (-230.8)} \times 1500 = 821 \text{mm}$$

$$h_e = \rho h_c = 0.70 \times 821 = 575 \text{mm}$$

$$h_{e1} = 0.4 h_e = 230 \text{mm}$$

$$h_{e2} = 0.6 h_e = 345 \text{mm}$$

退出工作的腹板高度 $= 821 - 575 = 246 \text{mm}$

$$A_e = A - 246 \times 12 = 38000 - 246 \times 12 = 35048 \text{mm}^2$$

如图 11-1-2 所示，退出工作的腹板部分形心到受压翼缘上边缘的距离 $= 25 + 230 + \frac{246}{2} = 378 \text{mm}$

有效截面形心轴到受压翼缘上边缘的距离 y_e 为：

$$y_e = \frac{38000 \times 775 - 246 \times 12 \times 378}{38000 - 246 \times 12}$$

$$= 808 \text{mm}$$

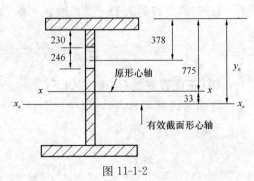

图 11-1-2

$$e = 808 - 775 = 33\text{mm}$$

由平行移轴公式：

$$I_{elx} = I_x + Ae^2 - \left[\frac{1}{12} \times 12 \times 246^3 + 246 \times 12 \times (808 - 378)^2\right]$$

$$= 1.50 \times 10^{10} + 38000 \times 33^2 - (246^3 + 246 \times 12 \times 430^2)$$

$$= 1.448 \times 10^{10}\text{mm}^4$$

$$W_{elx} = \frac{I_{elx}}{y_e} = 1.792 \times 10^7\text{mm}^3$$

由题目条件，取 $l_{0y} = 6\text{m}$。

$\lambda_y = \dfrac{l_{0y}}{i_y} = \dfrac{6000}{83.3} = 72$，查《钢标》表 7.2.1-1，均属 b 类，$\lambda_y/\varepsilon_k = 72/\sqrt{235/345} = 87.2$，

查附表 D.0.2，取 $\varphi_y = 0.640$

$$\varphi_b = 1.07 - \frac{72^2}{44000 \times 235/345} = 0.90$$

由《钢标》8.4.2 条第 2 款：

$$\frac{N}{\varphi_y A_e} + \eta \frac{\beta_{tx} M_x + Ne}{\varphi_b W_{elx}}$$

$$= \frac{920 \times 10^3}{0.640 \times 35048} + 1.0 \times \frac{0.65 \times 5100 \times 10^6 + 920 \times 10^3 \times 33}{0.90 \times 1.792 \times 10^7}$$

$$= 41.015 + 207.426$$

$$= 248.44\text{N/mm}^2$$

30. 正确答案是 A，解答如下：

根据《可靠性标准》8.2.4 条、《砌规》4.1.6 条：

$$\frac{\gamma_0 S_1}{S_2} = \frac{1.0 \times 1.5 \times 1 \times (4-1) \times 10}{50} = 0.9 > 0.8$$

31. 正确答案是 A，解答如下：

根据《抗规》7.2.3 条：窗洞高度 $1.2\text{m} < 3.0 \times 50\% = 1.5\text{m}$，按窗洞考虑。

$$\rho = \frac{A_n}{A} = \frac{0.37 \times 2 \times 0.9}{0.37 \times 6} = 0.3, \text{查规范表 7.2.3，取影响系数为 0.88。}$$

$$\frac{h}{l} = \frac{3}{6} = 0.5 < 1, \text{ 不考虑弯曲变形}$$

$$K = \frac{0.88GA}{\xi H} = \frac{0.88 \times 0.4E \times 370 \times 6000}{1.2 \times 3000} = 217.07E$$

【30、31 题评析】　31 题，由于窗洞 1.5m 未大于层高的 50%，故根据《抗规》表 7.2.3 注的规定，按窗洞考虑；否则，应按门洞处理。此外，本题目洞口中线偏离墙段中线的距离为 1500mm，不大于墙段长度的 1/4，即：

$6000 \times 1/4 = 1500\text{mm}$，故不考虑影响系数的折减。

32. 正确答案是 C，解答如下：

根据《砌规》4.2.6 条：

$$M = -\frac{wH_i^2}{12} = -\frac{1.5 \times 0.5 \times 3^2}{12} = -0.563\text{kN} \cdot \text{m}$$

33. 正确答案是 B，解答如下：

根据《砌规》5.2.4 条：

$$a_0 = 10\sqrt{\frac{h_c}{f}} = 10\sqrt{\frac{500}{1.5}} = 182.6\text{mm} < 240\text{mm}$$

$$A_0 = 370 \times (370 \times 2 + 200) = 347800\text{mm}^2$$

$$A_l = 182.6 \times 200 = 36520\text{mm}^2$$

$$\gamma = 1 + 0.35\sqrt{\frac{347800}{36520} - 1} = 2.02 > 2, 取\ \gamma = 2$$

$$\eta\gamma f A_l = 0.7 \times 2 \times 1.5 \times 36520 = 76.7\text{kN}$$

34. 正确答案是 B，解答如下：

根据《砌规》5.2.6 条、3.2.5 条：

$$E_b = 2.55 \times 10^4 \text{MPa}, I_b = \frac{1}{12} \times 240 \times 180^3 = 116.64 \times 10^6 \text{mm}^4$$

$$E = 1600f = 1600 \times 1.5 = 2400\text{MPa}, h = 370\text{mm}$$

$$h_0 = 2 \times \sqrt[3]{\frac{2.55 \times 10^4 \times 116.64 \times 10^6}{2400 \times 370}} = 299.24\text{mm}, \delta_2 = 0.8$$

$$2.4\delta_2 f b_b h_0 = 2.4 \times 0.8 \times 1.5 \times 240 \times 299.24 = 206.83\text{kN}$$

【33、34 题评析】　33 题中，γ 的取值应满足《砌规》5.2.2 条规定。

35. 正确答案是 C，解答如下：

根据《砌规》8.1.2 条、8.1.3 条：

$$\rho = \frac{(a+b)A_s}{abs_n} = \frac{(60+60) \times 12.57}{60 \times 60 \times 325} = 0.129\% \begin{matrix} < 1.0\% \\ > 0.1\% \end{matrix}$$

M10 水泥砂浆，故取 $f = 1.89\text{MPa}, f_y = 320\text{N/mm}^2$

$$f_n = 1.89 + 2 \times \left(1 - 2 \times \frac{0.1h}{0.5h}\right) \times 0.129\% \times 320 = 2.385\text{N/mm}^2$$

$$\varphi_n f_n A = 2.385 \times 370 \times 800\varphi_n(\text{N}) = 706\varphi_n(\text{kN})$$

36. 正确答案是 A，解答如下：

根据《砌规》10.2.2 条：

$\zeta_c = 0.5$，$f_t = 1.1\text{MPa}$，$A = 240 \times 4240 = 1017600\text{mm}^2$，$A_c = 240 \times 240 = 57600\text{mm}^2$

内纵墙，$A_c = 57600\text{mm}^2 < 0.15A = 152640\text{mm}^2$，取 $A_c = 57600\text{mm}^2$，$\eta_c = 1.1$；取 $\xi_s = 0.0$。

$$\frac{A_s}{A_c} = \frac{4 \times 153.9}{57600} = 1.07\% \begin{matrix} < 1.4\% \\ > 0.6\% \end{matrix}$$

由规范式（10.2.2）：

$$V = \frac{1}{0.9} \times [1.1 \times 0.225 \times (1017600 - 57600) + 0.5 \times 1.1 \times$$

$$57600 + 0.08 \times 300 \times 615.6 + 0.0]$$

$$= 315.62\text{kN}$$

37. 正确答案是 D，解答如下：

根据《砌规》6.1.1 条：

$$\mu_1 = 1.0, \mu_2 = 1.0, [\beta] = 26$$

$$s = 4.5\text{m} < \mu_1 \mu_2 [\beta] h = 1 \times 1 \times 26 \times 0.24 = 6.24\text{m}$$

故外墙的高度可不受高厚比限制。

38. 正确答案是 D，解答如下：

$s = 9\text{m}$，为第 1 类楼盖，查《砌规》表 4.2.1，属刚性方案；$H = 4.5\text{m}$，刚性方案，$H = 4.5\text{m} < s = 9\text{m} \leqslant 2H = 9\text{m}$，查规范表 5.1.3：

$$H_0 = 0.4s + 0.2H = 0.4 \times 9 + 0.2 \times 4.5 = 4.5\text{m}$$

$$\mu_1 = 1, \mu_2 = 1 - 0.4 \times \frac{b_s}{9}$$

$$\beta = \frac{H_0}{h} = \frac{4.5}{0.24} \leqslant \mu_1 \mu_2 [\beta] = 1 \times \left(1 - 0.4 \times \frac{b_s}{9}\right) \times 26$$

解之得：$b_s \leqslant 6.27\text{m}$

【35～38 题评析】　35 题，应注意用冷拔低碳钢丝的 $f_y = 320\text{MPa}$ 进行计算，按《砌规》8.1.2 条规定。

36 题，应注意中部构造柱截面面积 A_c 的取值，当 $A_c > 0.15A$，取 $0.15A$（对横墙和内纵墙）；当 $A_c > 0.25A$，取 $0.25A$（对外纵墙）。

38 题，窗洞高 $1\text{m} > \frac{1}{5} \times 4.5 = 0.9\text{m}$，应考虑修正系数 μ_2。

39. 正确答案是 C，解答如下：

根据《砌规》10.5.9 条：

剪力墙底部加强区的高度：$h = \max\left\{\dfrac{50}{6}, 3.5 + 4 + 0.45\right\} = 8.33\text{mm}$

故 I 不对，排除（A）、（B）、（D）项。

40. 正确答案是 B，解答如下：

根据《砌规》附录 A.0.2 条规定，（B）项不对。

（下午卷）

41. 正确答案是 D，解答如下：

根据《抗规》7.5.9 条第 2 款规定，（D）项不妥，应选（D）项。

42. 正确答案是 A，解答如下：

根据《木标》4.3.1 条、4.3.9 条：

露天环境、设计使用年限 25 年，$f_c = 0.9 \times 1.05 \times 16 = 15.12\text{MPa}$

$$f_c A_n = 15.12 \times (100 \times 100 - 100 \times 30) = 105.84\text{kN}$$

43. 正确答案是 B，解答如下：

根据《木标》5.1.3 条：$A_0 = 0.9A = 0.9 \times 100^2 = 9000\text{mm}^2$

$$\lambda = \frac{l_0}{i} = \frac{3000}{28.87} = 104$$

$\lambda_c = 4.13\sqrt{1 \times 330} = 75 < \lambda$，则：

$$\varphi = \frac{0.92\pi^2 \times 1 \times 330}{104^2} = 0.277$$

由上一题可得：$f_c = 15.12\text{MPa}$

$$\varphi A f_c = 0.277 \times 9000 \times 15.12 = 37.69\text{kN}$$

【42、43题评析】 应注意的是，f_c 的调整系数的取值。

44. 正确答案是C，解答如下：

挡土墙高度为 5.0m，取 $\psi_a = 1.1$

粉质黏土，$\rho_c = 1650\text{kg/m}^3$，查《地规》附录图 L.0.2，查 $\alpha = 90°$，取 $k_a = 0.26$

由规范式（6.7.3-1）：

$$E_a = 1.1 \times \frac{1}{2} \times 19 \times 5^2 \times 0.26 = 67.93\text{kN/m}$$

45. 正确答案是B，解答如下：

根据《地规》6.7.5条：

$$G_n = G\cos\alpha_0 = 209.22 \times \cos0° = 209.22\text{kN/m}$$

$$G_t = G \times \sin0° = 0$$

$$E_{an} = E_a\cos(\alpha - \alpha_0 - \delta) = 70 \times \cos(90 - 0 - 13)° = 70\cos77° = 15.75\text{kN/m}$$

$$E_{at} = E_a\sin(\alpha - \alpha_0 - \delta) = 70\sin77° = 68.21\text{kN/m}$$

$$K_s = \frac{(G_n + E_{an})\mu}{E_{at} + G_t} = \frac{(209.22 + 15.75) \times 0.4}{68.21 + 0} = 1.32$$

46. 正确答案是C，解答如下：

由上一题可知：$G = 209.22\text{kN/m}$，$E_a = 70\text{kN/m}$。

根据《地规》6.7.5条第2款：

$$E_{ax} = E_a\sin(\alpha - \delta) = 70 \times \sin(90 - 13)° = 68.21\text{kN/m}$$

$$E_{aE} = E_a\cos(\alpha - \delta) = 70 \times \cos77° = 15.75\text{kN/m}$$

$$z = 5/3 = 1.67\text{m}$$

$$x_f = b - z\cot\alpha = 2.7 - 1.67\cot90° = 2.7\text{m}$$

$$z_f = z - b\tan\alpha_0 = 1.67 - 2.7\tan0° = 1.67\text{m}$$

$$K_t = \frac{Gx_0 + E_{az}x_f}{E_{ax}z_f} = \frac{209.22 \times 1.68 + 15.75 \times 2.7}{68.21 \times 1.67} = 3.46$$

47. 正确答案是A，解答如下：

如图 11-1-3 所示，重心 G 在形心轴的右侧，$\delta = 0$，则：

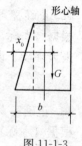

$$M_k = G\left(x_0 - \frac{b}{2}\right) - E_a \cdot \frac{H}{3}$$

$$= 209.22 \times \left(1.68 - \frac{2.7}{2}\right) - 70 \times \frac{5}{3}$$

$$= -47.62\text{kN} \cdot \text{m/m，左侧受压最大}$$

$$e = \frac{M_k}{G_k} = \frac{47.62}{209.22} = 0.228\text{m} < \frac{b}{6} = \frac{2.7}{6} = 0.45\text{m}$$

图 11-1-3

故基底反力呈梯形分布。

$$p_{kmax} = \frac{G_k}{b} + \frac{6M_k}{b^2 l} = \frac{209.22}{2.7} + \frac{6 \times 47.62}{2.7^2 \times 1} = 116.68\text{kN/m}^2$$

48. 正确答案是 B，解答如下：

墙背顶面 0 处的土压力强度：$\sigma_{a0} = qk_a + 0 = 15 \times 0.23 = 3.45\text{kPa}$

墙底面处的土压力强度：$\sigma_{a1} = (q + \gamma h) k_a = (15 + 18 \times 5) \times 0.23 = 24.15\text{kPa}$

挡土墙高度为 5m，取 $\psi_a = 1.1$，则：

$$E_a = \psi_a \frac{1}{2}(\sigma_{a0} + \sigma_{a1})H = 1.1 \times \frac{1}{2} \times (3.45 + 24.15) \times 5 = 75.9\text{kN/m}$$

49. 正确答案是 B，解答如下：

根据梯形图形形心位置求解公式：

$$z = \frac{(2\sigma_1 + \sigma_2) H}{3 (\sigma_1 + \sigma_2)} = \frac{(2 \times 3.8 + 27.83) \times 5}{3 \times (3.8 + 27.83)} = 1.87\text{m}$$

50. 正确答案是 D，解答如下：

根据《地规》6.7.5 条第 4 款规定：$e \leqslant 0.25b$

【44～50 题评析】 46 题，题目条件已求得挡土墙重心与墙趾的水平距离 $x_0 = 1.68\text{m}$，假若 x_0 已知，欲求挡土墙倾覆稳定安全度 K_t，如图 11-1-4 所示，将挡土墙划分为三角形和矩形，求得 x_1、x_2，再求 $x_1 G_1$、$x_2 G_2$。

49 题，梯形图形形心位置求解公式，如图 11-1-5 所示：

$$z = \frac{(2b_1 + b_2) H}{3 (b_1 + b_2)}$$

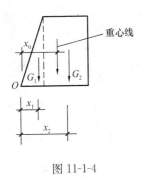

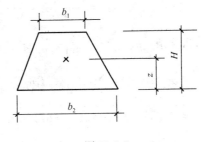

图 11-1-4　　　　　　　　　　　图 11-1-5

51. 正确答案是 C，解答如下：

根据《抗规》4.1.5 条，$d_0 = \min (51.4, 20) = 20\text{m}$

$$v_{se} = \frac{d_0}{\sum\limits_{i=1}^{n} \left(\dfrac{d_i}{v_{si}}\right)} = \frac{20}{\dfrac{1.2}{116} + \dfrac{10.5}{135} + \dfrac{8.3}{158}} = 142.19\text{m/s} \begin{array}{l} < 250\text{m/s} \\ > 140\text{m/s} \end{array}$$

覆盖层厚度 51.4m，查规范表 4.1.6 知，该场地属于Ⅲ类场地。

52. 正确答案是 D，解答如下：

根据《抗规》4.1.7 条规定，(D) 项不对。

53. 正确答案是 B，解答如下：

根据《地规》8.5.6 条第 4 款：

$$u_p = 0.426\pi = 1.338\text{m}, \quad A_p = \frac{\pi \times 0.426^2}{4} = 0.1425\text{m}^2$$

$$R_a = q_{pa}A_p + u_p \Sigma q_{sia}l_i$$

$$= 1600 \times 0.1425 + 1.338 \times (14 \times 5.5 + 18 \times 7 + 7 \times 10 + 26 \times 1.5) = 645.46\text{kN}$$

54. 正确答案是 D，解答如下：

根据《地规》8.5.4 条：

$$M_{yk} = 160 + 45 \times 0.95 = 202.75\text{kN} \cdot \text{m}$$

$$Q_k = \frac{F_k + G_k}{n} + \frac{M_{yk}x_1}{x_1^2 + 2 \times x_2^2}$$

$$= \frac{1400 + 87.34}{3} + \frac{202.75 \times 0.924}{0.924^2 + 2 \times 0.462^2} = 642.06\text{kN}$$

55. 正确答案是 C，解答如下：

$$N_{max} = 825 - \frac{1.3 \times 87.34}{3} = 787.2\text{kN}$$

$$s = 1.6\text{m}, c = 0.4\text{m}$$

根据《地规》式 (8.5.18-3)：

$$M = \frac{N_{max}}{3}\left(s - \frac{\sqrt{3}}{4}c\right) = \frac{787.2}{3} \times \left(1.6 - \frac{\sqrt{3}}{4} \times 0.4\right) = 374.4\text{kN} \cdot \text{m}$$

56. 正确答案是 D，解答如下：

根据《地规》8.5.19 条第 2 款：

已知顶部角桩：$c_2 = 939\text{mm}$，$\lambda_{12} = 0.525$，则：

$$\alpha_{12} = \frac{0.56}{\lambda_{12} + 0.2} = \frac{0.56}{0.525 + 0.2} = 0.772$$

由规范 8.2.7 条：$\beta_{hp} = 1 - \frac{950 - 800}{2000 - 800} \times (1 - 0.9) = 0.9875$

$$\alpha_{12}(2c_2 + a_{12})\tan\frac{\theta_2}{2}\beta_{hp}f_t h_0$$

$$= 0.772 \times (2 \times 939 + 467) \times \tan\frac{60°}{2} \times 0.9875 \times 1.27 \times 890$$

$$= 1166.6\text{kN}$$

57. 正确答案是 C，解答如下：

根据《地规》8.5.21 条：

$$\lambda_x = a_x/h_0 = 0.087 < 0.25, \text{取} \lambda_x = 0.25$$

$$\beta = \frac{1.75}{\lambda_x + 1.0} = \frac{1.75}{0.25 + 1.0} = 1.4$$

$$\beta_{hs} = (800/h_0)^{1/4} = (800/890)^{1/4} = 0.974$$

$$\beta_{hs}\beta f_t b_0 h_0 = 0.974 \times 1.4 \times 1.27 \times 2350 \times 890 = 3622\text{kN}$$

58. 正确答案是 B，解答如下：

根据《烟标》3.1.31 条，取阻尼比为 0.05。

Ⅱ类场地，设计地震分组第一组，查《抗规》表 5.1.4-2，取 $T_g = 0.35\text{s}$；查表 5.1.4-1，取 $\alpha_{max} = 0.16$。

$$5T_g = 1.75\text{s} < T = 2\text{s} < 6\text{s}$$

$$\alpha = [1 \times 0.2^{0.9} - 0.02 \times (2 - 1.75)] \times 0.16 = 0.0368$$

59. 正确答案是 B，解答如下：

根据《高规》3.3.2 条条文说明：

该主楼的高宽比为：$58/26 = 2.23$

60. 正确答案是 A，解答如下：

（1）根据《高规》3.9.1 条第 1 款，乙类建筑，7 度，Ⅱ类场地，按 8 度考虑抗震措施的抗震等级。

（2）根据规程 3.9.6 条，裙房抗震等级不应低于主楼抗震等级。

（3）查规程表 3.9.3，主楼，8 度，$H=88\text{m}$，框筒结构，故其抗震等级为一级；

裙房，8 度，$H=30\text{m}$ 的框架结构，抗震等级为一级；

由（2）可知，最终裙房的抗震措施的抗震等级为一级。

61. 正确答案是 C，解答如下：

根据《高规》9.2.2 条，该核心筒角部边缘构件应按规程 7.2.15 条的规定设置约束边缘构件。

丙类，7 度，Ⅱ类场地，$H=88\text{m}$ 的框筒结构，查规程表 3.9.3 可知，核心筒抗震等级为二级；再由规程 7.2.15 条及图 7.2.15（a）：

纵筋截面面积：$A_s \geqslant 1.0\% \times (250+2\times300)\times250 = 2125\text{mm}^2$

选用 12 根，单根钢筋截面面积：$A_{s1} = 2125/12 = 177.1\text{mm}^2$

选 $\Phi 16$（$A_s = 201.1\text{mm}^2$），满足，故选用 12 Φ 16。

62. 正确答案是 C，解答如下：

主楼为丙类建筑，由上一题可知，框筒结构，框架及核心筒的抗震等级均为二级。

商场营业面积 $8000\text{mm}^2 > 7000\text{mm}^2$，根据《设防分类标准》6.0.5 条及其条文说明，该裙房建筑为乙类建筑。

$H=30\text{m}$，高层框架结构，按 8 度考虑，根据《高规》表 3.9.3，裙房抗震等级一级，所以裙房最终抗震等级为一级；再由《高规》表 6.4.3-1 及注 2 的规定：

角柱：HRB400 级钢筋：$\rho_{min} = 1.1\% + 0.05\% = 1.15\%$

$A_s \geqslant 1.15\% bh = 1.15\% \times 500 \times 500 = 2875\text{mm}^2$

选用 12 根纵筋，单根钢筋截面面积：$A_{s1} = 2875/12 = 240\text{mm}^2$

选用 $\Phi 18$（$A_s = 254.5\text{mm}^2$），满足，故选用 12 Φ 18。

63. 正确答案是 C，解答如下：

$H=30\text{m}$，抗震等级一级、复合箍，$\mu_N = 0.70$，查《高规》表 6.4.7，取 $\lambda_v = 0.17$，由《高规》式（6.4.7）：

$$\rho_v \geqslant \lambda_v f_c / f_{yv} = 0.17 \times 16.7/270 = 1.051\%$$

假定箍筋直径为 10mm：

$$\rho_v = \frac{\sum n_i A_{si} l_i}{A_{cor} s} = \frac{2\times4\times A_{si}\times(500-2\times25)}{(500-2\times30)^2 \times s} \geqslant 1.051\%$$

若取 $s=100\text{mm}$，则：$A_{si} \geqslant 56.5\text{mm}^2$，取 $\Phi 10$（$A_s = 78.5\text{mm}^2$）。

$\mu_N = 0.70$，查高层规程表 6.4.2，一级，$[\mu_N] = 0.65$，故根据表 6.4.2 注 4，箍筋直径 $\phi \geqslant 12\text{mm}$，间距 $\leqslant 100\text{mm}$，故配置 $\Phi 12@100$。

所以应选（C）项。

62 题，查《高规》表 6.4.3-1 时，应注意表 6.4.3-1 中注 1、2 的规定。裙房抗震等级为一级，框筒结构底部抗震等级提高到一级，其 30m 以上部分抗震等级仍为二级，这是依据《设防分类标准》6.0.5 条条文说明。

64. 正确答案是 D，解答如下：

根据《高规》6.3.2 条第 3 款：

抗震一级，$A_{s底}/A_{s顶}\geqslant0.5$

(A) 项：$A_{s底}/A_{s顶}=1140/2454=0.46$，不满足

(B) 项：$A_{s底}/A_{s顶}=1140/(1473+942)=0.47$，不满足

又根据《高规》6.3.2 条第 1 款：

抗震一级，$\xi\leqslant0.25$

(C) 项：$\xi=\dfrac{f_yA_s-f'_yA'_s}{\alpha_1f_cbh_0}=\dfrac{360\times(2280-1140)}{1\times14.3\times250\times340}=0.34$，不满足。

故应选(D)项。

65. 正确答案是 A，解答如下：

$$D_{2边}=\alpha_{2边}\cdot\frac{12i_c}{h^2}=0.38\times2.2\times\frac{12}{h^2}\times10^{10}\text{N/mm}=0.836\times\frac{12}{h^2}\times10^7\text{kN/mm}$$

$$V_{2边}=\frac{D_{2边}}{\Sigma D_{2i}}\cdot\Sigma P_n$$

$$=\frac{0.836\times\dfrac{12}{h^2}\times10^7}{2\times(0.836+2.108)\times\dfrac{12}{h^2}\times10^7}\times5P=0.7099P$$

66. 正确答案是 D，解答如下：

$$\delta_6=\sum_{i=1}^{6}\Delta_i=\Delta_6+2\Delta_6+3\Delta_6+4\Delta_6+5\Delta_6+\Delta_1$$

$$=\frac{P}{\Sigma D_6}(1+2+3+4+5)+\frac{6P}{\Sigma D_1}$$

$$=15\Delta_6+\frac{6P}{\Sigma D_1}=15\times0.0127P+\frac{6P}{102.84}$$

$$=0.2488P$$

【65、66 题评析】 65 题中，第二层 $\alpha_{2边}=0.38$ 值按下式求解得到：

$$\bar{k}_{2边}=\frac{i_{b1}+i_{b1}}{2i_c}=\frac{i_{b1}}{i_c}=\frac{2.7}{2.2}=1.227$$

$$\alpha_{2边}=\frac{\bar{k}_{2边}}{2+\bar{k}_{2边}}=\frac{1.227}{2+1.227}=0.38$$

$D_{2中}$ 的 $\alpha_{2中}$ 值按下式计算：

$$\bar{k}_{2中}=\frac{i_{b1}+i_{b1}+i_{b2}+i_{b2}}{2i_c}=\frac{i_{b1}+i_{b2}}{i_c}=\frac{2.7+5.4}{4.4}=1.8409$$

$$\alpha_{2中}=\frac{\bar{k}_{2中}}{2+\bar{k}_{2中}}=\frac{1.8409}{2+1.8409}=0.479$$

故 $D_{2中} = \alpha_{2中} \cdot \dfrac{12i_c}{h^2} = 0.479 \times 4.4 \times \dfrac{12}{h^2} \times 10^7 \, \text{kN/mm} = 2.108 \times \dfrac{12}{h^2} \times 10^7 \, \text{kN/mm}$

67. 正确答案是 C，解答如下：

根据《高规》10.2.2 条：

剪力墙底部加强部位的高度：$H = \max\left(\dfrac{48+6}{10},\ 6 + 2 \times 3.2\right) = 12.4\text{m}$

故第 3 层剪力墙属于底部加强部位。

又根据规程表 3.9.3，丙类建筑，7 度，Ⅱ类场地，$H = 54\text{m}$，框支剪力墙结构，故底部加强部位剪力墙的抗震等级为二级。

由规程 7.2.1 条第 2 款及其条文说明规定，取 $h_3 = 3200\text{mm}$ 计算，抗震等级二级，则：

$$b_w \geq \dfrac{1}{16}h_3 = 200\text{mm}; \ 又 \ b_w \geq 200\text{mm}$$

故取 $b_w \geq 200\text{mm}$

68. 正确答案是 C，解答如下：

根据《高规》附录 E.0.1-1 条：

已知 $G_1/G_2 = 1.15$，$C_1 = 0.056$，$A_{w2} = 22.96$

$$\gamma = \dfrac{G_2 A_2}{G_1 A_1} \cdot \dfrac{h_1}{h_2} = \dfrac{22.96 \times 6}{1.15 \times (A_{w1} + 0.056 \times 16 \times 0.8 \times 0.8) \times 3.2} \leq 2$$

解之得：$A_{w1} \geq 18.14\text{m}^2$

故 $b_w \geq \dfrac{18.14}{6 \times 8.2} = 0.369\text{m}$

69. 正确答案是 D，解答如下：

7 度（0.15g），$T_1 = 1\text{s}$，查《高规》表 4.3.12，取 $\lambda = 0.024$；高层规程 3.5.8，取薄弱层的增大系数 1.25，则：

$$V_{Ek1} \geq \lambda \sum_{j=1}^{16} G_j = 0.024 \times 1.15 \times 23100 = 638\text{kN}$$
$$V_{Ek1} = 1.25 \times 5000 = 6250\text{kN}$$

故取 $V_{Ek1,j} = 6250\text{kN}$

又根据《高规》10.2.17 条：

$$V_{ck} = 20\% \times 6250 = 1250\text{kN}$$

70. 正确答案是 B，解答如下：

丙类、7 度（0.15g）、Ⅱ类场地，$H = 54\text{m}$，框支剪力墙结构，查《高规》表 3.9.3 可知，框支柱抗震等级二级。

$$\mu_N = \dfrac{11827.2 \times 10^3}{23.1 \times 800 \times 800} = 0.8$$

由《高规》10.2.10 条及查规程表 6.4.7：$\lambda_v = 0.15 + 0.02 = 0.17$

71. 正确答案是 A，解答如下：

根据《抗规》6.1.14 条以及题目的提示条件：

已知 $G_0 = G_1$，$A_0/A_1 = n$

$$\gamma=\frac{G_1 A_1}{h_1} \cdot \frac{h_0}{G_0 A_0} \leqslant 0.5，则：$$

$$h_0 \leqslant 3n$$

【67～71题评析】 69题，查《高规》表4.3.12时，应注意表4.3.12中注的规定；《高规》4.3.12条中，λ 值，对于竖向不规则结构的薄弱层，还应乘以1.15的增大系数，同时，根据《高规》3.5.8条，对于确定后的 V_{Eki} 还应乘以1.25的增大系数。

71题，《抗规》6.1.14条规定，楼层侧向刚度比 $\gamma \leqslant 0.5$，在《高规》5.3.7条也作了明确规定。

72. 正确答案是B，解答如下：

根据《高钢规》7.5.3条，抗震等级二级：

$$h_w/t_w = 540/t_w \leqslant 26\varepsilon_k = 26\sqrt{235/345}，则：$$

$t_w \geqslant 25.2mm$

73. 正确答案是C，解答如下：

根据《公桥通规》4.3.2条条文说明：

$$m_c = G/g = 5.3 \times 25 \times 1000/10 = 13250 Ns^2/m^2$$

$$f_1 = \frac{\pi}{2l^2}\sqrt{\frac{E_c I_c}{m_c}} = \frac{\pi}{2 \times 24^2} \times \sqrt{\frac{3.25 \times 1.5 \times 10^{10}}{13250}} = 5.231 Hz$$

由《公桥通规》式（4.3.2）：

$$\mu = 0.1767\ln f_1 - 0.0157 = 0.277$$

74. 正确答案是B，解答如下：

根据《公桥通规》4.3.1条，公路-Ⅰ级：

$$q_k = 10.5 kN/m, P_k = 2 \times (24+130) = 308 kN$$

$W=8.0m$，查通用规范表4.3.1-4，双向行驶，取设计车道数为2。

查《公桥通规》表4.3.1-5，取 $\xi=1.0$

$$M_{Qik} = 2\xi(1+\mu)\left(\frac{1}{8}q_k l_0^2 + \frac{1}{4}P_k l_0\right)$$

$$=2 \times 1.0 \times (1+0.2) \times \left(\frac{1}{8} \times 10.5 \times 24^2 + \frac{1}{4} \times 308 \times 24\right)$$

$$=6249.6 kN \cdot m$$

75. 正确答案是B，解答如下：

根据《公桥通规》4.3.1条，集中荷载取为 $1.2P_k$：

$$V_{Qik} = 2\xi(1+\mu)\left(\frac{1}{2}q_k l_0 + 1.2P_k\right)$$

$$=2 \times 1 \times (1+0.2) \times \left(\frac{1}{2} \times 10.5 \times 24 + 1.2 \times 308\right)$$

$$=1189.4 kN$$

76. 正确答案是C，解答如下：

$l_k=25m$，按单孔跨径查《公桥通规》表1.0.5，属于中桥；再查《公桥通规》

表 4.1.5-1，安全等级一级，故取 $\gamma_0=1.1$。

由通用规范 4.1.6 条：

$$\gamma_0 V_d = \gamma_0 (\Sigma \gamma_{Gi} V_{Gik} + \gamma_{Q1} V_{Q1k} + \psi_c \gamma_{Qjk} V_{Qjk})$$
$$= 1.1 \times (1.2 \times 2000 + 1.4 \times 800 + 0.75 \times 1.4 \times 150)$$
$$= 4045.3 kN$$

77. 正确答案是 A，解答如下：

根据《公桥通规》4.1.7 条：

$$M_{qd} = M_{Gik} + \Sigma \psi_{qj} M_{Qjk}$$
$$= 11000 + 0.4 \times \frac{5000}{1+0.2} + 0.4 \times 500$$
$$= 12866.7 kN \cdot m$$

78. 正确答案是 D，解答如下：

根据《公桥混规》7.1.1 条、7.1.2 条及 7.1.3 条：

(1) 使用阶段主梁跨中截面下缘的法向应力：

$$\sigma_{kc} = -\frac{M_k}{I} y = -\frac{11000+5000+500}{1.5} \times 1.15 = -12650 kN/m^2$$
$$= -12.65 MPa（拉应力）$$

(2) 永久有效预加力产生的主梁跨中截面下缘的法向应力：

$$\sigma_{pc} = \frac{N_p}{A_n} + \frac{N_p e_{pn}}{I_n} y = \frac{15000}{5.3} + \frac{15000 \times 1.0}{1.5} \times 1.15 = 14330 kN/m^2$$
$$= 14.33 MPa（压应力）$$

故 $\sigma_c = \sigma_{pc} + \sigma_{kc} = 14.33 - 12.65 = 1.68 MPa（压应力）$

【73～78题评析】 76 题，按承载能力极限状态计算梁的内力设计值时，应注意 γ_0 的取值。

78 题，假若已知 σ_{pc} 值，反过来，由上述公式可计算出永久有效预加力 N_p 值。

79. 正确答案是 A，解答如下：

根据《公桥混规》5.1.2 条及其条文说明，汽车车道荷载冲击系数和预应力次效应应计入。

80. 正确答案是 A，解答如下：

根据《公桥混规》6.1.8 条，查表 6.1.8，C50，1×7 钢绞线，取 $l_{tr}=60d$。

【80题评析】 《公桥混规》6.1.8 条条文说明，指出 l_{tr} 的计算公式为：

$$l_{tr} = \beta \frac{\sigma_{pe}}{f_{tk}} d$$

C50，$f_{tk}=2.65$，$\beta=0.16$ 代入，则：$l_{tr} = 0.16 \times \frac{1000}{2.65} = 60.38d \approx 60d$

实战训练试题（十二）解答与评析

（上午卷）

1. 正确答案是 D，解答如下：

根据《可靠性标准》8.2.4 条：

$$q=1.3\times(1.5+0.12\times25)+1.5\times6=14.85\text{kN/m}$$

两跨连续板中间支座负弯矩为：

$$M=\frac{1}{8}ql^2=\frac{1}{8}\times14.85\times3^2=16.71\text{kN}\cdot\text{m}$$

2. 正确答案是 B，解答如下：

根据《荷规》附录 C 规定，荷载作用面的长边垂直于板跨：

$$b_{cx}=0.6+0+0.12=0.72\text{m}, \ b_{cy}=0.8+0+0.12=0.92\text{m}$$

故 $b_{cx}<b_{cy}$，$b_{cy}<2.2l=2.2\times3=6.6\text{m}$，$b_{cx}<l=3.0\text{m}$

由附录式（C.0.5-3）：

$$b=\frac{2}{3}b_{cy}+0.73l=\frac{2}{3}\times0.92+0.73\times3.0=2.8\text{m}$$

又因局部荷载作用在板的非支承边附近，$d_1=0.8\text{m}$

$$d=0.8+\frac{1}{2}\times0.8=1.2\text{m}<b/2=1.4\text{m}$$

故荷载的有效分布宽度应予以折减：

$$b'=\frac{b}{2}+d=\frac{1}{2}\times2.8+1.2=2.6\text{m}$$

【1、2 题评析】 1 题，关键是掌握两跨连续板（或梁）中间支座负弯矩，对于三跨、四跨、五跨情况，可查结构静力计算表格。

2 题，考核楼面等效均布活荷载的确定，应根据《荷规》附录 C 的规定进行计算。

3. 正确答案是 C，解答如下：

C30，$E_c=3\times10^4\text{N/mm}^2$，HRB400 钢筋，$E_s=2\times10^5\text{N/mm}^2$

$$A_s=\rho bh_0=0.992\%\times300\times660=1964\text{mm}^2$$

$$\alpha_E=E_s/E_c=\frac{2\times10^5}{3\times10^4}=6.667$$

根据《混规》式（7.1.2-2）：

$$\psi=1.1-0.65\frac{f_{tk}}{\rho_{te}\sigma_{sq}}=1.1-0.65\times\frac{2.01}{0.0187\times220}=0.782 \begin{matrix}<1\\>0.2\end{matrix}$$

由《混规》式（7.2.3-1），矩形截面取 $\gamma_f'=0.0$

$$B_s = \frac{E_s A_s h_0^2}{1.15\psi + 0.2 + \dfrac{6\alpha_E \rho}{1 + 3.5\gamma_f'}}$$

$$= \frac{2 \times 10^5 \times 1964 \times 660^2}{1.15 \times 0.782 + 0.2 + \dfrac{6 \times 6.667 \times 0.992\%}{1 + 3.5 \times 0.0}}$$

$$= 1.143 \times 10^{14}$$

4. 正确答案是 B，解答如下：

根据《混规》7.2.1 条规定：

$$B_2 < 2B_1, 且\ B_2 > \frac{1}{2}B_1$$

故 AB 跨按等刚度计算，取 $B = B_1 = 8.4 \times 10^{13}$

当永久荷载全跨布置、活荷载隔跨布置时，AB 跨中点挠度最大：

$$f = \frac{0.644 g l^4}{100B} + \frac{0.973 q l^4 \times 0.6}{100B}$$

$$= \frac{(0.644 \times 15 + 0.973 \times 30 \times 0.6) \times 9^4 \times 10^{12}}{100 \times 8.4 \times 10^{13}} = 21.22\text{mm}$$

【3、4 题评析】 3 题中，A_s 的计算，应根据《混规》7.2.3 条规定，即：$A_s = \rho b h_0$；对于矩形截面，$\gamma_f' = 0.0$，其他情况时 γ_f' 的计算，见《混规》式（7.1.4-7）。

4 题，考核活荷载的最不利布置。

5. 正确答案是 D，解答如下：

（1）项：根据《抗规》5.1.1 条，错误；

（2）项：根据《抗规》5.1.2 条，错误；

（3）项：根据《抗规》3.9.2 条，正确；

（4）项：根据《抗规》6.3.9 条，正确。

6. 正确答案是 A，解答如下：

根据《混规》式（8.4.4）、式（8.3.1-3）、式（8.3.1-1），取锚固长度修正系数 ξ_a 为 1.0：

假定接头截面面积百分率为 25%，则：

$$l_1 = \xi_l l_a = 1.2 \times \xi_a \alpha \frac{f_y}{f_t} d = 1.2 \times 1.0 \times 0.14 \times \frac{360}{1.43} \times 20 = 846\text{mm}$$

接头连接区段的长度为：

$$1.3 l_1 = 1.3 \times 846 = 1100\text{mm} < 1200\text{mm}$$

故原假定接头百分率 25% 正确，所以钢筋最小搭接长度为 846mm。

【6 题评析】 粗、细钢筋搭接时，计算钢筋搭接长度是按细钢筋直径进行计算，《混规》8.4.3 条及其条文说明对此作出了规定，同时，并规定，按细钢筋截面面积计算接头面积百分率。

7. 正确答案是 A，解答如下：

节点上层柱反弯点距节点距离：$H_1 = \dfrac{400 \times 4.8}{400 + 450} = 2.259\text{m}$

节点下层柱反弯点距节点距离：$H_2 = \dfrac{450 \times 4.8}{450 + 600} = 2.057\text{m}$

$$故\ H_c = H_1 + H_2 = 4.316m$$

8. 正确答案是 C，解答如下：

多层框架结构，根据《混规》11.6.2 条规定：

由《混规》式（11.6.2-3）及规范 11.3.2 条条文说明：

$$M_{bua} = \frac{1}{\gamma_{RE}} f_{yk} A_s^a (h_0 - a_s') = \frac{1}{0.75} \times 400 \times 2454 \times (0.76 - 0.04)$$

$$= 942.34 kN$$

$$V_j = 1.15 \frac{M_{bua}^l + M_{bua}^r}{h_{b0} - a_s'} \left(1 - \frac{h_{b0} - a_s'}{H_c - h_b}\right)$$

$$= 1.15 \times \frac{942.34 + 0.0}{0.8 - 0.04 - 0.04} \times \left(1 - \frac{0.8 - 0.04 - 0.04}{4.6 - 0.8}\right)$$

$$= 1219.9 kN$$

9. 正确答案是 B，解答如下：

$$b_j = b_c = 600mm; h_j = h_c = 600mm, \eta_j = 1.0, \gamma_{RE} = 0.85$$

由《混规》式（11.6.4-1）：

$$V_j \leqslant \frac{1}{\gamma_{RE}} \left(0.9 \eta_j f_t b_j h_j + f_{yv} A_{svj} \frac{h_{b0} - a_s'}{s}\right)$$

$$1300 \times 10^3 \leqslant \frac{1}{0.85} \times \left(0.9 \times 1 \times 1.43 \times 600 \times 600 + 300 \times A_{svj} \times \frac{760 - 40}{100}\right)$$

解之得：$A_{svj} \geqslant 297mm^2$

采用四肢箍：$A_{sv1} = A_{svj}/4 = 74.3mm^2$

初选 $\Phi 10@100$（$A_{sv1} = 78.5mm^2$）

最小体积配箍率，规范 11.6.8 条：$\rho_{v,min} = 0.78\% > 0.6\%$，满足

$$\rho_v = \frac{2 \times 4 A_{sv1} l}{A_{cor} s} = \frac{2 \times 4 \times A_{sv1} \times 550}{(600 - 2 \times 30)^2 \times 100} \geqslant 0.78\%$$

$$A_{sv1} \geqslant 52mm^2$$

$$d \geqslant \sqrt{\frac{4 A_{sv1}}{\pi}} = \sqrt{\frac{4 \times 52}{\pi}} = 8.1mm$$

故取 $\Phi 10@100$。

【7~9题评析】 8 题，抗震设计的框架梁，梁端上部、下部对称配筋时，$x = 0 < 2a_s'$，故：$M_{bua} = \frac{1}{\gamma_{RE}} f_{yk} A_s^a (h_0 - a_s')$，或 $M_b = \frac{1}{\gamma_{RE}} f_y A_s (h_0 - a_s')$。

9 题，关键是应复核节点核心区箍筋的最小体积配箍率，《混规》11.6.8 条作了规定。

10. 正确答案是 A，解答如下：

根据《混规》10.1.8 条，$\xi > 0.3$ 时，不应考虑内力重分布，故（A）项不对；《混规》10.1.2 条，（C）项正确；《混规》10.1.2 条，（B）项正确；《混规》11.8.4 条，（D）项正确。

【10题评析】 预应力框架柱的抗震构造要求，《抗规》附录 C 也作了具体规定。

11. 正确答案是 B，解答如下：

梁端纵向钢筋为两排布置，$a_s = a_s' = 65mm$

$$h_0 = h - a_s = 585\text{mm}$$

梁端配置纵筋最多的截面为 8 $\underline{\Phi}$ 25，$A_s = 3927\text{mm}^2$

$$\rho = \frac{A_s}{bh_0} = \frac{3927}{300 \times 585} = 2.24\% \begin{matrix} <2.5\% \\ >2\% \end{matrix}$$

根据《混规》11.3.6 条，箍筋最小直径为：

$$d_{\min} = 8 + 2 = 10\text{mm}，违规$$

$$\frac{A_{s底}}{A_{s顶}} = \frac{6 \times 490.9}{8 \times 490.9} = 0.75 > 0.3，满足$$

【11题评析】 《混规》11.3.6 条第 3 款规定，当梁端纵向受拉钢筋配筋率大于 2%时，表 11.3.6-2 中箍筋最小直径应增大 2mm。

12. 正确答案是 D，解答如下：

多层建筑，抗扭刚度大，根据《抗规》5.2.3 条第 1 款规定，短边边榀框架地震作用效应应放大 1.15 倍。由《抗震通规》4.3.2 条：

$$M_{b1}^l = 1.3 \times 260 + 1.15 \times 1.4 \times 390 = 965.9\text{kN} \cdot \text{m}(\curvearrowright)$$

$$M_{b1}^r = -1.3 \times 150 + 1.15 \times 1.4 \times 300 = 288\text{kN} \cdot \text{m}(\curvearrowright)$$

$$V_{Gb} = 1.3P_k + 1.3 \times \frac{1}{2}q_k l_n = 1.3 \times 180 + 1.3 \times \frac{1}{2} \times 25 \times (8.4 - 0.6) = 360.75\text{kN}$$

根据《抗规》式 (6.2.4-1)，抗震二级，取 $\eta_{vb} = 1.2$：

$$V = \eta_{vb}(M_{b1}^r + M_{b1}^l)/l_n + V_{Gb}$$

$$= 1.2 \times (965.9 + 288)/7.8 + 360.75 = 553.7\text{kN}$$

13. 正确答案是 C，解答如下：

根据《混规》11.4.17 条，C30<C35，按 C35 计算，取 $f_c = 16.7\text{N/mm}^2$ 计算 ρ_v。

$$\mu_N = \frac{N}{f_c A} = \frac{3600 \times 10^3}{14.3 \times 600 \times 600} = 0.7$$

查规范表 11.4.17，抗震二级，取 $\lambda_v = 0.15$

由规范式 (11.4.17)：

$$[\rho_v] = \lambda_v f_c / f_{yv} = 0.15 \times 16.7/300 = 0.84\% > 0.6\%$$

$$\rho_v = \frac{\sum n_i A_{si} l_i}{A_{cor} s} = \frac{2 \times 4 \times 78.5 \times 550}{(600 - 2 \times 20 - 2 \times 10)^2 \times 100} = 1.18\%$$

$$\frac{\rho_v}{[\rho_v]} = \frac{1.18\%}{0.84\%} = 1.40$$

14. 正确答案是 B，解答如下：

$$6 \underline{\Phi} 25(A_s = 2945\text{mm}^2)，4 \underline{\Phi} 25(A'_s = 1964\text{mm}^2)$$

$$\alpha_1 f_c bx = f_y A_s - f'_y A'_s$$

$$x = \frac{f_y A_s - f'_y A'_s}{\alpha_1 f_c b} = \frac{360 \times (2945 - 1964)}{1.0 \times 14.3 \times 400}$$

$$= 61.7\text{mm} < 0.35h_0 = 0.35 \times 765 = 267.8\text{mm}$$

$$< 2a'_s = 2 \times 35 = 70.0\text{mm}$$

根据《混规》6.2.14 条：

$$M = \frac{1}{\gamma_{RE}} f_y A_s (h - a_s - a'_s)$$

$$= \frac{1}{0.75} \times 360 \times 2945 \times (800 - 60 - 35)$$

$$= 996.6 \text{kN} \cdot \text{m}$$

15. 正确答案是 D，解答如下：

查《混规》表 11.4.16，抗震二级，$[\mu_N] = 0.75$

根据《抗规》5.2.3 条第 1 款规定，短边边榀框架，且为角柱，其地震作用效应增大系数为：1.15×1.05。由《抗震通规》4.3.2 条：

$$\mu_N = \frac{(1.3 \times 1150 + 1.15 \times 1.05 \times 1.4 \times 480) \times 10^3}{14.3 \times 600 \times 600} = 0.448$$

$$\lambda = \frac{\mu_N}{[\mu_N]} = \frac{0.448}{0.75} = 0.60$$

【12～15 题评析】 12 题、15 题，《抗规》5.2.3 条规定，不进行扭转耦联计算时，平行于地震作用的两个边榀，其地震作用效应应乘以增大系数。一般情况下，短边可按 1.15 采用，长边可按 1.05 采用；当扭转刚度较小时，宜按不小于 1.3 采用。角部构件宜同时乘以两个方向各自的增大系数。

14 题，若 $x < 0.35h_0$，且 $x > 2a'_s$，则：

$$M = \frac{1}{\gamma_{RE}} \left[f_y A_s \left(h_0 - \frac{x}{2} \right) + f'_y A'_s (h_0 - a'_s) \right]$$

16. 正确答案是 B，解答如下：

根据《荷规》6.1.2 条：

$$T_k = 0.1 \times (Q + g)/4 = 0.1 \times (25 \times 9.8 + 73.5)/4 = 7.96 \text{kN}$$

17. 正确答案是 C，解答如下：

重级工作制软钩吊车，根据《钢标》3.3.2 条：

$$H_k = 0.1 P_{kmax} = 0.1 \times 279.7 = 27.97 \text{kN} > T_k = 7.96 \text{kN}$$

$$\text{故取 } H_k = 27.97 \text{kN}$$

18. 正确答案是 C，解答如下：

根据《钢标》6.1.4 条：

中级工作制软钩吊车，取 $\psi = 1.0$；又根据《荷规》6.3.1 条，取动力系数为 1.05；取吊车荷载分项系数为 1.4。

$$l_z = a + 5h_y + 2h_R = 50 + 5 \times 18 + 2 \times 130 = 400 \text{mm}$$

由《钢标》式（6.1.4-3）、《可靠性标准》8.2.4 条：

$$\sigma_c = \frac{\psi F}{t_w l_z} = \frac{1.5 \times 1.0 \times 1.05 \times 279.7 \times 10^3}{12 \times 400} = 91.8 \text{N/mm}^2$$

19. 正确答案是 A，解答如下：

根据《钢标》11.2.7 条，吊车梁上翼缘焊缝强度与 V、P 有关。

【16～19 题评析】 17 题，对于重级工作制吊车，车轮处的横向水平荷载标准值，应取《钢标》3.3.2 条规定的横向水平力与《荷规》6.1.2 条规定的横向水平力的较大者。

18 题，应注意 ψ 的取值；动力系数的取值。

20. 正确答案是 B，解答如下：

一个螺栓承载力：$N_v^b = 0.9 k n_f \mu P = 0.9 \times 1 \times 1 \times 0.4 \times 290 = 104.4 \text{kN}$

前后有两个翼缘，故需要的每排螺栓数目为：

$$n = \frac{12700}{4 \times 2 \times 104.4} = 16$$

顺内力方向的每排螺栓连接长度 l_1：

$$l_1 = (16-1) \times 90 = 1350\text{mm} > 15d_0 = 15 \times 28.5 = 427.5\text{mm}$$

根据《钢标》11.4.5条，应考虑超长折减：

$$\eta = 1.1 - \frac{l_1}{150d_0} = 1.1 - \frac{1350}{150 \times 28.5} = 0.784$$

螺栓数目 n'：$n' = \dfrac{12700}{0.784 \times 4 \times 2 \times 104.4} = 19.4$，取 $n' = 20$

又 $\qquad l_1' = (20-1) \times 90 = 1710\text{mm} = 60d_0 = 60 \times 28.5 = 1710\text{mm}$

故取 $\eta = 0.7$

故最终每排螺栓数目 n''：$n'' = \dfrac{12700}{0.7 \times 4 \times 2 \times 104.4} = 21.7$，取 22 个。

21. 正确答案是 C，解答如下：

钢板厚 52.6mm > 50mm，取 $f = 290\text{N/mm}^2$

$$N_u = Af = [52.6 \times 409.2 \times 2 + (425.2 - 2 \times 52.6) \times 32.8] \times 290 = 15528\text{kN}$$

$$N = 12700\text{kN} < N_u$$

故取 $N = 12700\text{kN}$，两块节点板，取 $N_0 = N/2$

根据《钢标》12.2.1条：

$$\sigma = \frac{N_0}{\Sigma(\eta_i A_i)} = \frac{12700 \times 10^3 / 2}{60 \times (0.7 \times 400 \times 2 + 1.0 \times 33)}$$

$$= 178.5\text{N/mm}^2$$

【20、21题评析】 20 题，螺栓连接长度 $l_1 > 15d_0$，应考虑超长折减，即：$\left(1.1 - \dfrac{l_1}{150d_0}\right)$；当 $l_1 > 60d_0$，取折减系数为 0.7，具体见《钢标》11.4.5条规定。

22. 正确答案是 C，解答如下：

由竖向力平衡：$R_v = 4F_1 + F_2 = 4 \times 4.8 + 8.0 = 27.2\text{kN}$

取天窗左半部分为研究对象，$\Sigma M_C = 0$，则：

$$4F_1 \times 2 + 8 \times 4 + R_H \times 7 = 4 \times R_v$$

$$R_H = \frac{4 \times 27.2 - 4 \times 4.8 \times 2 - 8 \times 4}{7} = 5.49\text{kN}$$

23. 正确答案是 D，解答如下：

平面内：$l_{0x} = 4.031\text{m}$，$\lambda_x = \dfrac{l_{0x}}{i_x} = \dfrac{4031}{31} = 130.0$

平面外：$l_{0y} = \sqrt{4^2 + 7^2} = 8.062\text{m}$，$\lambda_y = \dfrac{l_{0y}}{i_y} = \dfrac{8062}{43} = 187.5$

由《钢标》7.2.2条：

$\lambda_z = 3.9 \dfrac{b}{t} = 3.9 \times \dfrac{100}{6} = 65 < \lambda_y$，则：

$$\lambda_{yz} = 187.5 \times \left[1 + 0.16 \times \left(\frac{65}{187.5}\right)^2\right] = 191.1$$

查《钢标》表 7.2.1-1，均属 b 类截面，查附表 D.0.2，$\varphi_{min}=\varphi_{yz}=0.202$

$$\frac{N}{\varphi_{yz}A}=\frac{12\times10^3}{0.202\times2386}=24.898\text{N/mm}^2$$

24. 正确答案是 A，解答如下：

水平力全部由斜杆 DF 承担：$N\cos\alpha=2W_1$，$\cos\alpha=\dfrac{2}{\sqrt{2^2+2.5^2}}=0.625$

$$N=\frac{2\times2.5}{0.625}=8.0\text{kN}$$

25. 正确答案是 B，解答如下：

查《钢标》表 7.4.6，$[\lambda]=200$

$$i_{min}\geqslant\frac{0.9\times4000}{[\lambda]}=\frac{0.9\times4000}{200}=18\text{mm}$$

26. 正确答案是 C，解答如下：

由提示，

$$\lambda_y=\frac{l_{0y}}{i_y}=\frac{2500}{22.1}=113.1$$

根据《钢标》附录 C.0.5 条：

$$\varphi_b=1.07-\frac{\lambda_y^2}{44000\varepsilon_k^2}=1.07-\frac{113.1^2}{44000\times1}=0.78$$

$$\frac{M_x}{\varphi_bW_x}=\frac{30.2\times10^6}{0.78\times188\times10^3}=205.95\text{N/mm}^2$$

27. 正确答案是 D，解答如下：

立柱平面外：$l_{0y}=4\text{m}$，$\lambda_y=\dfrac{l_{0y}}{i_y}=\dfrac{4000}{35.7}=112.0$

热轧 H 型钢，$b/h=150/194=0.77<0.8$，查表 7.2.1-1，绕 y 轴属 b 类截面，查附表 D.0.2，取 $\varphi_y=0.481$。

$$\varphi_b=1.07-\frac{\lambda_y^2}{44000\varepsilon_k^2}=1.07-\frac{112.0^2}{44000\times1}=0.785$$

由《钢标》8.2.1 条：

$$\frac{N}{\varphi_yA}+\eta\frac{\beta_{tx}M_x}{\varphi_bW_x}=\frac{29.6\times10^3}{0.481\times3976}+1\times\frac{1.0\times30.2\times10^6}{0.785\times283\times10^3}$$
$$=15.48+135.94=151.42\text{N/mm}^2$$

【22~27 题评析】 23 题，对于单轴对称的构件（如 ⊤、T 形等），绕对称轴应取计及扭转效应的换算长细比 λ_{yz} 代替 λ_y。

28. 正确答案是 C，解答如下：

根据《钢标》6.1.1 条，构件抗弯强度计算按净截面计算；而构件变形、整体稳定和抗剪强度计算均按毛截面计算，不考虑截面削弱。

29. 正确答案是 D，解答如下：

塔架的竖向分肢要求在两个方向截面惯性矩相近，则在两个方向刚度接近并较节省钢材，(D) 项截面两个方向差异大，不宜选用。

30. 正确答案是 B，解答如下：

根据《抗规》5.2.6 条：

$$V_{E3k} = \frac{0.01 \times 300}{0.0025 \times 4 + 0.005 \times 2 + 0.01 + 0.15 \times 2} = 9.1\text{kN}$$

31. 正确答案是 C，解答如下：

根据《抗规》5.2.1 条：

$$G_{eq} = 0.85 \times (4920 + 4300 \times 3 + 2300) = 17102\text{kN}$$

多层砌体房屋，取 $\alpha_1 = \alpha_{max}$

查规范表 5.1.4-1，7 度、多遇地震，$\alpha_{max} = 0.08$

$$F_{Ek} = \alpha_1 G_{eq} = 0.08 \times 17102 = 1368.16\text{kN}$$

32. 正确答案是 B，解答如下：

根据《抗规》5.2.1 条，取 $\delta_n = 0.0$：

$$F_{5k} = \frac{G_5 H_5}{\sum\limits_{j=1}^{5} G_j H_j} F_{Ek}(1 - \delta_n)$$

$$= \frac{2300 \times 16}{4920 \times 4.8 + 4300 \times (7.6 + 10.4 + 13.2) + 2300 \times 16} \times 2000 \times (1 - 0)$$

$$= 378.3\text{kN}$$

【31、32 题评析】 多层砌体房屋抗震设计时，根据《抗规》5.2.1 条，取 $\alpha_1 = \alpha_{max}$，$\delta_n = 0.0$。

33. 正确答案是 B，解答如下：

$\dfrac{\sigma_0}{f_v} = \dfrac{0.3}{0.14} = 2.14$，查《砌规》表 10.2.1，取 $\xi_N = 1.1382$

$$f_{vE} = 1.1382 \times 0.14 = 0.159\text{N/mm}^2$$

查《砌规》表 10.1.5，取 $\gamma_{RE} = 0.9$

$$V_u = \frac{f_{vE} A}{\gamma_{RE}} = \frac{0.159 \times 240 \times 4000}{0.9} = 169.6\text{kN}$$

34. 正确答案是 B，解答如下：

横墙，$\dfrac{A_c}{A} = \dfrac{240 \times 240}{240 \times 4000} = 0.06 < 0.15$，取 $A_c = 240 \times 240\text{mm}^2$

$$\eta_c = 1.1, \zeta = 0.5, \gamma_{RE} = 0.9$$

根据《砌规》式（10.2.2）：

$$V_u = \frac{1}{0.9} \times [1.1 \times 0.2 \times (4000 \times 240 - 240 \times 240)$$

$$+ 0.5 \times 1.1 \times 240 \times 240 + 0.08 \times 300 \times 616 + 0.0]$$

$$= 272.2\text{kN}$$

35. 正确答案是 A，解答如下：

根据《抗规》表 7.2.3 条注 1、2 的规定：

洞口高度 1.5m ≤ 3.0 × 50% = 1.5m（层高的 50%），按窗洞处理

开洞率：$\rho = \dfrac{0.24 \times 1.2}{0.24 \times 4} = 0.3$，查规范表 7.2.3，取洞口影响系数为 0.88

36. 正确答案是 D，解答如下：

根据《砌规》5.1.2 条，取 $\gamma_\beta = 1.2$

$H = 3.3 + 0.3 + 0.5 = 4.1\text{m}$，刚性方案，无吊车，查规范表 5.1.3，排架方向或垂直

排架方向，均取 $H_0 = 1.0H = 4.1$m

垂直排架方向，轴心受压：$\beta = \gamma_\beta \dfrac{H_0}{h} = 1.2 \times \dfrac{4.1}{0.37} = 13.3, e = 0$

查《砌规》附表 D.0.1-1，取 $\varphi = 0.788$

37. 正确答案是 A，解答如下：

$A = 0.37 \times 0.49 = 0.1813\text{m}^2 < 0.3\text{m}^2$，取 $\gamma_a = 0.7 + A = 0.8813$

$$\varphi f A = 0.9 \times (0.8813 \times 2.07) \times 370 \times 490 = 297.7\text{kN}$$

【36、37 题评析】 36 题，在确定独立砖柱的计算高度 H_0 时，应注意《砌规》表 5.1.3 注 3 的规定。

37 题，当砖柱截面面积小于 0.3m^2，根据《砌规》3.2.3 条第 2 款规定，γ_a 取截面面积加 0.7，对配筋砖柱截面面积小于 0.2m^2，γ_a 取截面面积加 0.8。

38. 正确答案是 C，解答如下：

根据《抗规》7.2.9 条第 1 款：

$$V_f = V_w = \max(100, 150) = 150$$
$$N_f = V_w H_f / l = 150 \times 4.5 / 6 = 112.5\text{kN}$$

39. 正确答案是 A，解答如下：

由《砌规》5.1.3 条第 3 款：

$$H = 3 + 0.5 + \frac{1}{2} \times 2 = 4.5\text{m}$$

$H = 4.5\text{m} < s = 9 - 0.24 = 8.76\text{m} \leqslant 2H = 9\text{m}$，刚性方案，查《砌规》表 5.1.3：

$$H_0 = 0.4s + 0.2H = 0.4 \times 8.76 + 0.2 \times 4.5 = 4.404\text{m}$$
$$\beta = \gamma_\beta \frac{H_0}{h} = 1.2 \times \frac{4.404}{0.24} = 22.0, \quad e/h = 12/240 = 0.05$$

查规范附录表 D.0.1-1，$\varphi = 0.49$

40. 正确答案是 C，解答如下：

根据《抗规》7.2.2 条，应选（C）项。

（下午卷）

41. 正确答案是 B，解答如下：

根据《砌规》10.1.8 条，应选（B）项。

42. 正确答案是 A，解答如下：

油松木（TC13-A），查《木标》表 4.3.1-3，取 $f_t = 8.5\text{N/mm}^2$

螺栓纵向中距为：$9d = 180\text{mm} > 150\text{mm}$，由 5.1.1 条：

$$N = A_n f_t = (200 - 2 \times 20) \times 120 \times 8.5 = 163.2\text{kN}$$

43. 正确答案是 B，解答如下：

根据《木标》6.2.5 条：

$$Z_d = 0.8 \times 1 \times 1 \times 0.96 \times 8.3 = 6.374\text{kN}$$

$$n = \frac{130}{2 \times 6.374} = 10.2 \text{个，取 12 个。}$$

【42、43题评析】 42题，运用《木标》式（5.1.1）：$N \leqslant A_n f_t$，应注意 A_n 的取值，应扣除分布在150mm长度上的缺孔投影面积。

44. 正确答案是 D，解答如下：

根据《地规》5.4.2条：

$$a \geqslant 3.5b - \frac{d}{\tan\beta} = 3.5 \times 1.6 - \frac{2}{\tan 45°} = 3.6\text{m}$$

$$a \geqslant 2.5\text{m}，故最终取 } a \geqslant 3.6\text{m}。$$

45. 正确答案是 C，解答如下：

根据《地规》3.0.2条、3.0.3条，（C）项正确。

46. 正确答案是 B，解答如下：

根据《地处规》7.3.3条、7.1.5条，取 $q_p = f_{ak} = 150\text{kN/mm}^2$

$$R_a = u_p \sum_{i=1}^{n} q_{si} l_{pi} + \alpha_p q_p A_p$$
$$= 3.14 \times 0.6 \times (12 \times 1.2 + 5 \times 5 + 18 \times 0.3) + 0.5 \times 150 \times 3.14 \times 0.3^2$$
$$= 105.6\text{kN}$$

47. 正确答案是 C，解答如下：

根据《地处规》7.3.3条及7.1.5条：

$$f_{spk} \leqslant \lambda m \frac{R_a}{A_p} + \beta(1-m) f_{sk}$$

$$100 \leqslant 1.0 \times m \times \frac{4 \times 155}{3.14 \times 0.6^2} + 0.3 \times (1-m) \times 60$$

即：

$$m \geqslant 0.155$$

48. 正确答案是 D，解答如下：

根据《地规》8.4.12条：

筏板厚度 $h \geqslant l/14 = 4500/14 = 321.43\text{mm}$

$$h \geqslant 400\text{mm}$$

故取 $h = 400\text{mm}$。

49. 正确答案是 A，解答如下：

根据《地规》8.4.12条及其图8.4.12-1：

$$h_0 = 450 - 60 = 390\text{mm}$$

$$F_l = p_j A = 280 \times (4.5 - 2 \times 0.39) \times (6 - 2 \times 0.39) = 5437.15\text{kN}$$

50. 正确答案是 B，解答如下：

根据《地规》式（8.4.12-1）：

$$h \leqslant 800\text{mm}，取 } \beta_{hp} = 1.0$$

$$0.7\beta_{hp} f_t u_m h_0 = 0.7 \times 1.0 \times 1.57 \times (2 \times 4500 + 2 \times 6000 - 4 \times 390) \times 390$$
$$= 8332.18\text{kN}$$

51. 正确答案是 A，解答如下：

根据《地规》8.4.12条及图8.4.12-2：

$$V_s = \frac{1}{2}\left[(l_{n2} - l_{n1}) + (l_{n2} - 2h_0)\right] \cdot \left(\frac{l_{n1}}{2} - h_0\right)p_j$$

$$= \frac{1}{2} \times \left[(6000 - 4500) + (6000 - 2 \times 390)\right] \times \left(\frac{4500}{2} - 390\right) \times 280$$

$$= 1749.89\text{kN}$$

52. 正确答案是 A，解答如下：

根据《地规》式（8.4.12-3）：

$$h_0 < 800\text{mm}，取 \beta_{hs} = 1.0$$

$$0.7\beta_{hs}f_t(l_{n2} - 2h_0)h_0 = 0.7 \times 1.0 \times 1.57 \times (6000 - 2 \times 390) \times 390$$

$$= 2237.34\text{kN}$$

53. 正确答案是 D，解答如下：

根据《地规》8.4.15 条，筏板底部贯通钢筋的配筋率≥0.15%：

$$A_s = \frac{M}{0.9f_yh_0} = \frac{240 \times 10^6}{0.9 \times 360 \times (850 - 60)} = 938\text{mm}^2/\text{m}$$

$$A_{s,min} = 0.15\%bh = 0.15\% \times 1000 \times 850 = 1275\text{mm}^2/\text{m}$$

对于（A）项，Φ12@200 通长筋：$A_s = \frac{2 \times 1000}{200} \times \frac{\pi \times 12^2}{4} = 1132\text{mm}^2$，不满足

对于（B）项，Φ12@100 通长筋：$A_s = \frac{1000}{100} \times \frac{\pi \times 12^2}{4} = 1130\text{mm}^2$，不满足

对于（C）项：Φ12@200 通长筋：$A_s = 1132\text{mm}^2$，不满足

对于（D）项，Φ14@100 通长筋：$A_s = \frac{1000}{100} \times \frac{\pi \times 14^2}{4} = 1539\text{mm}^2$，满足

【48～53题评析】 49题、50题、51题，关键是确定 A_l、u_m 及《地规》图 8.4.12-2 中阴影面积 $A_{阴}$，可整理如下：

$$A_l = (l_{n1} - 2h_0) \cdot (l_{n2} - 2h_0)$$

$$u_m = 2 \times \left(l_{n1} - 2 \times \frac{h_0}{2} + l_{n2} - 2 \times \frac{h_0}{2}\right) = 2 \times (l_{n1} - h_0 + l_{n2} - h_0)$$

$$A_{阴} = A_{梯形} = \frac{1}{2}\left[(l_{n2} - l_{n1}) + (l_{n2} - 2h_0)\right] \cdot \left(\frac{l_{n1}}{2} - h_0\right)$$

54. 正确答案是 B，解答如下：

根据提示，按《地规》5.3.8 条计算 z_n：

由《地规》附录 R：

实体深基础宽度 $b = 28 + 2 \times 36\tan\frac{20°}{4} = 34.3\text{m}$

$z_n = b(2.5 - 0.4\ln b) = 34.3 \times (2.5 - 0.4\ln 34.3) = 37.3\text{m}$

55. 正确答案是 D，解答如下：

根据《地规》附录 R.0.3 条：

$$A = \left(a_0 + 2l_0\tan\frac{\varphi}{4}\right) \cdot \left(b_0 + 2l_0\tan\frac{\varphi}{4}\right)$$

$$= \left(28 + 2 \times 36 \times \tan\frac{20°}{4}\right) \times \left(50.4 + 2 \times 36 \times \tan\frac{20°}{4}\right)$$

$$= 34.3 \times 56.7$$

$$= 1944.8m^2$$

56. 正确答案是 B，解答如下：
$$p_0 = p - \gamma_d d$$
$$p = \frac{600 \times 28.8 \times 51.2 + 20 \times 2000 \times (36 + 0.8)}{2000} = 1178.37 \text{kPa}$$
$$p_0 = 1178.37 - 18 \times (36 + 0.8) = 515.97 \text{kPa}$$

57. 正确答案是 C，解答如下：

根据《地规》5.3.5 条：
$$s = \psi_s \cdot s' = \psi_s \sum \frac{4p_0}{E_{si}} (z_i \bar{\alpha}_i - z_{i-1} \bar{\alpha}_{i-1})$$
$$= 0.2 \times \frac{4 \times 750}{34} \times (0.237 \times 30 - 0.25 \times 0)$$
$$= 125.5 \text{mm}$$

【54～57题评析】 54 题，假定无提示，可用验证法，对于（A）项：33m，取 $b = 34.3$m，$l = 54.7$m，分别取 $z_n = 33$m，$z_{n-1} = 32$m，求出 $\bar{\alpha}_i$、$\bar{\alpha}_{i-1}$ 值，再按《地规》5.3.7 条验算，可得：$z_n = 33$m，满足要求。

56 题，计算实体深基础自重时应考虑筏板厚度 800mm，计算土自重产生的自重应力 $\gamma_d d$ 时，d 应从基础顶面开始计算，即 $36 + 0.8 = 36.8$m。

58. 正确答案是 C，解答如下：

根据《高规》4.3.2 条条文说明，（A）项正确；

根据规程 5.4.1 条，（B）项正确；

根据规程 3.4.1 条、3.5.1 条，应避免平面、竖向结构布置不规则，（D）项正确；

（C）项，水平力产生的顶点位移与高度 4 次方成正比，故（C）项不妥。

59. 正确答案是 D，解答如下：

根据《高规》8.2.2 条第 3 款：

暗梁截面高度可取墙厚的 2 倍，$b \times h = 250\text{mm} \times 500\text{mm}$

抗震一级，查规程表 6.3.2-1：
$$\rho_{min} = 0.80 f_t / f_y = 0.80 \times 1.57 / 360 = 0.35\% < 0.4\%$$

故 $A_s = \rho_{min} bh = 0.4\% \times 250 \times 500 = 500\text{mm}^2$

（D）项 2 Φ 18（$A_s = 509\text{mm}^2$），满足

60. 正确答案是 A，解答如下：

根据《高规》6.4.10 条第 2 款：

抗震二级，$\lambda_v = 0.1$，$\rho_v \geq 0.5\%$
$$\rho_v \geq \lambda_v f_c / f_{yv} = 0.1 \times 19.1 / 270 = 0.71\% > 0.5\%$$

（A）项：$\rho_v = \dfrac{8 \times (650 - 2 \times 20 - 10) \times 78.5}{(650 - 2 \times 20 - 2 \times 10)^2 \times 150} = 0.72\%$，满足

（D）项：$\rho_v = \dfrac{8 \times (650 - 2 \times 20 - 8) \times 50.3}{(650 - 2 \times 20 - 2 \times 8) \times 80} = 0.86\%$，满足

故选（A）项。

【60题评析】 框架节点核心区水平箍筋的配箍率应满足《高规》6.4.10 条规定，应注意的是，柱剪跨比 $\lambda < 2$ 的情况。

61. 正确答案是 D，解答如下：

根据《高规》10.2.7 条，抗震一级：

$$\rho_{sv,\min} = 1.2 f_t / f_{yv} = 1.2 \times 1.71/300 = 0.684\%$$

图示为 4 肢箍，单肢箍筋面积 A_{sv1}：

$$A_{sv1} = \rho_{sv,\min} bs/4 = 0.684\% \times 500 \times 100/4 = 85.5 \text{mm}^2$$

$$d \geqslant \sqrt{4 A_{sv1}/3.14} = 10.4 \text{mm}，故取 4 \,\Phi\, 12@100$$

跨中的箍筋，根据规程 10.2.8 条第 7 款，仍取 4 Φ 12@100。

62. 正确答案是 C，解答如下：

根据《高规》10.2.10 条第 1 款、6.4.3 条第 1 款：

抗震一级，框支柱：$\rho_{\min} = 1.1\%$，$\rho_{\max} = 4\%$（根据 10.2.11 条第 7 款）

$$A_s \geqslant \rho_{\min} bh = 1.1\% \times 600 \times 600 = 3960 \text{mm}^2$$

选用 24 根，单根截面面积 $A_s \geqslant 165 \text{mm}^2$，对应直径为 14.5mm。

（C）项，$\rho = \dfrac{A_s}{bh} = \dfrac{24 \times 490.9}{600 \times 600} = 3.27\% < 4\%$，满足

（A）项，$\rho = \dfrac{A_s}{bh} = \dfrac{24 \times 615.8}{600 \times 600} = 4.1\% > 4\%$，不满足

（B）项，28 Φ 25，根据规程 10.2.11 条第 7 款，纵筋间距不满足。

63. 正确答案是 B，解答如下：

根据《高规》5.4.1 条第 1 款及条文说明：

$$EJ_d \geqslant 2.7 H^2 \sum_{i=1}^{20} G_i = 2.7 \times 70^2 \times (0.8 + 19 \times 1.2) \times 10^4 = 3.12 \times 10^9 \text{kN} \cdot \text{m}^2$$

$$EJ_d = \frac{11 q H^4}{120 u}，则：$$

$$u = \frac{11 q H^4}{120 EJ_d} = \frac{11 \times 85 \times 70^4}{120 \times 3.12 \times 10^9} = 59.96 \text{mm}$$

64. 正确答案是 A，解答如下：

已知条件，$EJ_d = 3.5 \times 10^9 \text{kN} \cdot \text{m}^2 > 3.12 \times 10^9 \text{kN} \cdot \text{m}^2$

根据《高规》5.4.1 条规定，不考虑重力二阶效应的不利影响，故不需调整内力。

65. 正确答案是 A，解答如下：

查《高规》表 3.7.3，框架-剪力墙结构，$\left[\dfrac{\Delta u}{h}\right] = \dfrac{1}{800}$

由规程式（5.4.3-3），位移增大系数为 F_1，设 EJ_d 值增大到 α 倍，外部水平荷载不变，相应地相对侧移变为 $\dfrac{1}{850\alpha}$；由提示知，$0.14 H^2 \sum\limits_{i=1}^{n} G_i = 1.62 \times 10^8 \text{kN} \cdot \text{m}^2$

$$F_1 = \frac{1}{1 - 0.14 H^2 \sum\limits_{i=1}^{n} G_i/(\alpha EJ_d)} = \frac{1}{1 - \dfrac{0.162}{1.8\alpha}}$$

又 $\dfrac{\Delta u}{h} = F_1 \cdot \dfrac{1}{850\alpha} \leqslant \left[\dfrac{\Delta u}{h}\right] = \dfrac{1}{800}$，则：

$F_1 \leqslant \dfrac{850\alpha}{800}$，代入前式：

$$\cfrac{1}{1-\cfrac{0.162}{1.8\alpha}}\leqslant\frac{850\alpha}{800}，解之得：\alpha\geqslant1.03$$

【63～65题评析】 64题，假定结构纵向主轴方向的弹性等效抗侧刚度$EJ_d=2.80\times10^9\mathrm{kN\cdot m^2}$，其他条件不变，仍确定该柱的水平剪力标准值：

由于$EJ_d=2.80\times10^9\mathrm{kN\cdot m^2}<3.12\times10^9\mathrm{kN\cdot m^2}$，故需调整内力

根据《高规》5.4.3条第2款：

$$F_2=\cfrac{1}{1-0.28H^2\sum_{i=1}^{n}G_i/(EJ_d)}=\cfrac{1}{1-0.28\times70^2\times\cfrac{(0.8+19\times1.2)\times10^4}{2.80\times10^9}}$$
$$=1.13$$
$$V_c=F_2\times160=1.13\times160=180.8\mathrm{kN}$$

66. 正确答案是B，解答如下：

根据《高钢规》7.3.9条规定，$h=l_0$，抗震等级一级：

$$\lambda=\frac{l_0}{i_x}=\frac{h}{173}\leqslant60\varepsilon_k=60\sqrt{235/345}$$
$$即：h\leqslant8567\mathrm{mm}$$

67. 正确答案是A，解答如下：

根据《高规》11.1.1条，该结构为混合结构；由规程11.3.5条，取多遇地震下的阻尼比$\zeta=0.04$。

查规程表4.3.7-1，7度，取$\alpha_{\max}=0.08$

查规程表4.3.7-2，Ⅱ类场地，第一组，取$T_g=0.35\mathrm{s}$

$$\gamma=0.9+\frac{0.05-0.04}{0.3+6\times0.04}=0.9185$$
$$T_1=0.8\times3=2.4s>5T_g=1.75s，则：$$
$$\alpha=[0.2^\gamma\eta_2-\eta_1(T_1-5T_g)]\alpha_{\max}$$
$$=[0.2^{0.9185}\times1.078-0.021\times(2.4-1.75)]\times0.08=0.0186$$

68. 正确答案是C，解答如下：

根据《高规》4.3.12条及表4.3.12：

7度，$T_1<3.5\mathrm{s}$，取$\lambda=0.016$，则：$\lambda\Sigma G_j=0.016\times6\times10^5=9600\mathrm{kN}>8600\mathrm{kN}$，故取$V_0=9600\mathrm{kN}$

故调整系数$=9600/8600=1.116$

根据《高规》11.1.6条及9.1.11条：

$$V_{f,\max}=1.116\times1500=1674\mathrm{kN}>10\%V_0=10\%\times9600=960\mathrm{kN}$$
$$V_{f,\max}=1.116\times1500=1674\mathrm{kN}<20\%V_0=20\%\times1674=1920\mathrm{kN}$$

故取V：$V=\min(0.2V_0，1.5V_{f,\max})=\min(0.2\times9600，1.5\times1674)=1920\mathrm{kN}$

69. 正确答案是D，解答如下：

查《高规》表11.1.4，7度，132m，丙类建筑，钢筋混凝土筒体抗震等级一级，型钢混凝土框架抗震等级一级；又根据规程11.4.18条、9.1.7条、7.2.15条，应设约束边缘构件，其纵筋截面面积：

$$A_{s,min}=(800+400)\times400\times1.2\%=5760mm^2$$

选 14 根纵筋，单根钢筋截面面积为：$5760/14=411.4mm^2$，其相应直径为 22.9mm，故（A）、（B）、（C）项均不满足。

70. 正确答案是 D，解答如下：

根据《高规》11.4.4 条：

由 69 题可知，型钢混凝土柱抗震一级，$[\mu_N]=0.7$：

$$\mu_N=\frac{N}{f_cA+f_aA_a}\leqslant0.7$$

$$\frac{18000\times10^3}{700\times700\times23.1-A_a\times23.1+295\times A_a}\leqslant0.7$$

即：$A_a=52943.3mm^2$，且 $A_a/700^2=10.8\%>4\%$，满足高层规程 11.4.5 条。

71. 正确答案是 D，解答如下：

型钢混凝土柱抗震一级，$\mu_N=0.60$，根据《高规》11.4.6，假定箍筋直径为 12mm：

$$\rho_v=\frac{\sum n_iA_{si}l_i}{A_{cor}s}=\frac{2\times4\times A_{si}\times648}{636^2\times100}$$

$$\geqslant0.85\lambda_vf_c/f_y=0.85\times0.15\times23.1/270=1.091\%$$

$A_{si}\geqslant85mm^2$，相应直径 $d\geqslant11mm$，原假定正确，故取 4Φ12@100

又根据规程 11.4.5 条第 2 款规定：$\rho_{min}=0.8\%$

$$\rho=\frac{A_s}{bh}=\frac{12A_{sl}}{700\times700}\geqslant0.8\%$$

$A_{sl}\geqslant327mm^2$，相应直径 $d\geqslant20.4mm$，故最终取 12Φ22

72. 正确答案是 C，解答如下：

由 69 题可知，核心筒抗震等级为一级。

抗震一级，根据《高规》7.2.21 条：

由《混规》11.7.8 条，$\eta_{vb}=1.0$

$$V_b=\eta_{vb}\frac{(M_b^r+M_b^l)}{l_n}+V_{Gb}=1.0\times\frac{(0+1400)}{2}+60=760kN>620kN$$

又由《高规》式（9.3.8-2）：

$$A_s\geqslant\frac{\gamma_{RE}V_b}{2f_y\sin\alpha}=\frac{0.85\times760\times10^3}{2\times360\times\sin37°}=1491mm^2$$

选用 4Φ22（$A_s=1520mm^2$），满足。

【67~72 题评析】 68 题，应注意的是，楼层最小地震剪力应满足剪重比，见《高规》4.3.12 条；其次，《高规》11.1.6 条中，混合结构中框架所承担的地震剪力与钢筋混凝土框筒结构中框架所承担的地震剪力，两者计算方法一致。

73. 正确答案是 C，解答如下：

双向行驶，桥面宽 15.25m，查《公桥通规》表 4.3.1-4，取设计车道数为 4。

74. 正确答案是 B，解答如下：

公路-Ⅰ级：$q_k=10.5kN/m$，$P_k=2\times(40+130)=340kN$

$$M_{QiK}=4\xi(1+\mu)K\left(\frac{1}{8}q_kl_0^2+\frac{1}{4}P_kl_0\right)$$

$$=4\times0.67\times1.215\times1.2\times\left(\frac{1}{8}\times10.5\times40^2+\frac{1}{4}\times340\times40\right)$$

$$=21491\text{kN}\cdot\text{m}$$

75. 正确答案是 C，解答如下：

根据《公桥混规》6.3.1 条：

全预应力混凝土构件：$\sigma_{st}-0.85\sigma_{pc}\leqslant0$

$$\sigma_{st}=\frac{M_s}{I_0}y_0=\frac{85000}{7.75}\times1.3=14258.1\text{kN/m}^2\text{（拉应力）}$$

$$\sigma_{pc}=\frac{N_p}{A_n}+\frac{N_pe_{pn}}{I_n}y_n=N_p\left(\frac{1}{9.6}+\frac{1.3-0.3}{7.75}\times1.3\right)=0.2719N_p\text{（压应力）}$$

故 $N_p\geqslant\dfrac{14258.1}{0.85\times0.2719}=61693\text{kN}$

76. 正确答案是 D，解答如下：

单孔标准跨径大于 40m，按单孔跨径查《公桥通规》表 1.0.5，为大桥；查《公桥通规》表 4.1.5-1，其安全等级为一级，故取 $\gamma_0=1.1$。

根据《公桥通规》4.1.5 条：

$$\gamma_0M_{ud}=\gamma_0(M_{Gid}+M_{Q1d}+\Sigma M_{Qjd})$$

$$=1.1\times(65000+25000+9600)$$

$$=109560\text{kN}\cdot\text{m}$$

77. 正确答案是 D，解答如下：

根据《公桥混规》6.5.5 条第 2 款：

预拱度：$f=f_1-f_2=10-30=-20\text{mm}<0$

故预拱度向上为 0.0。

【73～77 题评析】 74 题，多车道横向车道布载系数 0.67，可通过查《公桥通规》表 4.3.1-5，设计车道数为 4 条，故取 $\xi=0.67$。

76 题，应注意 γ_0 的取值。

78. 正确答案是 D，解答如下：

根据《公桥通规》1.0.3 条，取 100 年。

79. 正确答案是 A，解答如下：

单孔跨径 L_k：$40\text{m}<L_k<150\text{m}$，按单孔跨径查《公桥通规》表 1.0.5，属于大桥；查《公桥通规》表 4.1.5-1，其结构安全等级为一级。

80. 正确答案是 A，解答如下：

当荷载作用在支座处时，其弯矩值应为零，故只有（A）项正确。

实战训练试题（十三）解答与评析

（上午卷）

1. 正确答案是 C，解答如下：
$$h_0 = 2400 - 70 = 2330\text{mm}, \quad h_w = 2330 - 200 = 2130\text{mm}, \quad b = 800\text{mm}$$
根据《混规》9.2.13 条：
$A_{s构} \geq 0.1\% bh_w$，且其间距 $s \leq 200\text{mm}$
$A_{s构} \geq 0.1\% \times 800 \times 2130 = 1704\text{mm}^2$
每侧根数：$n = (2400 - 70 - 200)/200 - 1 = 9.7$ 根，取 10 根
(A) 项，$A_{s构} = 1131\text{mm}^2$，不满足。
(B) 项，$A_{s构} = 1539\text{mm}^2$，不满足。
(C) 项，$A_{s构} = 2212\text{mm}^2 > 1704\text{mm}^2$，满足。
(D) 项，$A_{s构} = 2800\text{mm}^2 > 1704\text{mm}^2$，满足。
故 (C) 项满足，并且为最小配置量。

2. 正确答案是 C，解答如下：
$$h_0 = 2400 - 70 = 2330\text{mm}, h_0' = h_0 = 2330\text{mm}$$
$$e_0 = \frac{M}{N} = \frac{1460}{3800} = 384.2\text{mm} < \frac{h}{2} - a_s = \frac{2400}{2} - 70 = 1130\text{mm}$$
故属于小偏拉。
$$e' = e_0 + \frac{h}{2} - a_s' = 384.2 + \frac{2400}{2} - 70 = 1514.2\text{mm}$$
根据《混规》式（6.2.23-2）：
$$A_s = \frac{Ne'}{f_y(h_0' - a_s)} = \frac{3800 \times 10^3 \times 1514.2}{360 \times (2330 - 70)} = 7072\text{mm}^2$$

3. 正确答案是 C，解答如下：
根据《混规》式（6.3.14）：
$$f_{yv} \frac{A_{sv}}{s} h_0 = V - \left(\frac{1.75}{\lambda + 1} f_t b h_0 - 0.2N\right)$$
$$= 5760 \times 10^3 - \left(\frac{1.75}{1.5 + 1} \times 1.71 \times 800 \times 2330 - 0.2 \times 3800 \times 10^3\right)$$
$$= 4288792\text{N} > 0.36 f_t b h_0 = 0.36 \times 1.71 \times 800 \times 2330 = 1247478\text{N}$$
$$\frac{A_{sv}}{s} = \frac{4288792}{300 \times 2330} = 6.14\text{mm}^2/\text{mm}$$
(A) 项，$\frac{A_{sv}}{s} = \frac{6 \times 78.5}{100} = 4.71\text{mm}^2/\text{mm}$，不满足。
(B) 项，$\frac{A_{sv}}{s} = \frac{6 \times 113.1}{150} = 4.52\text{mm}^2/\text{mm}$，不满足。

（C）项，$\dfrac{A_{sv}}{s} = \dfrac{6 \times 113.1}{100} = 6.78 \text{mm}^2/\text{mm}$，满足，且最小配置。

（D）项，$\dfrac{A_{sv}}{s} = \dfrac{6 \times 153.9}{100} = 9.23 \text{mm}^2/\text{mm}$，满足。

【1～3题评析】 1题，构造钢筋截面面积按不小于腹板截面面积 bh_w 的 0.1%。h_w 的计算，《混规》9.2.13条规定应按规范6.3.1条计算。

3题，《混规》6.3.14条规定，规范式（6.3.14）右边的计算值不得小于 $0.36f_t bh_0$，也不得小于 $f_{yv}\dfrac{A_{sv}}{s}h_0$。

4. 正确答案是 A，解答如下：

根据《混规》式（7.2.3-2）：

$B_s = 0.85E_c I_0 = 0.85 \times 3.25 \times 10^4 \times 3.4 \times 10^{10} = 9.393 \times 10^{14} \text{N} \cdot \text{mm}^2$

由规范7.2.5条第2款，取 $\theta = 2.0$

由规范式（7.2.2-1）：

$$B = \frac{M_k}{M_q(\theta - 1) + M_k}B_s = \frac{800}{250 \times (2-1) + 800} \times 9.393 \times 10^{14}$$

$$= 4.85 \times 10^{14} \text{N} \cdot \text{mm}^2$$

5. 正确答案是 A，解答如下：

根据《混规》7.2.6条，取增大系数为2.0：

$$f_2 = 2 \times 15.2 = 30.4\text{mm}$$

由规范3.4.3条注3的规定：$f = f_1 - f_2 = 56.6 - 30.4 = 26.2\text{mm}$

查规范表3.4.3，$l_0 > 9\text{m}$，对挠度有较高要求，则：

$$[f] = l_0/400 = 17700/400 = 44.25\text{mm}$$

$$\frac{f}{[f]} = \frac{26.2}{44.25} = 0.59$$

【4、5题评析】 预应力混凝土受弯构件的短期刚度 B_s，分为不出现裂缝的构件和允许出现裂缝的构件，其计算公式是不同的，《混规》7.2.3条第2款作了规定，并且该条注的规定：对预压时预拉区出现裂缝的构件，B_s 应降低 10%。在《混规》7.2.6条中，考虑长期作用的影响，应将计算求得的预加力反拱值乘以增大系数2.0，而《混规》附录 H.0.12条中，对于预应力混凝土叠合构件，当考虑长期作用影响，可将计算求得的预应力反拱值乘以增大系数1.75。

6. 正确答案是 A，解答如下：

查《抗规》表5.1.4-1，8度，多遇地震，取 $\alpha_{max} = 0.16$

查规范表5.1.4-2，Ⅲ类场地，第一组，取 $T_g = 0.45\text{s}$

$T_g = 0.45\text{s} < T_1 = 1.1\text{s} < 5T_g = 2.25\text{s}$，则：

$$\alpha_1 = \left(\frac{T_g}{T_1}\right)^r \eta_2 \alpha_{max} = \left(\frac{0.45}{1.1}\right)^{0.9} \times 1.0 \times 0.16 = 0.07$$

$$T_2 = 0.35\text{s} < T_g = 0.45\text{s}$$

$$\alpha_2 = \eta_2 \alpha_{max} = 1.0 \times 0.16 = 0.16$$

7. 正确答案是 C，解答如下：

由已知条件，$V_1 = 50.0\text{kN}$，$V_2 = 8.0\text{kN}$

根据《抗规》式（5.2.2-3）：

$$V_{Ek} = \sqrt{\Sigma V_j^2} = \sqrt{50.0^2 + 8.0^2} = 50.6\text{kN}$$

8. 正确答案是 D，解答如下：

根据《抗规》式（5.2.2-3）：

$$V = \sqrt{35^2 + (-12)^2} = 37\text{kN}$$

又梁的刚度 $EI = \infty$，故顶层柱反弯点在柱中点：

$$M = V\frac{h}{2} = 37 \times \frac{4.5}{2} = 83.3\text{kN} \cdot \text{m}$$

【6～8题评析】 对于6题，在计算 α_1、α_2 时，应先对 T_1、T_2 与 T_g、$5T_g$ 进行大小判别，以确定其在地震影响系数曲线上的位置，从而确定相应的计算公式。

9. 正确答案是 B，解答如下：

$$h_0 = h - a_s = 565\text{mm}, f_y = 300\text{N/mm}^2$$

根据《混规》11.7.7 条规定：

$$M \leqslant \frac{1}{\gamma_{RE}} f_y A_s (h_0 - a'_s)$$

$$A_s \geqslant \frac{\gamma_{RE} M}{f_y (h_0 - a'_s)} = \frac{0.75 \times 200 \times 10^6}{360 \times (565 - 35)} = 786\text{mm}^2$$

复核最小配筋率，由规范 11.7.11 条：

$A_{s,min} = 0.15\% \times 180 \times 600 = 162\text{mm}^2 < 786\text{mm}^2$

满足，故选用 $2\,\Phi\,25 (A_s = 982\text{mm}^2)$。

10. 正确答案是 C，解答如下：

连梁跨高比 $l_n/h_b = 2.0/0.6 = 3.33 \begin{matrix} <5.0 \\ >2.5 \end{matrix}$，按连梁计算。

根据《混规》11.7.8 条：

$$V_{wb} = 1.2\frac{M_b^l + M_b^r}{l_n} + V_{Gb}$$

$$= 1.2 \times \frac{150 + 150}{2} + 18 = 198\text{kN}$$

$l_n/h_b = 3.33$，由《混规》式（11.7.9-2）：

$$V_{wb} \leqslant \frac{1}{\gamma_{RE}}\left(0.42f_t bh_0 + f_{yv}\frac{A_{sv}}{s}h_0\right)$$

$$198 \times 10^3 \leqslant \frac{1}{0.85} \times \left(0.42 \times 1.43 \times 180 \times 565 + 270 \times \frac{A_{sv}}{s} \times 565\right)$$

解之得：

$$\frac{A_{sv}}{s} \geqslant 0.703\text{mm}^2/\text{mm}$$

双肢箍，取 $s = 100$，$A_{sv1} \geqslant 0.703 \times 100/2 = 35.2\text{mm}^2$

故采用 $\Phi 8 (A_{s1}) = 50.3\text{mm}^2$，满足，所以采用 $2\Phi 8@100$。

【9、10题评析】 连梁跨高比 l_n/h_b 是一个重要参数，当 $l_n/h_b < 5.0$ 时，按连梁计算；当 $l_n/h_b > 5.0$ 时，按框架梁计算（依据《高规》7.1.3 条规定）。当 $l_n/h_b < 2.5$ 时，

应按《高规》式（7.2.23-3）计算；当 $5>l_n/h_b>2.5$ 时，应按《高规》式（7.2.23-2）计算，这与《混规》是一致的。

11. 正确答案是 B，解答如下：

根据《抗规》表 3.4.2-2 中侧向刚度不规则的定义，即：除顶层或出屋面小建筑外，局部收进的水平面尺寸大于相邻下一层的 25%。

12. 正确答案是 B，解答如下：

上柱轴压比，$\mu_N = \dfrac{N}{f_c A} = \dfrac{200 \times 10^3}{11.9 \times 400 \times 400} = 0.105 < 0.15$

下柱轴压比，$\mu_N = \dfrac{N}{f_c A} = \dfrac{1400 \times 10^3}{11.9 \times 900 \times 400} = 0.33 > 0.15$

根据《混规》表 11.1.6 的规定：

$$\text{上柱，取 } \gamma_{RE} = 0.75。\text{下柱，取 } \gamma_{RE} = 0.80$$

13. 正确答案是 A，解答如下：

根据《混规》附录 B.0.4 条、6.2.5 条：

$$e_a = \max\left(20, \frac{400}{30}\right) = 20\text{mm}; \quad e_0 = \frac{M_0}{N} = \frac{100}{200} = 0.5\text{m}$$

$$e_i = e_0 + e_a = 520\text{mm}$$

由规范 6.2.20 条及表 6.2.20-1：

$H_u/H_l = 3.6/11.5 = 0.313 > 0.3$，取上柱的计算长度 l_0，$l_0 = 2.0 H_u = 7.2\text{m}$

由规范式（B.0.4-3）、式（B.0.4-2）、式（B.0.4-1）：

$$\xi_c = \frac{0.5 f_c A}{N} = \frac{0.5 \times 11.9 \times 400 \times 400}{200 \times 10^3} = 4.76 > 1.0，\text{取 } \xi_c = 1.0$$

$$\eta_s = 1 + \frac{1}{1500 e_i / h_0}\left(\frac{l_0}{h}\right)^2 \xi_c$$

$$= 1 + \frac{1}{1500 \times \frac{520}{360}} \cdot \left(\frac{7200}{400}\right)^2 \times 1.0 = 1.150$$

14. 正确答案是 B，解答如下：

根据《混规》附录 B.0.4 条、6.2.17 条：

$$M = \eta_s M_0 = 1.25 \times 760 = 950\text{kN} \cdot \text{m}, \quad e_0 = \frac{M}{N} = \frac{950 \times 10^6}{1400 \times 10^3} = 678.6\text{mm}$$

$$e_a = \max\left(\frac{900}{30}, 20\right) = 30\text{mm}, \quad e_i = e_0 + e_a = 708.6\text{mm}$$

$$e = e_i + \frac{h}{2} - a_s = 708.6 + \frac{900}{2} - 40 = 1118.6\text{mm}$$

由已知条件，$x = 240\text{mm} < \xi_b h_0 = 445\text{mm}$，且 $>2a'_s = 80\text{mm}$

$$Ne = \frac{1}{\gamma_{RE}}\left[\alpha_1 f_c bx\left(h_0 - \frac{x}{2}\right) + f'_y A'_s(h_0 - a'_s)\right]$$

$$A_s = A'_s \geqslant \frac{\gamma_{RE} Ne - \alpha_1 f_c bx(h_0 - x/2)}{f'_y(h_0 - a'_s)}$$

$$= \frac{0.8 \times 1400 \times 10^3 \times 1118.6 - 1.0 \times 11.9 \times 400 \times 240 \times (860 - 240/2)}{360 \times (860 - 40)}$$

$$= 1380 \text{mm}^2$$

【12~14题评析】 当对偏心受压柱进行抗震设计时，应首先确定 γ_{RE} 的取值，《混规》表 11.1.6 作了规定：当 $\mu_N < 0.15$ 时，取 $\gamma_{RE} = 0.75$；当 $\mu_N > 0.15$ 时，取 $\gamma_{RE} = 0.80$。

13 题、14 题，排架结构柱当考虑结构的二阶效应影响时，应按《混规》附录 B.0.4 条及其条文说明的规定进行计算，然后，再按规范 6.2.17 条计算配筋。

15. 正确答案是 B，解答如下：

根据《抗规》13.1.2 条条文说明，(B) 项可不需要进行抗震验算。

16. 正确答案是 C，解答如下：

根据《钢标》3.3.2 条：

$$H_k = \alpha P_{kmax} = 0.1 \times 470 = 47 \text{kN}$$

17. 正确答案是 A，解答如下：

重级工作制吊车梁，根据《钢标》16.2.3 条，常幅疲劳；根据《钢标》6.1.1 条、6.1.2 条规定，取 $\gamma_x = 1.0$。

$$\frac{M_x}{\gamma_x W_{nx}} = \frac{4302 \times 10^6}{1.0 \times 16169 \times 10^3} = 266.06 \text{N/mm}^2$$

18. 正确答案是 B，解答如下：

$$\tau = \frac{1.2V}{h t_w} = \frac{1.2 \times 1727.8 \times 10^3}{1500 \times 14} = 98.73 \text{N/mm}^2$$

19. 正确答案是 D，解答如下：

$$f = \frac{M_k L^2}{10 E I_x} = \frac{2820.6 \times 10^6 \times 12000^2}{10 \times 206 \times 10^3 \times 1348528 \times 10^4}$$

$$= 14.62 \text{mm}$$

20. 正确答案是 A，解答如下：

角焊缝剪应力设全长均匀分布，则：

$$\tau_f = \frac{V}{2 \times 0.7 h_f l_w} = \frac{1727.8 \times 10^3}{2 \times 0.7 \times 8 \times (1500 - 2 \times 8)} = 103.95 \text{N/mm}^2$$

21. 正确答案是 B，解答如下：

当两台吊车如图 13-1-1 所示位置时，吊车梁支座处剪力最大，根据剪力影响线，则：

$$R_{Ak} = \left(1 + \frac{5.2}{12} + \frac{10.45}{12}\right) \times P_{kmax} = 1083.0 \text{kN}$$

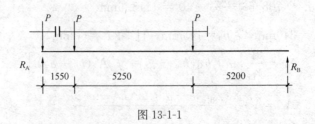

图 13-1-1

根据《荷规》6.3.1条，动力系数取为1.1，分项系数取为1.5。

$$R_A = 1.5 \times 1.1 R_{Ak} = 1.4 \times 1.1 \times 1083.0 = 1786.95 \text{kN}$$

22. 正确答案是D，解答如下：

吊车车轮合力$R_合$距左边车轮的距离为x，见图13-2(a)。

$$x = \frac{P \times 5.25 + P \times (5.25 + 1.55)}{3 \times P}$$
$$= 4.017\text{m}$$

合力$R_合$与第二车轮的距离为a，见图13-1-2：

$$a = 5250 - 4017 = 1233\text{mm}$$

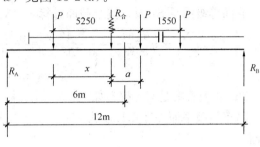

将合力$R_合$与第二车轮对称布置在吊车梁中点两侧，如图13-2（a）所示，此时第二车轮处的吊车梁有最大弯矩值。

图13-1-2

$$R_{Bk} = \frac{R_合 \times (6 - 1.233/2)}{12} = \frac{3P \times (6 - 1.233/2)}{12} = 632.56\text{kN}$$

$$M_k = R_{Bk} \times \left(6 - \frac{1.233}{2}\right) - P \times 1.55 = 2676.89\text{kN} \cdot \text{m}$$

同理，取动力系数为1.1；分项系数为1.5：

$$M = 1.5 \times 1.1 M_k = 4417\text{kN} \cdot \text{m}$$

【16～22题评析】 17题，重级工作制吊车梁作为常幅疲劳，应验算疲劳，故取$\gamma_x = 1.0$。

22题，关键是将车轮位置确定正确，一般地，先求出合力$\sum P$及与中间车轮的距离a，再将合力$\sum P$和中间车轮放置在吊车梁中点两侧。由于a已确定，故支座反力R可求，然后可求出吊车梁最大弯矩值。

23. 正确答案是B，解答如下：

框架平面内上段柱长度取肩梁顶面至屋架下弦的高度，即10m。

24. 正确答案是C，解答如下：

根据《钢标》附录E.0.4条：

$$K_1 = \frac{I_1}{I_2} \cdot \frac{H_2}{H_1} = \frac{856021 \times 10^4}{20769461 \times 10^4} \times \frac{(23+2)}{10} = 0.103$$

$$\eta_1 = \frac{H_1}{H_2}\sqrt{\frac{N_1 I_2}{N_2 I_1}} = 1.312$$

查附表E.0.4，取$\mu_2 = 2.0807$

根据《钢标》表8.3.3，纵向柱子多于6个，屋架下弦设有纵向水平支撑和横向水平支撑，取折减系数0.8。

$$\mu_1 = \frac{\mu_2}{\eta_1} = \frac{2.807 \times 0.8}{1.312} = 1.269$$

25. 正确答案是D，解答如下：

根据《钢标》8.3.5条，上柱段平面外计算长度按侧向支点间的距离，即7m：

$$\lambda_y = \frac{l_{0y}}{i_y} = \frac{7000}{137} = 51.1$$

$$\varphi_b = 1.07 - \frac{\lambda_y^2}{44000\varepsilon_k^2} = 1.07 - \frac{51.1^2}{44000 \times 235/345} = 0.983$$

截面等级满足 S4 级，按全截面计算：

$$\frac{N}{\varphi_y A} + \eta \frac{\beta_{tx} M_x}{\varphi_b W_x} = \frac{4357 \times 10^3}{0.797 \times 490 \times 10^2} + 1 \times \frac{1 \times 2250 \times 10^6}{0.982 \times 17120 \times 10^3}$$

$$= 245.26 \text{kN/mm}^2$$

26. 正确答案是 C，解答如下：

吊车柱肢平面外计算长度为 25m，查《钢标》表 7.2.1-1，焰切边，x、y 轴均属 b 类截面：

$$\lambda_y = \frac{l_{0y}}{i_y} = \frac{l_{0y}}{i_{x1}} = \frac{25000}{412} = 60.7$$

$$\lambda_y / \varepsilon_k = 60.7 / \sqrt{235/345} = 73.5$$

查《钢标》附表 D.0.2，取 $\varphi_y = 0.729$

$$\frac{N}{\varphi_y A} = \frac{9759.5 \times 10^3}{0.729 \times 57200} = 234.08 \text{N/mm}^2$$

27. 正确答案是 D，解答如下：

根据《钢标》11.2.6 条：

$$l_w = 1940 - 2 \times 16 = 1908 \text{mm} > 60 \times 16 = 960 \text{mm}$$

$$\alpha_f = 1.5 - \frac{1908}{120 \times 16} = 0.506 > 0.5$$

$$\frac{F}{4h_e l_w f_f^w \alpha_f} = \frac{8210 \times 10^3}{4 \times 0.7 \times 16 \times 1908 \times 200 \times 0.506} = 0.95 \text{N/mm}^2$$

28. 正确答案是 C，解答如下：

根据《钢标》7.4.1 条：

斜腹杆平面内：　　$l_{0x} = 0.8l = 0.8 \times \sqrt{3^2 + 2.875^2} = 3.324 \text{m}$

$$\lambda_x = \frac{l_{0x}}{i_x} = \frac{3324}{43.4} = 76.6$$

由 7.6.1 条：

$$\eta = 0.6 + 0.0015 \times 76.6 = 0.71$$

Q235 钢，查表 7.2.1-1 及注，x 轴属于 b 类截面；查附表 D.0.2，$\lambda_x / \varepsilon_k = 76.6$，取 $\varphi_x = 0.709$

$$\frac{N}{\eta \varphi A f} = \frac{\frac{709}{2} \times 10^3}{0.71 \times 0.709 \times \frac{5475}{2} \times 215} = 1.197$$

29. 正确答案是 B，解答如下：

Q235 钢，查《钢标》表 4.4.5，取 $f_f^w = 160 \text{N/mm}^2$

取最不利的角钢肢背计算，其分配系数为 0.7：

$$l = \frac{0.7 \times N/2}{0.7 \times 10 \times 160} + 2h_f$$

$$= \frac{0.7 \times 837 \times 10^3 / 2}{0.7 \times 10 \times 160} + 2 \times 10 = 282\text{mm}，且 < 60h_f = 600\text{mm}$$

【23～29题评析】 23题、24题，当柱顶与屋架刚接时，上段柱长度在平面内取阶形牛腿顶面（或肩梁上表面）至屋架下弦的高度；当柱顶与屋架铰接时，上段柱长度在平面内取阶形牛腿顶面（或肩梁上表面）至屋架上弦的高度。同时，应考虑阶形柱计算长度的折减系数，见《钢标》表8.3.3。

25题、26题，计算构件平面外的计算长度按侧向支点间的距离确定。

28题，斜腹杆的两角钢之间用缀条相连，该缀条实质是指附加缀条（或连系缀条）。

30. 正确答案是A，解答如下：

根据《砌规》5.1.2条、5.1.3条及表5.1.3，可知（A）项不妥。

31. 正确答案是C，解答如下：

$A = 1.5 \times 0.37 = 0.555\text{m}^2 > 0.3\text{m}^2$，$f$ 值不调整，取 $f = 1.5\text{N/mm}^2$

根据《砌规》5.2.4条：

$$a_0 = 10\sqrt{\frac{h_c}{f}} = 10\sqrt{\frac{600}{1.5}} = 200\text{mm} < 370\text{mm}$$

$$A_l = a_0 b = 200 \times 300$$

$$A_0 = 370 \times (370 \times 2 + 300) = 370 \times 1040$$

$$\gamma = 1 + 0.35\sqrt{\frac{A_0}{A_l} - 1} = 1 + 0.35\sqrt{\frac{370 \times 1040}{200 \times 300} - 1} = 1.81 < 2.0$$

烧结多孔砖，全部灌实，根据规范5.2.2条第2款，故取 $\gamma = 1.81$。

32. 正确答案是A，解答如下：

根据《砌规》5.2.4条规定：

$$A_0 / A_l = 5 > 3，取 \psi = 0.0$$

$$\psi N_0 + N_l = 0 + 60 = 60\text{kN}$$

【31、32题评析】 31题中，局部受压面积 A_0 的计算：

$$2h + b = 2 \times 370 + 300 = 1040\text{mm} < 1500\text{mm}，即小于窗间墙长度$$

故取　　　　　　$$A_0 = h \times (2h + b) = 370 \times 1040$$

假若 $2h + b$ 大于1500mm，即大于窗间墙长度，则 $A_0 = h \times 1500$。

33. 正确答案是D，解答如下：

《砌规》5.1.3条第3款：$H = 0.3 + 4 + \frac{2}{2} = 5.3\text{m}$

刚弹性方案，查规范表5.1.3，取 $H_0 = 1.2H = 1.2 \times 5.3 = 6.36\text{m}$

$$\beta = \gamma_\beta \frac{H_0}{h} = 1.2 \times \frac{6.36}{0.37} = 20.63$$

34. 正确答案是B，解答如下：

由上一题知，$H = 5.3\text{m}$

刚性方案，$H = 5.3\text{m} < s = 9 - 2 \times 0.37/2 = 8.63\text{m} < 2H = 10.6\text{m}$，查《砌规》

表5.1.3：
$$H_0=0.4s+0.2H=0.4\times8.63+0.2\times5.3=4.512\text{m}$$

35. 正确答案是 B，解答如下：

根据《砌规》6.1.4 条规定：
$$\mu_2=1-0.4\frac{b_s}{s}=1-0.4\times\frac{1.4\times3}{9-0.37}=0.805>0.7$$
$$\mu_1\mu_2\ [\beta]\ =1\times0.805\times24=19.33$$

【33～35题评析】 《砌规》6.1.4 条的 s 定义为：相邻横墙或壁柱之间的距离。

36. 正确答案是 A，解答如下：

根据《砌规》8.1.2 条：
$$\rho=\frac{(a+b)\ A_s}{abs_n}=\frac{(40+40)\times12.56}{40\times40\times130}=0.48\%\approx0.5\%$$

$H=3.6\text{m}$，$s=9.6\text{m}>2H=7.2\text{m}$，刚性方案，查规范表 5.1.3，取
$$H_0=1.0H=3.6\text{m}$$
$$\beta=\gamma_\beta\frac{H_0}{h}=1.0\times\frac{3.6}{0.24}=15，e/h=24/240=0.1$$

查《砌规》附表 D.0.2，取 $\varphi_n=0.385$

37. 正确答案是 D，解答如下：

由《砌规》式（8.1.2-2）：

$A=1.0\times0.24=0.24\text{m}^2>0.2\text{m}^2$，故 f 不调整。
$$f_n=f+2\left(1-\frac{2e}{y}\right)\rho f_y=1.69+2\times\left(1-\frac{2\times24}{120}\right)\times0.3\%\times320$$
$$=2.842\text{N/mm}^2$$
$$\varphi_n f_n A=2.842\times240\times1000\varphi_n=682\varphi_n(\text{kN})$$

【36、37题评析】 37题，因为选项中已含 φ_n，故可不计算出 φ_n 值。若需计算，则：
$$\beta=15，e/h=0.1，\rho=0.3$$

查《砌规》附表 D.0.2，取 $\varphi_n=\frac{0.46+0.41}{2}=0.435$
$$\varphi_n f_n A=0.435\times240\times1000\times2.842=296.7\text{kN}$$

38. 正确答案是 A，解答如下：

根据《抗规》7.2.4 条、《抗震通规》4.3.2 条：
$$V=1.4\times2000\times1.35\times\frac{280}{2\times40+2\times280}=1654\text{kN}$$

39. 正确答案是 C，解答如下：

根据《抗规》7.2.5 条第 1 款、《抗震通规》4.3.2 条：

总有效侧向刚度：
$$K=[5\times(33-8)+280\times2\times0.3+40\times2\times0.2]\times10^4=309\times10^4\text{kN/m}$$
$$V_c=1.4\times1.35\times2000\times\frac{5\times10^4}{309\times10^4}=61.2\text{kN}$$

【38、39 题评析】 对于底部框架-抗震墙房屋的地震作用效应，应根据《抗规》7.2.4 条、7.2.5 条进行调整和分配。

40. 正确答案是 C，解答如下：

根据《砌规》10.5.14 条规定和 9.4.12 条规定，剪力墙连梁水平受力钢筋的含钢率不宜小于 0.2%，故（C）项不妥。

（下午卷）

41. 正确答案是 D，解答如下：

根据《砌规》7.2.1 条，（A）、（B）项正确；

根据《抗规》7.3.10 条，（C）项正确；

根据《抗规》7.3.10 条，（D）项不正确。

42. 正确答案是 B，解答如下：

根据《木标》4.3.2 条，原木未经切削，f_m、f_c、E 均提高 15%：

$$f_m = 17 \times 1.15 = 19.55 \text{N/mm}^2, f_c = 15 \times 1.15 = 17.25 \text{N/mm}^2$$

$$E = 1 \times 1.15 \times 10^4 = 1.15 \times 10^4 \text{N/mm}^2$$

由 4.3.8 条规定：

$$d = 162 + 2 \times 9 = 180 \text{mm}$$

$$W = \frac{\pi d^3}{32}$$

$$M = \frac{1}{8} q l^2，\gamma_0 M \leq f_m W，则：$$

$$q \leq \frac{\pi d^3 f_m}{\gamma_0 4 l^2} = \frac{\pi \times 180^3 \times 19.55}{1 \times 4 \times 4000^2} = 5.597 \text{N/mm} = 5.597 \text{kN/m}$$

43. 正确答案是 D，解答如下：

$$f = \frac{5 q_k l^4}{384 EI} \leq \frac{l}{250}，则：$$

$$q_k \leq \frac{384 \times 1.15 \times 10^4}{1250 \times 4^3 \times 10^9} \times \frac{\pi}{64} \times 180^4 = 2.84 \text{N/mm} = 2.84 \text{kN/m}$$

【42、43 题评析】 标注原木直径时，应以小头为准。原木构件计算位置的确定，《木标》4.3.18 条作了规定：验算挠度和稳定时，可取构件的中央截面；验算抗弯强度时，可取最大弯矩处的截面。

44. 正确答案是 C，解答如下：

根据《地规》3.0.5 条第 1 款，（A）、（B）项正确；

根据《地规》3.0.5 条第 4 款，（D）项正确；根据《地规》3.0.5 条第 2 款，（C）项不对。

45. 正确答案是 D，解答如下：

根据《地规》6.7.4 条第 5 款，（D）项不对。

46. 正确答案是 B，解答如下：

$e = 0.82$，$I_L = 0.88$，查《地规》表 5.2.4，取 $\eta_b = 0$，$\eta_d = 1.0$：

$$f_a = f_{ak} + \eta_d \gamma_m (d - 0.5) = 160 + 1 \times 18 \times (1.0 - 0.5) = 169 \text{kPa}$$

47. 正确答案是 C，解答如下：

由已知条件基底压力值为300kN，则：

$$p_k = \frac{300}{b} \leqslant f_a$$

即：
$$b \geqslant \frac{300}{169} = 1.775\text{m}$$

取 $b=1800\text{mm}$，验算下卧层，根据《地规》5.2.7条：

$E_{s1}/E_{s2} = 7/2 = 3.5$，$z/b = 1.0/1.8 = 0.55$，查表5.2.7，取 $\theta = 23.5°$

$$p_z = \frac{b(p_k - p_c)}{b + 2z\tan\theta} = \frac{1.8 \times \left(\frac{300}{1.8 \times 1} - 18 \times 1\right)}{1.8 + 2 \times 1 \times \tan 23.5°} = 100.24\text{kPa}$$

$$f_{az} = 80 + 1 \times 18 \times (2 - 0.5) = 107\text{kPa}$$

$p_z + p_{cz} = 100.24 + 18 \times 2 = 136.24 > f_{az} = 107\text{kPa}$，不满足

若取 $b = 2400\text{mm}$，$z/b = 1/2.4 = 0.417$，查表5.2.7，取 $\theta = 18.02°$

$$p_z = \frac{1.0 \times \left(\frac{300}{2.4 \times 1} - 18 \times 1\right)}{2.4 + 2 \times 1.0 \times \tan 18.02°} = 84.18\text{kPa}$$

$p_z + p_{cz} = 84.18 + 18 \times 2 = 120.18\text{kPa} < f_{az} = 107\text{kPa}$，不满足

若取 $b = 3100\text{mm}$，$z/b = 1/33.1 = 0.323$，查表5.2.7，取 $\theta = 11.82°$

$$p_z = \frac{3.1 \times \left(\frac{300}{3.1 \times 1} - 18 \times 1\right)}{3.1 + 2 \times 1.0 \times \tan 11.82°} = 69.4\text{kPa}$$

$p_z + p_{cz} = 69.4 + 18 \times 2 = 105.4\text{kPa} < f_{az} = 107\text{kPa}$，满足

故取 $b = 3100\text{mm}$。

【46、47题评析】 47题，题目给定的是基础底面处相应于作用的标准组合时的平均压力值300kN/m；由于有淤泥质土，故需验算软弱下卧层。

48. 正确答案是A，解答如下：
$$q_A = (q + \gamma z)K_0 = (10 + 20 \times 1) \times 0.5 = 15\text{kN/m}^2$$

49. 正确答案是B，解答如下：
$$E_a = 15 \times 1 \times 5 \times 1 + \frac{1}{2} \times 20 \times 5^2 \times 0.5 = 200\text{kN/m}$$

50. 正确答案是A，解答如下：

$Z_e = 1.8\text{m}$，$h = 4.7\text{m}$，则由提示得：

$$R_A = \frac{E_a Z_e^2 \cdot (3 - Z_e/h)}{2h^2} = \frac{180 \times 1.8^2 \times (3 - 1.8/4.7)}{2 \times 4.7^2} = 34.55\text{kN}$$

$$M_{Bk} = E_a Z_e - R_A h = 180 \times 1.8 - 34.55 \times 4.7 = 161.6\text{kN} \cdot \text{m}$$

51. 正确答案是C，解答如下

根据《地规》8.5.4条、8.5.5条：

$$R_a \geqslant \frac{F_k + G_k}{n} = \frac{6600 + 20 \times 4 \times 4 \times 3}{9} = 840\text{kN}$$

$$R_a \geqslant \frac{Q_{imax}}{1.2} = \frac{1}{1.2} \times \left(840 + \frac{2 \times 900 \times 1.6}{6 \times 1.6^2}\right) = 856.25\text{kN}$$

故取 $R_a = 856.25\text{kN}$

52. 正确答案是 B，解答如下：

根据《地规》8.5.9 条：

$$F_l = F - \Sigma N_i = 8910 - 1 \times \frac{8910}{9} = 7920 \text{kN}$$

53. 正确答案是 D，解答如下：

根据《地规》8.5.19 条：

$$a_{0x} = a_{0y} = 1200 + \frac{400}{2} - \frac{700}{2} = 1050 \text{mm}, \quad h_0 = 1050 \text{mm}$$

则：$\lambda_{0x} = a_{0x}/h_0 = 1.0$，$\lambda_{0y} = a_{0y}/h_0 = 1.0$

$$\alpha_{0x} = \alpha_{0y} = \frac{0.84}{\lambda_{0x} + 0.2} = \frac{0.84}{1.0 + 0.2} = 0.7$$

由规范 8.2.8 条规定：$\beta_{hp} = 1.0 - \frac{0.1}{1200} \times (1100 - 800) = 0.975$

由规范式 (8.5.19-1)：

$$2[\alpha_{0x}(b_c + a_{0y}) + \alpha_{0y}(h_c + a_{0x})]\beta_{hp} f_t h_0$$
$$= 2 \times [0.7 \times (700 + 1050) + 0.7 \times (700 + 1050)] \times 0.975 \times 1.71 \times 1050$$
$$= 8578 \text{kN}$$

54. 正确答案是 D，解答如下：

根据《地规》8.5.19 条第 2 款：

$$a_{1x} = a_{1y} = 1050 \text{mm}, \quad h_0 = 1050 \text{mm}$$

则：$\lambda_{1x} = \lambda_{1y} = \dfrac{a_{1x}}{h_0} = 1.0$，$\alpha_{1x} = \alpha_{1y} = \dfrac{0.56}{\lambda_{1x} + 0.2} = 0.467$

由规范式 (8.5.19-5)：

$$\left[\alpha_{1x}\left(c_2 + \frac{a_{1y}}{2}\right) + \alpha_{1y}\left(c_1 + \frac{a_{1x}}{2}\right)\right]\beta_{hp} f_t h_0$$

$$= 0.467 \times \left(600 + \frac{1050}{2}\right) \times 2 \times 0.975 \times 1.71 \times 1050$$

$$= 1839.5 \text{kN}$$

55. 正确答案是 A，解答如下：

根据《地规》8.5.21 条：

$$\beta_{hs} = \left(\frac{800}{h_0}\right)^{1/4} = \left(\frac{800}{1050}\right)^{1/4} = 0.9343$$

$$\lambda = \frac{a_x}{h_0} = \frac{1200 - (350 - 200)}{1050} = 1.0, \quad \beta = \frac{1.75}{\lambda + 1} = 0.875$$

由规范式 (8.5.21-1)：

$$\beta_{hs} \beta f_t b_0 h_0 = 0.9343 \times 0.875 \times 1.71 \times 4000 \times 1050 = 5871 \text{kN}$$

【51～55 题评析】 52 题，《地规》式 (8.5.19-2)：$F_l = F - \Sigma N_i$，N_i 系指破坏锥体范围内各桩的净反力设计值之和。对于本题目，破坏锥体范围内只有 1 根桩。

53 题、54 题、55 题，应注意计算参数的取值范围。

56. 正确答案是 B，解答如下：

根据《地处规》7.7.2 条、7.1.5 条：

$$m = \frac{d^2}{d_e^2} = \frac{0.4^2}{(1.05 \times 1.5)^2} = 0.0645$$

$$f_{spk} = \lambda m \frac{R_a}{A_p} + \beta(1-m)f_{sk}$$

$$= 1.0 \times 0.0645 \times \frac{4 \times 500}{3.14 \times 0.4^2} + 0.8 \times (1-0.0645) \times 140$$

$$= 361.6 \text{kPa}$$

57. 正确答案是 B，解答如下：

根据《地规》3.0.5 条：

即：
$$p = p_{Gk} + \psi_q p_{Qk} = 280 + 0.4 \times 100 = 320 \text{kPa}$$

褥垫层底面外的附加压力值 p_0：
$$p_0 = p - \gamma d = 320 - 17 \times 5 = 235 \text{kPa}$$

58. 正确答案是 B，解答如下：

根据《高规》4.3.3 条条文说明，（B）项不正确。

59. 正确答案是 C，解答如下：

根据《高规》8.1.3 条第 3 款规定，框架部分按框架结构确定抗震等级；

根据规程 3.9.1 条第 1 款，按 7 度考虑抗震等级；

查规程表 3.9.3，$H = 60$m，7 度，故框架部分抗震等级为二级。

60. 正确答案是 D，解答如下：

根据《高规》10.2.2 条：

底部加强部位的高度：$H = \max(4.2 + 2.8 \times 2, 40.6/10) = 9.8$m

又由规程 10.2.19 条：$\rho_v \geq 0.3\%$，且间距 $s \leq 200$mm，直径 ≥ 8mm：
$$\rho_v = \frac{A_s}{sb_w} = \frac{2 \times 3.14d^2}{4 \times 200 \times 300} \geq 0.3\%$$

即：$d \geq 10.7$mm，故应选（D）项。

61. 正确答案是 B，解答如下：

根据《高规》附录 E.0.1 条：

$$C_1 = 2.5\left(\frac{h_c}{h_1}\right)^2 = 2.5 \times \left(\frac{0.9}{4.2}\right)^2 = 0.115, \quad A_{c2} = 16.2$$

$$\gamma = \frac{G_2 A_2}{G_1 A_1} \cdot \frac{h_1}{h_2} = \frac{0.4E_2 A_2}{0.4E_1 A_1} \cdot \frac{h_1}{h_2} \leq 2$$

即：
$$\gamma = \frac{3.0 \times 16.2 \times 4.2}{3.25 \times (A_{w1} + 0.115 \times 5.67) \times 2.8} \leq 2$$

解之得：
$$A_{w1} \geq 10.56 \text{m}^2$$

【60、61 题评析】 61 题，根据《混规》4.1.5 条，混凝土剪变模量 G：$G = 0.4E_c$。

62. 正确答案是 D，解答如下：

查《高规》表 4.3.7-1 及注的规定，表 4.3.7-2：

$$\alpha_{max} = 0.24, \quad T_g = 0.45\text{s}$$

$$T_g = 0.45\text{s} < T_1 = 0.885\text{s} < 5T_g = 2.25\text{s}，则：$$

$$\alpha_1 = \left(\frac{T_g}{T_1}\right)^r \eta_2 \alpha_{max} = \left(\frac{0.45}{0.885}\right)^{0.9} \times 1 \times 0.24 = 0.1306$$

$$F_{Ek} = \alpha_1 G_{eq} = 0.1306 \times 0.85 \times 98400 = 10923.4 \text{kN}$$

63. 正确答案是 A，解答如下：

Ⅲ类场地，8 度（0.3g），根据《高规》3.9.2 条，应按 9 度考虑抗震构造措施的抗震等级；由高层规程 8.1.3 条第 2 款，按框架-剪力墙设计。

查规程表 3.9.3，$H = 38.8\text{m}$，故框架抗震等级为一级；

查规程表 6.4.2，取 $[\mu_N] = 0.75$；

又由于 $\lambda_c = \dfrac{H_n}{2h_0} < \dfrac{2.9}{2 \times 0.75} = 1.93 < 2$，故由规程表 6.4.2 注 3：

$$[\mu_N] = 0.75 - 0.05 = 0.70$$

【62、63 题评析】 62 题，查《高规》表 4.3.7-1 时，应注意该表注的规定，本题目设计基本地震的速度为 0.3g，故查表时取 $\alpha_{max} = 0.24$。

63 题，应注意 $\lambda_c = \dfrac{H_n}{2h_0}$，式中 H_n 为柱净高，h_0 为柱截面有效高度，见《高规》6.2.6 条对此的定义。

64. 正确答案是 C，解答如下：

$$V_{c1} = \frac{D_{c1}}{\Sigma D_i} \cdot V_f = \frac{27506}{123565} \times 370 = 82.36 \text{kN}$$

$$M_k = V_{c1} \cdot h_y = 82.36 \times 3.8 = 313 \text{kN} \cdot \text{m}$$

65. 正确答案是 C，解答如下：

根据《高规》6.4.10 条：

抗震一级，取 $\rho_v \geqslant 0.6\%$；

$\lambda \leqslant 2$，ρ_v 取上、下柱端的较大值，且 $\lambda_v \geqslant 0.12$，由规程 6.4.7 条第 3 款，$\rho_v \geqslant 1.2\%$；又查规程表 6.4.7，取 $\lambda_v = 0.15$。

由规程式（6.4.7），且取 $f_c = 16.7 \text{N/mm}^2$

$$\rho_v \geqslant \lambda_v f_c / f_{yv} = 0.15 \times 16.7/270 = 0.928\% > 0.6\%，但 < 1.2\%$$

故最终取 $\rho_v \geqslant 1.2\%$

66. 正确答案是 C，解答如下：

根据《高规》8.1.4 条：

$V_f = 1600\text{kN} < 0.2V_0 = 0.2 \times 14000 = 2800\text{kN}$，故楼层水平地震剪力需调整。

$$V_f = \min(0.2V_0, 1.5V_{f,max}) = \min(0.2 \times 14000, 1.5 \times 2100)$$

$$= 2800\text{kN}$$

故调整系数为：
$$2800/1600 = 1.75$$

$$M' = 1.75M = \pm 495.25 \text{kN} \cdot \text{m}$$

$$V' = 1.75V = \pm 130.38 \text{kN}$$

67. 正确答案是 D，解答如下：

根据《高规》6.2.7 条，由《混规》11.6.2 条：

$$h_b = \frac{800 + 600}{2} = 700\text{mm}, h_{b0} = 700 - 60 = 640\text{mm}$$

$$V_j = \frac{1.2\Sigma M_b}{h_{b0} - a'_s}\left(1 - \frac{h_{b0} - a'_s}{H_c - h_b}\right)$$

$$= \frac{1.2 \times (474.3 + 260.8)}{0.58} \times \left(1 - \frac{0.58}{4.15 - 0.7}\right)$$

$$= 1265.2\text{kN}$$

68. 正确答案是 D，解答如下：

首层剪力墙属于底部加强部位。

根据《高规》7.2.6 条，取 $\eta_{vw} = 1.6$；

又由规程 7.2.4 条，双肢墙，出现大偏心受拉时，取增大系数 1.25：

$$V_k = 1.25 \times 1.6 \times 500 = 1000\text{kN}$$

由《抗震通规》4.3.2 条：

$$V = 1.3V_k = 1300\text{kN}$$

69. 正确答案是 B，解答如下：

$$\lambda = \frac{M^c}{V^c h_{w0}} = \frac{21600}{3240 \times 6.2} = 1.0753 < 1.5，取 \lambda = 1.5$$

根据《高规》式（7.2.10-2）：

$$N = 3840\text{kN} < 0.2 f_c b_w h_w = 6207.5\text{kN}，故取 N = 3840\text{kN}$$

$$V_w \leqslant \frac{1}{\gamma_{RE}}\left[\frac{1}{\lambda - 0.5}\left(0.4 f_t b_w h_{w0} + 0.1 N \frac{A_w}{A}\right) + 0.8 f_{yh}\frac{A_{sh}}{s}h_{w0}\right]$$

$$5184 \times 10^3 \leqslant \frac{1}{0.85} \times \left[\frac{1}{1.5 - 0.5} \times \left(0.4 \times 1.71 \times 250 \times 6200\right.\right.$$

$$\left.\left. + 0.1 \times 3840 \times 10^3 + 0.8 \times 300\right) \times \frac{A_{sh}}{s} \times 6200\right]$$

解之得：

$$A_{sh}/s \geqslant 1.99\text{mm}^2/\text{mm}$$

70. 正确答案是 A，解答如下：

根据《高规》7.2.14 条，$\mu_N = 0.38 > 0.2$，应设置约束边缘构件

根据《高规》7.2.15 条及图 7.2.15：

已知 $l_c = 1300\text{mm}$

$$a_c = \max(b_w, 400, l_c/2) = \max(250, 400, 1300/2) = 650\text{mm}$$

$\mu_N = 0.38$，根据规程 7.2.15 条，取 $\lambda_v = 0.20$，假定箍筋直径为 $\Phi 10$：

$$\rho_v = \lambda_v f_c/f_{yv} = 0.2 \times \frac{19.1}{f_{yv}} \leqslant \frac{\Sigma n_i A_{si} l_i}{s A_{cor}} = \frac{(4 \times 210 + 2 \times 625) \times 78.5}{100 \times 200 \times 615}$$

解之得：

$$f_{yv} \geqslant 286\text{N}/\text{mm}^2$$

故选 HRB335 级，$\Phi 10@100$。

71. 正确答案是 B，解答如下：

连梁跨高比：$l_n/h_b = 1500/700 = 2.14 < 5$，根据《高规》7.1.3 条，按连梁计算。

根据《高规》7.2.27 条第 2 款规定，再查规程表 6.3.2-2，抗震一级，故箍筋最小直径 $d = 10\text{mm}$，最大间距 s：

$$s = \min(6d, h_b/4, 100) = \min(6 \times 25, 700/4, 100) = 100\text{mm}$$

又 $l_n/h_b = 2.14 < 2.5$，由规程式（7.2.23-3）：

$$V_b \leqslant \frac{1}{\gamma_{RE}} \left(0.38 f_t b_b h_{b0} + 0.9 f_{yv} \frac{A_{sv}}{s} h_0 \right)$$

$$421.2 \times 10^3 \leqslant \frac{1}{0.85} \times \left(0.38 \times 1.71 \times 300 \times 665 + 0.9 \times 270 \times \frac{A_{sv}}{s} \times 665 \right)$$

解之得：$\qquad A_{sv}/s \geqslant 1.41 \text{mm}^2/\text{mm}$

双肢箍，取箍筋间距为100mm，$A_{sv1} \geqslant 1.41 \times 100/2 = 70.5\text{mm}^2$

故选Φ10（$A_s = 78.5\text{mm}^2$），满足，取Φ10@100。

【66～71题评析】 69题，运用《高规》式（7.2.10-2）时，应注意计算参数 λ 值、N 值的取值。

71题，应首先计算连梁跨高比 $\lambda = \frac{l_n}{h_b}$，以判断该连梁是按框架梁计算，还是按一般连梁计算，其各自抗震设计的抗剪承载力计算公式是不同的。

72. 正确答案是D，解答如下：

根据《高钢规》6.1.4条，（D）项错误，应选（D）项。

73. 正确答案是A，解答如下：

单孔标准跨径40m，按单孔跨径查《公桥通规》表1.0.51，属大桥；查《公桥通规》表4.1.5-1，其设计安全等级为一级，故取 $\gamma_0 = 1.1$。

根据通用规范4.1.5条：

$$\gamma_0 V_d = \gamma_0 (\gamma_G V_{Gk} + \gamma_{a1} V_{Q1k} + \psi_c \gamma_{Q2} V_{Q2k})$$
$$= 1.1 \times (1.2 \times 4400 + 1.4 \times 1414 + 0.75 \times 1.4 \times 138)$$
$$= 8144.95\text{kN}$$

74. 正确答案是B，解答如下：

根据《公桥通规》4.1.6条：

$$M_{sd} = M_{Gk} + \psi_{f1} M_{1Q} + \sum_{j=2}^{n} \psi_{qj} M_{Qj}$$
$$= 43000 + 0.7 \times \frac{14700}{1.2} + 0.4 \times 1300$$
$$= 52095\text{kN} \cdot \text{m}$$

75. 正确答案是C，解答如下：

《公桥混规》7.1.3条：

$$\sigma_{kt} = \frac{M_k}{I} y_{下} = -\frac{(43000 + 16000)}{5.5} \times 1.5 \times 10^{-3} = 16.09\text{N/mm}^2 (\text{拉应力})$$

$$\sigma_{pc} = \frac{N_p}{A} + \frac{N_p e_y}{I} \cdot y_{下} = \sigma_{pe} A_p \left(\frac{1}{A} + \frac{e_y}{I} y_{下} \right)$$

$$= \sigma_{pe} A_p \left(\frac{1}{6.5} + \frac{1.3}{5.5} \times 1.5 \right) = 0.50839 \sigma_{pe} A_p \quad (\text{压应力})$$

$\sigma_{kt} + \sigma_{pc} = 0$，则：

$$A_p = \frac{16.09}{0.50839\sigma_{pe}} = \frac{16.09}{0.50839 \times 0.5 \times 1860}$$

$$= 0.0340\text{m}^2 = 340\text{cm}^2$$

76. 正确答案是 B，解答如下：

$$N_p = \sigma_{pe} \cdot A_p = (\sigma_{con} - \Sigma\sigma_l) \cdot A_p = (0.70 \times 1860 - 300) \times 400 \times 10^2$$

$$= 40080 \times 10^3 \text{N} = 40080\text{kN}$$

77. 正确答案是 D，解答如下：

查《公桥通规》表 4.3.1-3，取后车轮的着地长度 $a_1 = 0.2\text{m}$。

$$a = a_1 + 2h = 20 + 2 \times 15 = 50\text{cm}$$

根据《公桥混规》4.2.3 条：

单个车轮：$a = a_1 + 2h + \dfrac{l}{3} = 50 + \dfrac{500}{3} = 216.7\text{cm} < \dfrac{2l}{3} = \dfrac{2+500}{3} = 333.3\text{cm}$

$$> d = 140\text{cm}$$

故后车轮荷载分布宽度有重叠。

双个车轮：$\qquad a = a_1 + 2h + d + \dfrac{l}{3} = 50 + 140 + \dfrac{500}{3} = 356.7\text{m}$

$$< \frac{2l}{3} + d = \frac{2 \times 500}{3} + 140 = 473.3\text{cm}$$

故取 $a = 473.3\text{cm}$

78. 正确答案是 B，解答如下：

双向行驶两列汽车，由《公桥通规》4.3.5 条，4.3.1 条表 4.3.1-5，取 1 条车道荷载计算汽车制动力，并且车道荷载提高 1.2。

$$q_k = 10.5\text{kN/m}^2, \quad P_k = 2 \times (40 + 130) = 340\text{kN}$$

$$F_b = 1.2 \times (10.5 \times 200 + 340) \times 10\% = 1.2 \times 244\text{kN} = 292.8\text{kN} > 165\text{kN}$$

故取 $F_b = 292.8\text{kN}$

由已知条件可得，每个中墩分配 1/4 汽车制动力：

1 号墩：$F_{b1} = \dfrac{1}{4} \times 292.8 = 73.2\text{kN}$

79. 正确答案是 B，解答如下：

2 号墩的抗推刚度：

$$K_2 = \frac{3EI}{l^3} = \frac{3 \times 3.0 \times 10^7 \times 2.5 \times 1.5^3/12}{10^3} = 6.328 \times 10^4 \text{kN/m}$$

由提示知，2 号墩的组合抗推刚度 $K_{Z2} = K_2 = 6.328 \times 10^4 \text{kN/m}$

由于结构对称，由温度变化引起的结构位移偏移零点位于 2、3 号墩的中点位置，故 2 号墩顶产生的偏移为：

$$\Delta t_2 = \alpha t x_2 = 1 \times 10^{-5} \times 20 \times 20 \times 10^3 = 4\text{mm}$$

$$H_{k2} = K_{Z2} \cdot \Delta t_2 = 6.328 \times 10^4 \times 4 \times 10^{-3} = 253\text{kN}$$

【73～79题评析】 73题，本题的关键是确定结构重要性系数 γ_0 值。

75题，由于题目条件是 $\sigma_{kt}+\sigma_{pc}=0$，故可求出 A_p 值；反之，已知 A_p 值，欲使 $\sigma_{cc}=0$，可求预应力筋的有效预应力 σ_{pe} 值；或未知 A_p，求预应力筋的永久有效预加力 N_p 值。

80. 正确答案是 B，解答如下：

根据《公桥混规》6.1.1条规定，抗裂验算、裂缝宽度验算和挠度验算均不计汽车荷载冲击系数，应选（B）项。

实战训练试题（十四）解答与评析

（上午卷）

1. 正确答案是 B，解答如下：

根据《抗规》表 3.4.3-1、表 3.4.3-2 及 3.4.3 条条文说明：$B/B_{max}=\dfrac{2\times7.2}{4\times7.2}=0.5>$
0.3，属于平面凹凸不规则

$$\frac{K_1}{K_2}=\frac{6.39\times10^5}{9.16\times10^5}=0.7$$

$$\frac{K_1}{(K_2+K_3+K_4)/3}=\frac{6.39\times10^5}{(9.16+8.02+8.01)\times10^5/3}=0.761<0.8$$

属于竖向刚度不规则，故应选（B）项。

2. 正确答案是 B，解答如下：

丙类建筑，Ⅱ类场地，8 度，房屋高度 $H=5.2+5\times3.2=21.2m$，查《混规》表
11.1.3，可知，框架抗震等级为二级，轴压比 μ_N：

$$\mu_N=\frac{N}{f_cA}=\frac{2570\times10^3}{14.3\times600\times600}=0.5$$

查《混规》表 11.4.17，抗震二级，取 $\lambda_v=0.11$

由《混规》11.4.17 条，f_c 按 C35 进行计算，则：

$$\rho_v\geqslant\frac{\lambda_vf_c}{f_{yv}}=\frac{0.11\times16.7}{270}=0.68\%$$

取箍筋间距为 100，假定箍筋直径为 8mm，则：

$$\rho_v=\frac{(600-2\times24)A_{s1}\times8}{(600-2\times28)^2\times100}\geqslant0.68\%$$

解之得：$A_{s1}\geqslant46mm^2$，选 Φ 8（$A_{s1}=50.3mm^2$）

Z_1 为底层角柱，抗震二级，由《混规》14.4.14 条规定，应沿全高加密，取 Φ 8
@100。

3. 正确答案是 A，解答如下：

根据《混规》6.2.10 条、8.5.1 条：

$$\rho_{min}=\max(0.2\%,0.45f_t/f_y)$$
$$=\max(0.2\%,0.45\times1.43/360)=0.2\%$$
$$x=\frac{f_yA_{s,min}}{\alpha_1f_cb}=\frac{360\times0.2\%\times250\times600}{1\times14.3\times250}$$
$$=30.2mm$$
$$M_u=\alpha_1f_cbx\left(h_0-\frac{x}{2}\right)=1\times14.3\times250\times30.2\times\left(560-\frac{30.2}{2}\right)$$

$$= 58.83 \text{kN} \cdot \text{m} > 13.6 \text{kN} \cdot \text{m}$$

故由规范 8.5.3 条。

$$h_{cr} = 1.05 \sqrt{\frac{M}{\rho_{min} f_y b}} = 1.05 \sqrt{\frac{13.6 \times 10^6}{0.2\% \times 360 \times 250}} = 289 \text{mm} < \frac{h}{2} = 300 \text{mm}$$

故取 $h_{cr} = 300 \text{mm}$

$$\rho_s \geqslant \frac{h_{cr}}{h} \rho_{min} = \frac{300}{600} \times 0.2\% = 0.1\%$$

【1～3 题评析】 2 题，计算 ρ_v 时，本题目 C30＜C35，应按 C35 计算；角柱，沿全高加密。

4. 正确答案是 A，解答如下：

根据《混规》G.0.8 条图 G.0.8-2 和图 G.0.8-3：$\frac{l_0}{h} = \frac{6900}{4800} = 1.44$，即：$1 < l_0/h \leqslant 1.5$，故属于规范图 G.0.8-3（$b$）的情况，所以（C）、（D）项不对。

对于（B）项，水平钢筋（即纵向受拉钢筋）的间距为：

$$s = \frac{1920}{8-1} = 274 \text{mm} > 200 \text{mm}$$，由规范 G.0.10 条，可知，（B）项不对。

所以应选（A）项。

5. 正确答案是 B，解答如下：

根据《混规》G.0.2 条：

$l_0/h = 6900/4800 = 1.44 < 2$，则支座截面：$h_0 = h - a_s = h - 0.2h = 0.8h$

由规范式（G.0.5）：

$$V_k = 1000 \text{kN} < 0.5 f_{tk} b h_0 = 0.5 \times 2.01 \times 300 \times (0.8 \times 4800) = 1157.76 \text{kN}$$

故按构造配筋，由规范 G.0.10 条、G.0.12 条，则：

竖向分布筋，$\rho_{sv,min} = 0.20\%$

取竖向分筋间距 $s_h = 200 \text{mm}$，则：

$$\rho_{sv} = \frac{2A_{sl}}{bs_h} \geqslant \rho_{sv,min} = 0.20\%$$

即：$A_{sl} \geqslant 0.20\% \times 300 \times 200/2 = 60 \text{mm}^2$，故取 $\Phi 10$（$A_{sl} = 78.5 \text{mm}^2$）

所以选用 $\Phi 10@200$。

6. 正确答案是 C，解答如下：

根据《混规》G.0.2 条：

$l_0/h = 1.44 < 2.0$，故跨中截面 a_s 取为 $0.1h$，故 $h_0 = h - a_s = 0.9h$

由规范式（6.2.10-2）：

$$x = \frac{f_y A_s - f'_y A'_s}{\alpha_1 f_c b} = \frac{360 \times 3563 - 0}{1.0 \times 14.3 \times 300} = 299 \text{mm}$$

$$< 0.2h_0 = 0.2 \times 0.9 \times 4800 = 864 \text{mm}$$

故取 $x = 0.2h_0 = 846 \text{mm}$

$$z = \alpha_d (h_0 - 0.5x) = 0.86 \times (0.9 \times 4800 - 0.5 \times 864) = 3344 \text{mm}$$

$$M = f_y A_s z = 360 \times 3563 \times 3344 = 4289 \text{kN} \cdot \text{m}$$

7. 正确答案是 D，解答如下：

根据《混规》G.0.9条，(D) 项不对。

【4～7题评析】 4～7题，应注意的是，$l_0/h=1.44<2.5$，属于深梁。特别是 $l_0/h=1.44<2.0$ 时，有关计算参数的取值。

8. 正确答案是 B，解答如下：

根据《混规》6.5.1条：

$$h_0 = h - a_s = 450 - 40 = 410\text{mm}$$

$$u_m = 4 \times (600 \times 2 + 700 + 410) = 9240\text{mm}$$

$h = 450\text{mm} < 800\text{mm}$，取 $\beta_h = 1.0$；方柱，取 $\beta_s = 2.0$

$$\eta_1 = 0.4 + \frac{1.2}{\beta_s} = 0.4 + \frac{1.2}{2.0} = 1.0$$

$$\eta_2 = 0.5 + \frac{\alpha_s h_0}{4u_m} = 0.5 + \frac{40 \times 410}{4 \times 9240} = 0.944$$

取较小值，故取 $\eta = 0.944$

$0.7\beta_h f_t \eta u_m h_0 = 0.7 \times 1.0 \times 1.43 \times 0.944 \times 9240 \times 410 = 3579.83\text{kN}$

9. 正确答案是 A，解答如下：

由《混规》6.5.1条：

冲切破坏锥体面积为：$A_l = (700 + 2 \times 600 + 2h_0)^2 = (700 + 1200 + 2 \times 410)^2 = 2720 \times 2720\text{mm}^2 = 7.3984\text{m}^2$

冲切荷载设计值：$F_l = (7.8 \times 7.8 - A_l)q$

由《可靠性标准》8.2.4条：

$$q = 1.3 \times (18H + 0.45 \times 25) + 1.5 \times 4 = 23.4H + 20.625$$

将 q 代入上式，可得：

$$F_l = (7.8 \times 7.8 - 7.3984) \times (23.4H + 20.625) \leqslant 3200$$

解之得：$H \leqslant 1.677\text{m}$

【8、9题评析】 8题，应注意的是，u_m 的计算。

9题，冲切破坏锥面积：$(700 \times 2 \times 600 + h_0 + h_0)^2$，$q$ 值应计入楼体的自重。

10. 正确答案是 C，解答如下：

根据《混规》9.2.12条：

$$N_{s2} = 0.7f_y A_s \cos\frac{\alpha}{2} = 0.7 \times 360 \times 763 \times \cos\frac{120°}{2} = 96138\text{N}$$

需增设箍筋总截面面积：

$$A_{sv} = \frac{N_{s2}}{f_y \cos\alpha} = \frac{96138}{270 \times \cos(90° - 60°)} = 411\text{mm}^2$$

选用 $\Phi8$（$A_{s1} = 50.3\text{mm}^2$），则双肢筋的个数 n 为：

$$n = \frac{411}{2 \times 50.3} = 4.1, \text{ 故选用 } 6\Phi8 \text{（双肢）。}$$

11. 正确答案是 B，解答如下：

根据《混规》H.0.2条：

$$M_{1Gk} = \frac{1}{8} \times 15 \times 6.0^2 = 67.5\text{kN} \cdot \text{m}, \quad M_{2Gk} = \frac{1}{8} \times 12 \times 6.0^2 = 54\text{kN} \cdot \text{m}$$

$$M_{2Qk} = \frac{1}{8} \times 20 \times 6.0^2 = 90 \text{kN} \cdot \text{m}$$

由《可靠性标准》8.2.4 条：

$$M = 1.3 \times (67.5 + 54) + 1.5 \times 90 = 292.95 \text{kN} \cdot \text{m}$$

12. 正确答案是 C，解答如下：

根据《混规》H.0.3 条：

$$V = V_{1G} + V_{2G} + V_{2Q}$$

由《可靠性标准》8.2.4 条：

$$V = 1.3 \times \frac{1}{2} \times (15 + 12) \times 6.0 + 1.5 \times \frac{1}{2} \times 20 \times 6.0 = 195.3 \text{kN}$$

由《混规》H.0.4 条，按 C30 计算，取 $f_t = 1.43 \text{N/mm}^2$

$$V_u = 1.2 f_t b h_0 + 0.85 f_{yv} \frac{A_{sv}}{s} h_0$$

$$= 1.2 \times 1.43 \times 250 \times 660 + 0.85 \times 270 \times \frac{2 \times 50.3}{150} \times 660$$

$$= 384.73 \text{kN}$$

$$\frac{V}{V_u} = \frac{195.3}{384.73} = 0.508$$

13. 正确答案是 A，解答如下：

根据《混规》H.0.7 条：

由 11 题可知，$M_{1Gk} = 67.5 \text{kN} \cdot \text{m} > 0.35 M_u = 0.35 \times 190 = 66.5 \text{kN} \cdot \text{m}$

$$M_{2q} = M_{2Gk} + \psi_q M_{2Qk} = 54 + 0.5 \times 90 = 99 \text{kN} \cdot \text{m}$$

由规范式(H.0.7-4)：

$$\sigma_{s2q} = \frac{0.5 \left(1 + \frac{h_1}{h}\right) M_{2q}}{0.87 A_s h_0} = \frac{0.5 \times \left(1 + \frac{500}{700}\right) \times 99 \times 10^6}{0.87 \times 1520 \times 660}$$

$$= 97.23 \text{N/mm}^2$$

【11~13 题评析】 13 题，应注意的是，M_{1Gk} 与 $0.35 M_u$ 的大小的复核。当 $M_{1Gk} < 0.35 M_u$ 时，应将《混规》式(H.0.7-4)中 $0.5(1 + h_1/h)$ 取为 1.0。

14. 正确答案是 D，解答如下：

根据《混规》4.1.4 条条文说明，应选 D 项。

15. 正确答案是 A，解答如下：

对于 (B) 项，根据《混规》4.2.1 条及其条文说明，(B) 项正确。

对于 (C) 项，根据《混规》4.2.1 条及其条文说明，(C) 项正确。

对于 (D) 项，根据《混规》4.2.2 条，(D) 项正确。

可见，应选 (A) 项。

16. 正确答案是 C，解答如下：

$$\frac{b}{t} = \frac{300 - 10}{2 \times 16} = 9.06 < 13\varepsilon_k = 13\sqrt{235/235} = 13$$

$$\frac{h_0}{t_w} = \frac{600 - 2 \times 16}{10} = 56.8 < 93\varepsilon_k = 93$$

截面等级满足 S3 级。

根据《钢标》6.1.2 条，取 $\gamma_x = 1.05$，则：

$$\frac{M_x}{\gamma_x W_{nx}} = \frac{538.3 \times 10^6}{1.05 \times 0.9 \times 3240 \times 10^3} = 175.8 \text{N/mm}^2$$

17. 正确答案是 B，解答如下：

根据《钢标》6.2.2 条：

$$\lambda_y = \frac{l_{0y}}{i_y} = \frac{6000}{68.7} = 87.336$$

根据《钢标》附录 C.0.5 条：

$$\varphi_b = 1.07 - \frac{\lambda_y^2}{44000\varepsilon_k^2} = 1.07 - \frac{87.336^2}{44000 \times 1} = 0.897$$

$$\frac{M_x}{\varphi_b W_x} = \frac{538.3 \times 10^6}{0.897 \times 3240 \times 10^3} = 185.2 \text{N/mm}^2$$

18. 正确答案是 A，解答如下：

$g_k + q_k = 2.5 + 1.8 = 4.3 \text{kN/m} = 4.3 \text{N/mm}$，$G_k + Q_k = 100 \text{kN} = 100 \times 10^3 \text{N}$

挠度：$v_T = \dfrac{5(g_k + q_k)L^4}{384EI_x} + \dfrac{(G_k + Q_k)L^3}{48EI_x}$

$$\frac{v_T}{L} = \frac{5(g_k + q_k)L^3}{384EI_x} + \frac{(G_k + Q_k)L^2}{48EI_x}$$

$$= \frac{5 \times (2.5 + 1.8) \times 12000^3}{384 \times 206 \times 10^3 \times 97150 \times 10^4} + \frac{100 \times 10^3 \times 12000^2}{48 \times 206 \times 10^3 \times 97150 \times 10^4}$$

$$= \frac{1}{2068.52} + \frac{1}{667.1} = \frac{1}{504.4} \approx \frac{1}{505}$$

19. 正确答案是 C，解答如下：

$$l_{0x} = 9300 \text{mm}, \quad \lambda_x = \frac{l_{0x}}{i_x} = \frac{9300}{129} = 72.0$$

$$l_{0y} = 4650 \text{mm}, \quad \lambda_y = \frac{l_{0y}}{i_y} = \frac{4650}{48.5} = 95.9$$

焊接工字形截面，焰切边，查《钢标》表 7.2.1-1，对 x 轴、y 轴均为 b 类截面，故取 $\lambda_y = 95.9$，查附表 D.0.2，取 $\varphi_y = 0.582$。

$$\frac{N}{\varphi_y A} = \frac{520 \times 10^3}{0.582 \times 56.8 \times 10^2} = 157.3 \text{N/mm}^2$$

20. 正确答案是 B，解答如下：

根据《钢标》7.2.6 条：

按受压构件计算，取 $i = i_y = 23.1 \text{mm}$

填板数量：$n = \dfrac{4200}{40i} - 1 = \dfrac{4200}{40 \times 23.1} - 1 = 3.5$

【16~20 题评析】 16 题，先确定截面等级，再确定 γ_x 的取值。

17 题，稳定性验算，取构件的全截面，即 W_x 进行计算。

20 题，《钢标》7.2.6 条图 7.2.6 规定了截面回转半径 i 的取值。本题目若为十字形组合截面，则 $i = i_y$。

21. 正确答案是 C，解答如下：

剪力设计值产生的每个螺栓竖向剪力 N_v^v：

$$N_v^v = \frac{V}{n} = \frac{1400}{2 \times 16} = 43.75 \text{kN}$$

螺栓群中一个螺栓承受的最大剪力 N_v：

$$N_v = \sqrt{(N_v^M)^2 + (N_v^v)^2} = \sqrt{142.2^2 + 43.75^2} = 148.8 \text{kN}$$

根据《钢标》11.4.2 条：

$$P = \frac{N_v}{0.9 k n_f u} = \frac{148.8}{0.9 \times 1 \times 2 \times 0.5} = 165.3 \text{kN}$$

查表 11.4.2-2，选 M22($P=190$kN)，满足。

22. 正确答案是 C，解答如下：

根据《钢标》11.4.2、表 11.5.2 及注 3：

$$N_v^b = 0.9 k n_f \mu P = 0.9 \times 1 \times 2 \times 0.50 \times 225 = 202.5 \text{kN}$$

$$d_c = \max(24 + 4, 26) = 28 \text{mm}$$

上翼缘净截面面积 A_n：$A_n = (650 - 6 \times 28) \times 25 = 12050 \text{mm}^2$

由 7.1.1 条：

$$N \leqslant fA = 295 \times 650 \times 25 = 4793.75 \text{kN}$$

高强螺栓数目 n：$n \geqslant \dfrac{N}{N_v^b} = \dfrac{4793.75}{202.5} = 23.4$ 个

$$\left(1 - 0.5 \frac{n_1}{n}\right) \frac{N}{A_n} \leqslant 0.7 f_u，则：$$

$$N \leqslant \frac{0.7 f_u A_n}{1 - 0.5 \dfrac{n_1}{n}}，又 N \leqslant n N_v^b，则：$$

$$n \geqslant \frac{0.7 f_u A_n}{N_v^b \left(1 - 0.5 \dfrac{n_1}{n}\right)} = \frac{0.7 \times 470 \times 12050 \times 10^{-3}}{202.5 \times \left(1 - 0.5 \times \dfrac{6}{n}\right)}$$

解之得：$n \geqslant 22.6$ 个

最终取 $n = 24$ 个，不但满足题目图示 14-11，一排 6 个，且螺栓群连接长度 $l = (4-1)d_0 = 3d_0 < 15d_0$，不考虑超长折减。

23. 正确答案是 C，解答如下：

$$d_c = \max(24 + 4, 25.5) = 28 \text{mm}$$

上翼缘净截面 A_n：$A_n = (650 - 6 \times 28) \times 25 = 12050 \text{mm}^2$

盖板净截面 A_n'：$A_n' = (650 - 6 \times 28) \times (16 \times 2) = 15424 \text{mm}^2$

故考虑上翼缘。

查《钢标》表 4.4.1，Q345 钢，$t=25$mm，$f=295$N/mm²，$f_u=470$N/mm²，则：

$$N_1 = fA = 295 \times 650 \times 25 = 4793.75 \text{kN}$$

$$N_1 = 0.7 f_u A_n = 0.7 \times 470 \times 12050 = 3964.45 \text{kN}$$

取较小值，$N = N_1 = 3964.45$kN

$$N_v^b = n_v \frac{\pi d^2}{4} f_v^b = 2 \times \frac{\pi \times 24^2}{4} \times 190 = 172kN$$

$$N_c^b = d\Sigma t \cdot f_c^b = 24 \times 25 \times 510 = 306kN$$

上述值取较小值，取 $N_v^b = 172kN$ 计算，则：

螺栓数目：$n = \dfrac{N}{N_v^b} = \dfrac{3964.45}{172} = 23.05$ 个

由题目所示螺栓排列，每排 6 个，取 $n = 24$ 个

又螺栓群连接长度：$l = (4-1)d_0 = 3d_0 < 15d_0$，故不考虑超长折减，最终取 $n = 24$ 个。

【21～23题评析】 22题、23题，应注意复核螺栓连接是否为超长连接。

24. 正确答案是 B，解答如下：

柱肢翼缘外侧：$W_{nx} = \dfrac{2I_x}{b} = \dfrac{2 \times 104900 \times 10^4}{800} = 2622.5 \times 10^3 mm^3$

根据《钢标》8.1.1 条及表 8.1.1，取 $\gamma_x = 1.0$，则：

$$\frac{N}{A_n} + \frac{M_x}{\gamma_x W_{nx}} = \frac{980 \times 10^3}{113.6 \times 10^2} + \frac{230 \times 10^6}{1.0 \times 2622.5 \times 10^3} = 173.97 N/mm^2$$

25. 正确答案是 C，解答如下：

根据《钢标》7.2.3 条：

$$\lambda_x = \frac{l_{0x}}{i_x} = \frac{17500}{304} = 57.6$$

$$\lambda_{0x} = \sqrt{\lambda_x^2 + 27\frac{A}{A_{1x}}} = \sqrt{57.6^2 + 27 \times \frac{2 \times 56.8 \times 10^2}{2 \times 7.29 \times 10^2}} = 59.4$$

查《钢标》表 7.2.1-1，对 x 轴、y 轴均为 b 类截面；查附表 D.0.2，取 $\varphi_x = 0.810$。
由 8.2.2 条：

$$W_{1x} = \frac{I_x}{b_0/2} = \frac{104900 \times 10^4}{600/2} = 3497 \times 10^3 mm^2$$

$$\frac{N}{\varphi_x A} + \frac{\beta_{mx} M_x}{W_{1x}\left(1 - \dfrac{N}{N'_{Ex}}\right)} = \frac{980 \times 10^3}{0.810 \times 2 \times 5680} + \frac{1.0 \times 230 \times 10^6}{3497 \times 10^3 \times (1 - 0.162)}$$

$$= 185 N/mm^2$$

26. 正确答案是 D，解答如下：
分肢承受的最大轴心压力 N_1：

$$N_1 = \frac{N}{2} + \frac{M_x}{b_0} = \frac{980}{2} + \frac{230}{0.6} = 873.33kN$$

分肢平面内：$l_{0x1} = 1200mm$，$\lambda_{x1} = \dfrac{1200}{48.5} = 24.7$

分肢平面外：$l_{0y1} = 8000mm$，$\lambda_{y1} = \dfrac{8000}{129} = 62.0$

焊接 H 形截面，焰切边，查《钢标》表 7.2.1-1，对 x 轴、y 轴均为 b 类截面，取 λ_{y1}
查附表 D.0.2，取 $\varphi_{y1} = 0.796$。

$$\frac{N_1}{\varphi_{y1}A_1} = \frac{873.33 \times 10^3}{0.796 \times 56.8 \times 10^2} = 193.2 \text{N/mm}^2$$

27. 正确答案是 B，解答如下：

根据《钢标》8.2.7 条、7.2.7 条：

$$V = \frac{Af}{85\varepsilon_k} = \frac{2 \times 56.8 \times 215}{85} = 28.7 \text{kN} > 25 \text{kN}$$

故取 $V = 28.7 \text{kN}$

一根缀条承担的压力：$N = \dfrac{V/2}{\cos\alpha} = \dfrac{28.7/2}{\cos 45°} = 20.3 \text{kN}$

缀条长度：$l = 600\sqrt{2} = 848.5 \text{mm}$

由《钢标》7.6.1 条：

$$l_0 = 0.9l = 0.9 \times 848.5 = 763.65 \text{mm}, \lambda = \frac{l_0}{i_{y0}} = \frac{763.65}{12.4} = 61.6$$

查《钢标》表 7.2.1-1 及注，对 x 轴、y 轴均为 b 类截面，查附表 D.0.2，取 $\varphi = 0.798$

由 7.6.1 条，$\eta = 0.6 + 0.0015 \times 61.6 = 0.6924$

$$\frac{N}{\eta\varphi Af} = 0.6924 \times \frac{20.3 \times 10^3}{0.798 \times 7.29 \times 10^2 \times 215} = 0.234$$

【24~27 题评析】 24 题，本题目为计算柱肢翼缘外侧最大压应力，故取 $b = 800 \text{mm}$。对比 25 题，取 $b_0 = 600 \text{mm}$，依据是《钢标》8.2.2 条规定。

26 题，区分平面内、平面外的 l_{0x}、l_{0y} 的取值，及相应的 i_{x1}、i_{y1}。

28. 正确答案是 D，解答如下：

根据《钢标》3.1.5 条、3.1.7 条，应选（D）项。

29. 正确答案是 D，解答如下：

根据《钢标》4.4.5 条：

折减系数 η：$\eta = 0.90$

30. 正确答案是 C，解答如下：

根据《砌规》5.1.2 条：

$$i = \sqrt{I/A} = \sqrt{\frac{1.044 \times 10^{10}}{190 \times 1500 + 400 \times 400}} = 153.2 \text{mm}$$

$$h_T = 3.5i = 3.5 \times 153.2 = 536.2 \text{mm}$$

根据规范 5.1.3 条，取 $H = 3600 + 600 = 4200 \text{mm}$

横墙间距 $s = 3300 \times 3 = 9900 \text{mm} > 2H = 8400 \text{mm}$，刚性方案，查规范表 5.1.3，取 $H_0 = 1.0H = 4200 \text{mm}$

$$\beta = \frac{H_0}{h_T} = \frac{4200}{536.2} = 7.8$$

31. 正确答案是 B，解答如下：

横墙间距 $s = 9900 \text{mm} > 2H = 2 \times 3600 = 7200 \text{mm}$，刚性方案，查《砌规》表 5.1.3，

取 $H_0 = 1.0H = 3600\text{mm}$

由规范 5.1.2 条，$\beta = \gamma_\beta \dfrac{H_0}{h_T} = 1.1 \times \dfrac{3600}{495} = 8$

查规范表 3.2.1-4 及注 2 的规定，T 形截面，取 $f = 0.85 \times 2.50 = 2.125\text{MPa}$

又 $A = 0.445\text{m}^2 > 0.3\text{m}^2$，故截面面积不影响 f 的调整。

$e/h_T = 0$，$\beta = 8$，查规范附表 D.0.1-1，取 $\varphi = 0.91$

$$N_u = \varphi f A = 0.91 \times 2.125 \times 4.45 \times 10^5 = 860.52\text{kN}$$

32. 正确答案是 A，解答如下：

横墙间距 $s = 9900\text{mm} > 2H = 2 \times 3600 = 7200\text{mm}$，刚性方案，查《砌规》表 5.1.3，取 $H_0 = 1.0H = 3600\text{mm}$，$\dfrac{H_0}{h} = \dfrac{3600}{190} = 18.9$

门洞高度：$2100/3600 = 0.583 > \dfrac{1}{5} = 0.2$，应考虑其影响。

取 $b_s = 2 \times 1200\text{mm}$，$s = 3 \times 3300\text{mm}$

由规范 6.1.4 条，则：$\mu_2 = 1 - 0.4\dfrac{b_s}{s} = 1 - 0.4 \times \dfrac{2 \times 1200}{3 \times 3300} = 0.903 > 0.7$

承重墙，取 $\mu_1 = 1.0$；由规范 6.1.1 条，取 $[\beta] = 26$，则：

$$\dfrac{H_0}{h} = 18.9 < \mu_1 \mu_2 [\beta] = 1.0 \times 0.903 \times 26 = 23.48$$

【30～32 题评析】 31 题，本题目墙 A 为 T 形截面，应按《砌规》表 3.2.1-4 注 2 的规定，对 f 乘以 0.85。

33. 正确答案是 D，解答如下：

根据《砌规》7.3.3 条：

$1.1l_n = 1.1 \times 5400 = 5940\text{mm}$，$l_c = 5400 + 2 \times \dfrac{300}{2} = 5700\text{mm}$

上述值取较小值，故取 $l_0 = 5700\text{mm}$

$h_w = 3000\text{mm} < l_0$，故取 $h_w = 3000\text{mm}$

$H_0 = h_w + 0.5h_b = 3000 + 0.5 \times 600 = 3300\text{mm}$

34. 正确答案是 D，解答如下：

根据《砌规》7.3.4 条第 1 款及条文说明：

由《可靠性标准》8.2.4 条：

$$Q_1 = 1.3 \times 5.2 = 6.76\text{kN/m}$$

托梁以上各层墙体自重：$1.3 \times 4.5 \times 3.0 \times 4 = 70.2\text{kN/m}$

墙梁顶面以上各楼（屋）盖的荷载：

$$(1.3 \times 12.0 + 1.5 \times 6.0) \times 4 = 98.4\text{kN/m}$$

故：$$Q_2 = 70.2 + 98.4 = 168.6\text{kN/m}$$

35. 正确答案是 B，解答如下：

由 33 题可知，$l_0 = 5.7\text{m}$

根据《砌规》7.3.6 条：

$$M_1 = \dfrac{1}{8}Q_1 l_0^2 = \dfrac{1}{8} \times 12 \times 5.7^2 = 48.74\text{kN} \cdot \text{m}$$

$$M_2 = \frac{1}{8} Q_2 l_0^2 = \frac{1}{8} \times 150 \times 5.7^2 = 609.19 \text{kN} \cdot \text{m}$$

$$\frac{h_b}{l_0} = \frac{600}{5700} = \frac{1}{9.5} < \frac{1}{6}, \quad \text{则：}$$

$$\alpha_m = \psi_m \left(1.7 \frac{h_b}{l_0} - 0.03 \right) = 1.0 \times \left(1.7 \times \frac{600}{5700} - 0.03 \right) = 0.15$$

故： $\qquad M_b = M_1 + \alpha_m M_2 = 48.74 + 0.15 \times 609.19 = 140.1 \text{kN} \cdot \text{m}$

36. 正确答案是 A，解答如下：

根据《砌规》7.3.8 条：

$$l_n = 5.40 \text{m}, \quad V_1 = \frac{1}{2} Q_1 l_n = \frac{1}{2} \times 12 \times 5.4 = 32.4 \text{kN}$$

$$V_2 = \frac{1}{2} Q_2 l_n = \frac{1}{2} \times 150 \times 5.4 = 405.0 \text{kN}$$

$\beta_v = 0.6$，由规范式（7.3.8）：

$$V_b = V_1 + \beta_v V_2 = 32.4 + 0.6 \times 405.0 = 275.4 \text{kN}$$

37. 正确答案是 B，解答如下：

根据《砌规》7.3.9 条：

$\dfrac{b_f}{h} = \dfrac{1400}{240} = 5.833$，按线性插入取值：

$$\xi_1 = 1.3 + \frac{5.833 - 3}{7 - 3} \times (1.5 - 1.3) = 1.442$$

墙梁无洞口，取 $\xi_2 = 1.0$；查规范表 3.2.1-1，取 $f = 1.89 \text{MPa}$

由 33 题可知，$l_0 = 5.7 \text{m}$。

由规范式（7.3.9）：

$$\xi_1 \xi_2 \left(0.2 + \frac{h_b}{l_0} + \frac{h_b}{l_0} \right) f h h_w = 1.442 \times 1.0 \times \left(0.2 + \frac{600}{5700} + \frac{180}{5700} \right) \times 1.89 \times 240 \times 3000$$

$$= 661 \text{kN}$$

【33～37 题评析】　35 题，本题目不是自承重简支墙梁，故 α_M 不考虑乘以 0.8。36 题，注意剪力计算应取净跨径 l_n 进行计算。

38. 正确答案是 C，解答如下：

查《砌规》表 3.2.2，取 $f_{tm} = 0.17 \text{MPa}$

M10 水泥砂浆，对 f_{tm} 不调整。

取池壁中间宽度 $b = 1 \text{m}$ 计算，则：$W = \frac{1}{6} b h^2 = \frac{1}{6} \times 1000 \times 620^2$

$$f_{tm} W = 0.17 \times \frac{1}{6} \times 1000 \times 620^2 \times 10^{-6} \quad (\text{kN} \cdot \text{m})$$

$\gamma_w = 1.5$，水产生的弯矩设计值：$M = \gamma_w \cdot \frac{1}{6} \gamma H^3 = 1.5 \times \frac{1}{6} \times 10 \times H^3 \quad (\text{kN} \cdot \text{m})$

$$0.17 \times \frac{1}{6} \times 1000 \times 620^2 \times 10^{-6} \geqslant M = 1.5 \times \frac{1}{6} \times 10 \times H^3$$

解之得：$H \leqslant 1.63m$

39. 正确答案是 A，解答如下：

查《砌规》表 3.2.2，取 $f_v = 0.17MPa$

M10 水泥砂浆，对 f_v 不调整。

取池壁底部宽度 $b = 1m$ 计算，由砌体规范 5.4.2 条：

$$f_v bz = f_v b \frac{2}{3} h = \frac{0.17 \times 1000 \times 2 \times 620}{3} \times 10^{-3} \quad (kN)$$

$\gamma_w = 1.5$，水产生的池壁底部截面的剪力设计值：

$$V = \gamma_w \cdot \frac{1}{2} \gamma H^2 = 1.5 \times \frac{1}{2} \times 10 \times H^2 = 7.5 H^2 \quad (kN)$$

故：$\dfrac{0.17 \times 1000 \times 2 \times 620}{3} \times 10^{-3} \geqslant V = 7.5 H^2$

解之得：$H \leqslant 3.06m$

40. 正确答案是 D，解答如下：

根据上述两题的计算结果，可知，池壁承受水压的能力由池壁的竖向抗弯承载力控制，故采用 D 项措施可有效地提高池壁的抗弯承载力。

【38～40 题评析】 38 题、39 题，M10 水泥砂浆，对砌体的 f_{tm}、f_v 均不调整。

（下午卷）

41. 正确答案是 B，解答如下：

根据《砌规》8.2.9 条第 7 款，应选（B）项。或者根据《抗规》GB 50011—2010 第 3.9.6 条，应选（B）项。

42. 正确答案是 B，解答如下：

根据《木标》表 4.3.1-1，红松 TC13B；查表 4.3.1-3，取 $f_t = 8.0MPa$

根据 5.1.1 条：

$$A_n = 120 \times 200 - 120 \times 14 \times 4$$

$$N_u = f_t A_n = 8.0 \times (120 \times 200 - 120 \times 14 \times 4) = 138.24kN$$

43. 正确答案是 B，解答如下：

红松 TC13B，查《木标》表 4.3.1-3，取 $f_c = 10MPa$，$f_{c,90} = 2.9MPa$

由 4.3.3 条：

$$f_{c\alpha} = \frac{f_c}{1 + \left(\dfrac{f_c}{f_{c,90}} - 1\right)\dfrac{\alpha - 10°}{80°}\sin\alpha} = \frac{10}{1 + \left(\dfrac{10}{2.9} - 1\right) \cdot \dfrac{30° - 10°}{80°}\sin 30°} = 7.66MPa$$

由 6.1.2 条：

木材承压：$N \leqslant f_{c\alpha} A_c = 7.66 \times \dfrac{140 \times 30}{\cos 30°} = 37.15kN$

【42、43 题评析】 43 题，当考虑下弦杆齿面的受剪承载力时，$V \leqslant \psi_v f_v l_v b_v$，$V = N\cos\alpha$，代入数据可计算得到：$N \leqslant 32.41kN$，可见，下弦杆齿面由受剪承载力控制。

44. 正确答案是 B，解答如下：

根据《地规》8.4.7 条，及 3.0.6 条：

$$F_l = F - 182.25 \times (0.9 + 2h_0)^2$$

$$= 12150 - 182.25 \times (0.9 + 2 \times 1.35)^2 = 9788.04 \text{kN}$$

中柱：$M_{unb} = 202.5 \text{kN} \cdot \text{m}$；$u_m = 4 \times \left(0.9 + 2 \times \dfrac{h_0}{2}\right) = 4 \times (0.9 + 1.35) = 9\text{m}$

$$\tau_{max} = \frac{F_l}{u_m h_0} + \frac{\alpha_s M_{unb} c_{AB}}{I_s} = \frac{9788.04}{9 \times 1.35} + \frac{0.4 \times 202.5 \times 1.13}{11.17} = 813.8 \text{kPa}$$

45. 正确答案是 A，解答如下：

根据《地规》8.4.7 条：

$\beta_s = 1.0 < 2$，取 $\beta_s = 2.0$

$$\beta_{hp} = 1 - \frac{1400 - 800}{2000 - 800} \times (1 - 0.9) = 0.95$$

$$\tau_c = 0.7 \times \left(0.4 + \frac{1.2}{\beta_s}\right) \beta_{hp} f_t = 0.7 \times \left(0.4 + \frac{1.2}{2.0}\right) \times 0.95 \times 1.43$$

$$= 0.95095 \text{MPa} = 950.95 \text{kPa}$$

46. 正确答案是 B，解答如下：

根据《地规》8.4.8 条：

$$u_m = \left(11.2 + 2 \cdot \frac{h_0}{2}\right) \times 2 + \left(11.6 + 2 \cdot \frac{h_0}{2}\right) \times 2$$

$$= (11.2 + 1.35) \times 2 + (11.6 + 1.35) \times 2 = 51\text{m}$$

$$F_l = 54000 - 182.25 \times (11.2 + 2 \times 1.35) \times (11.6 + 2 \times 1.35) = 1774.2 \text{kN}$$

$$\tau_{max} = \frac{F_l}{u_m h_0} = \frac{17774.2}{51 \times 1.35} = 258.2 \text{kPa}$$

47. 正确答案是 A，解答如下：

根据《地规》8.4.8 条：

$$\beta_{hp} = 1 - \frac{1400 - 800}{2000 - 800} \times (1 - 0.9) = 0.95, \quad \eta = 1.25$$

$$\tau_c = \frac{0.7 \beta_{hp} f_t}{\eta} = \frac{0.7 \times 0.95 \times 1.43}{1.25} = 0.76076 \text{MPa} = 760.76 \text{kPa}$$

【44~47 题评析】 44 题、46 题，对于 u_m 的取值，分别取柱边 $h_0/2$ 处、内筒外表面 $h_0/2$ 处。44 题中，F_l 取地基净反力进行计算。

48. 正确答案是 B，解答如下：

根据《地规》附录 N 的规定及 7.5.5 条条文说明：

因于室外填土荷载与室内填土荷载相等，二者相互抵消，故列表 14-1-1 计算。

区 段	0	1	2	3	4	5	6	7	8	9	10
$\beta_i\left(\dfrac{a}{5b}=\dfrac{40}{5\times3.4}=2.35>1\right)$	0.3	0.29	0.22	0.15	0.1	0.08	0.06	0.04	0.03	0.02	0.01
堆载 q_i (kPa)	0	0	36	36	36	36	0	0	0	0	0
$\beta_i q_i$ (kPa)	0	0	7.92	5.4	3.6	2.88	0	0	0	0	0

$$q_{eq}=0.8\Big[\sum_{i=0}^{10}\beta_i q_i-\sum_{i=0}^{10}\beta_i p_i\Big]$$
$$=0.8\times\big[(7.92+5.4+3.6+2.88)-0\big]=15.84\ \text{kPa}$$

49. 正确答案是 C，解答如下：

根据《地规》表 7.5.5：

$a=40\text{m}$，$b=3.4\text{m}$，则：

$$[s'_g]=70+\frac{3.4-3}{4-3}\times(75-70)=72\text{mm}$$

50. 正确答案是 C，解答如下：

根据《地处规》5.2.11 条：

$$\tau_{ft}=\tau_{f0}+\Delta\sigma_z\cdot U_t\tan\varphi_{cu}$$
$$=16+12\times50\%\times\tan12°=17.3\text{kPa}$$

51. 正确答案是 B，解答如下：

根据《地处规》7.3.3 条、7.1.7 条：

$$\xi=\frac{f_{spk}}{f_{ak}}=\frac{180}{90}=2.0$$

第②层土的压缩模量：$E_{sp2}=2.0\times1.8=3.6\text{MPa}$

52. 正确答案是 B，解答如下：

根据《地处规》7.3.3 条、7.1.5 条：

$$R_a=\eta f_{cu}A_p=0.25\times2000\times\frac{\pi}{4}\times0.6^2=141.3\text{kN}$$

$$R_a=u_p\sum_{i=0}^{n}q_{si}l_{pi}+\alpha_p q_p A_p$$
$$=\pi\times0.6\times(12\times4+8\times4+18\times2)+0.5\times120\times\frac{\pi\times0.6^2}{4}$$
$$=235.5\text{kN}$$

上述值取较小值，故 $R_a=141.3\text{kN}$

【48～52 题评析】 48 题，由于室内外填土对柱 1 而言是相同的，故可利用对称荷载，即不计算填土 p_i 值，同时 q_i 计算时不计填土部分。但是，对柱 2 而言，室内外填土不相等，不能利用对称荷载进行计算。

53. 正确答案是 C，解答如下：

根据《地规》8.6.2 条：

$$N_{tmax}=\frac{F_k+G_k}{n}-\frac{M_{xk}y_i}{\sigma\Sigma y_i^2}-\frac{M_{yk}x_i}{\Sigma x_i^2}$$

$$=\frac{-600}{4}-\frac{100\times0.6}{4\times0.6^2}-\frac{100\times0.6}{4\times0.6^2}=-233.33\text{kN}$$

54. 正确答案是 D，解答如下：

根据《地规》8.6.3 条：

$$l\geqslant\frac{R_t}{0.8\pi d_1 f}=\frac{170\times10^3}{0.8\times\pi\times150\times0.42}=1074\text{mm}$$

根据规范 8.6.1 条及图 8.6.1，按构造要求 l 为：

$$l>40d=40\times32=1280\text{mm}$$

故取 $l=1300\text{mm}$。

55. 正确答案是 D，解答如下：

根据《地规》附录 M 的规定：

$$极限承载力平均值=\frac{420+530+480+479+588+503}{6}=500\text{kN}$$

$$极差=588-420=168\text{kN}>500\times30\%=150\text{kN}$$

故应增大试验量，应选（D）项。

【53～55 题评析】 53 题，注意本题目给定的竖向力总和－600kN，其方向向上，即受水的浮力所产生。

54 题，锚杆基础中，锚杆的直径、长度应满足规范构造要求。

56. 正确答案是 D，解答如下：

根据《抗规》4.2.4 条，应选（D）项。

或根据《高规》12.1.6 条，应选（D）项。

57. 正确答案是 B，解答如下：

根据《抗规》4.1.4 条第 4 款规定：

覆盖层厚度：$d_{ov}=2+10+27+5+5=49\text{m}$

$$d_0=\min\ (49,\ 20)=20\text{m}$$

$$v_{se}=\frac{20}{\dfrac{2}{180}+\dfrac{10}{300}+\dfrac{8}{100}}=161\text{m/s}$$

查《抗规》表 4.1.6，可知，该场地为 Ⅱ 类场地。

58. 正确答案是 D，解答如下：

A 级高度、丙类建筑、7 度、$H=80\text{m}$，部分框支剪力墙结构，首层，查《高规》表 3.9.3，其底层剪力墙抗震等级为二级；《高规》10.2.6 条及其条文说明，仅抗震构造措施提高一级，但内力调整所采用的抗震等级不提高，故其抗震等级为二级。

根据规程 10.2.18 条、7.2.6 条：

$M=1.3\times2800=3640\text{kN}\cdot\text{m}$

$V=\eta_{vw}V_w=1.4\times750=1050\text{kN}$

59. 正确答案是 B，解答如下：

查《高规》表 3.9.3，$H=80\text{m}$，7 度，框支框架抗震等级为二级；又由规程 10.2.6 条及其条文说明，内力调整所采用的抗震等级不变，故框支柱抗震等级为二级。

根据《高规》10.2.11 条第 2 款，抗震二级：

$N_{Ek} = 1.2 \times 1100 = 1320kN$

由《抗震通规》4.3.2 条：

$N = 1.3 \times N_{Gk} + 1.4 N_{Ek} = 1.3 \times 1950 + 1.4 \times 1320 = 4383kN$

60. 正确答案是 B，解答如下：

转换层为第 3 层，根据《高规》10.2.2 条，第 4 层为剪力墙底部加强部位。

根据规程 10.2.19 条，$\rho_{sh,min} = 0.3\%$，且不小于 $\Phi 8@200$。

根据规程 10.2.22 条第 3 款规定，取 $\gamma_{RE} = 0.85$，则：

$A_{sh} = 0.2 l_n b_w \gamma_{RE} \sigma_{xmax} / f_{yh}$

采用 HRB335 级钢筋，则：

$A_{sh} = 0.2 \times 6000 \times 180 \times 0.85 \times 1.38 / 300 = 845mm^2$

$\rho_{sh} = \dfrac{A_{sh}}{b_w h_w} = \dfrac{845}{180 \times 1200} = 0.391\% > \rho_{sh,min} = 0.3\%$，满足。

故选用 $\Phi 10@200$（$942mm^2 / 1200mm$）。

【58~60 题评析】 58 题，对于部分框支剪力墙结构，首先应判别是 A 级高度，还是 B 级高度；当转换层位置在 3 层及其以上时，应按《高规》10.2.6 条及其条文说明规定，应调整其抗震构造措施所采用的抗震等级。

60 题，《高规》10.2.22 条中公式均为非地震作用的计算式，当抗震设计时，其计算式中 σ_{01}、σ_{02}、σ_{xmax} 均应乘以 γ_{RE}（$\gamma_{RE} = 0.85$）。

61. 正确答案是 C，解答如下：

7 度（$0.15g$），查《高规》表 4.3.7-1 及注的规定，取 $\alpha_{max} = 0.12$。

钢框架-钢筋混凝土核心筒结构属于混合结构，根据高层规程 11.3.5 条，取 $\xi = 0.04$。

由《高程》4.3.8 条：

$\gamma = 0.9 + \dfrac{0.05 - \xi}{0.3 + 6\xi} = 0.9 + \dfrac{0.05 - 0.04}{0.3 + 6 \times 0.04} = 0.9185$

又 $T = 1.82s > 5T_g = 5 \times 0.35 = 1.75s$，则：

$\alpha = [0.2^r \eta_2 - \eta_1 (T - 5T_g)] \alpha_{max}$

$= [0.2^{0.9185} \times 1.078 - 0.0213 \times (1.82 - 5 \times 0.35)] \times 0.12 = 0.0293$

62. 正确答案是 B，解答如下：

根据《高规》4.3.10 条第 3 款规定：

$$N_{Ek} = \sqrt{N_{xk}^2 + (0.85 N_{yk})^2} = \sqrt{4000^2 + (0.85 \times 4200)^2} = 5361.4kN$$

$$N_{Ek} = \sqrt{N_{yk}^2 + (0.85 N_{xk})^2} = \sqrt{4200^2 + (0.85 \times 4000)^2} = 5403.7kN$$

上述值取较大值，故 $N_{Ek} = 5403.7kN$

63. 正确答案是 C，解答如下：

8 度、I_1 类场地、丙类建筑，根据《高规》3.9.1 条第 2 款规定，按 7 度考虑抗震构造措施。又由规程 8.1.3 条，属一般的框架-剪力墙结构。

查《高规》表 3.9.3，$H = 57.3m < 60m$，框架抗震等级为三级。

查《高规》表 6.4.2，轴压比 $\mu_N = 0.90$；根据该表 6.4.2 注 4、5、7 的规定，$\mu_N \leqslant$

$0.90+1.05=1.05$，$\mu_N \leqslant 1.05$，故取最大值 $\mu_N=1.05$。

64. 正确答案是 C，解答如下：

根据《高规》8.1.1 条、7.1.4 条：

底部加强部位高度：$\max\left(\dfrac{1}{10}H,\ 6.0+4.5\right)=\max\left(\dfrac{1}{10}\times 57.3,\ 10.5\right)=10.5\text{m}$

根据高层规程 7.2.14 条，可知，第 5 层剪力墙墙肢端部应设置构造边缘构件；根据规程 7.2.16 条第 2 款，该端柱按框架柱构造要求配置钢筋，抗震二级，查高层规程表 6.4.3-1，取 $\rho_{\min}=0.75\%$，则：

$A_{s,\min}=\rho_{\min}bh=0.75\%\times 500\times 500=1875\text{mm}^2$

又根据规程 6.4.4 条第 5 款；$A_s=1.25\times 1800=2250\text{mm}^2>1875\text{mm}^2$

故最终取 $A_s=2250\text{mm}^2$，选用 $4\,\Phi\,20+4\,\Phi\,18$（$A_s=2275\text{mm}^2$）。

65. 正确答案是 D，解答如下：

（1）对于（A）项，$\rho_{\pm}=2.70\%>2.50\%$，根据《高规》6.3.3 条第 1 款，（A）项不正确。

（2）对于（B）项，$\dfrac{A_{\text{下}}}{A_{\text{上}}}=\dfrac{1017}{3695}=0.276<0.3$，根据《高规》6.3.2 条第 3 款，（B）项不正确。

（3）对于（C）项，$\rho_{\pm}=2.47\%>2.0\%$，根据《高规》6.3.2 条第 4 款及表 6.3.2-2，箍筋直径应为 $8+2=10\text{mm}$，故（C）项不正确。

所以应选（D）项。

【63～65 题评析】 64 题，首先判别第五层剪力墙墙肢端部是设置约束边缘构件，还是设置构造边缘构件；小偏心受拉时，抗震不利，还应按《高规》6.4.4 条第 5 款规定，增大配筋。

65 题，注意复核梁纵向钢筋的配筋率是否大于 2.75%、2.5% 以及大于 2.0%。

66. 正确答案是 D，解答如下：

根据《高规》4.3.5 条第 1 款：

每条时程曲线计算所得的结构底部剪力值 $\geqslant 6000\times 65\%=3900\text{kN}$

故 P_2 波不满足，则排除（A）、（B）项。

对于（C）项：$\dfrac{5100+4800+4000}{3}=4633.3\text{kN}<6000\times 80\%=4800\text{kN}$，不满足

对于（D）项：$\dfrac{5100+5700+4000}{3}=4933.3\text{kN}>6000\times 80\%=4800\text{kN}$，满足

所以应选（D）项。

67. 正确答案是 C，解答如下：

根据《高规》附录 E.0.3 条规定，取题目中（a）、（c）进行计算：

$$\gamma_e=\frac{\Delta_1 H_2}{\Delta_2 H_1}=\frac{7.6\times 10^{-10}\times 8}{2.8\times 10^{-10}\times 11}=1.97$$

68. 正确答案是 C，解答如下：

混合结构，根据《高规》11.4.18 条、9.1.7 条、9.1.8 条：

$h_w\geqslant 1200\text{mm}$，取 $h_w=1200\text{mm}$

$h_w/b_w = 1200/450 = 2.67 < 4$，故由高层规程 7.1.7 条，按框架柱设计。

由规程 6.4.3 条表 6.4.3-1，抗震一级，中柱，取 $\rho_{min} = 0.9\% + 0.05\% = 0.95\%$

$A_s \geqslant 0.95\% h_w b_w = 0.95\% \times 1200 \times 450 = 5130mm^2$

故选 (C) 项（$h_w = 1200mm$，$A_s = 5420mm^2$），满足。

69. 正确答案是 B，解答如下：

根据《高规》11.4.5 条规定：

$A_a \geqslant 4\% \times 800 \times 800 = 25600mm^2$，故排除 (C)、(D) 项。

又由规程 11.4.5 条第 3、4 款规定：

$A_s \geqslant 0.8\% \times 800 \times 800 = 5120mm^2$

12 Φ 22（$A_s = 4561.2mm^2$），12 Φ 25（$A_s = 5890.8mm^2$），故应选 (B) 项。

【68、69 题评析】 68 题、69 题，本题目所给条件为混合结构的高层建筑，应按《高规》11.4 节规定进行分析、解答。

70. 正确答案是 D，解答如下：

根据《高规》3.7.3 条及其条文说明，应选 (D) 项。

71. 正确答案是 C，解答如下：

根据《高规》11.3.6 条及其条文说明，应选 (C) 项。

72. 正确答案是 C，解答如下：

Ⅰ. 根据《烟标》3.1.9 条，错误，故排除 (A)、(B) 项。

Ⅳ. 根据《烟标》5.5.3 条，错误，故排除 (D) 项。

所以应选 (C) 项。

73. 正确答案是 D，解答如下：

钢筋混凝土拱桥，根据《公桥混规》4.4.7 条：

无铰拱桥，$0.36L_a = 0.36 \times 150 = 54m$

74. 正确答案是 A，解答如下：

根据《公桥混规》8.8.2 条及附录 C 条文说明表 C-2：

$R_H = 55\%$，$h \geqslant 600mm$，加载龄期 60d，取 $\phi(t_u, t_0) = 1.58$

梁体缩短量大小：$\Delta l_c^- = \dfrac{\sigma_{pc}}{E_c} \phi(t_u, t_0) l = \dfrac{8}{3.25 \times 10^4} \times 1.58 \times (80+60) \times 10^3 = 54.45mm$

缩短量取负值，即 $-54.45mm$。

75. 正确答案是 A，解答如下：

根据《公桥混规》8.8.2 条第 5 款规定：

$$C^+ = \beta(\Delta l_t^+ + \Delta l_b^+) = 1.3 \times 55 = 71.5mm$$
$$C^- = \beta(\Delta l_t^- + \Delta l_s^- + \Delta l_c^- + \Delta l_s^-) = 1.3 \times 130 = 169mm$$
$$C = C^+ + C^- = 71.5 + 169 = 240.5mm$$

【74、75 题评析】 74 题，计算 Δl_c^- 时，注意 l 的取值，由题图可知，伸缩缝 A 与固定支座的距离为：$80+60 = 140m$。此外，徐变系数也可按《公桥混规》附录 C 的规定进行计算得到。

76. 正确答案是 B，解答如下：

刚性墩台上，连续梁的支座设置，应满足梁体适应顺桥向和横桥向随温度变化而变化，即：顺桥向，各墩台中只能在一个桥墩上的两个支座受纵向约束；横桥向，各墩台两个支座中只能有一个受横桥向约束，故排除（C）、（D）项。

城市快速路上的桥梁，依据《城桥抗规》3.1.1条，属于乙类。

乙类、7度（0.10g），根据《城桥抗规》3.1.4条规定，采用8度区抗震措施；连续梁应采取防止横桥向产生较大位移的措施，故（A）项不对，应选（B）项。

77. 正确答案是C，解答如下：

根据《公桥通规》4.3.1条第2款，应选（C）项。

78. 正确答案是D，解答如下：

根据《公桥通规》4.1.4条及表4.1.4，支座摩阻力、流水压力、冰压力不能与汽车制动力同时参与组合，故应选（D）项。

79. 正确答案是C，解答如下：

（1）当竖向单位力 $P=1$ 作用于各支承点时，中孔跨中截面 a 的弯矩应为零，故（B）、（D）项不对。

（2）当 P 作用于截面 a 处时，截面 a 的正弯矩应在梁轴线上方，且绝对值最大，故（A）项不对。

所以应选（C）项。

80. 正确答案是A，解答如下：

根据《公桥通规》3.5.4条，后背耳墙端部（即后端）深入锥坡顶点内的长度不应小于0.75m：

$$l \geqslant (20+175+15) \times 1.5 - 40 + 75 = 350.0 \text{cm}$$

【80题评析】　对于桥头锥体的构造要求，如锥坡坡度等，《公桥通规》3.5.3条和3.5.4条作了明确规定。